DELIUS KLASING

Dr. Hans-Rüdiger Etzold
Diplom-Ingenieur für Fahrzeugtechnik

B. Müller

So wird's gemacht

pflegen - warten - reparieren

Band 91

FORD MONDEO
Limousine/Fließheck/Turnier

Benziner
1,6 l/ 66 kW (90 PS) 11/92 – 12/95
1,6 l/ 65 kW (88 PS) 8/94 – 8/96
1,6 l/ 66 kW (90 PS) ab 9/96
1,8 l/ 85 kW (115 PS) 11/92 – 3/94
1,8 l/ 82 kW (112 PS) 4/94 – 5/96
1,8 l/ 85 kW (115 PS) ab 9/96
2,0 l/100 kW (136 PS) 11/92 – 8/96
2,0 l/ 97 kW (132 PS) 1/96 – 2/97
2,0 l/ 96 kW (130 PS) ab 9/96

Diesel
1,8 l/ 65 kW (88 PS) 11/92 – 8/96
1,8 l/ 66 kW (90 PS) ab 9/96

Delius Klasing Verlag

Redaktion: Martin Ruch, Günter Skrobanek (Text),
Christine Etzold (Bild)

Die Deutsche Bibliothek – CIP-Einheitsaufnahme

So wird's gemacht: pflegen – warten – reparieren /
Hans-Rüdiger Etzold. – Bielefeld: Delius Klasing.
Bd. 91. Ford Mondeo, Benziner und Diesel ab 11/92
– 4. Aufl. – 1999
ISBN 3-7688-0846-7

4. Auflage / Fse

ISBN 3-7688-0846-7

Umschlaggestaltung: Ekkehard Schonart
Druck: Kunst- und Werbedruck, Bad Oeynhausen
Printed in Germany 1999

Delius Klasing Verlag, Siekerwall 21, D-33602 Bielefeld
Tel.: 0521/559-0, Fax: 0521/559-113
e-mail: info@delius-klasing.de
http://www.delius-klasing.de

Lieber Leser

obwohl die Automobile von Modellgeneration zu Modellgeneration technisch wesentlich aufwendiger und komplizierter werden, greifen von Jahr zu Jahr immer mehr Heimwerker zum »So wird's gemacht«-Handbuch. Die Erklärung dafür ist einfach: Weil die Technik des Automobils komplizierter geworden ist, kommt man selbst als Fachmann bei Wartungs- und Reparaturarbeiten am Fahrzeug ohne eine spezielle Anleitung nicht mehr aus.

Auch der fachkundige Hobbymonteur, der sein Fahrzeug selbst wartet und repariert, sollte bedenken, daß der Fachmann viel Erfahrung hat und durch die Weiterschulung und den ständigen Erfahrungsaustausch über den neuesten Technikstand verfügt. Mithin kann es für die Überwachung und Erhaltung der Betriebs- und Verkehrssicherheit des eigenen Fahrzeugs sinnvoll sein, in regelmäßigen Abständen eine Fachwerkstatt aufzusuchen.

Grundsätzlich muß sich der Heimwerker natürlich darüber im klaren sein, daß man mit Hilfe eines Handbuches nicht automatisch zum Kfz-Mechaniker wird. Auch deshalb sollte man nur solche Arbeiten durchführen, die man sich selbst zutraut. Das gilt insbesondere für jene Arbeiten, die die Verkehrssicherheit des Fahrzeugs beeinträchtigen können. Gerade in diesem Punkt sorgt das »So wird's gemacht«-Handbuch jedoch für praktizierte Verkehrssicherheit. Durch die exakte Beschreibung der erforderlichen Arbeitsschritte und den Hinweis, die Sicherheitsaspekte nicht außer acht zu lassen, wird der Heimwerker vor der Arbeit entsprechend sensibilisiert und fachlich richtig informiert. Auch wird darauf hingewiesen, im Zweifelsfall die Arbeit lieber einem Fachmann zu überlassen.

Vor jedem Arbeitsgang empfiehlt sich ein Blick in das vorliegende Buch. Dadurch werden Umfang und Schwierigkeitsgrad der Reparatur offenbar. Außerdem wird deutlich, welche Ersatz- oder Verschleißteile eingekauft werden müssen und ob unter Umständen die Arbeit nur mit Hilfe von Spezialwerkzeug durchgeführt werden kann.

Für die meisten Schraubverbindungen ist das Anzugsmoment angegeben. Bei Schraubverbindungen, die in jedem Fall mit einem Drehmomentschlüssel angezogen werden müssen (Zylinderkopf, Achsverbindungen usw.), ist der Wert **fett** gedruckt. Nach Möglichkeit sollte man generell jede Schraubverbindung mit einem Drehmomentschlüssel anziehen. Übrigens: Für viele Schraubverbindungen sind Innen- oder Außen-Torxschlüssel erforderlich.

Als ich Anfang der siebziger Jahre den ersten Band der »So wird´s gemacht-Buchreihe« auf den Markt brachte, wurden im Automobilbau nur ganz wenige elektronische Bauteile eingesetzt. Inzwischen ist das elektronische Management allgegenwärtig; ob bei der Steuerung der Zündung, des Fahrwerks oder der Gemischaufbereitung. Die Elektronik sorgt auch dafür, daß es in verschiedenen Bereichen keine Verschleißteile mehr gibt, wie zum Beispiel der früher für den Zündfunken unentbehrliche Unterbrecherkontakt im Zündverteiler. Das Überprüfen elektronischer Bauteile ist wiederum nur noch mit teuren und speziell auf das Fahrzeugmodell abgestimmten Prüfgeräten möglich, die dem Heimwerker in der Regel nicht zur Verfügung stehen. Wenn also verschiedene Reparaturschritte nicht mehr beschrieben werden, so liegt das ganz einfach am vermehrten Einsatz von elektronischen Bauteilen.

Das vorliegende Buch kann natürlich auch nicht auf jede aktuelle, technische Frage eingehen. Dennoch hoffe ich, daß die getroffene Auswahl an Reparatur-, Wartungs- und Pflegehinweisen in den meisten Fällen die auftretenden Probleme zufriedenstellend löst.

Hans-Rüdiger Etzold

Inhaltsverzeichnis

Motor

Der FORD MONDEO ist mit Motoren unterschiedlicher Bauart ausgerüstet: OHC-Motor mit einer Nockenwelle, DOHC-Motor mit 2 Nockenwellen und 4 Ventilen pro Zylinder, V6-Motor mit 6 Zylindern und 4 Nockenwellen. Alle Triebwerke sind flüssigkeitsgekühlt und im Motorraum quer zur Fahrtrichtung eingebaut. Motor und Getriebe können nur mit Hilfe eines Kranes nach unten ausgebaut werden.

4-Zylinder-Benzin- und Dieselmotor

In dem aus Grauguß bestehenden Motorblock sind die Zylinderbohrungen eingelassen. Bei hohem Verschleiß oder Riefen an den Zylinderwänden können die Zylinder von einer Fachwerkstatt gehont, also ausgeschliffen werden. Anschließend müssen dann allerdings Kolben mit Übermaß eingebaut werden. Im unteren Teil des Motorblocks befindet sich die Kurbelwelle, die von den Kurbelwellenlagern abgestützt wird. Über Gleitlager sind die Pleuel, die die Verbindung zu den Kolben herstellen, mit der Kurbelwelle verbunden. Den unteren Abschluß des Motors bildet die Ölwanne, in der sich das für die Schmierung und Kühlung erforderliche Motoröl sammelt. Oben auf den Motorblock ist der Zylinderkopf aufgeschraubt.

Je nach Modell ist ein **DOHC**-Benzinmotor oder ein **OHC**-Dieselmotor eingebaut.

4-Zylinder-Benzinmotor

Als DOHC-Motor (**D**ouble **O**ver**h**ead **C**amshaft = 2 obenliegende Nockenwellen) ist der Motor mit zwei Nockenwellen im Zylinderkopf ausgestattet. Eine Nockenwelle steuert die Auslaßventile und die andere die Einlaßventile. Angetrieben werden die Nockenwellen von der Kurbelwelle über einen Zahnriemen. Die Nockenwellen betätigen über hydraulische Tassenstößel (Ventilspielausgleicher) die Ventile. Das Ventilspiel muß daher anläßlich der Wartung nicht mehr eingestellt werden.

Der Zylinderkopf besteht aus Leichtmetall (Aluminium) und ist nach dem sogenannten Querstromprinzip aufgebaut. Das bedeutet, daß das frische Kraftstoff-Luftgemisch auf der einen Seite des Zylinderkopfes einströmt, während die verbrannten Gase auf der gegenüberliegenden Seite ausgestoßen werden. Durch die Querstrom-Anordnung ist ein schneller Gaswechsel sichergestellt.

Im Motorblock befindet sich die Kühlmittelpumpe, die durch den Keilrippenriemen angetrieben wird. Die Zahnrad-Ölpumpe wird durch einen Mitnehmerzapfen direkt von der Kurbelwelle angetrieben.

Für die Aufbereitung eines zündfähigen Kraftstoff-Luftgemisches ist eine Mehrstellen-Einspritzanlage eingebaut. Die Zündung erfolgt über ein verteilerloses Zündsystem, das heißt der herkömmliche Zündverteiler ist durch elektronische Bauelemente ersetzt worden.

Nebenaggregate wie Generator, Servopumpe und Klimakompressor werden von einem wartungsarmen Keilrippenriemen angetrieben.

Dieselmotor

Der Begriff OHC (**O**ver**h**ead **C**amshaft) weist darauf hin, daß die Nockenwelle oben im Zylinderkopf gelagert ist. Zylinderkopf und Motorblock bestehen aus Grauguß. Von der Kurbelwelle werden über einen Zahnriemen Nockenwelle und Kühlmittelpumpe angetrieben. Die senkrecht hängenden Ventile werden von der Nockenwelle direkt über Tassenstößel aufgestoßen. Das Ventilspiel muß regelmäßig im Rahmen der Wartung überprüft werden, zur Einstellung werden Einstellscheiben entsprechender Dicke in die Tassenstößel eingesetzt.

Ein zweiter Zahnriemen treibt die Verteilereinspritzpumpe an, die den für die Diesel-Einspritzung erforderlichen hohen Einspritzdruck erzeugt.

Nebenaggregate wie Generator, Servopumpe und Klimakompressor werden von separaten Keilrippenriemen angetrieben.

6-Zylinder-Benzinmotor

Der 6-Zylinder-Motor ist als V-Motor ausgelegt. Das bedeutet, daß je 3 Zylinder V-förmig zueinander in 2 Zylinderbänken angeordnet sind. Jede Zylinderbank besitzt einen eigenen Zylinderkopf, in dem sich jeweils 2 Nockenwellen befinden. Es handelt sich also ebenfalls um einen DOHC-Motor mit insgesamt 4 Nockenwellen, die durch 2 Steuerketten angetrieben werden. Der Motorblock ist ebenso wie der Zylinderkopf aus einer Aluminium-Legierung hergestellt.

Warnhinweis: Der elektrische Kühler-Lüfter kann auch bei abgestelltem Motor und eingeschalteter Zündung

selbsttätig anlaufen. Hervorgerufen durch die Stauwärme im Motorraum kann dies auch mehrmals hintereinander geschehen. Bei Arbeiten im Motorraum und warmem Motor muß deshalb immer mit einem plötzlichen Einschalten des Lüfter gerechnet werden. Darum sollte nach Möglichkeit bei Arbeiten im Motorraum die Zündung immer ausgeschaltet sein.

Die **Motornummer** ist in den Motorblock eingeschlagen; sie befindet sich beim Benzinmotor seitlich in Höhe des Anlassers sowie zusätzlich am Zylinderkopf in Getriebenähe; beim Dieselmotor links über der Einspritzpumpe.

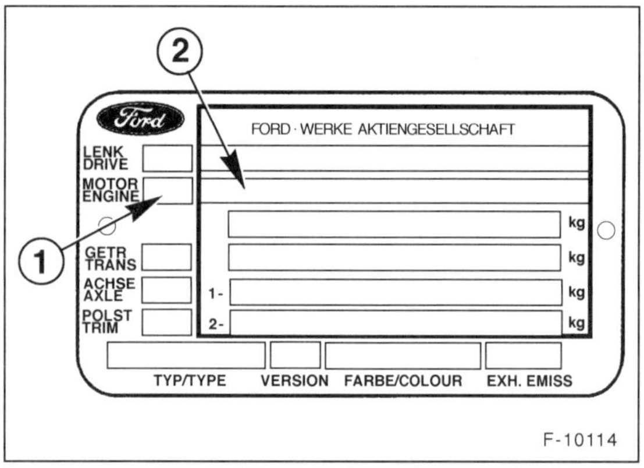

Der Motorcode –1– ist auf dem Typschild hinten im Motorraum an der Spritzwand sowie auf einer Kunststoffplatte links auf der Armaturentafel zu finden. Die Abbildung zeigt die Ausführung bis 8/96. Typschild-Ausführung ab 9/96 siehe Kapitel »Lackierung«.

Baujahr und -monat sind in der Fahrgestellnummer –2– verschlüsselt.

Beispiel:

*	S	F	A	B	X	X	B	B	B	B	F	R	0	0	0	0	1	*
1	2	3	4	5	6	7	8	9	10	11	12	13	14	15	16	17	18	19

Stelle 1: Stern (*)

Stellen 2, 3, und 4: Welt-Herstellerzeichen

SFA – Ford Motor Company Ltd. Großbritannien
WFO – Ford Werke AG Deutschland (Europäische Modelle)
WF1 – Ford Werke AG Deutschland (US-Modelle)
UNI – Henry Ford & Son Ltd. - Irland
XLC – N.V. Nederland Ford – Niederlande
VS6 – Ford Espana S.A. – Spanien
TW2 – Ford Lusitana S.A.R.L. – Portugal
9BF – Ford Brasilien

Ziffern 5 und 11: Modellvariante

BF – Limousine 4türig
BA – Limousine 5türig (Fließheck)
BN – Kombi (Turnier) 4türig

Stelle 6 und 7: XX (Füllzeichen)

Stelle 8: Ursprungsgesellschaft

B – Ford England-Eigenproduktion
G – Ford Deutschland-Eigenproduktion
C – Ford England-Montage durch andere Konzerngesellschaft
E – Ford Deutschland-Montage durch andere Konzernges.
W – Ford Spanien-Eigenproduktion
L – Ford Brasilien-Eigenproduktion

Stelle 9: Montagewerk

A – Dagenham/Köln/Ipiranga
B – Halewood/Genk/Sao Bernado
C – Langley/Saarlouis
K – Rheine
N – Amsterdam
P – Valencia/Azembujy

Stelle 10: Modellreihe

B – Mondeo

Stelle 12: Baujahr

N – 1992; P – 1993; R – 1994; S – 1995; T – 1996; U – 1997; V – 1998; W – 1999; X – 2000.

Stelle 13: Baumonat

	Jan	Feb	Mär	Apr	Mai	Jun	Jul	Aug	Sep	Okt	Nov	Dez
1992 = N	B	R	A	G	C	K	D	E	L	Y	S	T
1993 = P	J	U	M	P	B	R	A	G	C	K	D	E
1994 = R	L	Y	S	T	J	U	M	P	B	R	A	G
1995 = S	C	K	D	E	L	Y	S	T	J	U	M	P
1996 = T	B	R	A	G	C	K	D	E	L	Y	S	T
1997 = U	J	U	M	P	B	R	A	G	C	K	D	E
1998 = V	L	Y	S	T	J	U	M	P	B	R	A	G
1999 = W	C	K	D	E	L	Y	S	T	J	U	M	P
2000 = X	B	R	A	G	C	K	D	E	L	Y	S	T

Stelle 14 – 18: Laufende Fahrzeugnummer (5stellig)

Stelle 19: Stern (*)

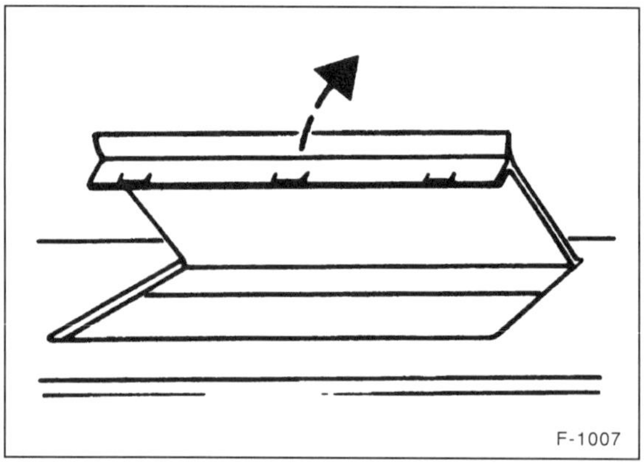

Die Fahrgestellnummer befindet sich auch im Bodenblech auf der Beifahrerseite unter einer Plastikabdeckung zwischen Sitz und Türschweller.

Die wichtigsten Motordaten

Motorbezeichnung	1,6 l	1,6 l	1,6 l	1,8 l	1,8 l	1,8 l
Motorcode	L1F	L1J	L1F	RKA	RKB	RKA
Motortyp	Zetec	Zetec-E	Zetec-E	Zetec	Zetec-E	Zetec-E
Fertigung von – bis	11/92 – 12/95	8/94 – 8/96	9/96 –	11/92 – 3/94	4/94 – 5/96	9/96 –
Hubraum cm^3	1597	1597	1597	1796	1796	1796
Leistung kW bei 1/min	66/5250	65/5250	66/5250	85/5750	82/5750	85/5750
PS bei 1/min	90/5250	88/5250	90/5250	115/5750	112/5750	115/5750
Drehmoment Nm bei 1/min	138/3500	138/3500	138/3500	158/3750	158/3750	158/3750
Bohrung ∅ mm	76,0	76,0	76,0	80,6	80,6	80,6
Hub mm	88,0	88,0	88,0	88,0	88,0	88,0
Verdichtung	10,3	10,3	10,3	10,0	10,0	10,0
Einspritzanlage	SEFI	SEFI	SEFI	SEFI	SEFI	SEFI
Zündanlage	EEC IV	EEC IV	EEC V	EEC IV	EEC IV	EEC V
Zündfolge	1-3-4-2	1-3-4-2	1-3-4-2	1-3-4-2	1-3-4-2	1-3-4-2
Kraftstoff ROZ	S bleifrei 95	S bleifrei 95	S bleifrei 95	S bleifrei 95	S bleifrei 95	S bleifrei 95
Katalysator	geregelt	geregelt	geregelt	geregelt	geregelt	geregelt
Füllmengen						
Motoröl (mit Filter) Liter	4,25	4,25	4,25	4,25	4,25	4,25
Kühlmittel Liter	6,6 / 7,1[1)]	6,6 / 7,1[1)]	6,6 / 7,1[1)]	6,6 / 7,1[1)]	6,6 / 7,1[1)]	6,6 / 7,1[1)]

Motorbezeichnung	2,0 l	2,0 l[2)]	2,0 l	2,5 l V6 24V	1,8 TD	1,8 TD
Motorcode	NGA	NGA	NGA	SEA	RFN	RFN
Motortyp	Zetec	Zetec-E	Zetec-E	Duratec	OHC	OHC
Fertigung von – bis	11/92 – 8/96	1/96 – 2/97	9/96 –	9/94 –	11/92 – 8/96	9/96 –
Hubraum cm^3	1988	1988	1988	2544	1753	1753
Leistung kW bei 1/min	100/6000	97/6000	96/5700	125/6250	65/4500	66/4500
PS bei 1/min	136/6000	132/6000	130/5700	170/6250	88/4500	90/4500
Drehmoment Nm bei 1/min	180/4000	180/4000	176/3700	220/4250	178/2000	178/2200
Bohrung ∅ mm	84,4	84,4	84,4	82,4	82,5	82,5
Hub mm	88,0	88,0	88,0	79,5	82,0	82,0
Verdichtung	10,0	10,0	10,0	9,7	21,5	21,5
Einspritzanlage	SEFI	SEFI	SEFI	SEFI	Diesel	Diesel
Zündanlage	EEC IV	EEC IV	EEC V	EEC IV/V	–	–
Zündfolge	1-3-4-2	1-3-4-2	1-3-4-2	1-4-2-5-3-6	1-3-4-2	1-3-4-2
Kraftstoff ROZ	S bleifrei 95	S bleifrei 95	S bleifrei 95	S bleifrei 95	Diesel	Diesel
Katalysator	geregelt	geregelt	geregelt	geregelt	ungeregelt	ungeregelt
Füllmengen						
Motoröl (mit Filter) Liter	4,25	4,25	4,25	5,5	5,0	5,0
Kühlmittel Liter	6,6 / 7,1[1)]	6,6 / 7,1[1)]	6,6 / 7,1[1)]	9,5/9,7[1)]	9,3	9,3

SEFI = **S**equential **E**lectronic **F**uel **I**njection = Sequentielle elektronische Kraftstoffeinspritzung.
EEC IV/V = **E**lectronic **E**ngine **C**ontrol = Elektronische Motorsteuerung mit integrierter Kennfeldzündung, 4./5. Generation.
[1)] Füllmenge bei Modellen mit Automatikgetriebe.
[2)] Nur in Verbindung mit Allrad-Antrieb (4x4).

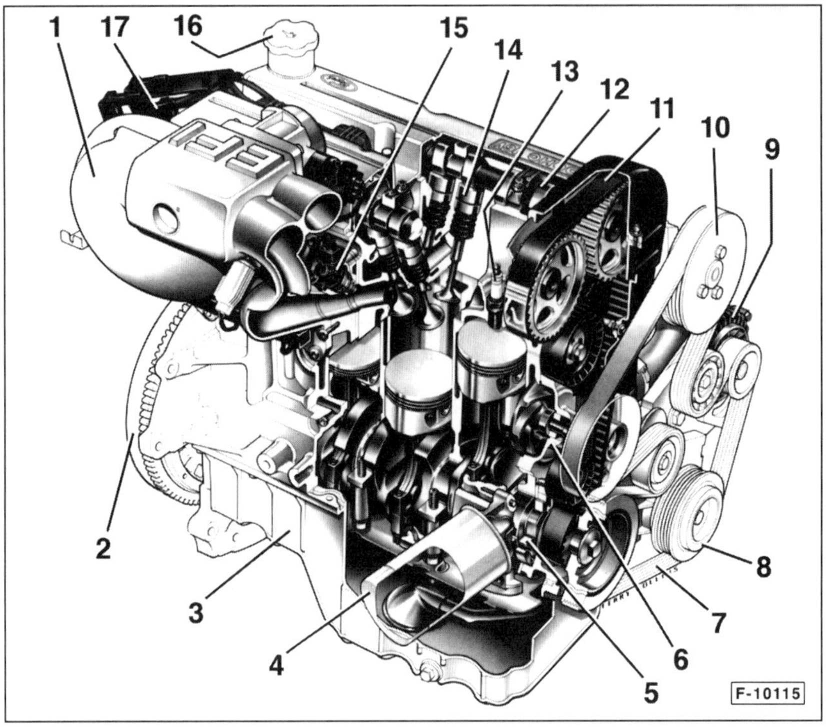

DOHC-Benzinmotor

Zetec-E

1 – **Ansaugkrümmer**
Beim Mondeo geänderte Ausführung.
2 – **Schwungrad**
3 – **Ölwanne**
4 – **Ölfilter**
5 – **Ölpumpe**
6 – **Kühlmittelpumpe**
7 – **Keilrippenriemen**
8 – **Riemenrad Klimakompressor**
9 – **Generator**
Beim Mondeo an gegenüberliegender Motorseite.
10 – **Riemenrad Lenkhilfepumpe**
11 – **Zahnriemen**
12 – **Nockenwelle**
13 – **Zündkerze**
14 – **Hydraulischer Ventilspielausgleicher**
15 – **Einspritzventil**
16 – **Öleinfülldeckel**
17 – **Zündspulen**

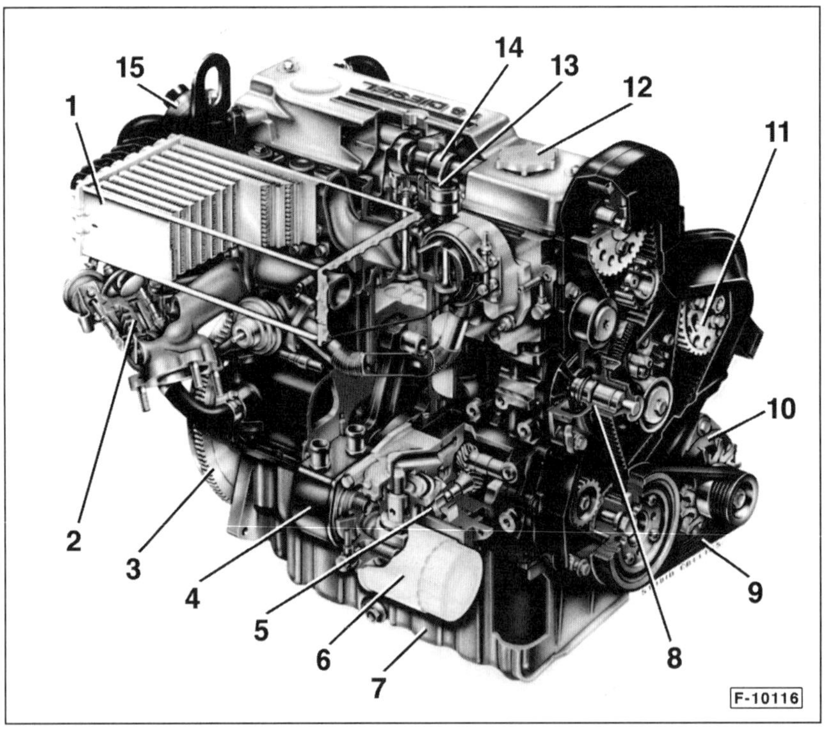

OHC-Turbodieselmotor

1 – **Ladeluftkühler**
2 – **Abgas-Turbolader**
3 – **Schwungrad**
4 – **Ölkühler**
5 – **Ölpumpe**
6 – **Ölfilter**
7 – **Ölwanne**
8 – **Kühlmittelpumpe**
9 – **Keilrippenriemen**
10 – **Generator**
11 – **Einspritzpumpenrad**
12 – **Öleinfülldeckel**
13 – **Tassenstößel, Einstellscheibe**
14 – **Nockenwelle**
15 – **Kraftstoffilter**

Motor aus- und einbauen

Der Motor wird mit angeflanschtem Getriebe nach unten ausgebaut, deshalb empfiehlt es sich, vor dem Ausbau des Motors auch das Kapitel »Getriebe aus- und einbauen« durchzulesen.

Zum Ausbau des Motors wird ein Kran oder Flaschenzug benötigt. Da der Motor zusammen mit dem Getriebe unter dem Fahrzeug herausgezogen werden muß, wird außerdem eine Grube oder eine Hebebühne benötigt.

Vor der Montage im Motorraum sollten die Kotflügel mit Decken geschützt werden.

Je nach Baujahr und Ausstattung können die elektrischen Leitungen beziehungsweise Unterdruck- oder Kühlmittelschläuche unterschiedlich im Motorraum verlegt und angeschlossen sein. Da im einzelnen nicht auf jede Variante eingegangen werden kann, empfiehlt es sich, die jeweiligen Leitungen mit Klebeband zu kennzeichnen, bevor sie abgezogen werden. Beschrieben wird der Ausbau am Benzinmotor mit Schaltgetriebe.

Ausbau

- Batterie-Massekabel (–) von der Batterie abklemmen. **Achtung:** Dadurch werden die elektronischen Speicher gelöscht, wie zum Beispiel der Motorfehlerspeicher oder der Radiocode. Vor dem Abklemmen der Batterie sollten auch die Hinweise im Kapitel »Batterie aus- und einbauen« durchgelesen werden.
- Luftfilter und Luftansaugrohr ausbauen, siehe Seite 70.

- Kunststoffzungen an Kraftstoffzuleitungen –1– zusammendrücken und Leitungen abziehen. Beim Abziehen Lappen um die Kraftstoffleitungen legen, so daß beim Lösen kein Kraftstoff herausspritzen kann. Leitungen umgehend mit einem geeigneten Stopfen verschließen. Dazu beispielsweise saubere Schrauben mit entsprechendem Gewindedurchmesser in die Schläuche stecken. Zum leichteren Einbau Kraftstoffleitungen vorher mit Klebeband kennzeichnen. **Achtung:** Kraftstoffleitungen vorsichtig abziehen, damit der Druck im Kraftstoffsystem entweichen kann.
- Clip –2– abziehen und Gaszug aushängen.

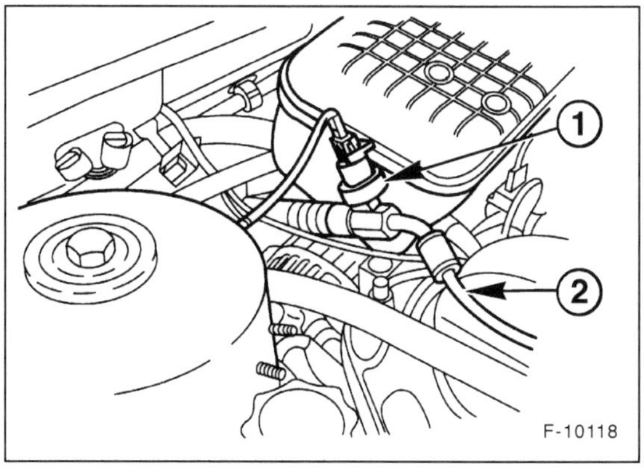

- Stecker –1– vom Lenkhilfe-Druckschalter abziehen. Halter für Druckleitung –2– am Motor abschrauben.
- Massekabel von der Motorhebeöse abschrauben.

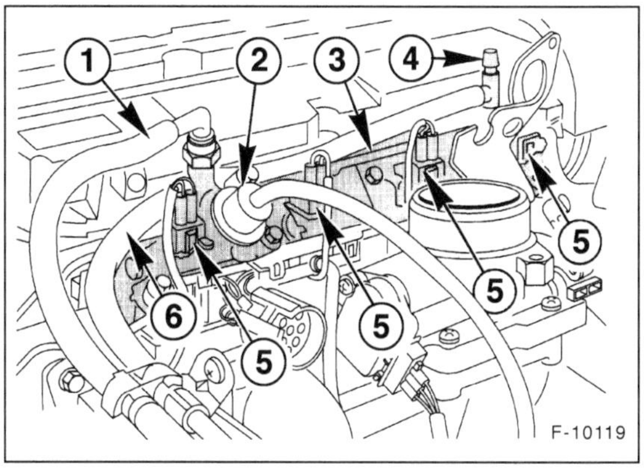

- Unterdruckschläuche am Kraftstoffdruckregler –2– sowie am Ansaugrohr abziehen. Andere abgebildete Bauteile: 1 – Kraftstoffrücklauf, 3 – Verteilerrohr; 4 – Ventil; 5 – Stecker für Einspritzventile; 6 – Kraftstoffzulauf.

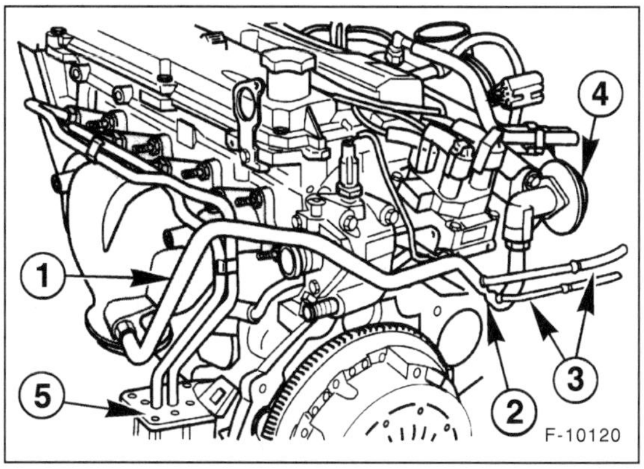

- Unterdruckschläuche am Anschluß des Abgasrückführventils –4–, –3– an Meßstelle –2– des Rohrs –1– abziehen. Schlauch für Motorbelüftung neben Zündspule abziehen.
- Von Fahrzeugunterseite her Unterdruckschlauch am Impulsluftsystem-Regelventil –5– abziehen.

- Vorderes Abgasrohr am Abgaskrümmer abschrauben. Abgasanlage an sämtlichen Aufhängungen aushängen und abnehmen, siehe Seite 90.

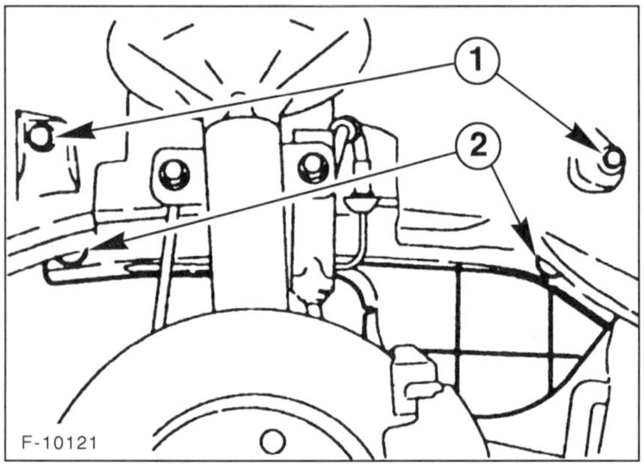

F-10121

- Radhausabdeckung lösen –1–. Abdeckung für Keilriemenscheiben abschrauben –2–.
- Keilriemen ausbauen, siehe Seite 42.
- Massekabel vom Aufbau am Getriebe abschrauben.
- Kupplungszug am Getriebehebel aushängen.

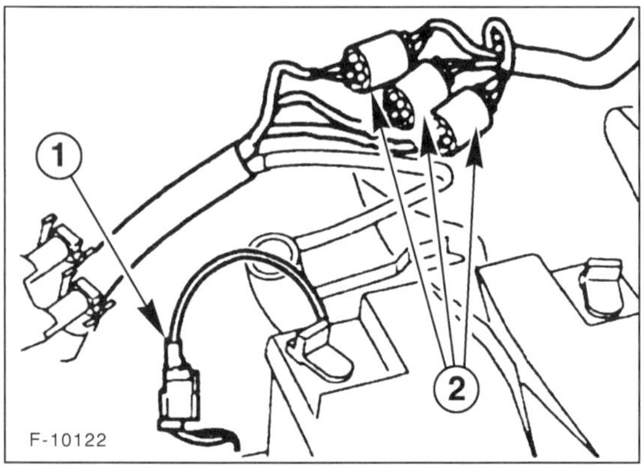

F-10122

- Stecker –1– trennen. Mehrfachstecker –2– Motorkabelstrang trennen.

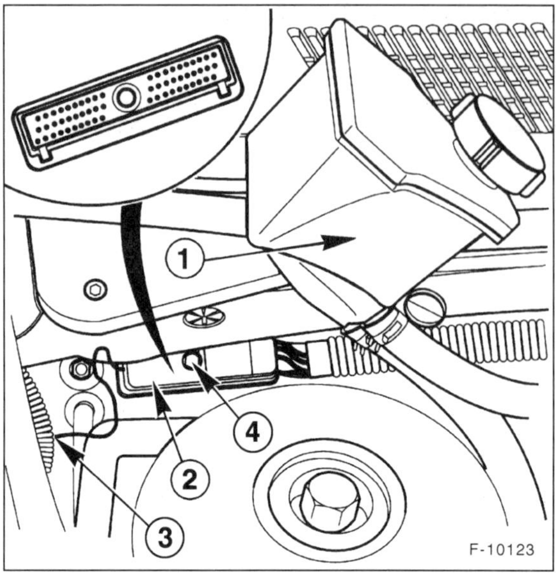

F-10123

- Vorratsbehälter –1– für Servolenkung nach oben aus der Halterung herausziehen. Massekabel –3– abschrauben. Schraube –4– lösen und Stecker –2– für Motorregelungsmodul abziehen.

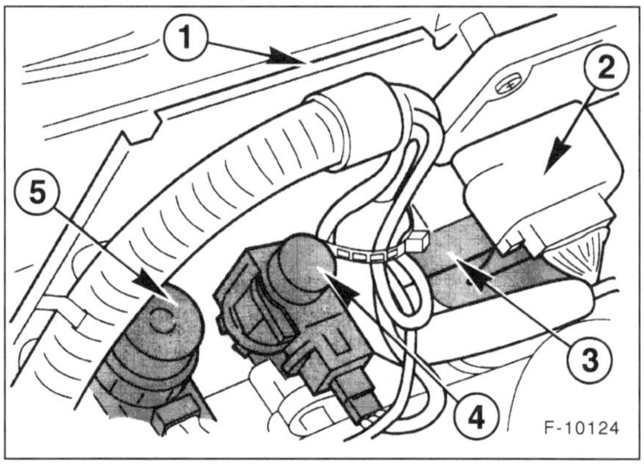

F-10124

- Am Halter –1– an der Stirnwand Kabelstecker vom Zündmodul –2– (nur Automatikgetriebe), Differenzdruckwandler –3–, Impulsluft-Magnetventil –4– und Unterdruckregler –5– abziehen. Kabelstrang von der Stirnwand abklipsen.
- Hitzeschutzblech am Abgaskrümmer abschrauben.
- Fahrzeug aufbocken.
- Getriebeöl ablassen, siehe Seite 109.
- Kühlmittel ablassen, siehe Seite 53.
- Schlauchschellen lösen und unteren Kühlmittelschlauch am Kühler abziehen. Bei Fahrzeugen mit Ölkühler, außerdem Kühlmittelschläuche am Ölfilterflansch abbauen.
- Schlauchschellen lösen und Kühlmittelleitungen am Thermostat abziehen, siehe Seite 54.
- Druckleitung und Leitung zum Ausgleichbehälter an der Lenkhilfpumpe abmontieren. Behälter unterstellen und auslaufende Hydraulikflüssigkeit auffangen. Lenkhilfepumpe ausbauen, siehe Seite 135.

Fahrzeuge mit Klimaanlage

Achtung: Der Kältemittelkreislauf der Klimaanlage darf nicht geöffnet werden. Das Kältemittel enthält Stoffe, die bei Hautkontakt zu Erfrierungen führen können. Der Motor kann allerdings auch ausgebaut werden, ohne daß der Kältemittelkreislauf geöffnet wird.

F-10125

- Halteschrauben – Pfeile – Klimakompressor abschrauben und mit angeschlossenen Leitungen mit Draht so aufhängen, daß die Pumpe den weiteren Ausbau nicht stört und die Leitungen nicht auf Zug belastet werden. Stecker für Magnetkupplung abziehen.

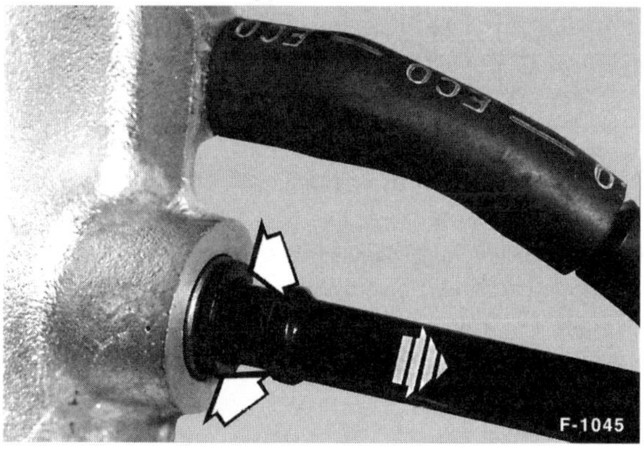

F-1045

- Unterdruckleitung für Bremskraftverstärker vom Ansaugkrümmer abbauen. Dazu Halteclip am Ansaugkrümmer etwas in den Krümmer hineindrücken, festhalten und Unterdruckleitung vorsichtig aus der Federbuchse ziehen.
- Linke und rechte Gelenkwelle ausbauen, siehe Seite 120.
- Klemmschraube für Schaltstange lösen. Schaltstange und Schaltstangenstütze am Getriebe abschrauben.

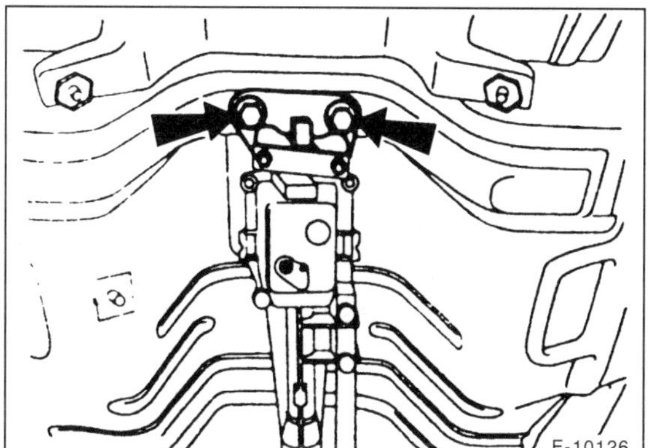
F-10126

- Hitzeschutzschild für Schaltgestänge abschrauben. Schaltgestänge nach hinten drehen und mit Draht am Aufbau hochbinden.

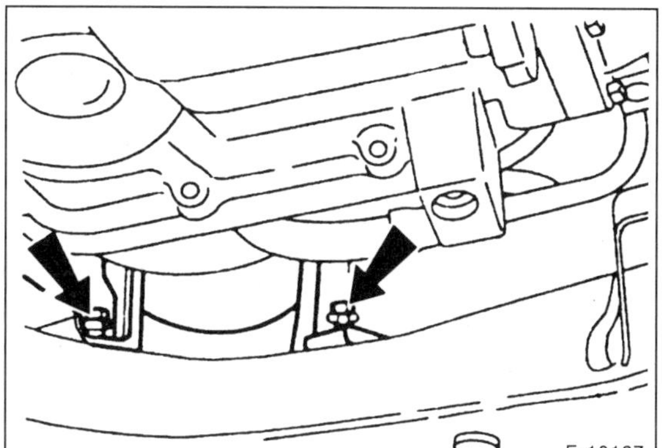
F-10127

- Schrauben herausdrehen, Trockner für Klimaanlage (wo vorhanden) abnehmen und mit Draht am Aufbau hochbinden.

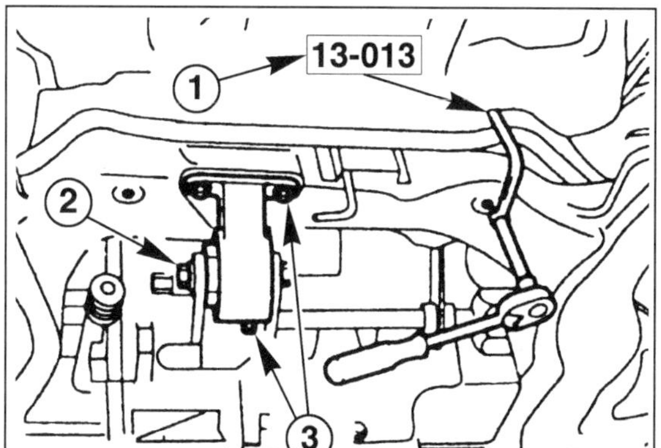

F-10128

- Befestigungsschrauben –1– für Lenkgetriebe am Hilfsrahmen herausdrehen.
- Zentralschraube –2– an der Motor-Momentenstütze herausdrehen. Schrauben –3– abschrauben und Halter vom Hilfsrahmen abnehmen.
- Halter der Motor-Momentenstütze am Getriebe abschrauben.

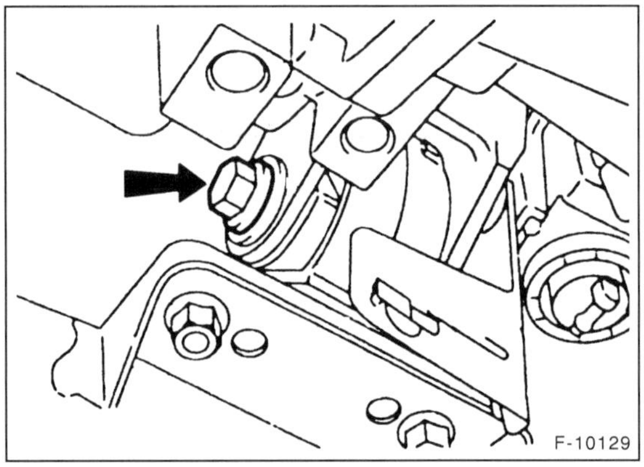

- Zentralschraube an vorderer Motor-Momentenstütze herausdrehen.

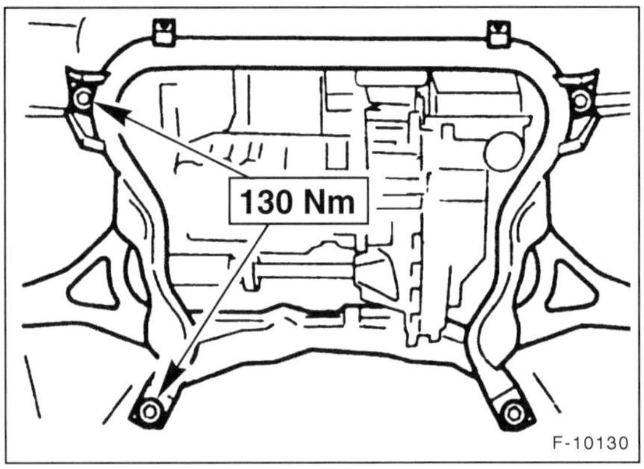

- Hilfsrahmen mit Werkstatt-Wagenheber abstützen. Befestigungsschrauben herausdrehen, Hilfsrahmen absenken und herausnehmen.
- Tachowelle am Getriebe, in der Nähe des linken Antriebswellen-Flanschs, abschrauben.
- Getriebe mit einem Rangierwagenheber abstützen. Holzzwischenlage verwenden, um Beschädigungen zu vermeiden.

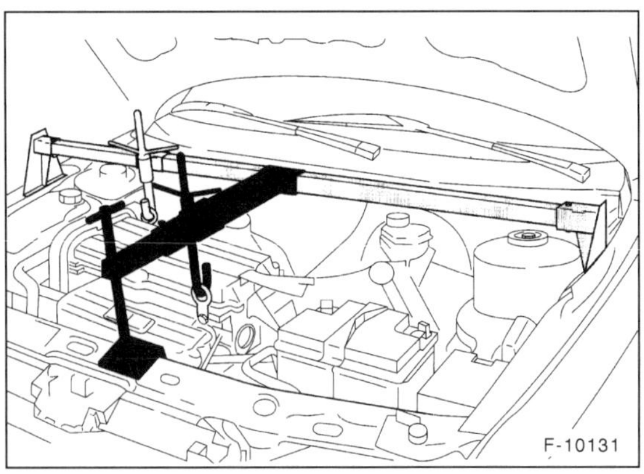

- Hebevorrichtung in die Aufhängeösen am Motor einhängen und Motor mit Kran leicht anheben.

Rechtes Motorlager

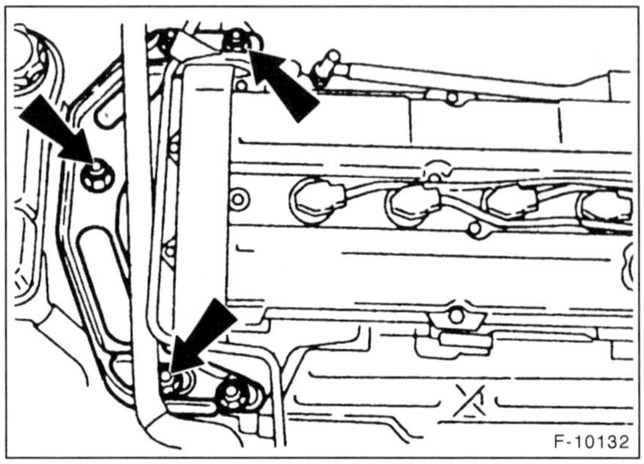

Linkes Motorlager

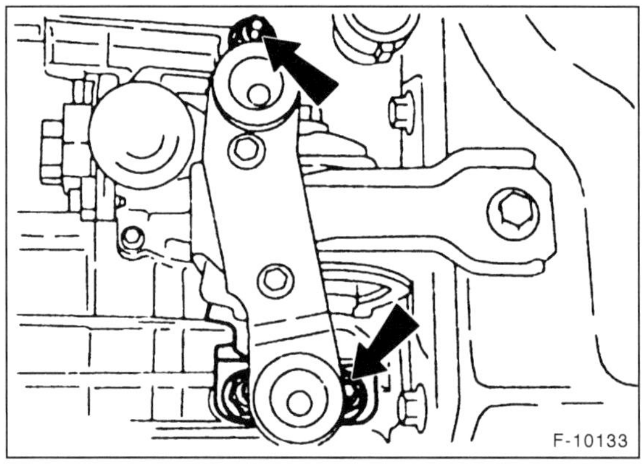

- Befestigungsmuttern –Pfeile– beider Motorlager abschrauben.
- Sicherstellen, daß sämtliche Schläuche und Leitungen abgezogen sind, die vom Motor zum Aufbau führen.
- Motor-/Getriebeeinheit nach unten aus dem Motorraum ablassen.

Einbau

- Motorlager, Kühlmittel-, Öl- und Kraftstoffschläuche auf Porosität oder Risse prüfen, falls erforderlich erneuern.
- An den Motorlagern nur **neue selbstsichernde** Muttern verwenden.
- Bei hoher Laufleistung Motor und Getriebe trennen. Kupplungsausrücklager auf leichten Lauf und Ausrückhebel auf Leichtgängigkeit prüfen, gegebenenfalls erneuern. Kupplungs-Mitnehmerscheibe auf ausreichende Belagdicke sowie Belagzustand prüfen, gegebenenfalls auswechseln, siehe Seite 94.
- Motor-/Getriebeeinheit von unten in den Motorraum fahren, dabei auf richtigen Sitz der Motorlager achten.
- Befestigungsmuttern der Motorlager ansetzen, noch nicht festziehen. Die Muttern dürfen **nicht** zur Anlage kommen.
- Linke und rechte Gelenkwelle einbauen, siehe Seite 120.
- Unterdruckleitung für Bremskraftverstärker in Schnellverschluß am Ansaugkrümmer einrasten lassen.

- **Fahrzeuge mit Klimaanlage:** Klimakompressor ansetzen und die Schrauben mit **25 Nm** anschrauben.
- Unteren Kühlmittelschlauch an Kühler aufschieben, mit Federbandschelle sichern. Anstelle der Federbandschelle kann auch eine Schlauchschelle zum Schrauben verwendet werden.
- Kühlmittelschläuche wie ausgebaut an Kühlmittelpumpe und Thermostat sowie Ölkühler befestigen, mit Schlauchschellen sichern.

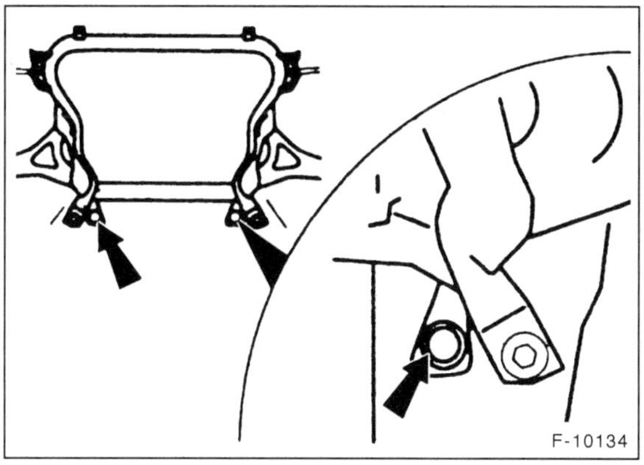

- Hilfsrahmen mit Rangierheber ansetzen, Schrauben aufdrehen, noch nicht festziehen. Hilfsrahmen ausrichten, dazu passende Dorne durch die Bohrungen am Hilfsrahmen und Unterboden stecken. In dieser Position 4 Befestigungsschrauben für Hilfsrahmen mit **130 Nm** anziehen. Dorne herausnehmen.
- Antriebsaggregat durch Schüttelbewegungen spannungsfrei einrichten, es muß in der vorderen Momentenstütze frei beweglich sein.
- Muttern für linkes und rechtes Motorlager mit **85 Nm** festziehen.
- Wagenheber und Kran entfernen.
- Halter der hinteren Motor-Momentenstütze mit 3 Schrauben und **85 Nm** am Getriebe anschrauben.
- Hintere Motor-Momentenstütze mit **50 Nm** am Hilfsrahmen anschrauben. Zentralschraube der Motor-Momentenstütze mit **120 Nm** festziehen, dabei darf der Motor nicht zur Seite gedrückt werden. Das Lager darf nicht unter Spannung stehen.
- Befestigungsschrauben für Lenkgetriebe an Hilfsrahmen mit **130 Nm** festziehen.
- Zentralschraube der vorderen Motor-Momentenstütze mit **120 Nm** festziehen.
- Wo vorhanden, Trockner für Klimaanlage anschrauben.
- Schaltgestänge anschrauben. Hitzeschutzschild für Schaltgestänge anbauen. Schaltung einstellen, siehe Seite 106.
- Pumpe für Servolenkung einbauen, siehe Seite 135.
- Hitzeschutzschild für Abgaskrümmer anschrauben. Dabei Halter für Kühlmittelrohr und Ölmeßstab mit anschrauben.
- Motorhauptkabelstrang am Steuergerät aufstecken, Befestigungsschraube festziehen. Massekabel anschrauben.
- Ausgleichbehälter für Servolenkung einhängen.
- Die komplette Abgasanlage einbauen, siehe Seite 92.
- Fahrzeug ablassen.
- Sämtliche elektrische Leitungen und Unterdruckschläuche entsprechend der angebrachten Markierungen aufschieben oder festschrauben. Massekabel am Getriebe anschrauben.
- Gaszug einbauen.
- Kraftstoffvor- und -rücklaufleitung entsprechend der angebrachten Markierungen aufstecken und Schnellkupplungen einrasten lassen.
- Belüftungsschlauch am Zylinderkopf aufschieben.
- Keilriemen einbauen, siehe Seite 42.
- Abdeckung für Riemenscheiben einbauen.
- Kupplungszug einhängen und Kupplung einstellen, siehe Seite 97.
- Luftfilter und Luftansaugrohr einbauen, siehe Seite 70.
- Öl in Motor und Getriebe auffüllen, siehe Seite 109, 261.
- Kühlmittel auf Gefrierschutz prüfen und auffüllen, siehe Seite 53.
- Untere Kühlerverkleidung einbauen.
- Den Behälter der Lenkhilfe mit Hydraulikflüssigkeit auffüllen und Lenkhilfe entlüften, siehe Seite 261.
- Batterie-Massekabel (–) anklemmen. Zeituhr einstellen sowie Diebstahlcode für das Radio eingeben.
- Motor auf Betriebstemperatur bringen, sämtliche Flüssigkeitsstände überprüfen und sämtliche Schlauchanschlüsse auf Dichtheit prüfen.
- Spur der Vorderräder einstellen (Werkstattarbeit).

Zahnriemen aus- und einbauen/ Zahnriemen spannen

4-Zylinder-Benzinmotor

Der Zahnriemen muß im Rahmen der Wartung alle 90.000 km erneuert werden.

Ausbau

- Batterie-Massekabel (–) von der Batterie abklemmen. **Achtung:** Dadurch werden die elektronischen Speicher gelöscht, wie zum Beispiel der Motorfehlerspeicher oder der Radiocode. Vor dem Abklemmen der Batterie sollten auch die Hinweise im Kapitel »Batterie aus- und einbauen« durchgelesen werden.
- Mehrfachstecker vom Drucksensor für Servolenkung abziehen. Der Sensor sitzt oben neben der Zahnriemenabdeckung.
- Rücklaufschlauch und Druckleitung von der Ölpumpe für die Servolenkung abschrauben. **Achtung:** Hydrauliköl auffangen. Öffnungen mit Stopfen verschließen.

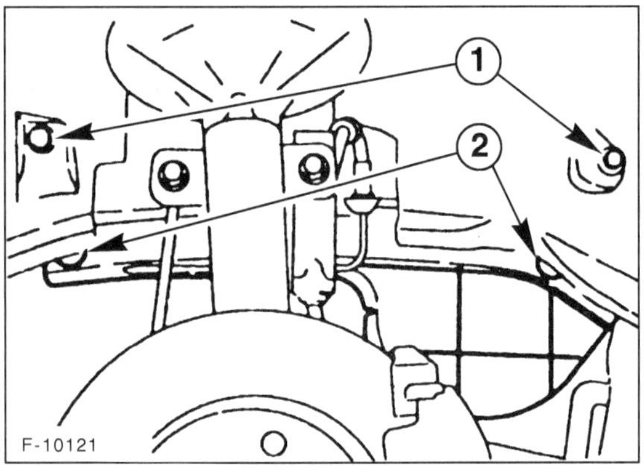

- Fahrzeug aufbocken. Radhausabdeckung lösen –1–. Abdeckung für Keilriemenscheiben abschrauben –2–.

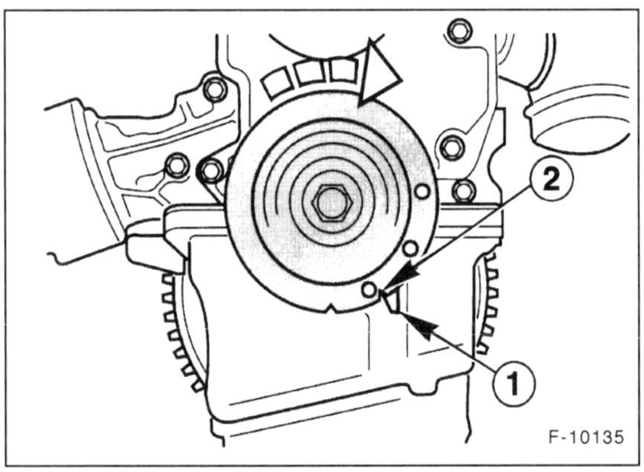

- Kurbelwelle auf OT stellen. Dazu Getriebe in Leerlaufstellung bringen, Handbremse anziehen. Kurbelwelle an der Zentralschraube verdrehen, bis die beiden Markierungen –1– und –2– übereinstimmen.
- Kurbelwellen-Riemenscheibe –7– an der Zentralschraube abschrauben. Zum Gegenhalten 1. Gang einlegen und Handbremse anziehen.

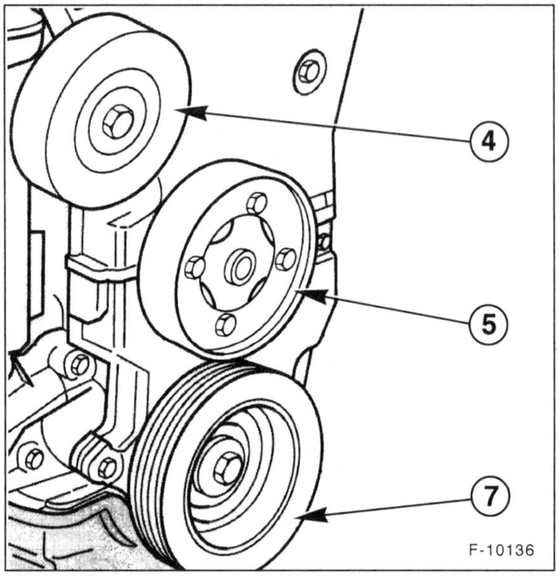

- 4 Schrauben der Riemenscheibe –5– für Kühlmittelpumpe lösen, noch nicht abschrauben.
- Keilriemen ausbauen, siehe Seite 42.
- Riemenscheibe –5– für Kühlmittelpumpe abschrauben. Gegebenenfalls dabei Kühlmittelpumpen-Riemenscheibe mit einem Spannband (z. B. HAZET 2170) festhalten.
- Keilriemen-Umlenkrolle –4– abschrauben.

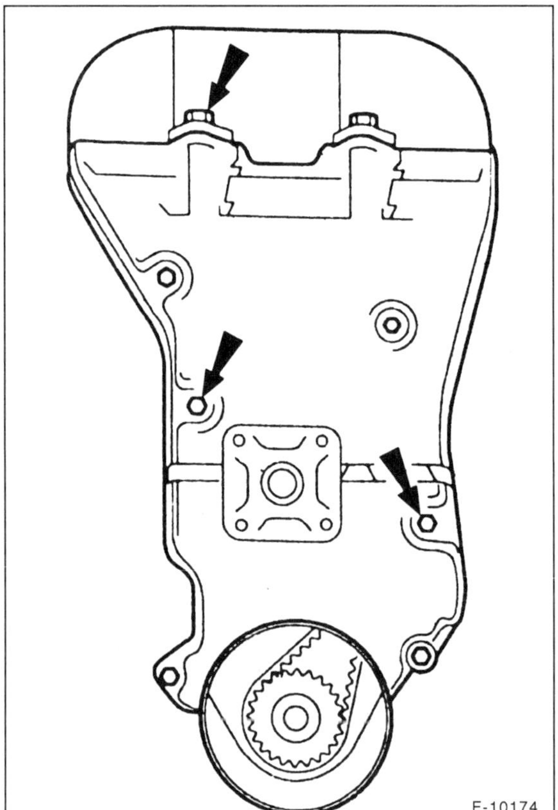

- Befestigungsschrauben für obere, mittlere und untere Zahnriemenabdeckung herausdrehen.

- Schlauch für Kurbelgehäuseentlüftung vom Zylinderkopfdeckel abziehen.
- Sämtliche Zündkerzenstecker abziehen und mit Zündkabeln nach hinten verlegen.
- Halter für Gaszug am Drosselklappenteil abschrauben.
- Vordere Motor-Anhebeöse lösen, Zylinderkopfdeckel mit 10 Schrauben abschrauben und Distanzhülsen mit O-Ringen abnehmen.

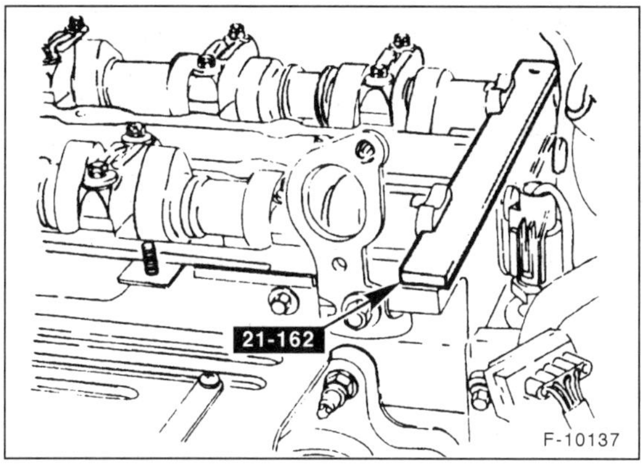

- Nockenwellen mit Einstellwerkzeug 21-162 oder entsprechendem Lineal in OT-Stellung fixieren. **Achtung:** Läßt sich das Werkzeug nicht einsetzen, Kurbelwelle um eine Umdrehung weiterdrehen.
- An der Zahnriemen-Spannrolle die Sicherungsschraube lösen und Spannrolle mit Innensechskantschlüssel vom Zahnriemen wegdrücken, Spannrolle also im Uhrzeigersinn drehen. Dadurch wird der Zahnriemen entspannt. Anschließend Sicherungsschraube wieder festziehen.
- Zahnriemen abnehmen.

Einbau

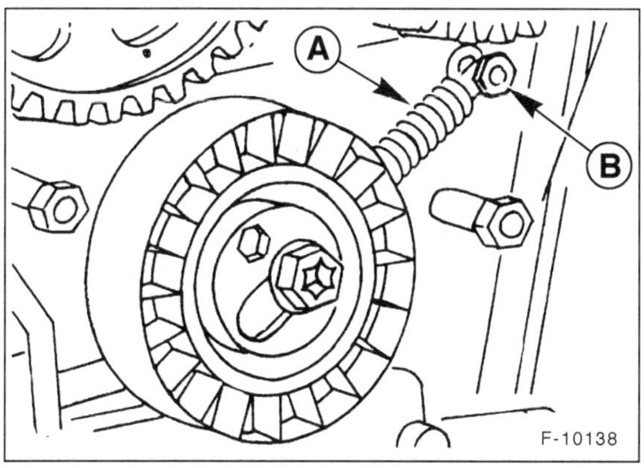

Achtung: Ab Werk wird die Zahnriemen-Spannvorrichtung ohne Feder –A– eingebaut. Falls keine Spannfeder vorhanden ist, neue Feder mit Haltebolzen –B– (10 Nm) einbauen. Dazu Spanner lösen und nach Einbau der Feder in die Ausgangsposition zurückdrehen.

- Neuen Zahnriemen auflegen. Dabei am Kurbelwellen-Zahnriemenrad beginnen und im Uhrzeigersinn auflegen.

Achtung: Die Zugseite des Zahnriemens muß gespannt sein. Zugseite ist der Teil des Zahnriemens, der zwischen Kurbelwellen-Zahnrad und Auslaßnockenwellen-Zahnrad liegt.

- Zahnriemen spannen. Dazu Sicherungsschraube des Zahnriemenspanners lösen. Dadurch zieht die Feder den Spanner gegen den Riemen. Der Zahnriemen ist jetzt korrekt gespannt.
- Zahnriemenspanner mit **40 Nm** festziehen, ohne dabei die Spannrolle zu verdrehen.
- Einstellwerkzeug 21-162 entfernen.
- Untere Zahnriemenabdeckung mit 7 Nm anschrauben.
- Riemenscheibe für Kurbelwelle ansetzen und mit **115 Nm** festschrauben.
- Kurbelwelle an der Zentralschraube um 2 Umdrehungen im Uhrzeigersinn weiterdrehen.
- OT-Stellung der Nocken- und Kurbelwelle mit dem Einstellwerkzeug 21-162 nochmals prüfen. Die Markierungen an Kurbelwellen-Riemenscheibe und Ölwanne müssen gleichzeitig übereinstimmen.

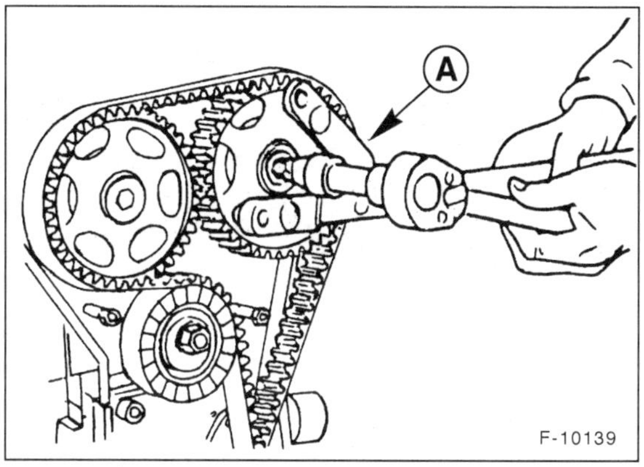

- Falls das Nockenwellen-Einstellwerkzeug –A– nicht eingesetzt werden kann, Zahnriemenrad der entsprechenden Nockenwelle mit FORD-Halteschlüssel 15-030A gegenhalten und Befestigungsschraube lösen. Nockenwelle vorsichtig drehen, bis das Einstellwerkzeug paßt. In dieser Stellung Zahnriemenrad mit **70 Nm** festziehen.
- Zylinderkopfdeckel mit neuer Dichtung einbauen, vorher Distanzhülsen mit O-Ringen einsetzen. Auf richtigen Sitz des Deckels auf den Führungshülsen achten. Schrauben zuerst ganz leicht handfest anziehen. Anschließend sämtliche Schrauben leicht, zuerst mit 2 Nm, dann mit 7 Nm anziehen.
- Mittlere und obere Zahnriemenabdeckung einbauen. Auf korrekten Sitz der mittleren in der unteren Abdeckung achten. Anzugsmoment für mittlere Abdeckung: 7 Nm, für obere Abdeckung: 4 Nm.
- Alle 4 Zündkerzenstecker aufstecken.
- Kurbelgehäuseentlüftungsschlauch am Zylinderkopfdeckel aufschieben.
- Riemenscheibe für Kühlmittelpumpe mit **10 Nm** anschrauben.
- Keilrippenriemen-Umlenkrolle mit **50 Nm** anschrauben.

- Flachkeilriemen auflegen und spannen.
- Abdeckung für Keilriemen anschrauben.
- Rücklaufschlauch und Druckleitung an die Ölpumpe der Servolenkung anschrauben.
- Mehrfachstecker für Drucksensor aufstecken.
- Batterie-Massekabel (–) anklemmen.
- Vorratsbehälter für Servolenkung mit Hydrauliköl befüllen und entlüften, siehe Seite 261.

Nockenwellen aus- und einbauen

4-Zylinder-Benzinmotor

Achtung: Werden Teile der Ventilsteuerung wieder verwendet, müssen diese an gleicher Stelle wieder eingebaut werden. Daher empfiehlt es sich, ein entsprechendes Ablagebrett anzufertigen.

Ausbau

- Zahnriemen ausbauen, siehe Seite 20.

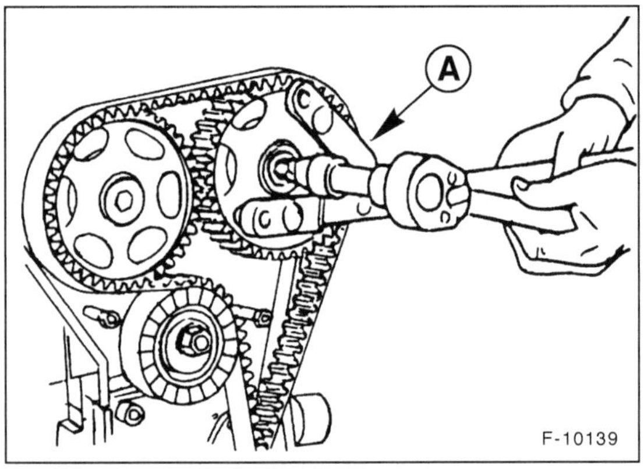

- Nockenwellenräder abschrauben, dabei mit FORD-Halteschlüssel 15-030A –A– gegenhalten.

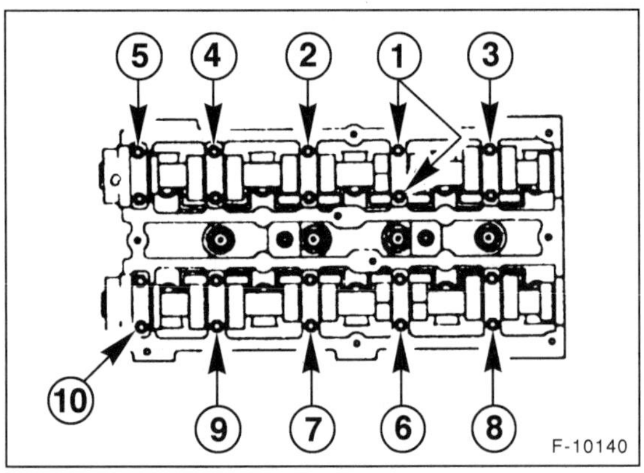

- Schrauben für Nockenwellen-Lagerdeckel paarweise gemäß Reihenfolge in der Abbildung um ½ Umdrehung lösen. Dies in gleicher Reihenfolge wiederholen, bis die Schrauben vollkommen gelöst sind.
- Lagerdeckel, Nockenwellen und Radialdichtringe abnehmen.

Einbau

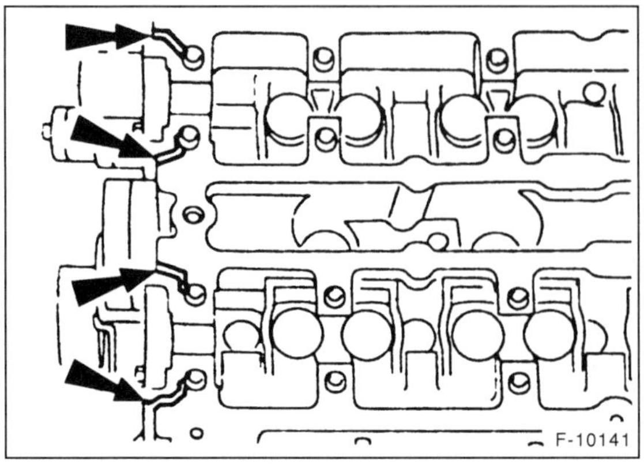

- Handelsübliches Dichtmittel, zum Beispiel Loctite 518, auf Dichtfläche zwischen Lagerdeckel und Zylinderkopf am ersten Lagerdeckel, an der Zahnriemenseite, auftragen –Pfeile–.
- Nockenwellen und Lagerdeckel wie ausgebaut einlegen. Das FORD-Einstellineal 21-162 muß sich einlegen lassen, siehe Kapitel »Zahnriemenausbau«. **Hinweis:** Die Lagerdeckel sind numeriert, damit sie nicht an falscher Stelle eingebaut werden. Die Numerierung zeigt nach außen und beginnt auf der Auslaßseite (Abgaskrümmerseite) mit »0«. Die Einlaßnockenwelle ist am zusätzlichen Nocken am Wellenende für den CID-Sensor erkennbar.
- Nockenwellen-Lagerdeckel in umgekehrter Reihenfolge wie ausgebaut in mehreren Durchgängen festziehen. Dabei Schrauben jeweils immer nur ½ Umdrehung weiterdrehen, damit sich die Nockenwellen nicht verkanten. Abschließend sämtliche Schrauben zuerst mit **10 Nm**, dann mit **20 Nm** festziehen.

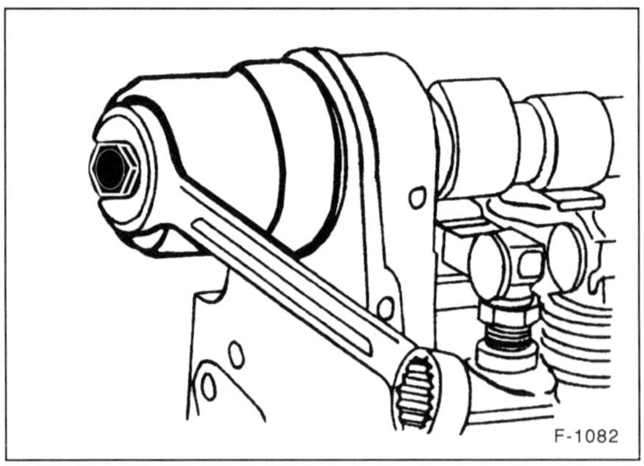

- Neuen Wellendichtring leicht mit Getriebeöl einölen und mit FORD-Spezialwerkzeug 21-009B einziehen. Der Wellendichtring muß 1,5 mm tiefer als der Rand der Bohrung sitzen. Steht das Spezialwerkzeug nicht zur Verfügung, kann der Dichtring auch mit einem Rohr mit dem gleichem Innen- und Außendurchmesser des Dichtrings eingetrieben werden.
- Nockenwellenräder aufschieben und mit **70 Nm** festziehen. Dabei mit Gabelschlüssel Nockenwelle gegenhalten.
- Zahnriemen einbauen und Motor komplettieren, siehe Seite 20.

Zylinderkopf aus- und einbauen/ Zylinderkopfdichtung ersetzen

4-Zylinder-Benzinmotor

Zum Ausbau des Zylinderkopfes muß der Motor auf Raumtemperatur abgekühlt sein. Abgas- und Ansaugkrümmer bleiben angeschlossen.

Eine defekte Zylinderkopfdichtung ist an einem oder mehreren der folgenden Merkmale erkennbar:

- Leistungsverlust.
- Kühlflüssigkeitsverlust. Weiße Abgaswolken bei warmem Motor.
- Ölverlust.
- Kühlflüssigkeit im Motoröl, Ölstand nimmt nicht ab, sondern zu. Graue Farbe des Motoröls, Schaumbläschen am Peilstab, Öl dünnflüssig.
- Motoröl in der Kühlflüssigkeit.
- Kühlflüssigkeit sprudelt stark.
- Keine Kompression auf 2 benachbarten Zylindern.

Ausbau

- Batterie-Massekabel (–) von der Batterie abklemmen. **Achtung:** Dadurch werden die elektronischen Speicher gelöscht, wie zum Beispiel der Motorfehlerspeicher oder der Radiocode. Vor dem Abklemmen der Batterie sollten auch die Hinweise im Kapitel »Batterie aus- und einbauen« durchgelesen werden.
- Kühlmittel ablassen, siehe Seite 53.
- Luftfilter und Luftansaugrohr ausbauen, siehe Seite 70.

- Kunststoffzungen an Kraftstoffzuleitungen –1– zusammendrücken und Leitungen abziehen. Beim Abziehen Lappen um die Kraftstoffleitungen legen, so daß beim Lösen kein Kraftstoff herausspritzen kann. Leitungen umgehend mit einem geeigneten Stopfen verschließen. Dazu beispielsweise saubere Schrauben mit entsprechendem Gewindedurchmesser in die Schläuche stecken. Zum leichteren Einbau Kraftstoffleitungen vorher mit Klebeband kennzeichnen. **Achtung:** Kraftstoffleitungen vorsichtig abziehen, damit der Druck im Kraftstoffsystem entweichen kann.
- Clip –2– abziehen und Gaszug aushängen.

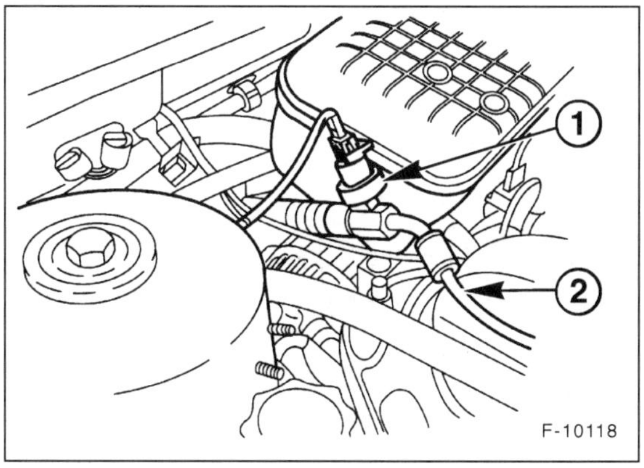

- Stecker –1– vom Lenkhilfe-Druckschalter abziehen. Halter für Druckleitung –2– am Motor abschrauben.
- Massekabel von der Motorhebeöse abschrauben.

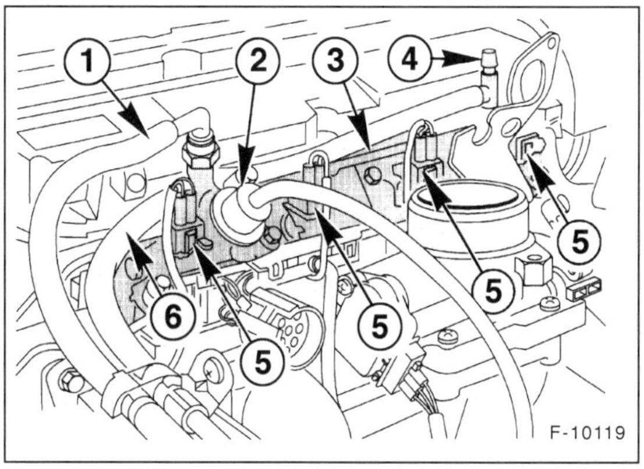

- Unterdruckschläuche am Kraftstoffdruckregler –2– sowie am Ansaugrohr abziehen. Andere abgebildete Bauteile: 1 – Kraftstoffrücklauf, 3 – Verteilerrohr; 4 – Ventil; 5 – Stecker für Einspritzventile; 6 – Kraftstoffzulauf.
- Mehrfachstecker neben Drosselklappenstutzen trennen.

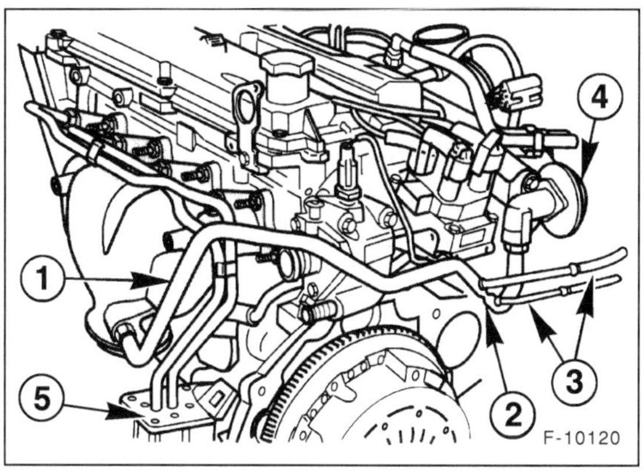

- Unterdruckschläuche am Anschluß des Abgasrückführventils –4–, –3– an Meßstelle –2– des Rohrs –1– abziehen. Schlauch für Motorbelüftung neben Zündspule abziehen.
- Von Fahrzeugunterseite her Unterdruckschlauch am Impulsluftsystem-Regelventil –5– abziehen.

- Kabelstecker an der Zündspule und am ECT-Sensor neben der Zündspule abziehen, siehe Seite 63.
- Vorderes Abgasrohr am Abgaskrümmer abschrauben.

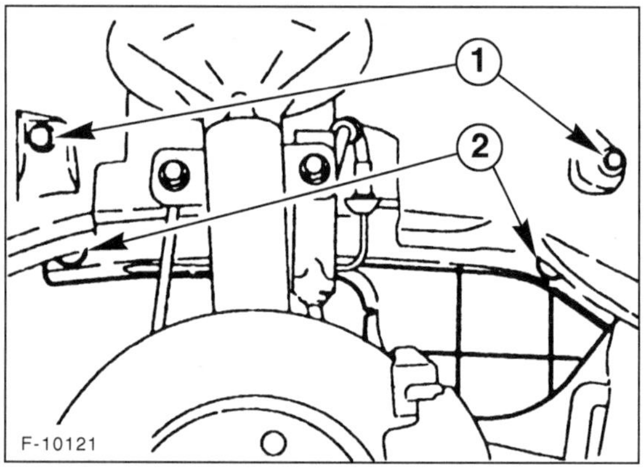

- Radhausabdeckung lösen –1–. Abdeckung für Keilriemenscheiben abschrauben –2–.
- Keilriemen ausbauen, siehe Seite 42.

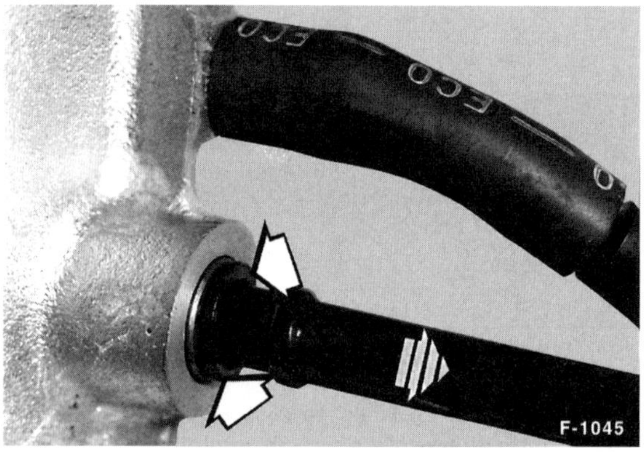

- Unterdruckleitung für Bremskraftverstärker vom Ansaugkrümmer abbauen. Dazu Halteclip am Ansaugkrümmer etwas in den Krümmer hineindrücken, festhalten und Unterdruckleitung vorsichtig aus der Federbuchse ziehen.
- Hitzeschutzblech am Abgaskrümmer abschrauben.
- Halter für Motor-Hauptkabelstrang am Ansaugkrümmer abschrauben, 2 Schrauben.
- Schlauchschellen lösen und Kühlmittelleitungen am Thermostat abziehen, siehe Seite 54.
- Stecker für Kühlmittel-Temperaturgeber am Thermostatgehäuse sowie Kurbelwellen-Positionsgeber am Schwungrad abziehen.

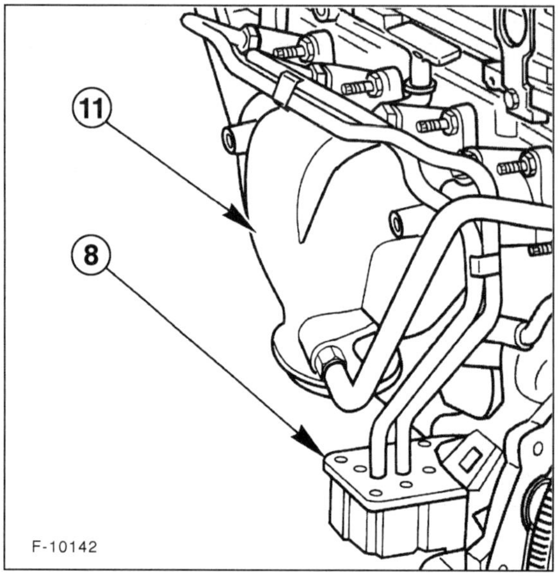

- Filter für Impulsluftsystem –8– mit 1 Schraube am Motorblock abschrauben. 11 – Abgaskrümmer.
- Motor an der Ölwanne mit einem Rangierwagenheber abstützen. Holzzwischenlage verwenden, um Beschädigungen zu vermeiden. Wagenheber nach oben pumpen, bis der Motor leicht angehoben wird.

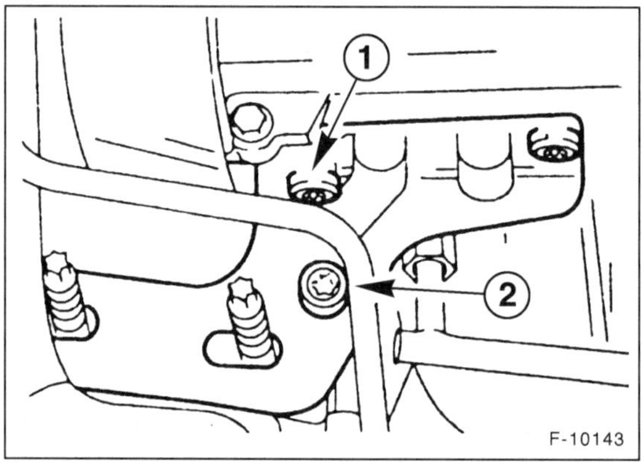

- Befestigungsmuttern am rechten Motorlager abschrauben. Halter abnehmen. **Achtung:** Dabei muß der Motor abgestützt sein, sonst fällt er nach unten.

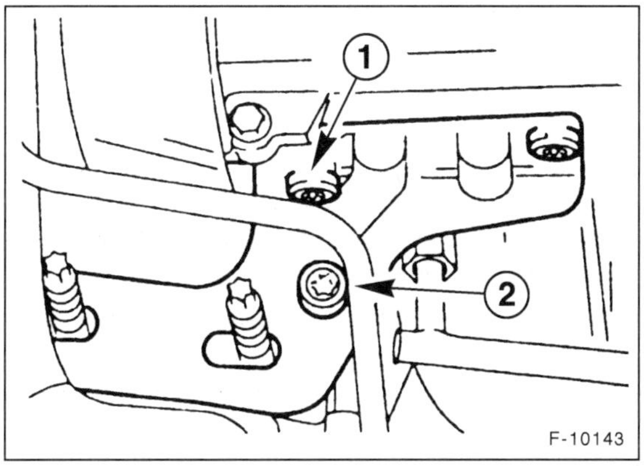

- Vordere Halteplatte am Zylinderkopf abbauen. Dazu 2 Schrauben –1– am Zylinderkopf sowie Schraube –2– am Halter für Lenkhilfepumpe abschrauben.
- Zahnriemen abnehmen und Nockenwellen ausbauen, siehe Seite 20.

Achtung: Das Kurbelwellen-Riemenrad und die untere Zahnriemenabdeckung müssen nicht ausgebaut werden, da der Zahnriemen nicht herausgenommen werden muß.

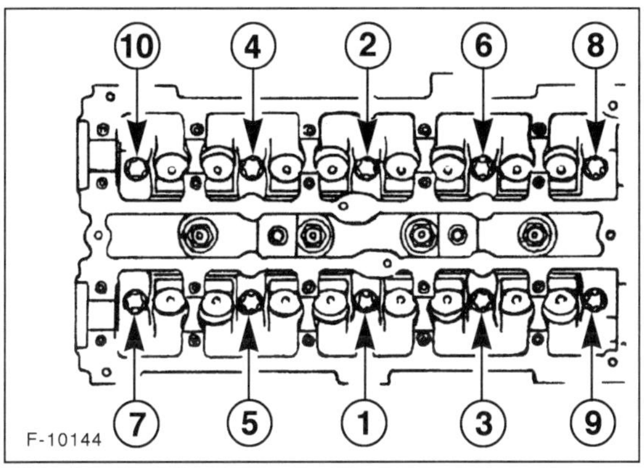

- Zylinderkopfschrauben entgegen der Numerierung von 10 nach 1 lösen. Zum Drehen der Schrauben wird ein langer Innentorxschlüssel, Größe T55, benötigt.

Achtung: Das Lösen der Zylinderkopfschrauben in falscher Reihenfolge kann zum Verzug oder Reißen des Zylinderkopfes führen.

- Prüfen, ob sämtliche Schläuche und Leitungen, die vom Zylinderkopf zum Motor und Aufbau führen, abgezogen sind.
- Ölmeßstab mit Rohr herausziehen.
- Anschließend Zylinderkopf mit Helfer von Motor abheben.

Achtung: Zylinderkopf nach dem Ausbau nicht auf der Dichtfläche absetzen, dabei könnten voll geöffnete Ventile beschädigt werden. Deshalb Zylinderkopf auf 2 Holzleisten ablegen.

Einbau

- Vor dem Einbau Motorblock und Zylinderkopf vorsichtig mit einem geeignetem Schaber von Dichtungsresten freimachen. Dabei darf die Dichtfläche auf keinen Fall zerkratzt werden. **Darauf achten, daß keine Dichtungsreste in die Bohrungen fallen**. Bohrungen mit Lappen verschließen.
- Zylinderkopf auf Risse, Zylinderlaufflächen auf Riefen überprüfen.
- Prüfen, ob die Bohrungen für die Zylinderkopfschrauben frei von Öl sind, gegebenenfalls Öl mit Preßluft herausblasen. Steht keine Preßluft zur Verfügung, einen kleinen Schraubendreher mit einem saugfähigen Lappen nehmen und damit die Bohrungen reinigen. **Achtung:** Das Öl muß auf jeden Fall entfernt werden.
- Zum Zentrieren des Zylinderkopfes Führungsstifte selbst anfertigen. Dazu an zwei alten Zylinderkopfschrauben den Kopf absägen und jeweils eine Nut für den Schraubendreher einsägen.
- Führungsstifte in die Bohrung der Schrauben 7 und 8 (siehe Abbildung F-10144) einschrauben.
- Auf richtigen Sitz der Führungsbuchsen im Motorblock achten. Die Führungsbuchsen müssen fest in den Bohrungen der Schrauben –4– und –6– sitzen.
- Zylinderkopfdichtung so auflegen, daß die Bezeichnung »TOP/OBEN« zum Zylinderkopf zeigt. Zylinderkopfdichtungen sind durch Zacken am vorderen Rand gekennzeichnet. Die neue Dichtung muß dieselbe Kennzeichnung aufweisen wie diejenige, die bisher eingebaut war.

Achtung: Um Beschädigungen an Kolben und Ventilen zu vermeiden, muß die Kurbelwelle vor dem Aufsetzen des Zylinderkopfes so gedreht werden, daß der Kolben des 1. Zylinders etwa 20 mm vor OT steht. Nachdem der Zylinderkopf und die Nockenwellen eingebaut sind und sich in OT-Stellung befinden, Kurbelwelle wieder in OT-Stellung für Zylinder 1 drehen.

- Zylinderkopf vorsichtig aufsetzen, dabei die Dichtung nicht beschädigen.
- Führungsstifte mit Schraubendreher herausschrauben.
- **Neue** Zylinderkopfschrauben an Kopf und Gewinde leicht einölen und handfest anschrauben. **Achtung:** Zylinderkopfschrauben grundsätzlich ersetzen.

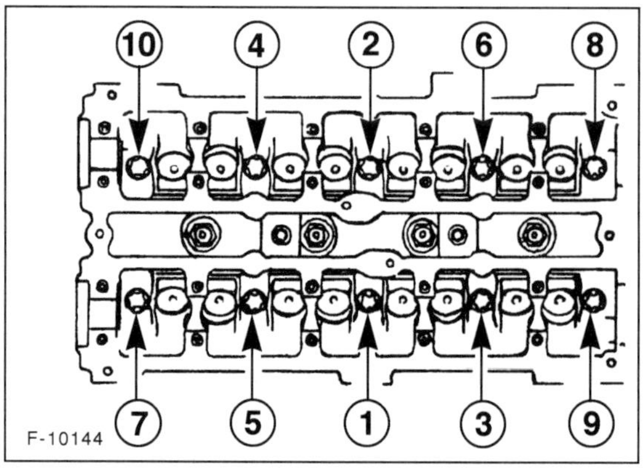

- Zylinderkopfschrauben in der Anzugsreihenfolge von 1 bis 10 in 3 Stufen festziehen:

1. Stufe: mit Drehmomentschlüssel **25 Nm**
2. Stufe: mit Drehmomentschlüssel **45 Nm**
3. Stufe: mit starrem Schlüssel **105°** weiterdrehen

Achtung: Anschließend dürfen die Zylinderkopfschrauben nicht mehr nachgezogen werden. Das Anziehen der Zylinderkopfschrauben ist mit größter Sorgfalt durchzuführen. Vor dem Anziehen der Schrauben sollte der Drehmomentschlüssel auf seine Genauigkeit überprüft werden. Außerdem wird zum Anziehen der Zylinderkopfschrauben eine Winkelscheibe, zum Beispiel HAZET 6690, benötigt. Steht diese nicht zur Verfügung, setzt man den Schraubenschlüssel auf die Schraube auf, mißt mit einem Winkelmesser die 105° und markiert den Winkel mit Kreide auf dem Zylinderkopf.

- Nockenwellen einbauen, siehe Seite 22.
- Zahnriemen einbauen, siehe Seite 20.
- Vordere Halterung am Zylinderkopf und Halterung für Servopumpe anschrauben, 3 Schrauben mit **50 Nm** festziehen.
- Rechte Motorhalterung mit **neuen selbstsichernden** Muttern anschrauben. Wagenheber ablassen und Muttern mit **85 Nm** festziehen.
- Wagenheber entfernen.
- Motor-Kabelführung am Ansaugrohr mit 2 Schrauben anschrauben.
- Unterdruckleitung für Bremskraftverstärker in Schnellverschluß am Ansaugkrümmer einrasten lassen.
- Hitzeschutzschild für Abgaskrümmer anschrauben. Dabei Halter für Kühlmittelrohr und Ölmeßstab mit anschrauben.
- Vorderes Abgasrohr anschrauben, siehe Seite 90.
- Sämtliche elektrische Leitungen und Unterdruckschläuche entsprechend der angebrachten Markierungen aufschieben oder festschrauben.
- Gaszug einbauen.
- Kraftstoffvor- und -rücklaufleitung entsprechend den angebrachten Markierungen aufstecken und Schnellkupplungen einrasten lassen.
- Belüftungsschlauch am Zylinderkopf aufschieben.
- Keilriemen einbauen, siehe Seite 42.
- Abdeckung für Riemenscheiben einbauen.
- Luftfilter und Luftansaugrohr einbauen, siehe Seite 70.
- Ölstand im Motor prüfen, gegebenenfalls Öl nachfüllen. Wurde der Zylinderkopf aufgrund einer defekten Zylinderkopfdichtung abgebaut, sollte das Motoröl einschließlich des Ölfilters gewechselt werden, da sich im Motoröl Kühlflüssigkeit befinden kann.
- Kühlmittel auf Gefrierschutz prüfen und auffüllen, siehe Seite 53.
- Batterie-Massekabel (–) anklemmen. Zeituhr einstellen sowie Diebstahlcode für das Radio eingeben.
- Motor auf Betriebstemperatur bringen, sämtliche Flüssigkeitsstände überprüfen und sämtliche Schlauchanschlüsse auf Dichtheit prüfen.

Zahnriementrieb Dieselmotor

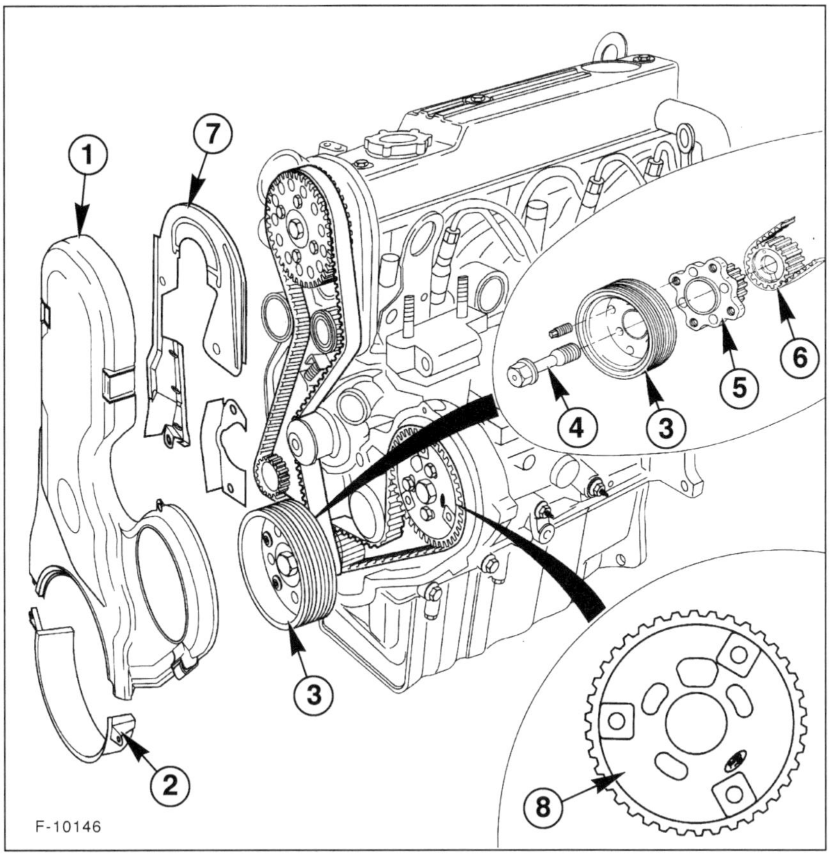

1 – Obere Zahnriemenabdeckung
2 – Untere Zahnriemenabdeckung
3 – Keilriemenrad, Schwingungsdämpfer
4 – Kurbelwellenschraube
5 – Zahnriemenrad Kurbelwelle, Nockenwellenantrieb
6 – Zahnriemenrad Kurbelwelle, Einspritzpumpenantrieb
7 – Hintere Zahnriemenabdeckung
8 – Zahnriemenrad Einspritzpumpe

Die Abbildung zeigt den Dieselmotor bis 8/96.

Zahnriemen aus- und einbauen

Dieselmotor

Achtung: In diesem Kapitel wird der Arbeitsablauf für den Dieselmotor bis 8/96 (65 kW/88 PS) beschrieben. Spezielle Hinweise für den Dieselmotor ab 9/96 (66 kW/90 PS) stehen am Ende des Kapitels.

Der Dieselmotor besitzt 2 Zahnriemen. Bevor der Zahnriemen –B– für die Einspritzpumpe ausgebaut werden kann, muß der Zahnriemen –A– für den Antrieb der Nockenwelle ausgebaut werden. Beim Ausbau ist folgendes zu beachten:

- Zahnriemen **nur bei kaltem Motor** (Raumtemperatur) **einbauen**. Der Motor darf mindestens 4 Stunden nicht in Betrieb gewesen sein. **Achtung:** Die Einstellung der Riemenspannung bei warmem Motor ergibt eine zu niedrige Riemenspannung und verkürzt die Lebensdauer der Riemen.
- Für den Aus- und Einbau der beiden Zahnriemen sind 3 spezielle Einstelldorne erforderlich, die auch selbst hergestellt werden können.
- Beide Zahnriemen sind im Rahmen der Wartung alle 60.000 km zu ersetzen.
- Es müssen immer beide Zahnriemen erneuert werden, auch wenn nur ein Zahnriemen Schäden aufweist. Der Zahnriemenspanner dient nur zum Einstellen der Riemenspannung bei neuen Zahnriemen. Nachspannen führt zur Überbelastung von Riemen und Lagern.

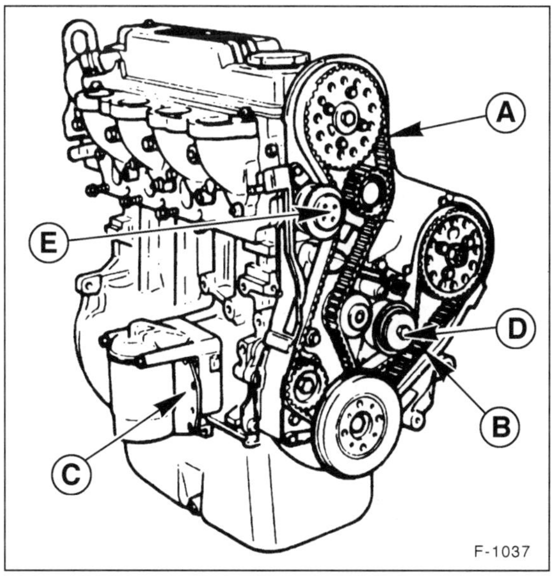

A/B – Zahnriemen, C – Ölkühler, D/E – Zahnriemen-Spannrolle.

- Falls Öl oder Kühlflüssigkeit auf den Zahnriemen gelangt, Zahnriemen umgehend ersetzen. Ein in der Funk-tion beeinträchtigter Zahnriemen kann zu schwerwiegenden Motorschäden führen.
- Bei abgenommenem Nockenwellen-Zahnriemen darf der Motor nicht durchgedreht werden, andernfalls stoßen die Kolben an die Ventile.

Ausbau

- Batterie-Massekabel (–) von der Batterie abklemmen. **Achtung:** Dadurch werden die elektronischen Speicher gelöscht, wie zum Beispiel der Motorfehlerspeicher oder der Radiocode. Vor dem Abklemmen der Batterie sollten auch die Hinweise im Kapitel »Batterie aus- und einbauen« durchgelesen werden.
- Keilrippenriemen ausbauen, siehe Seite 42.

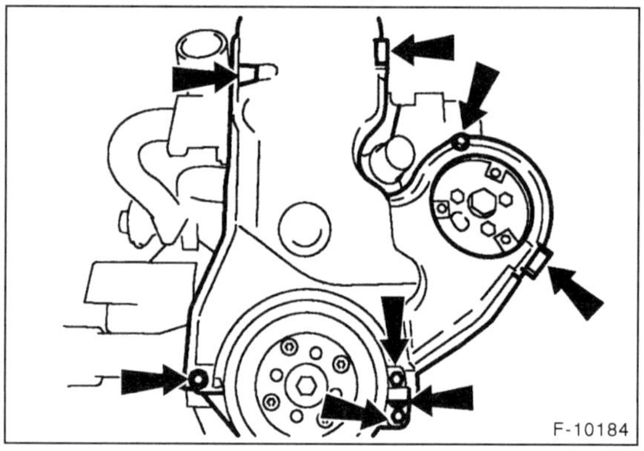
F-10184

- Zahnriemenabdeckungen ausclipsen beziehungsweise abschrauben.
- Kurbelwelle auf OT für Zylinder 1 oder 4 stellen (OT = Oberer Totpunkt). Dazu Getriebe in Leerlaufstellung bringen, Handbremse anziehen. Gekröpften Ringschlüssel SW 32 an der Zentralschraube der Kurbelwellen-Riemenscheibe ansetzen und Riemenscheibe im Uhrzeigersinn verdrehen. Andere Methode zum Motor-Durchdrehen: 5. Gang einlegen und Fahrzeug auf einer ebenen Fläche verschieben.

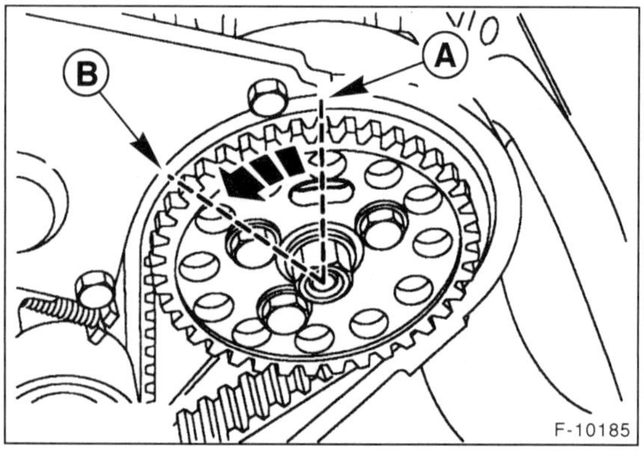

F-10185

- Kurbelwelle verdrehen bis das Langloch des Einspritzpumpen-Zahnrades oben steht – Position A–,
- Kurbelwelle ca. 30° in Gegenrichtung drehen –Position B–.

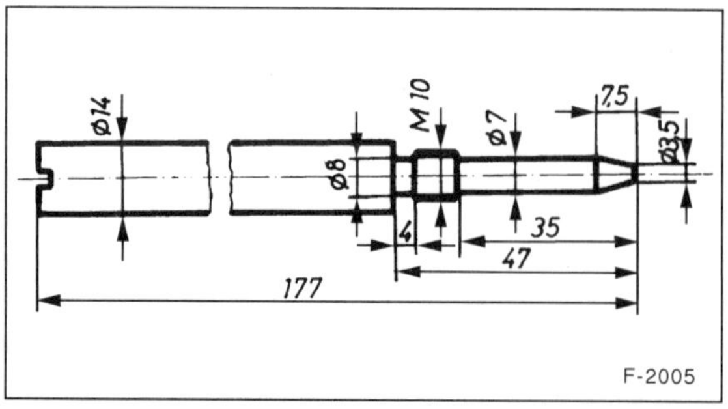

F-2005

- Zur genauen Einstellung der OT-Position der Kurbelwelle wird ein OT-Einstellstift benötigt, zum Beispiel FORD-21-104. Gegebenenfalls Werkzeug, wie in der Abbildung dargestellt, selbst anfertigen.

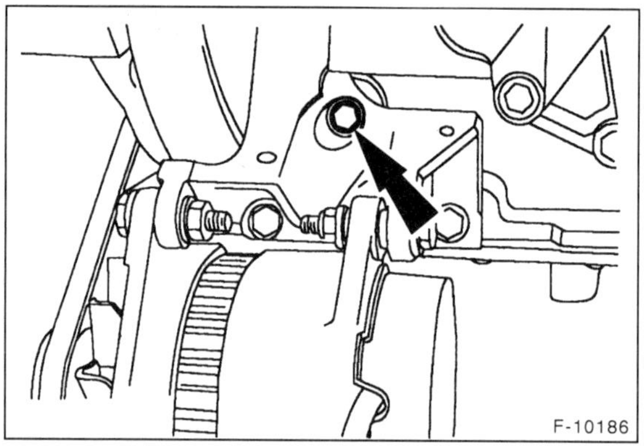
F-10186

- Am Motorblock Verschlußschraube –Pfeil– herausdrehen. Die Verschlußschraube befindet sich an der Vorderseite des Motors zwischen Einspritzpumpe und Generator.
- OT-Einstellstift in die Bohrung einsetzen.
- Kurbelwelle mit Ringschlüssel im Uhrzeigersinn bis zum Anschlag am Einstellstift drehen. Dadurch wird die Kurbelwelle genau auf OT ausgerichtet.

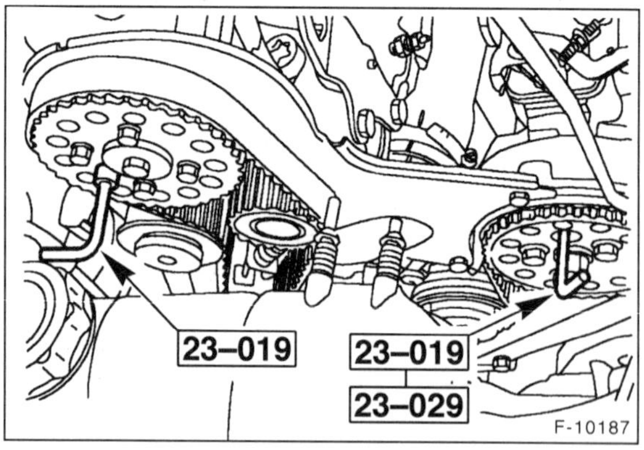

F-10187

- Nockenwellen-Einstellstift einstecken, zum Beispiel FORD 23-019 oder einen geeigneten Dorn mit 6 mm ∅.

- Einspritzpumpen-Einstellstift einstecken. Für die BOSCH-Einspritzpumpe ist der Einstellstift FORD 23-019 oder ein geeigneter Dorn mit 6 mm ∅ erforderlich. Falls eine LUCAS-Einspritzpumpe eingebaut ist, wird für das Einspritzpumpenrad ein Einstellstift mit 9,5 mm ∅ benötigt.
- Befestigungsschraube für Zahnriemenspanner –E– lösen, siehe Abbildung F-1037. Zahnriemenspanner vom Zahnriemen wegdrücken und Schraube festziehen. Für die Befestigungsschraube wird ein Torxschraubendreher T50 benötigt. **Achtung:** Falls zum Lösen der Schraube große Gewalt angewendet wurde oder ein Meißel benutzt werden mußte, Schraube und Riemenspanner unbedingt ersetzen. Der Riemenspanner kann sonst im späteren Betrieb ausfallen und dadurch teuere Motorschäden verursachen.
- Befestigungsschraube für Zahnriemenspanner –D– lösen, siehe Abbildung F-1037. Zahnriemenspanner vom Zahnriemen wegdrücken und Schraube festziehen.

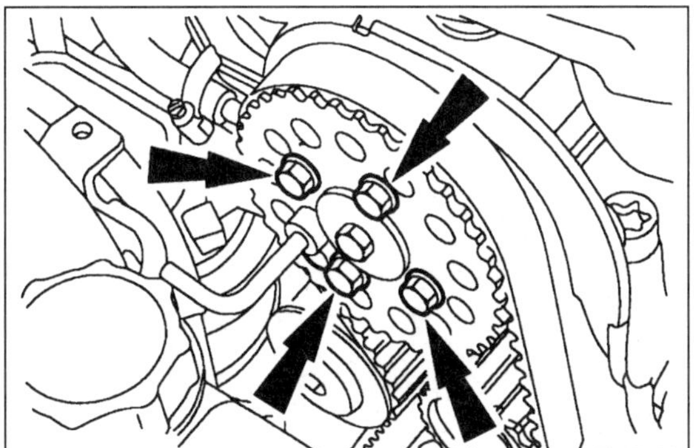
F-10188

- 4 Befestigungsschrauben des Nockenwellen-Zahnriemenrades lösen, so daß das Zahnriemenrad innerhalb der Langlöcher frei drehbar ist.
- 3 Befestigungsschrauben des Einspritzpumpen-Zahnriemenrades lösen, so daß das Zahnriemenrad innerhalb der Langlöcher frei drehbar ist.
- Beide Zahnriemen abnehmen. Motor nach dem Abnehmen des Nockenwellen-Zahnriemens nicht mehr verdrehen, da sonst Schäden an Kolben und Ventilen entstehen können.
- Riemenspanner sowie Zwischenrad drehen und auf Risse, Kerben und andere Schäden prüfen, gegebenenfalls ersetzen. Lager auf rauhen Lauf oder Klemmneigung beziehungsweise bei schneller Drehung auf hohes Laufgeräusch prüfen, gegebenenfalls ersetzen. Kunststoff-Zwischenrad auf verschlissene Zähne (Umfang in der Mitte ist geringer als am Rand) prüfen, gegebenenfalls ersetzen.

Einbau

- Beide Zahnriemen auflegen, dabei Zahnriemenräder nicht verdrehen. **Achtung:** Die Pfeile auf den Zahnriemen müssen in Drehrichtung des Motors zeigen (im Uhrzeigersinn).
- Beim Auflegen der Zahnriemen jeweils an den Kurbelwellen-Zahnrädern beginnen und Zahnriemen entgegen dem Uhrzeigersinn auflegen, also in der Reihenfolge Kurbelwellenrad, Nockenwellen- beziehungsweise Einspritzpumpenrad, Spannrad. Dadurch kommt die lockere Zahnriemenseite zu den federbelasteten Spannrollen.

Achtung: Nach dem Auflegen des Zahnriemens müssen die Schrauben der Zahnriemenräder in der Mitte ihrer Langlöcher stehen.

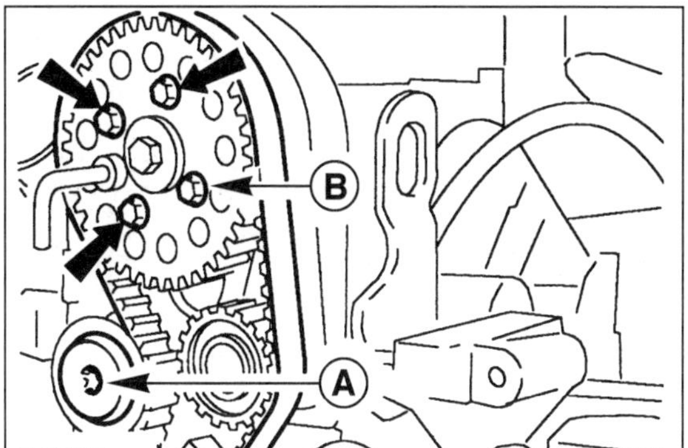

F-10190

- Befestigungsschraube –A– für Spannrolle Nockenwellen-Zahnriemen lösen und Zahnriemenspanner durch die Federkraft gegen den Zahnriemen schnappen lassen.
- Schraube –A– mit **50 Nm** festziehen.
- Befestigungsschrauben –B– für das Nockenwellen-Zahnrad mit **10 Nm** festziehen.

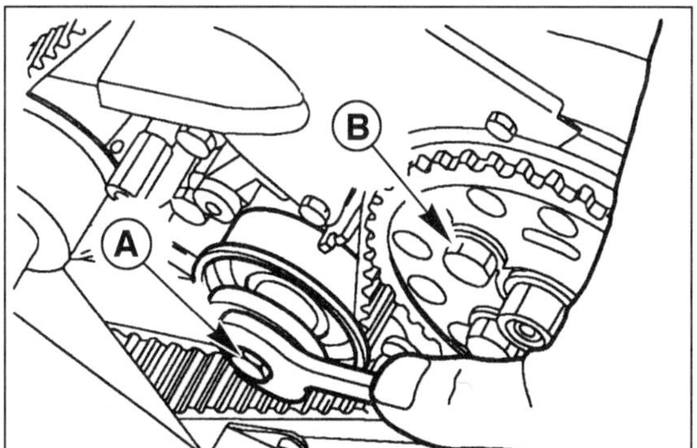

F-10189

- Befestigungsschraube –A– für Spannrolle Einspritzpumpen-Zahnriemen lösen und Zahnriemenspanner durch die Federkraft gegen den Zahnriemen schnappen lassen.
- Schraube –A– mit **45 Nm** festziehen.
- Befestigungsschrauben –B– für das Einspritzpumpen-Zahnrad mit **25 Nm** festziehen.
- Alle 3 Einstellstifte entfernen.
- Kurbelwelle im Uhrzeigersinn drehen bis das Einspritzpumpenrad eine volle Umdrehung durchgeführt hat. Anschließend Kurbelwelle in OT-Position drehen und die 3 Einstellstifte einsetzen, siehe Abbildung F-10191.
- Schrauben der beiden Zahnriemenräder für Nockenwelle und Einspritzpumpe lösen.

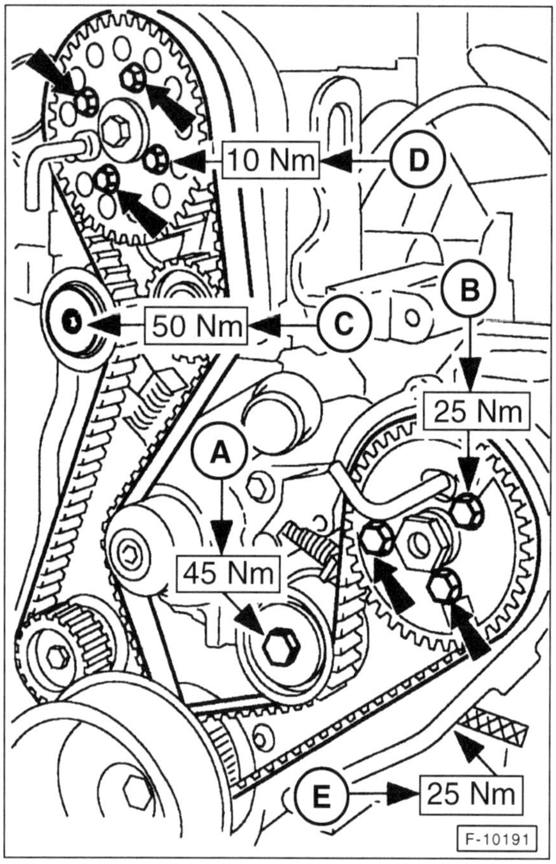

- Schraube –A– des Zahnriemenspanners für die Einspritzpumpe ¼ Umdrehung lösen, so daß der Riemenspanner frei gegen den Zahnriemen drückt.
- Schraube –A– des Zahnriemenspanners für die Einspritzpumpe mit **45 Nm** festziehen. Schrauben –B– für das Einspritzpumpen-Zahnrad mit **25 Nm** festziehen.

Achtung: Einstellstift für Einspritzpumpe bleibt eingesteckt.

- Schraube –C– des Zahnriemenspanners für die Nockenwelle ¼ Umdrehung lösen, so daß der Riemenspanner frei gegen den Zahnriemen drückt.
- Schraube –C– des Zahnriemenspanners für die Nockenwelle mit **50 Nm** festziehen. Schrauben –D– für das Nockenwellen-Zahnrad mit **10 Nm** festziehen.
- Nochmals prüfen, ob alle Einstellstifte richtig eingesteckt sind und die Kurbelwelle am Anschlag des OT-Einstellstiftes anliegt. Anschließend alle Einstellstifte entfernen.
- Verschlußstopfen –E– am Motorblock mit 25 Nm einschrauben.
- Untere und obere Zahnriemenabdeckung einbauen.
- Keilrippenriemen einbauen, siehe Seite 42.
- Batterie-Massekabel (–) anklemmen.
- Falls vorhanden, Zeituhr einstellen sowie Diebstahlcode für das Radio eingeben.

Speziell Dieselmotor ab 9/96 (66 kW/90 PS)

Nockenwellen-Zahnriementrieb

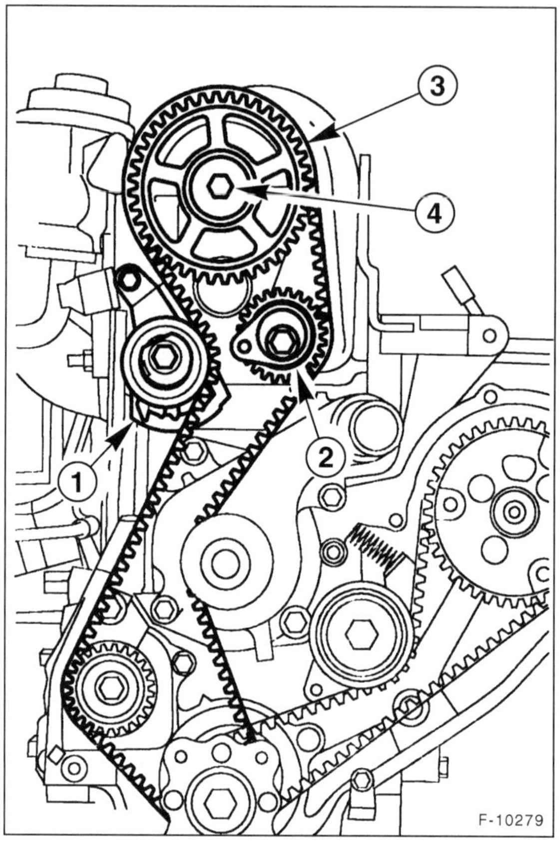

1 – Automatischer Riemenspanner
2 – Exzentrisch gelagerte Spannrolle
3 – Zahnriemen für Nockenwellenantrieb
4 – Nockenwellenzahnrad

Der Zahnriemen wird von einem automatischen Riemenspanner gespannt. Beim Einbau wird der Zahnriemen mit der exzentrisch gelagerten Spannrolle entsprechend den Markierungen am automatischen Riemenspanner gespannt. Nach der korrekten Einstellung beim Einbau muß die Spannung des Zahnriemens während seiner gesamten Laufzeit nicht mehr manuell nachgestellt werden.

Das Zahnriemenrad der Nockenwelle wird mit einem Preßsitz auf der Nockenwelle gehalten. Die Scheibenfeder als Verdrehsicherung des Zahnriemenrades wird daher nicht mehr benötigt. Zur Verhinderung schwerwiegender Motorschäden muß deshalb die Zentralschraube Zahnriemenrad stets mit dem vorgeschriebenen Anzugsdrehmoment festgezogen sein.

Achtung: Ein bereits gelaufener Zahnriemen darf nicht wieder eingebaut werden. Neuen Zahnriemen nur bei kaltem Motor (Umgebungstemperatur) einbauen.

Achtung: Beim Einbau setzt sich der Nockenwellen-Zahnriemen erheblich. Anweisungen zum Einstellen deshalb unbedingt genauestens befolgen.

Ausbau

- Kurbelwelle ungefähr auf OT stellen. Dazu Kurbelwelle in Motordrehrichtung verdrehen, bis das Langloch des Einspritzpumpen-Zahnriemenrades auf 11-Uhr-Position steht.
- Verschlußschraube aus Motorblock ausschrauben, siehe Abbildung F-10186 auf Seite 28.
- Einstellstift –FORD 21-104– einschrauben und Kurbelwelle vorsichtig in Motordrehrichtung verdrehen, bis zur Anlage am Einstellstift.

F-10283

- Schraube –Pfeil– für Verstellexzenter lösen und Verstellexzenter auf 6-Uhr-Position verdrehen.

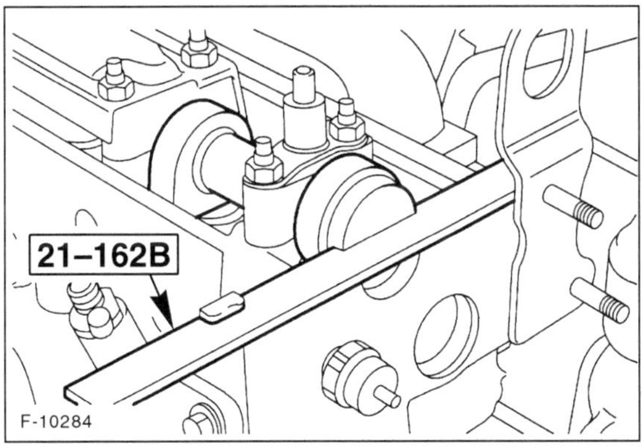

F-10284

- Einstellineal –FORD 21-162B– in Nockenwellennut einsetzen.

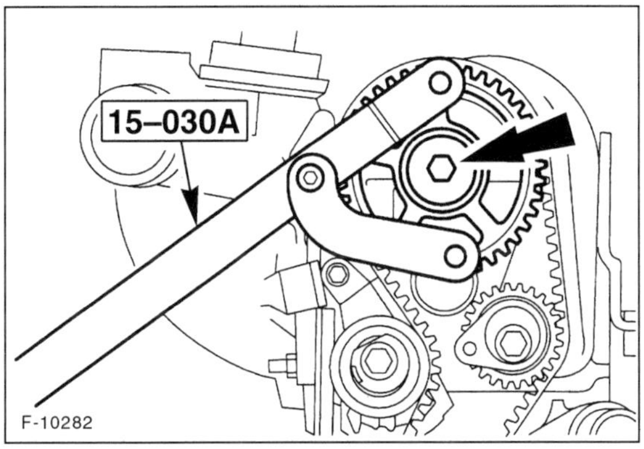

F-10282

- Nockenwellen-Zahnriemenrad 3 Umdrehungen lösen, dabei mit Werkzeug –FORD 15-030A– gegenhalten.
- Einen passenden Schraubendreher zwischen Nockenwellen-Zahnriemenrad und hinterer Abdeckung einführen und Zahnriemenrad durch einen leichten Schlag mit einem Leichtmetalldorn vom Kegelsitz lösen.
- Zahnriemenrad mit Zahnriemen abnehmen.

Einbau

Hinweis: Der Aus- und Einbau des Zahnriemens der Einspritzpumpe geht wie ab Seite 27 beschrieben vonstatten.

- Sicherstellen, daß die Kurbelwelle am Einstellstift anliegt und daß das Einstelllineal an der Nockenwelle eingelegt ist.
- Zahnriemenrad für Nockenwelle auf den Kegelsitz schieben.
- Neuen Zanhriemen so auflegen, daß er mittig auf allen Zahnriemenrädern verläuft und daß die Laufrichtungsmarkierung (Pfeil auf dem Zahnriemen) in Laufrichtung zeigt.
- Schraubenanlagefläche am Zahnriemenrad etwas einölen.
- Schraube für Zahnriemenrad handfest anziehen und um ¼ Umdrehung wieder lösen. Das Zahnriemenrad muß sich noch frei auf der Nockenwelle verdrehen lassen.
- Schraubenanlagefläche des Verstellexzenters für Zahnriemenspannung etwas einölen.
- Verstellexzenter im Uhrzeigersinn auf 9-Uhr-position verdrehen –siehe Abbildung F-10283– und Befestigungsschraube mit **20 Nm** anziehen.
- Nockenwellen-Zahnriemenrad mit Werkzeug –FORD 15-030A– gegenhalten und Befestigungsschraube mit **20 Nm** anziehen.
- Alle Spezialwerkezeuge, die eingesetzt sind, vom Motor abnehmen und Kurbelwelle 6 Umdrehungen in Motordrehrichtung durchdrehen, so daß der Zahnriemen sich setzt.

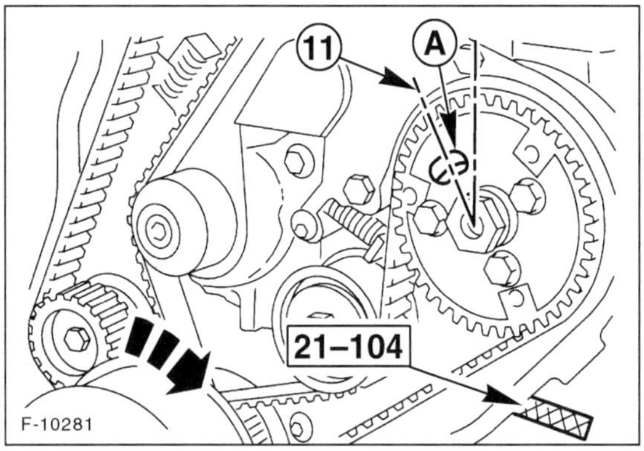

F-10281

- Kurbelwelle in Motordrehrichtung verdrehen bis das Langloch –A– im Einspritzpumpen-Zahnriemenrad auf 11-Uhr-Position steht (–11–).

- Einstellstift –FORD 21-104– einschrauben und Kurbelwelle vorsichtig bis zur Anlage am Einstellstift in Motordrehrichtung verdrehen.
- Befestigungsschraube für Verstellexzenter ½ Umdrehung lösen.
- Einstellineal in Nockenwellennut einsetzen, gegebenenfalls Nockenwelle mit Wasserpumpenzange etwas verdrehen.
- Befestigungsschraube für Nockenwellen-Zahnriemenrad 3 Umdrehungen lösen, dabei Zahnriemenrad mit –FORD 15-030A– gegenhalten.
- Schraubendreher zwischen Zahnriemenrad und hinterer Abdeckung einführen und Zahnriemenrad durch leichten Schlag mit einem Leichtmetalldorn vom Kegelsitz lösen.
- Befestigungsschraube für Nockenwellen-Zahnriemenrad handfest anziehen und ½ Umdrehung wieder lösen.

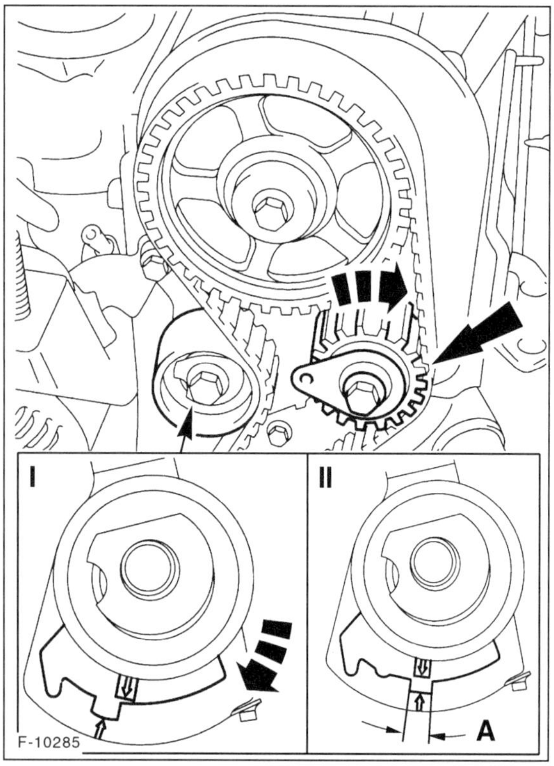

Hinweis: Der Einstellbereich des Verstellexzenters für Zahnriemenspannung liegt zwischen der 6-Uhr- und der 12-Uhr-Position. Zur besseren Sicht des Zeigers am automatischen Zahnriemenspanner am besten einen kleinen Spiegel verwenden.

- Nockenwellen-Zahnriemen mit Hilfe des Innensechskants am Verstellexzenter so spannen, daß sich der Pfeil am automatischen Zahnriemenspanner an der rechten Ecke des Einstellbereiches –unterer Pfeil– befindet, siehe Einzelheit I in Abbildung F-10285.
- Verstellexzenter mit Innensechskant in der eingestellten Position festhalten und Befestigungsschraube für Verstellexzenter mit **45 Nm** festziehen.
- Position des Zeigers am automatischen Zahnriemenspanner überprüfen. Der Zeiger muß sich im Bereich –A– befinden, siehe Einzelheit II in Abbildung F-10285.
- Steht der Zeiger am automatischen Zahnriemenspanner außerhalb von Bereich –A– müssen die drei letzten Arbeitsschritte wiederholt werden.
- Befestigungsschraube für Nockenwellen-Zahnriemenrad anziehen. Zahnriemenrad dabei mit Werkzeug –FORD 15-030A– gegenhalten. Anzugsmoment: M8-Schraube: **35 Nm**; M10-Schraube: **48 Nm**.
- Zeigerposition am automatischen Zahnriemenspanner überprüfen. Liegt der Zeiger außerhalb von –A– (in Einzelheit II) Einstellung wiederholen.

Achtung: Der Zeiger am automatischen Zahnriemenspanner **muß** im Bereich –A– liegen, andernfalls können schwerwiegende Motorschäden verursacht werden. Siehe Einzelheit II in Abbildung F-10285.

- Alle Spezialwerkzeuge vom Motor abnehmen.
- Kurbelwelle 6 Umdrehungen in Motordrehrichtung drehen. Das Langloch am Einspritzpumpen-Zahnriemenrad muß auf 11-Uhr-Position stehen, siehe Abbildung F-10281.
- Einstellstift –FORD 21-104– einschrauben und Kurbelwelle vorsichtig bis zur Anlage am Einstellstift in Motordrehrichtung verdrehen.
- Einstellineal in die Nut in der Nockenwelle einlegen. Kann das Einstellineal nicht eingelegt werden, Einstellung wiederholen.
- Zeigerposition am automatischen Zahnriemenspanner überprüfen. Liegt der Zeiger außerhalb von –A– (in Einzelheit II) Einstellung wiederholen.
- Alle Spezialwerkzeuge vom Motor abnehmen.
- Verschlußschraube in das Gewinde für den Einstellstift mit **24 Nm** einschrauben.

Zylinderkopf aus- und einbauen

Dieselmotor

Der Zylinderkopf kann bei eingebautem Motor ausgebaut werden. Abgas- und Ansaugkrümmer bleiben angeschlossen. Zylinderkopf nur bei kaltem Motor ausbauen (ein heißer Motor benötigt zum Abkühlen mindestens 4 Stunden Standzeit).

Eine defekte Zylinderkopfdichtung ist an verschiedenen Merkmalen erkennbar, siehe Seite 23.

Ausbau

- Batterie-Massekabel (–) von der Batterie abklemmen. **Achtung:** Dadurch werden die elektronischen Speicher gelöscht, wie zum Beispiel der Motorfehlerspeicher oder der Radiocode. Vor dem Abklemmen der Batterie sollten auch die Hinweise im Kapitel »Batterie aus- und einbauen« durchgelesen werden.
- Luftfilter ausbauen, siehe Seite 70.
- Klemmschelle lösen und Ansaugluftschlauch vom Ansaugkrümmer abziehen.

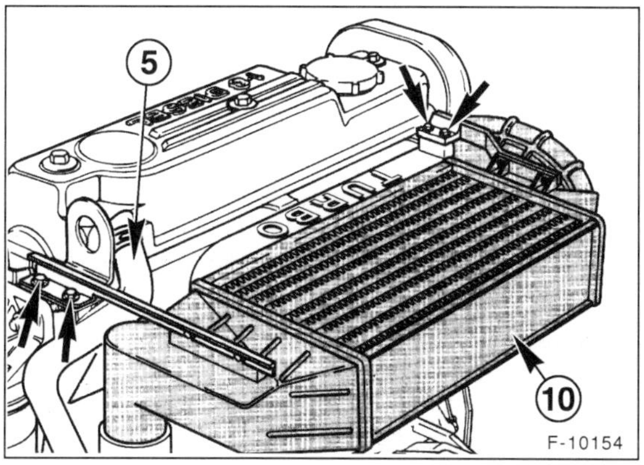

- Ladeluftkühler –10– abschrauben –Pfeile– und abnehmen.
- Kurbelgehäuseentlüftungsschlauch –5– vom Zylinderkopfdeckel abziehen.
- Kühlmittel ablassen, siehe Seite 53.
- Oberen Kühlerschlauch am Thermostatgehäuse abziehen, vorher Schlauchschelle ganz lösen und zurückschieben.
- Kühlmittelschläuche zum Zylinderkopf ausbauen:
  – Verbindungsschläuche vom Ausgleichbehälter am Zylinderkopf und Thermostatgehäuse.
  – Verbindungsschlauch vom Heizungs-Wärmetauscher.
- Unterdruckschläuche für Abgasrückführung am Abgasrückführ-Ventil (EGR) am Abgaskrümmer abziehen. EGR-System, siehe Seite 82.
- Unterdruckleitung für Bremskraftverstärker sowie Ölrücklaufleitung an der Vakuumpumpe abziehen beziehungsweise abschrauben, siehe auch Seite 36.

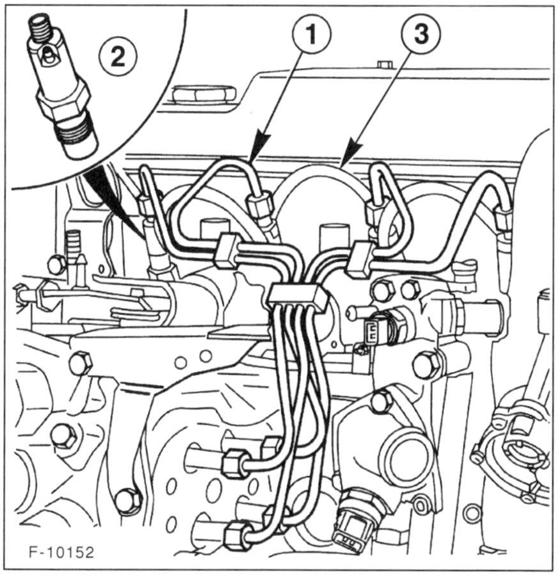

- Leckölschläuche –3– von den Einspritzventilen abziehen.
- Überwurfmuttern für Einspritzleitungen –1– an Düsen –2– und Einspritzpumpe lösen. Leitungen komplett mit Haltern abnehmen. **Achtung:** Biegeform nicht verändern. Leitungsanschlüsse mit geeigneten Kappen verschließen und dadurch vor Verschmutzung schützen.

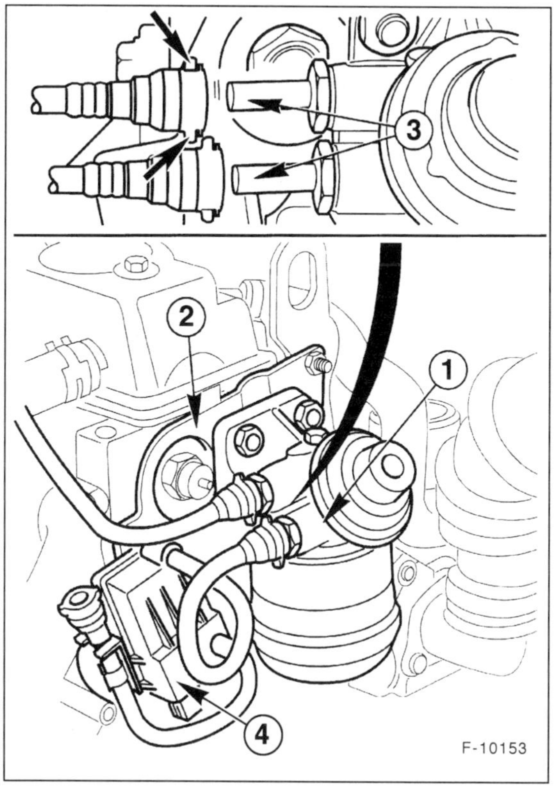

- Kraftstoffzulaufleitung zur Einspritzpumpe am Kraftstofffilter –1– abbauen. Dazu Entriegelungstasten zusammendrücken –Pfeile– und Schnellkupplung vom Stutzen –3– abziehen.
- Halter –2– abschrauben und mit Kraftstoffilter –1– und Kraftstoff-Heizgerät –4– zur Seite legen.
- Halter für Ölmeßstab mit 1 Schraube am Thermostatgehäuse abschrauben.
- Folgende elektrische Leitungen abklemmen:
  – Geber Fernthermometer (in der Nähe vom Thermostatgehäuse)
  – Thermoschalter Motorlüfter (am Thermostatgehäuse)
  – Kabel für Glühkerzen
  – Öldruckschalter (neben dem Kraftstoffilter)
- Kühlmittelschlauch am Thermostatgehäuse abziehen.
- Thermostatgehäuse abschrauben, 2 Schrauben.
- Fahrzeug aufbocken.
- Vorderes Abgasrohr am Turbolader abschrauben und mit einem Draht gegen Herunterfallen sichern, siehe Seite 90.
- Keilriemen für Drehstromgenerator ausbauen, siehe Seite 42.
- Zahnriemen vom Nockenwellenzahnrad abbauen, siehe Seite 27.

- Schraube vom Nockenwellenzahnrad abschrauben. Dabei stabilen Schraubendreher durch eine Bohrung im Zahnrad stecken und beim Lösen der Schraube gegenhalten. Gegebenenfalls Nockenwellenrad durch leichte Schläge mit einem Kunststoffhammer vom Konussitz lösen, Zahnrad abnehmen.
- Zahnriemenrad unterhalb der Nockenwelle abschrauben, dazu eine Torxschraube herausdrehen.
- Beide hinteren Zahnriemenabdeckbleche abschrauben.
- Seitliche Zahnriemenabdeckung abnehmen.

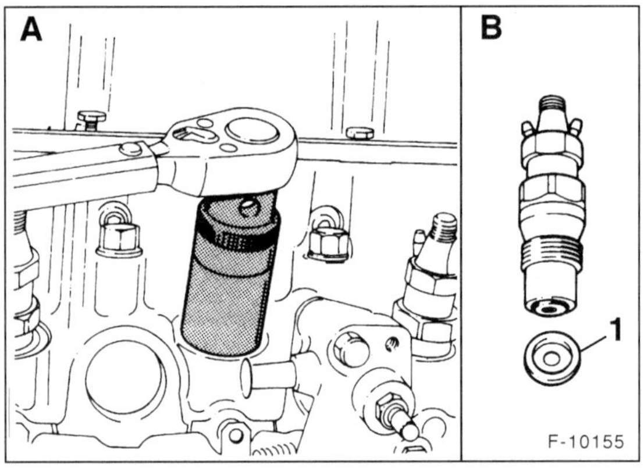

- Einspritzdüsen mit geeigneter Stecknuß herausdrehen, zum Beispiel HAZET 4555.
- Kabel an den Glühkerzen abschrauben. Glühkerzen herausschrauben, siehe auch Seite 84.
- Zylinderkopfdeckel und darunterliegendes Ölabweisblech abschrauben.

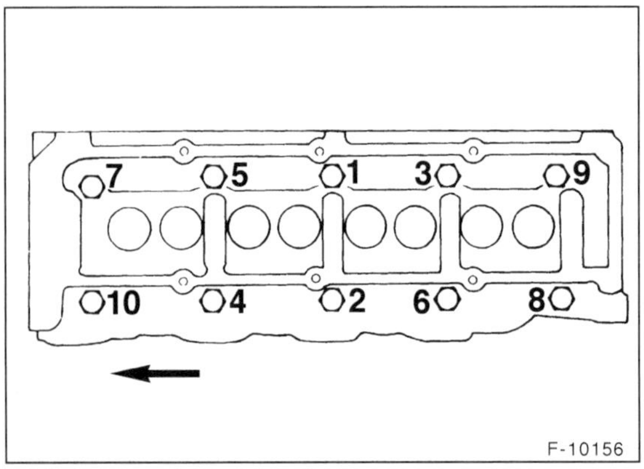

- Zylinderkopfschrauben in umgekehrter Reihenfolge der Numerierung, also von 10 nach 1, zuerst ½ Umdrehung lösen. Dann alle Schrauben herausdrehen. **Achtung:** Zum Drehen der Schrauben wird ein Torxschlüssel, Größe T70, benötigt.
- Zylinderkopf abheben.

Achtung: Zylinderkopf nach dem Ausbau nicht auf der Dichtfläche absetzen, dabei könnten voll geöffnete Ventile beschädigt werden. Deshalb Zylinderkopf auf 2 Holzleisten legen.

Einbau

Vor dem Einbau Zylinderkopf und Zylinderblock mit geeignetem Schaber von Dichtungsresten freimachen. **Darauf achten, daß keine Dichtungsreste in die Bohrungen fallen.** Bohrungen mit Lappen verschließen.

- Bei geöffnetem Einspritzsystem möglichst nicht mit Druckluft arbeiten, Fahrzeug nicht bewegen. Geöffnete Bauteile verschließen oder abdecken, wenn die Reparatur nicht umgehend ausgeführt wird.
- Zylinderkopf und Motorblock mit Stahllineal in Längs- und Querrichtung auf Planheit prüfen. Der zulässige Wärmeverzug darf über die gesamte Länge gemessen nicht mehr als 0,08 mm betragen. Der Zylinderkopf darf **nicht** nachgearbeitet werden. Bei zu großem Verzug, Zylinderkopf ersetzen.
- Zylinderkopf auf Risse, Zylinderlauffläche auf Riefen überprüfen.
- **Wichtig:** Bohrungen der Zylinderkopfschrauben sorgfältig von Öl und anderen Rückständen reinigen. Mitunter sammelt sich in den Bohrungen Öl oder Kühlmittel. Flüssigkeit in Bohrungen mit Lappen aufsaugen.
- Zylinderkopfdichtung grundsätzlich ersetzen.

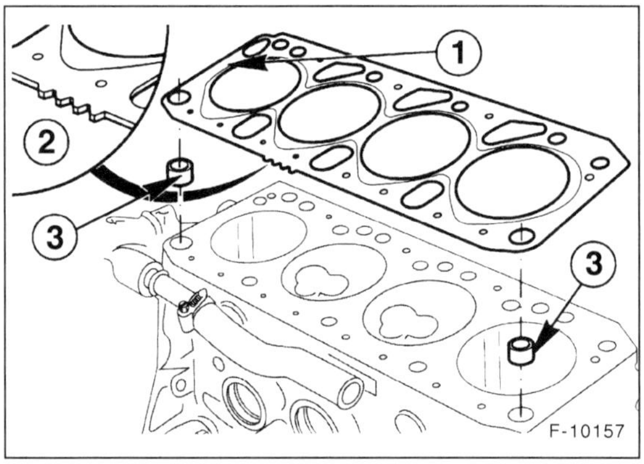

- Festen Sitz der beiden Führungshülsen –3– im Motorblock prüfen. Die Führungshülsen ermöglichen eine genaue Zentrierung von Zylinderkopf und Dichtung.
- Neue Dichtung ohne Dichtmittel so auflegen, daß keine Bohrungen verdeckt werden und die Beschriftung »TOP/OBEN« an Stelle –1– zum Zylinderkopf zeigt.

Achtung: Die Zylinderkopfdichtung ist mit Zacken –2– gekennzeichnet. Beim Einbau Dichtung gleicher Ausführung verwenden. Die Anzahl der Zacken dient als Kennzeichnung für die Dicke der Dichtung entsprechend dem Kolbenüberstand. Dichtungen für Übermaß-Zylinderbohrungen sind anstelle der Zacken mit Löchern gekennzeichnet.

- Vor Aufsetzen des Zylinderkopfes prüfen, ob sich die Nockenwelle in OT-Stellung befindet, siehe Seite 27.
- Zylinderkopf aufsetzen.
- **Neue** Zylinderkopfschrauben einsetzen und handfest anziehen. **Achtung:** Zylinderkopfschrauben immer ersetzen. Es handelt sich um Dehnschrauben, die nur einmal verwendet werden dürfen.

Achtung: Das Anziehen der Zylinderkopfschrauben ist mit größter Sorgfalt durchzuführen. Vor dem Anziehen der Schrauben sollte der Drehmomentschlüssel auf seine Genauigkeit überprüft werden. Außerdem wird zum Anziehen der Zylinderkopfschrauben eine Winkelscheibe, zum Beispiel HAZET 6690, benötigt. Steht die Winkelscheibe nicht zur Verfügung, Schablone aus Pappe mit 120°- und 180°-Markierungen anfertigen. Schlüssel ansetzen und bis zur jeweiligen Markierung drehen.

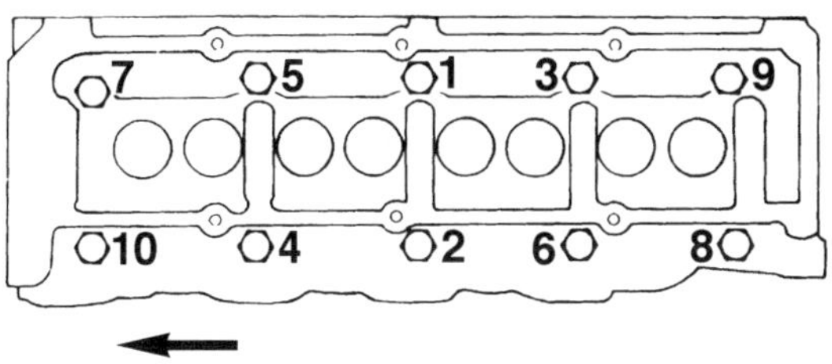

F-10156

- Zylinderkopfschrauben gemäß der Reihenfolge von 1 bis 10 in **drei Stufen** anziehen.

1.Stufe: mit Drehmomentschlüssel **10 Nm**
2.Stufe: mit Drehmomentschlüssel **100 Nm**

Anschließend ca. 3 Minuten Wartezeit zum Setzen der Schrauben einhalten.

Die folgende Stufe ist entsprechend der Anzugsreihenfolge für jede Schraube **einzeln** auszuführen:

3.Stufe: – mit starrem Schlüssel **180° lösen**
– mit Drehmomentschlüssel **70 Nm** anziehen
– mit starrem Schlüssel **120°** weiterdrehen

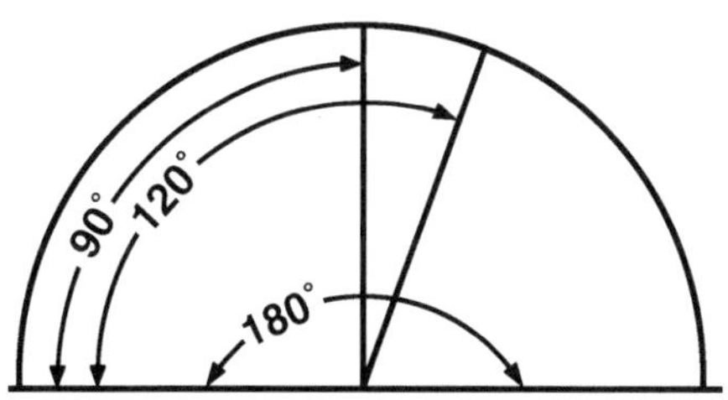

F-10273

Achtung: Anschließend dürfen die Kopfschrauben nicht mehr nachgezogen werden. Um die Drehwinkel einzuhalten, kann eine Pappschablone angefertigt werden oder eine handelsübliche Winkelscheibe verwendet werden.

- Nockenwellen-Zahnriemenrad wie vor dem Ausbau aufsetzen und Einstellstift einsetzen, siehe Seite 27.
- Nockenwellen-Zahnriemenrad festziehen. Anzugsdrehmomente: Mittlere Schraube, M8: **30 Nm,** äußere Schrauben, M6: **10 Nm.**
- 2 hintere Zahnriemenabdeckbleche anschrauben. Zahnriemen und Zahnriemenabdeckungen einbauen, siehe Seite 27.
- Glühkerzen einschrauben und mit maximal 30 Nm festziehen. Elektrische Anschlüsse an den Glühkerzen anbringen.

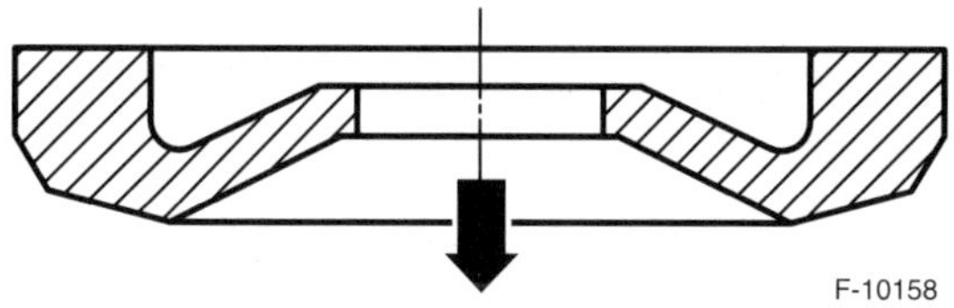

F-10158

- Einspritzdüsen mit **neuer** Wärmeschutzdichtung und **70 Nm** einschrauben. Die Vertiefung der Dichtung muß nach oben zeigen, der Pfeil zeigt zum Zylinderkopf.
- Keilriemen einbauen, siehe Seite 42.
- Vorderes Abgasrohr anschrauben, siehe Seite 90.
- Ventilspiel prüfen, gegebenenfalls einstellen, siehe Seite 40.
- Zylinderkopfdeckel mit neuer Dichtung ganz leicht mit 5 Nm anschrauben.
- Kurbelgehäuse-Entlüftungsschlauch am Zylinderkopfdeckel aufschieben.
- Halter mit Kraftstoffilter einbauen und Kraftstoffleitungen aufstecken, die Kupplungen müssen hörbar einrasten.
- Thermostatgehäuse mit neuer Dichtung anschrauben, siehe Seite 54.
- Halter für Ölmeßstab am Thermostatgehäuse anschrauben.
- Einspritzleitungen an Düsen und Pumpe ansetzen und Überwurfmuttern mit etwa 20 Nm festziehen.
- Leckölleitungen an den Einspritzdüsen aufstecken.
- Elektrische Leitungen am Zylinderkopf anklemmen, siehe unter »Ausbau«.
- Unterdruckleitung für Bremskraftverstärker sowie Ölrücklaufschlauch an Vakuumpumpe anbauen.
- Unterdruckleitungen von Abgasrohr am EGR-Ventil (am Saugrohr) anschließen, siehe auch Seite 82.
- Kühlmittelschläuche aufschieben und mit Schellen sichern:
  - ◆ Verbindungsschläuche vom Ausgleichbehälter am Zylinderkopf und Thermostatgehäuse.
  - ◆ Verbindungsschlauch zum Heizungs-Wärmetauscher.
- Ladeluftkühler am Zylinderkopf anschrauben.
- Luftansaugschlauch am Ansaugkrümmer anbauen, Schlauchschelle festziehen.
- Luftfilter einbauen, siehe Seite 70.
- Kühlmittel auffüllen, siehe Seite 53.
- Ölstand im Motor prüfen, gegebenenfalls Öl nachfüllen. Wurde der Zylinderkopf aufgrund einer defekten Zylinderkopfdichtung abgebaut, empfiehlt sich ein vorgezogener Ölwechsel einschließlich eines Ölfilterwechsels, da sich im Motoröl Kühlflüssigkeit befinden kann.

● Batterie-Massekabel (–) anklemmen. Vorhandene Zeituhr einstellen und Diebstahlcode für Radio eingeben.

Achtung: Vor dem Starten des Motors Kraftstoffsystem entlüften, siehe Seite 83.

● Motor warmlaufen lassen, Motoröl- und Kühlmittelstand sowie Schlauchanschlüsse auf Dichtheit prüfen.

Vakuumpumpe aus- und einbauen

Dieselmotor

Die Vakuumpumpe befindet sich beim Dieselmotor am Zylinderkopf, sie wird über einen Stößel von der Nockenwelle angetrieben. Die Pumpe erzeugt den nötigen Unterdruck für den Bremskraftverstärker, da beim Dieselmotor im Gegensatz zum Benzinmotor kein ausreichender Unterdruck im Saugrohr vorhanden ist.

Ausbau

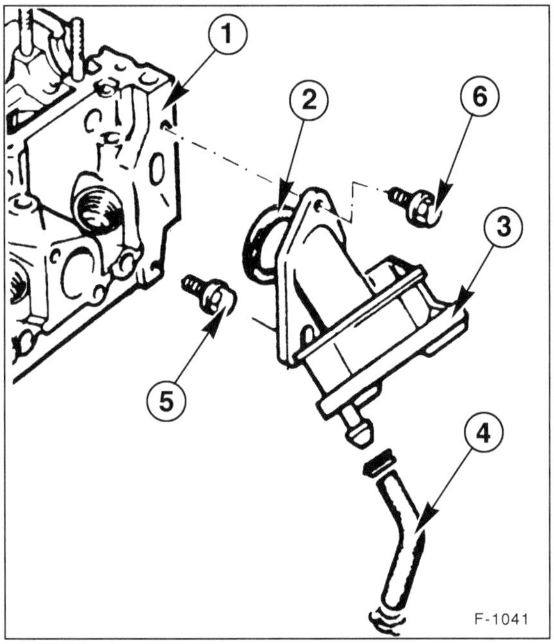

● Ölrücklaufschlauch –4– sowie Unterdruckschlauch zum Bremskraftverstärker (nicht abgebildet) an der Vakuumpumpe abziehen, vorher Schlauchschelle lösen und vom Anschlußstück zurückschieben.

● Zuerst obere Schraube –6–, dann untere Schraube –5– abschrauben, Vakuumpumpe abnehmen. 1 – Zylinderkopf.

Einbau

● Dichtring –2– einsetzen. Vorher auf Beschädigung prüfen, gegebenenfalls ersetzen.

● Untere Schraube einige Gewindegänge eindrehen, Vakuumpumpe einsetzen und dann obere Schraube einschrauben.

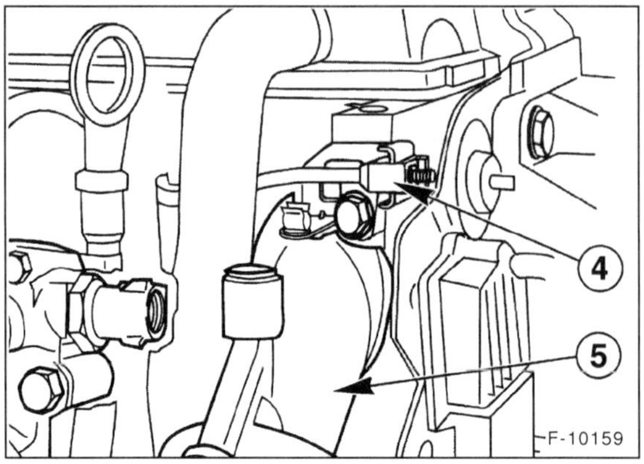

Achtung: Mit der oberen Schraube der Vakuumpumpe –5– wird außerdem der Halter –4– für das Glühkerzenkabel angebaut.

● Beide Schrauben gleichmäßig anziehen.

● Ölrücklaufschlauch sowie Unterdruckanschluß montieren.

Nockenwelle/Ventiltrieb Dieselmotor

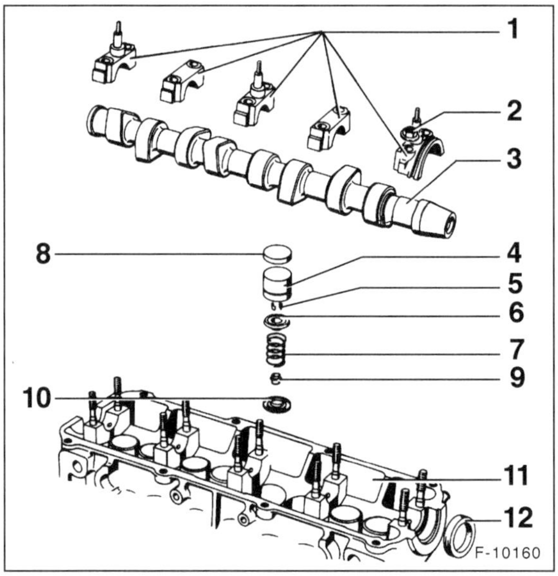

1 – **Lagerdeckel**

2 – **Mutter für Lagerdeckel, 20 Nm**

3 – **Nockenwelle**
Radialspiel mit Plastigage prüfen, Verschleißgrenze: 0,08 mm.

4 – **Hydraulischer Tassenstößel**
Vor dem Einbau Axialspiel der Nockenwelle prüfen. Lauffläche ölen. **Nicht** vertauschen. Mit der Lauffläche nach unten ablegen.

5 – **Ventilkegelstücke**

6 – **Ventilfederteller**

7 – **Ventilfeder**

8 – **Ventilspiel-Einstellscheibe**

9 – **Ventilschaftabdichtung**

10 – **Ventilfederführung**

11 – **Zylinderkopf**

12 – **Dichtring**
Mit FORD-Werkzeug oder geeignetem Rohr eintreiben.

Nockenwelle aus- und einbauen

Dieselmotor

Achtung: Werden Teile der Ventilsteuerung wieder verwendet, müssen diese an gleicher Stelle wieder eingebaut werden. Daher empfiehlt es sich, ein entsprechendes Ablagebrett anzufertigen.

Ausbau

- Kurbelwelle auf OT Zylinder 1 stellen. Zahnriemen entspannen und nur oben vom Nockenwellenrad abnehmen, siehe Seite 27.
- Zylinderkopfdeckel ausbauen.
- Nockenwellenrad von vorn mit einem Dorn arretieren. Dazu einen geeigneten Dorn oder stabilen Schraubendreher durch eine Bohrung im Nockenwellenrad schieben und auf der Oberkante des Zylinderkopfes abstützen. Um eine Beschädigung der Dichtfläche des Zylinderkopfes zu vermeiden, ein Stück Holz unterlegen. Schraubendreher festhalten und Befestigungsschraube für Nockenwelle lösen. Nockenwellenrad abschrauben und abnehmen, gegebenenfalls mit leichten Schlägen eines Gummihammers abtreiben.
- Zuerst Lagerdeckel 5, 1 und 3 ausbauen. Der 1. Lagerdeckel sitzt an der Zahriemenseite, der 5. Lagerdeckel an der Getriebeseite des Motors. Dann Lagerdeckel 2 und 4 abwechselnd über Kreuz lösen. Hinweis: Die 1. Lagerschale an der Zahnriemenseite des Motors besitzt zusätzliche, innenliegende Lagerschalen.
- Nockenwelle herausnehmen.

Achtung: Falls die Tassenstößel herausgenommen werden, diese kennzeichnen, damit sie an gleicher Stelle wieder eingesetzt werden können.

Einbau

- Wird bei Motoren mit höherer Laufleistung oder Geräuschen im Ventiltrieb die bisherige Nockenwelle wieder eingebaut, ist es zweckmäßig, das Axialspiel prüfen zu lassen. Verschleißgrenze: 0,24 mm. Die Messung erfolgt bei ausgebauten Tassenstößeln und montierten ersten und fünften Lagerdeckeln.
- Lagerdeckel 1 an der Dichtfläche zum Zylinderkopf mit handelsüblicher Dichtmasse, zum Beispiel Loctite 518, dünn bestreichen.
- Lagerdeckel in gleicher Lage wie ausgebaut aufsetzen. Die Pfeile auf den Lagerdeckeln zeigen zur Zahnriemenseite des Motors.
- Falls die Tassenstößel herausgenommen waren, Tassenstößel an der gleichen Stelle wieder einsetzen. Tassenstößel leicht einölen und beim Einsetzen nicht verkanten.

Achtung: Die Tassenstößel dürfen nicht vertauscht werden.

- Nockenwelle einölen und einsetzen. **Achtung:** Dabei müssen die Nocken für Zylinder 1 nach oben zeigen. Lagerdeckel entsprechend der Numerierung einsetzen.
- Lagerdeckel 2 und 4 abwechselnd über Kreuz mit **20 Nm** anziehen.
- Lagerdeckel 5, 1 und 3 einbauen und mit **20 Nm** festziehen. Dabei Lagerdeckel 5 durch leichte Schläge auf die Stirnfläche der Nockenwelle einpassen.

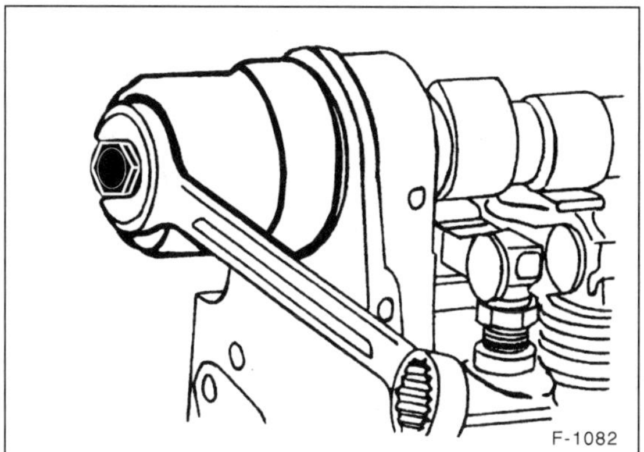

F-1082

- Neuen Wellendichtring leicht mit Getriebeöl einölen und mit FORD-Spezialwerkzeug 21-110 einziehen. Steht das Spezialwerkzeug nicht zur Verfügung, kann der Dichtring auch mit einem Rohr mit dem gleichem Innen- und Außendurchmesser des Dichtrings eingetrieben werden.
- Nockenwellenrad aufschieben und Schraube handfest anziehen.
- Zahnriemen auf Nockenwellenrad auflegen. Steuerzeiten einstellen, siehe Seite 27.
- Zahnriemen spannen, siehe Seite 29.
- Ventilspiel einstellen, siehe Seite 40.
- Zylinderkopfdeckel einbauen.
- Zahnriemenschutz oben einbauen.

Ventile aus- und einbauen

Achtung: Werden Teile der Ventilsteuerung wieder verwendet, müssen diese an gleicher Stelle eingebaut werden. Damit keine Verwechslungen vorkommen, empfiehlt es sich, ein entsprechendes Ablagebrett anzufertigen.

Ausbau

- Zylinderkopf ausbauen und auf 2 Holzklötze legen, damit ein eventuell offenstehendes Ventil nicht beschädigt werden kann, siehe Seite 23.
- Nockenwelle(n) ausbauen, siehe Seite 22, 36.
- Tassenstößel herausziehen und so ablegen oder kennzeichnen, daß sie an gleicher Stelle wieder eingebaut werden.

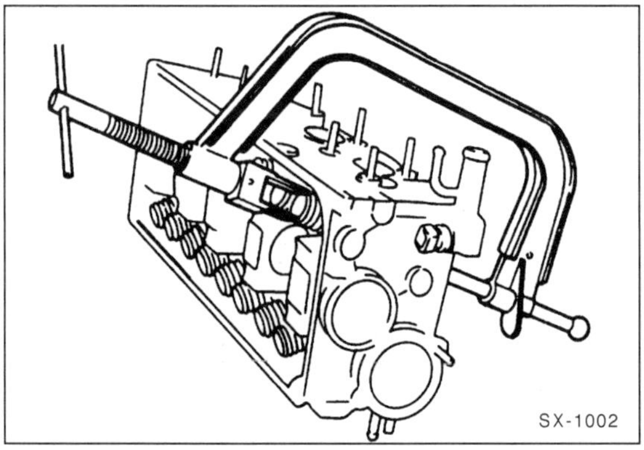

- Ventilfedern ausbauen. Zum Ausbau der Ventilkegelstücke – und damit auch der Ventile einschließlich der Ventilfedern – benutzt man einen handelsüblichen Ventilfederspanner.
- Ventilfeder zusammendrücken und Ventilkeile vom Ventilschaft abnehmen. Ventilfederzange entspannen und abnehmen. Ventil herausziehen. Oberen Ventilfederteller und Ventilfeder abnehmen. Ventil nach unten aus dem Zylinderkopf herausziehen.
- Auf diese Weise die restlichen Ventile ausbauen.
- Ventilschaftabdichtung ausbauen, siehe Kapitel »Ventilschaftabdichtungen ersetzen«.

Einbau

Werden die alten Ventile und der alte Zylinderkopf wieder eingebaut, so ist vor dem Zusammenbau die Ventilführung zu prüfen. Werden neue Ventile in einen alten Zylinderkopf eingebaut, so müssen die Ventilsitze im Zylinderkopf nachgearbeitet und die Ventile eingeschliffen werden.

- Ventile mit einem Schaber und einer Drahtbürste von jeglichen Verbrennungsrückständen reinigen.
- Ventilschäfte an den Anlagenflächen der Ventilkegelstücke entgraten.
- Ventilschäfte und Ventilführungen mit Hypoid-Öl SAE 80/90 (Getriebeöl) leicht einölen und **jedes Ventil an gleicher Stelle wie vor dem Ausbau einsetzen**.
- Ventilfederteller beziehungsweise Führungsring unten einsetzen.
- Ventilschaftabdichtungen erneuern. siehe Kapitel »Ventilschaftabdichtungen erneuern«.
- Ventilfedern und Ventilteller oben einsetzen.
- Ventilfedern mit Ventilfederzange zusammendrücken und Ventilkegelstücke so einsetzen, daß die Rillen in den Kegelstücken in die Rillen am Ventilschaft eingreifen. Ventilfedern entspannen.
- Nockenwelle einbauen, siehe Seite 22, 36.
- **Dieselmotor:** Ventilspiel einstellen, siehe Seite 39.
- Zylinderkopf einbauen, siehe Seite 23, 32.

Ventilschaftabdichtung ersetzen

Ein zu hoher Ölverbrauch kann auf verschlissene Ventilschaftabdichtungen zurückzuführen sein. Bei heißem Motor riecht dann das Abgas ölig und ist bläulich gefärbt. Die Ventilschaftabdichtungen können auch **bei eingebautem Zylinderkopf** ausgebaut werden, allerdings werden dann beim Benzinmotor ein Druckluftadapter und Druckluft benötigt. Steht dies nicht zur Verfügung, muß der Zylinderkopf ausgebaut werden.

Ausbau

- Handbremse anziehen und Getriebe in Leerlaufstellung bringen.
- Zündkerzenstecker abziehen und Zündkerzen ausbauen.
- Nockenwelle(n) und Tassenstößel ausbauen, siehe Seite 22, 36.

Benzinmotor

- Druckluft-Adapter HAZET 3428 mit Druckluftschlauch in das Zündkerzengewinde des betreffenden Zylinders einschrauben.

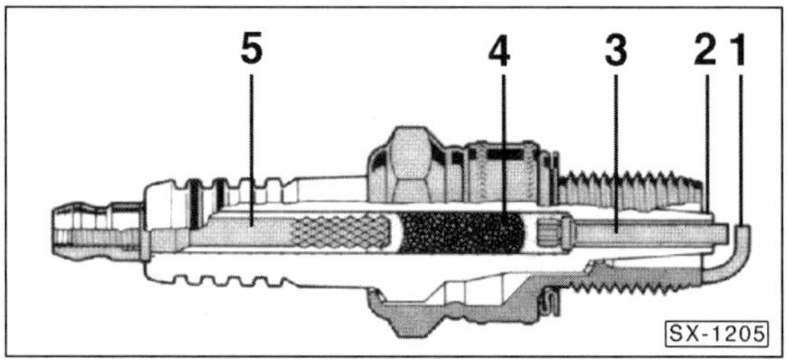

- Falls das Spezialwerkzeug nicht zur Verfügung steht, Druckluft-Adapter aus einer alten Zündkerze anfertigen. Dazu Masseelektrode –1– abkneifen. Keramik-Isolator –2– mit Schraubendreher abbrechen und Mittelelektrode –3– durch Hin- und Herbiegen abbrechen und herausnehmen. Rest der Mittelelektrode zusammen mit Glasschmelze –4– und Anschlußbolzen –5– mit geeignetem Durchschlag (ca. 3 mm) heraustreiben. Dabei Zündkerze in Schraubstock einspannen oder in entsprechendem Schraubendrehereinsatz (Stecknuß) einsetzen. **Achtung:** Das Gewinde der Zündkerze darf nicht beschädigt werden, um Folgeschäden an der Gewindebohrung im Zylinderkopf zu vermeiden.
- Vorbereitete Zündkerze in den betreffenden Zylinder einschrauben und mit Druckluftschlauch verbinden.
- Über Druckluftschlauch ständig mindestens 6 bar Überdruck in den Zylinder blasen.

Dieselmotor

- Kolben des jeweiligen Zylinders in den **Oberen** Totpunkt (OT) stellen. Die Ventile liegen dann nach dem Ausbau der Ventilfeder auf dem Kolben auf. Kurbelwelle zunächst auf OT für Zylinder 1 stellen, siehe Seite 27.

- Wenn der Kolben von Zylinder 1 im OT steht, befindet sich gleichzeitig der Kolben von Zylinder 4 im OT. Keilriemenscheibe von unten mit Kreide markieren, dann Kurbelwelle um 1/2 Umdrehung (180°) weiterdrehen, bis die Kreidemarkierung oben steht. Jetzt stehen die Zylinder 2 und 3 im OT.
- Ventilfederkeile durch leichte Schläge mit einem Gummihammer auf den oberen Ventilfederteller lösen.

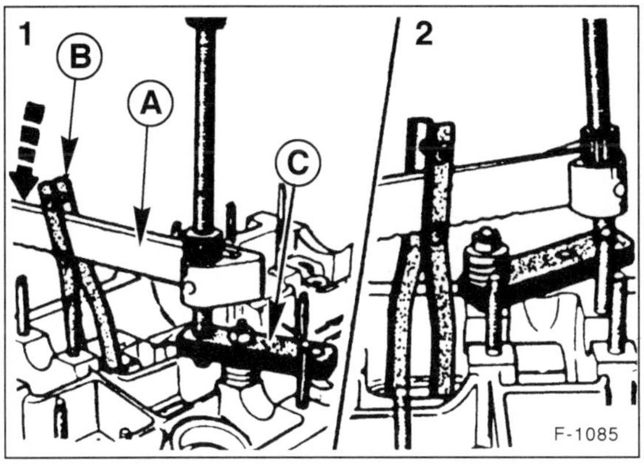

- Selbstangefertigte Halteplatte –C–, wie in der Abbildung gezeigt, am Haltebolzen der Nockenwellenlagerschalen anschrauben. Handelsüblichen Federspanner oder FORD-Spezialwerkzeug 212-024 –A– und 21-024-04 –B– ansetzen und Ventilfeder zusammendrücken. Ventilkeile vom Ventilschaft abnehmen.
- Ventilfedern entspannen, oberen und unteren Ventilfederteller und die Ventilfedern herausnehmen.

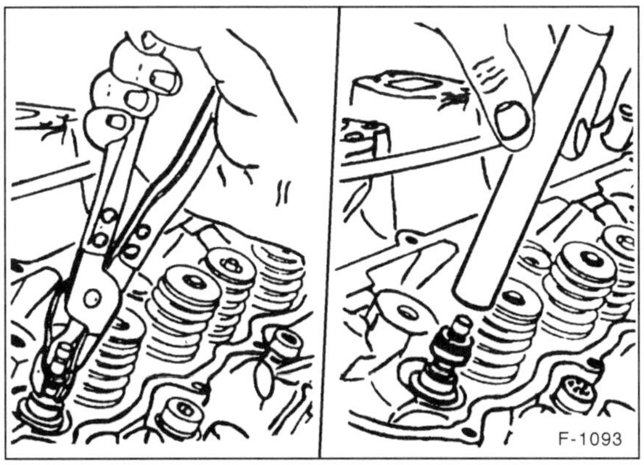

- Ventilschaftabdichtung mit Flachzange oder Spezialzange herausziehen. Zum Ausbau benutzen die Werkstätten das FORD-Spezialwerkzeug GV 2124, HAZET 791-5 oder den Schlagauszieher HAZET 791-2. Alte Ventilschaftabdichtungen sitzen in der Regel sehr fest. Für den Ausbau sollte deshalb möglichst ein Schlagauszieher benutzt werden. **Achtung:** Ventilschaftabdichtungen vorsichtig abziehen, damit die Sitze der Ventilschaftabdichtungen nicht beschädigt werden.

Achtung Dieselmotor: Bei abgenommener Ventilfeder darf die Kurbelwelle nicht weitergedreht werden. Die Ventilschaftabdichtungen eines Zylinderpaares (1 und 4, 2 und 3) immer komplett austauschen und Ventilfeder und -federteller wieder montieren, bevor die Kurbelwelle um 180° weitergedreht wird. Wird die Kurbelwelle bei demontierter Ventilfeder weitergedreht, so fällt das Ventil in den Brennraum, und der Zylinderkopf muß ausgebaut werden.

Einbau

- Ventilschaft oben mit Klebefolie abkleben, damit eine Beschädigung der Ventilschaftabdichtungen beim Aufschieben durch die Keilnuten verhindert wird.
- Die neue, eingeölte Ventilschaftabdichtung von Hand auf die Ventilführung schieben.
- Mit einem Hammer und FORD-Spezialwerkzeug Ventilschaftabdichtung einpressen. Steht das Spezialwerkzeug nicht zur Verfügung, kann ein geeignetes Rohr ohne scharfe Kante mit gleichem Durchmesser wie die Ventilschaftabdichtungen verwendet werden.
- Klebefolie abziehen.
- Ventilfeder mit oberem Ventilfederteller einsetzen und spannen.
- Ventilkegelstücke einsetzen, Ventilfeder entspannen.
- Auf die gleiche Weise sämtliche Ventilschaftabdichtungen erneuern.
- Nockenwellen und Tassenstößel einbauen, siehe Seite 22, 37.
- **Dieselmotor:** Ventilspiel einstellen, siehe Seite 39.
- Zylinderkopfdeckel einbauen.
- Druckluftadapter entfernen und Zündkerzen einbauen, siehe Seite 261.

Ventilspiel prüfen/einstellen

Dieselmotor

Das Ventilspiel muß nur beim **Dieselmotor** geprüft/eingestellt werden. Die Benzinmotoren haben hydraulische Ventilspielausgleicher, die das Ventilspiel konstant halten.

Zum Ventilspiel prüfen/einstellen ist folgendes **Spezialwerkzeug** erforderlich: Eine Fühlerblattlehre in 0,05 mm-Abstufungen, ein Ventilniederdrücker HAZET 3474 und eine Ventilplattenzange HAZET 3499. Als **Verschleißteile** sind gegebenenfalls die Dichtung für Zylinderkopfdeckel sowie Ventilplättchen mit entsprechender Dicke erforderlich.

Um unterschiedliche Wärmeausdehnungen im Ventiltrieb zu kompensieren, muß ein gewisser Abstand zwischen den Nocken der Nockenwelle und jedem Tassenstößel vorhanden sein. Dieses Ventilspiel verändert sich mit der Zeit durch Setzen der Ventile und Abnutzung des Ventilantriebs.

Bei zu geringem Spiel verändern sich die Steuerzeiten, die Verdichtung ist schlecht, die Motorleistung nimmt ab, der Motorlauf ist unregelmäßig. In extremen Fällen können sich die Ventile verziehen oder die Ventile beziehungsweise Ventilsitze verbrennen.

Bei zu großem Spiel stellen sich starke mechanische Geräusche ein, die Steuerzeiten verändern sich, der Motor gibt in Folge zu kurzer Öffnungszeiten der Ventile und somit schlechter Zylinderfüllung weniger Leistung ab, der Motorlauf ist unregelmäßig.

Das Ventilspiel ist jeweils im Rahmen der Wartung alle 40.000 km sowie nach Reparaturen, oder wenn Geräusche am Ventiltrieb auftreten, zu prüfen beziehungsweise einzustellen.

Das Ventilspiel wird bei kaltem Motor (Umgebungstemperatur) geprüft und eingestellt.

Prüfen

- Motordurchlüftungsschläuche vom Zylinderkopfdeckel abziehen, zuvor Schlauchschellen lösen.
- Zylinderkopfdeckel ausbauen, dazu 3 Schrauben lösen.
- Ölabweisblech unterhalb des Zylinderkopfdeckels mit 4 Muttern abschrauben.

Ventile in Prüf-/Einstellposition

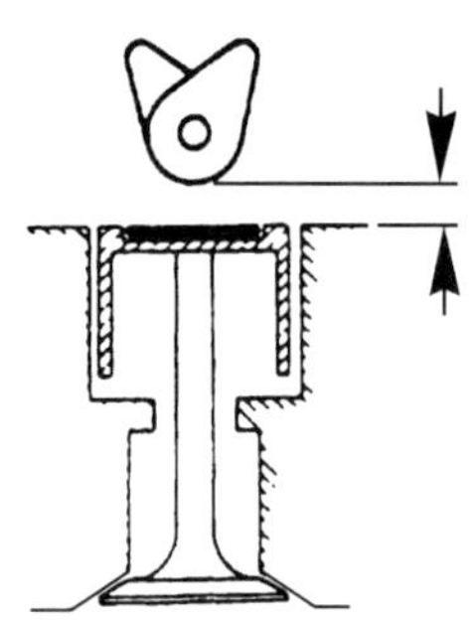

- Kurbelwelle drehen, bis das Nockenpaar des einzustellenden Zylinders gleichmäßig nach oben zeigt. Um die Kurbelwelle zu drehen, gibt es 3 Möglichkeiten: 1. Getriebe in Leerlaufstellung bringen, Handbremse anziehen und Stecknuß mit Umschaltknarre an der Zentralschraube der Riemenscheibe ansetzen. 2. Fünften Gang einlegen, Handbremse lösen und Fahrzeug etwas verschieben. 3. Fahrzeug vorn rechts anheben, bis das Rad frei ist. Fünften Gang einlegen und rechtes Vorderrad von Hand verdrehen.

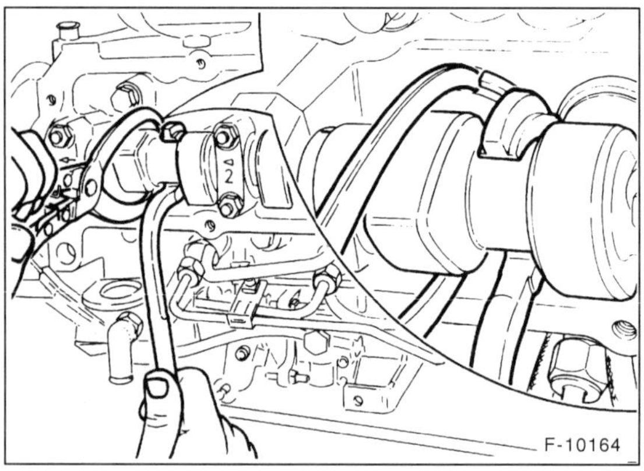

- Fühlerblattlehre zwischen Nocken und Tassenstößel einführen und Ventilspiel messen.

Sollwerte für Ventilspiel (kalt): **Einlaß**ventile 0,35 ± 0,05 mm; **Auslaß**ventile 0,50 ± 0,05 mm

Achtung: Die Reihenfolge der Ventile von der Zahnriemenseite her ist für alle Zylinder: 1. Einlaßventil, 2. Auslaßventil.

- Die entsprechende Fühlerblattlehre muß sich spielfrei zwischen Nocken und Stößel schieben lassen. Gemessenes Ventilspiel notieren.
- Kurbelwelle ½ Umdrehung weiterdrehen und Ventilspiel des in Zündreihenfolge nächsten Zylinders prüfen. Zündreihenfolge: 1–3–4–2.

Einstellen

Zum Einstellen des Ventilspiels wird die vorhandene Einstellscheibe gegen eine neue mit anderer Stärke ausgetauscht. **Hinweis:** Mit zunehmender Laufleistung wird in der Regel durch Setzen und Einschlagen der Ventile das Ventilspiel kleiner, das heißt, die Einstellscheibe muß durch eine dünnere ersetzt werden.

Beispiel:

Prüftoleranz:	0,30 – 0,40 mm (= 0,35 ± 0,05 mm)
Meßwert:	0,25 mm
Spiel um:	0,05 mm zu klein

Liegen die Werte innerhalb der Toleranz, muß die Einstellscheibe nicht ausgewechselt werden. Wird die Toleranz überschritten, ist beim Einstellen der Mittelwert, hier: 0,35 mm, anzustreben.

Vorhandene Einstellscheibe: 3,85 mm

Erforderliche Einstellscheibe: 3,75 mm (um den Mittelwert zu erreichen)

- Ventilspiel korrigieren. Hierzu benutzt die FORD-Werkstatt die Spezialwerkzeuge 21-106 und 21-107 beziehungsweise HAZET-3474 und 3499. Ohne diese Werkzeuge ist ein Einstellen der Ventile nicht möglich.

Achtung: Beim Einstellen des Ventilspiels darf der Kolben **nicht** im OT stehen, sonst können Ventile und/oder Kolben beschädigt werden. Daher Kurbelwelle ca. ¼ Umdrehung weiterdrehen.

- Vor Einsetzen des Niederhalters Tassenstößel so verdrehen, daß nach dem Niederdrücken die Zange in die Aussparungen eingreifen kann.
- Tassenstößel mit dem Niederhalter nach unten drücken, und Einstellscheibe mit Ventilplattenzange herausnehmen. Anschließend neue Einstellscheibe so einlegen, daß die Beschriftung nach unten zeigt.
- Niederhalter entfernen und Nockenwelle weiterdrehen.
- Ventile der folgenden Zylinder genauso einstellen.
- Ölabweisblech in Zylinderkopf einsetzen und 4 Befestigungsmuttern mit **20 Nm** anziehen.
- Zylinderkopfdeckel mit neuer Dichtung anschrauben. 3 Schrauben nur leicht, mit 5 Nm anziehen, sonst wird die Dichtung zerquetscht.
- Motorbelüftungsschläuche am Zylinderkopfdeckel aufschieben und mit Schlauchschellen sichern.

Kompression prüfen

Die Kompressionsprüfung erlaubt Rückschlüsse über den Zustand des Motors. Und zwar läßt sich bei der Prüfung feststellen, ob die Ventile oder die Kolben (Kolbenringe) in Ordnung beziehungsweise verschlissen sind. Außerdem zeigen die Prüfwerte an, ob der Motor austauschreif ist beziehungsweise komplett überholt werden muß. Für die Prüfung wird ein Kompressionsdruckprüfer benötigt, der für Benzinmotoren recht preiswert in Fachgeschäften angeboten wird.

Achtung: Für den Dieselmotor wird ein Kompressiondruckprüfer mit größerem Meßbereich benötigt.

Der Druckunterschied zwischen den einzelnen Zylindern darf maximal 3,0 bar (Diesel 5,0 bar) betragen. Falls ein oder mehrere Zylinder gegenüber den anderen einen Druckunterschied von mehr als 3,0 bar (Diesel 5,0 bar) haben, ist dies ein Hinweis auf defekte Ventile, verschlissene Kolbenringe beziehungsweise Zylinderlaufbahnen. Ist die Verschleißgrenze erreicht, muß der Motor überholt beziehungsweise ausgetauscht werden.

Der Meßwert für den Kompressionsdruck kann je nach verwendetem Meßgerät und Anlasserdrehzahl unterschiedlich ausfallen. **Als Soll-Richtwert gilt bei den Benzinmotoren 11–13 bar, beim Dieselmotor 20–25 bar Kompressionsdruck. Aussagefähiger ist der Druckunterschied zwischen den einzelnen Zylindern.**

- Motorölstand prüfen, gegebenenfalls ergänzen. Sonst ist die richtige Funktion der hydraulischen Ventilstößel nicht gewährleistet. Wurde Öl nachgefüllt, Motor anschließend kurz laufen lassen.
- Zur Prüfung der Kompression sollte die Motoröltemperatur mindestens +30° C betragen, der Motor muß also handwarm sein.

Benzinmotoren

- Zündung ausschalten.

- Zuleitungen –1– und –2– an der Zündspule abziehen.
- Sämtliche Zündkerzenstecker von Hand oder mit einer speziellen Zange, zum Beispiel HAZET 1849, an den Zündkerzen abziehen.
- Anschließend möglichst Zündkerzen-Nischen im Zylinderkopf mit Preßluft ausblasen, und alle Zündkerzen mit geeignetem Kerzenschlüssel herausschrauben.
- Motor mit Anlasser ein paarmal durchdrehen, damit Rückstände und Ruß herausgeschleudert werden. **Achtung:** Getriebe in Leerlaufstellung und Handbremse angezogen.
- Kompressionsdruckprüfer entsprechend der Bedienungsanleitung in die Zündkerzenöffnung drücken oder einschrauben.
- Von Helfer Gaspedal ganz durchtreten lassen und während der ganzen Prüfung mit dem Fuß festhalten.
- Motor nit Anlasser einige Umdrehungen drehen lassen, bis kein Druckanstieg mehr auf dem Meßgerät erfolgt.
- Nacheinander sämtliche Zylinder prüfen und Prüfwerte notieren.
- Anschließend Zündkerzen einschrauben und Zündkabel aufstecken, siehe auch Seite 264.

Dieselmotor

- Ventilspiel muß korrekt sein, gegebenenfalls einstellen, siehe Seite 39.
- Zündschlüssel auf Stellung »0« drehen.
- Elektrische Leitung vom Abschaltventil an der Einspritzpumpe abschrauben. Lage des Ventils, siehe Seite 86.

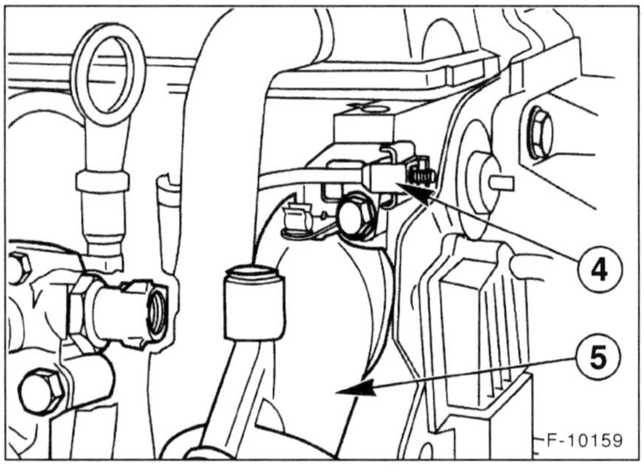

- Zuleitung für Glühkerzen am Halter –4– abschrauben und isoliert ablegen. Zum Isolieren die Kabelöse mit Isolierband umwickeln. 5 – Vakuumpumpe.
- Kabel von den Glühkerzen abbauen und Glühkerzen herausschrauben.
- Kompressionsdruckprüfer anstelle der Glühkerzen einschrauben und Anlasser so lange betätigen, bis der Zeiger am Prüfgerät nicht mehr ansteigt. Nacheinander jeden Zylinder prüfen.
- Zündschlüssel auf Stellung »0« drehen.
- Glühkerzen einbauen, siehe Seite 84.
- Leitungen an Abschaltventil und Glühkerzen anschließen.

Keilrippenriemen aus- und einbauen/ spannen

Die Motoren sind mit breiten Keilrippenriemen ausgestattet. Gegenüber herkömmlichen Keilriemen haben Keilrippenriemen den Vorteil der längeren Lebensdauer, außerdem können mit einem Riemen mehrere Aggregate angetrieben werden. Beim Auflegen des Keilrippenriemens ist darauf zu achten, daß der Keilrippenriemen auf allen Riemenscheiben nicht versetzt aufliegt.

Bei der regelmäßigen Wartung ist der Keilrippenriemen immer auf Verschleiß und Beschädigung zu überprüfen. Sind die Flanken ausgefranst, Risse oder Bruchstellen vorhanden, muß der Keilrippenriemen auf jeden Fall ersetzt werden.

Ersetzen

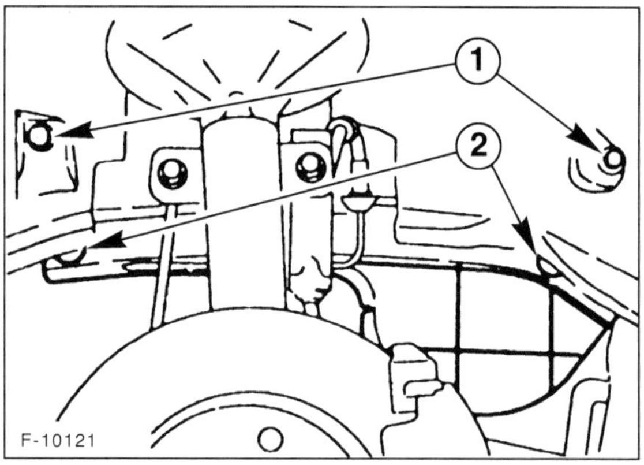

- Radhausabdeckung lösen –1–. Abdeckung für Keilriemenscheiben abschrauben –2–.

4-Zylinder-Benzinmotor

Der Keilrippenriemen treibt alle Nebenaggregate an. Die Riemenspannung wird durch eine Spannrolle automatisch ausgeglichen. Laufschema des Keilrippenriemens:

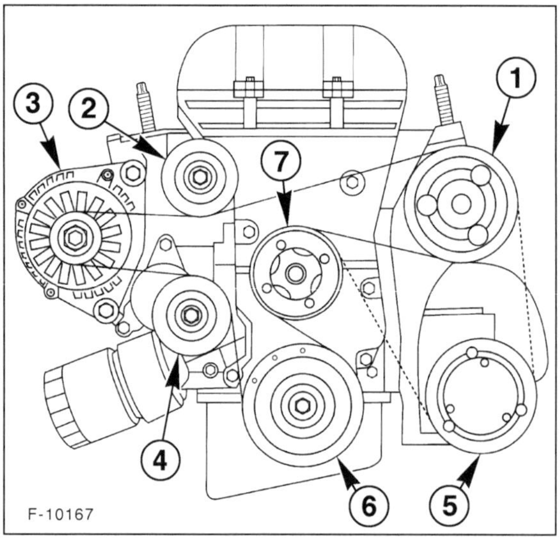

1 – Lenkhilfepumpe; 2 – Umlenkrolle; 3 – Generator; 4 – Automatische Spannrolle; 5 – Klimakompressor (wo vorhanden); 6 – Kurbelwellenrad (Schwingungsdämpfer); 7 – Kühlmittelpumpen-Riemenrad

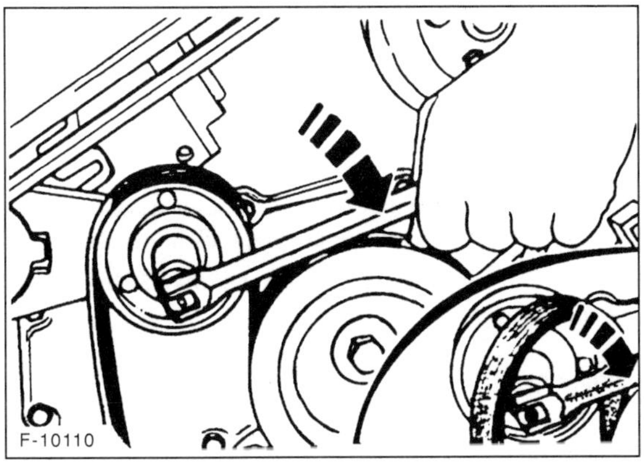

- Spannrolle mit einem Steckschlüssel gegen die Federkraft drücken –Pfeil– und damit entspannen. Keilrippenriemen abnehmen.
- Zum Auflegen des Keilrippenriemens Spannrolle in Pfeilrichtung drücken und Riemen auflegen.
- Abdeckungen einsetzen und anschrauben.

Dieselmotor

Die Nebenaggregate werden durch einzelne Keilrippenriemen angetrieben. Durch Spannschrauben wird die Riemenspannung eingestellt.

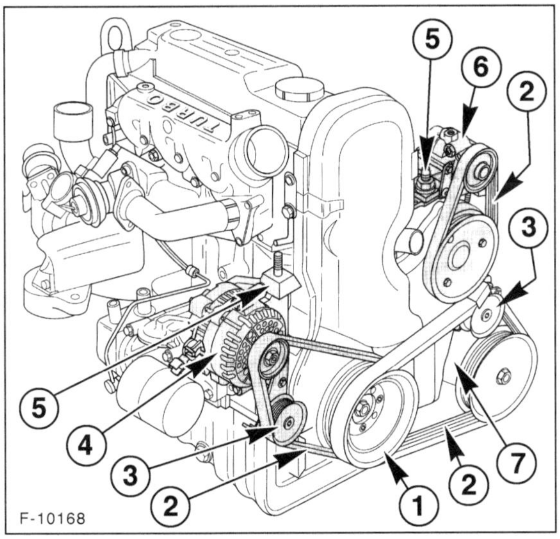

1 – Kurbelwellenrad (Schwingungsdämpfer); 2 – Keilrippenriemen; 3 – Spannrolle; 4 – Generator; 5 – Halter; 6 – Lenkhilfepumpe; 7 – Klimakompressor (wo vorhanden)

Spannung prüfen

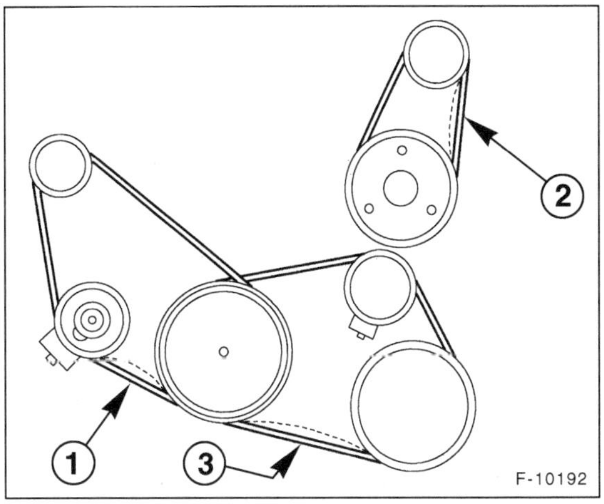

- Keilrippenriemen an den in der Abbildung gezeigten Stellen mit dem Daumen kräftig eindrücken und Eindrücktiefe abschätzen beziehungsweise mit Lineal oder Meterstab messen. Dabei ist zu unterscheiden, ob es sich um einen bereits gelaufenen Riemen oder um einen neuen Riemen handelt. Bereits nach einigen Betriebsstunden gilt ein Keilrippenriemen als »gelaufen«.

Keilrippenriemen	gelaufen	neu
1 – Generator	1 – 3 mm	1 – 2 mm
2 – Servopumpe	1 – 3 mm	1 – 2 mm
3 – Klimakompressor	2 – 4 mm	1 – 3 mm

Keilrippenriemen für Generator ersetzen

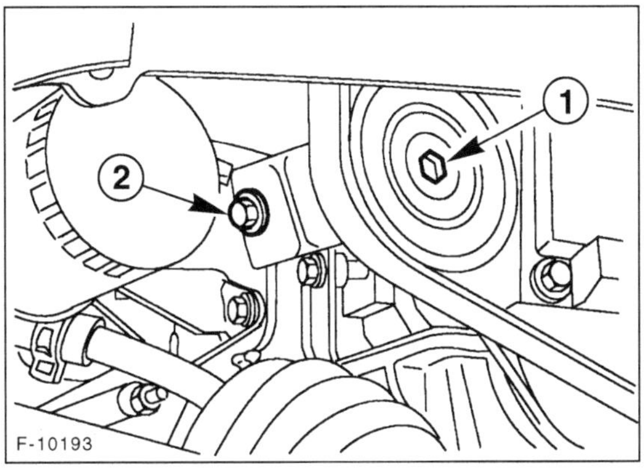

- Befestigungsschraube –1– für Spannrolle lösen, nicht abschrauben.
- Schraube –2– im Gegenuhrzeigersinn drehen und dadurch Keilrippenriemen entspannen.
- Keilrippenriemen abnehmen.
- Neuen Keilrippenriemen auflegen.
- Schraube –2– im Uhrzeigersinn drehen und Keilrippenriemen spannen.

- Spannung prüfen.
- Anschließend Spannrolle an der Zentralschraube mit **25 Nm** festziehen.

Keilrippenriemen für Servopumpe ersetzen

Achtung: Bei Fahrzeugen mit Klimaanlage muß unter Umständen zuerst der Keilrippenriemen für Klimakompressor entspannt werden.

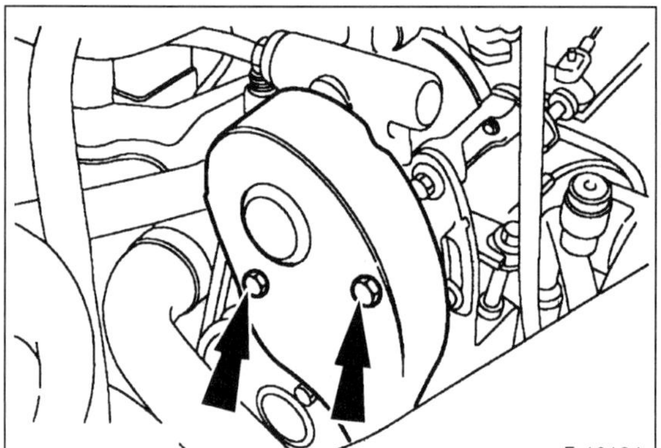
F-10194

- Obere Riemenabdeckung abschrauben.

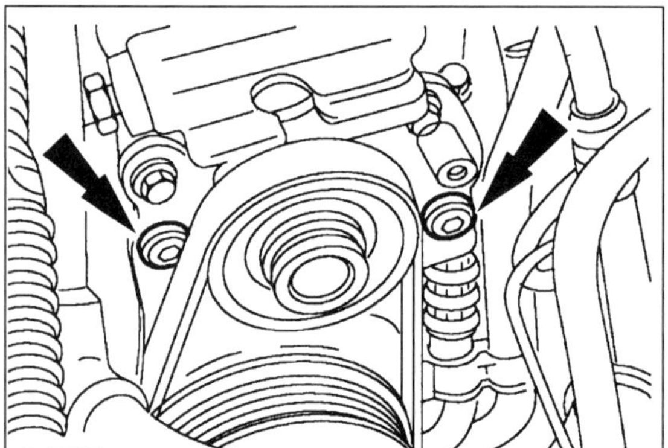
F-10195

- Beide vorderen Klemmschrauben lösen.

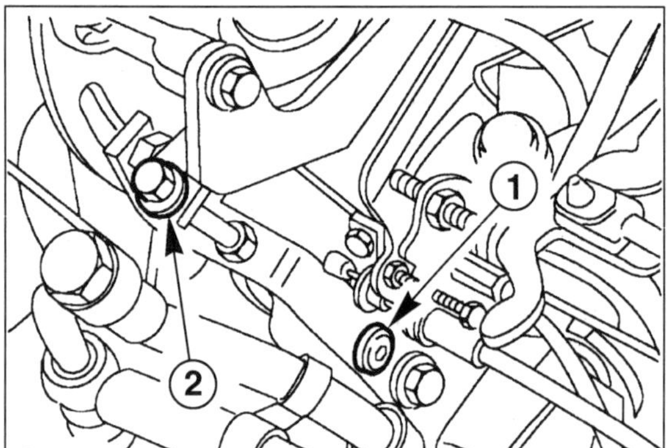

F-10196

- Klemmschraube –1– für Riemenspanner lösen.
- Einstellschraube –2– im Gegenuhrzeigersinn drehen und dadurch Keilrippenriemen entspannen. **Achtung:** Die Einstellschraube hat Linksgewinde.
- Keilrippenriemen ersetzen.
- Klemmschrauben leicht festziehen.
- Keilrippenriemen durch Drehen der Einstellschraube im Uhrzeigersinn spannen. Spannung prüfen.
- Klemmschrauben für Riemenspanner mit **25 Nm** festziehen.

Keilrippenriemen für Klimakompressor ersetzen

- Fahrzeug aufbocken und untere Motorraumabdeckung abbauen.
- Verkleidung im Radhaus vorn rechts abschrauben.

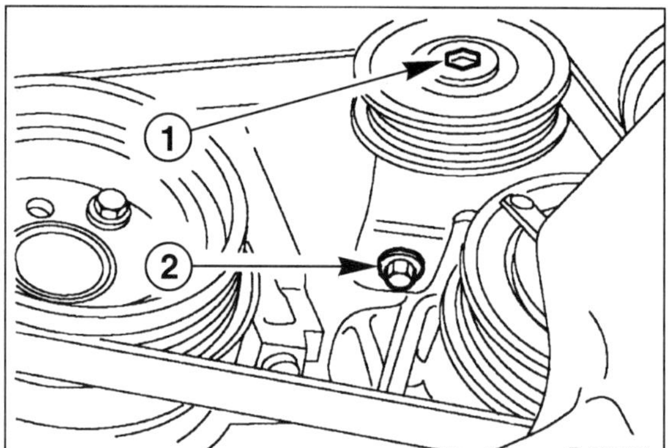

F-10197

- Klemmschraube –1– für Spannrolle lösen. **Achtung:** Aufgrund eingeschränkter Platzverhältnisse muß unter Umständen ein 8 mm Innensechskantschlüssel um 15 mm gekürzt werden.
- Einstellschraube –2– im Uhrzeigersinn drehen und dadurch Keilrippenriemen entspannen.
- Keilrippenriemen ersetzen.
- Klemmschraube leicht festziehen.
- Keilrippenriemen durch Drehen der Einstellschraube im Gegenuhrzeigersinn spannen. Spannung prüfen.
- Klemmschraube für Riemenspanner mit **25 Nm** festziehen.

Störungsdiagnose Motor

Wenn der Motor nicht anspringt, Fehler systematisch einkreisen. Damit der Motor überhaupt anspringen kann, müssen beim Benzinmotor immer zwei Grundvoraussetzungen erfüllt sein. Das Kraftstoff-Luftgemisch muß bis in die Zylinder gelangen und der Zündfunke muß an den Zündkerzenelektroden überspringen. Wie man bei der Fehlersuche systematisch vorgeht, steht im Kapitel »Einspritzanlage«.

Störung: Der Motor springt schlecht oder gar nicht an

Ursache		Abhilfe
Bedienungsfehler beim Starten	**Benzinmotor:**	■ **Bei kaltem und warmem Motor:** Kupplung ganz durchtreten und Motor starten, ohne das Gaspedal zu betätigen. Anlasser nicht länger als etwa 5 Sekunden betätigen. ■ Springt der Motor auch nach 3 Startversuchen nicht an, ca. 10 Sekunden warten und Motor wie bei »heißem Motor« beschrieben starten. **Bei Temperaturen unter –25° C:** Gaspedal halb durchtreten und in dieser Stellung Motor starten. Nach dem Anspringen Gaspedal loslassen. ■ **Bei heißem Motor:** Gaspedal ganz durchtreten und in dieser Stellung halten –nicht pumpen– und Motor starten. Nach dem Anspringen des Motors Gaspedal mit steigender Drehzahl langsam entlasten.
	Dieselmotor:	■ **Bei kaltem Motor:** Zündung einschalten und sobald die Kontrollampe erlischt, Gas- und Kupplungspedal ganz durchtreten und Motor starten. ■ **Bei warmem Motor:** Es braucht nicht vorgeglüht zu werden, der Motor kann sofort angelassen werden. Springt der Motor nicht innerhalb von 20 Sekunden an, kurz warten und Startvorgang wiederholen.
Zündanlage defekt oder verschmutzt		■ Zündanlage überprüfen
Kraftstoffanlage defekt, verschmutzt		■ Kraftstoffanlage überprüfen
Anlasser dreht zu langsam		■ Batterie laden. Anlasser überprüfen
Kompressionsdruck zu niedrig		■ Ventilspiel einstellen (nur Dieselmotor), Motor überholen
Zylinderkopfdichtung defekt		■ Dichtung ersetzen
Dieselmotor: Vorglühanlage defekt		■ Vorglühanlage überprüfen
Förderbeginn verstellt		■ Förderbeginn überprüfen
Einspritzdüsen defekt		■ Einspritzdüsen überprüfen
Einspritzpumpe defekt		■ Einspritzpumpe ersetzen
Ventilspiel falsch (nur Dieselmotor)		■ Ventilspiel korrigieren

Motorschmierung

Für die Motor-Schmierung sind **Mehrbereichsöle** vorgeschrieben, so daß ein jahreszeitbedingter (Sommer/Winter) Ölwechsel nicht erfoderlich ist. Mehrbereichsöle bauen auf einem dünnflüssigen Einbereichsöl auf (z. B. 10 W) und werden durch sogenannte »Viskositätsindexverbesserer« im heißen Zustand stabilisiert. Dadurch ist sowohl für den kalten wie auch für den heißen Motor die richtige Schmierfähigkeit gegeben.

Die SAE-Bezeichnung gibt die Viskosität des Motoröls an. Beispiel: SAE 10 W 40:

10 – Viskosität des Öls in kaltem Zustand. Je kleiner die Zahl, desto dünnflüssiger ist das kalte Motoröl.

W – Das Motoröl ist wintertauglich.

40 – Viskosität des Öls in heißem Zustand. Je größer die Zahl desto dickflüssiger ist das heiße Motoröl.

Bei **Leichtlaufölen** handelt es sich um Mehrbereichsöle, denen unter anderem Reibwertverminderer zugesetzt wurden, wodurch sich die Reibung innerhalb des Motors vermindert. Für das Leichtlauföl wird als Grundöl ein Synthetiköl verwendet.

Zusatzschmiermittel – gleich welcher Art – sollen weder dem Kraftstoff noch dem Schmieröl beigemischt werden.

Anwendungsbereich/Viskositätsklassen

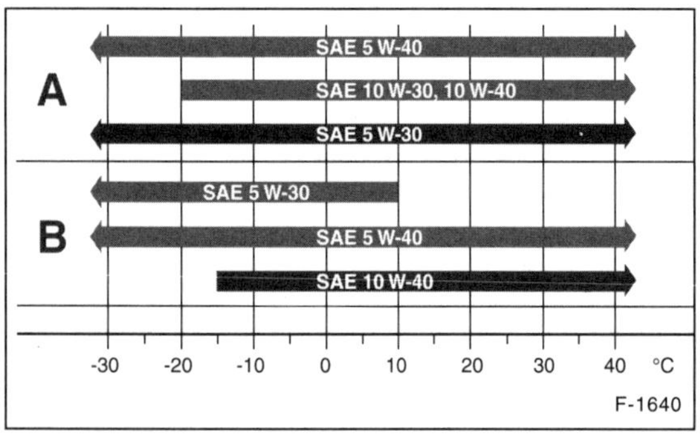

A – Benzinmotor
B – Dieselmotor

In der Abbildung wird die Motoröl-Viskosität in Abhängigkeit von der Außentemperatur dargestellt. Da sich die Einsatzbereiche benachbarter SAE-Klassen überschneiden, können kurzfristige Temperaturschwankungen unberücksichtigt bleiben. Es ist zulässig, Öle verschiedener Viskositätsklassen miteinander zu mischen, wenn einmal Öl nachgefüllt werden muß und die Außentemperaturen nicht mehr der Viskositätsklasse des im Motor befindlichen Öles entsprechen.

Spezifikation des Motoröls

Die Qualität eines Motoröls wird durch Normen der Automobil- sowie der Ölhersteller gekennzeichnet.

Die Klassifikation der Motoröle amerikanischer Ölhersteller erfolgt nach dem **API**-System (API: American Petroleum Institut): Die Motoröle werden durch jeweils zwei Buchstaben gekennzeichnet. Der erste Buchstabe gibt den Anwendungsbereich an: **S** = Service, für **Ottomotoren** geeignet; **C** = Commercial, für **Dieselmotoren** geeignet. Der zweite Buchstabe gibt die Qualität in alphabetischer Reihenfolge an. Von höchster Qualität sind Öle der API-Spezifikation **SH** für Ottomotoren und **CF** für Dieselmotoren.

Europäische Ölhersteller klassifizieren ihre Öle nach der **CCMC**-Spezifikation, die vor allem die europäische Motorentechnologie berücksichtigt. Motoröle für Benziner erhalten je nach Qualität die Klassen CCMC-G1 bis **-G5**; Dieselmotoröle für Pkw-Triebwerke gibt es in den Spezifikationen CCMC-PD1 und CCMC-**PD2.** G5 (Benziner) beziehungsweise D2 (Diesel) stehen für die beste Qualität.

Die europäische CCMC-Kommission wurde von der »**ACEA**« (Association des Constructeurs Européens de l'Automobile) abgelöst, welche andere Qualitätsstufen festgelegt hat. Öle für PKW-Benzinmotoren haben die ACEA-Qualitätsklassen A1-96 bis A3-96; Dieselmotoröle von B1-96 bis B3-96. Motoröle der Spezifikation A2/B2 erfüllen die Mindestanforderungen der ACEA-Norm 1996. Die A3/B3-Spezifikation erfüllt höhere Anforderungen, während die A1/B1-Spezifikation für besondere Leichtlauföle gilt.

Achtung: Motorenöle, die vom Öl-Hersteller ausdrücklich als Öle für Diesel-Motoren bezeichnet werden, sind für Otto-Motoren nicht geeignet. Es gibt Öle, die sowohl für den Otto- wie auch für den Diesel-Motor geeignet sind. In diesem Fall sind beide Spezifikationen (Beispiel: CCMC-G5/PD2, API SH/CF oder ACEA A3-96/B3-96) auf der Öldose vermerkt.

Das richtige Motoröl für den FORD MONDEO

Motor	Viskosität	ACEA-Spezifikation
Benziner	**5W-30***	**A1-96/B1-96**
	10W-30	A1-96/B1-96 oder A2-96/B2-97
	10W-40	A3-96/B3-96
Diesel bis 8/96	**15W-40***	**A2-96/B2-96 oder A3-96/B3-97**
	10W-40	A3-96/B3-96
	5W-40	A3-96/B3-96
Diesel ab 9/96	**10W-40***	**A3-96/B3-96**
	5W-40	A3-96/B3-96

*) Empfohlene Motoröle

Steht kein Öl der angegebenen Spezifikationen zur Verfügung, kann ein Motoröl der Spezifikation API-SH für den Benzinmotor beziehungsweise API-SH/CD für den Dieselmotor verwendet werden.

Achtung: Keinesfalls ein Motoröl der folgenden Spezifikationen einfüllen: API-SC, -SD, -SE, -SF für Benzinmotoren beziehungsweise API-CC für Dieselmotoren.

Der Ölkreislauf

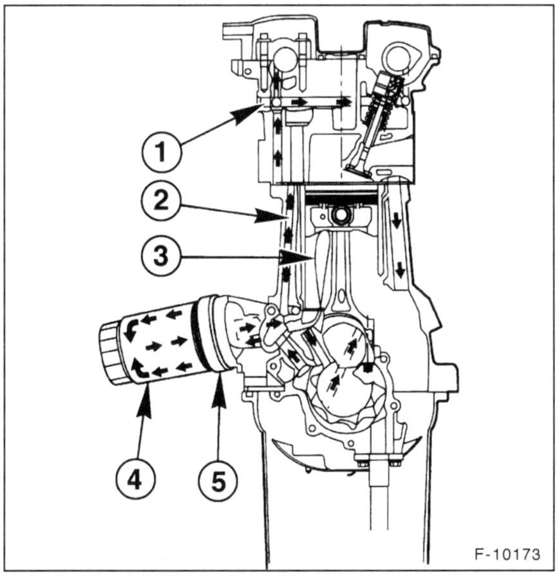

1 – Ölkanal Zylinderkopf
2 – Hauptölkanal
3 – Spritzöl für Kolbenkühlung
4 – Hauptstrom-Ölfilter
5 – Ölkühler (2,0 l Benzinmotor, Dieselmotor)

Die FORD MONDEO-Motoren sind mit einer sogenannten Druckumlaufschmierung ausgestattet. Die Ölpumpe saugt über ein Ölsieb das Motorenöl aus der Ölwanne an und drückt es durch den Ölfilter. An der Druckseite der Ölpumpe befindet sich ein Überdruckventil (Druckregelventil). Bei zu hohem Öldruck öffnet das Ventil, und ein Teil des Öls kann in die Ölwanne zurückfließen.

Durch die Mittelachse der Filterpatrone gelangt das gefilterte Öl direkt in den Hauptölkanal. Dort sitzt auch der Öldruckschalter, der über die Öldruck-Kontrollampe im Schalttafeleinsatz dem Fahrer einen zu niedrigen Öldruck anzeigt. Bei einem verstopften Ölfilter leitet ein Kurzschlußventil das Öl direkt und ungefiltert in den Hauptölkanal.

Vom Hauptölkanal zweigen Kanäle ab zur Schmierung der Kurbelwellenlager. Durch schräge Bohrungen in der Kurbelwelle wird das Öl an die Pleuellager geleitet. Zur Kühlung der Kolbenböden wird aus Spritzdüsen Öl von unten gegen die Kolben gespritzt.

Gleichzeitig gelangt das Motoröl über Steigleitungen in den Zylinderkopf und versorgt dort die Nockenwellenlager und die Tassen- beziehungsweise Hydrostößel.

Beim Dieselmotor und 2,0-l-Benzinmotor wird das Öl durch einen Wärmetauscher am Ölfilterflansch gekühlt, der am Kühlmittelkreislauf angeschlossen ist.

Ölverbrauch

Bei einem Verbrennungsmotor versteht man unter dem Ölverbrauch diejenige Ölmenge, die als Folge des Verbrennungsvorganges verbraucht wird. Auf keinen Fall ist Ölverbrauch mit Ölverlust gleichzusetzen, wie er durch Undichtigkeiten an Ölwanne, Zylinderkopfdeckel usw. auftritt.

Normaler Ölverbrauch entsteht durch Verbrennung jeweils kleiner Mengen im Zylinder; durch Abführen von Verbrennungsrückständen und Abrieb-Partikeln. Zudem verschleißt das Öl durch hohe Temperaturen und hohe Drücke, denen es im Motor fortwährend ausgesetzt ist. Auch äußere Betriebsverhältnisse, wie Fahrweise sowie Fertigungstoleranzen, haben einen Einfluß auf den Ölverbrauch. Im Normalfall ist der Verbrauch so gering, daß zwischen den vorgeschriebenen Ölwechselintervallen nur ein geringfügiges Nachfüllen erforderlich ist.

Unbedingt muß Öl nachgefüllt werden, wenn die »Nachfüll«-Markierung erreicht ist. **Achtung:** Motoröl **nicht** über die »Maximal«-Markierung einfüllen. Wurde zuviel Öl eingefüllt, muß das überschüssige Öl abgelassen werden. Sonst kann der Katalysator beschädigt werden, da unverbranntes Öl in die Abgasanlage gelangt.

Öldruck prüfen

- Ölstand kontrollieren, gegebenenfalls auffüllen.
- Fahrzeug warmfahren, die Öltemperatur soll mindestens +80° C betragen. Diese Temperatur wird, unter normalen Umständen, nach einer Fahrstrecke von ca. 10 km erreicht.

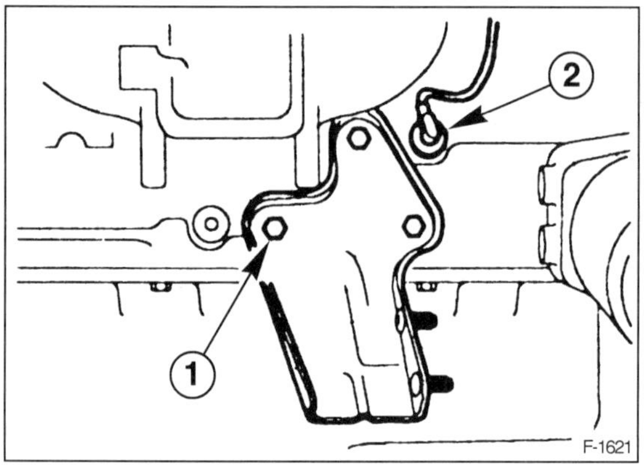

- Öldruckschalter ausbauen. Der Öldruckschalter –2– befindet sich beim 4-Zylinder-Benzinmotor (Abbildung) beim Ölfilter in der Nähe des Antriebswellenhalters –1–, beim Dieselmotor seitlich am Zylinderkopf neben dem Kraftstoffilter.
- Anstelle des Öldruckschalters geeignetes Manometer mit einem passenden Flansch einschrauben.
- Motor starten, mit Prüfdrehzahl laufen lassen und Öldruck ablesen.
- Manometer abschrauben.
- 2 bis 3 Gewindegänge des Öldruckschalters mit Dichtmittel, z. B. Loctite 242, bestreichen, einsetzen und mit 20 Nm festziehen.

Öldrucktabelle

Motor	Öldruck in bar	Prüfdrehzahl
4-Zylinder-Benzin	min. 1,6 max. 5,0	Leerlauf über 2000/min
Dieselmotor	min. 0,75 min. 1,5	Leerlauf über 2000/min

- Falls der Öldruck vom Sollwert abweicht, siehe »Störungsdiagnose Ölkreislauf«.

Öldruckschalter prüfen

Der Öldruckschalter ist zu prüfen, wenn die Öldruckkontrolllampe in der Armaturentafel nicht oder ständig aufleuchtet. Leuchtet die Kontrollampe ständig, so ist zuerst Ölstand und Öldruck zu prüfen. Ist dieser in Ordnung, so ist die nachfolgende Prüfung durchzuführen.

- Motor abstellen und Stecker am Öldruckschalter abziehen. Lage des Öldruckschalters, siehe Kapitel »Öldruck prüfen«.
- Motor anlassen und Kontakt des Steckers gegen Masse (z. B. Motorblock) halten.

Leuchtet die Kontrollampe auf, so ist der Öldruckschalter zu ersetzen. Leuchtet sie nicht auf, so ist entweder die Kontrolllampe defekt oder es liegt eine Unterbrechung in der Leitung vor; Leitungsführung anhand des Stromlaufplanes kontrollieren.

- Elektrisches Kabel am Öldruckschalter aufstecken.

Ölwanne aus- und einbauen

Ausbau

- Batterie-Massekabel (–) von der Batterie abklemmen. **Achtung:** Dadurch werden die elektronischen Speicher gelöscht, wie zum Beispiel der Motorfehlerspeicher oder der Radiocode. Vor dem Abklemmen der Batterie sollten auch die Hinweise im Kapitel »Batterie aus- und einbauen« durchgelesen werden.
- Fahrzeug aufbocken. Motoröl ablassen, siehe Seite 261.

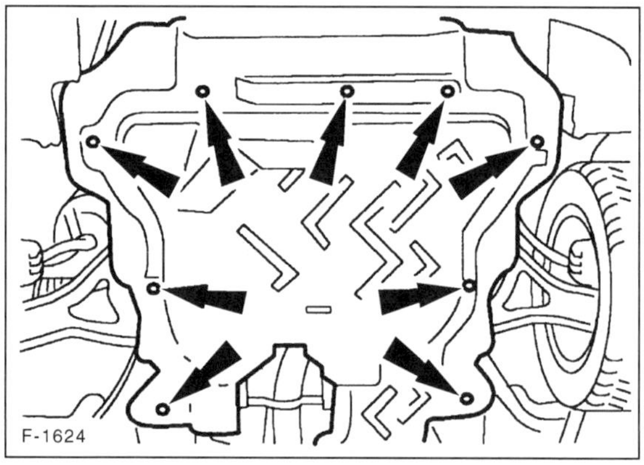

- Falls vorhanden, untere Motorraumverkleidung abschrauben.
- **Benzinmotor:** Vorderes Abgasrohr ausbauen, siehe Seite 90.
- **Dieselmotor:** Keilriemenabdeckung sowie untere Zahnriemenabdeckung von der Fahrzeugunterseite her abschrauben, siehe Seite 27.
- Ölwanne mit 2 Schrauben vom Getriebeflansch abschrauben.

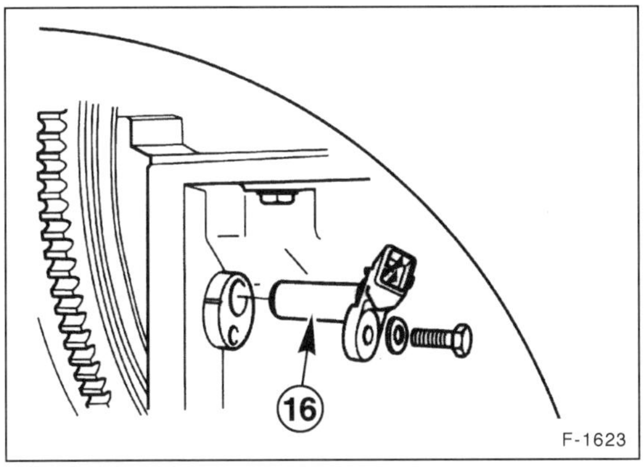

F-1623

- **Dieselmotor:** Kabelstecker von Kurbelwellendrehzahl-Sensor –16– abziehen. Falls nötig, Sensor abschrauben und aus der Buchse an der Ölwanne herausziehen.

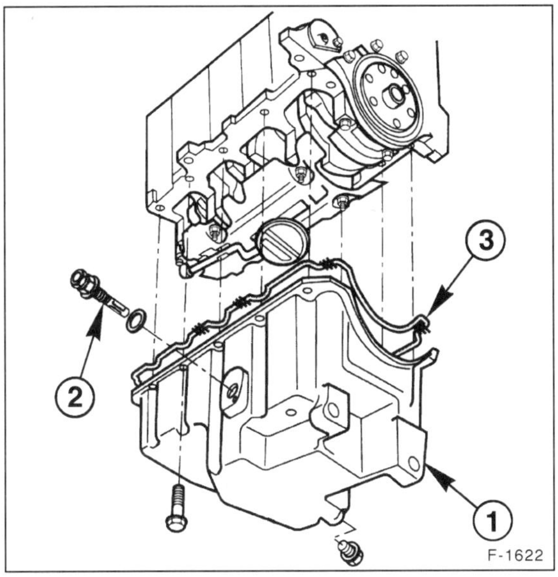

F-1622

- **Fahrzeuge mit Ölstandanzeige:** Kabelstecker von Ölstand-Sensor –2– abziehen. Gegebenenfalls Sensor abschrauben und mit Dichtring abnehmen.
- 10 Schrauben für Ölwanne an Motorblock herausdrehen (Dieselmotor: 14 Schrauben) und Ölwanne nach unten abnehmen. Festsitzende Ölwanne mit Schraubendreher seitlich vorsichtig abdrücken.

Einbau

- Ölwanne innen reinigen.
- Dichtflächen von Ölwanne und Motorblock reinigen. Eventuell verbogene Dichtflächen an der Ölwanne vorsichtig richten.

4-Zylinder-Benzinmotor

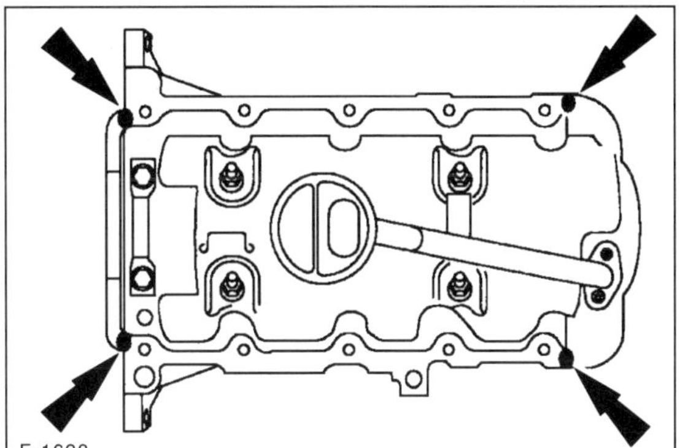

F-1628

- Markierte Flächen mit Dichtmittel, zum Beispiel Loctite 275 oder Hylosil 502, bestreichen.

Achtung: Die Ölwannenschrauben müssen innerhalb von 20 Minuten nach Auftragen des Dichtmittels festgezogen werden.

- Ölwanne mit neuer Dichtung ansetzen und Schrauben handfest anziehen. **Achtung:** Unterschiedliche Dichtung ab 9/93.

F-1629

- Ölwanne mit Stahllineal so ausrichten, daß der Motorblock und die Ölwanne eine Ebene bilden.

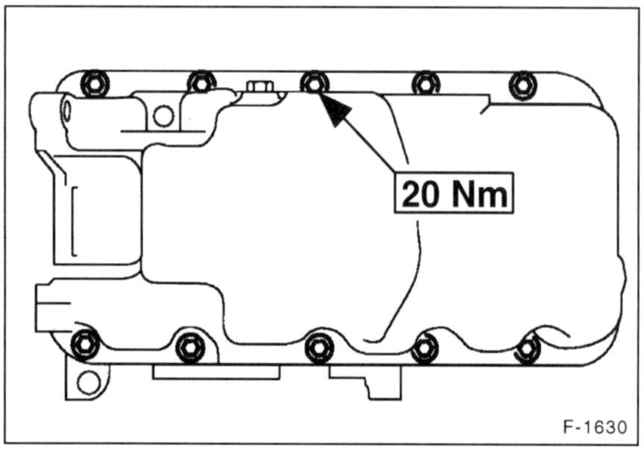

- Ölwannenschrauben über Kreuz mit **20 Nm** festziehen. Ausrichtung der Ölwanne nochmals überprüfen. Versatz gegebenenfalls durch Distanzscheiben ausgleichen.

Dieselmotor

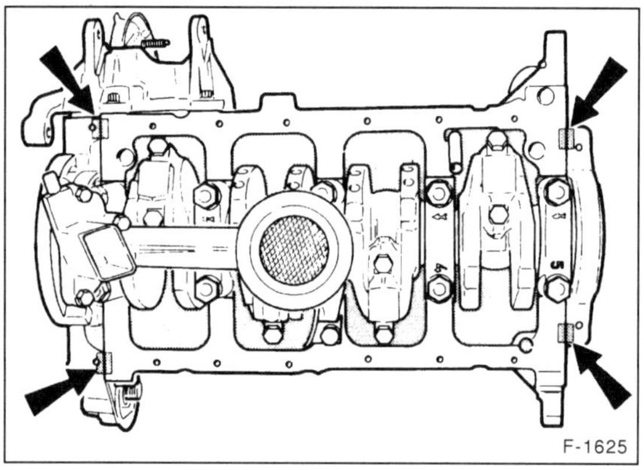

- Motorblockdichtfläche am Stoß des vorderen und hinteren Abschlußdeckels mit Dichtungsmittel, zum Beispiel SPM-4G-9112-F/G von FORD, oder Loctite 275, bestreichen. **Achtung:** Das Anziehen der Ölwannenschrauben muß innerhalb von 20 Minuten nach Auftragen des Dichtmittels erfolgen.
- Ölwanne mit **neuer** Dichtung einsetzen und Schrauben locker beidrehen.
- Ölwanne unten mit 2 Schrauben am Getriebeflansch anschrauben.
- Sämtliche Schrauben ganz leicht mit **10 Nm** festziehen. Dabei zuerst alle Schrauben außer den Eckschrauben im Gegenuhrzeigersinn nacheinander festziehen, erst zum Schluß die 4 Eckschrauben anziehen.

- Falls ausgebaut, Sensoren für Kurbelwellendrehzahl und Ölstand einsetzen und festziehen. Kabelstecker auf Sensoren aufstecken, sie müssen einrasten.
- Neues Motoröl einfüllen, siehe Seite 261.
- Dieselmotor: Zahnriemenabdeckung sowie Keilriemenabdeckung unten anschrauben.
- Benzinmotor: Vorderes Abgasrohr mit Katalysator einbauen, siehe Seite 90.
- Fahrzeug ablassen.
- Batterie-Massekabel (–) anklemmen. Vorhandene Zeituhr einstellen und Diebstahlcode für Radio eingeben.
- Nach Probefahrt, Ölwanne auf Dichtigkeit prüfen, bei Undichtigkeit alle Schrauben vorsichtig nachziehen.
- Falls vorhanden, Motorunterverkleidung einbauen.

Störungsdiagnose Ölkreislauf

Störung	Ursache	Abhilfe
Kontrollicht leuchtet nicht nach Einschalten der Zündung	Öldruckschalter defekt	■ Zündung einschalten, Leitung vom Öldruckschalter abziehen und gegen Masse halten. Wenn die Lampe aufleuchtet, Schalter ersetzen
	Strom zum Schalter unterbrochen, Kontakte korrodiert	■ Elektrische Leitung und Anschlüsse prüfen
	Kontrollampe defekt	■ Kontrollampe ersetzen
Kontrollicht verlischt nicht nach Anspringen des Motors	Öl sehr warm	■ Unbedenklich, wenn Kontrollicht beim Gasgeben verlischt
Kontrollicht verlischt nicht beim Gasgeben bzw. leuchtet während der Fahrt	Öldruck zu gering	■ Ölstand prüfen, ggf. auffüllen; Öldruck nach Vorschrift prüfen
	Elektrische Leitung zum Öldruckschalter hat Kurzschluß gegenüber Masse	■ Kabel am Schalter abziehen während und isoliert ablegen (nicht gegen Masse legen), Zündung einschalten. Wenn die Kontrollampe aufleuchtet, Leitung überprüfen
	Öldruckschalter defekt	■ Schalter auswechseln
Zu niedriger Öldruck im gesamten Drehzahlbereich	Zu wenig Öl im Motor	■ Motoröl nachfüllen
	Ansaugsieb in der Saugglocke verschmutzt	■ Ölwanne ausbauen, Ansaugsieb reinigen
	Ölpumpe verschlissen	■ Ölpumpe ausbauen und prüfen, gegebenenfalls ersetzen
	Lagerschaden	■ Motor demontieren
Zu niedriger Öldruck im unteren Drehzahlbereich	Öldruckregelventil klemmt in offenem Zustand durch Verschmutzung	■ Ventil ausbauen und prüfen
Zu hoher Öldruck bei Drehzahlen über 3000/min	Öldruckregelventil öffnet nicht wegen Verschmutzung	■ Ventil ausbauen und prüfen

Motorkühlung

Der Kühlmittelkreislauf

Das Kühlsystem besteht im wesentlichen aus dem Kühler, der Kühlmittelpumpe, dem Thermostat und einem elektrisch betriebenen Lüfter.

Der Kühlmittelkreislauf wird thermostatisch geregelt. Solange der Motor kalt ist, zirkuliert das Kühlmittel nur im Motorblock und im Wärmetauscher der Heizung. Mit zunehmender Erwärmung der Kühlflüssigkeit öffnet sich der Thermostat und leitet den Kühlmittelstrom durch den Kühler. Das Kühlmittel wird von der Kühlmittelpumpe bewegt, die beim 4-Zylinder-Benzinmotor durch einen Keilriemen, beim Dieselmotor vom Nockenwellenzahnriemen angetrieben wird. Die Kühlflüssigkeit durchströmt den Aluminium-Kühler und wird dabei durch den an den Kühlrippen vorbeistreichenden Fahrtwind abgekühlt. Bei Fahrzeugen mit Automatikgetriebe ist ein Getriebe-Ölkühler im linken Wasserkasten des Kühlers integriert.

Bei hohen Kühlmitteltemperaturen sorgt ein elektrisch angetriebener Lüfter für zusätzliche Kühlung. Sobald die Kühlmitteltemperatur etwa +100° C überschreitet, schaltet beim Dieselmotor ein Thermoschalter, beim Benzinmotor das Motor-Steuergerät über ein Relais den Lüfter zu. Sinkt die Kühlmitteltemperatur wieder, wird der Lüfter ausgeschaltet.

Der Ausgleichbehälter dient als Vorratsbehälter für die Kühlflüssigkeit und fängt die sich bei der Erwärmung ausdehnende Kühlflüssigkeit auf und gibt sie nach dem Abkühlen des Motors wieder in den Kühlkreislauf zurück. Dadurch ist dieser stets gefüllt und sorgt somit für eine gute Kühlung. Nachgefüllt werden darf das Kühlmittel nur über den Ausgleichbehälter.

Warnhinweis: Der elektrische Kühler-Lüfter kann auch bei abgestelltem Motor selbsttätig anlaufen, wenn die Zündung eingeschaltet ist. Hervorgerufen durch die Stauwärme im Motorraum kann dies mehrmals hintereinander geschehen. Darum sollte nach Möglichkeit bei Arbeiten im Motorraum die Zündung immer ausgeschaltet sein.

Schema Kühlmittelkreislauf

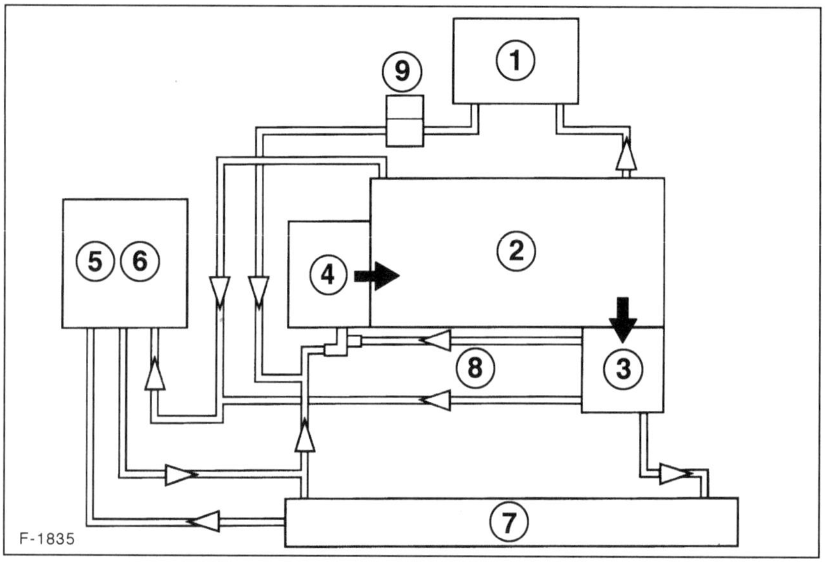

1 – Wärmetauscher Heizung
2 – Motor
3 – Thermostatgehäuse
4 – Kühlmittelpumpe
5 – Kühlmittel-Ausgleichbehälter
6 – Verschlußdeckel
7 – Kühler
8 – Bypass-Schlauch
9 – Ölkühler

Kühler-Frostschutzmittel

Das Motorkühlsystem wird vom Werk mit einer Mischung aus Wasser und FORD-Kühlerfrost- und Korrosions-Schutzmittel befüllt. Das Kühlkonzentrat verhindert Frost- und Korrosionsschäden am Kühlsystem und hebt außerdem die Siedetemperatur der Kühlflüssigkeit an. Deshalb muß das Motorkühlsystem unbedingt ganzjährig mit Kühlerfrost- und Korrosionsschutzmittel gefüllt sein.

Achtung: Für den FORD MONDEO darf nur das Kühlkonzentrat »Motorcraft Super Plus 4« oder »Motorcraft Super Plus 2000«, FORD-Spezifikation ESDM-97B49-A beziehungsweise WSS-M97B44-D, verwendet werden.

Das richtige Mischungsverhältnis zwischen Kühlmittel und Wasser beträgt 1 : 1. Der Frostschutz reicht dann bis mindestens –35° C. Kühlmittel-Füllmenge, siehe Seite 13.

Kühlmittel wechseln

Bei der regelmäßigen Wartung ist kein Kühlmittelwechsel vorgesehen. Wird die Kühlflüssigkeit im Rahmen einer Reparatur abgelassen, sollte sie zur Wiederverwendung aufgefangen werden, da die Kühlflüssigkeit ein Frost- und Korrosionsschutzmittel enthält. Werden allerdings die Kühlmittelpumpe, der Kühler oder der Zylinderkopf ersetzt, ist die Kühlflüssigkeit grundsätzlich zu erneuern. Nur von FORD freigegebenes Kühlmittel verwenden. Das Kühlkonzentrat muß für Aluminium-Bauteile geeignet sein.

Achtung: Kühlflüssigkeit ist leicht giftig und sollte deshalb nicht einfach weggeschüttet werden. Gemeinde- und Stadtverwaltungen informieren darüber, wie die örtlichen Entsorgungsvorschriften lauten.

Darauf achten, daß beim Ablassen kein Kühlmittel auf den Zahnriemen gelangt. Zahnriemen gegebenenfalls abdecken. Kühlmittel greift den Zahnriemen an, was im späteren Betrieb zu schwerwiegenden Motorschäden führen kann.

Achtung: Seit 8/98 wird beim FORD MONDEO ab Werk das Kühlkonzentrat »Motorcraft Super Plus 2000« verwendet. Das Kühlkonzentrat »Super Plus 2000« ist an der orangen Färbung erkennbar. Es darf nicht mit dem blau/grünen »Super Plus 4« vermischt werden, sonst können schwerwiegende Schäden an Motor und Kühlsystem die Folge sein.

Wurde versehentlich fehlende Kühlflüssigkeit im Ausgleichbehälter mit dem falschen Kühlkonzentrat ergänzt, muß das Kühlmittel ganz abgelassen werden und das gesamte Kühlsystem mit klarem Wasser durchgespült werden. Anschließend ist das Kühlsystem **wieder mit dem ursprünglich verwendeten** Kühlkonzentrat zu befüllen. Ein Wechsel des Kühlkonzentrates von »Super Plus 4« auf das neue und bessere »Super Plus 2000« ist von FORD **nicht** freigegeben.

Ablassen

- Verschlußdeckel am Ausgleichbehälter abschrauben. **Achtung:** Deckel nur abnehmen, wenn Kühler mindestens auf Handwärme abgekühlt ist, sonst besteht Verbrühungsgefahr durch heiße Kühlflüssigkeit. Zur Sicherheit Lappen um Stutzen legen.

F-1836

- Fahrzeug aufbocken. Untere Kühlerverkleidung abschrauben und abnehmen.
- Sauberes Auffanggefäß unter Kühler stellen.
- Das Heizungsventil ganz öffnen. Dazu den Temperaturregler ganz in den roten Bereich stellen.

F-1853

- Ablaßschraube unten am Kühler öffnen und die Kühlflüssigkeit ablassen. Zum Drehen der Schraube kann eine Münze genommen werden.
- Ablaßschraube am Kühler nur leicht festziehen.

Auffüllen

- Kühlmittel im Ausgleichbehälter bis zur MAX-Markierung auffüllen.
- Motor starten und ca. 10 Minuten warmlaufen lassen, bis er Betriebstemperatur erreicht. Drehzahl durch Gasgeben mehrere Male über etwa 2500/min bringen. Während des Warmlaufens Kühlmittelstand im Ausgleichbehälter beobachten, gegebenenfalls zwischendurch nachfüllen.
- Ausgleichbehälter mit Verschlußdeckel verschließen.
- Nach dem Abkühlen des Motors Flüssigkeitsstand im Ausgleichbehälter prüfen. Falls erforderlich, Kühlmittel bis zur Markierung »MAX« auffüllen.
- Kühlerverkleidung einsetzen und anschrauben.
- Kühlsystem auf Dichtheit sichtprüfen, insbesondere Schlauchanschlüsse sowie Ablaßschraube und Kühlmittelpumpe.

Kühlsystem auf Dichtheit prüfen

Undichtigkeiten im Kühlsystem und die Funktion des Überdruckventils im Verschlußdeckel des Kühlers können mit einem speziellen Druckprüfer für das Kühlsystem überprüft werden. Ein solcher Druckprüfer ist im Fachhandel erhältlich.

Hinweis: Ab 5/94 wird das Kühlmittelrohr im Heizungsrücklauf zusätzlich am Mittellager der Antriebswelle angeschraubt. Bei Undichtigkeiten kann dieses Kühlmittelrohr auch in bisherige Fahrzeuge eingebaut werden.

- Verschlußdeckel am Ausgleichbehälter abnehmen, Stutzen und Deckel auf Rost und Kalkablagerungen untersuchen, gegebenenfalls diese entfernen. **Achtung:** Deckel nur abnehmen, wenn Kühler mindestens auf Handwärme abgekühlt ist, sonst besteht Verbrühungsgefahr durch heiße Kühlflüssigkeit. Zur Sicherheit Lappen um Stutzen legen.

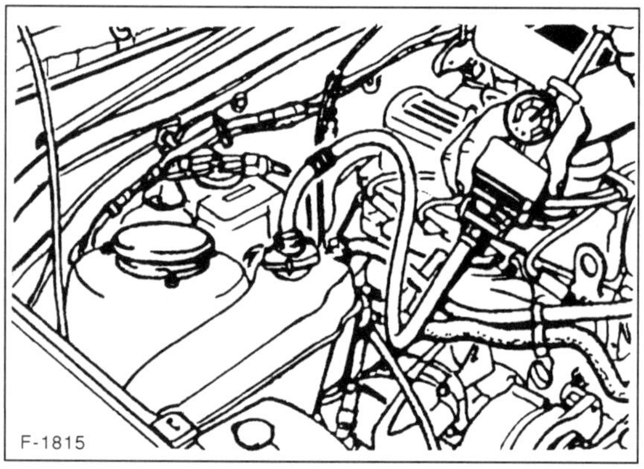
F-1815

- Anstelle des Verschlußdeckels das Anschlußstück des Druckprüfers aufschrauben.
- Das Kühlsystem durch Pumpen unter Druck setzen. Der Überdruck muß ca. 1,2 bar betragen.
- Der aufgebaute Druck muß ca. 10 Sekunden konstant bleiben. Fällt der Druck ab, undichte Stelle im Kühlsystem ermitteln. Durch den erhöhten Druck läuft an der Leckstelle Kühlflüssigkeit heraus.
- Druck entweichen lassen und Anschlußstück abschrauben.

Überdruckventil prüfen

Das Überdruckventil sitzt im Verschlußdeckel des Ausgleichbehälters. Es hat die Aufgabe, das Kühlsystem unter einem gewissen Druck zu halten, damit der Siedepunkt der Kühlflüssigkeit heraufgesetzt wird.

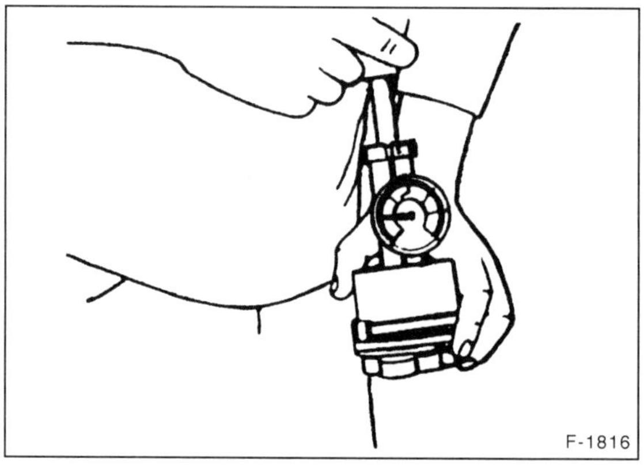
F-1816

- Zur Prüfung den Kühlerverschlußdeckel mit einem Adapterstück auf das Prüfgerät aufschrauben.
- Druck aufbauen und ablesen, bei welchem Druck das Ventil öffnet. Diesen Wert mit dem oben auf dem Verschlußdeckel eingeschlagenen Wert vergleichen. Wird der Sollwert nicht erreicht, so ist der Deckel zu ersetzen.
- Kühlflüssigkeitsstand kontrollieren, gegebenenfalls bis zur MAX-Markierung auffüllen.
- Verschlußdeckel am Ausgleichbehälter aufschrauben, Gummidichtring bei Beschädigung erneuern.

Kühlmittelregler (Thermostat) aus- und einbauen/prüfen

Der Kühlmittelregler (Thermostat) öffnet mit zunehmender Erwärmung des Motors den Kühlmittelkreislauf zum Kühler. Bleibt der Kühlmittelregler durch einen Defekt geschlossen, wird der Motor zu heiß. Erkennbar ist das am Ansteigen der Temperaturanzeige in der Armaturentafel, während gleichzeitig der Kühler kalt bleibt. Ein defekter Thermostat kann aber auch nach dem Abkühlen der Kühlflüssigkeit weiterhin geöffnet bleiben. In diesem Fall erreicht der Motor nicht mehr oder nur sehr langsam seine Betriebstemperatur, die Leistung der Innenheizung läßt nach.

Achtung: Wenn der Motor nach kurzer Fahrstrecke heiß wird, kann das auch daran liegen, daß sich der Kühler aufgrund von Kalkablagerungen zugesetzt hat.

Ausbau 4-Zylinder-Benzinmotor

- Kühlmittel ablassen und auffangen, siehe Seite 53.

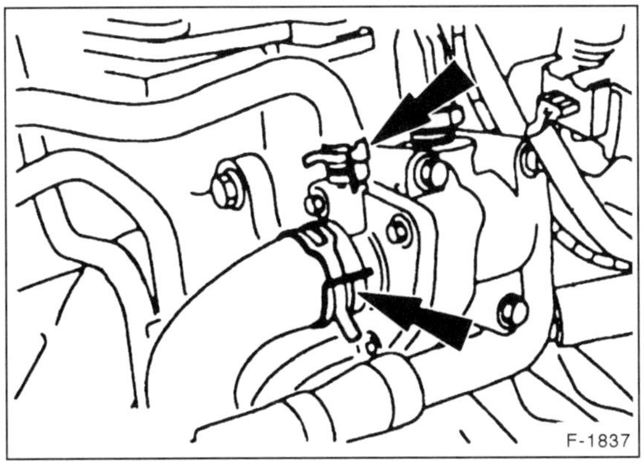

- Dicken Kühlmittelschlauch zum Kühler und dünnen Schlauch vom Thermostatgehäuse abziehen. Dabei Federband-Schlauchschellen mit Flachzange spreizen. Gegebenenfalls vorher Luftansaugschlauch ausbauen, damit der Thermostat besser erreicht wird, siehe Seite 70.
- Kabelstecker vom Temperatursensor oben am Thermostatgehäuse abziehen.

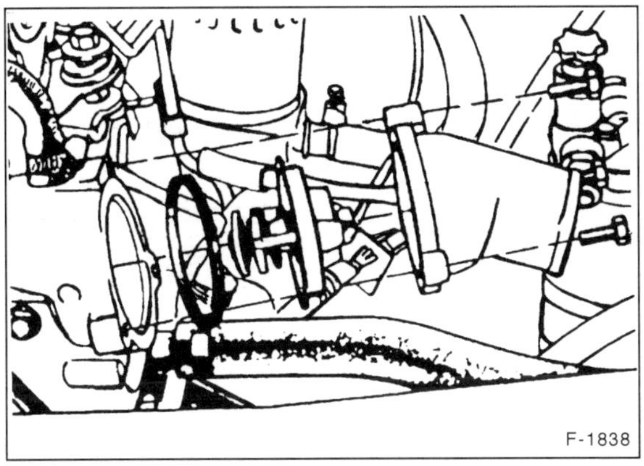

- 3 Befestigungsschrauben lösen und Kühlmittelauslaßstutzen mit Dichtung und Kühlmittelregler abnehmen.

Einbau

- Alten Kühlmittelregler gegebenenfalls vor Wiedereinbau prüfen, siehe Kapitelende.
- Dichtfläche am Kühlmittelauslaßstutzen und am Thermostatgehäuse reinigen.

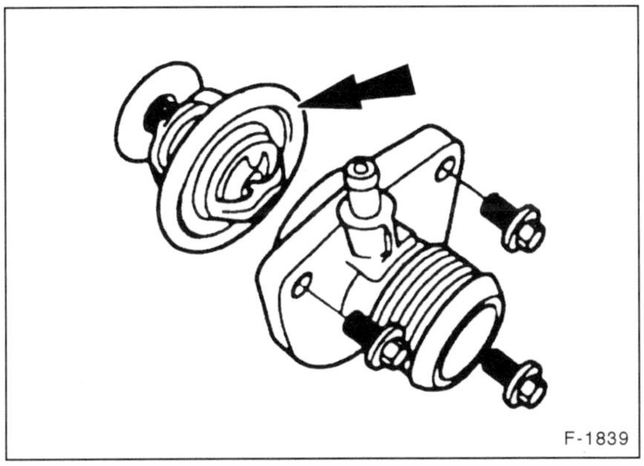

- Kühlmittelregler mit Dichtring in das Gehäuse einsetzen. Beschädigte Dichtung auf jeden Fall ersetzen. Gehäuse an Zylinderkopf ansetzen und mit **20 Nm** anschrauben.
- Kühlmittelschläuche am Thermostatgehäuse aufschieben und mit Schlauchschellen sichern.
- Stecker für Temperatursensor aufstecken.
- Luftansaugschlauch einbauen.
- Kühlmittel auffüllen, siehe Seite 53.
- Motor warmfahren und Anschlußstutzen auf Dichtheit kontrollieren, eventuell vorsichtig nachziehen.

Ausbau Dieselmotor

- Kühlmittel ablassen und auffangen, siehe Seite 53.
- Dicken Kühlmittelschlauch zum Kühler vom Thermostatgehäuse abziehen. Dabei Federband-Schlauchschelle mit Flachzange spreizen.

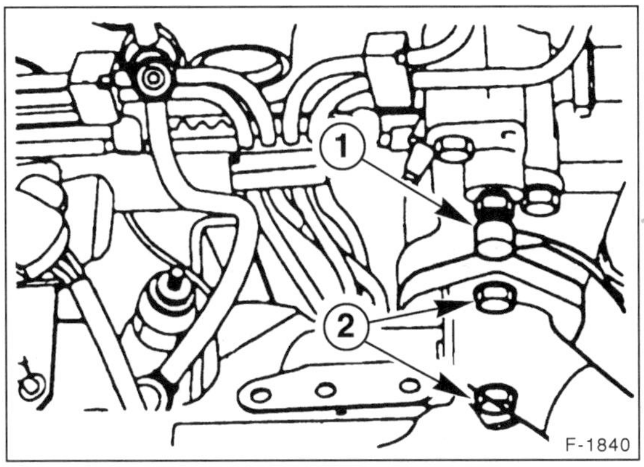

- Kabelstecker vom Temperatursensor –1– oben am Thermostatgehäuse abziehen.
- 2 Befestigungsschrauben –2– lösen und Kühlmittelauslaßstutzen mit Dichtung und Kühlmittelregler abnehmen.
- Kühlmittelregler herausnehmen.

Einbau

- Alten Kühlmittelregler gegebenenfalls vor Wiedereinbau prüfen.
- Dichtfläche am Kühlmittelauslaßstutzen und am Thermostatgehäuse reinigen.

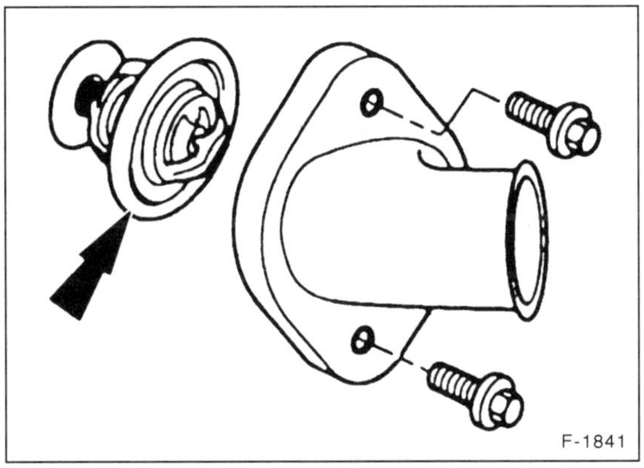

- Kühlmittelregler mit Dichtring in das Gehäuse einsetzen. Beschädigte Dichtung –Pfeil– auf jeden Fall ersetzen. Gehäuse an Zylinderkopf ansetzen und mit **20 Nm** anschrauben.
- Kühlmittelschlauch am Thermostatgehäuse aufschieben und mit Schlauchschelle sichern.
- Stecker auf Temperatursensor aufschieben, er muß einrasten.
- Kühlmittel auffüllen, siehe Seite 53.
- Motor warmfahren und Anschlußstutzen auf Dichtheit kontrollieren, eventuell vorsichtig nachziehen.

Prüfen

SX-1801/P

- Kühlmittelregler im Wasserbad langsam erwärmen. Dabei darf der Thermostat nicht die Wände des Behälters berühren. Der Thermostat muß vollständig eingetaucht sein. Temperatur mit einem geeigneten Thermometer kontrollieren.
- Bei einer Öffnungstemperatur von ca. +85° C (Dieselmotor: +70° C) muß der Thermostat mit dem Öffnen der Regelklappe beginnen.
- Beim Abkühlen kontrollieren, ob sich der Regler wieder ganz schließt, andernfalls ist der Regler zu ersetzen.

Thermoschalter prüfen

Dieselmotor

Der Thermoschalter ist beim Dieselmotor unten am Kühler eingeschraubt. Er schaltet den elektrischen Lüfter zu, wenn die Kühlflüssigkeit eine bestimmte Temperatur erreicht. Der Schalter ist zu prüfen, wenn bei heißem Motor der Elektrolüfter nicht einschaltet. **Prüfvoraussetzung:** Der Kühlmittelregler (Thermostat) muß in Ordnung sein. Öffnet der Thermostat nicht, kann der Thermoschalter den Lüfter nicht zuschalten, weil er durch die Kühlflüssigkeit nicht erwärmt wird.

Hinweis: Beim 4-Zylinder-Benzinmotor wird der Kühlerlüfter motortemperaturabhängig über das elektronische Motor-Steuergerät geregelt.

- Stecker vom Thermoschalter abziehen.
- Beide Steckerklemmen mit kurzer Prüfleitung verbinden.
- Zündung einschalten. Wenn der Lüfter jetzt anläuft, Thermoschalter ersetzen.
- Andernfalls Stecker am Lüftermotor auf festen Sitz und guten Kontakt prüfen. Elektrische Leitungen und Lüfterrelais prüfen, siehe Seite 206.
- Neuen Thermoschalter mit neuem Dichtring anschrauben und Funktion überprüfen. Motor warmfahren und solange im Leerlauf drehen lassen, bis der Lüfter für Kühlmittel einschaltet.

Lüftermotor aus- und einbauen

Ausbau

- Batterie-Massekabel (–) von der Batterie abklemmen. **Achtung:** Dadurch werden die elektronischen Speicher gelöscht, wie zum Beispiel der Motorfehlerspeicher oder der Radiocode. Vor dem Abklemmen der Batterie sollten auch die Hinweise im Kapitel »Batterie aus- und einbauen« durchgelesen werden.
- Benzinmotor: Luftansaugschlauch/Resonator ausbauen, siehe Seite 70.

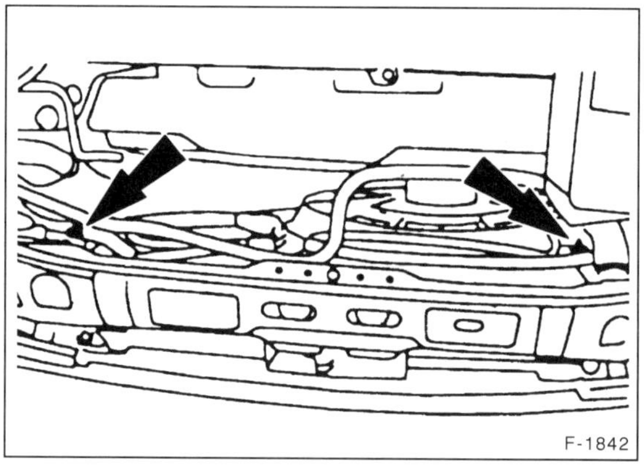

F-1842

- Stecker vom Lüftermotor abziehen. Kabelbinder für Zuleitung mit Seitenschneider durchtrennen und beim Einbau erneuern. 2 obere Befestigungsschrauben –Pfeile– für Luftführung herausdrehen.
- Lüfter komplett mit Luftführung herausheben. Dazu Haltenasen der Luftführung unten aus den Befestigungsclipsen herausziehen.
- Motor vom Lüfterhalter abschrauben.

Einbau

- Motor an der Luftführung ansetzen und mit 10 Nm anschrauben.
- Luftführung mit Lüftermotor in das Fahrzeug einsetzen. Dabei die unteren Nasen der Luftführung in die entsprechenden Aufnahmen hineinschieben.
- Luftführung oben mit 10 Nm anschrauben.
- Stecker am Motor aufschieben und durch Hin- und Herbewegen festen Sitz prüfen. Kabel wie vor Ausbau verlegen und mit neuen Schlauchbindern sichern.
- Luftansaugschlauch/Resonator einbauen.
- Batterie-Massekabel (–) anklemmen. Vorhandene Zeituhr einstellen und Diebstahlcode für Radio eingeben.

Kühler aus- und einbauen

Ausbau

- Lüftermotor ausbauen.

- Fahrzeug aufbocken. Untere Kühlerverkleidung abschrauben und abnehmen.
- Kühlmittel an der Ablaßschraube unten am Kühler ablassen, siehe Seite 53.
- Kühlmittelschläuche oben und unten am Kühler abziehen. Vorher Schlauchschellen ganz öffnen und zurückschieben.

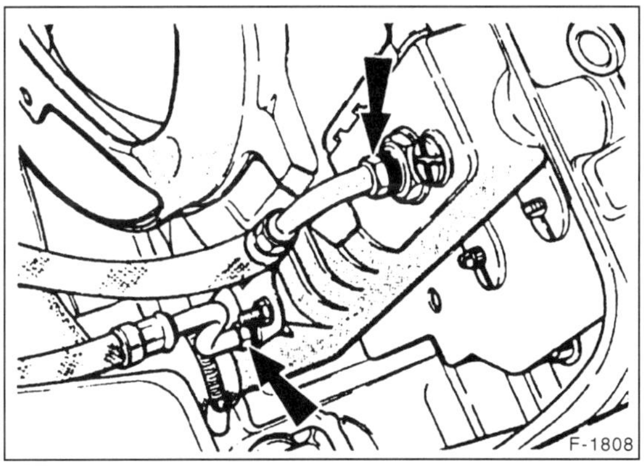

- Nur bei **Automatikgetriebe**:Ölleitungen für ATF-Kühler am Kühler abschrauben und Anschlüsse mit Stopfen verschließen, um größeren Verlust von Getriebeöl zu vermeiden. **Achtung:** Öl läuft aus, Gefäß unterstellen. Anschlüsse vor dem Lösen reinigen, damit keine Verunreinigungen ins Getriebeöl gelangen.
- Fahrzeug aufbocken.

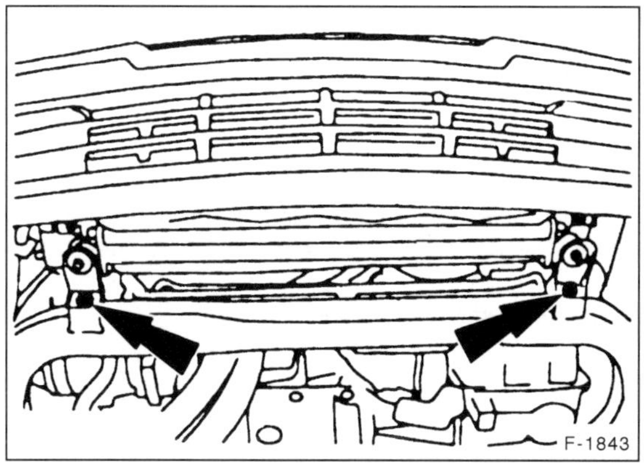

- Kühler an der Unterseite lösen –Pfeile– und von unten aus dem Fahrzeug ziehen. Bei Fahrzeugen mit Klimaanlage, zuvor Kondensator von der Kühlervorderseite abnehmen und mit Draht am Aufbau aufhängen. **Achtung:** Auf keinen Fall Kältemittelkreislauf für Klimaanlage öffnen.

Einbau

- Gummitüllen oben und unten am Kühler auf Beschädigung prüfen, gegebenenfalls ersetzen.
- Kühler von unten einsetzen, so daß die Haltenasen oben in die entsprechenden Aufnahmen eingreifen.
- Bei Klimaanlage, Kondensator vor Kühler einsetzen.
- Kühler unten mit 25 Nm festschrauben.
- Spritzschutz unterhalb vom Kühler einbauen.
- Fahrzeug ablassen.
- Oberen und unteren Kühlmittelschlauch aufschieben und mit Schellen sichern.
- Kühlerablaßschraube eindrehen und ganz leicht festziehen. Kühlflüssigkeit auffüllen, siehe Seite 53.
- Gegebenenfalls Anschlüsse für Automatikgetriebe anschrauben. Anschließend Ölstand prüfen, siehe Seite 109.
- Lüfter einbauen, siehe Seite 56.
- Batterie-Massekabel (–) anklemmen. Vorhandene Zeituhr einstellen und Diebstahlcode für Radio eingeben.
- Motor warmfahren und im Leerlauf drehen lassen, bis der Lüfter einschaltet. Kühlsystem auf Dichtigkeit prüfen.
- Kühlmittelstand nochmals prüfen, gegebenenfalls auffüllen.

Kühlmittelpumpe aus- und einbauen

Bei einem Defekt muß die Kühlmittelpumpe ausgetauscht werden, sie kann nicht instand gesetzt werden. Bei einer Undichtigkeit der Wellendichtung läuft vor allem bei laufendem Motor Kühlflüssigkeit am Motorblock herunter, die aus der Entlüftungsbohrung der Kühlmittelpumpen-Antriebswelle austritt. Die Kühlmittelpumpe wird beim 4-Zylinder-Benzinmotor vom Keilrippenriemen, beim Dieselmotor vom Nockenwellen-Zahnriemen angetrieben.

Ausbau

Achtung: Da das rechte Motorlager gelöst werden muß, ist zum Ausbau ein Rangierwagenheber oder ein Kran erforderlich, um den Motor abzustützen.

- Kühlmittel ablassen und auffangen, siehe Seite 53.
- Kühlmittel-Ausgleichbehälter ausbauen, dazu Schläuche abziehen und Behälter mit 2 Schrauben vom rechten Radlauf abschrauben.

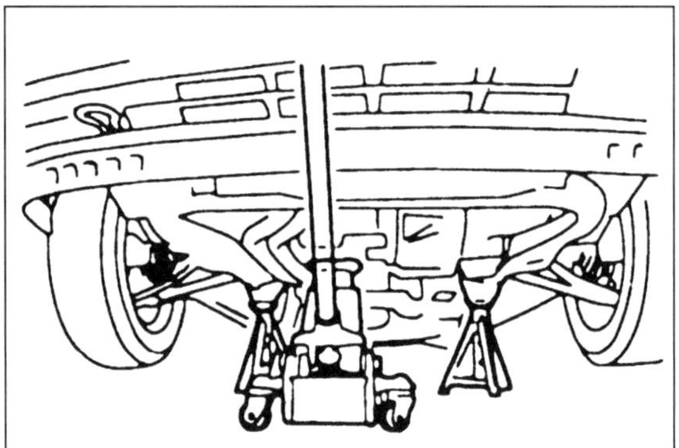

F-1844

- Motor an der Ölwanne mit einem Rangierwagenheber abstützen. Holzzwischenlage verwenden, um Beschädigungen zu vermeiden. Wagenheber nach oben pumpen, bis der Motor leicht angehoben wird.

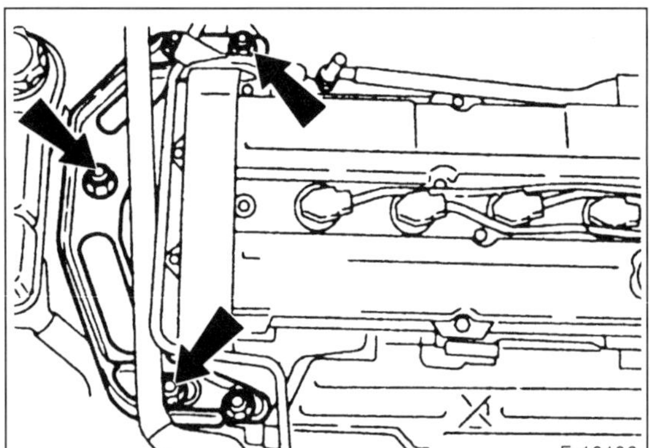

F-10132

- Befestigungsmuttern am rechten Motorhalter abschrauben. Halter abnehmen. **Achtung:** Dabei muß der Motor abgestützt sein, sonst fällt er nach unten.

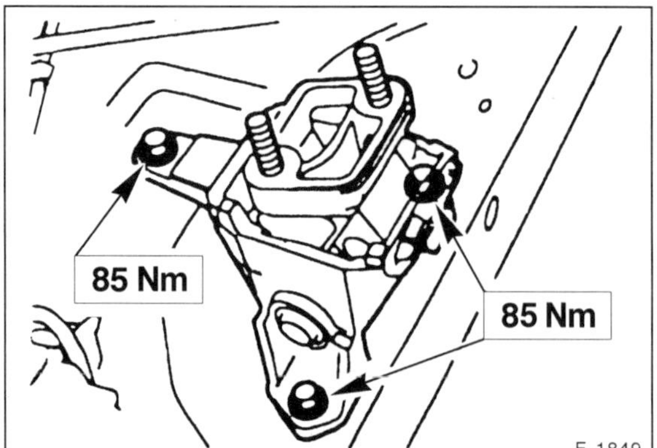

F-1849

- Rechtes Motorlager abschrauben.

4-Zylinder-Benzinmotor

- Zahnriemen ausbauen, siehe Seite 20.

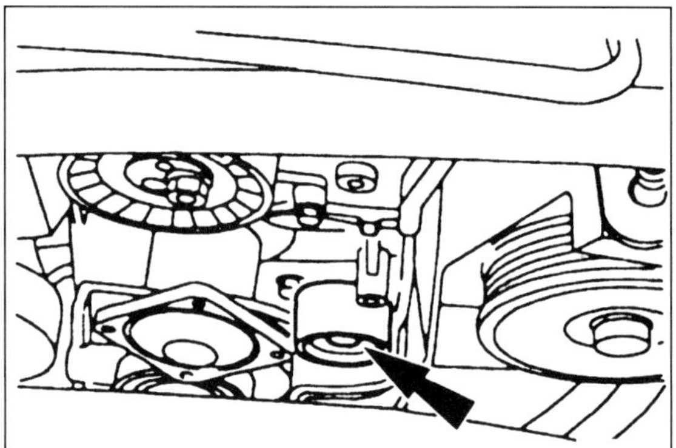

F-1846

- Umlenkrolle für Zahnriemen neben der Kühlmittelpumpe an der Zentralschraube abschrauben.
- Zum Auffangen der Kühlflüssigkeit ein geeignetes Gefäß unter die Kühlmittelpumpe stellen.
- Schlauch am Stutzen der Kühlmittelpumpe abziehen, vorher Schlauchschelle ganz lösen und zurückschieben.

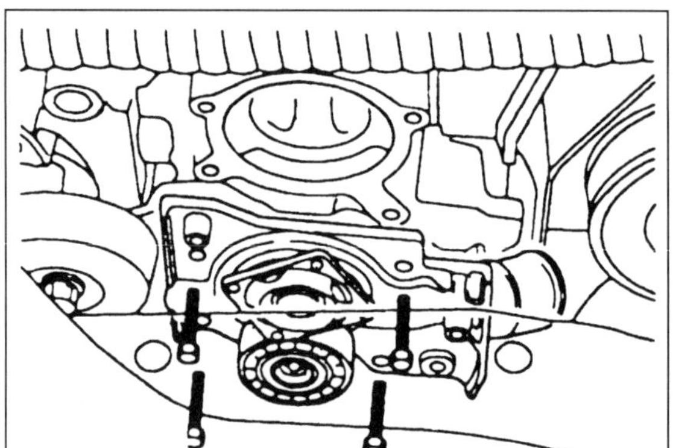

F-1847

- 4 Befestigungsschrauben herausdrehen und Kühlmittelpumpe mit Dichtung abnehmen.

Dieselmotor

- Zahnriemen ausbauen, siehe Seite 27.

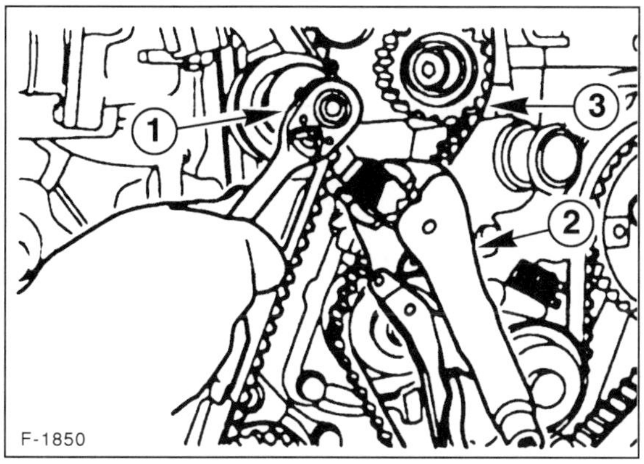

- Zahnriemenspanner –1– in entlasteter Stellung sichern. Spannfeder –2– zusammendrücken und Spannrolle abziehen. 3 – Zahnriemen.

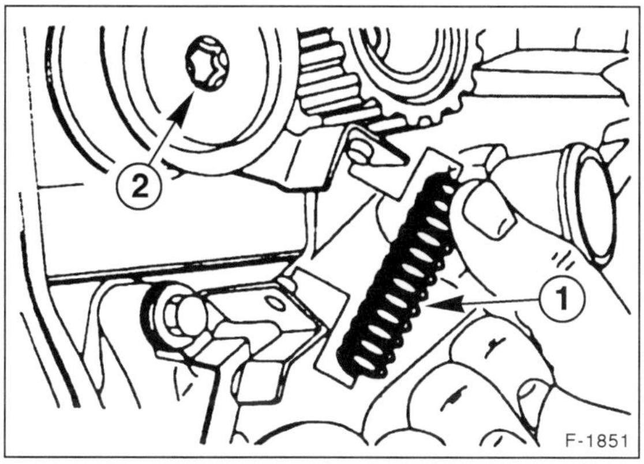

- Zahnriemen-Spannfeder –1– herausnehmen. Spannvorrichtung –2– abschrauben und herausnehmen.
- Schlauch am Stutzen der Kühlmittelpumpe abziehen, vorher Schlauchschelle ganz lösen und zurückschieben.

- 4 Befestigungsschrauben herausdrehen und Kühlmittelpumpe mit Dichtung abnehmen.

Einbau

- Vor dem Einbau die Dichtflächen mit einem Schaber von Rost und Schmutz freimachen. Dabei dürfen die Dichtflächen auf keinen Fall zerkratzt werden.

Benzinmotor

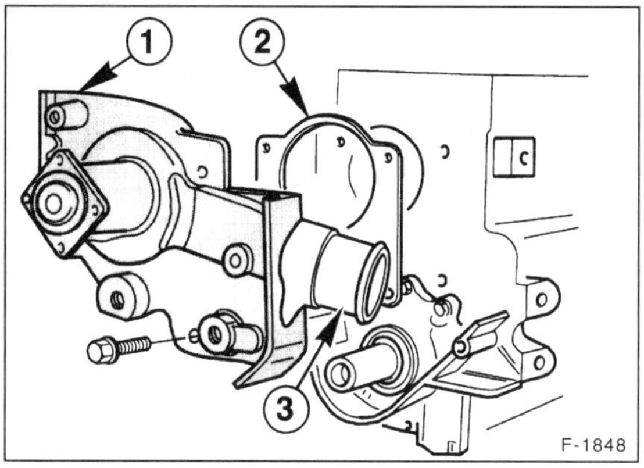

- Kühlmittelpumpe –1– mit **neuer** Dichtung –2– ansetzen und die Befestigungsschrauben mit **20 Nm** festziehen.
- Umlenkrolle für Zahnriemen mit **50 Nm** anschrauben.
- Schlauch am Stutzen der Kühlmittelpumpe aufstecken und mit Schlauchschelle sichern.
- Zahnriemen einbauen, siehe Seite 20.
- Keilrippenriemen einbauen, siehe Seite 42.

Dieselmotor

- Kühlmittelpumpe mit **neuer** Dichtung einsetzen und die Befestigungsschrauben mit **25 Nm** festziehen.
- Riemenspanner anschrauben, Spannfeder zusammendrücken und einsetzen.
- Schlauch am Stutzen der Kühlmittelpumpe aufstecken und mit Schlauchschelle sichern.
- Zahnriemen einbauen, siehe Seite 27.
- Keilrippenriemen einbauen, siehe Seite 42.

Alle Motoren

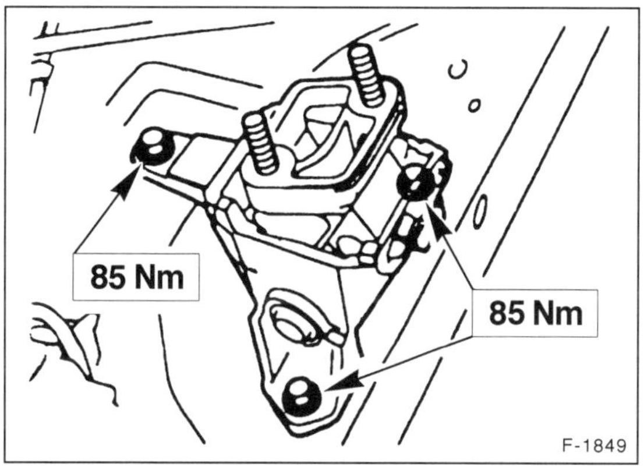

- Rechtes Motorlager mit **85 Nm** anschrauben.

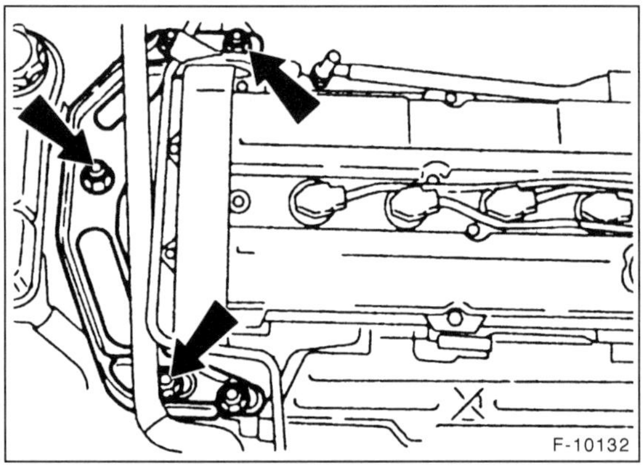

- Rechte Motorhalterung mit **neuen selbstsichernden** Muttern anschrauben. Wagenheber ablassen, und Muttern mit **90 Nm** festziehen.
- Wagenheber entfernen.
- Kühlmittel-Ausgleichbehälter am rechten Radlauf anschrauben. Schläuche aufschieben und mit Schellen sichern.
- Kühlmittel auffüllen, siehe Seite 53.
- Motor warmfahren. Danach Fahrzeug auf trockener Fläche abstellen und Kühlanlage auf Dichtheit prüfen.

Störungsdiagnose Motorkühlung

Störung: Die Kühlmitteltemperatur ist zu hoch, Anzeige steht im roten Bereich.

Ursache	Abhilfe
Zu wenig Kühlflüssigkeit im Kreislauf	■ Ausgleichbehälter muß bis zur Markierung voll sein. Gegebenenfalls Kühlmittel nachfüllen. Kühlsystem auf Dichtheit prüfen.
Kühlmittelregler (Thermostat) öffnet nicht, Kühlflüssigkeit zirkuliert nur im kleinen Kreislauf	■ Prüfen, ob der obere Kühlmittelschlauch warm wird. Wenn nicht, Regler ausbauen und prüfen, ggf. Regler ersetzen. Unterwegs: Thermostat ausbauen. Ohne Thermostat erreicht der Motor seine normale Betriebstemperatur später oder gar nicht, deshalb defekten Thermostat alsbald ersetzen.
Keilrippenriemenspannung zu gering	■ Spannung prüfen, gegebenenfalls Keilrippenriemen erneuern.
Kühlerlamellen verschmutzt	■ Kühler von der Motorseite her mit Preßluft durchblasen.
Kühler innen durch Kalkablagerungen oder Rost zugesetzt, unterer Kühlerschlauch wird nicht warm	■ Kühler erneuern.
Elektrolüfter läuft nicht	■ Stecker an Temperaturfühler und Lüftermotor auf festen Sitz und guten Kontakt prüfen. ■ Dieselmotor: Thermoschalter prüfen. Unterwegs: Stecker vom Thermoschalter abziehen. Der Lüfter läuft dann immer mit, solange die Zündung eingeschaltet ist. Prüfen, ob Spannung am Stecker für Lüftermotor anliegt (Zündung eingeschaltet, Stecker für Thermoschalter überbrückt). Wenn ja, Lüftermotor ersetzen. **Hinweis:** In der Regel ist die Zusatzkühlung durch den Lüfter nur im Stadt- und Kurzstreckenverkehr erforderlich.
Kühler-Verschlußdeckel defekt	■ Druckprüfung durchführen lassen (Werkstattarbeit).
Kühlmittelpumpe beschädigt (Querschnitt des Laufrades verringert und dadurch zu geringer Kühlmitteldurchsatz)	■ Kühlmittelpumpe ausbauen, sichtprüfen und ggf. ersetzen
Kühlmitteltemperaturanzeige defekt	■ Anzeigegerät/Geber überprüfen lassen.

Zündanlage

Die Zündanlage erzeugt den Zündfunken, der das angesaugte Kraftstoff-Luftgemisch im Brennraum des Zylinders entzündet. Um einen kräftigen Zündfunken erzeugen zu können, wird in der Zündspule die Batteriespannung von 12 Volt auf etwa 30.000 Volt hochtransformiert.

Der Dieselmotor benötigt keine Zündanlage, da sich aufgrund der hohen Verdichtung die Luft so weit erwärmt, daß nach Einspritzen des Kraftstoffes die Zündung von selbst erfolgt.

Die Benzinmotoren im FORD MONDEO besitzen eine kennfeldgesteuerte, vollelektronische Zündanlage, bei der auch die Funktion des herkömmlichen Zündverteilers durch elektronische Bauteile übernommen wird. Die Steuerung von Zündung und Einspritzung ist in nur einem Steuergerät zusammengefaßt. Nur bei Fahrzeugen mit Automatikgetriebe ist ein separates Zünd-Steuermodul vorhanden.

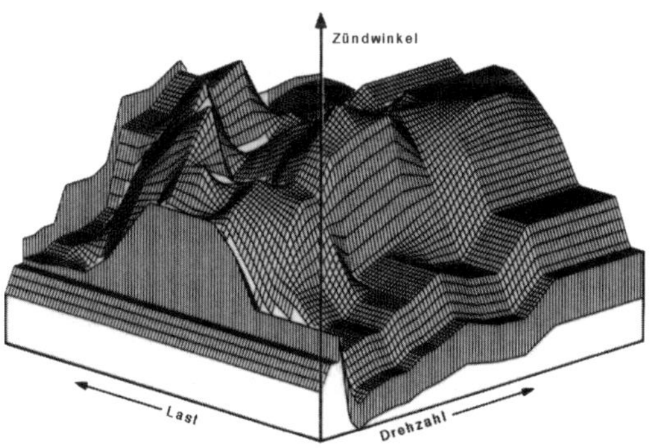

SX-1202/P

Zur Ermittlung des richtigen Zündzeitpunktes stützt sich das Steuergerät auf ein elektronisch gespeichertes Zündkennfeld. Dadurch läßt sich die Zündanlage leichter an unterschiedliche Betriebsbedingungen, zum Beispiel andere Kraftstoffqualität, anpassen.

Die Verteilung der Zündspannung auf die einzelnen Zylinder erfolgt durch bewegungslos arbeitende, elektronisch gesteuerte Bauteile. Eine Prüfung des Zündzeitpunkts ist nicht notwendig, da das Zündsystem keine beweglichen Bauteile besitzt und sich somit der Zündzeitpunkt nicht verstellen kann.

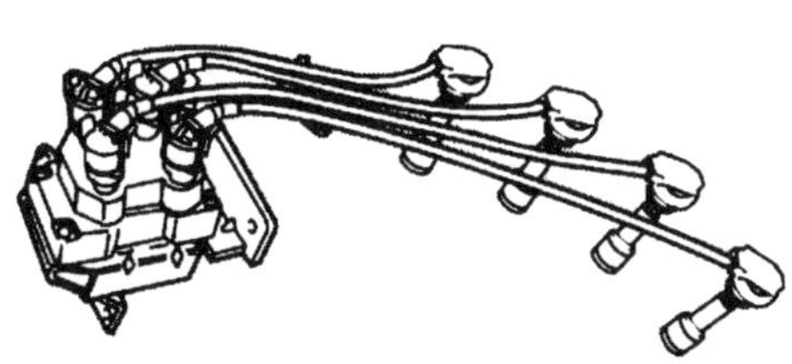

F-1218

Erzeugt wird die Zündspannung durch 2 in einem Gehäuse untergebrachte Zündspulen, die bei jeder Kurbelwellenumdrehung zum richtigen Zündzeitpunkt je 2 Zündfunken abgeben. Jede Zündspule versorgt 2 Zylinder. Während der Zündfunke in dem Zylinder, der sich gerade in der Kompressionsphase befindet, das Gemisch zündet, wird der zweite Zündfunken in den Auspufftakt des korrespondierenden Zylinders abgegeben. Das Zündspulengehäuse ist am Zylinderkopf befestigt.

Synchronisiert wird die Zündanlage durch Signale, die 2 Impulsgeber an das Steuergerät abgeben. Ein Impulsgeber sitzt am Schwungrad und erfaßt die aktuelle Motordrehzahl und Kurbelwellen-Position anhand von Markierungen (Gußstegen) auf der Schwungscheibe. Der 2. Sensor mißt die Position der Einlaß-Nockenwelle.

Bei Arbeiten an der elektronischen Zündanlage sind bestimmte Punkte zu beachten, um Verletzungen von Personen oder die Zerstörung der Zündanlage zu vermeiden.

Das im FORD MONDEO verwendete Zünd- und Einspritzmodul EEC IV verfügt über ein umfangreiches Selbsttestprogramm sowie einen Speicher, der im Fahrbetrieb auftretende Fehler erkennt und einige Zeit (über 40 Motorstarts) speichert. Das Modul kann mehr als 30 mögliche Fehlercodes anzeigen, allerdings werden zur Abfrage ein Prüfgerät sowie umfangreiche Prüfunterlagen von FORD benötigt. Bei Störungen ist daher eine FORD-Werkstatt aufzusuchen.

Achtung: Wird die Batterie abgeklemmt, werden alle im Fehlerspeicher erfaßten Werte sowie auch »gelernte« Betriebswerte, zum Beispiel der Leerlaufdrehzahl-Regelung, gelöscht. Nach dem Wiederanklemmen der Batterie können Mängel im Fahrverhalten (Stottern, Aussetzer beim Beschleunigen oder unrunder Leerlauf) auftreten.

Nach Anklemmen der Batterie sollte der Motor daher zunächst ca. 3 Minuten im Leerlauf laufen. Nach Erreichen der Betriebstemperatur (Kühlmittel-Temperaturanzeige steht in der Skalenmitte) etwas Gas geben und den Motor mit etwa 1200/min weitere 2 Minuten laufen lassen. Durch diesen Vorgang speichert das Modul die Leerlauf- und andere Betriebswerte wieder neu ein. Anschließend empfiehlt es sich, noch eine Fahrt über ca. 8 km mit unterschiedlichen Geschwindigkeiten zu vorzunehmen, damit der »Lernprozeß« abgeschlossen ist und sich ein normaler Motorlauf einstellt.

Sicherheitsmaßnahmen zur elektronischen Zündanlage

Bei elektronischen Zündanlagen beträgt die Zündspannung bis zu 37 kV (Kilovolt). Unter ungünstigen Umständen, zum Beispiel Feuchtigkeit im Motorraum, können Spannungsspitzen die Isolation durchschlagen, was bei Berührung zu Elektroschocks führt.

Um Verletzungen von Personen und/oder die Zerstörung der elektronischen Zündanlage zu vermeiden, ist bei Arbeiten an der elektronischen Zündanlage folgendes zu beachten:

- Zündkabel nicht bei laufendem Motor bzw. bei Anlaßdrehzahl mit der Hand berühren bzw. abziehen.
- Leitungen der Zündanlage nur bei ausgeschalteter Zündung abklemmen.
- Beim Einschalten der Zündung müssen alle Kerzenstecker eingebaut sein. Ist bei einer Pannenhilfe die Prüfung des Zündfunken notwendig, darf diese nur mit einer Zündkerze an einem Zylinder durchgeführt werden. Dabei guten Massekontakt der Zündkerze sicherstellen. Kerzenstecker beziehungsweise Zündkabel nicht mit der Hand, sondern mit einer gut isolierten Zange gegen Masse (z. B. Motorblock) halten.
- Das An- und Abklemmen von Meßgeräteleitungen (Drehzahlmesser/Zündungstester) nur bei ausgeschalteter Zündung vornehmen.
- Bei Erhitzung auf mehr als +80° C (z. B. Lackieren, Dampfstrahlen) darf der Motor nicht unmittelbar nach der Aufheizphase gestartet werden.
- Motorwäsche nur bei ausgeschalteter Zündung vornehmen.
- Beim Elektro- und Punktschweißen Batterie komplett abklemmen.
- Personen mit einem Herzschrittmacher sollen keine Arbeiten an der elektronischen Zündanlage durchführen.

Zündkabel prüfen

Bei zu hohem Widerstand in den Zündkabeln (Hochspannungskabeln) kann es zu Startschwierigkeiten und Zündaussetzern kommen.

- Zündung ausschalten.

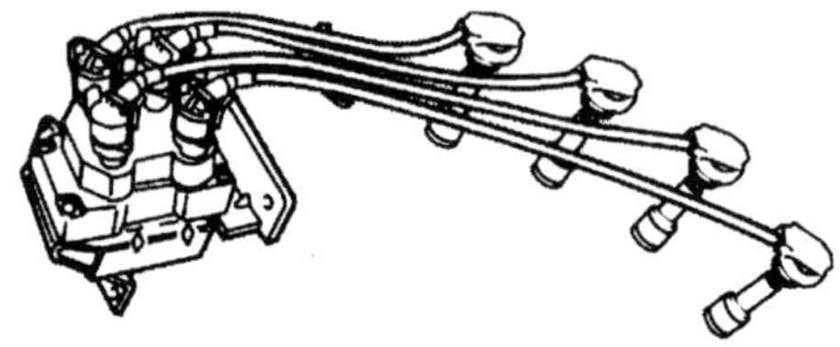

F-1218

- Zündkerzenstecker an den Zündkerzen abziehen. **Achtung:** Dabei am Stecker und nicht am Kabel ziehen.
- Beide Verriegelungszungen an jedem Zündkabelstecker zusammendrücken und Zündkabel an der Zündspule abziehen.
- Widerstand aller 4 Zündkabel jeweils zwischen dem Steckerkontakt der Zündspule und dem Kontakt des Zündkerzensteckers prüfen. Sollwert: ca. 5 kΩ, bis max. 30 kΩ.
- Bei zu hohem Widerstand Kabelanschlüsse reinigen und Prüfung wiederholen, gegebenenfalls entsprechendes Kabel erneuern.
- Zündleitungen im Bereich der Kerzenstecker in engem Radius biegen und auf Risse kontrollieren, gegebenenfalls alle Zündkabel ersetzen.
- Zündkabel auf die Zündspule aufstecken, dabei sicherstellen, daß die Verriegelungszungen einrasten.

Achtung: Die Buchsen der Hochspannungsleitungen an der Zündspule sind von »1« bis »4« markiert. Die Leitungen müssen nach korrekter Zündfolge 1–3–4–2 aufgesteckt werden. Zylinder 1 liegt an der Keilriemenseite des Motors (in Fahrtrichtung gesehen rechts).

Zündspule prüfen/ersetzen

Die Zündspule ist unter anderem zu prüfen, wenn keine Hochspannungsstöße (für den Zündfunken) an den Zündkerzen ankommen, obwohl der Anlasser dreht.

Geprüft wird die Zündspule mit einem Widerstands-Prüfgerät (Ohmmeter).

- Batterie-Massekabel (–) von der Batterie abklemmen. **Achtung:** Dadurch werden die elektronischen Speicher gelöscht, wie zum Beispiel der Motorfehlerspeicher oder der Radiocode. Vor dem Abklemmen der Batterie sollten auch die Hinweise im Kapitel »Batterie aus- und einbauen« durchgelesen werden.

Prüfen

- Alle Zündkabel an der Zündspule abklemmen, dabei beide Rastzungen an jedem Stecker zusammendrücken. Damit die Zündspule erreicht wird, vorher Luftansaugschlauch ausbauen, siehe Seite 70.
- Primärwiderstand prüfen: Dazu Stecker –1– abziehen, dabei Metallbügel niederdrücken.

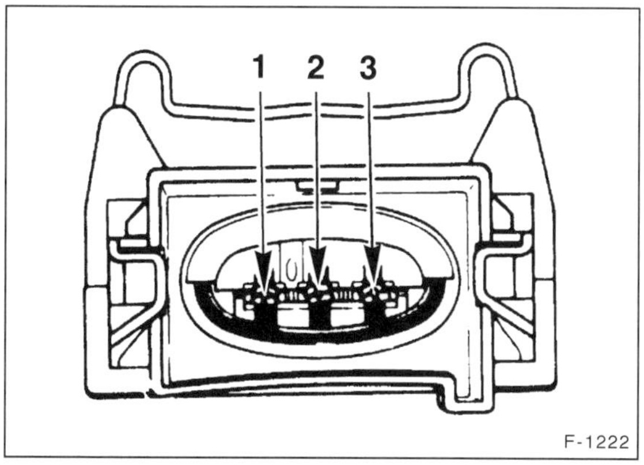

- Die Abbildung zeigt den Kabelstecker –1– der Zündspule. Ohmmeter an die entsprechenden Kontakte **der Zündspule** anschließen und Widerstand nacheinander zwischen folgenden Kontakten messen:
  - zwischen Kontakt 1 und 2;
  - zwischen Kontakt 3 und 2.

  Sollwert bei beiden Messungen (Primärwiderstände der Einzelzündspulen): 4,5 – 5,5 Ω.
- Bei deutlicher Abweichung vom Sollwert, Zündspule ersetzen.

Zündspule ersetzen

Achtung: Falls die Zündspule ersetzt wird, auf keinen Fall eine Zündspule für ein unterbrechergesteuertes Zündsystem einbauen.

- Befestigungsschrauben lösen und Zündspule abnehmen.
- Neue Zündspule anschrauben, seitlichen Kabelstecker einrasten.
- Zündkabel auf die Zündspule aufstecken, dabei sicherstellen, daß die Verriegelungszungen einrasten.

Achtung: Die Buchsen der Hochspannungsleitungen an der Zündspule sind von »1« bis »4« markiert. Die Leitungen müssen nach korrekter Zündfolge 1–3–4–2 aufgesteckt werden. Zylinder 1 liegt an der Keilriemenseite des Motors (in Fahrtrichtung gesehen rechts).

- Batterie-Massekabel (–) anklemmen. Vorhandene Zeituhr einstellen und Diebstahlcode für Radio eingeben.

Impulsgeber prüfen/ersetzen

- Batterie-Massekabel (–) von der Batterie abklemmen. **Achtung:** Dadurch werden die elektronischen Speicher gelöscht, wie zum Beispiel der Motorfehlerspeicher oder der Radiocode. Vor dem Abklemmen der Batterie sollten auch die Hinweise im Kapitel »Batterie aus- und einbauen« durchgelesen werden.

1. Impulsgeber

Der 1. Impulsgeber (CPS-Sensor) sitzt am Motor-Schwungrad, an der Verbindungsstelle Motor/Getriebe in der Nähe des Abgasrohrs. Er liefert dem Zünd-Steuergerät und der Einspritzanlage die Information über augenblickliche Drehzahl und Kurbelwellen-Position des Motors.

Prüfen

- Stecker am Impulsgeber abziehen, dabei Drahtsicherung drücken.
- Widerstand an den beiden Steckerkontakten des Impulsgebers messen. Sollwert: 200 – 450 Ω.
- Wird der Sollwert nicht erreicht, Geber auswechseln.

Ersetzen

- Schraube am Fuß des Impulsgebers lösen und Impulsgeber herausziehen.
- Neuen Impulsgeber einsetzen, Schraube mit **5 Nm**, also nur leicht, festziehen.
- Stecker am Impulsgeber einrasten lassen.

2. Impulsgeber

Der 2. Impulsgeber (CID-Sensor) sitzt an der Zylinderkopf-Stirnwand. Er mißt die Position der Einlaß-Nockenwelle.

- Impulsgeber wie 1. Impulsgeber prüfen.
- Damit der 2. Impulsgeber erreicht wird, vorher Luftansaugschlauch ausbauen, siehe Seite 70.

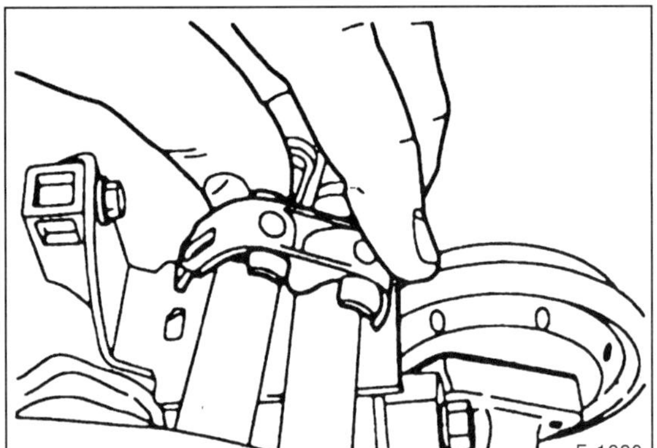
F-1220

- Kraftstoffleitungen am Halter-Zylinderkopf ausclipsen.

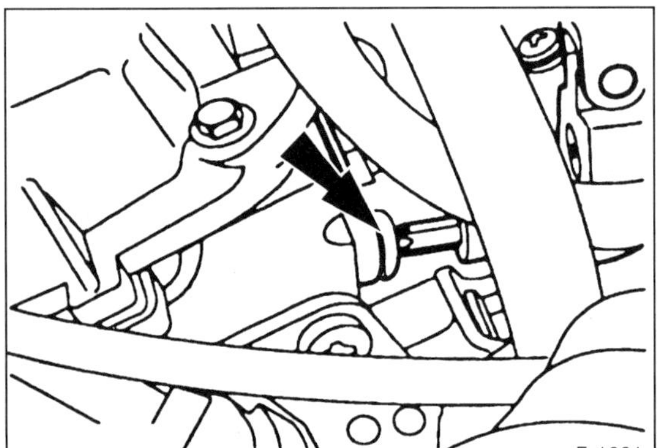
F-1221

- Befestigungsschraube lösen und Sensor aus Zylinderkopf herausziehen.
- Der Einbau erfolgt in umgekehrter Ausbaureihenfolge.
- Batterie-Massekabel (–) anklemmen. Vorhandene Zeituhr einstellen und Diebstahlcode für Radio eingeben.

Anpassung an die Kraftstoffqualität

Die FORD MONDEO-Motoren benötigen normalerweise unverbleiten Superkraftstoff (ROZ 95). Wenn die Versorgung mit diesem Kraftstoff nicht gewährleistet ist, zum Beispiel im Ausland, kann vorübergehend auch unverbleiter Normalkraftstoff (ROZ 91) getankt werden. Die Research-Oktanzahl (ROZ) gibt die Klopffestigkeit des Kraftstoffes an.

Bevor unverbleiter Normalkraftstoff (ROZ 91) getankt wird, muß die Zündung durch Abziehen des Abgleichsteckers auf ein anderes Zündkennfeld umgestellt werden.

- Kunststoff-Befestigungsschraube für Scheibenwaschbehälter lösen und Behälter anheben.

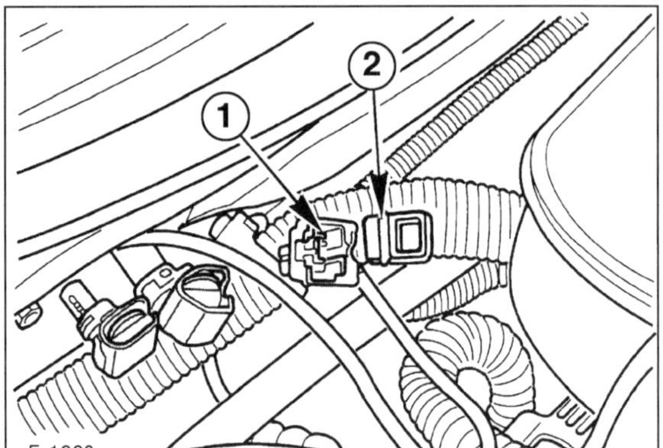

F-1223

- Steckerbrücke –2– vom Abgleichstecker –1– abziehen. Der Abgleichstecker befindet sich an der Spritzwand, in der Nähe des Vorratbehälters für Lenkhilfe.
- Wird wieder Superkraftstoff verwendet, Steckerbrücke aufstecken.

Achtung: Durch Verwendung von Normalkraftstoff kann sich die Leistung verringern und der Kraftstoffverbrauch erhöhen.

Hinweis: Kraftstoff mit höherer Oktanzahl, beispielsweise Super Plus (ROZ 98) kann ohne Umstellungen immer verwendet werden.

Zündkerzentechnik

Die Zündkerze besteht aus der Mittel-Elektrode, dem Isolator mit Gehäuse und der Masse-Elektrode. Zwischen Mittel- und Masse-Elektrode springt der Zündfunke über, der das Kraftstoffluftgemisch entzündet. Man sollte niemals vom vorgeschriebenen Zündkerzentyp abweichen, der unter anderem von der Wärmewert-Kennzahl bestimmt wird.

Die Wärmewert-Kennzahl gibt den Grad der Wärmebelastbarkeit einer Zündkerze an. Je niedriger die Wärmewert-Kennzahl einer Kerze ist, desto höher ist die Wärmebelastbarkeit. Die Kerze kann also die Wärme besser ableiten, wodurch schädliche Glühzündungen (Motorklopfen) verhindert werden. Eine Kerze mit hoher Wärmebelastbarkeit hat allerdings den Nachteil, daß ihre Selbstreinigungstemperatur ebenfalls höher liegt. Sie neigt daher schneller zum Verrußen, insbesondere dann, wenn der Motor häufig seine Betriebstemperatur während der Fahrt nicht erreicht (Stadtverkehr, Kurzstreckenverkehr im Winter).

Der richtige Zündkerzen-Wärmewert wird vom Automobilhersteller festgelegt. Darüber hinaus gibt es Zündkerzen mit einem oder mehreren Polen, mit unterschiedlicher Gewindelänge und unterschiedlichem Gewindedurchmesser. Beim Wechsel von Zündkerzen ist es deshalb wichtig, daß nur solche Kerzen verwendet werden, die der Vorschrift des Automobilherstellers entsprechen.

Die durchschnittliche Lebensdauer von Zündkerzen ist recht unterschiedlich. Dabei spielt der Elektrodenwerkstoff eine wichtige Rolle. Die Chrom-Nickel-Legierung zeichnet sich durch sehr hohe Wärmeableitung und hohe Korrosionsfestigkeit aus; Silber bietet das beste Wärmeleitvermögen aller Metalle und Platin-Elektroden verfügen über eine hohe Korrosions- und Abbrandfestigkeit. Die Lebensdauer von Zündkerzen beträgt zwischen 20.000 Kilometer und bis zu 100.000 Kilometer, je nachdem, welcher Elektrodenwerkstoff verwendet wurde und ob ein- oder mehrpolige Zündkerzen zum Einsatz kommen.

Je nach Bauart der Motoren unterscheidet man zwei verschiedene Abdichtungsarten zwischen Zündkerze und Zylinderkopf.

Der Flachdichtsitz hat einen unverlierbaren Außendichtring, der am Kerzenkörper angebracht ist. Beim Kegeldichtsitz ist keine zusätzliche Dichtung erforderlich. Bei beengten Einbauverhältnissen werden häufig Zündkerzen mit Flachdichtsitz und kleiner Schlüsselweite des Sechskants verwendet oder aber man verwendet Kegeldichtsitzkerzen, die aufgrund ihrer kompakten Bauart kleinere Außenmaße haben.

Zündkerzenwerte FORD MONDEO

Motor	BOSCH	BERU	CHAMPION	NGK	MOTORCRAFT	Elektrodenabstand
1,6-/1,8-/2,0-l	HR 7 MPP	14 KR-6 ZPPV	RE 7 PYC5	PTR5A-13	AYRF 22 PP	1,3 mm
2,5-l	–	–	–	–	AWSF 32 F	1,3 mm

Achtung: Die technische Entwicklung geht ständig weiter. Es kann daher sein, daß inzwischen für einzelne Motoren andere Zündkerzenwerte gelten. Daher empfiehlt es sich, vor einem Neukauf zu prüfen, welche Kerzen eingebaut sind, beziehungsweise welche Kerzen nach der Bedienungsanleitung vorgeschrieben sind. Im Zweifelsfall aktuelle Zündkerzenwerte bei der Fachwerkstatt erfragen.

Kraftstoffanlage

Zur Kraftstoffanlage zählen der Kraftstoffbehälter, die im Kraftstoffbehälter liegende Kraftstoffpumpe (nur Benzinmotoren) und die Kraftstoffleitungen sowie der Kraftstoff- und Luftfilter. Die eigentlichen Kraftstoff-Einspritzanlagen für Benzin beziehungsweise Diesel werden in getrennten Kapiteln behandelt.

Der Kraftstoffbehälter besteht aus Kunststoff und ist unter der Rücksitzbank vor der Hinterachse angeordnet. Allradmodelle besitzen einen Tank mit zwei Kammern. Über ein Entlüftungssystem wird der Tank belüftet. Der jeweilige Kraftstoffvorrat wird dem Fahrer durch eine Kraftstoffvorratsanzeige angezeigt.

Modelle mit Benzinmotor besitzen einen Sicherheitsschalter, der bei einem Unfall oder Überlastung die Kraftstoffpumpe abschaltet. Der Schalter ist vor der Fahrertür in der linken Seitenwand installiert.

Diesel-Varianten sind mit einer Kraftstoffheizung ausgerüstet, um einen reibungslosen Betrieb auch bei kaltem Wetter zu gewährleisten.

Sauberkeitsregeln bei Arbeiten an der Kraftstoffversorgung

Bei Arbeiten an der Kraftstoffversorgung sind die folgenden Regeln zur Sauberkeit sorgfältig zu beachten:

- Verbindungsstellen und deren Umgebung vor dem Lösen gründlich reinigen.
- Ausgebaute Teile auf einer sauberen Unterlage ablegen und abdecken. Folien oder Papier verwenden. Keine fasernden Lappen benutzen!
- Geöffnete Bauteile sorgfältig abdecken bzw. verschließen, wenn die Reparatur nicht umgehend ausgeführt wird.
- Nur saubere Teile einbauen.
- Ersatzteile erst unmittelbar vor dem Einbau aus der Verpackung nehmen.
- Keine Teile verwenden, die unverpackt (z. B. in Werkzeugkästen usw.) aufgehoben wurden.
- Bei geöffneter Kraftstoff-Anlage möglichst nicht mit Druckluft arbeiten. Das Fahrzeug möglichst nicht bewegen.

Achtung: Unbedingt auf gute Belüftung des Arbeitsplatzes achten, Kraftstoffdämpfe sind giftig. Hautkontakt mit Kraftstoff vermeiden. Kein offenes Feuer, Brandgefahr! Verunreinigten Kraftstoff nicht einfach wegschütten, sondern auf der Sondermüll-Deponie abgeben.

Tankgeber/Kraftstoffpumpe aus- und einbauen

Der Tankgeber ist von oben in den Kraftstoffbehälter eingebaut. Bei Benzinmotoren sitzt auch die Kraftstoffpumpe am Halter des Tankgebers. Mit sinkendem Kraftstoffspiegel sinkt der Schwimmer des Tankgebers ab. Durch einen Schleifkontakt am Schwimmer erhöht sich dabei der elektrische Widerstand des Gebers. Dadurch sinkt die Spannung am Anzeigeinstrument, und der Zeiger der Kraftstoffanzeige geht in Richtung »leer« zurück.

Der Tankgeber ist dann zu prüfen, wenn von der Kraftstoffanzeige in der Armaturentafel ein falscher Kraftstoffstand angezeigt wird.

Prüfvoraussetzung: Alle elektrischen Leitungen wurden entsprechend dem Stromlaufplan auf Durchgang untersucht, siehe Seite 206.

Achtung: Unbedingt auf gute Belüftung des Arbeitsplatzes achten. Kraftstoffdämpfe sind giftig, kein offenes Feuer, Brandgefahr! Feuerlöscher bereitstellen.

Ausbau

- Batterie-Massekabel (–) von der Batterie abklemmen. **Achtung:** Dadurch werden die elektronischen Speicher gelöscht, wie zum Beispiel der Motorfehlerspeicher oder der Radiocode. Vor dem Abklemmen der Batterie sollten auch die Hinweise im Kapitel »Batterie aus- und einbauen« durchgelesen werden.
- Modelle mit Allradantrieb: Es sind 2 Tankgeber/Kraftstoffpumpen vorhanden. Zur Demontage Kraftstoffvorratsbehälter ausbauen, siehe Seite 67.
- Modelle mit Vorderradantrieb: Rücksitzkissen ausbauen, siehe Seite 190.

- Gummitülle entfernen und Mehrfachstecker abziehen.
- Kraftstoffvorlauf- und Rücklaufleitungen am Tankgeber abziehen. Zum Lösen der Schläuche beide Knöpfe an den Schnellverschlüssen ganz hineindrücken und Verschluß abziehen. **Achtung:** Bei den Benzinmotoren steht das Kraftstoffsystem unter Druck! Bei Öffnen der Leitungen, austretenden Kraftstoff mit einem Lappen auffangen. Vor dem Abziehen beide Kraftstoffschläuche mit Tesaband kennzeichnen, damit sie nicht vertauscht eingebaut werden.

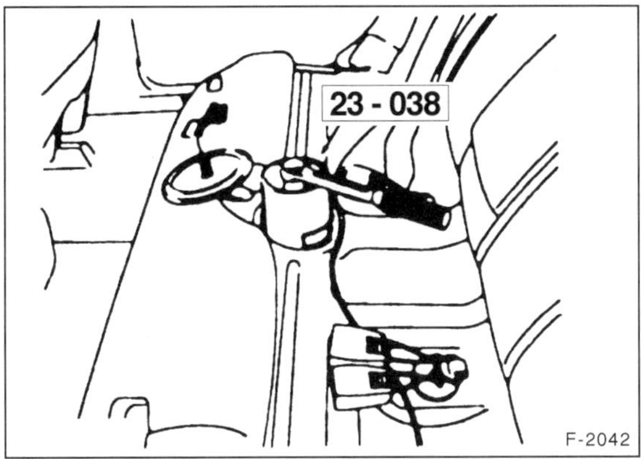

F-2042

- Tankgeberträger mit FORD-Spezialwerkzeug 23-038 entgegen dem Uhrzeigersinn drehen. Falls das Werkzeug nicht zur Verfügung steht, Tankgeber mit einer Rohrzange oder einem Stab aus Hartholz und leichten Hammerschlägen lösen. **Achtung:** Es dürfen keine Funken entstehen, da sonst Brandgefahr besteht.
- Tankgeberträger hochziehen, zur Seite schwenken und herausnehmen. Dabei Lappen unterlegen und eventuell austretenden Kraftstoff auffangen.

Einbau

- Dichtfläche am Vorratsbehälter und am Tankgeberträger von Rost und Verschmutzung reinigen. **Achtung:** Es dürfen keine Verunreinigungen in den Tank fallen.
- Tankgeberträger mit **neuer** Dichtung ansetzen und im Uhrzeigersinn festschrauben. Mehrfachstecker aufstecken.
- Allradmodell: Kraftstoffvorratsbehälter einbauen, siehe Seite 67.
- Kraftstoffvorlauf- und -rücklaufschläuche aufstecken, Anschlüsse nicht vertauschen. Sicherstellen, daß die Schnellverschlüsse ganz bis zum Wulst auf die Leitung aufgeschoben werden.
- Gummitülle in Bodenblech einknöpfen und Rücksitzbank einbauen.
- Batterie-Massekabel (–) anklemmen. Vorhandene Zeituhr einstellen und Diebstahlcode für Radio eingeben.
- Kraftstoffanzeige an der Armaturentafel auf Funktion prüfen.

Kraftstoffvorratsbehälter aus- und einbauen

Achtung: Kraftstoffbehälter nur ausbauen, wenn eine geeignete Pumpe zum Absaugen des Kraftstoffs vorhanden ist. Kraftstoff nicht über einen Schlauch mit dem Mund absaugen. Beim Allradmodell, Hinweise am Kapitelende beachten. **Die folgenden Sicherheitsmaßnahmen zum Entleeren des Kraftstoffbehälters sind unbedingt zu beachten:**

- **Kraftstoffbehälter nicht entleeren, wenn das Fahrzeug über einer Grube steht.**
- **Kein offenes Feuer oder Funkenbildung in der Nähe des Arbeitsplatzes! Nicht rauchen!**
- **CO_2-Feuerlöscher bereithalten.**
- **Bindemittel bereithalten, um ausgelaufenen Kraftstoff aufzusaugen.**
- **Für gute Belüftung des Arbeitsplatzes sorgen. Kraftstoffdämpfe sind giftig und sehr leicht entflammbar!**

Ausbau

- Tank weitgehend leerfahren.
- Batterie-Massekabel (–) von der Batterie abklemmen. **Achtung:** Dadurch werden die elektronischen Speicher gelöscht, wie zum Beispiel der Motorfehlerspeicher oder der Radiocode. Vor dem Abklemmen der Batterie sollten auch die Hinweise im Kapitel »Batterie aus- und einbauen« durchgelesen werden.
- Tankdeckel abschrauben und über den Tankstutzen Kraftstoff mit einer Pumpe absaugen. Anweisungen des Geräteherstellers befolgen.
- Rücksitzkissen anheben und Stecker am Tankgeber abziehen.
- Fahrzeug anheben und Kraftstoffvorratsbehälter mit einem Wagenheber unterstützen.
- Schrauben an den Hinterachs-Stabilisatorlagern lösen und Stabilisator nach unten schwenken, siehe Seite 125.

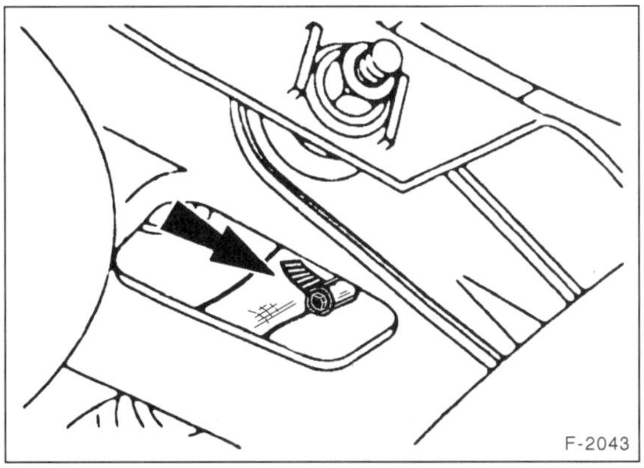

F-2043

- Ein kraftstoffresistentes Gefäß unterstellen. Schlauchschelle lösen und Kraftstoffleitung abziehen.
- Benzinmotor: Kraftstoff-Auslaßleitung an der Schnellkupplung vom Kraftstoffilter abziehen, siehe Seite 265.

- Schrauben der Haltebänder abschrauben und Kraftstoffvorratsbehälter vorsichtig absenken.
- Belüftungsschlauch und Kraftstoffleitungen oben am Tank abziehen. Zum leichteren Wiedereinbau, zugehörige Anschlußstutzen mit farbigen Klebebändern kennzeichnen.
- Kontrollieren, ob alle Leitungen und Schläuche abgeklemmt sind. Kraftstofftank herausnehmen.

Einbau

Vor dem Einbau Kraftstoffvorratsbehälter und Haltebänder auf Beschädigungen überprüfen, gegebenenfalls erneuern.

- Kraftstoffvorratsbehälter in Einbaulage bringen und Stecker am Tankgeber aufschieben.
- Obere Kraftstoffleitungen aufschieben.
- Kraftstofftank ansetzen, Haltebänder anbringen und festschrauben.
- Kraftstoffschlauch-Schnellkupplung am Filter aufstecken. Rücklaufschlauch anklemmen und mit Schlauchschelle sichern.
- Kraftstoffvorratsbehälter mit Kraftstoff befüllen und Tankdeckel aufschrauben.
- Stabilisator einbauen, Schellen mit 25 Nm anschrauben.
- Batterie-Massekabel (–) anklemmen. Vorhandene Zeituhr einstellen und Diebstahlcode für Radio eingeben.
- Die Kraftstoffvorratsanzeige in der Armaturentafel auf Funktion überprüfen.

Ausbau beim Allradmodell

- Der Ausbau geschieht wie bei den anderen Modellen, jedoch sind folgende Vorarbeiten erforderlich:

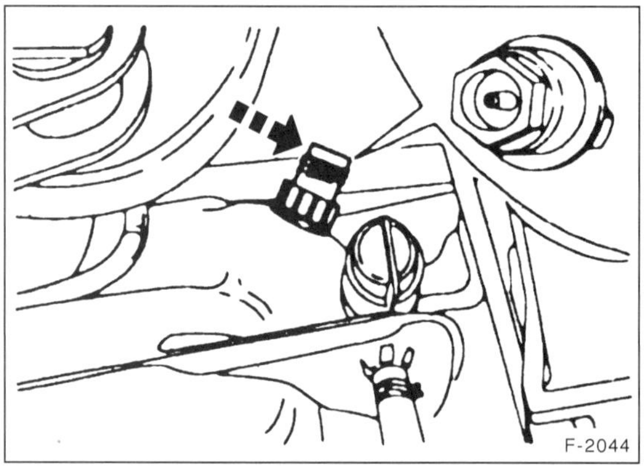

F-2044

- Um den Teil des Tanks gegenüber dem Einfüllstutzen zu entleeren, Gewindestopfen herausdrehen und Saugrohr der Pumpe einführen.
- Abgasrohr ausbauen, siehe Seite 90.
- Abgasrohr-Hitzeschilder für Antriebswelle und Kraftstoffvorratsbehälter am Unterboden abschrauben.
- Gelenkwelle ausbauen, dazu am Verteilergetriebe, Mittellager und Hinterachsgetriebe abschrauben, siehe Seite 108.

Einbau

- Gewindestopfen eindrehen.
- Nach Einbau des Tanks, Hitzeschilder einbauen.
- Gelenkwelle einbauen.
- Abgasrohr einbauen, siehe Seite 90.

Kraftstoffpumpen-Sicherheitsschalter einschalten/aus- und einbauen

Benzinmotoren

Alle Modelle mit Benzineinspritzung besitzen einen Sicherheitsschalter, der bei einem Unfall oder Überlastung die Kraftstoffpumpe abschaltet. Der Schalter ist vor der Fahrertür in der linken Seitenwand installiert. Ob der Stromkreis unterbrochen ist, erkennt man am herausgehobenen Einschaltknopf.

Einschalten

F-2045

- Durch das Schauloch in der seitlichen Fußraumverkleidung schauen. Bei eingedrücktem Einschaltknopf (Abbildung) ist der Stromkreis nicht unterbrochen. Ist der Knopf dagegen herausgesprungen, hat der Schalter die Kraftstoffpumpe abgeschaltet.

Achtung: Bei Undichtigkeiten, nach Unfällen beziehungsweise Benzingeruch soll der Schalter nicht betätigt werden, da sonst Brand- und Verletzungsgefahr durch austretendes Benzin besteht!

- Zündung ausschalten.
- Kraftstoffanlage auf Undichtigkeit sichtprüfen. Ist kein ausgetretenes Benzin sichtbar und kein Kraftstoffgeruch spürbar, Knopf des Sicherheitsschalters niederdrücken.
- Zündung einschalten, dabei läuft die Kraftstoffpumpe hörbar an und baut Druck auf.
- Zündung ausschalten und Kraftstoffanlage erneut auf Undichtigkeiten sichtprüfen, gegebenenfalls Undichtigkeit beheben.

Ersetzen

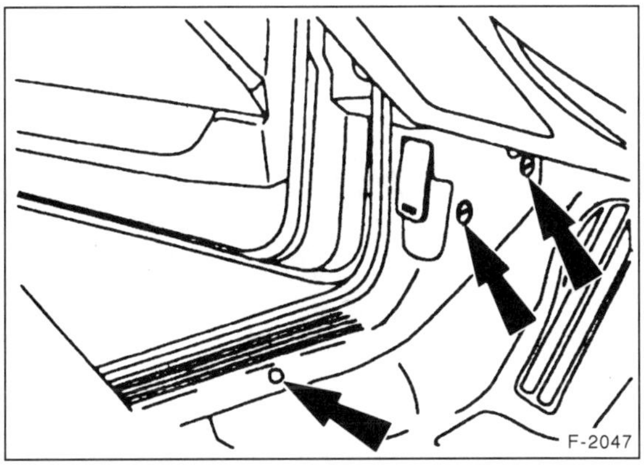

- Seitliche Fußraumverkleidung mit 3 Schrauben abschrauben und aushängen.
- Dämmaterial am Schalter zurückdrücken und 2 Befestigungsschrauben des Schalters entfernen.
- Mit Schraubendreher Mehrfachstecker vom Sicherheitsschalter abhebeln.
- Der Einbau des Schalters erfolgt in umgekehrter Ausbaureihenfolge.

Relais für Einspritzanlage aus- und einbauen

Benzinmotoren

Läuft die Kraftstoffpumpe nicht an (kein Laufgeräusch hörbar, keine Stromversorgung), ist die Stromversorgung in folgender Reihenfolge zu prüfen: Sicherheitsschalter unten links im Fahrerfußraum muß eingeschaltet sein, Sicherung für Kraftstoffpumpe muß intakt sein. Sicherungsbelegung, siehe Seite 210.

Wurde kein Fehler gefunden, Kraftstoffpumpenrelais prüfen, gegebenenfalls ersetzen. Relais prüfen, siehe Seite 207.

Ausbau

- Batterie-Massekabel (–) von der Batterie abklemmen. **Achtung:** Dadurch werden die elektronischen Speicher gelöscht, wie zum Beispiel der Motorfehlerspeicher oder der Radiocode. Vor dem Abklemmen der Batterie sollten auch die Hinweise im Kapitel »Batterie aus- und einbauen« durchgelesen werden.

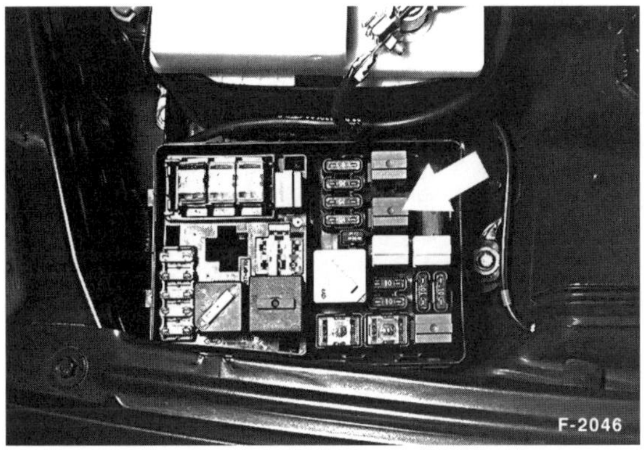

- Motorhaube öffnen. Spannbügel lösen und Sicherungskastendeckel nach oben schwenken.
- Relais für Kraftstoffpumpe –Pfeil– vorsichtig nach oben abziehen und durch intaktes Relais ersetzen.

Einbau

- Sicherungskastendeckel aufsetzen, Spannbügel einhängen und spannen.
- Batterie-Massekabel (–) anklemmen. Vorhandene Zeituhr einstellen und Diebstahlcode für Radio eingeben.
- Motor starten und auf einwandfreie Funktion prüfen.

Luftfilter/Ansaugrohr aus- und einbauen

Um die Ansauggeräusche des Motors auf ein Minimum zu reduzieren, sind im Ansaugrohr mehrere Nebenbehälter, sogenannte Resonatoren, enthalten. Die Resonatoren reduzieren das Ausmaß der Luftschwingungen im Ansaugsystem.

Die Luft wird durch einen Stutzen unterhalb des linken Vorderkotflügels angesaugt. Dort sind auch die ersten beiden Resonatoren angeordnet.

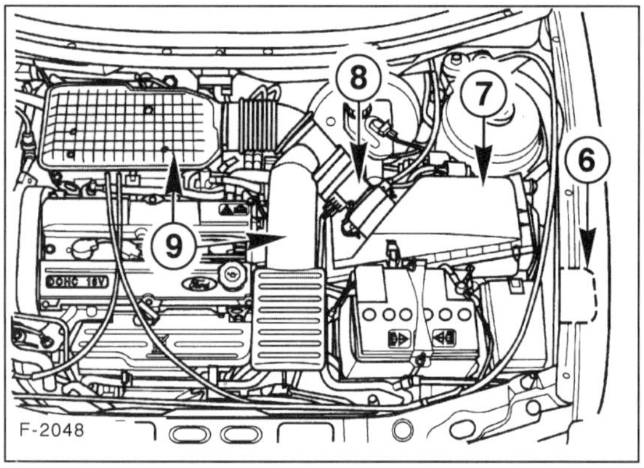

Durch das innere Kotflügel-Stehblech führt ein Kanal –6– zum Luftfilter –7–, von dem aus die Ansaugluft weiter durch den Luftmassenmesser (MAF-Sensor) –8– in 2 weitere Resonatoren –9– strömt.

Ausbau

- Batterie-Massekabel (–) von der Batterie abklemmen. **Achtung:** Dadurch werden die elektronischen Speicher gelöscht, wie zum Beispiel der Motorfehlerspeicher oder der Radiocode. Vor dem Abklemmen der Batterie sollten auch die Hinweise im Kapitel »Batterie aus- und einbauen« durchgelesen werden.

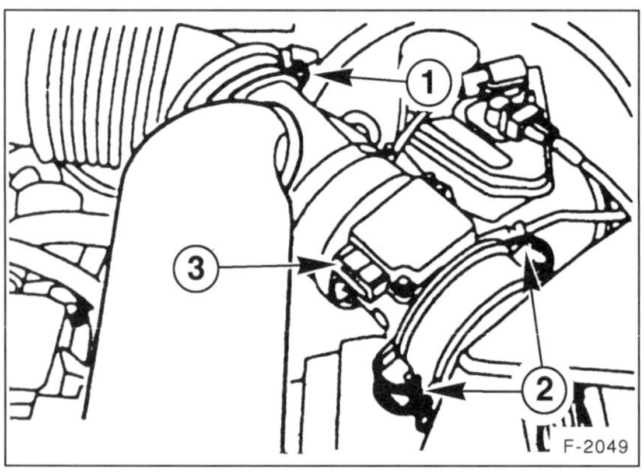

- Schlauchschellen –1– aufschrauben. 2 Klammern –2– lösen. Mehrfachstecker –3– vom Luftmassenmesser abziehen.
- Luftmassenmesser aus Luftfilter herausziehen und abnehmen.

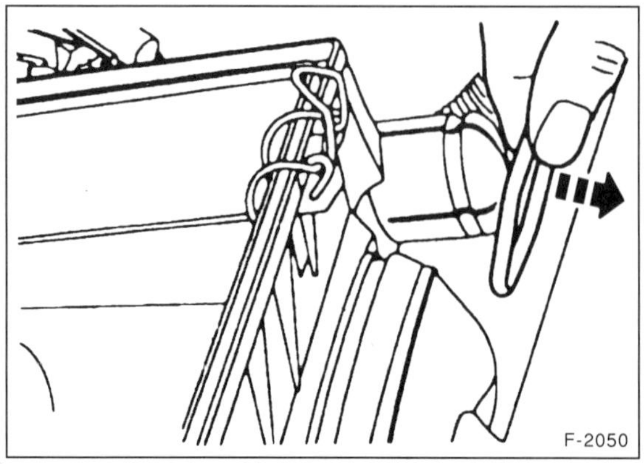

- Haltegummi aushängen und Luftfilterkasten herausziehen.
- Mittleren Resonator aus Haltegummi herausziehen.

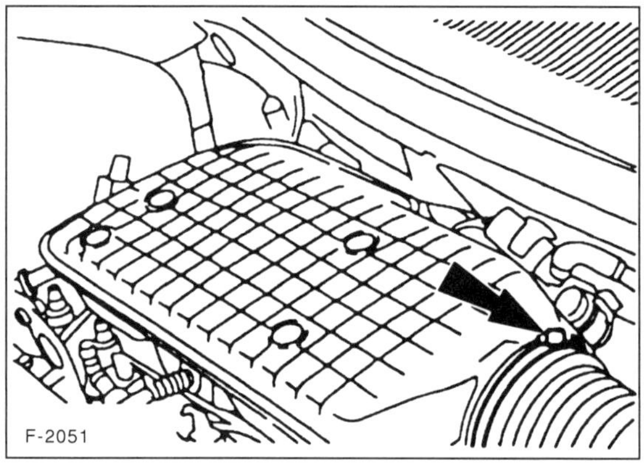

- **Benzinmotor:** Schlauchschelle aufschrauben. 3 Schrauben beziehungsweise Muttern lösen und Luftkammer oberhalb Ansaugkrümmer abnehmen. Falls vorhanden, Luftschlauch an der Luftkammer-Unterseite abziehen.

Einbau

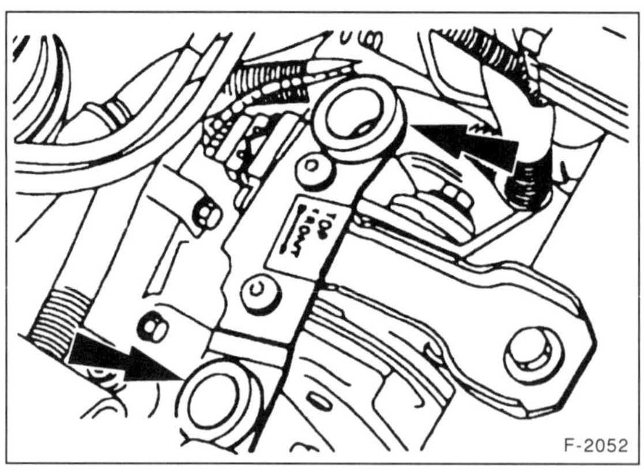

- Der Einbau geschieht in umgekehrter Ausbaureihenfolge. Beim Einsetzen des Luftfilterkastens darauf achten, daß die unteren Haltestifte in die Gummitüllen einrasten.
- Batterie-Massekabel (–) anklemmen. Vorhandene Zeituhr einstellen und Diebstahlcode für Radio eingeben.

Gaszug aus- und einbauen

Achtung: Der Gaszug ist sehr knickempfindlich und daher beim Einbau besonders sorgfältig zu behandeln. Ein einziger leichter Knick kann zum späteren Bruch im Fahrbetrieb führen. Züge, die geknickt wurden, dürfen deswegen **nicht** eingebaut werden. Beschrieben ist der Ausbau beim 4-Zylinder-Benzinmotor ohne Antischlupfregelung. Die anderen Modelle haben im Motorraum andere Anlenkpunkte, siehe jeweiliges Kapitel »Gaszug einstellen«.

Ausbau

F-2051

- Schlauchschelle aufschrauben. 4 Schrauben lösen und Luftkammer oberhalb Ansaugkrümmer abnehmen. Unterdruckleitung an der Unterseite abziehen.

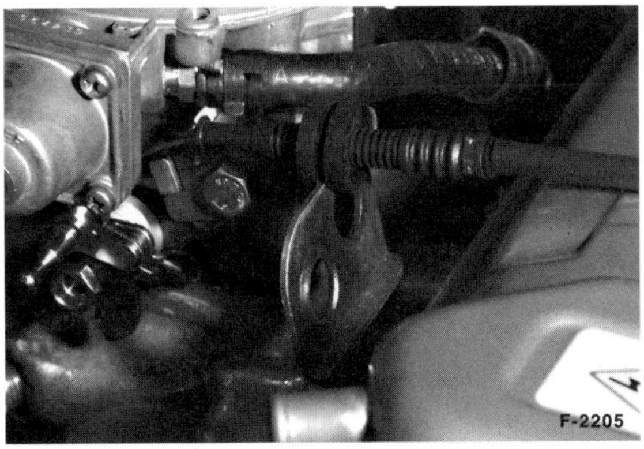
F-2205

- Sicherungsklammer für Steckraste nach oben abziehen. Dann Gummitülle nach oben aus dem Widerlager herausziehen.
- Gaszugnippel aus dem Schlitz des Drosselklappensegments herausziehen. Beim Dieselmotor, Gaszug-Kugelkopf am Einspritzpumpenhebel abdrücken.
- Soll der Gaszug ganz ausgebaut werden, Seilzugnippel im Wageninnern am Pedal aushängen. Seilzug vom Motorraum her mit Gummitülle aus der Spritzwand herausziehen.

Einbau

- Gaszug in umgekehrter Ausbaureihenfolge verlegen. Gummitülle in Spritzwand einknöpfen. Seilzugnippel zuerst am Pedal, dann am Drosselklappensegment einhängen.
- Gummitülle am Widerlager einschieben.
- Gaszug einstellen.

Gaszug einstellen

4-Zylinder-Benzinmotor ohne Antischlupfregelung, Dieselmotor

- Benzinmotor: Luftkammer oberhalb Ansaugkrümmer ausbauen.
- Gaspedal ganz durchdrücken (Vollgasstellung) und in dieser Stellung festklemmen. Dazu geeignetes Brett zwischen Sitz und Pedal klemmen, oder Helfer hinzuziehen.

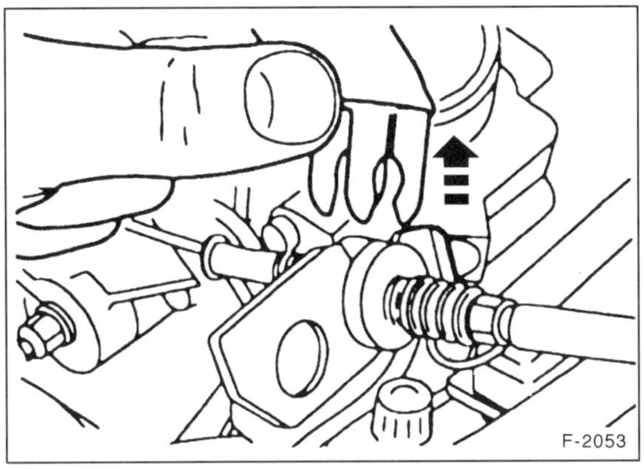
F-2053

- Am Widerlager Sicherungsklammer für Steckraste abziehen.
- Steckraste (Gaszughülle) so weit zurückziehen, bis der Drosselklappenhebel, beim Dieselmotor der Einspritzpumpenhebel, den Vollgasanschlag gerade erreicht. In dieser Stellung Steckraste wieder aufstecken.
- Gaspedal lösen, dann durchtreten und prüfen, ob die Vollgasstellung der Drosselklappe erreicht wird. Gegebenenfalls Einstellung korrigieren.
- Luftkammer oberhalb Ansaugkrümmer einbauen, vorher Luftschlauch aufschieben.

Gaszug einstellen

Fahrzeuge mit Antischlupfregelung

Die Antischlupfregelung ist bei allen Fahrzeugen mit Allradantrieb, bei anderen Modellen auf Sonderwunsch eingebaut. Sie verhindert das unkontrollierte Durchdrehen der Antriebsräder beim Beschleunigen des Fahrzeugs. Die Regelung erfolgt durch Bremseingriff über das ABS/TCS-Modul für jedes Rad getrennt. Zusätzlich wird gegebenenfalls die Motorleistung über einen Drosselklappen-Kontrollmotor reduziert, der die Drosselklappe entgegen der Gaspedalstellung zurücknimmt. Es sind 2 Gaszüge vorhanden: Ein Gaszug vom Gaspedal zum Kontrollmotor, ein zweiter vom Kontrollmotor (Drosselklappenmotor) zum Drosselklappenhebel.

Einstellen

- Batterie-Massekabel (–) von der Batterie abklemmen. **Achtung:** Dadurch werden die elektronischen Speicher gelöscht, wie zum Beispiel der Motorfehlerspeicher oder der Radiocode. Vor dem Abklemmen der Batterie sollten auch die Hinweise im Kapitel »Batterie aus- und einbauen« durchgelesen werden.

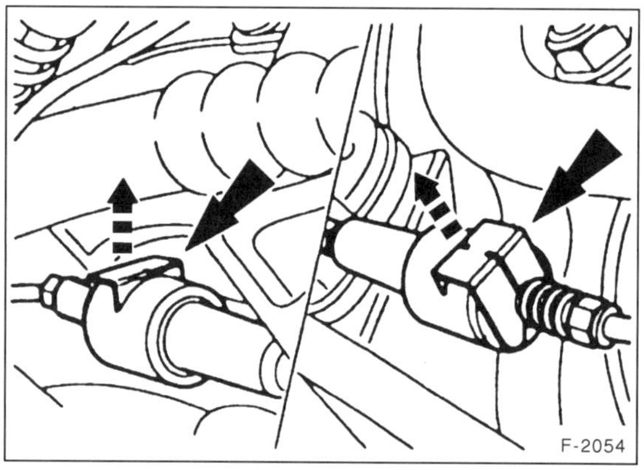
F-2054

- Sicherungsklammern an den Einstellelementen vor und hinter dem Kontrollmotor abziehen. Seilzugenden aus den Gehäusen ziehen.

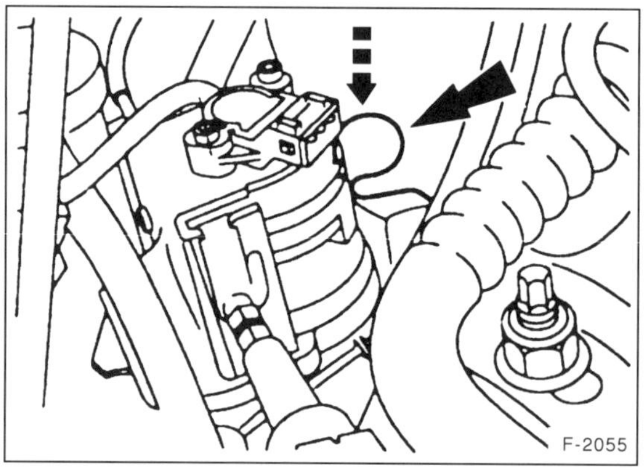
F-2055

- Mehrfachstecker abziehen und Abdeckung vom Kontrollmotor abnehmen. Geeigneten Dorn durch die Ausrichtbohrungen der Riemenscheiben am Kontrollmotor stecken. Dadurch ist die Riemenscheibe arretiert.
- Gaszugnippel aus dem Schlitz des Drosselklappensegments herausziehen.
- Gaspedal einmal voll durchtreten und loslassen. Dadurch setzt sich der Gaszug zwischen Gaspedal und Kontrollmotor.
- Sicherungsklammer am Einstellelement vor dem Kontrollmotor einsetzen.
- Gaszugnippel in den Schlitz des Drosselklappensegments einsetzen.
- Gaspedal nochmals voll durchtreten und loslassen. Dadurch setzt sich der Gaszug zwischen Kontrollmotor und Drosselklappe.
- Sicherungsklammer am Einstellelement hinter dem Kontrollmotor einsetzen.
- Einstellstift an der Riemenscheibe herausziehen.
- Abdeckung des Kontrollmotors aufclipsen und Mehrfachstecker aufstecken.
- Batterie-Massekabel (–) anklemmen. Vorhandene Zeituhr einstellen und Diebstahlcode für Radio eingeben.

Benzin-Einspritzanlage

Schemazeichnung Einspritzanlage 1,8- und 2,0-l-Motor

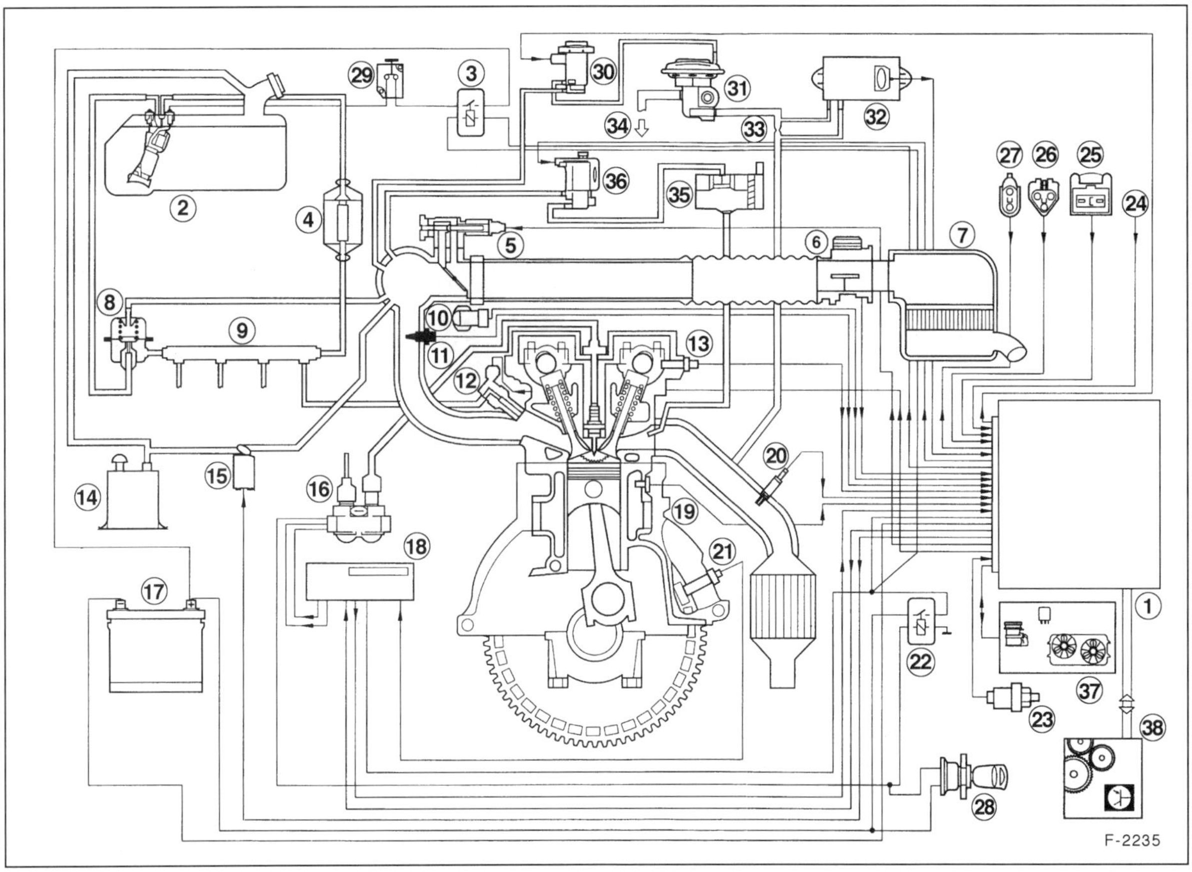

1 – EEC IV-Modul
2 – Kraftstoffpumpe
3 – Kraftstoffpumpenrelais
4 – Kraftstoffilter
5 – Leerlaufregelventil (ISC)
6 – Luftmassenmesser (MAF)
7 – Luftfilter
8 – Kraftstoffdruckregler
9 – Kraftstoffverteilerrohr
10 – Sensor Drosselklappe
11 – Ansauglufttemperaturfühler
12 – Einspritzventil
13 – Sensor Nockenwellenposition
14 – Aktivkohlespeicher
15 – Reinigungsmagnetventil
16 – DIS-Zündspule
17 – Batterie
18 – EDIS-4-Modul
19 – Kühlmitteltemperaturfühler
20 – Lambdasonde
21 – Drehzahl/KW-Positionssensor
22 – Stromversorgungsrelais
23 – Lenkhilfe-Druckschalter
24 – Kupplung Klimakompressor
25 – Servicestecker Oktanzahl
26 – Selbstteststecker
27 – Diagnosestecker für FDS 2000
28 – Zündschalter
29 – Sicherheitsschalter
30 – Elektronischer Unterdruckregler
31 – Ventil Abgasrückführung
32 – Differenzdruckwandler
33 – Differenzdruck-Meßstelle
34 – zum Ansaugkrümmer
35 – Impulsluftfilter/Ventilgehäuse
36 – Impulsluft-Magnetventil
37 – Klimaanlage/Kühlerlüfterschaltung
38 – Steuerung Automatikgetriebe

Die Motorsteuerung

Die Regelung des Zünd- und Einspritzsystems wird von einem gemeinsamen Steuergerät, FORD-Bezeichnung »EEC IV« beziehungsweise »EEC V«, übernommen. In diesem Kapitel wird hauptsächlich auf den Einspritzteil des Systems eingegangen.

EEC IV/V = **E**lectronic **E**ngine **C**ontrol = Elektronische Motorsteuerung mit integrierter Kennfeldzündung, **4./5.** Generation.

Alle Teile der Einspritzanlage sind langzeitstabil und wartungsarm, Reparaturen sind daher äußerst selten. Wesentliche Einstell- und Reparaturarbeiten lassen sich nur mit teueren Prüfgeräten und entsprechenden Fachkenntnissen durchführen, so daß diese Arbeiten nur noch von entsprechend ausgerüsteten Fachwerkstätten ausgeführt werden können.

Arbeitsweise der Motorsteuerung

Der Kraftstoff wird aus dem Kraftstoffbehälter von der elektrischen Kraftstoffpumpe über den Kraftstoffilter zu den Einspritzventilen gefördert, die an einem Verteilerrohr sitzen. Ein Druckregler am Verteilerrohr hält den Druck im Kraftstoffsystem in Abhängigkeit vom Ansaugrohr-Unterdruck konstant auf etwa 2,5 bar. Der überschüssige Kraftstoff fließt über eine Rücklaufleitung zurück in den Kraftstoffbehälter. Der schnelle Kraftstoffumlauf dient zur Kühlung der Einspritzventile.

Die Frischluft wird vom Motor über Luftfilter und Saugrohr angesaugt. Im Saugrohr sitzt ein Meßgerät, welches die Masse der angesaugten Luft nach folgendem Prinzip mißt: Ein elektrisch erwärmter Hitzdraht wird durch die vorbeistreichende Ansaugluft abgekühlt. Um die Temperatur des Drahts konstant zu halten, ändert sich der Heizstrom entsprechend der Dichte/Temperatur der angesaugten Luft. Anhand der Schwankungen des Heizstromes erkennt das Steuergerät die Masse der angesaugten Luft. Als Vergleichswert dient die aktuelle Drosselklappenstellung.

Das Steuergerät regelt entsprechend der Luftmasse und der jeweiligen Motordrehzahl die Einspritzmenge über die Einspritzzeit. Bei längerer Öffnung des Einspritzventils wird mehr Kraftstoff eingespritzt. Die Einspritzventile werden einzeln, entsprechend der Zündreihenfolge angesteuert. Der Fachbegriff dafür lautet: sequentielle Einspritzung. Zusätzliche Fühler und Stellglieder sorgen auch in besonderen Fahrsituationen für die richtig bemessene Kraftstoffmenge.

- Das Steuergerät der Einspritzanlage regelt die Leerlaufdrehzahl durch ein Leerlaufregelventil. Dieses reguliert die Leerlaufluftmenge unter Umgehung der Drosselklappe. Dadurch wird eine gleichbleibende Leerlaufdrehzahl erreicht, und zwar unabhängig davon, ob gerade Zusatzverbraucher arbeiten, wie etwa Servolenkung oder Kältekompressor.

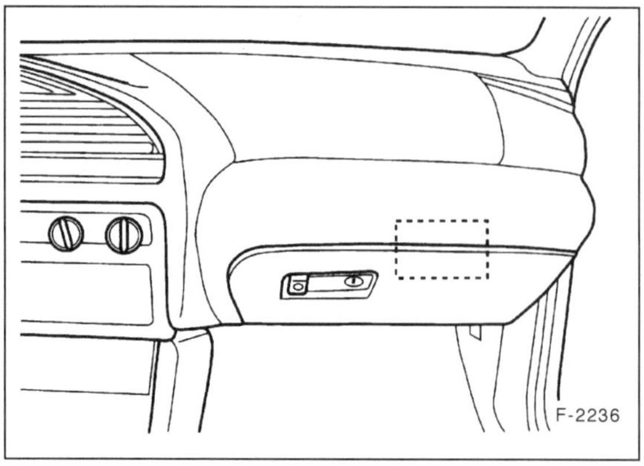
F-2236

- Das elektronische Steuergerät befindet sich auf der rechten Seite unter der Instrumententafel. Der Anschlußstecker ist vom Motorraum aus nach Herausnahme des Lenkhilfe-Vorratsbehälters zugänglich. Vor dem Abziehen des Anschlußsteckers muß die Sechskantschraube am Stecker gelöst werden.

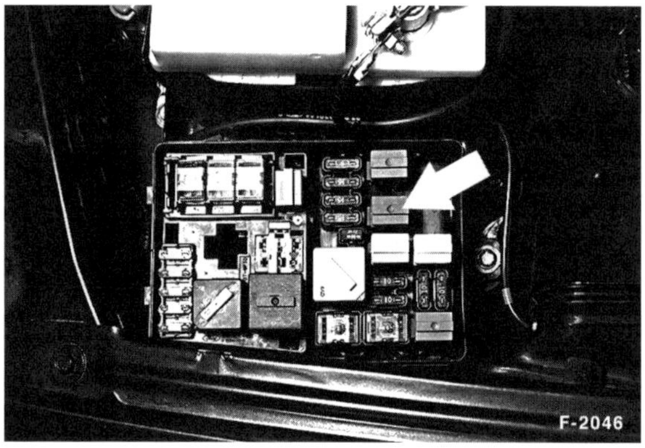
F-2046

- Das Kraftstoffpumpenrelais versorgt die Kraftstoffpumpe mit Strom. Eine Sicherheitsschaltung unterbricht die Stromzufuhr, sobald keine Drehzahlimpulse mehr erfolgen, zum Beispiel wenn der Motor abgewürgt wurde. Das Relais ist im Sicherungskasten-Motorraum angeordnet.
- Die Lambdasonde (Sauerstoffsensor) mißt den Sauerstoffgehalt im Abgasstrom und schickt entsprechende Spannungssignale an das Steuergerät. Daraufhin regelt das Steuergerät die eingespritzte Kraftstoffmenge, so daß die Abgase im Katalysator optimal nachverbrannt werden.
- Der Ansaugluft-Temperaturfühler mißt die Temperatur der angesaugten Luft, ein zweiter Temperaturfühler am Kühlmittel-Reglergehäuse mißt die Kühlmitteltemperatur.
- Das Magnetventil für Tankentlüftung wird je nach Betriebszustand des Motors angesteuert. Auftretende Kraftstoffdämpfe im Tank werden von einem Aktivkohlefilter gespeichert und über das Ventil der Verbrennung zugeführt. Die Kraftstoffdämpfe werden also durch den Aktivkohlefilter größtenteils wirtschaftlich genutzt und gelangen nicht ins Freie.

■ Am Schwungrad und am Einlaß-Nockenwellenrad sitzen Induktivsensoren. Sie übermitteln die Information über die aktuelle Motor-Drehzahl und Kurbelwellen-Position an das Steuergerät der Einspritzanlage.

■ Die Zündanlage besitzt keine beweglichen Bauteile mehr und ist daher bis auf die Zündkerzen verschleißfrei. Wird ein Abgleichstecker im Motorraum abgezogen, darf Kraftstoff niedrigerer Qualität getankt werden, siehe Kapitel »Zündanlage«. Wird wieder Superkraftstoff (mindestens 95 ROZ) getankt, den Abgleichstecker wieder aufstecken.

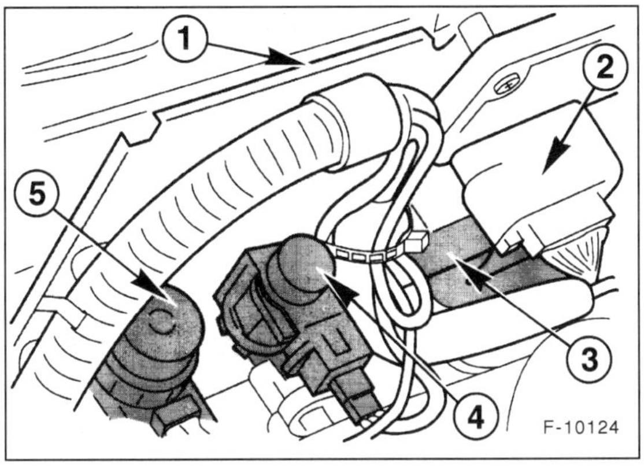

■ Das Steuergerät übernimmt die Steuerung der Abgasrückführung und des Impulsluftsystems. Beide Systeme verringern die Abgasschadstoffe: Das Impulsluftsystem arbeitet während der Warmlaufphase des Motors. Dem Abgas wird dosiert Frischluft beigemischt, so daß es besser im Katalysator nachverbrannt werden kann. Die Abgasrückführung senkt den Ausstoß von Stickoxiden. Dies wird erreicht, indem ein kleiner Teil der Abgase wieder der Ansaugluft zugeführt wird. Die dazu erforderlichen Sensoren und Ventile sitzen an einem Halter –1– an der Stirnwand im Motorraum. 3 – Elektronischer Differenzdruckwandler, 4 – Impulsluft-Magnetventil, 5 – Elektronischer Unterdruckregler. (2 – Zünd-Steuergerät, nur bei Automatikgetriebe, sonst im Motor-Steuergerät integriert.)

■ Weitere Funktionen des Motor-Steuergerätes: Der Kühlerlüfter wird nach Motortemperatur und, falls vorhanden, eingeschalteter Klimaanlage geregelt. Die Schaltpunkte des Automatikgetriebes werden je nach Fahrzustand geregelt.

Eigendiagnose der Zünd- und Einspritzanlage

Das Einstellen der Leerlaufdrehzahl und des CO-Werts ist bei der »EEC IV/V« -Steuerung nicht mehr nötig. Das System überwacht sich selbst und speichert auftretende Fehler in einem Fehlerspeicher ab. Die FORD-Werkstatt kann die Fehler durch ein Auslesegerät abrufen und gezielt beheben. Ein Fehler macht sich nicht unbedingt durch schlechtes Fahrverhalten bemerkbar. Daher ist es ratsam, in gewissen Abständen eine FORD-Werkstatt aufzusuchen.

Achtung: Wird die Batterie abgeklemmt, werden alle im Fehlerspeicher erfaßten Werte sowie auch »gelernte« Betriebswerte, zum Beispiel der Leerlaufdrehzahl-Regelung, gelöscht. Nach dem Wiederanklemmen der Batterie können Mängel im Fahrverhalten (Stottern, Aussetzer beim Beschleunigen oder unrunder Leerlauf) auftreten.

Nach Anklemmen der Batterie sollte der Motor daher zunächst ca. 3 Minuten im Leerlauf laufen. Nach Erreichen der Betriebstemperatur (Kühlmittel-Temperaturanzeige steht in der Skalenmitte) etwas Gas geben und den Motor mit etwa 1200/min weitere 2 Minuten laufen lassen. Durch diesen Vorgang speichert das Modul die Leerlauf- und andere Betriebswerte wieder neu ein. Anschließend empfiehlt es sich, noch eine Fahrt über ca. 8 km mit unterschiedlichen Geschwindigkeiten zu vorzunehmen, damit der »Lernprozeß« abgeschlossen ist und sich ein normaler Motorlauf einstellt.

Achtung: Bei Arbeiten an der Einspritzanlage sind die Sauberkeitsregeln für die Kraftstoffanlage ebenso zu beachten wie die Sicherheitshinweise zur Zündanlage, siehe Seiten 65, 61.

Einspritzventile prüfen

Die Einspritzventile spritzen den Kraftstoff intermittierend ein, das heißt, pro Kurbelwellenumdrehung wird jeweils die Hälfte des für einen Ansaugtakt notwendigen Kraftstoffs eingespritzt. Dabei spritzt das Ventil den Kraftstoff kegelförmig ein und schließt nach dem Abspritzen dicht ab. Undichte Ventile bewirken Heißstartschwierigkeiten. Defekte Einspritzventile lassen den Motor bisweilen nachdieseln und führen zu Motoraussetzern.

- Motor im Leerlauf laufen lassen.
- Mit einem Stethoskop bei laufendem Motor bei jedem einzelnen Ventil prüfen, ob es klackt. Dieses Klacken erfolgt durch das Öffnen und Schließen der Düse.
- Steht kein Stethoskop zur Verfügung, kann man auch mit einem Schraubendreher oder einem Finger fühlen, ob das Einspritzventil arbeitet.
- Werden keine oder außergewöhnliche Betriebsgeräusche festgestellt, so sind die Steckverbindung, das Signal vom Steuergerät und der Widerstand des Einspritzventils zu prüfen (Werkstattarbeiten).

Einspritzventile/Kraftstoffdruckregler aus- und einbauen

Ausbau

- Batterie-Massekabel (–) von der Batterie abklemmen. **Achtung:** Dadurch werden die elektronischen Speicher gelöscht, wie zum Beispiel der Motorfehlerspeicher oder der Radiocode. Vor dem Abklemmen der Batterie sollten auch die Hinweise im Kapitel »Batterie aus- und einbauen« durchgelesen werden.

F-2051

- Schlauchschelle aufschrauben. 3 Schrauben beziehungsweise Muttern lösen und Luftkammer oberhalb Ansaugkrümmer abnehmen. Falls vorhanden, Luftschlauch an der Luftkammer-Unterseite abziehen.

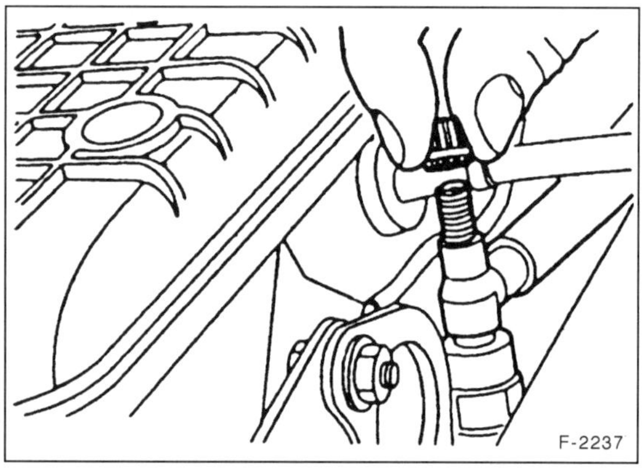
F-2237

Achtung: Das Kraftstoffsystem steht unter Druck! Zum Abbauen des Kraftstoffdrucks ist ein Ventil am Kraftstoffverteilerrohr angeordnet. Die FORD-Werkstätten setzen den Ablaßhahn, FORD-Werkzeug 29-033, auf das Ventil auf und lassen dort Kraftstoff ab. Steht dieses Werkzeug nicht zur Verfügung, beim Öffnen der Leitungen austretenden Kraftstoff mit einem Lappen auffangen.

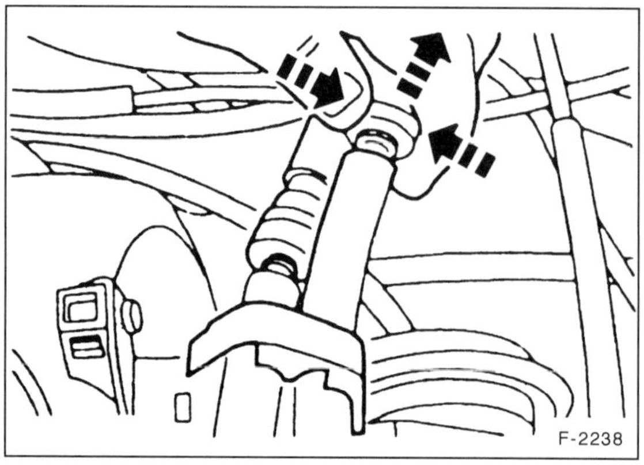
F-2238

- Schnellverschlüsse der beiden Kraftstoffleitungen an den seitlichen Zungen zusammendrücken und abziehen. Dabei dicken Lappen umlegen und austretenden Kraftstoff auffangen.
- Kraftstoffleitungen am Halter Zylinderkopf abclipsen.

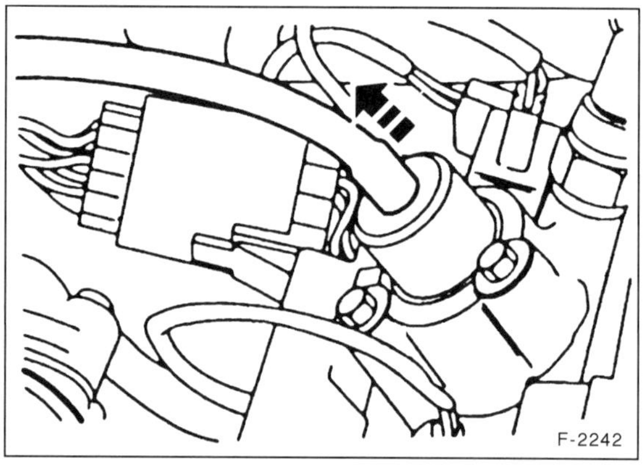
F-2242

- Unterdruckschlauch vom Kraftstoffdruckregler abziehen. Gegebenenfalls Druckregler ausbauen, dazu 2 Schrauben abschrauben und Druckregler mit Schraubendreher vom Verteilerrohr abhebeln.

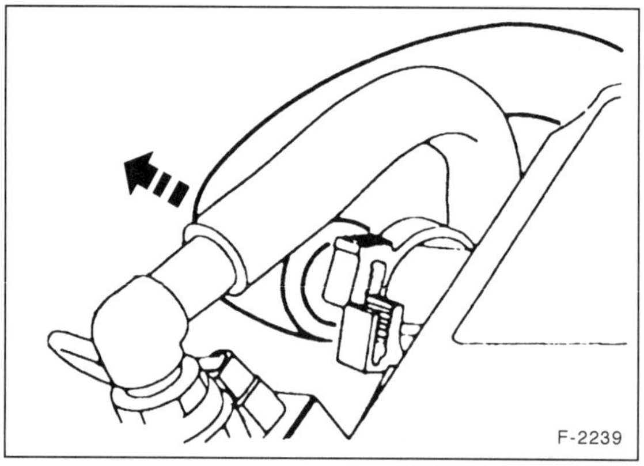
F-2239

- Entlüftungsschlauch abziehen.
- Mehrfachstecker der Einspritzventile abziehen.

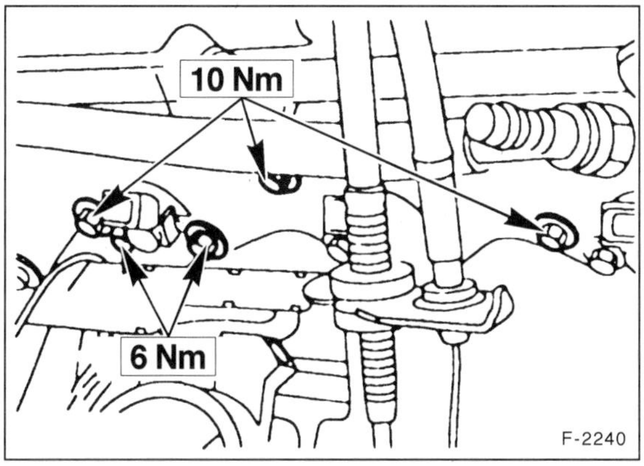

- Befestigungsschrauben am Kraftstoffverteilerrohr abschrauben und Kraftstoffverteilerrohr mit den Einspritzventilen abnehmen. **Achtung:** Kraftstoffverteiler vorsichtig abnehmen, damit die Einspritzventile nicht beschädigt werden.

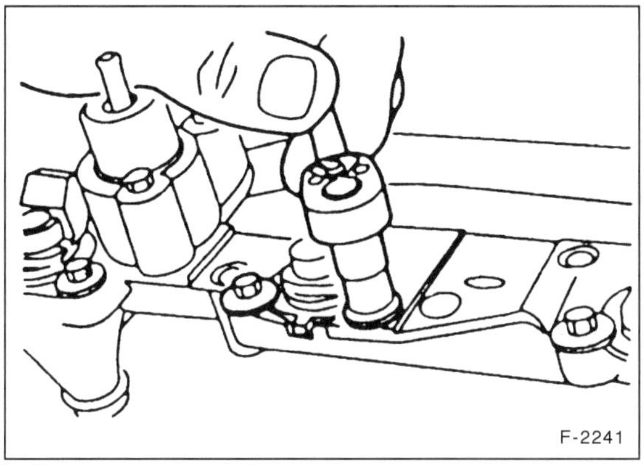

- Verteilerrohr mit Schutzbacken vorsichtig in einen Schraubstock einspannen und Halteschrauben für Einspritzventile abschrauben. Einspritzventile herausziehen.

Einbau

Achtung: Die Gummidichtringe (O-Ringe) aller Einspritzventile sowie des Druckreglers sind nach jedem Ausbau zu ersetzen.

- O-Ringe oben und unten an den Einspritzventilen anbringen und leicht mit sauberem Motoröl benetzen. Einspritzventile in den Kraftstoffverteiler einsetzen.
- Einspritzventile so verdrehen, daß die Stecker nach oben zeigen, und mit Halteschrauben sichern.

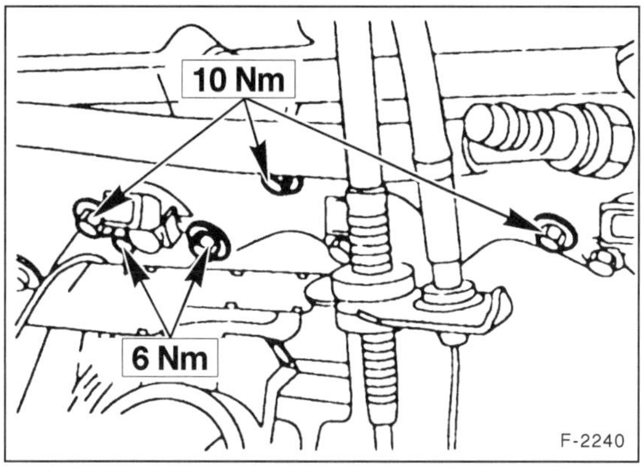

- Kraftstoffverteiler mit Einspritzventilen in den Zylinderkopf setzen und Befestigungsschrauben mit vorgeschriebenem Drehmoment festziehen, siehe Abbildung.
- Entlüftungsschlauch aufstecken.
- Falls ausgebaut, Kraftstoffdruckregler mit neuem O-Ring in den Kraftstoffverteiler einsetzen. Vorher O-Ringe oben und unten an den Einspritzventilen anbringen und leicht mit sauberem Motoröl benetzen.
- Kraftstoffleitungen an den Schnellkupplungen zusammenstecken. Die Leitungen lassen sich nicht vertauschen. Halter für Kraftstoffleitungen einclipsen.
- Mehrfachstecker der Einspritzdüsen aufstecken.
- Ansaug-Luftkammer einbauen, siehe Seite 70.
- Batterie-Massekabel (–) anklemmen. Vorhandene Zeituhr einstellen und Diebstahlcode für Radio eingeben.
- Motor starten und wieder abstellen. System auf Undichtigkeit kontrollieren.

Systematische Fehlersuche an Zündung/Einspritzanlage

Bevor anhand der Tabelle der Fehler aufgespürt wird, müssen folgende Prüfvoraussetzungen erfüllt sein: Bedienungsfehler beim Starten ausgeschlossen. Kraftstoff im Tank, Motor mechanisch in Ordnung (Kompression prüfen), Batterie geladen, Anlasser dreht mit ausreichender Drehzahl, Verschmutzungen im Kraftstoffsystem ausgeschlossen, elektrische Masseverbindung (Motor-Getriebe-Aufbau) vorhanden. **Achtung:** Bei der systematischen Fehlersuche immer von oben nach unten in angegebener Reihenfolge vorgehen. Die FORD-Werkstatt kann zur weiteren Diagnose mit einem Testgerät den Fehlerspeicher des Steuergerätes abfragen.

Test	Ergebnis	Maßnahme
1		
Funktioniert die Kraftstoffpumpe?	JA	■ Weiter mit Test 2
Deckel vom Kraftstoffbehälter abnehmen, Zündung einschalten und auf Laufgeräusch der Kraftstoffpumpe achten.	NEIN	■ Sicherheitsschalter der Kraftstoffpumpe prüfen. Relais-Kraftstoffpumpe und Sicherung prüfen. Ggf. Teile austauschen. Funktioniert Pumpe noch nicht, FORD-Diagnose durchführen lassen.
2		
Arbeitet System im Notlaufprogramm (LOS)?	NEIN	■ Weiter mit Test 3
Zündung einschalten und auf Laufgeräusch der Kraftstoffpumpe achten. Pumpe muß nach ca. einer Sekunde abschalten. Läuft sie ununterbrochen weiter, ist LOS-Modus aktiviert. Zündung ausschalten.	JA	■ EEC IV-Modulstecker abziehen, Test wiederholen. Läuft die Pumpe weiter, Kabeldefekt lokalisieren und beheben. EEC IV-Modul anschließen und Test wiederholen. Ist der Fehler noch vorhanden, FORD-Diagnose durchführen.
3		
Sind alle Leitungsanschlüsse der Motorelektrik angeschlossen? Sind Unterdruck- und Kraftstoffleitungen in gutem Zustand?	JA	■ Weiter mit Test 4
	NEIN	Beschädigte Kraftstoff-/Unterdruckleitungen auswechseln. Falls erforderlich, elektrische Verbindungen wieder anschließen.
4		
Motor-Testgerät gemäß Herstelleranweisung anschließen. Motor starten und auf Betriebstemperatur bringen. **Achtung:** Für Testgerät ohne Oszilloskop, siehe Anweisung des Herstellers.		■ Weiter mit Test 5

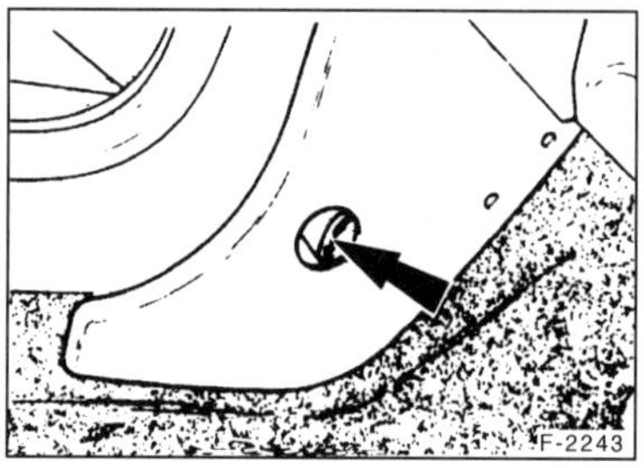

(Fortsetzung)

Test	Ergebnis	Maßnahme
5		
Liegt an allen Zündkerzen Hochspannung an? Springt Motor nicht an, Motor durchdrehen und Anzeige am Oszilloskop beobachten.	JA	■ Springt Motor nicht an, Zündkabel auf korrekten Anschluß an der Zündspule prüfen. Wenn i.O., FORD-Diagnose durchführen. Wenn Motor läuft, weiter mit Test 7.
	NEIN	FORD-Diagnose durchführen.
6		
Ist der Katalysator verstopft?	JA	■ Neuen Katalysator einbauen.
Katalysator vom vorderen Abgasrohr trennen. Motor starten. Springt Motor an, ist der Katalysator verstopft.	NEIN	■ Weiter mit Test 7
7		
Ist die Zündkerzen-Spannung in Ordnung?	JA	■ Weiter mit Test 8
Motor starten und im Leerlauf drehen lassen. Zündkerzen-Spannung prüfen. Alle Anzeigen sollten gleich hoch sein, ca. 8 bis 14 kV. Drehzahl kurzzeitig auf 3000/min erhöhen und prüfen, ob alle Anzeigen gleichmäßig unter 16 kV liegen. Motor abstellen.	NEIN	■ Zündkerze(n) erneuern. Zündkabel prüfen, ggf. erneuern.
8		
Ist das Ansaugsystem dicht?	JA	■ Selbsttest-Verfahren durchführen lassen (FORD-Werkstatt).
Motor starten und auf Undichtigkeiten prüfen.	NEIN	■ Ggf. Undichtigkeiten beheben.

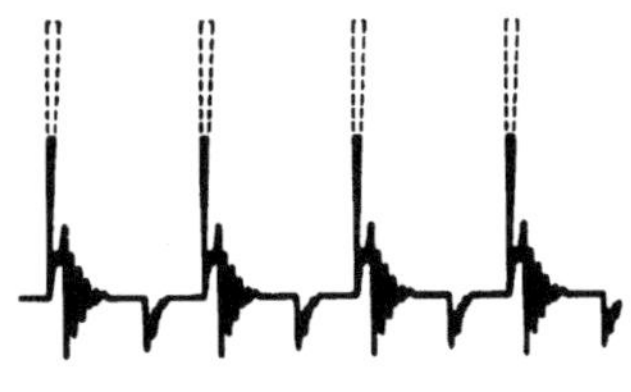

F-2244

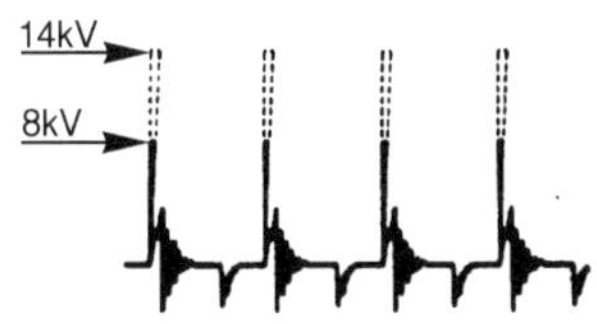

F-2245

Störungsdiagnose Benzin-Einspritzanlage

Hier eine Sammlung der möglichen Beanstandungen und ihre häufigsten Ursachen. Bevor der Fehler aufgespürt wird, müssen folgende Prüfvoraussetzungen erfüllt sein: Kraftstoff im Tank, Motor mechanisch in Ordnung, Batterie geladen, Anlasser dreht mit ausreichender Drehzahl, Zündanlage ist in Ordnung, keine Undichtigkeiten an der Kraftstoffanlage, Verschmutzungen im Kraftstoffsystem ausgeschlossen, elektrische Masseverbindung (Motor-Getriebe-Aufbau) vorhanden. **Achtung:** Wenn Kraftstoffleitungen gelöst werden, müssen diese vorher mit Benzin gesäubert werden.

Störung	Ursache	Abhilfe
Motor springt nicht an	Elektro-Kraftstoffpumpe läuft beim Betätigen des Anlassers nicht an	■ Prüfen, ob Spannung an der Pumpe anliegt. Elektrische Kontakte auf gute Leitfähigkeit überprüfen.
	Sicherheitsschalter der Einspritzanlage ist ausgelöst	■ Durch Schauloch in Abdeckung links im Fahrer-Fußraum schauen. Der Stromkreis ist unterbrochen, wenn der Knopf des Sicherheitsschalters herausgehoben ist. Um den Stromkreis zu schließen, Knopf eindrücken.
	Kraftstoffpumpenrelais defekt	■ Kraftstoffpumpenrelais überprüfen. Das Relais befindet sich im Relaiskasten Motorraum.
	Einspritzventile verklebt	■ Ventile prüfen, ggf. ersetzen
	Katalysator verstopft	■ Flansch vor dem Katalysator lösen. Springt Motor jetzt an, Kat. ersetzen.
Der kalte Motor springt schlecht an, läuft unrund	CO-Gehalt falsch	■ CO-Gehalt und Leerlauf prüfen lassen
	Temperaturfühler defekt	■ Temperaturfühler prüfen
	Kraftstoffdruck zu niedrig	■ Kraftstoffdruck prüfen lassen
Der warme Motor springt schlecht an, läuft unrund	Luftansaugsystem undicht	■ Dichtstellen und Anschlüsse im Ansaugsystem prüfen
Der Motor setzt aus	Elektrische Verbindungen zur Kraftstoffpumpe zeitweise unterbrochen	■ Steckverbindungen und Anschlüsse von elektrischen Leitungen an der Kraftstoffpumpe und dem Kraftstoffpumpen-Relais auf feste und widerstandslose Verbindung prüfen. Relais prüfen. Kontakte reinigen.
	Schlechte Kraftstoffqualität, Dampfblasenbildung	■ Marken-Kraftstoff tanken
	Kraftstoff-Förderdruck zu gering	■ Förderdruck prüfen lassen
	Kraftstoffilter defekt	■ Kraftstoffilter erneuern
	Kraftstoffpumpe defekt	■ Kraftstoffpumpe prüfen
	Einspritzventil defekt	■ Einspritzventile prüfen
Der Motor hat Übergangsstörungen	Luftansaugsystem undicht	■ Dichtstellen und Anschlüsse im Ansaugsystem prüfen
	Leerlaufregelung fehlerhaft	■ Drehzahlregelung, Lambda-Regelung prüfen.
Der heiße Motor springt nicht an	Druck im Kraftstoffsystem zu hoch	■ Kraftstoffdruck prüfen lassen, ggf. Druckregler ersetzen.
	Rücklaufleitung zwischen Druckregler und Tank verstopft, geknickt	■ Leitung reinigen oder ersetzen
	Motortemperaturfühler defekt	■ Temperaturfühler prüfen
	Kraftstoffsystem undicht	■ Sichtprüfung an allen Verbindungsstellen im Bereich des Motors und der elektrischen Kraftstoffpumpe. Alle Anschlüsse nachziehen.
	Luftansaugsystem undicht	■ Dichtstellen und Anschlüsse prüfen

Diesel-Einspritzanlage

Schemazeichnung Diesel-Einspritzanlage

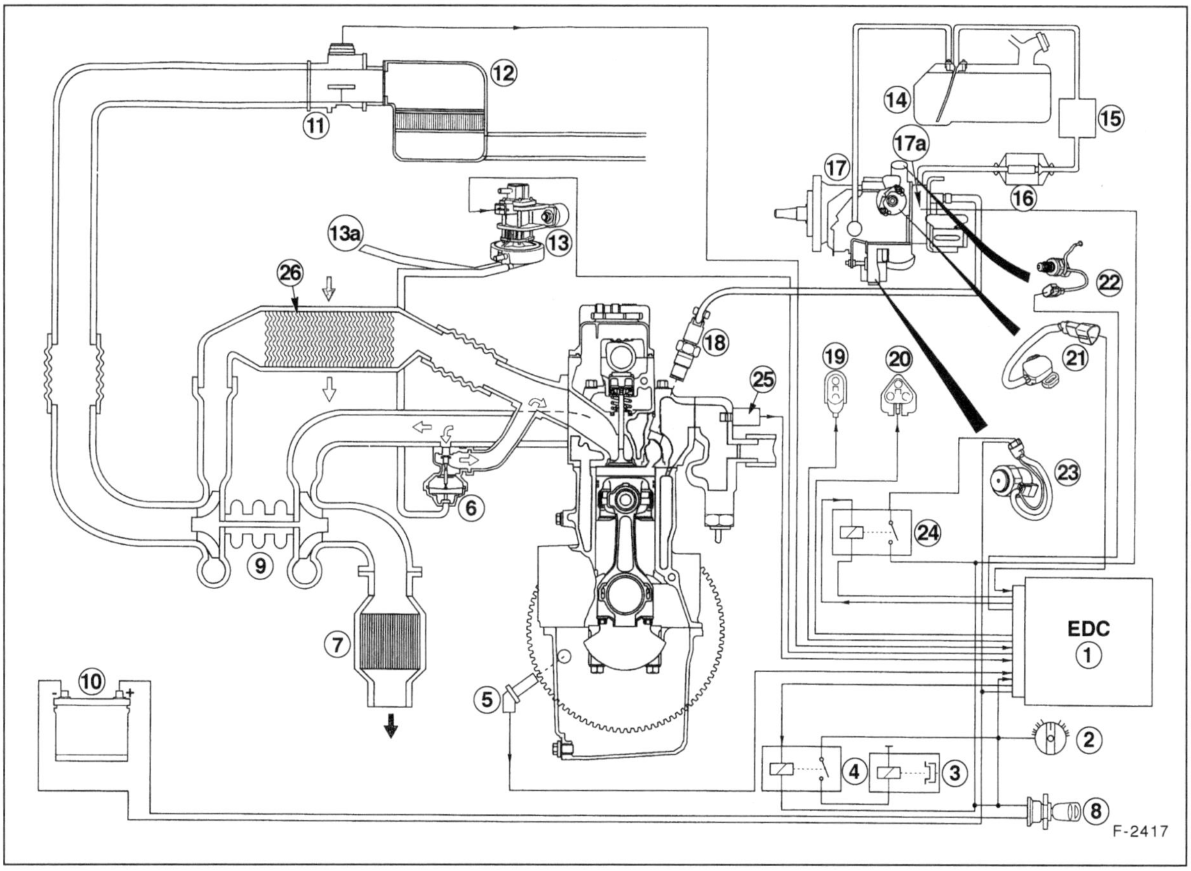

1 – **Steuergerät (EDC)**
Einbauort: Im Motorraum, am rechten Kotflügel.
2 – **Klimaanlagenschalter**
3 – **Kupplung Klimakompressor**
4 – **Klimaanlagen-Relais**
5 – **Kurbelwellendrehzahl-Sensor**
6 – **Abgasrückführ-Ventil (EGR)**
7 – **Abgaskatalysator**
8 – **Zündschalter**
9 – **Turbolader**
10 – **Batterie**
11 – **Luftmassenmesser**
12 – **Luftfilter**
13 – **Vakuumwandler (CVT-Ventil)**
13a – **Vakuumpumpe**
14 – **Kraftstofftank**
15 – **Kraftstoffheizelement**
16 – **Kraftstoffilter**
17 – **Einspritzpumpe**
17a – **Magnetisches Abschaltventil**
18 – **Einspritzventil**
19 – **Diagnosestecker**
20 – **Selbstteststecker**
21 – **Kraftstoffhebelpositions-Sensor**
22 – **Teillast-Magnetventil**
23 – **Kaltlauf-Magnetschalter**
24 – **Kaltlaufrelais**
25 – **Kühlmitteltemperatur-Sensor**
26 – **Ladeluftkühler**

Das Diesel-Prinzip

Beim Dieselmotor wird reine Luft in die Zylinder angesaugt und dort sehr hoch verdichtet. Dadurch steigt die Temperatur in den Zylindern über die Zündtemperatur des Dieselöls an. Wenn der Kolben kurz vor dem oberen Totpunkt steht, wird in die hochverdichtete und etwa +600° C heiße Luft Dieselöl eingespritzt. Das Dieselöl zündet von selbst, Zündkerzen sind also nicht erforderlich.

Bei sehr kaltem Motor kann es vorkommen, daß durch die Verdichtung die Zündtemperatur nicht erreicht wird. In diesem Fall muß vorgeglüht werden. Dazu befindet sich in jeder Wirbelkammer eine Glühkerze, die den Brennraum aufheizt. Außerdem besitzt der Dieselmotor ein Dehnstoffelement, das den Kolben des Spritzverstellers in der Einspritzpumpe in Richtung früh verstellt. Dadurch wird der Kraftstoff früher in die heiße Luft eingespritzt, der kalte Motor springt schneller an. Sobald der Motor seine Betriebstemperatur erreicht hat, stellt sich das Dehnstoffelement automatisch zurück.

Der Kraftstoff wird von der Verteiler-Einspritzpumpe aus dem Kraftstoff-Vorratsbehälter angesaugt. In der Einspritzpumpe wird der für die Diesel-Einspritzung erforderliche hohe Druck von etwa 150 bar aufgebaut und der Kraftstoff entsprechend der Zündfolge auf die einzelnen Zylinder verteilt. Gleichzeitig steuert ein Regler in der Einspritzpumpe die eingespritzte Kraftstoffmenge entsprechend der Betätigung des Gaspedals. Über die Einspritzventile wird der Dieselkraftstoff jeweils zum richtigen Zeitpunkt in die Vorkammer des betreffenden Zylinders eingespritzt. Durch die Form der Vor- oder Wirbelkammer erhält die angesaugte Luft beim Verdichtungshub eine bestimmte Wirbelbewegung, so daß sich der eingespritzte Kraftstoff optimal mit Luft vermischt.

Bevor der Kraftstoff in die Einspritzpumpe gelangt, durchfließt er den Kraftstoffilter. Dort werden Verunreinigungen und Wasser zurückgehalten. Es ist deshalb äußerst wichtig, den Kraftstoffilter entsprechend der Wartungsvorschrift zu entwässern beziehungsweise auszuwechseln.

Die Einspritzpumpe ist wartungsfrei. Alle beweglichen Teile der Pumpe werden mit Dieselöl geschmiert. Angetrieben wird die Einspritzpumpe durch einen separaten Zahnriemen von der Kurbelwelle.

Da der Dieselmotor als Selbstzünder nicht durch Spannungsunterbrechung der Zündanlage abgeschaltet werden kann, besitzt er ein Magnetventil zur Abschaltung des Kraftstoffzuflußes. Durch Ausschalten der Zündung wird die Spannungsversorgung für das Magnetventil unterbrochen und das Ventil verschließt den Kraftstoffkanal, der Motor geht aus. Beim Starten des Motors wird das Magnetventil mit Spannung versorgt und öffnet daraufhin den Kraftstoffkanal.

Maßnahmen zur Abgasverbesserung

Um den Anteil von Stickoxiden (NOx) im Abgas zu verringern, ist die Diesel-Kraftstoffanlage mit einem Abgas-Rückführungssystem (EGR-System) ausgerüstet. Das EGR-Ventil sitzt am Ansaugkrümmer. Seine Aufgabe besteht darin, einen Teil der Abgase in die Verbrennungsräume des Motors zurückzuführen, um die Verbrennungstemperatur zu mindern und dadurch den Schadstoff-Anteil der Abgase zu reduzieren.

Um auch weitere Abgasschadstoffe wie Partikel und Kohlenwasserstoffe (HC) zu verringern, ist eine genaue elektronische Regelung und der Einsatz eines Oxidationskatalysators notwendig. Ein elektronisches Steuergerät erhält Informationen von verschiedenen Sensoren und regelt die Einspritzung nach vorgegebenen Kennfeldern.

- Im Saugrohr sitzt ein Meßgerät, welches die Masse der angesaugten Luft nach folgendem Prinzip mißt: Ein elektrisch erwärmter Hitzdraht wird durch die vorbeistreichende Ansaugluft abgekühlt. Um die Temperatur des Drahts konstant zu halten, ändert sich der Heizstrom entsprechend der Dichte/Temperatur der angesaugten Luft. Anhand der Schwankungen des Heizstromes erkennt das Steuergerät die Masse der angesaugten Luft.
- Ein Sensor mißt die Stellung des durch das Gaspedal betätigten Einspritzpumpenhebels.
- Am Motor-Schwungrad sitzt ein Induktivsensor. Er übermittelt die Information über die aktuelle Motor-Drehzahl.
- Das Steuergerät der Diesel-Einspritzanlage regelt in allen Fahrzuständen den besten Einspritzzeitpunkt durch Verstellen des Kaltlauf-Magnetschalters und des Teillast-Magnetventils in der Einspritzpumpe.
- Das Abgasrückführsystem wird vom Steuergerät über 2 Ventile, den Vakuumwandler und das Abgasrückführventil, geregelt.

Der Abgasturbolader

Der Dieselmotor im FORD MONDEO ist mit einem Turbolader ausgerüstet. Beim Turbolader sitzen auf einer Welle zwei Turbinenräder, die in zwei voneinander getrennten Gehäusen untergebracht sind. Für den Antrieb der Turbinenräder sorgen die ohnehin vorhandenen Abgase. Sie bringen die Laderwelle auf bis zu 120.000 Umdrehungen in der Minute. Und da Abgas- und Frischluftrotor auf gleicher Welle sitzen, wird mit gleicher Drehzahl Frischluft in die Zylinder gedrückt.

Ein Ladeluftkühler befindet sich oben auf dem Ansaugkrümmer. Er verdichtet die vom Turbolader kommende, erwärmte Ansaugluft durch Abkühlung weiter.

Aufgrund des guten Füllungsgrades lassen sich bei vorhandenen Motoren Leistungszuwachsraten von bis zu 100 Prozent verwirklichen. Abhängig ist der Leistungszuwachs unter anderem vom Ladedruck, der bei einem Pkw-Motor zwischen 0,4 bis 0,9 bar (Reifenfülldruck etwa 1,8 bar) liegt. Erhöht sich der Ladedruck über den vom Werk eingestellten Wert, öffnet ein Ventil am Turbolader, der Druck kann entweichen.

Neben der Motorleistung steigt bei der Verwendung eines Abgasturboladers auch das Drehmoment an, was vor allem im Hinblick auf einen elastischen Motorlauf wünschenswert ist. Voraussetzung ist allerdings, daß die Laderwelle mit ausreichender Drehzahl rotiert und somit einen guten Füllungsgrad garantiert. In der Regel muß der Motor schon mit rund 2500/min drehen, damit ein spürbarer Ladedruck einsetzt.

Der Turbolader ist ein äußerst präzise hergestelltes Bauteil. Es empfiehlt sich deshalb, eine Reparatur nur von einem Fachmann ausführen zu lassen. In der Regel wird der Turbolader bei einem Defekt komplett ausgetauscht.

Der Abgasturbolader wird vom Motorölkreislauf mit Öl versorgt. Um eine ausreichende Schmierung des Laders sicherzustellen, sind folgende Punkte zu beachten:

- Nur vorgeschriebenes Motoröl verwenden.
- Durch überaltertes Motoröl kann der Lader verkoken. Daher müssen Motoröl und Ölfilter streng nach Wartungsvorschrift gewechselt werden.
- Da bereits kleinste Schmutzpartikel zur Zerstörung des Laders führen können, Motor niemals ohne Luftfilter laufen lassen.

Fahren im Winter

Mit abnehmenden Außentemperaturen verringert sich das Fließvermögen des Dieselkraftstoffes durch Paraffin-Ausscheidung. Der Dieselkraftstoff wird dickflüssig wie Honig. Aus diesem Grund werden von den Mineralölfirmen dem Diesel im Winter Zusätze beigemischt, die das Fließverhalten heraufsetzen und ein Starten bis etwa –20° C garantieren.

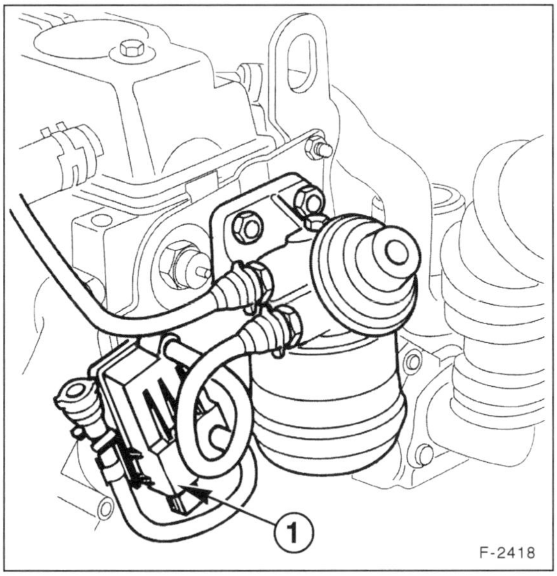

F-2418

Um eine Versulzung zu vermeiden, ist vor dem Kraftstoffilter ein elektrischer Dieselheizer –1– eingebaut. Das Heizgerät schaltet sich durch einen integrierten Thermoschalter selbsttätig bei Temperaturen unter 0° C zu. Gleichzeitig schützt der Thermoschalter bei einem Defekt vor einer möglichen Kraftstoffüberhitzung. Damit ist ein sicherer Betrieb bei allen Temperaturen gewährleistet.

Kraftstoffanlage entlüften

Falls der Tank einmal ganz leer gefahren oder wenn Teile der Kraftstoffanlage ausgetauscht wurden, muß die Anlage entlüftet werden.

- Darauf achten, daß kein Dieselkraftstoff auf die Kühlmittelschläuche gelangt. Gegebenenfalls müssen die Schläuche sofort wieder gereinigt werden. Angegriffene Schläuche sind zu ersetzen. Bei Arbeiten an der Einspritzanlage Sauberkeitshinweise beachten, siehe Seite 66.

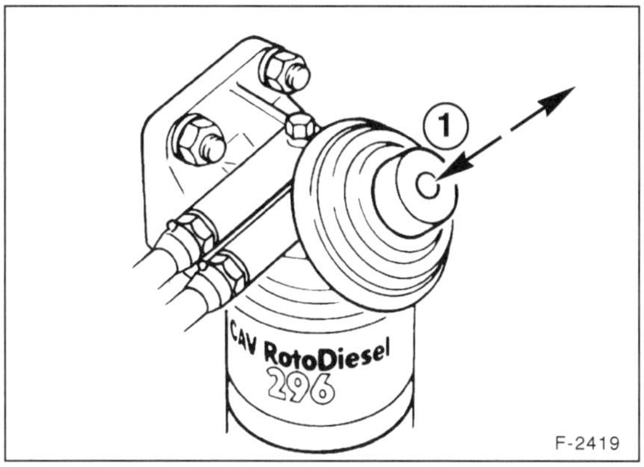

F-2419

- Handpumpe –1– am Filtergehäuse so lange betätigen, bis ein größerer Widerstand spürbar ist.
- Motor laufen lassen, bis alle Luftreste aus dem Kraftstoffsystem entfernt sind.

Um bei Startschwierigkeiten zu prüfen, ob Kraftstoff zu den Einspritzventilen gefördert wird, an zwei Einspritzventilen die Überwurfmuttern lösen und den Motor ohne vorzuglühen starten, bis Kraftstoff an den Überwurfmuttern austritt. Überwurfmuttern mit 20 Nm festziehen und Motor vorschriftsmäßig starten.

- Falls die bisherigen Entlüftungsmaßnahmen nicht ausreichen:

W-2411

- Alle Überwurfmuttern an den Einspritzleitungen lösen. Motor mit Anlasser durchdrehen, bis Kraftstoff austritt. Anschließend Muttern mit 20 Nm festziehen. Bei Undichtigkeiten bis 25 Nm nachziehen. Dadurch ist eine schnelle Entlüftung sichergestellt. **Hinweis:** Austretenden Kraftstoff auffangen.

Vorglühanlage prüfen
Glühkerzen aus- und einbauen

Wenn Schwierigkeiten beim Anlassen des Motors auftreten, zuerst die Kompression des Motors messen. Ist der Kompressionswert zu gering, so springt das Fahrzeug bei geringen Temperaturen nicht an. Kompression messen, siehe Seite 41.

Stromzufuhr prüfen

- Prüflampe zwischen Glühkerze des vierten Zylinders und Fahrzeugmasse klemmen.
- Zündschloß in Position II drehen, gleichzeitig muß die Prüflampe aufleuchten. Leuchtet die Prüflampe nicht, so ist die Stromführung entsprechend dem Stromlaufplan zu überprüfen. **Achtung:** Zündschloß nicht länger als 15 Sekunden in Position II lassen.

Glühkerzen prüfen/ersetzen

- Batterie-Massekabel (–) von der Batterie abklemmen. **Achtung:** Dadurch werden die elektronischen Speicher gelöscht, wie zum Beispiel der Motorfehlerspeicher oder der Radiocode. Vor dem Abklemmen der Batterie sollten auch die Hinweise im Kapitel »Batterie aus- und einbauen« durchgelesen werden.

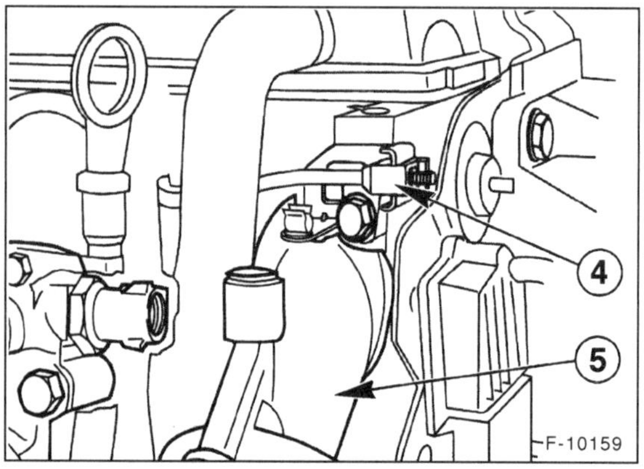

- Zuleitung für Glühkerzen am Halter –4– abschrauben und mit Isolierband umwickeln. 5 – Vakuumpumpe.

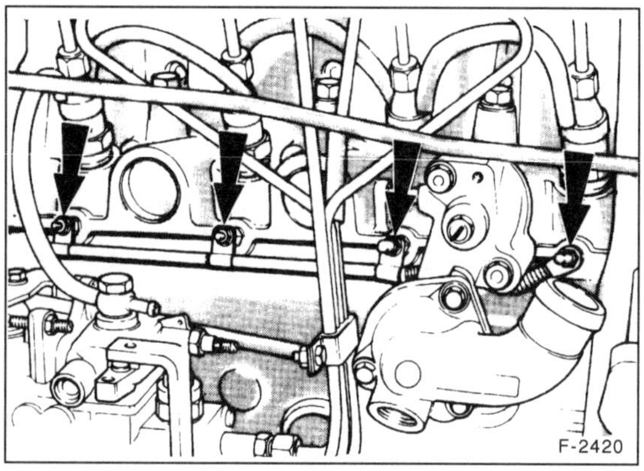

- Anschlußkabel und Stromschiene für Glühkerzen abnehmen.

- Spannungsprüfer an den Pluspol (+) der Batterie anklemmen und nacheinander an jede Glühkerze anlegen. Leuchtdiode leuchtet auf, also Durchgang vorhanden: Glühkerze in Ordnung.
- Leuchtdiode leuchtet nicht auf: Glühkerze defekt, austauschen; Anzugsdrehmoment: **30 Nm. Achtung:** Das Anzugsdrehmoment darf **nicht** überschritten werden, da sonst der Ringspalt zwischen Glühstab und Gewindeteil zugezogen wird und die Glühkerze vorzeitig ausfällt. Bei verbrannten Glühstiften Hinweise beachten.
- Anschlußkabel für Stromschiene anklemmen. Muttern mit 5 Nm anschrauben.
- Batterie-Massekabel (–) anklemmen. Vorhandene Zeituhr einstellen und Diebstahlcode für Radio eingeben.

Relais für Glühkerzen prüfen

- Batterie ausbauen. Das Vorglührelais sitzt unterhalb des Batteriehalters.
- Spannungsprüfer an Klemme 30 (+) des Mehrfachsteckers vom Vorglührelais und an Masse (–) anschließen. Leuchtdiode im Spannungsprüfer muß aufleuchten, andernfalls Spannungsführung von der Batterie prüfen.
- Spannungsprüfer an Anschluß 86 (Klemme 15) und Masse anschließen. Zündung einschalten. Leuchtdiode im Spannungsprüfer muß aufleuchten, andernfalls Spannungsführung vom Zündschloß prüfen.
- Spannungsprüfer an Klemme 50 und Masse anschließen. Starter durch Helfer kurz betätigen lassen. Leuchtdiode im Spannungsprüfer muß aufleuchten, andernfalls Spannungsführung vom Zündschloß prüfen.
- Wenn die Leuchtdiode im Spannungsprüfer leuchtet, Zuleitung zu den Glühkerzen auf Unterbrechung prüfen, gegebenenfalls ersetzen. Andernfalls Vorglührelais ersetzen.
- Batterie einbauen, siehe Seite 212.

Glühkerzen mit verbrannten Glühstiften

Verbrannte Glühstifte von Glühkerzen sind häufig Folgeschäden von Düsenstörungen. Derartige Schäden sind nicht auf Mängel in oder an der Glühkerze zurückzuführen.

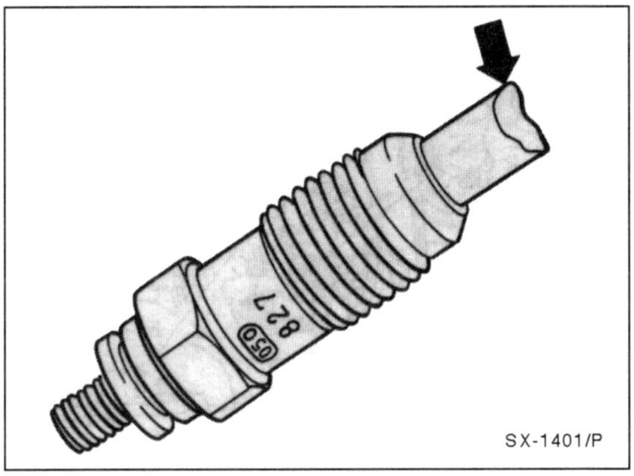

Werden im Beanstandungsfall derartige Glühkerzen gefunden –Pfeil–, genügt es nicht, diese nur zu ersetzen. Es muß eine Überprüfung der Einspritzdüsen auf Strahl, Schnarren, Druck und Dichtigkeit erfolgen (Werkstattarbeit).

Einspritzdüsen aus- und einbauen

Defekte Einspritzdüsen können zu starkem Klopfen des Motors führen und Lagerschäden vermuten lassen. Bei derartigen Beanstandungen Motor im Leerlauf laufen lassen und Einspritzleitungs-Überwurfmuttern der Reihe nach lösen. Verschwindet das Klopfen nach dem Lösen einer Überwurfmutter, so zeigt dies eine defekte Düse an.

Defekte Düsen macht man auch ausfindig, indem man der Reihe nach die Einspritzleitungs-Überwurfmuttern löst, während der Motor in schnellerem Leerlauf dreht. Bleibt die Motordrehzahl nach Lösen einer Überwurfmutter konstant, so ist diese Düse defekt. Geprüft werden kann die Einspritzdüse mit Hilfe eines Manometers. (Werkstattarbeit; Sollwert für Abspritzdruck: 150 – 165 bar.)

Die ersten Anzeichen von Düsenstörungen treten wie folgt auf.

- Fehlzündungen
- Klopfen in einem oder mehreren Zylindern
- Motor überhitzt
- Leistungsabfall des Motors
- Übermäßig starker schwarzer Auspuffqualm
- Hoher Kraftstoffverbrauch

Ausbau

- Batterie-Massekabel (–) von der Batterie abklemmen. **Achtung:** Dadurch werden die elektronischen Speicher gelöscht, wie zum Beispiel der Motorfehlerspeicher oder der Radiocode. Vor dem Abklemmen der Batterie sollten auch die Hinweise im Kapitel »Batterie aus- und einbauen« durchgelesen werden.
- Einspritzleitungen und Kraftstoffrücklaufleitungen sorgfältig von außen mit Kaltreiniger oder Dieselkraftstoff reinigen.

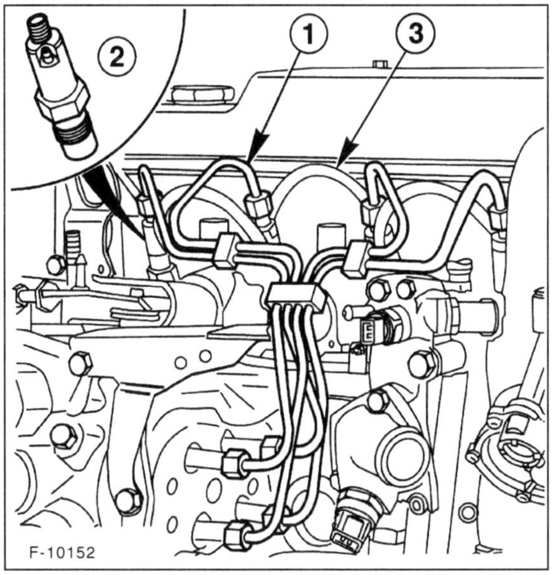

- Einspritzleitungen –1– komplett ausbauen, dazu Überwurfmuttern mit offenem Ringschlüssel, z. B. HAZET 4550, lösen. **Achtung:** Biegeform nicht verändern. Geeignete Schutzkappen auf Einspritzdüsen und -pumpe aufschieben, um das Eindringen von Schmutz zu verhindern.
- Falls die Halteklammern für die Einspritzleitungen abgenommen werden, vorher mit Filzstift Einbaulage kennzeichnen.
- Leckölleitungen –3– vorsichtig von den Einspritzdüsen abziehen. Die Leckölleitungen verbinden die Einspritzdüsen miteinander. An der letzten Einspritzdüse, Getriebeseite des Motors, sitzt eine Blindkappe.

Achtung: Einspritzdüse mit Nadelbewegungsfühler (seit 9/96, erkennbar am elektrischen Kabelanschluß) nur mit offenem Doppelsechskant-Steckschlüsseleinsatz herausschrauben. Die Fachwerkstatt verwendet dazu den Spezialschlüssel 23-045. Wird dieser Schlüssel verwendet, beim Ansetzen darauf achten, daß die Schweißnaht des Schlüssels an einer der beiden flachen Stellen der Einspritzdüse vorbeigeführt wird, am besten an der flachen Seite gegenüber vom Kabel.

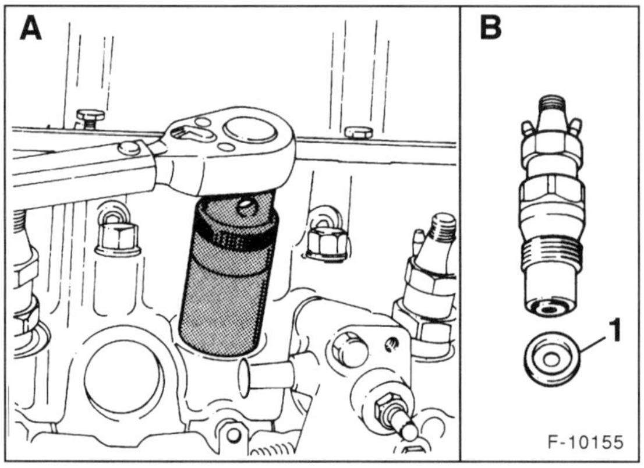

- Einspritzdüsen mit Steckschlüsseleinsatz SW 27, z. B. HAZET 4555, ausbauen. Düsen unten mit Schutzkappen gegen Verschmutzung schützen. **Achtung:** Darauf achten, daß die Einspritzdüsen nicht herunterfallen.
- Wärmeschutzdichtung –1– herausnehmen.

Einbau

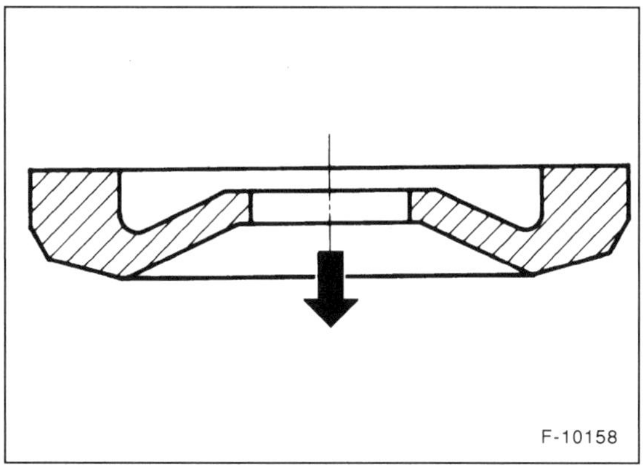

- Grundsätzlich **neue** Wärmeschutzdichtungen zwischen Zylinderkopf und Einspritzventil verwenden. Die Vertiefung muß nach oben zeigen, Pfeil zeigt zum Zylinderkopf.
- Einspritzdüsen mit **70 Nm** festziehen.
- Einspritzleitungen mit **25 Nm** festziehen.
- Falls ausgebaut, Halteklammern entsprechend der angebrachten Markierungen einclipsen.
- Leckölleitungen aufschieben.
- Batterie-Massekabel (–) anklemmen. Vorhandene Zeituhr einstellen und Diebstahlcode für Radio eingeben.
- Motor starten und Kraftstoffsystem auf Dichtigkeit überprüfen.

Elektrischen Absteller prüfen/ aus- und einbauen

Der elektrische Absteller befindet sich an der Einspritzpumpe oberhalb der Kraftstoffanschlüsse. Sobald die Zündung eingeschaltet wird, erhält der Absteller vom Vorglühzeitrelais Spannung und öffnet den Kraftstoffkanal. In stromlosem Zustand ist der Kolben des Abstellers durch den Druck der eingebauten Feder ausgefahren und verschließt den Kraftstoffkanal. Der Absteller ist zu prüfen, wenn der Motor nicht anspringt.

Prüfen

- Zündung einschalten. Absteller muß klicken.

- Andernfalls elektrische Leitung –A– abschrauben. Mit Hilfskabel Batterie-Plus an Absteller anlegen.
- Wenn das Magnetventil jetzt anzieht, elektrische Leitungen prüfen, Spannungsversorgung des Vorglühzeitrelais prüfen.
- Zieht das Ventil nicht an, festen Sitz des Abstellers prüfen, gegebenenfalls ersetzen.

Ausbau

- Batterie-Massekabel (–) von der Batterie abklemmen. **Achtung:** Dadurch werden die elektronischen Speicher gelöscht, wie zum Beispiel der Motorfehlerspeicher oder der Radiocode. Vor dem Abklemmen der Batterie sollten auch die Hinweise im Kapitel »Batterie aus- und einbauen« durchgelesen werden.
- Elektrische Leitung abschrauben. Abstellventil äußerlich mit Kaltreiniger säubern und herausschrauben.

Achtung: Darauf achten, daß Kolben und Feder nicht herausfallen.

Einbau

- Absteller mit neuem O-Ring einsetzen. Auf richtigen Sitz der Feder und des Kolbens achten.
- Abstellventil vorsichtig in die Einspritzpumpe einschrauben und festziehen, Anzugsdrehmoment ca. 20 Nm.
- Anschlußleitung an Magnetventil anklemmen.
- Batterie-Massekabel (–) anklemmen. Vorhandene Zeituhr einstellen und Diebstahlcode für Radio eingeben.

Leerlaufdrehzahl prüfen/einstellen

Übersicht Einspritzpumpe

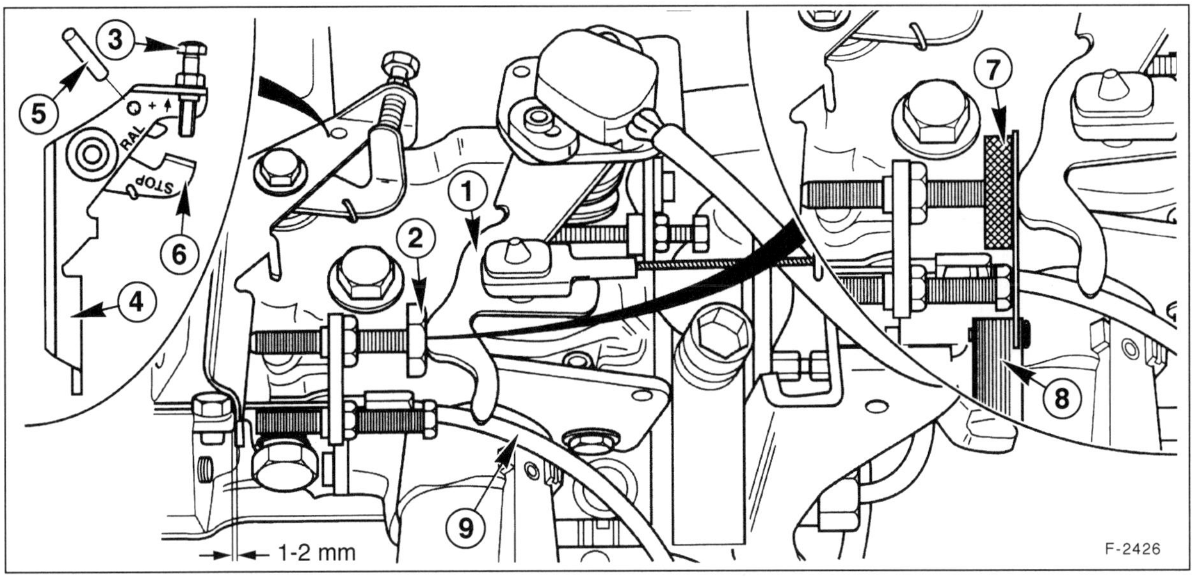

1 – Kraftstoffhebel
2 – Kraftstoffhebel-Anschlagschraube
3 – Leerlaufeinstellschraube
4 – Kaltstarthebel
5 – 3 mm-Stift
6 – Leerlaufhebel
7 – Einstellwerkzeug
8 – Fühlerlehre
9 – Kaltstartzug

Da Dieselmotoren keine Zündanlage besitzen, wird ein spezieller Drehzahlmesser benötigt. Er ist teuer, so daß sich der Kauf nicht unbedingt lohnt. Gegebenenfalls kann der Drehzahlmesser im Schalttafeleinsatz zur Hilfe genommen werden, eine exakte Einstellung ist hiermit allerdings nicht möglich. Außerdem werden ein Stift mit Durchmesser 3 mm (Bohrer) sowie Fühlerblattlehren benötigt. Beim Einstellen immer in folgender Reihenfolge vorgehen:

Kaltstartzug einstellen

Funktion: Ein Thermoelement sitzt im Kühlmittelkreislauf, am Thermostatgehäuse, und betätigt bei kaltem Motor über den Kaltstart-Bowdenzug einen Hebel an der Einspritzpumpe. Der beschleunigte Leerlauf sorgt dafür, daß der kalte Motor rund läuft.

- Motor warmfahren, Kühlflüssigkeitstemperatur mindestens +80° C. Die Kühlmittel-Temperaturanzeige muß in der Skalenmitte stehen.
- Anschließend Bowdenzug –9– des Thermoelementes einstellen, siehe Abbildung. Das Klemmstück muß einen Abstand von **1 – 2 mm** vom Einspritzpumpenhebel haben, gegebenenfalls Schraube am Klemmstück lösen und dieses entsprechend verschieben.

Leerlaufdrehzahl und erhöhten Leerlauf prüfen

- Leerlaufdrehzahl prüfen und notieren. **Sollwert:** 820 – 850/min.
- FORD-Leerlaufeinstellehre 23-016 –7– zusammen mit 1 mm starker Fühlerblattlehre zwischen Kraftstoffhebel –1– und Anschlagschraube –2– stecken. Steht die FORD-Lehre nicht zur Verfügung, kann eine Fühlerlehre oder ein Bohrer mit 4 mm Stärke zwischen Einspritzpumpenhebel und Leerlaufeinstellschraube geklemmt werden.
- Leerlaufhebel –6– im Uhrzeigersinn drehen und in die Bohrung einen 3 mm-Stift einsetzen. Der Leerlaufhebel ist damit arretiert, der Motor dreht mit erhöhter Leerlaufdrehzahl.
- Erhöhte Leerlaufdrehzahl prüfen und notieren. **Sollwert:** 800 – 1000/min.
- Sind Leerlaufdrehzahl und erhöhte Leerlaufdrehzahl korrekt, anschließend Drehzahl-Abfallzeit prüfen, gegebenenfalls einstellen.

Leerlaufdrehzahl und erhöhte Leerlaufdrehzahl einstellen

- Motor muß betriebswarm sein. Motor im Leerlauf laufen lassen.
- FORD-Lehre 23-016 und Fühlerblattlehre von 1 mm Stärke zwischen Kraftstoffhebel –1– und Anschlagschraube –2– stecken. Das Sonderwerkzeug –7– wird auf den Anschlag der Einstellschraube geschoben, dadurch kann sie leichter von Hand verdreht werden. Es wird aber nicht unbedingt benötigt. Steht die FORD-Lehre nicht zur Verfügung, Fühlerlehre oder Bohrer mit 4 mm Stärke zwischen Einspritzpumpenhebel und Leerlaufeinstellschraube klemmen.
- Leerlaufhebel –6– im Uhrzeigersinn drehen und in die Bohrung einen 3 mm-Stift einsetzen. Der Leerlaufhebel ist damit arretiert, der Motor dreht mit erhöhter Leerlaufdrehzahl.
- Kontermutter lösen und mit Kraftstoffhebel-Anschlagschraube –2– die Leerlaufdrehzahl auf 900 ± 100/min einstellen.

- Fühlerblattlehre, Stift und gegebenenfalls FORD-Lehre entfernen. Dabei legt sich der Kraftstoffhebel an die Einstellschraube an.
- Kontermutter lösen und Schraube –3– verdrehen, bis die Leerlaufdrehzahl 820 – 850/min beträgt.
- Anschließend Motor-Verzögerung prüfen, gegebenenfalls einstellen.

Drehzahl-Abfallzeit einstellen

Die Drehzahl-Abfallzeit ist die Zeit, die der Motor braucht, um von Vollgas (Höchstdrehzahl) wieder auf die Leerlaufdrehzahl zu kommen. Fällt die Motordrehzahl zu schnell ab, stirbt der Motor ab. Fällt die Drehzahl zu langsam, stört dies beim Fahren und erhöht den Kraftstoffverbrauch.

- Vollgas geben (Drehzahl 5150/min), dann Gaspedal loslassen und Zeit stoppen, bis die Leerlaufdrehzahl erreicht wird. **Sollwert:** maximal 5 Sekunden.

Achtung: Nie länger als 3 Sekunden Vollgas geben. Nicht unnötig oft Vollgas geben. Wird der Sollwert nicht erreicht, sind folgende Maßnahmen möglich:

- Drehzahl nimmt zu langsam ab: Anschlagschraube Schraube –2– um ¼ Umdrehung gegen den Uhrzeigersinn drehen, vom Pumpenende aus gesehen.
- Drehzahl nimmt zu schnell ab: Anschlagschraube Schraube –2– um ¼ Umdrehung im Uhrzeigersinn drehen.

Achtung: Die Schraube –2– nicht um mehr als eine ¼ Umdrehung verdrehen.

- Anschließend Leerlaufdrehzahl und erhöhte Leerlaufdrehzahl nochmals prüfen, gegebenenfalls einstellen.
- Einstellschrauben mit Kontermuttern sichern.

Unterdruckschläuche für Bremskraftverstärker und Abgasrückführung

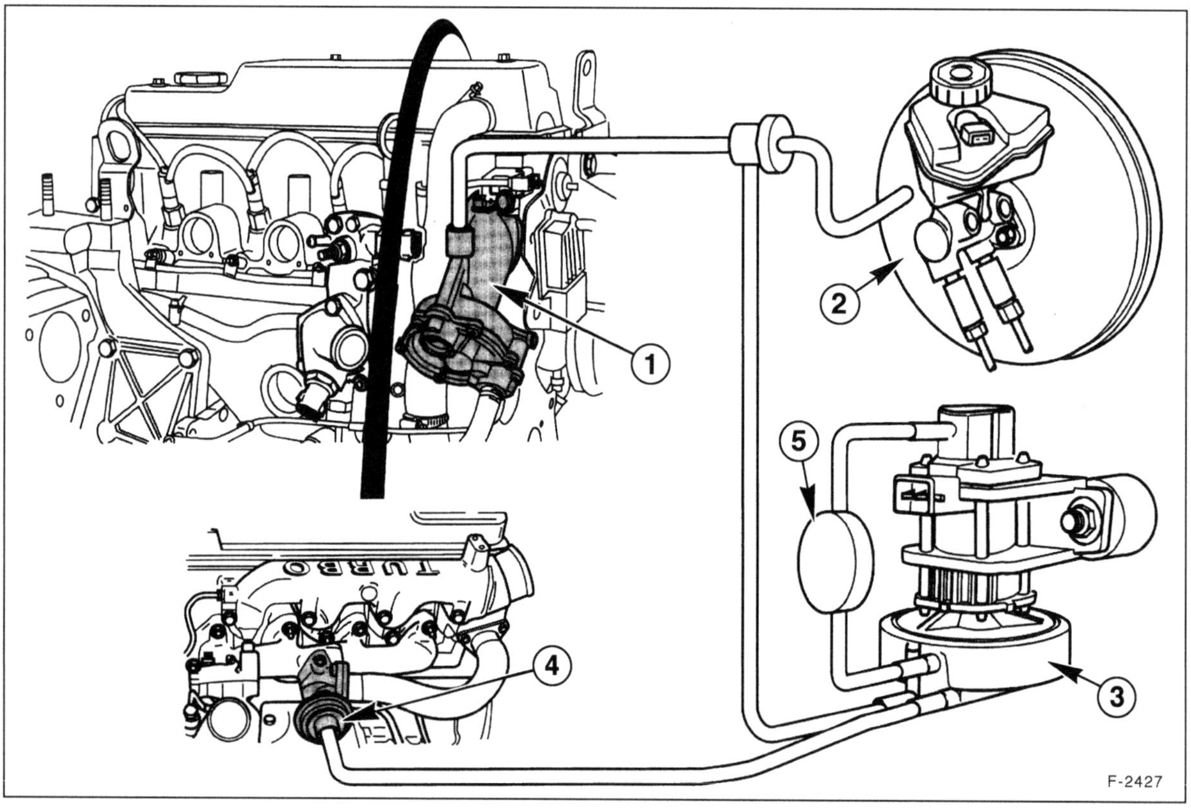

1 – Vakuumpumpe
2 – Bremskraftverstärker
3 – CVT-Ventil (Vakuumwandler)
4 – Abgasrückführ (EGR)-Ventil
5 – Luftfilter

Störungsdiagnose Diesel-Einspritzanlage

Bevor anhand der Störungsdiagnose der Fehler aufgespürt wird, müssen folgende Prüfvoraussetzungen erfüllt sein: Bedienungsfehler beim Starten ausgeschlossen. Kraftstoff im Tank, Motor mechanisch in Ordnung, Batterie geladen, Anlasser dreht mit ausreichender Drehzahl. **Achtung:** Wenn Kraftstoffleitungen gelöst werden, müssen diese vorher mit Kaltreiniger gesäubert werden.

Störung	Ursache	Abhilfe
Motor springt nicht an Motor springt schlecht an	1. Motor glüht nicht vor	■ Vorglühanlage prüfen.
	2. Elektromagnetischer Absteller erhält keine Spannung	■ Spannungsprüfer an Absteller anschließen, Zündung einschalten. Leuchtdiode muß leuchten, sonst Leitungsunterbrechung ermitteln und beseitigen.
	3. Elektromagnetischer Absteller lose, defekt	■ Absteller auf festen Sitz und Massekontakt prüfen. Zündung abwechselnd ein- und ausschalten, dabei muß der Absteller klicken.
	4. Kraftstoffversorgung defekt. a) Kraftstoffleitungen geknickt, verstopft, undicht, porös b) Kraftstoffilter verstopft c) Tankbelüftung verschlossen. Kraftstoffsieb im Tank verschmutzt	■ Prüfen, ob Kraftstoff gefördert wird. ■ Kraftstoffleitungen reinigen, gegebenfalls ersetzen. ■ Kraftstoffilter ersetzen. ■ Reinigen
	5. Einspritzdüsen defekt	■ Einspritzdüsen prüfen, Überwurfmuttern nacheinander lösen und prüfen, ob die Zylinder arbeiten.
	6. Einspritzpumpe defekt	■ Versuchsweise neue Pumpe einbauen.
Motor ruckelt im Leerlauf, beim Anfahren	1. Kraftstoffschläuche an der Einspritzpumpe bzw. am Kraftstoffilter lose	■ Kraftstoffschläuche ersetzen, mit Schlauchschellen befestigen, Hohlschrauben festziehen.
	2. Wie unter 1.4–6	■ Wie unter 1.4–6
Kraftstoffverbrauch zu hoch	1. Luftfilter verschmutzt	■ Filtereinsatz ersetzen.
	2. Kraftstoffanlage undicht	■ Sichtprüfung an allen Kraftstoffleitungen (Saug- Rücklauf- und Einspritzleitungen), Kraftstoffilter und Einspritzpumpe durchführen.
	3. Rücklaufleitung verstopft	■ Rücklaufleitung von Einspritzpumpe zum Kraftstoffbehälter mit Luft durchblasen.
	4. Leerlaufdrehzahl zu hoch	■ Leerlaufdrehzahl einstellen.
Vorglühkontrollampe leuchtet nicht, kalter Motor springt schlecht an	1. Eine oder mehrere Glühkerzen defekt	■ Glühkerzen prüfen, ggf. ersetzen.
	2. Glühlampe im Schalttafeleinsatz defekt	■ Lampe ersetzen.
Stark nagelnde Motorgeräusche	1. Schmutz im Kraftstoffsystem, dadurch hängende Düsennadel	■ Einspritzdüse ersetzen, Kraftstoffleitungen durchblasen.
	2. Fehlende oder falsch montierte Wärmeschutzdichtung, Einspritzdüse zu stark angezogen	■ Defekte Teile ersetzen, auf richtige Montage achten.
	3. Glühstift der Glühkerze abgebrochen bzw. abgeschmolzen	■ Defekte Glühkerze ersetzen.
	4. Luft im Kraftstoffsystem	■ Gesamtes Kraftstoffsystem vom Kraftstofftank bis zur Einspritzdüse auf Dichtheit prüfen.

Abgasanlage

Die Abgasanlage besteht aus dem vorderen Abgasrohr mit Katalysator, dem Vorschalldämpfer und dem Nachschalldämpfer. Der Nachschalldämpfer ist aus aluminiumbeschichtetem Stahlblech, die inneren Teile sind aus Edelstahl, um einen möglichst großen Widerstand gegen Durchrosten zu bieten.

Bei Benzinmotoren ist die für die Regelung des Katalysators erforderliche Lambdasonde im vorderen Abgasrohr eingeschraubt.

Das vordere Zwillings-Abgasrohr ist mit dem Abgaskrümmer, beim Dieselmotor mit dem Turbolader verschraubt. Alle Teile der Abgasanlage sind miteinander verschraubt und lassen sich einzeln auswechseln. Selbstsichernde Muttern und Dichtungen sind nach dem Ausbau zu ersetzen.

Beim Einbau einer neuen Abgasanlage empfiehlt es sich, alle Befestigungsteile, wie Gummi-Halteschlaufen und Gummipuffer, ebenfalls zu erneuern.

Abgasanlage 1,6- und 1,8-l-Motor sowie Diesel

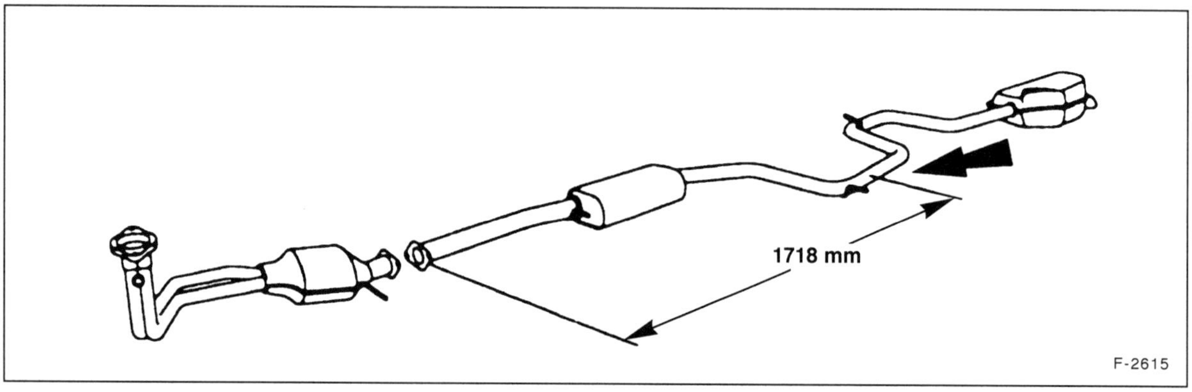

Abgasanlage 2,0-l-Motor

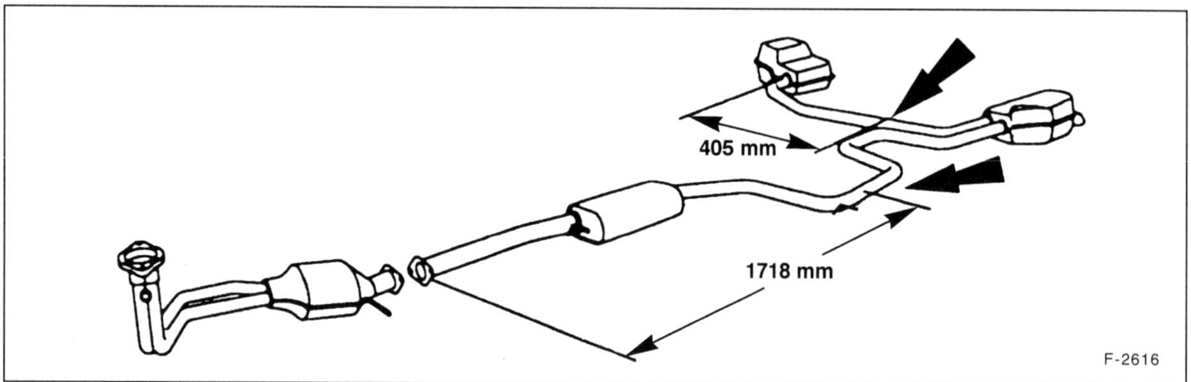

Pfeile = Trennstellen zum Austausch von einzelnen Teilen der Abgasanlage. Die vom Werk eingebaute Abgasanlage ist 2teilig, wohingegen die ET-Abgasanlage von FORD und die im Ersatzteilhandel erhältliche Abgasanlage 3- oder 4teilig ist.

Funktion des Katalysators

Alle Motoren des FORD MONDEO sind mit einem Katalysator zur Abgasreinigung ausgestattet. Der Katalysator sitzt im vorderen Abgasrohr.

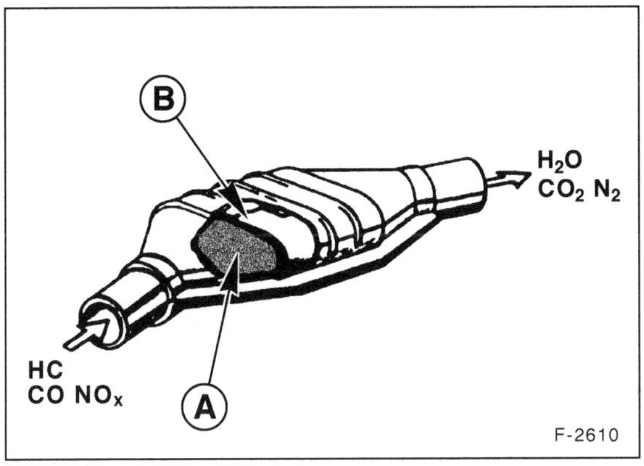

Der Katalysator besteht aus dem Keramik-Wabenkörper –A–, der mit einer Trägerschicht überzogen ist. Auf der Trägerschicht befinden sich Edelmetallsalze, die den Umwandlungsprozeß bewirken. Die Isolations-Stützmatte –B– hat die Aufgabe, den Keramik-Wabenkörper elastisch im Katalysatorgehäuse zu fixieren. Die Stützmatte besteht aus einem extrem hitzebeständigen keramischen Fasergeflecht.

Katalysator beim Benzinmotor

In Verbindung mit der elektronischen Einspritzanlage und der Lambdasonde wird die Kraftstoffmenge für die Verbrennung exakt dosiert, damit der Katalysator die Schadstoffe reduzieren kann. Die Lambdasonde sitzt im vorderen Abgasrohr und wird hier vom Abgasstrom umspült. Bei der Lambdasonde handelt es sich um einen elektrischen Meßfühler, der den Restgehalt an Sauerstoff im Abgas durch elektrische Spannungsschwankungen anzeigt und Rückschlüsse auf die Zusammensetzung des Luft-Benzin-Gemisches ermöglicht. In Bruchteilen von Sekunden kann die Lambdasonde entsprechende Signale an die Steuereinheit der Einspritzanlage weitergeben und dadurch das Kraftstoff-Luftverhältnis ständig verändern. Das ist einerseits erforderlich, da sich ja die Betriebsverhältnisse (Leerlauf, Vollgas) ständig ändern, zum anderen aber auch, weil nur dann eine optimale Nachverbrennung im Katalysator erfolgt, wenn noch genügend Benzin-Anteile im Motor-Abgas vorhanden sind.

Damit es also bei einer Temperatur von +300° bis +800° C im Katalysator überhaupt zu einer Nachverbrennung kommen kann, muß das Kraftstoff-Luftgemisch mehr Kraftstoffanteile aufweisen, als für die reine Verbrennung erforderlich wären.

Bei dem verwendeten Katalysator handelt es sich um einen sogenannten 3-Wege-Katalysator. Das bedeutet, daß bei diesem Katalysator aufgrund der Lambda-Regelung die Oxidation von Kohlenmonoxid (CO) und Kohlenwasserstoffen (HC) sowie die Reduktion der Stickoxide (NOx) gleichzeitig durchgeführt werden.

Katalysator beim Dieselmotor

Auch beim Dieselmotor ist serienmäßig ein Katalysator eingebaut. Allerdings ist hier keine Gemischanpassung, ähnlich der Lambdasonde beim Benzinmotor, möglich. Der Katalysator reduziert jedoch die umweltschädlichen Kohlenmonoxid- und Kohlenwasserstoff-Emissionen auf ein Niveau, das deutlich unter dem von Benzin-Motoren mit geregeltem Katalysator liegt. Außerdem vermindert sich der dieseltypische Abgasgeruch. Der bei Dieselmotoren höhere Anteil von Stickoxiden im Abgas wird durch ein zusätzliches Abgas-Rückführungssystem auf geringem Niveau gehalten, siehe Seite 81.

Katalysatorschäden vermeiden

Um Beschädigungen an der Lambdasonde und am Katalysator zu vermeiden, sind nachstehende Hinweise unbedingt zu beachten:

Benzinmotoren

- Grundsätzlich nur bleifreies Benzin tanken.
- Falls irrtümlich bleihaltiger Kraftstoff getankt wurde, müssen das Abgasrohr vor dem Katalysator sowie der Katalysator erneuert werden. Vor Einbau der Neuteile mindestens 2 Tankfüllungen mit bleifreiem Kraftstoff fahren.
- Das Anlassen des **betriebswarmen** Motors durch Anschieben oder Anschleppen ist nicht erlaubt. Starthilfekabel verwenden. Unverbrannter Kraftstoff könnte bei einer Zündung zur Überhitzung des Katalysators und zu seiner Zerstörung führen.
- Bei Startschwierigkeiten nicht unnötig lange den Anlasser betätigen. Während des Anlassens wird permanent Kraftstoff eingespritzt. Fehlerursache ermitteln und beseitigen.
- Kraftstofftank nie ganz leerfahren.
- Treten Zündaussetzer auf, hohe Motor-Drehzahlen vermeiden und Fehler umgehend beheben.
- Nur die vorgeschriebenen Zündkerzen verwenden.
- Keine Funkenprüfung mit abgezogenem Zündkerzenstecker durchführen.
- Es darf kein Zylindervergleich (Balancetest) durch Zündabschaltung eines Zylinders durchgeführt werden. Bei Zündabschaltung der einzelnen Zylinder – auch über Motortester – gelangt unverbrannter Kraftstoff in den Katalysator.

Benzin- und Dieselmotoren

- Fahrzeug nicht über trockenem Laub oder Gras abstellen. Die Abgasanlage wird im Bereich des Katalysators sehr heiß und strahlt die Wärme auch nach Abstellen des Motors noch ab.
- Beim Ein- oder Nachfüllen von Motoröl besonders darauf achten, daß auf keinen Fall die Maximum-Markierung am Ölpeilstab überschritten wird. Das überschüssige Öl gelangt sonst aufgrund unvollständiger Verbrennung in den Katalysator und kann das Edelmetall beschädigen oder den Katalysator vollständig zerstören.

Abgasanlage aus- und einbauen

Serienmäßig ist eine 2teilige Abgasanlage eingebaut, die im Reparaturfall durch eine 3- oder 4teilige Ausführung ersetzt wird. Bei der serienmäßen Anlage kann der Mittelschalldämpfer nicht separat ersetzt werden, im Reparaturfall müssen dann Vor- und Nachschalldämpfer erneuert werden. Ist nur ein neuer Nachschalldämpfer erforderlich, muß die Abgasanlage durchgesägt werden.

Flexible Abgasrohre können sehr leicht beschädigt werden, deshalb vorsichtig und schwingungsfrei transportieren sowie beim Ein- und Ausbau **nicht** axial verdrehen.

Achtung: Nach Trennen des vorderen Abgasrohres mit Katalysator vom Abgaskrümmer grundsätzlich sämtliche Befestigungsteile (Stehbolzen, Muttern, Federn, Sitfte, Clips) und die Dichtung erneuern.

Ausbau

- Batterie-Massekabel (–) von der Batterie abklemmen. **Achtung:** Dadurch werden die elektronischen Speicher gelöscht, wie zum Beispiel der Motorfehlerspeicher oder der Radiocode. Vor dem Abklemmen der Batterie sollten auch die Hinweise im Kapitel »Batterie aus- und einbauen« durchgelesen werden.
- Fahrzeug aufbocken.
- Sämtliche Schrauben und Muttern der Abgasanlage mit rostlösendem Mittel einsprühen. Rostlöser einige Zeit einwirken lassen.

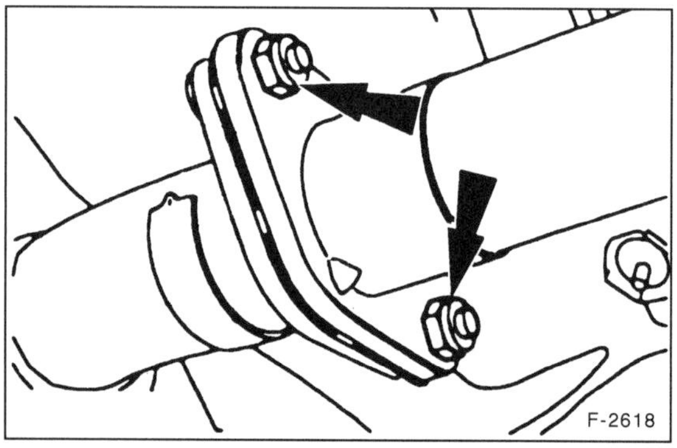

F-2618

- Hintere Abgasanlage vom vorderen Abgasrohr abbauen.

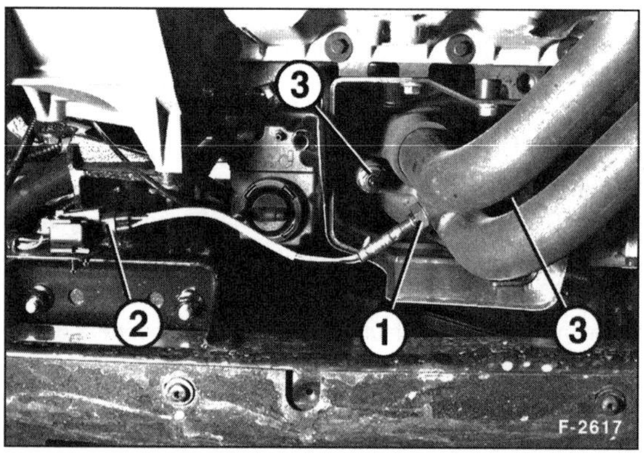

F-2617

- Benzinmotoren: Mehrfachstecker –2– für Lambdasonde –1– trennen, dabei nicht am Kabel ziehen.
- Lambdasonde –1– am vorderen Abgasrohr abschrauben und mit Dichtring abnehmen. Meßsonde nicht an der Spitze berühren oder beschmutzen.
- Vorderes Abgasrohr mit 2 Muttern –3– vom Krümmer abschrauben. Einbaulage der Federn beachten.

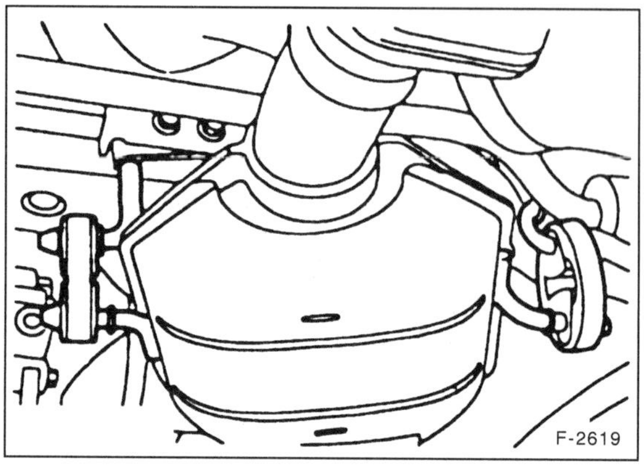

F-2619

- Gummi-Halteschlaufen auf Risse prüfen. Hierzu Abgasanlage leicht herunterdrücken, Stegschlaufen mit Taschenlampe anstrahlen, überprüfen und gegebenenfalls erneuern.
- Abgasrohre an sämtlichen Gummi-Halteschlaufen aushängen und abnehmen. Nachschalldämpfer vom Mittelschalldämpfer trennen, siehe folgendes Kapitel.

Einbau

Gegebenenfalls die Gummihalterungen erneuern. **Achtung:** Die Gummihalterungen im Bereich des Katalysators sind aus besonders hitzebeständigem Material. Daher nur die dafür vorgesehenen Ersatzteil-Halterungen verwenden.

- Vor dem Einbau Krümmer und vorderen Abgasrohrflansch sowie Verbindungsflansch mit Stahlbürste reinigen. Grundsätzlich **neue Dichtung** und **neue Befestigungsteile** (Stehbolzen, Muttern, Federn, Sitfte, Clips) verwenden. Sämtliche Schrauben und Muttern mit Hochtemperaturpaste (z.B. Liqui Moly LM-508-ASC) bestreichen, damit sie sich später leichter lösen lassen.

Achtung: Es darf keine Hochtemperaturpaste in die Abgasanlage vor dem Katalysator gelangen. Auch darf kein flüssiges Dichtmittel verwendet werden, da sonst der Katalysator im späteren Betrieb verunreinigt werden kann.

- Vorderes Abgasrohr mit **neuer** Dichtung ansetzen und lose am Krümmer anschrauben.

Achtung: Wenn das vordere Abgasrohr erneuert wird, sind neue Stehbolzen, Federn und Stifte möglicherweise vormontiert. Zum Entspannen der Federn nicht den Stift herausziehen, sondern durch Lösen der Mutter entspannen. Neue Stehbolzen dann am Abgaskrümmer ansetzen und mit Stiften sichern.

- Hinteres Abgasrohr mit neuer Dichtung lose an vorderes Abgasrohr anschrauben.

- Abgasanlage in die Gummistegschlaufen einhängen, Teile gegeneinander verschieben und dadurch dem Unterboden anpassen. Darauf achten, daß die Gummihalterungen gleichmäßig belastet und nicht verformt werden. **Achtung:** Der Abstand der Abgasanlage muß zu allen Fahrzeugteilen mindestens 25 mm betragen.
- Hinteres Abgasrohr an vorderes Rohr mit **40 Nm** anschrauben.
- Neue selbstsichernde Muttern für vorderes Abgasrohr am Krümmer beziehungsweise Turbolader aufschrauben, bis die Muttern am Bund der Stehbolzen anliegen, dann mit **40 Nm** festziehen.
- Lambdasonde mit neuem Dichtring vorsichtig einsetzen und mit **60 Nm** einschrauben. Anschlußstecker anschließen.
- Fahrzeug ablassen.
- Batterie-Massekabel (–) anklemmen. Vorhandene Zeituhr einstellen und Diebstahlcode für Radio eingeben.
- Motor starten und Abgasanlage auf Dichtigkeit prüfen.

Nachschalldämpfer aus- und einbauen

Ausbau

- Fahrzeug aufbocken.
- Wenn die serienmäßig ab Werk eingebaute 2teilige Anlage eingebaut ist, Zwischenrohr an der in Abbildung F-2615 beziehungsweise F-2616 eingezeichneten Stelle durchsägen, siehe Seite 90.

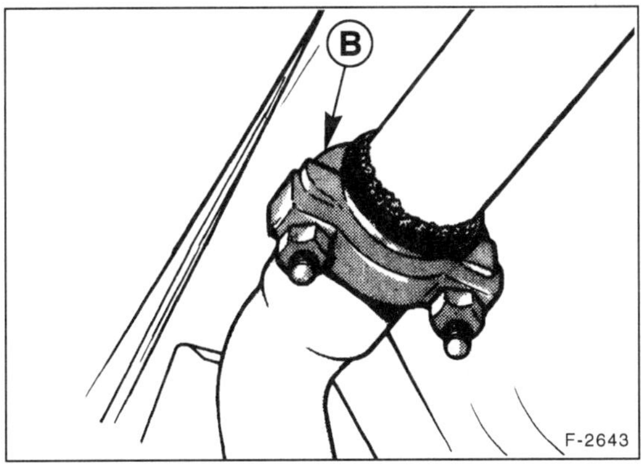

- Wenn eine 3teilige Abgasanlage eingebaut ist, U-Haltebügel –B– abschrauben und Nachschalldämpfer aus der Stegschlaufe aushängen.
- Zwischenrohr mit einem Schweißgerät, falls vorhanden, erwärmen. Dabei Tank mit einer Asbestplatte abschirmen. Nachschalldämpfer mit drehenden Bewegungen abziehen.
- Steht kein Schweißgerät zur Verfügung, Zwischenrohr an der in Abbildung F-2615 beziehungsweise F-2616 gezeigten Stelle mit einer Eisensäge oder Trennschleifer durchtrennen. Das auf dem Zwischenrohr verbleibende Flanschstück der Länge nach aufsägen und mit einem Meißel abschlagen.

Einbau

- Falls vorhanden, Grat am Vorschalldämpfer mit Dreikantschaber und Schmirgelleinen entfernen.
- Neuen Nachschalldämpfer aufschieben, ausrichten und Haltebügel (Ersatzteil) lose befestigen.
- Neue Gummihalterung einhängen.
- Muttern für Haltebügel mit **40 Nm** festziehen.
- Fahrzeug ablassen.

Abgasanlage auf Dichtheit prüfen

Benzinmotor

Bei erhöhtem Kraftstoffverbrauch und/oder schlechtem Motorlauf Abgasanlage zwischen Zylinderkopf und Katalysator auf Dichtheit prüfen.

Prüfen

- Damit beim Durchdrehen des Motors kein Kraftstoff eingespritzt wird, Mehrfachstecker vom EEC-IV-Modul abziehen.
- Abgasanlage vom Zylinderkopf bis zur Lambdasonde mit handelsüblichem Lecksuchspray (für Druckluftbremsen) oder mit Seifenlösung einsprühen.
- Abgas-Endrohr mit einem Lappen dicht verschließen.
- Motor mit Anlasser durchdrehen.
- Undichtigkeiten zeigen sich durch Schaumbildung.
- Mehrfachstecker am EEC-IV-Modul aufstecken.

Bei Undichtigkeiten im Bereich:

- **Abgaskrümmer-Zylinderkopf:** Abgaskrümmer mit **15 Nm** festziehen und Dichtheit nochmals prüfen.
- Bleibt die Undichtigkeit bestehen, Abgaskrümmer abbauen. Dichtung ersetzen. Dichtflächen der Flansche auf Planheit prüfen, gegebenenfalls nacharbeiten. Bei Verzug, Krümmer erneuern. **Achtung:** Beim 2,0-l-DOHC-Motor müssen zusammen mit der neuen Dichtung auch längere Stehbolzen, geänderte Distanzhülsen und Muttern verwendet werden.
- **Abgaskrümmer - vorderes Abgasrohr:** Dichtung sowie sämtliche Befestigungsteile (Stehbolzen, Muttern, Federn, Sitfte, Clips) ersetzen, Muttern mit **40 Nm** anziehen.
- **Impulssystem-Leitungen:** Überwurfmuttern mit **30 Nm** festziehen. Bleibt die Undichtigkeit bestehen, Leitungen und Muttern ersetzen.

Kupplung

Die Kupplung besteht aus der Kupplungsdruckplatte, der Kupplungsscheibe und dem mecanischen oder hydraulischen Ausrücksystem.

Die Kupplungsdruckplatte ist fest mit dem Motor-Schwungrad verschraubt, das wiederum an der Kurbelwelle des Motors angeflanscht ist. Zwischen der Kupplungsdruckplatte und dem Schwungrad befindet sich die Kupplungsscheibe, die von der Kupplungsdruckplatte gegen das Schwungrad gepreßt wird. Die Kupplungsscheibe wird von der verzahnten Getriebeantriebswelle zentriert.

Kupplungsbetätigung durch Seilzug: Beim Niedertreten des Kupplungspedals (auskuppeln) wird über das Kupplungsseil und den Ausrückhebel das Ausrücklager gegen die Federkraft der Kupplungsdruckplatte gedrückt. Dadurch wird die Kupplungsscheibe zwischen Schwungrad und Druckplatte frei, der Kraftschluß zwischen Motor und Getriebe ist somit aufgehoben.

Wird das Kupplungspedal zurückgenommen (einkuppeln), preßt die Druckplatte die Kupplungsscheibe gegen das Schwungrad. Der Kraftschluß ist wieder hergestellt, da die angepreßte Kupplungsscheibe über eine Verzahnung fest mit der Getriebewelle verbunden ist.

Bei jedem Ein- und Auskuppeln wird durch den leichten Schleifvorgang etwas Reibbelag von der Kupplungsscheibe abgeschliffen. Die Kupplungsscheibe ist also ein Verschleißteil, doch hat sie eine mittlere Lebensdauer von über 100.000 Kilometern. Der Verschleiß hängt im wesentlichen von der Belastung (Anhängerbetrieb) und der Fahrweise ab.

Da sich das Kupplungspedalspiel bei fortschreitender Abnutzung der Kupplungsbeläge verändert, muß es im Rahmen der regelmäßigen Wartung kontrolliert, gegebenenfalls nachgestellt werden.

Hydraulische Kupplungsbetätigung: Beim Niedertreten des Kupplungspedals wird über den Geberzylinder im Fußraum des Fahrzeuges Druck aufgebaut. Über eine Hydraulikleitung wird der Druck auf den am vorderen Getriebegehäuse angeschraubten Kupplungs-Nehmerzylinder übertragen. Der Kolben des Nehmerzylinders drückt über das Ausrücklager gegen die Membranfeder und hebt die Druckplatte etwas an. Dadurch wird die Kupplungsscheibe frei.

Das Hydrauliksystem der Kupplung arbeitet mit Bremsflüssigkeit und wird über den gemeinsamen Ausgleichbehälter mit Bremsflüssigkeit versorgt. Die Kupplung ist wartungsfrei, da sie sich selbst nachstellt.

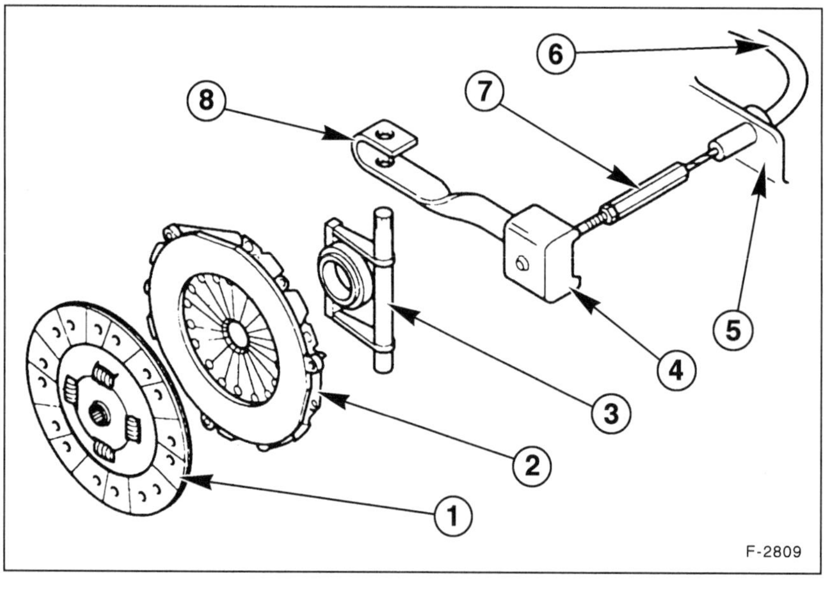

1 – Kupplungsscheibe
2 – Druckplatte
3 – Ausrückmechanismus
4 – Schwingungstilger
5 – Widerlager für Kupplungszug
6 – Kupplungszug
7 – Einstellschraube
8 – Ausrückhebel

Kupplung aus- und einbauen / prüfen

Ausbau

- Getriebe ausbauen, siehe Seite 100.
- Damit das Schwungrad beim Lösen der Schrauben nicht mitdreht, Schwungrad am Zahnkranz mit Schraubendreher und Dorn arretieren.
- Befestigungsschrauben der Kupplungsdruckplatte über Kreuz jeweils um 1 bis 1½ Umdrehungen lösen, bis die Druckplatte entspannt ist.

Achtung: Wenn die Schrauben sofort ganz gelöst werden, kann die Membranfeder beschädigt werden.

- Anschließend Schrauben ganz herausdrehen.
- Druckplatte und Kupplungsscheibe abnehmen. **Achtung:** Druckplatte und Kupplungsscheibe beim Herausnehmen nicht fallen lassen, sonst können nach dem Einbau Rupf- und Trennschwierigkeiten auftreten.
- Schwungrad mit einem benzingetränkten Lappen auswischen.

Prüfen

Wird die bisherige Druckplatte beziehungsweise Kupplungsscheibe wieder eingebaut, ist diese vor dem Einbau zu prüfen.

- Verölte, verfettete oder mechanisch beschädigte Kupplungsscheiben sind grundsätzlich auszutauschen.

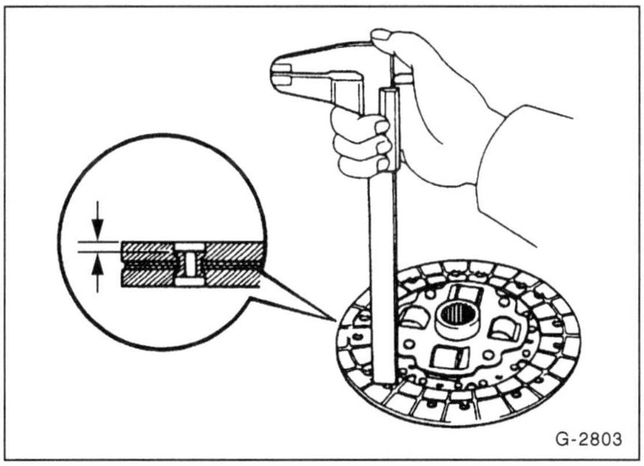

G-2803

- Belagstärke der Kupplungsscheibe mit Schieblehre messen. Das Maß bis zu den Nietköpfen muß mindestens 0,3 mm betragen, sonst muß die Kupplungsscheibe ausgewechselt werden. Ebenso bei Belagrissen.
- Druckplatte prüfen. Einlaufspuren an den Enden der Membranfeder bis zu einer Tiefe von 0,3 mm sind bedeutungslos.
- Federverbindungen zwischen Druckplatte und Deckel auf Risse und auf festen Sitz überprüfen. Druckplatten mit beschädigter oder loser Nietverbindung sind zu erneuern.

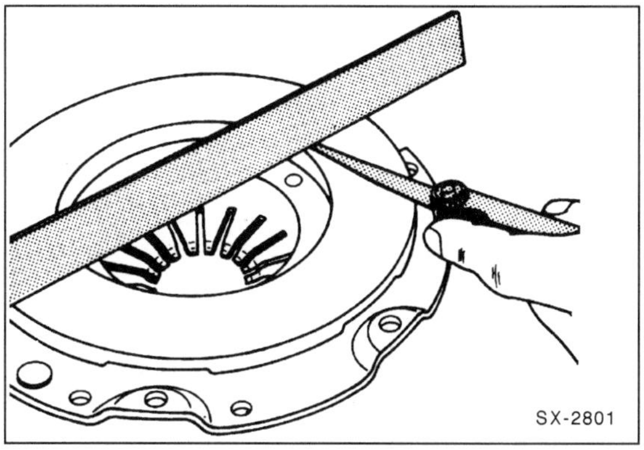

SX-2801

- Auflagefläche der Druckplatte auf Risse, Brandstellen und Verschleiß prüfen. Druckplatten, die bis zu 0,3 mm nach innen durchgebogen sind, dürfen noch eingebaut werden. Die Prüfung erfolgt mit Lineal und Fühlerblattlehre. Brandrisse und Riefen an Schwungrad und Druckplatte gegebenenfalls mit feinem Schleifpapier glätten.

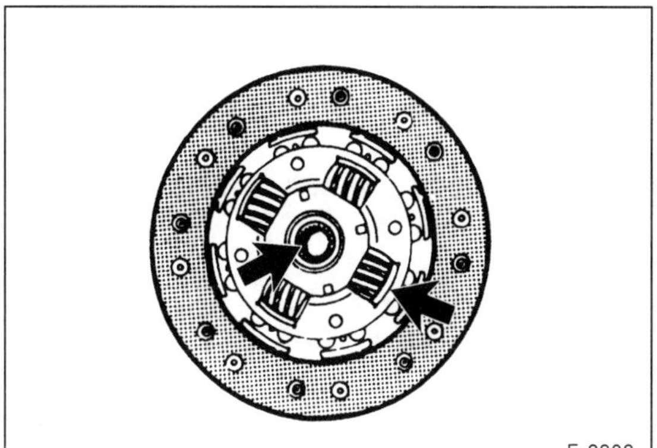

F-2802

- Federfenster, Torsionsfedern, Nietbefestigungen und Nabe auf Verschleiß- und Einlaufspuren überprüfen.

Einbau

- Ausrücklager auf leichten, gleichmäßigen Lauf prüfen. Es darf keine Geräusche machen.
- Vor dem Einbau einer neuen Kupplung ist das Korrosionsschutzfett von der Druckplatte restlos zu entfernen.
- Innenverzahnung der Kupplungsscheibe und Verzahnung der Getriebeantriebswelle sowie die Führungshülse des Ausrücklagers sorgfältig reinigen.
- Die Verzahnung der Antriebswelle und die Führungshülse mit einem dünnen Film Spezialfett (Microlube GL-261) versehen. Dabei die gesamte Oberfläche der Verzahnung fetten. **Achtung:** Nicht zuviel Fett auftragen, da überschüssiges Fett im Fahrbetrieb auf die Reibfläche geschleudert wird und dadurch die Wirkung der Kupplung beeinträchtigt. Werden andere Schmierstoffe verwendet, kann das zu Schaltschwierigkeiten führen.

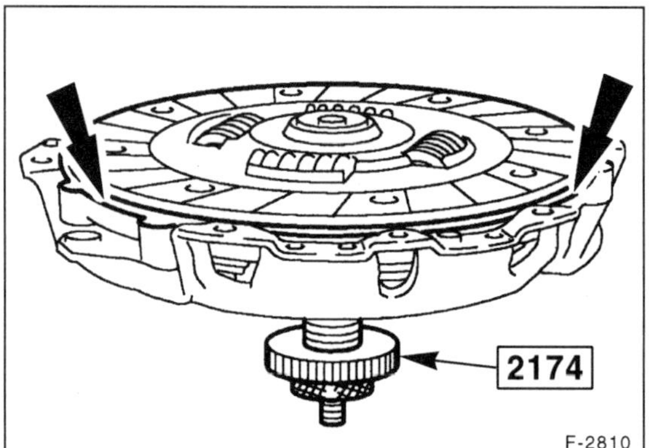

F-2810

- Kupplungsscheibe nach Augenmaß mittig in der Druckplatte zentrieren. Besser ist es jedoch, die Scheibe mit einem passenden Dorn, zum Beispiel HAZET 2174, oder mit einer alten Getriebe-Antriebswelle zu zentrieren. Die FORD-Werkstatt benutzt hierzu das Spezialwerkzeug 16–067. Sitzt die Kupplungsscheibe nicht zentrisch, kann die Getriebeantriebswelle später nicht eingeführt werden.

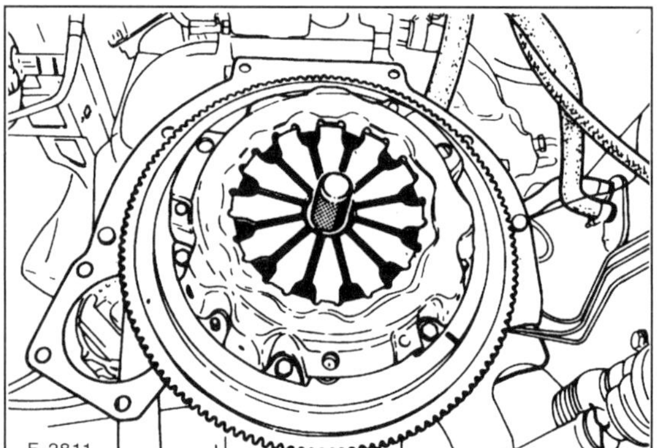

F-2811

- Druckplatte mit zentrierter Kupplungsscheibe in die entsprechenden Paßstifte am Schwungrad einsetzen.
- Befestigungsschrauben für Kupplungsdruckplatte ansetzen und von Hand einschrauben, dann über Kreuz schrittweise mit 1 bis 1½ Umdrehungen anziehen, bis die Druckplatte festgezogen ist. **Achtung:** Darauf achten, daß die Druckplatte beim Anziehen der Schrauben gleichmäßig und gratfrei in das Schwungrad eingezogen wird. Anzugsdrehmoment für die Befestigungsschrauben der Druckplatte: **30 Nm**.
- Zentrierdorn herausziehen.
- Getriebe einbauen, siehe Seite 100.
- Kupplungseinstellung prüfen, siehe Seite 97.

Ausrücklager aus- und einbauen/ prüfen

Hörbare Lagergeräusche in ausgekuppeltem Zustand, also bei niedergetretenem Kupplungspedal, deuten auf ein defektes Ausrücklager hin.

Achtung: Ab 9/96 kann das Ausrücklager nur zusammen mit dem Kupplungs-Nehmerzylinder erneuert werden.

Ausbau

- Getriebe ausbauen.

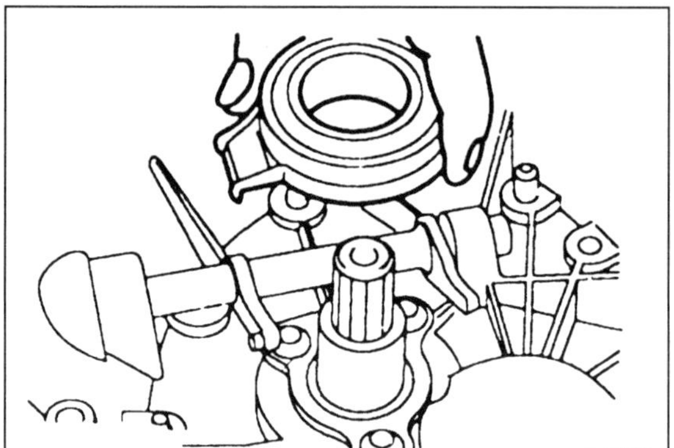

F-2812

- Ausrücklager oben und unten aus der Lagergabel aushängen und von der Getriebe-Antriebswelle abziehen.

Prüfen

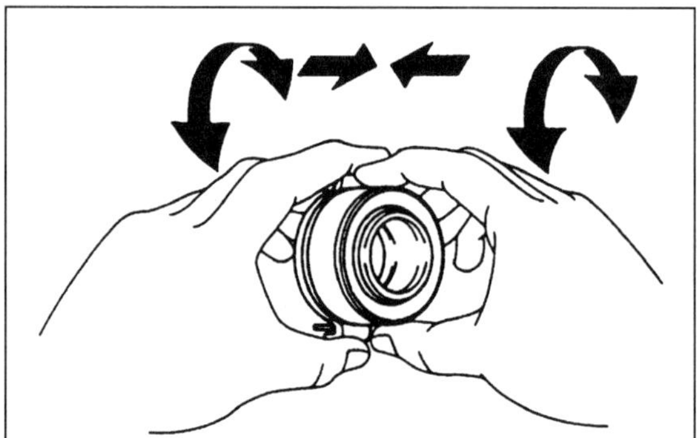

SX-2802

- Ausrücklager zusammendrücken und gleichzeitig drehen. Läuft das Lager rauh, neues Lager einbauen. **Achtung:** Das Lager ist dauergeschmiert und darf weder gereinigt noch nachgefettet werden.
- Gleitflächen auf Verschleiß, Korrosion und Beschädigungen prüfen.

Einbau

- Sämtliche Lager- und Berührungsflächen mit MoS_2-Hochtemperaturfett fetten. Gegebenenfalls verharzte Fettreste entfernen. **Achtung:** Nicht zuviel Fett auftragen, damit bei eingebauter Kupplung kein Fett auf die Reibfläche gelangen kann.

- Ausrücklager einsetzen und in Lagergabel einhängen.
- Getriebe einbauen, siehe Seite 100.

Speziell hydraulische Kupplungsbetätigung

- Hydraulische Leitung vom Getriebe abbauen. Dazu Staubmanschette am Getriebe im Bereich der Hydraulikleitung abnehmen. Schnellkupplung trennen, dazu Sicherungsklammer herausziehen. Druckleitung abziehen.
- Getriebe ausbauen.

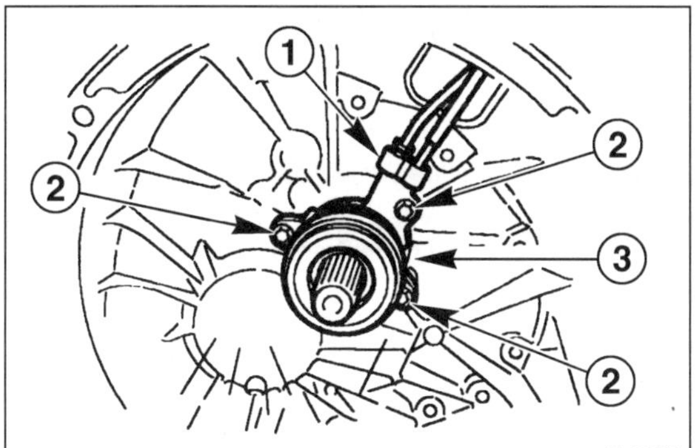

F-2834

- Druckleitung –1– am Nehmerzylinder abschrauben.
- Nehmerzylinder –3– mit 3 Schrauben –2– abschrauben und komplett mit Ausrücklager herausnehmen.

Achtung: Auf keinen Fall versuchen das Ausrücklager von der Kupplungsseite her zu lösen. Es wird dadurch beschädigt und muß ersetzt werden.

- Nehmerzylinder mit **10 Nm** anschrauben.
- Druckleitung mit 15 Nm am Nehmerzylinder anschrauben.

Kupplung prüfen/einstellen

Da die MONDEO-Modelle keine automatische Kupplungsnachstellung besitzen, muß das Kupplungsspiel nach Reparaturen sowie bei der regelmäßigen Wartung eingestellt werden.

Prüfen

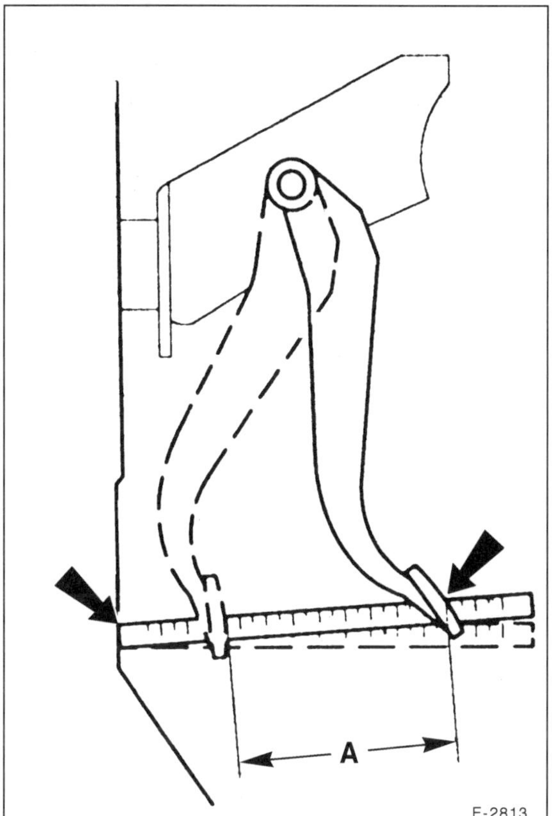

F-2813

- Kupplungspedal **ganz durchtreten** und Abstand zwischen Mitte Kupplungspedal und Bodenteppich im rechten Winkel messen. 1. Maß notieren.
- Pedal loslassen, Meterstab an gleicher Bodenteppich-Anlagestelle belassen. Meterstab zur Mitte des Kupplungspedals schwenken und Maß ablesen. 2. Maß notieren.
- Die Differenz –A– beider Meßwerte muß 145 ± 5 mm betragen. Andernfalls Kupplungsseilzug einstellen.

Einstellen

- Im Motorraum Luftfilter ausbauen, damit der Kupplungshebel am Getriebe erreicht werden kann, siehe Seite 70.

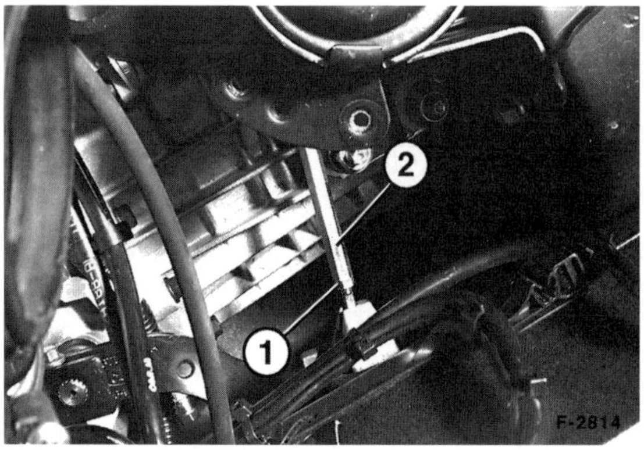

- Kontermutter –1– lösen.
- Pedalweg am Gewindestück –2– des Seilzuges einstellen.
- Stellung des Pedals überprüfen, gegebenenfalls erneut einstellen.
- Kontermutter anziehen.
- Luftfilter einbauen.

Achtung: Falls der Seilzug ausgewechselt wurde, nach der Einstellung des Kupplungspedals Probefahrt durchführen, oder Pedal etwa 10mal durchtreten. Prüfung wiederholen und Einstellung gegebenenfalls korrigieren.

Speziell hydraulische Kupplungsbetätigung

- Kupplungspedalweg messen wie bei mechanischer Kupplungsbetätigung. Sollwert: 130 ± 3 mm.

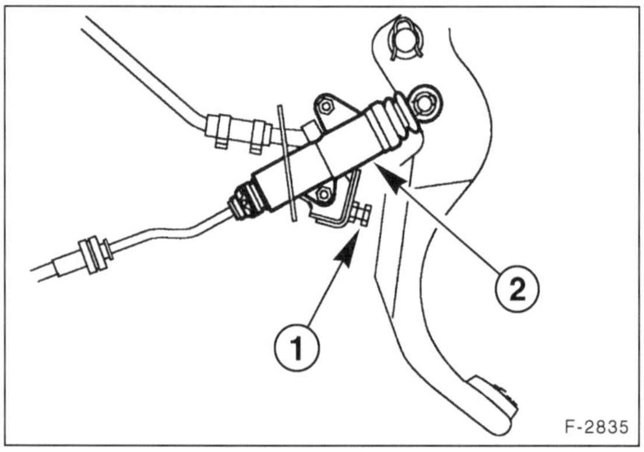

- Der Pedalweg kann durch Verdrehen der Pedal-Anschlagschraube –1– eingestellt werden. 2 – Geberzylinder.

Kupplungsbetätigung entlüften

Die Kupplungsbetätigung muß entlüftet werden, wenn das Kupplungspedal nicht oder nur verzögert zurückkommt, die Kupplung nicht richtig trennt beziehungsweise wenn das Hydrauliksystem geöffnet wurde.

Sicherheitshinweis:
Da das Hydrauliksystem der Kupplung mit Bremsflüssigkeit arbeitet, sind ebenfalls die entsprechenden Hinweise im Kapitel »Bremsanlage« durchzulesen. Bremsflüssigkeit ist giftig und greift den Autolack an.

- Bremsflüssigkeitsstand im Vorratsbehälter prüfen, gegebenenfalls auffüllen, siehe Seite 269.

Achtung: Der Flüssigkeitsstand im Vorratsbehälter darf nicht zu weit absinken, immer **neue** Bremsflüssigkeit nachfüllen.

- Luftfilter ausbauen.
- Staubmanschette am Getriebe im Bereich der Hydraulikleitung abnehmen.
- Staubkappe von der Entlüfterschraube am Nehmerzylinder abziehen.
- Durchsichtigen Schlauch auf das Entlüfterventil am Nehmerzylinder aufschieben.
- Freies Schlauchende in ein Gefäß mit Bremsflüssigkeit tauchen, damit beim Entlüftungsvorgang keine Luft angesaugt werden kann.
- Entlüfterschraube vorsichtig um 1 Umdrehung aufschrauben. Zum Öffnen Ringschlüssel verwenden, damit der Sechskant der Schraube nicht beschädigt wird.
- Kupplungspedal von Helfer so oft bis zum Anschlag durchtreten lassen, bis am Schlauch keine Luftblasen mehr herausgedrückt werden. Dabei stets **neue** Bremsflüssigkeit in den Vorratsbehälter nachfüllen.

Achtung: Beim Bremsflüssigkeitswechsel (anläßlich der Wartung nach Wartungsplan) solange Bremsflüssigkeit herauspumpen, bis neue Flüssigkeit austritt. Neue Bremsflüssigkeit ist an der helleren Farbe erkennbar.

- Entlüfterschraube zudrehen (verschließen). Schlauch abziehen und Staubkappe aufschieben.
- Staubmanschette einsetzen.
- Luftfilter einbauen
- Bremsflüssigkeit bis auf MAX.-Stand auffüllen.
- Funktion von Brems- und Kupplungssystem prüfen.

Störungsdiagnose Kupplung

Störung	Ursache	Abhilfe
Kupplung rupft	Motor- oder Getriebelager defekt	■ Prüfen, gegebenenfalls auswechseln
	Getriebe liegt in der Aufhängung nicht fest	■ Befestigungsschrauben nachziehen
	Kupplungsseil falsch verlegt	■ Seilführung kontrollieren, gegebenenfalls in Ordnung bringen
	Druckplatte trägt ungleichmäßig	■ Druckplatte auswechseln
	Kupplungsscheibe kein Originalteil	■ Original-Kupplungsscheibe einbauen
	Kupplungsscheibe verschlissen oder verölt	■ Kupplungsscheibe prüfen
	Ausrücker drückt einseitig	■ Ausrückgabel- und -lager überprüfen
Kupplung rutscht	Kupplungsscheibe verschlissen	■ Dicke der Kupplungsscheibe prüfen, gegebenenfalls auswechseln
	Spannung der Membranfeder zu gering	■ Druckplatte auswechseln
	Belag verhärtet oder verölt	■ Kupplungsscheibe austauschen
	Kupplung wurde überhitzt	■ Originalteil einbauen
Gänge lassen sich schwer oder gar nicht einlegen (Kupplung trennt nicht richtig)	Belag durch Abrieb verklebt	■ Kupplungsscheibe austauschen
	Kupplungsscheibe klemmt auf der Antriebswelle, Kerbverzahnung trocken oder verklebt	■ Kerbverzahnung reinigen, entgraten, ggf. Rost entfernen und mit MoS_2-Fett schmieren
	Kupplungsscheibe hat Seitenschlag	■ Kupplungsscheibe prüfen lassen
	Druckplatte defekt	■ Druckplatte auswechseln
Schwergängiges Pedal Ungewöhnliche Geräusche beim Aus- oder Einkuppeln	Pedalachse/Seilzug schwergängig	■ Teile schmieren oder ersetzen
	Ausrücklager verschlissen	■ Ausrücklager auswechseln
	Lose Teile im Kupplungsgehäuse	■ Kupplung instandsetzen
Auf- und abschwellendes Geräusch bei Zug- oder Schubzustand, oder wenn Fahrzeug im ausgekuppeltem Zustand rollt	Torsionsdämpfer der Kupplungsscheibe schwergängig	■ Kupplungsscheibe erneuern
	Nietverbindungen der Kupplung locker	■ Kupplung ersetzen
	Unwucht der Kupplung zu groß	■ Kupplung und Kupplungsscheibe ersetzen

Getriebe/Schaltung Automatikgetriebe

Das Getriebe kann ohne den Ausbau des Motors ausgebaut werden. Ein Ausbau ist meistens nur dann notwendig, wenn ein Austausch beziehungsweise eine Überholung des kompletten Antriebs notwendig ist oder wenn die Kupplung erneuert werden muß. Da es jedoch in keinem Fall anzuraten ist, Reparaturen am Getriebe oder am Achsantrieb mit den Mitteln eines Heimwerkers in Angriff zu nehmen, wird hier lediglich der Ausbau des kompletten Aggregates beschrieben.

Als Schaltgetriebe ist das MTX-75-Getriebe eingebaut. Modelle mit Automatikgetriebe sind mit dem CD4E-Getriebe von FORD ausgestattet.

Getriebe aus- und einbauen

Das Getriebe wird nach unten ausgebaut. Deshalb werden eine geeignete Hebebühne oder eine Werkstattgrube und ein Werkstattwagenheber mit einer geeigneten Holzzwischenlage benötigt. Das Automatikgetriebe wird im wesentlichen wie das Schaltgetriebe ausgebaut, abweichende Hinweise beachten.

Ausbau

- Batterie-Massekabel (–) von der Batterie abklemmen. **Achtung:** Dadurch werden die elektronischen Speicher gelöscht, wie zum Beispiel der Motorfehlerspeicher oder der Radiocode. Vor dem Abklemmen der Batterie sollten auch die Hinweise im Kapitel »Batterie aus- und einbauen« durchgelesen werden.

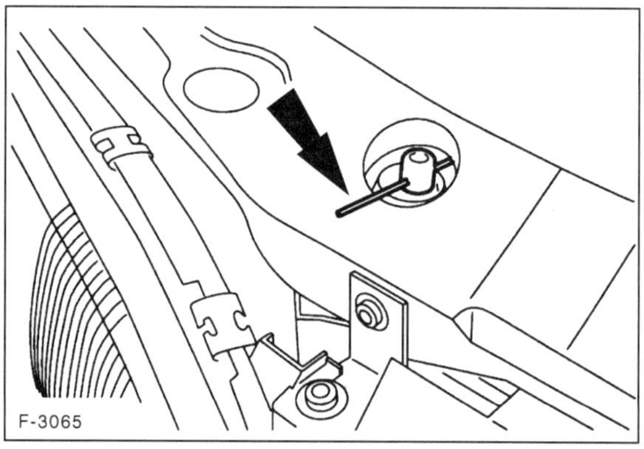

- Kühler oben fixieren, da die untere Halterung gelöst wird. Zum Fixieren Draht durch die oberen Halterungen stecken.

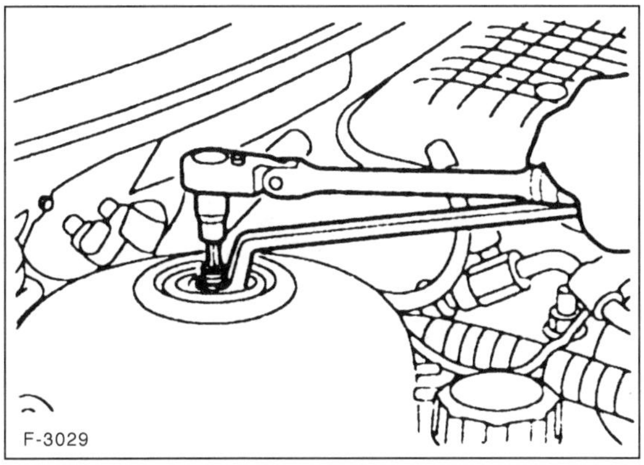

- Federbeinmuttern links und rechts 5 Umdrehungen lösen, **nicht ganz abschrauben**. Dabei Stoßdämpferstange mit Innensechskantschlüssel gegenhalten.
- Luftfilter und Ansaugrohr ausbauen, siehe Seite 70.

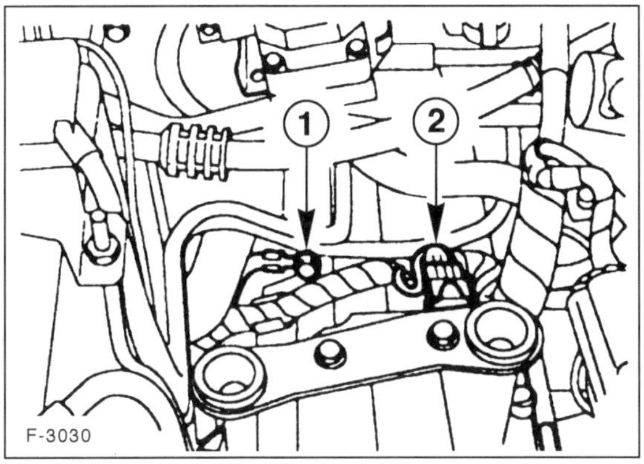

- Getriebe-Massekabel –1– abschrauben.
- Stecker –2– für Rückfahrscheinwerfer abziehen.

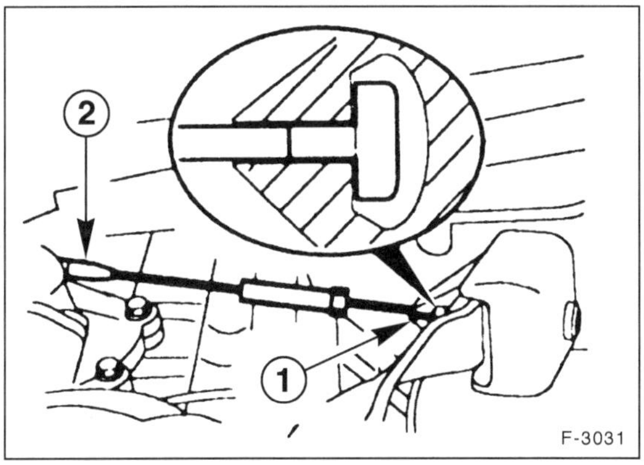

- Kupplungszug aus Kupplungshebel –1– aushängen, dabei Kupplungshebel von Hand etwas in Richtung Seilzug drücken.
- Kupplungszug aus Halter –2– aushängen und seitlich ablegen.

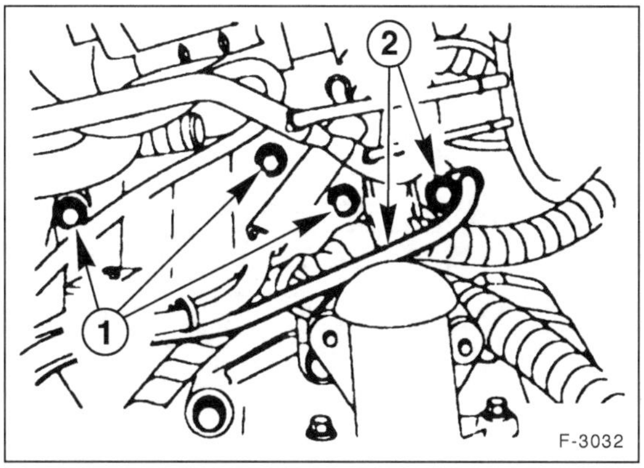

- Obere 3 Flanschschrauben Motor/Getriebe –1– abschrauben.
- Schraube –2– für obere Anlasserbefestigung und Massekabel-Batterie abschrauben.
- Rechte und linke Gelenkwelle ausbauen, siehe Seite 120.

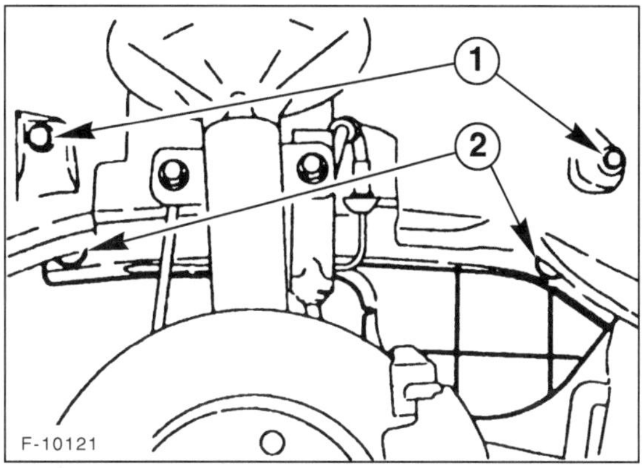

- Radhausabdeckung lösen –1–. Abdeckung für Keilriemenscheiben abschrauben –2–.

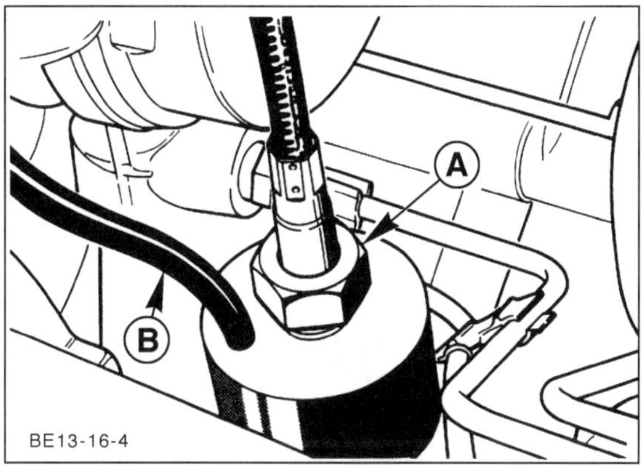

- Überwurfmutter –A– für Tachowelle abschrauben. Tachowelle herausziehen. Anschlußkabel –B– für Geschwindigkeitssensor am Kabelstecker trennen.

● Untere Kühlerverkleidung abschrauben und abnehmen.

Automatikgetriebe

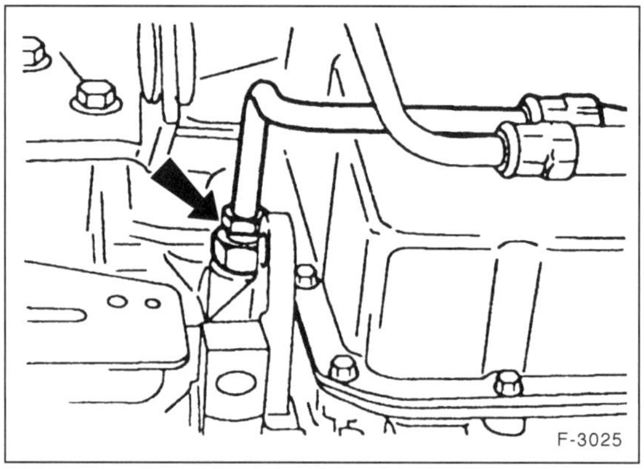

● Ölleitungen vom und zum Getriebe-Ölkühler abschrauben und mit geeigneten Stopfen verschließen. Auslaufendes Öl mit dickem Lappen auffangen. **Achtung:** Es darf kein Schmutz in den Ölkreislauf gelangen, sonst treten Funktionsstörungen auf.

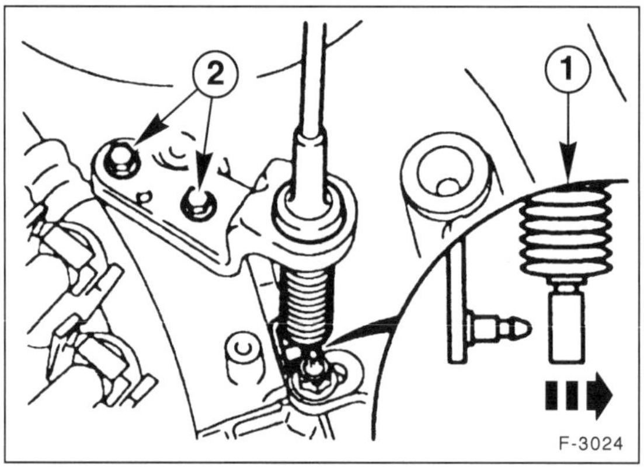

● Wählhebel-Seilzug ausclipsen –1–. Befestigungsschrauben –2– für Widerlager ausschrauben.

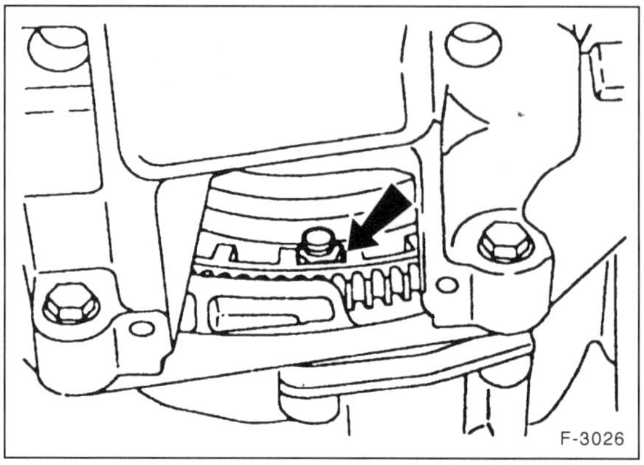

● 2 Schrauben für Schwungrad-Abdeckblech abschrauben und Blech entfernen. Durch den Ausschnitt die 4 Befestigungsmuttern vom Drehmomentwandler abschrauben, dazu Motor an der Kurbelwelle immer 1/4 Umdrehung weiterdrehen. Zum Verdrehen des Motors Stecknuß an der Zentralschraube der Kurbelwellen-Keilriemenscheibe ansetzen.

● Kühlmittel-Thermostatgehäuse ausbauen, siehe Seite 54.

● 2 Mehrfachstecker für Getriebesteuerung am Automatikgetriebe abziehen.

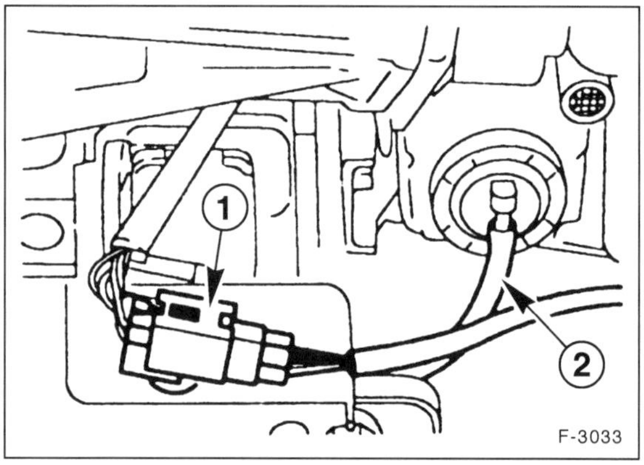

● Stecker –1– für Lambdasonde trennen und vom Steckerhalteblech abziehen.

● Unterdruckschlauch –2– vom Filter-Impulsluftsystem abziehen.

● Vorderes Abgasrohr am Abgaskrümmer abschrauben. Abgasanlage an sämtlichen Aufhängungen aushängen und abnehmen, siehe Seite 90.

● Getriebeschalthebel in Neutralposition stellen, es darf also kein Gang eingelegt sein.

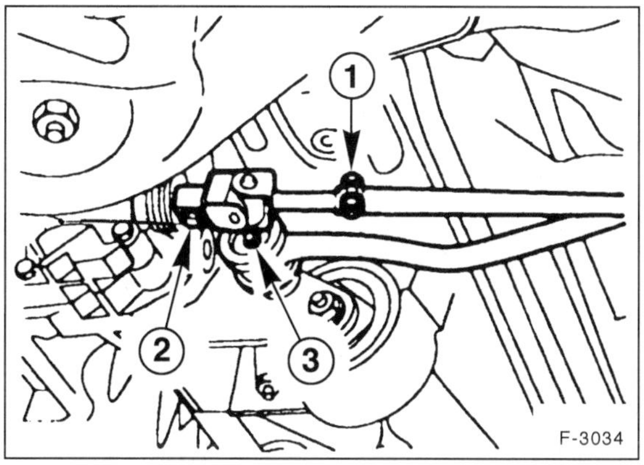

- Schaltstange von der Getriebe-Schaltwelle abbauen, dazu Klemmschraube –1– lösen und Schaltstange –2– abziehen.
- Schraube –3– für Schaltstangen-Stabilisator herausdrehen.

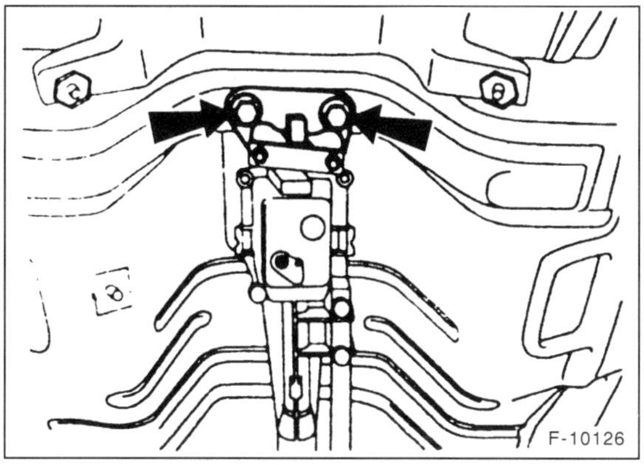

- Hitzeschutzschild für Schaltgestänge abschrauben. Schaltgestänge nach hinten drehen und mit Draht am Aufbau hochbinden.

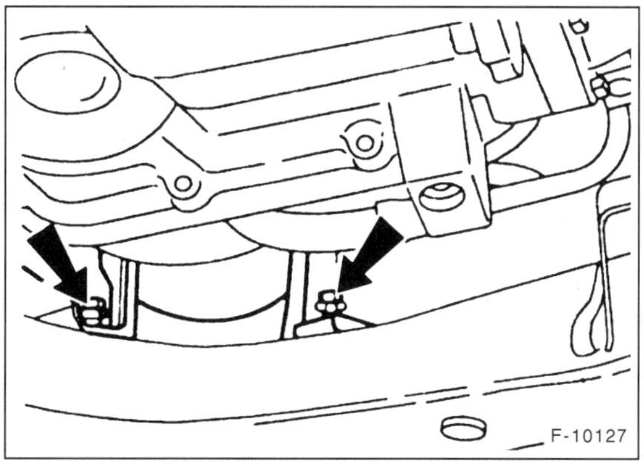

- Schrauben herausdrehen, Trockner für Klimaanlage (wo vorhanden) abnehmen und mit Draht am Aufbau hochbinden.

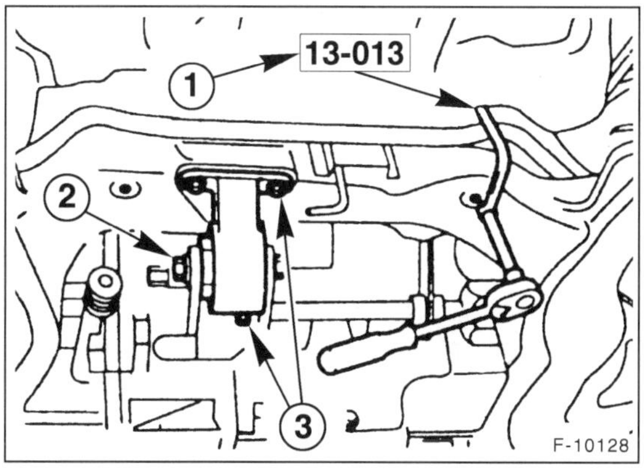

- Befestigungsschrauben –1– für Lenkgetriebe am Hilfsrahmen herausdrehen.
- Zentralschraube –2– an der Motor-Momentenstütze herausdrehen. Schrauben –3– abschrauben und Halter vom Hilfsrahmen abnehmen.
- Halter der Motor-Momentenstütze am Getriebe abschrauben.

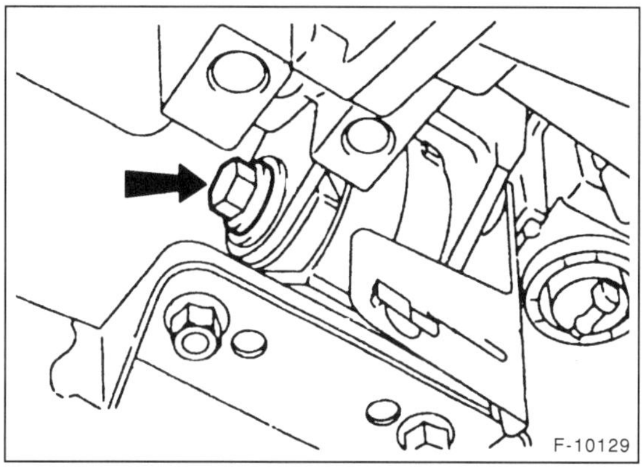

- Zentralschraube an vorderer Motor-Momentenstütze herausdrehen.

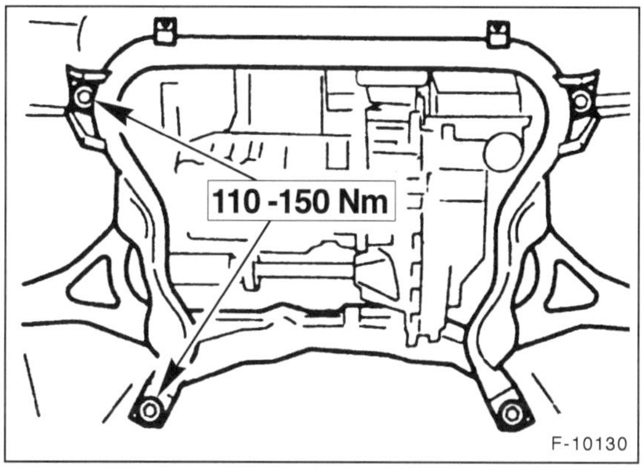

- Hilfsrahmen mit Werkstatt-Wagenheber abstützen. Befestigungsschrauben herausdrehen, Hilfsrahmen absenken und herausnehmen.

- Getriebe mit einem Rangierwagenheber abstützen. Holzzwischenlage verwenden, um Beschädigungen zu vermeiden.

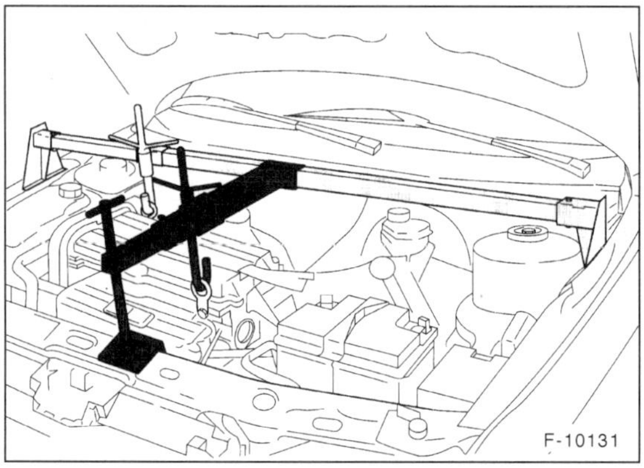

- Hebevorrichtung in die Aufhängeösen am Motor einhängen und Motor mit Getriebe leicht anheben.

Rechtes Motorlager

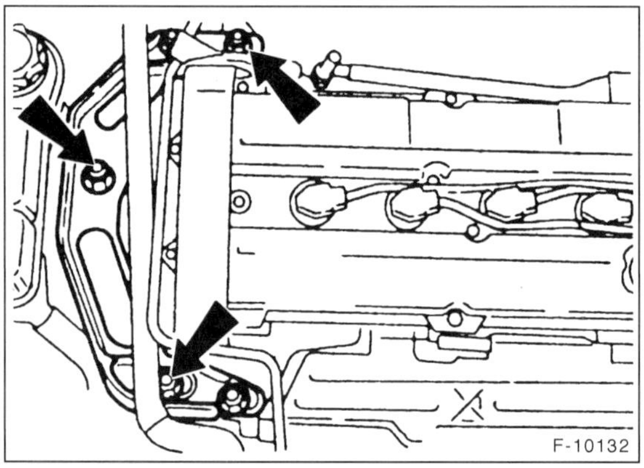

Linkes Motorlager

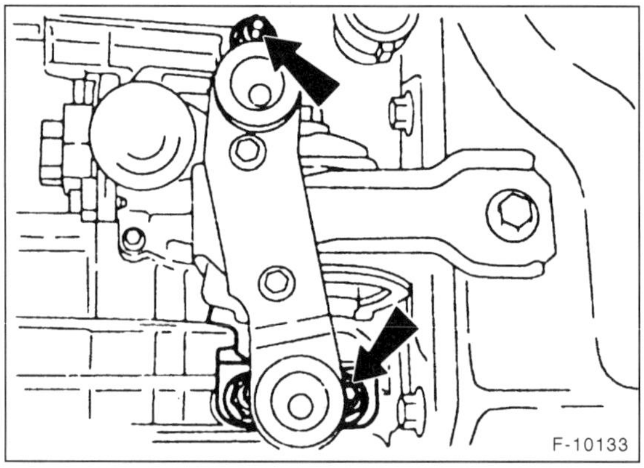

- Befestigungsmuttern –Pfeile– beider Motorlager abschrauben.

- Motor-Getriebeeinheit absenken, bis das Getriebe in Höhe des linken Längsträgers steht. Bei Fahrzeugen mit Klimaanlage den Motor soweit absenken, daß der Klimakompressor unterhalb des rechten Längsträgers steht.
- Getriebe mit Werkstattwagenheber und Holzzwischenlage leicht unterstützen.

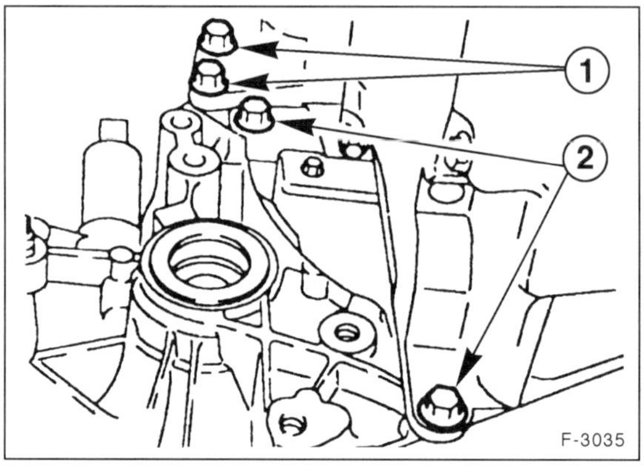

- 2 Anlasser-Befestigungsschrauben –1– sowie 2 untere Getriebeflanschschrauben –2– herausdrehen.
- Getriebe von Hand leicht anheben und mit Montierhebel vom Motor abdrücken, dann nach unten herausnehmen.

Einbau

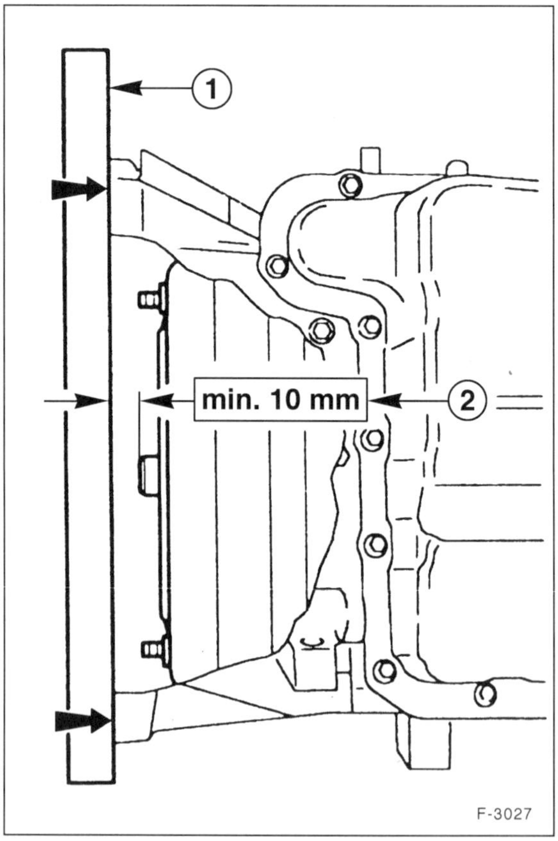

- **Automatikgetriebe:** Vor dem Einbau Lineal –1– auf Getriebeflansch auflegen und Einbaumaß –2– für Drehmomentwandler ermitteln.

- Das Maß –2– muß mindestens 10 mm betragen. Während des Einbaus muß der Wandler auf Einbaumaß bleiben. Auf richtige Lage des Zwischenblechs achten. **Achtung:** Bei zu geringem Einbaumaß des Wandlers kommt es zu Beschädigungen an Getriebe und Mitnehmerscheibe. Der Wandler ist nicht in optimalem Eingriff mit der Ölpumpe.
- Vor dem Einbau des Schaltgetriebes Kupplung und Kupplungsausrücklager überprüfen, siehe Seite 94.
- An den Motorlagern nur **neue selbstsichernde** Muttern verwenden. Alle Sprengringe ebenfalls ersetzen.
- Kerbverzahnung der Antriebswelle reinigen und **leicht** mit Moly-Gleitpaste oder Moly-Spray schmieren. **Achtung:** Wird zuviel Fett aufgetragen, kann es im Betrieb auf die Kupplungs-Reibscheibe gelangen und zu Funktionsstörungen führen.
- Getriebe einsetzen. Falls dabei die Getriebe-Antriebswelle nicht in die Kupplungsscheibe einrastet, Antriebswelle etwas verdrehen, oder Motor-Kurbelwelle durch Helfer etwas drehen lassen.
- Getriebe ausrichten, bis die Bohrungen im Kupplungsgehäuse in die Führungsbuchsen am Motor eingreifen.
- 2 untere Getriebeflansch-Schrauben einsetzen und mit **40 Nm** festziehen. Anschließend Anlasser mit 2 Schrauben befestigen, Schrauben mit **50 Nm** anziehen.

Achtung: Dabei darf auf keinen Fall das Getriebe durch Anziehen der Schrauben an den Motorblock herangezogen werden.

- Motor-/Getriebeeinheit mit der Hebevorrichtung und dem unter dem Getriebe platzierten Wagenheber anheben, so daß die Motorlager in der richtigen Position sind.
- Befestigungsmuttern der Motorlager ansetzen, noch nicht festziehen. Die Muttern dürfen **nicht** zur Anlage kommen.

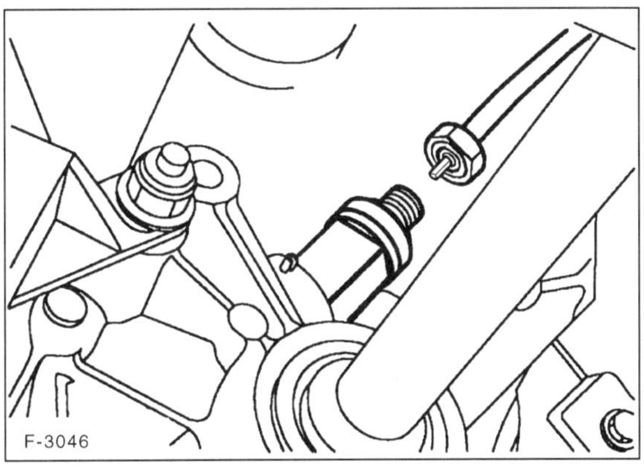

- Tachowelle einsetzen und anschrauben, Stecker für Geschwindigkeitssensor zusammenfügen.
- Linke und rechte Gelenkwelle einbauen, siehe Seite 120.

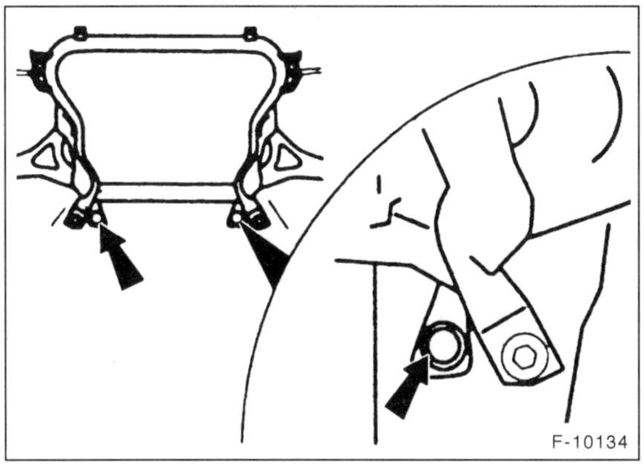

- Hilfsrahmen mit Rangierheber ansetzen, Schrauben aufdrehen, noch nicht festziehen. Hilfsrahmen ausrichten, dazu passende Dorne durch die Bohrungen am Hilfsrahmen und Unterboden stecken. In dieser Position 4 Befestigungsschrauben für Hilfsrahmen mit **130 Nm** anziehen. Dorne herausnehmen.
- Antriebsaggregat durch Schüttelbewegungen spannungsfrei einrichten, es muß in der vorderen Momentenstütze frei beweglich sein.
- Muttern für linkes und rechtes Motorlager mit **85 Nm** festziehen.
- Wagenheber und Kran entfernen.
- Halter der hinteren Motor-Momentenstütze mit 3 Schrauben und **85 Nm** am Getriebe anschrauben.
- Hintere Motor-Momentenstütze mit **50 Nm** am Hilfsrahmen anschrauben. Zentralschraube der Motor-Momentenstütze mit **120 Nm** festziehen, dabei darf der Motor nicht zur Seite gedrückt werden. Das Lager darf nicht unter Spannung stehen.
- Befestigungsschrauben für Lenkgetriebe mit **130 Nm** festziehen.
- Zentralschraube der vorderen Motor-Momentenstütze mit **120 Nm** festziehen.
- Wo vorhanden, Trockner für Klimaanlage anschrauben.
- Hitzeschutzschild für Schaltgestänge anbauen.

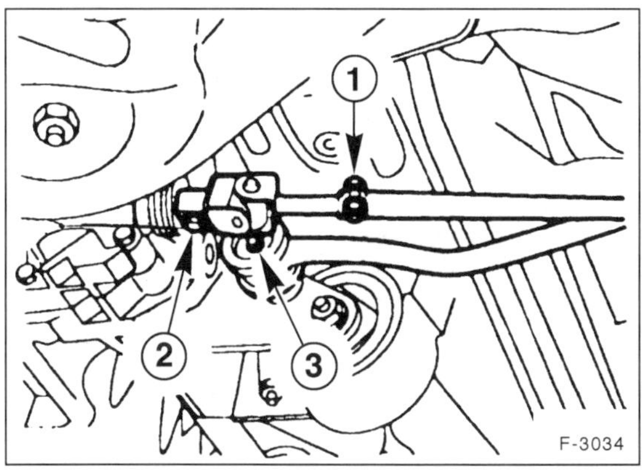

- Stabilisator –3– mit **55 Nm** anschrauben.

- Schaltstange –2– mit **10 Nm** anschrauben. **Achtung:** Dabei muß die Klemmschraube –1– gelöst sein, sie wird erst beim Einstellen der Schaltung angezogen.
- Getriebe-Schalthebel in Mittelstellung bringen (Neutralposition).
- Die komplette Abgasanlage einbauen, siehe Seite 90.
- Stecker für Lambdasonde aufstecken und am Steckerhalteblech einclipsen.
- Unterdruckschlauch am Filter für Impulsluftsystem aufstecken.
- Untere Kühlerverkleidung einbauen.
- Abdeckung für Riemenscheiben einbauen.

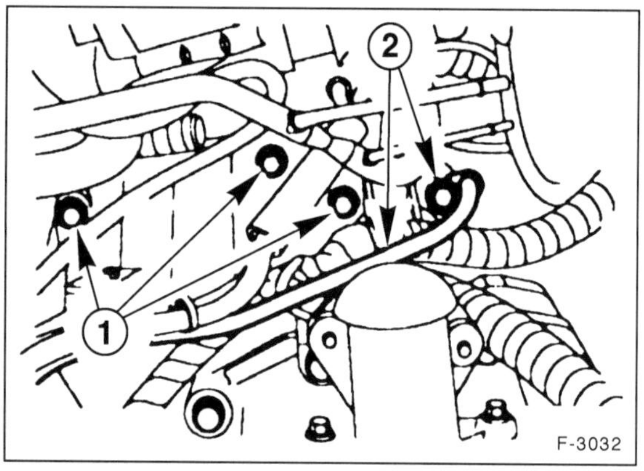

- Obere 3 Flanschschrauben Motor/Getriebe –1– mit **40 Nm** schrauben.
- Schraube –2– für obere Anlasserbefestigung und Massekabel-Batterie mit **50 Nm** anschrauben.
- Drahtarretierung von den oberen Kühlerhalterungen entfernen.
- Kupplungszug einhängen und Kupplung einstellen, siehe Seite 97.
- Massekabel Karosserie-Getriebe am Getriebe anschrauben.
- Anschlußstecker für Rückfahrscheinwerfer aufstecken.

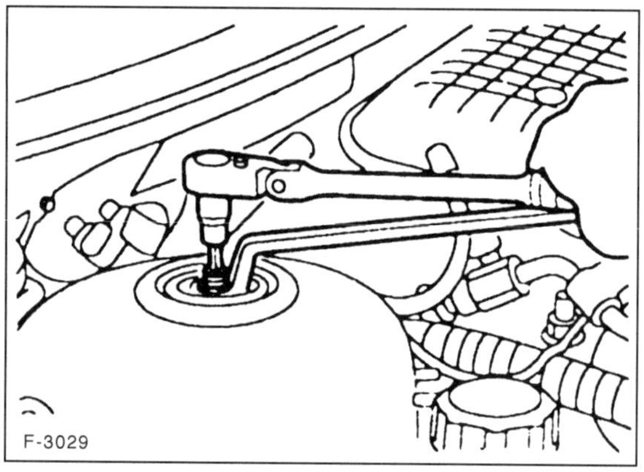

- Federbeinmuttern links und rechts mit **50 Nm** anziehen, dabei Stoßdämpferstange gegenhalten.
- Luftfilter und Luftansaugrohr einbauen, siehe Seite 70.

- Verlegung von Unterdruckschläuchen und Kabeln prüfen und gegebenenfalls mit Kabelbindern fixieren.
- Schaltung einstellen, siehe Seite 106.

Automatikgetriebe

- Ölleitungen vom und zum Getriebe-Ölkühler mit **25 Nm** anschrauben.
- 4 Befestigungsmuttern für Drehmomentwandler anschrauben, dazu Motor an der Kurbelwelle immer ¼ Umdrehung weiterdrehen. Zum Verdrehen des Motors Stecknuß an der Zentralschraube der Kurbelwellen-Keilriemenscheibe ansetzen. Schwungrad-Abdeckblech anschrauben.
- Kühlmittel-Thermostatgehäuse einbauen und Kühlmittel auffüllen, siehe Seite 53.
- 2 Mehrfachstecker für Getriebesteuerung am Automatikgetriebe aufstecken.
- Wählhebel-Seilzug einclipsen, Widerlager anschrauben.
- Wählhebel-Seilzug einstellen, siehe Seite 108.

- Getriebe-Ölstand kontrollieren, gegebenenfalls bis zur Unterkante der Kontrollbohrung auffüllen, siehe Seite 109.
- Batterie-Massekabel (–) anklemmen. Vorhandene Zeituhr einstellen und Diebstahlcode für Radio eingeben.

Schaltung einstellen

Bis 8/96

Nach Einbau von Getriebe oder Schaltung oder wenn Schaltschwierigkeiten auftreten, ist die Schaltbetätigung einzustellen. Die Fachwerkstätten benutzen dazu eine Einstelllehre von FORD, sie ist aber nicht unbedingt erforderlich.

- Getriebeschalthebel in Neutralposition stellen, es darf also kein Gang eingelegt sein.
- Fahrzeug aufbocken.

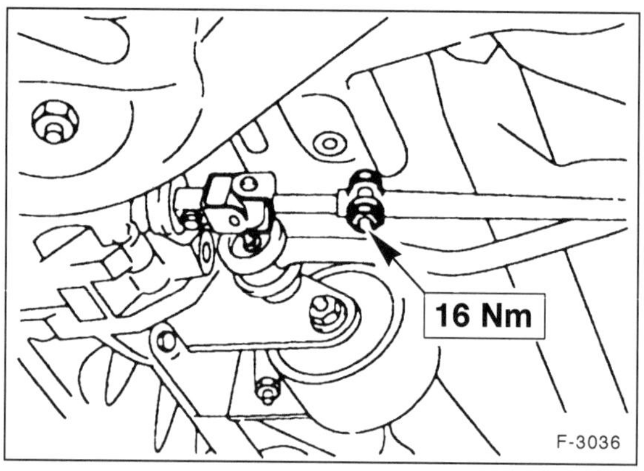

- Klemmschraube lösen und Schaltstange von der Getriebeschaltwelle abziehen.
- Klemmflächen an Schaltwelle/Schaltstange mit Spiritus abwischen, damit sie fettfrei sind.
- Schaltstange auf die Getriebeschaltwelle schieben.

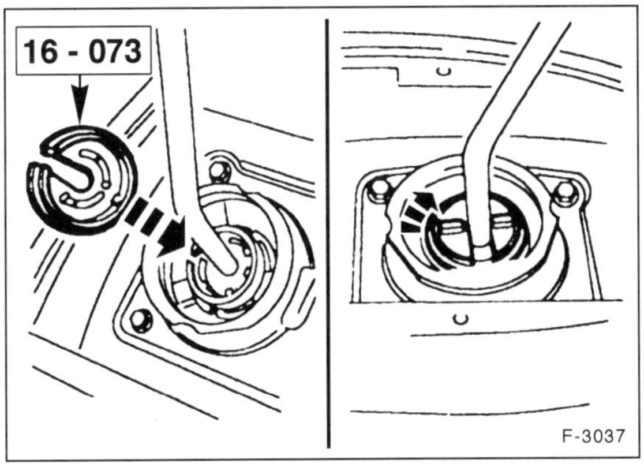

- Faltenbalg und Manschette vom Schalthebel im Innenraum nach oben ziehen. Schalthebel mit FORD-Lehre 16-073 arretieren. Die Lehre wird in den Schalthebelhalter eingesetzt und durch Rechtsdrehen verriegelt. Der Schalthebel ist nun in genau senkrechter Position arretiert, der Hebel steht in der Mitte des runden Ausschnitts. Steht das Werkzeug nicht zur Verfügung, Schalthebel von Hilfsperson in genau senkrechter Position halten lassen.

- Klemmschraube an der Getriebeschaltwelle festziehen. Dabei dürfen sich Schaltwelle und Schaltstange nicht bewegen oder verdrehen.
- Arretierwerkzeug aus dem Schaltgehäuse entfernen. Manschette und Faltenbalg aufdrücken.
- Leichte Schaltbarkeit aller Gänge prüfen. Beim Loslassen des Schalthebels in Neutralposition muß der Schalthebel senkrecht stehen, gegebenenfalls Einstellung wiederholen.
- Fahrzeug ablassen.

Seilzug-Schaltung

Ab 9/96

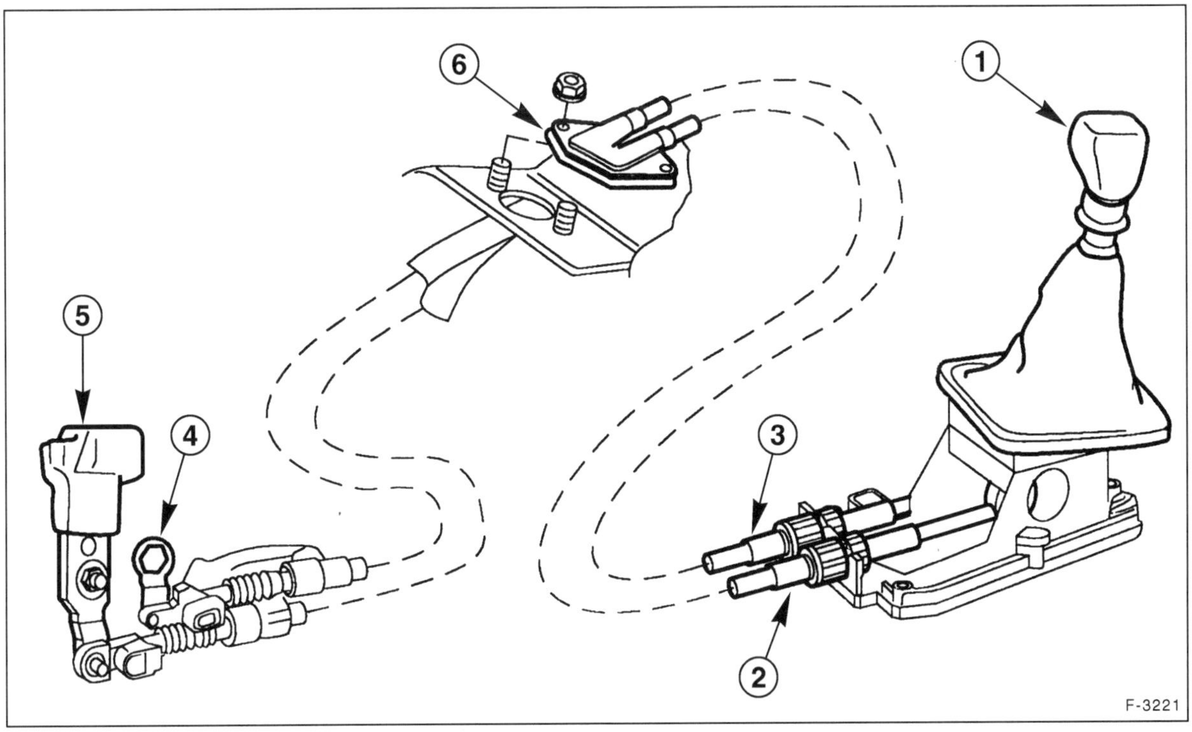

1 – Schalthebel

2 – Schaltseilzug
»Weiß« gekennzeichnet.

3 – Wählseilzug
»Schwarz« gekennzeichnet.

4 – Wählhebel am Getriebe

5 – Schalthebel am Getriebe

6 – Schalt- und Wählseilzugdurchführung

Schalt- und Wählseilzug können, wegen ihrer gemeinsamen Verbindung auf der Bodengruppe nur gemeinsam ersetzt werden.

Um die Züge aus den Haltern am Getriebe und am Schalthebel auszubauen, müssen die beiden Hälften der Widerlager entgegen dem Uhrzeigersinn verdreht werden.

Automatikgetriebe

Anstelle des Schaltgetriebes kann der FORD MONDEO mit einem 4-Gang-Automatikgetriebe ausgestattet sein. Das Automatikgetriebe übernimmt beim Anfahren die Aufgaben der herkömmlichen Kupplung und während der Fahrt die Schaltarbeit.

Die wesentlichen Baugruppen eines Automatikgetriebes sind: Drehmomentwandler, Planetengetriebe und Getriebesteuerung. Zum Schalten der Übersetzungsstufen im Planetengetriebe werden Lamellen-Kupplungen verwendet.

Der Drehmomentwandler entspricht in seiner Funktion einer hydraulischen Kupplung. Er sorgt dafür, daß ohne mechanische Kupplungsbetätigung angefahren und die einzelnen Gangstufen geschaltet werden können.

Im Automatikgetriebe wird die hydraulische Steuerung aller Schaltventile elektronisch vom EEC-IV- beziehungsweise EEC-V-Steuergerät geregelt.

Auftretende Fehler werden gespeichert und können in der Fachwerkstatt aus dem Fehlerspeicher ausgelesen werden. Im Falle einer Störung ermöglicht ein Notprogramm den eingeschränkten Fahrbetrieb.

Für die Beurteilung der Funktion der Getriebeautomatik und für die richtige Fehlersuche ist Erfahrung mit automatischen Getrieben und die Kenntnis der Arbeitsweise unerläßlich. Diese Materie kann nur durch lange Berufserfahrung erworben werden.

Hinweis: Der Wählhebel für Fahrprogramm (P-R-N-D-2-1) kann nur aus Stellung P (Parksperre) bewegt werden, wenn das Zündschloß auf Position II steht, die Fußbremse betätigt und der Sperrknopf am Hebel gedrückt wird.

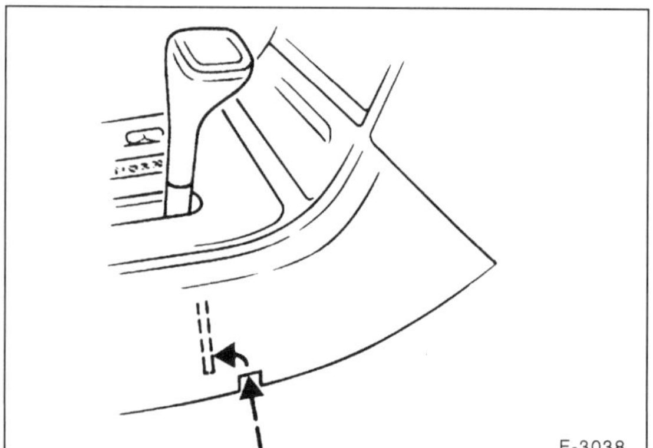

F-3038

Bei entladener Batterie kann der Wählhebel nicht auf normale Weise aus der Stellung P bewegt werden. Für diesen Fall ist eine Notfall-Entriegelung vorgesehen: Mit einem Kugelschreiber oder Schraubendreher durch die Aussparung in der Mittelkonsole den Entriegelungshebel nach hinten drücken und gleichzeitig den Wählhebel aus Stellung P bewegen.

Achtung: Beim Abschleppen von Fahrzeugen mit Automatikgetriebe müssen einige Punkte beachtet werden, siehe Seite 255.

Wählhebelseilzug einstellen

Automatikgetriebe

Das gewählte Fahrprogramm (P-R-N-D-2-1) wird über den Wählhebelseilzug am Automatikgetriebe eingelegt. Eine Einstellung ist nach Einbau des Getriebes oder der Schaltung erforderlich.

- Ansaugrohr und Luftfilter ausbauen, siehe Seite 70.
- Fahrzeug aufbocken.
- Katalysator-Hitzeschutzschild unterhalb vom Wählhebel von der Bodengruppe abschrauben.

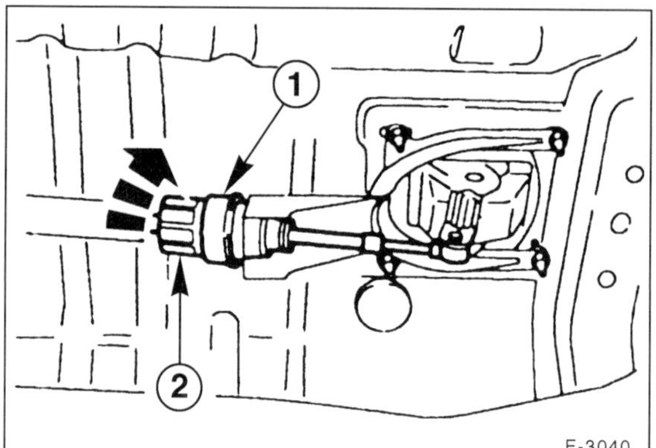

F-3040

- Einstellmechanismus an Wählhebel-Unterseite an Bund –1– festhalten. Einstellkappe –2– durch Linksdrehung entriegeln. Seilzug an Schaltung aushängen.

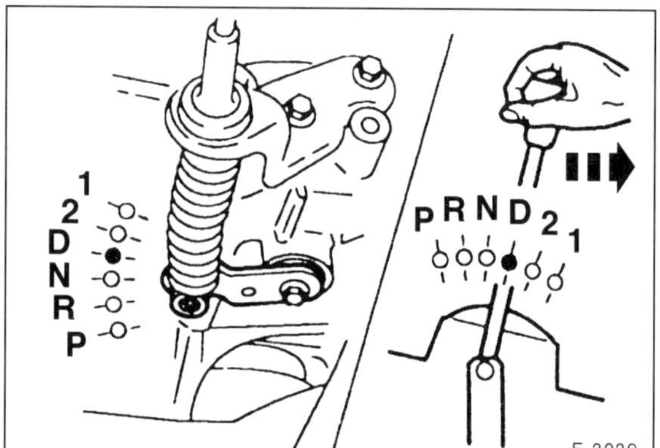

F-3039

- Wählhebel in Position »D« legen. **Hinweis:** Dabei muß die Batterie angeklemmt sein, sonst kann der Wählhebel nicht aus der Parkstellung herausgeführt werden.
- Sicherstellen, daß sich der Schaltwellenhebel am Getriebe in der Position »D« befindet. Die Stellung »D« ist am Getriebehebel markiert.
- Seilzug einhängen und Einstellkappe durch Rechtsdrehen verriegeln.
- Hitzeschutzschild anschrauben.
- Fahrzeug ablassen.
- Ansaugrohr und Luftfilter einbauen.

Der Allradantrieb

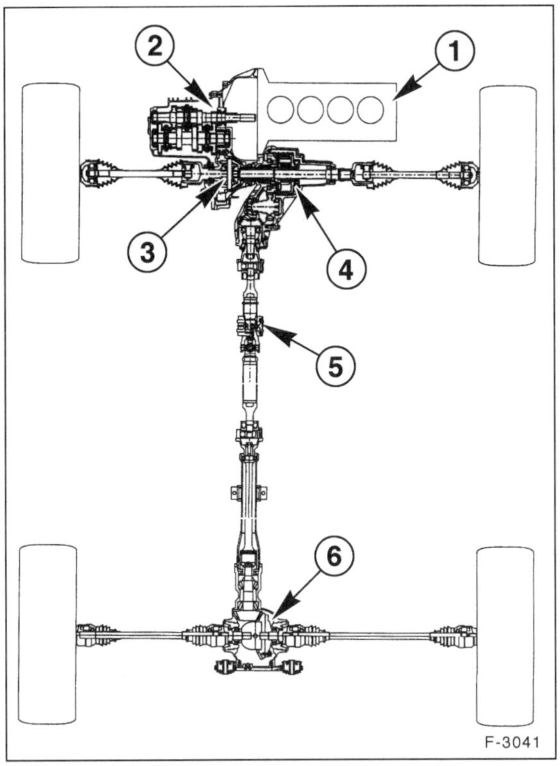

1 – Motor; 2 – MTX-75-Getriebe; 3 – Vorderachs-Differential; 4 – Verteilergetriebe; 5 – Kardanwelle; 6 – Hinterachs-Differential

Den FORD MONDEO gibt es auch mit permanentem Allradantrieb. Um auch die Hinterräder antreiben zu können, sind zusätzliche Bauteile erforderlich. Die Verbindung zwischen Vorder- und Hinterachse erfolgt über eine Kardanwelle. Die Kardanwelle treibt das Hinterachsdifferential an, von dem zwei Achswellen zu den Hinterrädern führen.

Um die unterschiedlichen Raddrehzahlen der Vorder- und Hinterachse, zum Beispiel bei Kurvenfahrt, auszugleichen, ist bei Fahrzeugen mit permanentem Allradantrieb ein zusätzliches Verteilergetriebe (Längsdifferential) zwischen dem Vorderachs- und dem Hinterachsdifferential notwendig. Das Verteilergetriebe ist als Planetenradsatz mit Sonnen- und Hohlrad ausgeführt. Dadurch wird die Antriebskraft mit 58% auf die Vorderachse und 42% auf die Hinterachse verteilt. Bei auftretenden großen Drehzahlunterscheiden zwischen beiden Achsen, zum Beispiel durch ein durchdrehendes Vorderrad, regelt die serienmäßige Antriebsschlupfregelung die Drehmomentverteilung durch Bremseingriff, siehe Seite 157.

Das Verteilergetriebe ist direkt am Getriebe angeflanscht und wird über eine Verzahnung vom Vorderachs-Differential angetrieben. Das Verteilergetriebe verfügt über eine getrennte Ölfüllung, die ebenso wie das Schaltgetriebeöl nicht gewechselt werden muß. Reparaturarbeiten an den Differentialgetrieben sollten von einer Fachwerkstatt durchgeführt werden.

Achtung: Beim Abschleppen von Fahrzeugen mit Allradantrieb müssen einige Punkte beachtet werden, siehe Seite 256.

Getriebeöl auffüllen/wechseln

Alle Getriebe enthalten eine Ölfüllung, die gute Schmierung über die gesamte Fahrzeuglebensdauer sicherstellt und daher nicht gewechselt werden muß. Wurde versehentlich eine Ablaßschraube geöffnet oder traten Undichtigkeiten auf, Ölstand prüfen, gegebenenfalls nachfüllen.

Schaltgetriebe MTX-75 (Front- und Allradantrieb)

- Fahrzeug waagerecht aufbocken.

- Einfüllschraube am Getriebe mit Innensechskantschlüssel herausdrehen.
- Mit einem Finger den Ölstand prüfen. Der Ölspiegel muß bis zur Unterkante der Einfüllöffnung reichen, allenfalls bis zu 10 mm darunter.
- Nur FORD-Getriebeöl ESDM-2C186-A verwenden. Zum Einfüllen wird eine Ölspritzkanne oder ein Schlauch benötigt. Gefäß unterstellen und überschüssiges Öl ablaufen lassen. Nicht zuviel Öl auf einmal einfüllen. Gesamtfüllmenge: 2,6 Liter (Allrad: 2,4 Liter).
- Einfüllschraube mit **35 Nm** festziehen.
- Fahrzeug ablassen.

Verteilergetriebe Allradantrieb

Das Verteilergetriebe ist beim allradgetriebenen MONDEO an das Schaltgetriebe angeflanscht. Es ist mit 0,68 Litern Getriebeöl der FORD-Spezifikation SQM-2C9010-A befüllt.

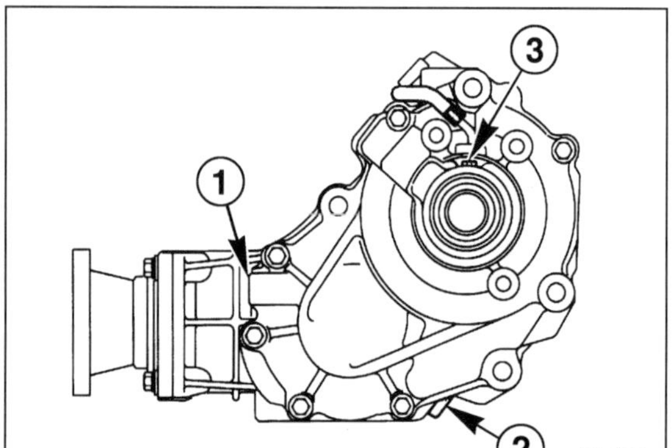

F-3043

- Bei waagrecht stehendem Fahrzeug Kontrollschraube –1– herausdrehen. Der Ölspiegel muß bis zur Unterkante der Kontrollschraubenbohrung reichen, sonst Einfüllschraube –3– abschrauben und dort Öl nachfüllen. Nur FORD-Getriebeöl der angegebenen Spezifikation verwenden. Zum Einfüllen wird eine Ölspritzkanne oder ein Schlauch benötigt. Gefäß unterstellen und überschüssiges Öl ablaufen lassen. Nicht zuviel Öl auf einmal einfüllen. 2 – Ablaßschraube mit Magnet.
- Kontroll- und Einfüllschraube mit **25 Nm** festziehen.

Hinterachsdifferential Allradantrieb

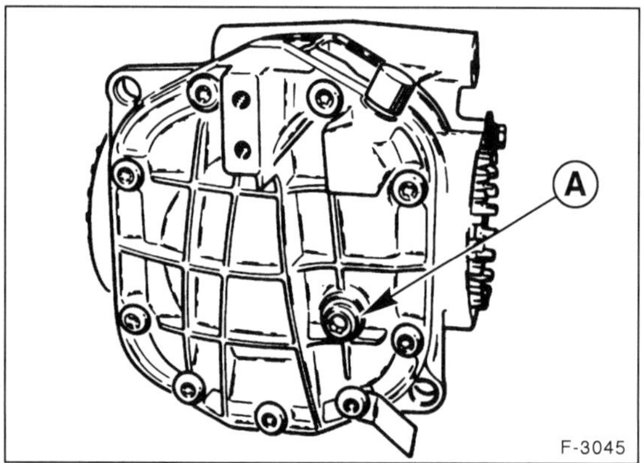

F-3045

- Bei waagrecht stehendem Fahrzeug Ölstopfen –A– an der Hinterachse herausdrehen. Der Ölspiegel muß bis zur Unterkante der Bohrung reichen, sonst Öl mit Ölspritzkanne nachfüllen. Getriebeöl SAE 90 der FORD-Spezifikation SQMC-9002-AA verwenden.
- Ölstopfen mit **40 Nm** festschrauben.

Automatikgetriebe

Das Automatikgetriebeöl muß nicht gewechselt werden, die werksseitige Füllung kann über die gesamte Fahrzeuglebensdauer im Getriebe bleiben. Die Ölfüllmenge beträgt 7,5 Liter. Neue Getriebe sind bereits mit 3,5 Litern vorbefüllt.

Ölstand prüfen/ergänzen

- Der Getriebe-Ölmeßstab befindet sich in der Nähe des Hauptbremszylinders. Hier wird auch, falls nötig, das Automatik-Getriebeöl eingefüllt. Nur Automatik-Getriebeöl der FORD-Spezifikation ESP-M2C166-H verwenden.

Achtung: Die Prüfung soll bei betriebswarmem Motor durchgeführt werden.

- Motor warmfahren.
- Fahrzeug unbeladen auf waagerechter Fläche abstellen. Handbremse anziehen, Fußbremse betätigen. Der Motor dreht während der Prüfung im Leerlauf.
- Bei Leerlaufdrehzahl des Motors alle Schalt-Positionen dreimal durchschalten.
- **Wählhebel in Stellung »P« legen.** Motor danach eine Minute bei Leerlaufdrehzahl laufen lassen.
- Bei Leerlaufdrehzahl des Motors Ölmeßstab herausziehen und mit einem sauberen, nicht fasernden Lappen, am besten mit Leder abwischen. Anschließend Meßstab voll eintauchen, wieder herausziehen und Ölstand ablesen.

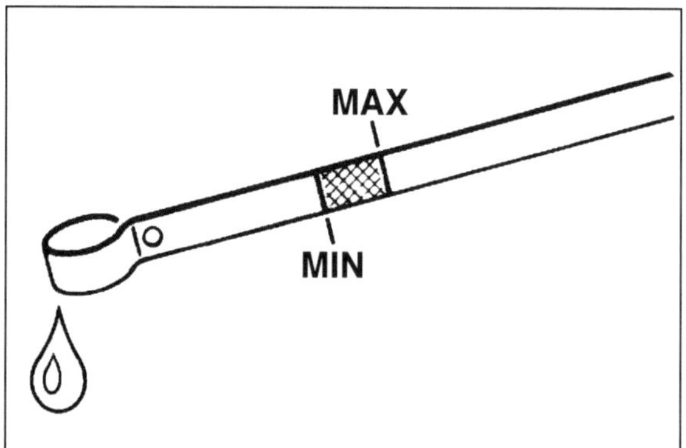

F-3044

- Der Flüssigkeitsstand muß zwischen den MIN- und MAX-Markierungen am Ölmeßstab liegen.
- Muß Getriebeöl nachgefüllt werden, sauberen Trichter und feinmaschiges Sieb verwenden. Automatik-Getriebeöl bei stehendem Motor durch das Getriebe-Meßstabrohr einfüllen.

Achtung: Nicht zuviel Öl einfüllen. Zuviel Öl kann Störungen in der Automatik hervorrufen. In jedem Fall muß zuviel eingefülltes Öl wieder abgelassen oder mit einer Spritze abgesaugt werden.

- Nach erfolgter Prüfung oder Korrektur des Ölstandes Meßstab wieder ganz einführen.

Vorderachse

An der Vorderachse werden 2 McPherson-Federbeine –1– verwendet, die jeweils aus einer Schraubenfeder und einem integrierten Hydraulik-Stoßdämpfer bestehen. Die Federbeine sind mit der Karosserie und den Schwenklagern –2– verschraubt. Die seitliche Führung erfolgt durch Querlenker –3–, die mit dem jeweiligen Schwenklager über ein (auswechselbares) Kugelgelenk verbunden sind. Die Querlenker sind über Gummilager mit dem Aufbau verschraubt.

Ein Querstabilisator –5– verbindet über zwei Gelenkarme die beiden Federbeine. Der Stabilisator ist am Vorderachs-Hilfsrahmen –6– durch Gummilager befestigt. Durch den Stabilisator vermindert sich die Karosserieneigung bei Kurvenfahrt.

Die Antriebskraft des Frontmotors wird über zwei Gelenkwellen auf die Vorderräder übertragen. Die Gelenkwellen sind unterschiedlich lang und jeweils mit zwei Gleichlaufgelenken ausgestattet.

Die Vorderradlager sind nicht zerlegbar und müssen nach jedem Ausbau komplett ersetzt werden.

7 – Gummilager vorn, 8 – Gummilager hinten.

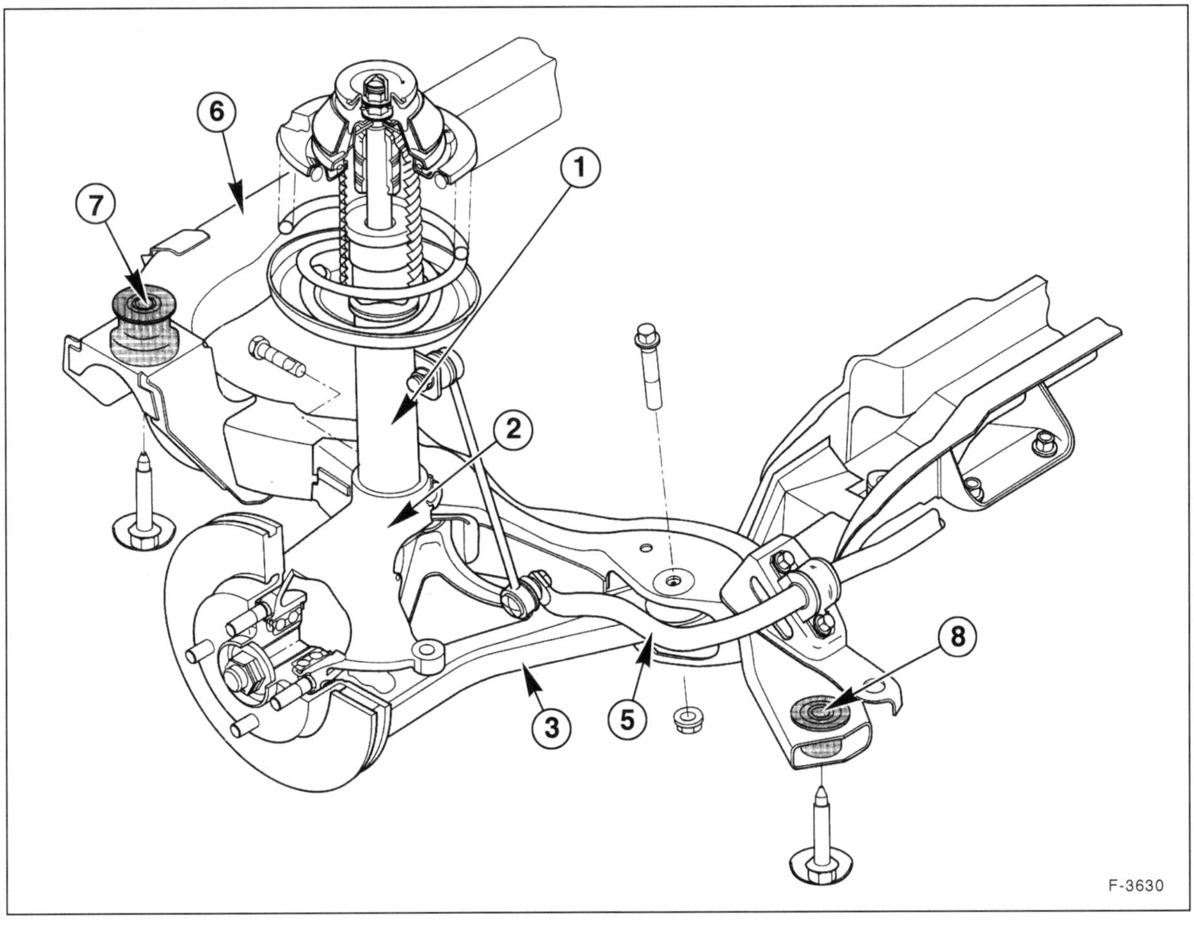

Federbein aus- und einbauen

Ausbau

- Stellung des Vorderrades zur Radnabe mit Farbe kennzeichnen. Dadurch kann das ausgewuchtete Rad wieder in derselben Position montiert werden. Radmuttern bei auf dem Boden stehendem Fahrzeug lösen. Fahrzeug vorn aufbocken und Vorderrad abnehmen.
- Halter für Bremsschlauch vom Federbein abschrauben.
- Bremssattel ausbauen, siehe Seite 140.
- Bremssattel mit Draht am Innenkotflügel aufhängen, dabei Bremsschlauch nicht verdrehen oder auf Zug beanspruchen. Der Bremsschlauch bleibt angeschlossen, sonst muß die Bremsanlage nach dem Einbau entlüftet werden.
- Falls vorhanden, Mehrfachstecker für Bremsbelagverschleißanzeige abziehen.

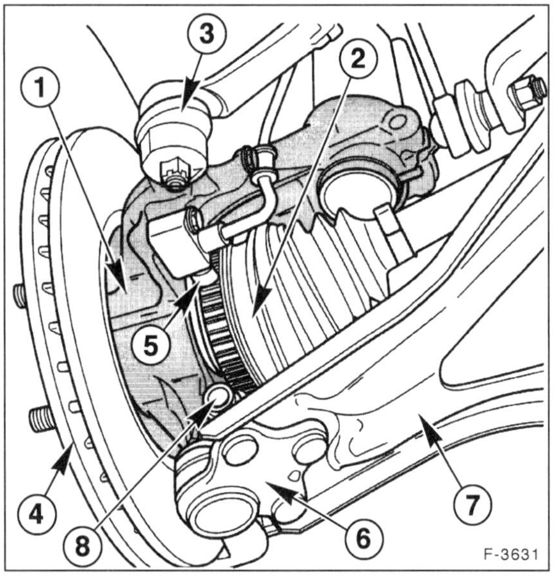

1 – Schwenklager
2 – Gleichlaufgelenk außen
3 – Spurstangenkopf
4 – Bremsscheibe
5 – ABS-Sensor
6 – Achsgelenk
7 – Unterer Querlenker
8 – Klemmschraube

- Spurstangenkopf –3– vom Schwenklager –1– abdrücken, siehe Seite 133.
- Falls vorhanden, ABS-Sensor –5– vom Schwenklager abschrauben.
- Innere Schelle für innere Gummimanschette der Gelenkwelle abbauen.

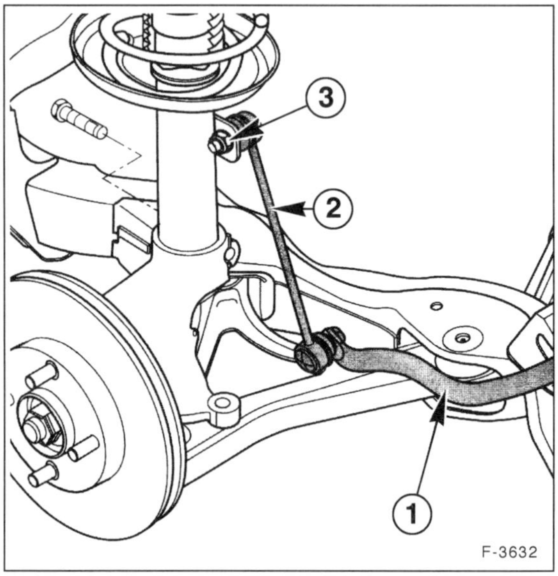

- Verbindungsstange –2– vom Querstabilisator –1– am Federbein abschrauben –3–.
- Klemmschraube –8–(Abbildung F-3631) und Mutter des Kugelgelenkes –6– für unteren Querlenker –7– am Schwenklager entfernen und Querlenker nach unten aus dem Schwenklager herausziehen. **Achtung:** Darauf achten, daß die Gummimanschette am Kugelgelenk nicht beschädigt wird. Zum Schutz mit Lappen umwickeln.
- Falls vorhanden, Mehrfachstecker der elektronischen Stoßdämpferanpassung abziehen und Kabel am Federbein ausclipsen.

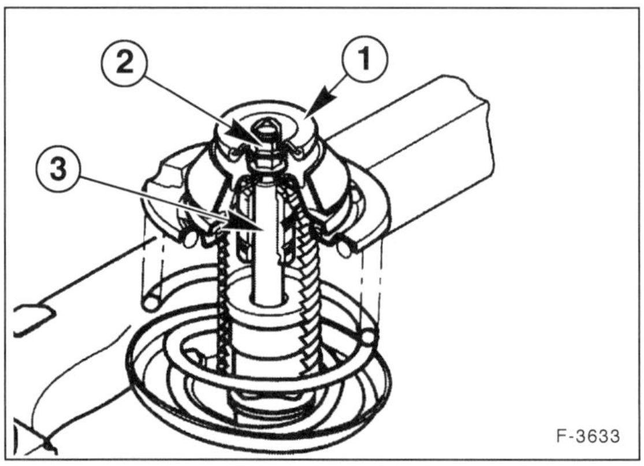

- Abdeckkappe –1– für Federbeinmutter im Motorraum abziehen.
- Obere Befestigungsmutter –2– für Federbein mit einem tiefgekröpften Ringschlüssel SW18 abschrauben. Dabei Kolbenstange –3– mit 6 mm Innensechskantschlüssel gegenhalten, damit sich die Kolbenstange nicht mitdrehen kann.
- Federbein, Gelenkwelle und Schwenklager zusammen herausnehmen.
- Federbein vom Schwenklager abbauen. Dazu Klemmschraube am Schwenklager herausdrehen.

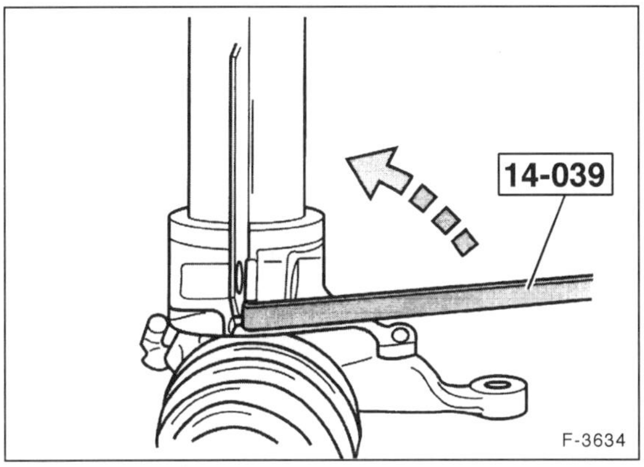

F-3634

- Schwenklager spreizen und Federbein herausnehmen. Dazu benutzen die FORD-Werkstätten das Spezialwerkzeug 14-039. Spreizwerkzeug in den Spalt des Schwenklagers einsetzen, Hebel wie in der Abbildung dargestellt, um 90° schwenken und dadurch Federbeinhalterung spreizen. Es geht auch mit einem geeigneten Meißel oder Montierhebel, in jedem Fall darauf achten, daß keine Bauteile beschädigt werden.

Einbau

- Schwenklager am Federbein aufschieben. Spreizwerkzeug abnehmen.
- **Neue** selbstsichernde Klemmschraube für Federbein am Schwenklager einsetzen, dabei sicherstellen, daß die Schraube durch den Schlitz in der Halterplatte geführt wird. Klemmschraube mit **85 Nm** festziehen.
- Federbein, Gelenkwelle und Schwenklager einsetzen.
- Obere Federbeinmutter **handfest** anschrauben.
- Gelenkwelle einsetzen und Gummimanschette mit **neuer** Schelle befestigen.
- Kugelgelenk der Verbindungsstange zum Stabilisator am Federbein mit **50 Nm** anschrauben.
- Querlenker-Kugelgelenk von unten in das Schwenklager einführen und Klemmschraube mit **85 Nm** (bei neuem Kugelgelenk mit **60 Nm**) festziehen.
- Falls ausgebaut, ABS-Sensor mit **10 Nm** anschrauben.
- Spurstangenkopf am Schwenklager einsetzen, mit **25** bis **30 Nm** anschrauben und mit **neuem** Splint sichern. Neuen Splint durch die Bohrung schieben, Schenkel des Splintes umbiegen. Falls der Splint nicht durch die Bohrung geht, Schraube weiter anziehen, bis sich der Splint einsetzen läßt.
- Falls vorhanden, Mehrfachstecker der elektronischen Stoßdämpferanpassung aufstecken und Kabel am Federbein einclipsen.
- Bremssattel einbauen, siehe Seite 140.
- Falls der Bremsschlauch gelöst war, Bremsanlage entlüften, siehe Seite 151.
- Falls vorhanden, Mehrfachstecker für Bremsbelagverschleißanzeige aufstecken.
- Halter für Bremsschlauch am Federbein anschrauben.
- Vorderrad so ansetzen, daß die beim Ausbau angebrachten Markierungen übereinstimmen. Vorher Zentriersitz der Felge an der Radnabe mit Wälzlagerfett leicht einfetten. Rad anschrauben. Fahrzeug ablassen und Radmuttern über Kreuz mit **85 Nm** festziehen.
- Obere Mutter für Federbein mit **45 Nm** festziehen, dabei Kolbenstange gegenhalten.
- Freigängigkeit von Bremsschlauch und ABS-Sensorleitung prüfen. Dazu durch Hilfsperson die Vorderräder bis zum Anschlag nach links und rechts einschlagen lassen.

Das Federbein

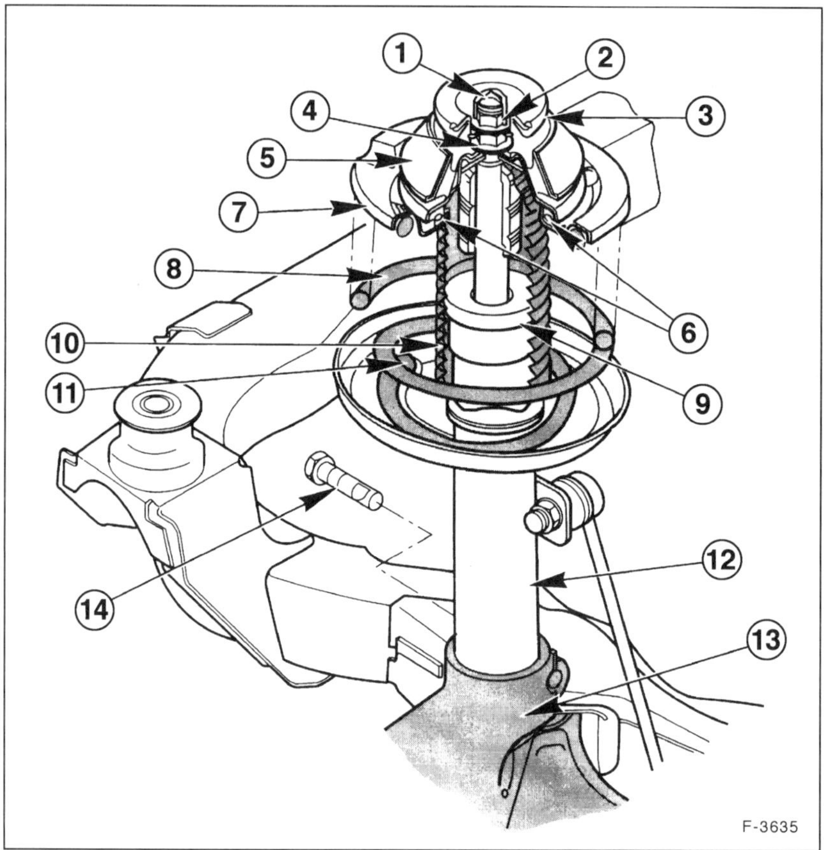

F-3635

1 – **Abdeckkappe**

2 – **Befestigungsmutter Federbein, 45 Nm**
Achtung: Beim Festziehen der Mutter muß das Fahrzeug auf den Rädern stehen.

3 – **Federbeinhalter**

4 – **Befestigungsmutter für Stützlager, 60 Nm**
Achtung: Mutter darf nur gelöst werden, wenn die Schraubenfeder sicher gespannt ist. **Unfallgefahr!**

5 – **Gummi-Stützlager**

6 – **Druckkugellager**

7 – **Oberer Federteller**
Bei der Montage darauf achten, daß die Schraubenfeder an den Ansätzen der Federteller anliegen.

8 – **Schraubenfeder**

9 – **Anschlagpuffer**
Der Puffer begrenzt den Federweg beim Einfedern. Beim Ausfedern wird der Federweg durch innere Anschläge begrenzt.

10 – **Manschette für Stoßdämpferkolbenstange**

11 – **Unterer Federteller**
Bei der Montage darauf achten, daß die Schraubenfeder an den Ansätzen der Federteller anliegen.

12 – **Stoßdämpfer**

13 – **Schwenklager**

14 – **Klemmschraube, 85 Nm**
Für untere Federbeinbefestigung.

Federbein zerlegen/Stoßdämpfer/Schraubenfeder aus- und einbauen

Ausbau

- Federbein ausbauen, siehe Seite 112.

Achtung: Um den Stoßdämpfer ausbauen zu können, **muß die Schraubenfeder mit einem geeigneten Federspanner vorgespannt werden.**

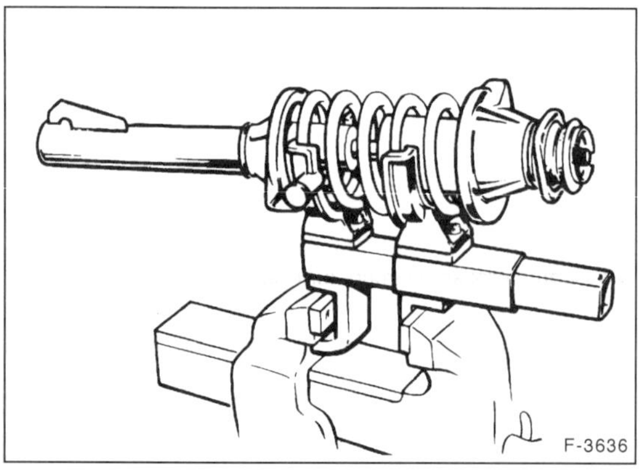
F-3636

- Federspanner in einen Schraubstock einspannen.
- Federbein in den Federspanner einsetzen und Feder langsam und gleichmäßig zusammenpressen, bis die obere Federauflage entlastet ist.

Achtung: Falls ein handelsüblicher Federspanner verwendet wird, der in die Windungen der Feder eingreift, darauf achten, daß die Federwindungen sicher umfaßt werden und der Federspanner nicht abrutschen kann. Feder grundsätzlich an 3 gegenüberliegenden Seiten spannen. Die Schraubenfeder steht unter großer Vorspannung, deshalb nur stabiles Werkzeug verwenden. Keinesfalls Feder mit Draht zusammenbinden. Unfallgefahr!

Achtung: Die Befestigungsmutter des Stützlagers darf nur dann gelöst werden, wenn die Feder sicher gespannt ist.

- Befestigungsmutter für Stützlager abschrauben.
- Stützlager, Drucklager und oberen Federteller abnehmen.

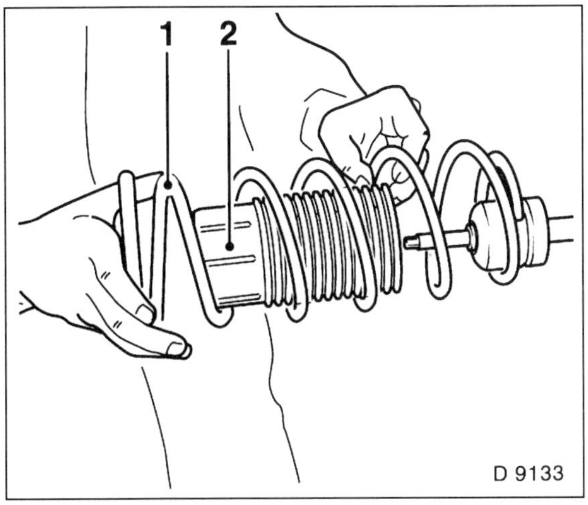

- Falls nur die Feder ausgewechselt werden soll, Feder –1– langsam entspannen und mit Faltenbalg –2– abnehmen. Soll dagegen nur der Stoßdämpfer ersetzt werden, bleibt die Feder gespannt.
- Gummipuffer von der Kolbenstange abziehen.

Einbau

- Vor dem Einbau, Stoßdämpfer prüfen, siehe Seite 115.
- Falls erforderlich, neue Schraubenfeder spannen. **Achtung:** Beim Nachkauf einer Feder beachten, daß je nach Modell Federn unterschiedlicher Stärke eingebaut sind.
- Anschlagpuffer über die Kolbenstange schieben.
- Staubmanschette aufsetzen.
- Stoßdämpfer durch die Feder schieben. Darauf achten, daß die Schraubenfeder an der Einprägung der unteren Federauflage richtig anliegt.
- Oberen Federteller so ansetzen, daß das Ende der Feder an der Einprägung des Federtellers richtig anliegt.
- Drucklager und Stützlager aufschieben. Mutter mit **60 Nm** anschrauben, dabei Kolbenstange mit Innensechskantschlüssel gegenhalten. **Achtung:** Vor dem Festziehen der Mutter prüfen, ob das Lager korrekt auf der Kolbenstange sitzt.
- Schraubenfeder langsam entspannen. Dabei sicherstellen, daß die Enden der Feder und die Lager korrekt im Formteil der Federauflagen sitzen.
- Federbein einbauen, siehe Seite 112.

Stoßdämpfer prüfen/verschrotten

Folgende Fahreigenschaften weisen auf defekte Stoßdämpfer hin:

- Langes Nachschwingen der Karosserie bei Bodenunebenheiten.
- Aufschaukeln der Karosserie bei aufeinander folgenden Bodenunebenheiten.
- Springen der Räder auch auf normaler Fahrbahn.
- Ausbrechen des Fahrzeuges beim Bremsen (kann auch andere Ursachen haben).
- Kurvenunsicherheit durch mangelnde Spurhaltung, Schleudern des Fahrzeuges.
- Poltergeräusche während der Fahrt.
- Abnorme Reifenabnutzung mit Abflachungen (Auswaschungen) am Reifenprofil.

Der Stoßdämpfer kann von Hand geprüft werden. Eine genaue Überprüfung der Stoßdämpferleistung ist jedoch nur mit einem Shock-Tester (Stoßdämpfer eingebaut) oder einer Stoßdämpfer-Prüfmaschine möglich.

Prüfung von Hand

- Stoßdämpfer ausbauen.

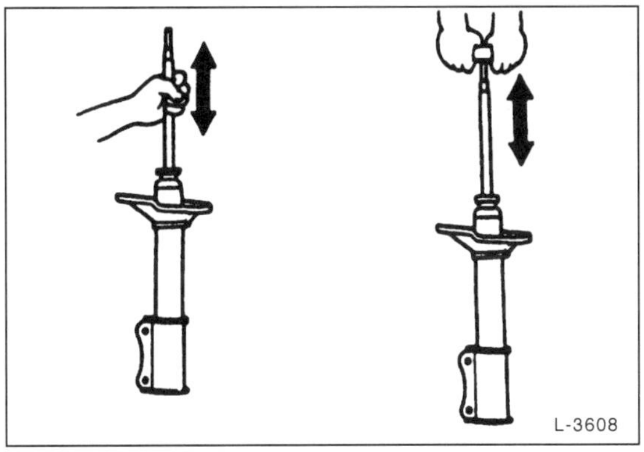

- Stoßdämpfer in Einbaulage halten, Stoßdämpfer mindestens 3mal auseinanderziehen und zusammendrücken. Der Stoßdämpfer muß sich dabei über den gesamten Hub gleichmäßig schwer und ruckfrei bewegen lassen, außerdem dürfen keine ungewöhnlichen Geräusche auftreten.
- Die Kolbenstange vollständig einschieben und dann loslassen. Die Kolbenstange muß sich mit gleichmäßiger Geschwindigkeit wieder herausschieben.
- Bei einwandfreier Funktion sind geringe Spuren von Stoßdämpferöl kein Grund zum Austausch.
- Bei starkem Ölverlust Stoßdämpfer austauschen.
- Stoßdämpfer einbauen.

Stoßdämpfer verschrotten

- Stoßdämpfer sind mit Öl gefüllt. Daher nicht in den Hausmüll geben, sondern beim Rohstoffhandel oder bei der Sondermüllsammelstelle abgeben.

- In der Werkstatt werden die Stoßdämpfer vor der Verschrottung wie folgt entleert.

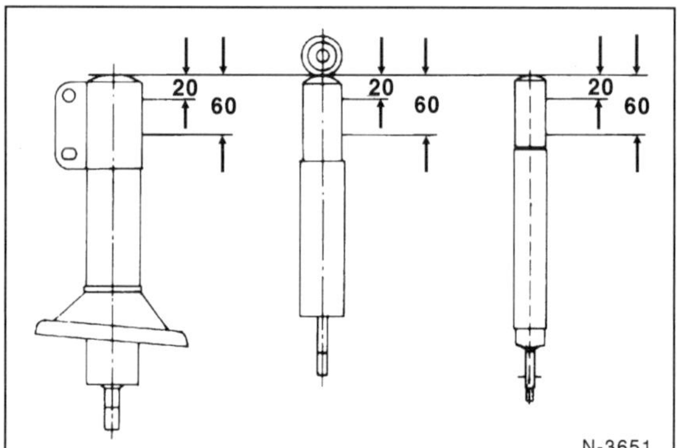

N-3651

- Stoßdämpfer senkrecht mit der Kolbenstange nach unten in den Schraubstock spannen.
- Etwa 20 mm unterhalb des Bodens das Dämpferrohr mit einem Bohrer, ∅ 3 mm, anbohren, um das Gas entweichen zu lassen. Das entweichende Gas ist farblos, geruchlos und ungiftig.
- Etwa 60 mm unterhalb des Bodens eine weiteres Loch mit ∅ 5 mm für das Öl bohren.
- Durch mehrmaliges Auf- und Abbewegen der Kolbenstange das Dämpferöl herauspumpen und auffangen.

Achtung: Altöl nicht einfach wegschütten oder in den Hausmüll geben. Stoßdämpferöl ist Mineralöl und kann laut Abfallgesetz zusammen mit Motorenöl entsorgt werden.

Querlenker rechts aus- und einbauen

Ein beschädigtes Führungsgelenk kann ausgetauscht werden. Dazu müssen die Nieten ausgebohrt und das neue Gelenk mit speziellen, als Ersatzteil erhältlichen, Schrauben befestigt werden. Der Querlenker ist aber auch komplett mit Führungsgelenk und Gummilagern erhältlich.

Ausbau

- Stellung des Vorderrades zur Radnabe mit Farbe kennzeichnen. Dadurch kann das ausgewuchtete Rad wieder in derselben Position montiert werden. Radmuttern bei auf dem Boden stehendem Fahrzeug lösen. Fahrzeug vorn aufbocken und Vorderrad abnehmen.

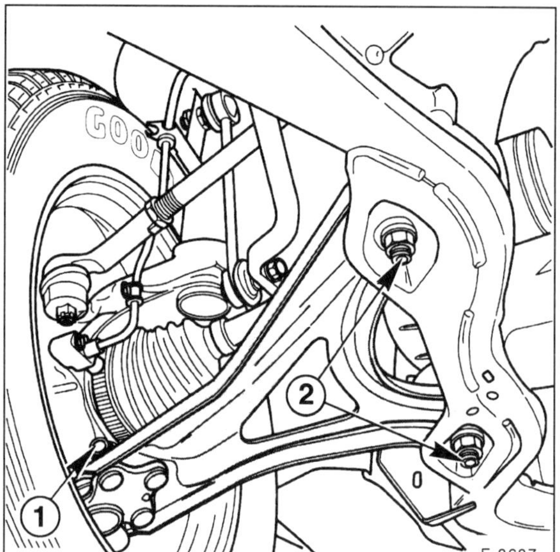

F-3637

- Querlenker vom Hilfsrahmen abschrauben –2–.
- Beide Verbindungsstangen für Stabilisator abschrauben.
- Spurstangengelenk am Schwenklager abdrücken, siehe Seite 134.
- Innere Schelle für Gummimanschette der Gelenkwelle abbauen.
- Bolzen –1– des Kugelgelenkes lösen und herausziehen.
- Querlenker vom Schwenklager nach unten abdrücken. Bei Schwergängigkeit Montierhebel zwischen Querlenker und Fahrzeugrahmen ansetzen und Querlenker herausdrücken. **Achtung:** Manschette des Kugelgelenks mit einem Lappen umwickeln, um sie vor Beschädigungen bei der weiteren Montage zu schützen.
- Querlenker herausnehmen.

Einbau

- Querlenker in den Hilfsrahmen einsetzen. Schraubenlöcher ausrichten, beide Schrauben von oben einsetzen und Muttern –2– handfest anziehen. **Achtung:** Die Schrauben dürfen erst festgezogen werden, wenn das Fahrzeug auf den Rädern steht. Die Schrauben dürfen nur von oben eingesetzt werden, damit sie nicht mit dem Getriebegehäuse in Berührung kommen
- Gelenkwelle einsetzen und Gummimanschette mit **neuer** Schelle befestigen.

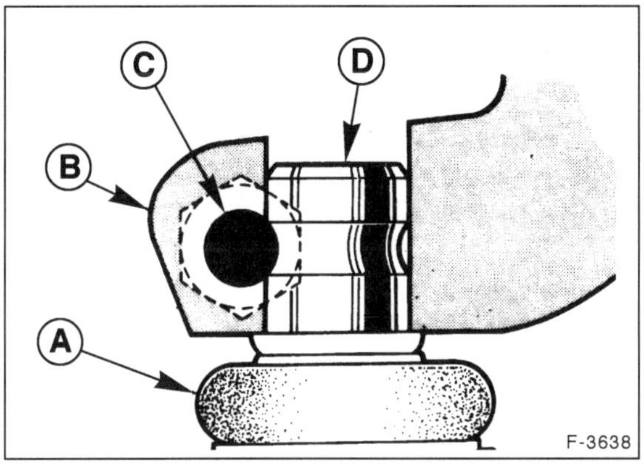

F-3638

- Querlenker bis zum Anschlag in das Schwenklager eindrücken. Bolzen –C– von vorn einsetzen, er greift in die Nut am Querlenkerzapfen ein. **Achtung:** Der Schraubenkopf soll, in Fahrtrichtung, nach vorn zeigen. Bolzenmutter mit **85 Nm** (bei neuem Kugelgelenk mit **60 Nm**) festziehen. Dabei darf sich der Bolzen nicht mitdrehen. A – Gummimanschette, B – Schwenklager, D – Gelenkzapfen.
- Spurstangenkopf am Schwenklager einsetzen, mit **25** bis **30 Nm** anschrauben und mit **neuem** Splint sichern. Neuen Splint durch die Bohrung schieben, Schenkel des Splintes umbiegen. Falls der Splint nicht durch die Bohrung geht, Schraube weiter anziehen, bis sich der Splint einsetzen läßt.
- Verbindungsstangen für Stabilisator mit **50 Nm** anschrauben.
- Vorderrad so ansetzen, daß die beim Ausbau angebrachten Markierungen übereinstimmen. Vorher Zentriersitz der Felge an der Radnabe mit Wälzlagerfett leicht einfetten. Rad anschrauben. Fahrzeug ablassen und Radmuttern über Kreuz mit **85 Nm** festziehen.
- Befestigungsschrauben für Querlenker am Hilfsrahmen festziehen. Zuerst Muttern der Schrauben nochmals ganz lösen und dann in 4 Stufen anziehen (Schrauben gegenhalten):
  1. Stufe: Mit Drehmomentschlüssel und **50 Nm** (bei Neuteilen **70 Nm**) anziehen.
  2. Stufe: Muttern vollständig lösen.
  3. Stufe: Mit **50 Nm** anziehen.
  4. Stufe: Mit starrem Schlüssel in einem Zug um **90°** (¼ Umdrehung) weiterdrehen.

Achtung: Dabei muß das Fahrzeug auf den Rädern stehen.

Schwenklager aus- und einbauen

Ausbau

- Achsmutter bei auf dem Boden stehendem Fahrzeug lösen, siehe Seite 120.
- Stellung des Vorderrades zur Radnabe mit Farbe kennzeichnen. Dadurch kann das ausgewuchtete Rad wieder in derselben Position montiert werden. Radmuttern bei auf dem Boden stehendem Fahrzeug lösen. Fahrzeug vorn aufbocken und Vorderrad abnehmen.
- Bremssattel ausbauen, siehe Seite 140.
- Bremssattel mit Draht am Innenkotflügel aufhängen, dabei Bremsschlauch nicht verdrehen oder auf Zug beanspruchen. Der Bremsschlauch bleibt angeschlossen, sonst muß die Bremsanlage nach dem Einbau entlüftet werden.
- Falls vorhanden, Mehrfachstecker für Bremsbelagverschleißanzeige abziehen.

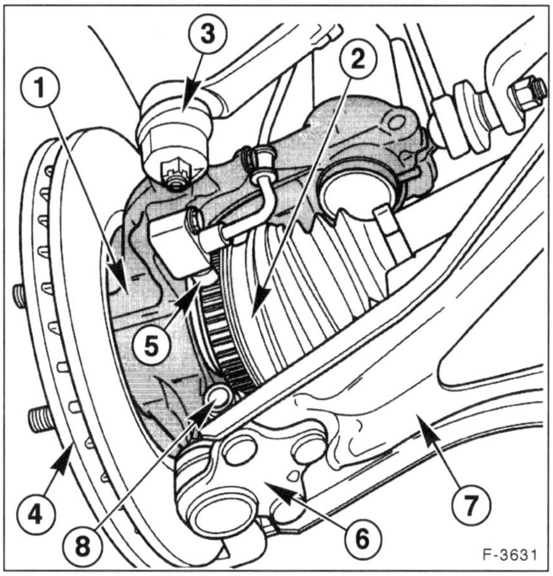

F-3631

1 – Schwenklager	5 – ABS-Sensor
2 – Gleichlaufgelenk außen	6 – Achsgelenk
3 – Spurstangenkopf	7 – Unterer Querlenker
4 – Bremsscheibe	8 – Klemmschraube

- Spurstangenkopf –3– vom Schwenklager –1– abdrücken, siehe Seite 134.
- Falls vorhanden, ABS-Sensor –5– vom Schwenklager abschrauben.
- Bremsscheibe –4– ausbauen, siehe Seite 143.
- Klemmschraube –8– und Mutter des Kugelgelenkes –6– für unteren Querlenker –7– am Schwenklager entfernen und Querlenker nach unten aus dem Schwenklager herausziehen. **Achtung:** Darauf achten, daß die Gummimanschette am Kugelgelenk nicht beschädigt wird. Zum Schutz mit Lappen umwickeln.
- Klemmschraube für Federbein am Schwenklager herausdrehen.

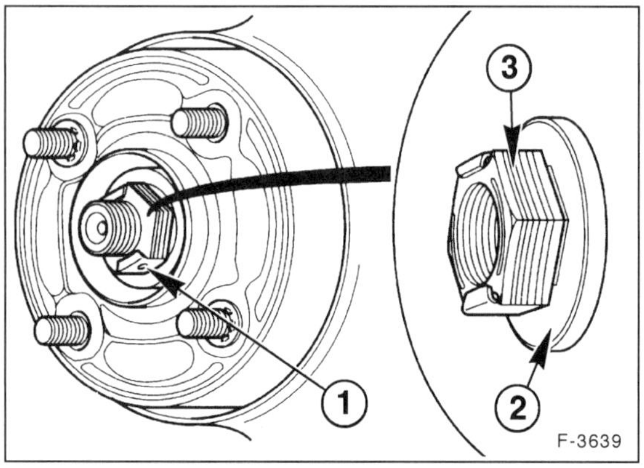

- Achsmutter –1– abschrauben. Die selbstsichernde Achsmutter –2– mit freidrehender Anlaufscheibe –3– kann 5mal wiederverwendet werden.
- Schwenklager mit handelsüblichem Abzieher von der Gelenkwelle abziehen.

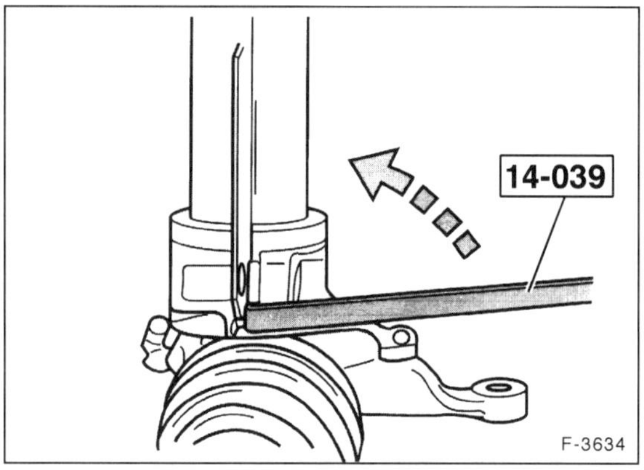

- Schwenklager spreizen und vom Federbein abnehmen. Dazu benutzen die FORD-Werkstätten das Spezialwerkzeug 14-039. Spreizwerkzeug in den Spalt des Schwenklagers einsetzen, Hebel wie in der Abbildung dargestellt, um 90° schwenken und dadurch Federbeinhalterung spreizen. Es geht auch mit einem geeigneten Meißel oder Montierhebel, in jedem Fall darauf achten, daß keine Bauteile beschädigt werden.

Einbau

- Schwenklager am Federbein aufschieben und ausrichten. Spreizwerkzeug abnehmen.
- **Neue** selbstsichernde Klemmschraube für Federbein am Schwenklager einsetzen, dabei sicherstellen, daß die Schraube durch den Schlitz in der Halterplatte geführt wird. Klemmschraube mit **85 Nm** festziehen.
- Schwenklager an der Gelenkwelle einziehen, siehe Seite 120.

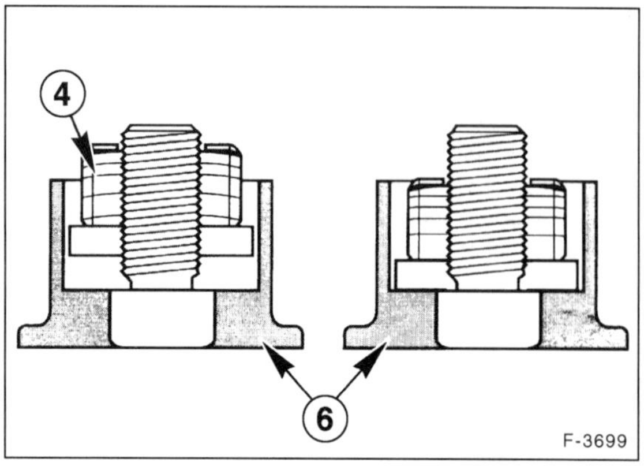

- Selbstsichernde Achsmutter –4– bis zur Anlage an der Radnabe –6– anschrauben, nicht festziehen.
- Querlenker-Kugelgelenk von unten in das Schwenklager einführen und Klemmschraube mit **85 Nm** (bei neuem Kugelgelenk mit **60 Nm**) festziehen.
- Falls ausgebaut, ABS-Sensor mit **10 Nm** anschrauben.
- Bremsscheibe einbauen und mit 2 **neuen** Clips sichern.
- Bremssattel einbauen, siehe Seite 140.
- Falls der Bremsschlauch gelöst war, Bremsanlage entlüften, siehe Seite 151.
- Falls vorhanden, Mehrfachstecker für Bremsbelagverschleißanzeige aufstecken.
- Spurstangenkopf am Schwenklager einsetzen, mit **25** bis **30 Nm** anschrauben und mit **neuem** Splint sichern.
- Vorderrad so ansetzen, daß die beim Ausbau angebrachten Markierungen übereinstimmen. Vorher Zentriersitz der Felge an der Radnabe mit Wälzlagerfett leicht einfetten. Rad anschrauben. Fahrzeug ablassen und Radmuttern über Kreuz mit **85 Nm** festziehen.
- Achsmutter mit **340 Nm** festziehen. **Achtung:** Dabei muß das Fahrzeug auf dem Boden stehen.
- Freigängigkeit von Bremsschlauch und ABS-Sensorleitung prüfen. Dazu durch Hilfsperson die Vorderräder bis zum Anschlag nach links und rechts einschlagen lassen.

Die Gelenkwellen

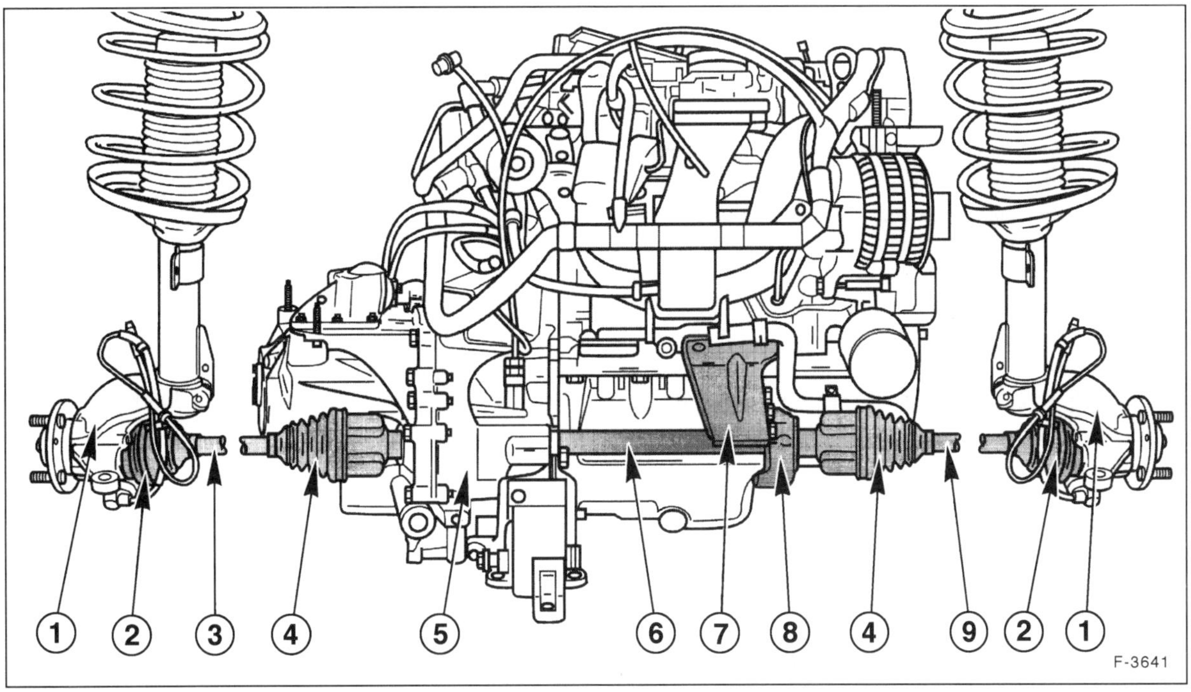

1 – Schwenklager
2 – Gelenkwellenstumpf
3 – Antriebsgelenk
4 – Linke Gelenkwelle
5 – MTX-75-Schaltgetriebe
6 – Zwischenwelle
7 – Halter für Zwischenwellenlager
8 – Zwischenwellenlager
9 – Rechte Gelenkwelle

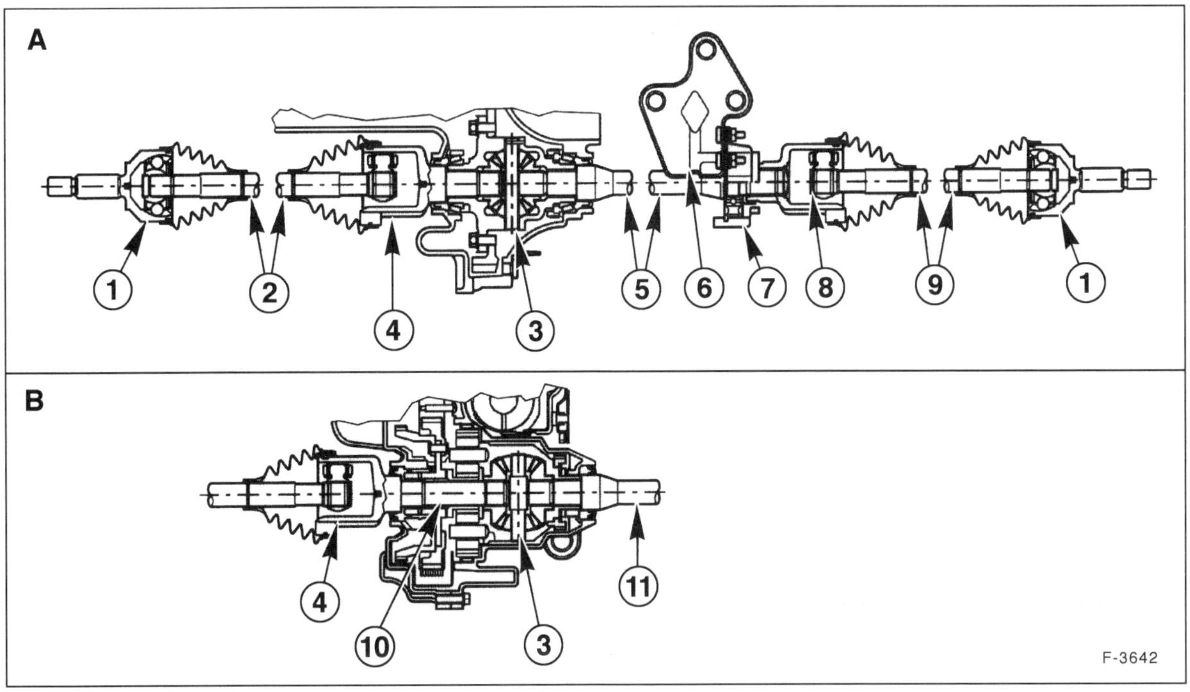

A – Mit MTX-75-Schaltgetriebe
B – Mit CD4E-Automatikgetriebe
1 – Gelenkwellenstumpf mit Außengelenk
2 – Linke Gelenkwelle
3 – Ausgleichgetriebe
4 – Antriebsgelenk (Tripoidgelenk) mit Außenverzahnung
5 – Zwischenwelle (MTX-75)
6 – Halter für Zwischenwellenlager
7 – Zwischenwellenlager
8 – Antriebsgelenk (Tripoidgelenk) mit Innenverzahnung
9 – Rechte Gelenkwelle
10 – Längerer Gelenkwellenstumpf (CD4E)
11 – Kürzere Zwischenwelle (CD4E)

Gelenkwelle aus- und einbauen

Ausbau

Achtung: Wenn nur die Manschetten erneuert werden sollen, braucht die Gelenkwelle nicht komplett ausgebaut zu werden, siehe entsprechendes Kapitel.

- **Achsmutter bei auf dem Boden stehendem Fahrzeug lösen**, siehe Seite 117.
- Stellung des Vorderrades zur Radnabe mit Farbe kennzeichnen. Dadurch kann das ausgewuchtete Rad wieder in derselben Position montiert werden. Radmuttern bei auf dem Boden stehendem Fahrzeug lösen. Fahrzeug vorn aufbocken und Vorderrad abnehmen.
- Bremssattel ausbauen, siehe Seite 140.
- Bremssattel mit Draht am Innenkotflügel aufhängen, dabei Bremsschlauch nicht verdrehen oder auf Zug beanspruchen. Der Bremsschlauch bleibt angeschlossen, sonst muß die Bremsanlage nach dem Einbau entlüftet werden.
- Falls vorhanden, Mehrfachstecker für Bremsbelagverschleißanzeige abziehen.
- Verbindungsstange für Querstabilisator abschrauben.

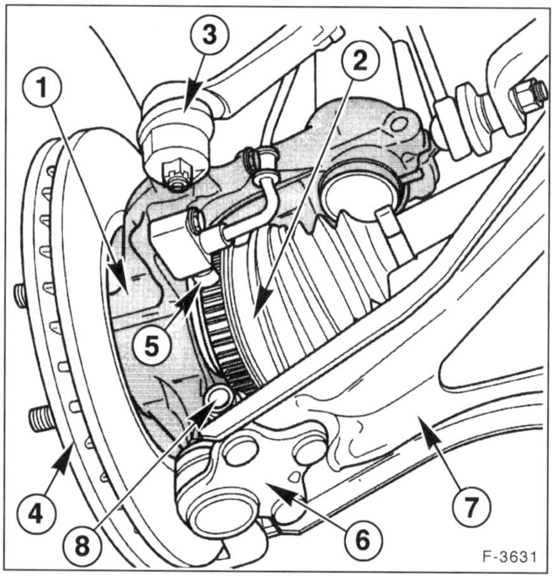

1 – Schwenklager	5 – ABS-Sensor
2 – Gleichlaufgelenk außen	6 – Achsgelenk
3 – Spurstangenkopf	7 – Unterer Querlenker
4 – Bremsscheibe	8 – Klemmschraube

- Spurstangenkopf –3– vom Schwenklager –1– abdrücken, siehe Seite 134.
- Falls vorhanden, ABS-Sensor –5– vom Schwenklager abschrauben.
- Bremsscheibe –4– ausbauen, siehe Seite 143.
- Klemmschraube –8– und Mutter des Kugelgelenkes –6– für unteren Querlenker –7– am Schwenklager entfernen und Querlenker nach unten aus dem Schwenklager herausziehen. **Achtung:** Darauf achten, daß die Gummimanschette am Kugelgelenk nicht beschädigt wird. Zum Schutz mit Lappen umwickeln.
- Klemmschraube für Federbein am Schwenklager herausdrehen.

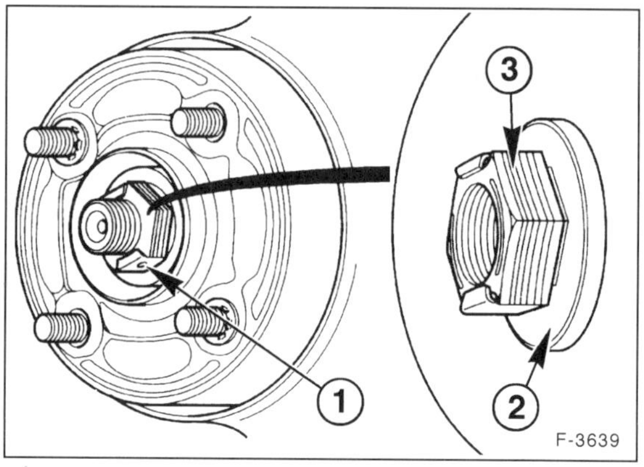

- Achsmutter –1– abschrauben. Die selbstsichernde Achsmutter –2– mit freidrehender Anlaufscheibe –3– kann 5mal wiederverwendet werden.
- Gelenkwelle mit handelsüblichem Abzieher aus dem Preßsitz der Radnabe abdrücken.

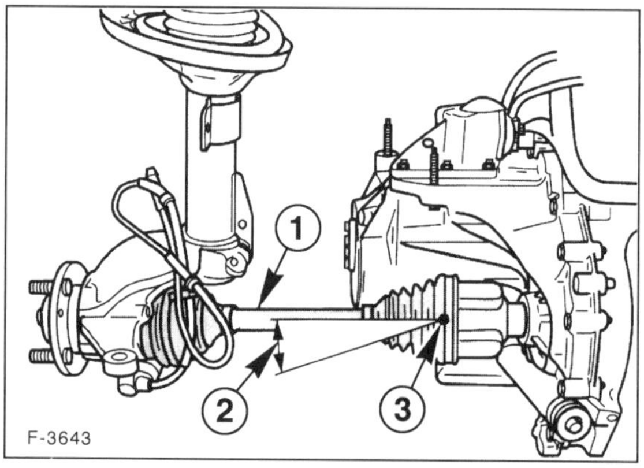

- Schwenklager nach außen ziehen und Gelenkwelle aus dem Schwenklager herausnehmen. Um eine unnötige Belastung des inneren Gelenks zu vermeiden, Gelenkwelle –1– mit Draht aufhängen. Der maximal zulässige Beugungswinkel –2– des getriebeseitigen Gelenkes –3– beträgt 18°, das äußere Gelenk hat einen Anschlag, jedoch nicht mit Gewalt gegen den Anschlag drücken.

Linke Gelenkwelle

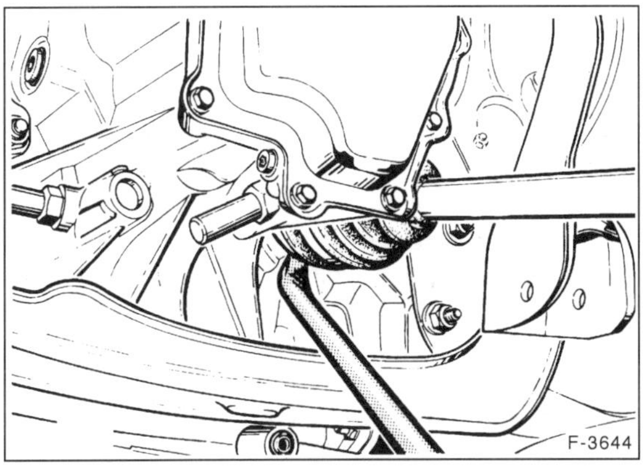

- Soll die Gelenkwelle komplett ausgebaut werden, großen Montierhebel zwischen Gelenk und Getriebegehäuse ansetzen. Hebel schwenken und damit Gelenk herausdrücken. **Achtung:** Dabei Holzzwischenlage verwenden, um Beschädigungen am Getriebe zu vermeiden. Nicht an der Gelenkwelle ziehen!

Rechte Gelenkwelle

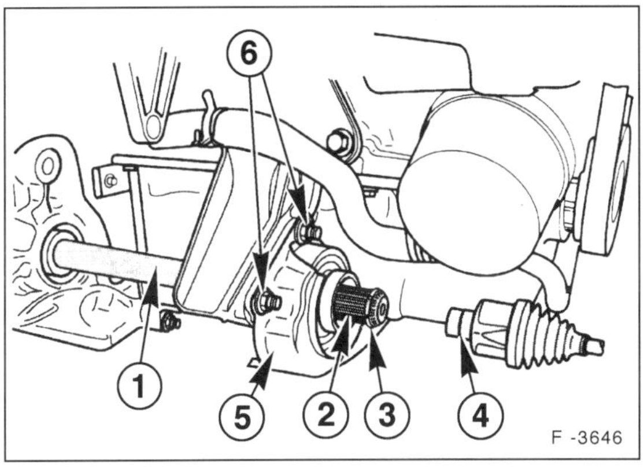

- Schrauben –6– für Mittellager lösen.
- Hitzeschutzschild –5– abnehmen. Beschädigtes (gebrochenes) einteiliges Hitzeschutzschild (bis 6/93) durch neues, zweiteiliges Hitzeschild ersetzen.
- Gelenkwelle –4– abziehen.

Einbau

- Vor dem Einbau Wellendichtringe auf Verschleiß überprüfen.

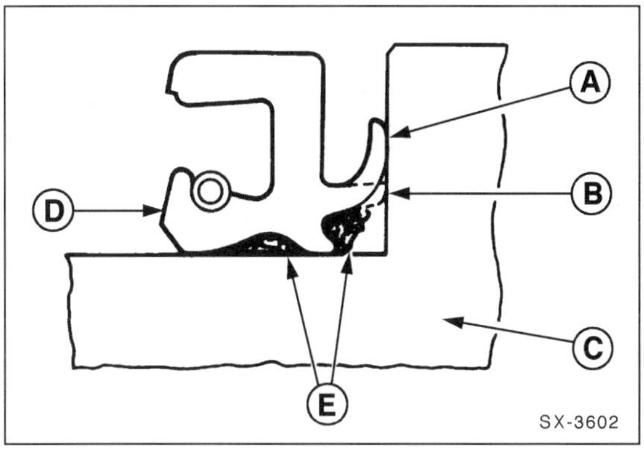

A – Dichtlippe neu, B – Dichtlippe verschlissen, C – Radnabe oder Gelenkwelle, D – Dichtring, E – Fett.

- Verschlissenen Dichtring mit Flachmeißel gleichmäßig heraustreiben. **Achtung:** Dabei Getriebegehäuse nicht beschädigen.

Achtung: Bei defektem oder verschlissenem Dichtring, Rollen und Lagerlaufringe auf Beschädigungen prüfen, gegebenenfalls ersetzen.

- Neuen Dichtring fetten, wie in der Abbildung gezeigt, und mit geeignetem Rohr gleichmäßig eintreiben.

Rechte Gelenkwelle

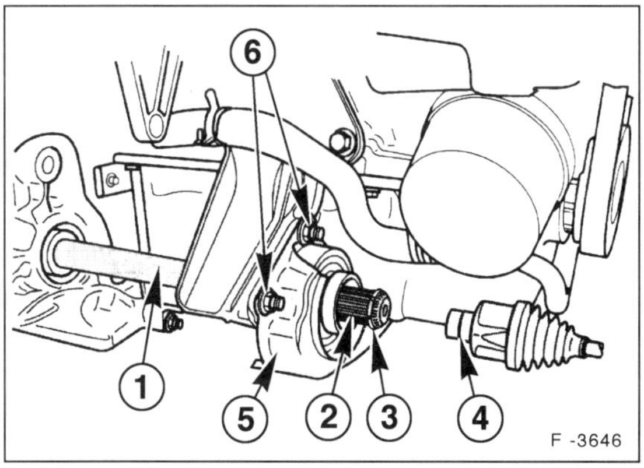

- Sicherungsring –3– ersetzen.
- Kerbverzahnung –2– der Zwischenwelle –1– reinigen und über den gesamten Umfang sorgfältig mit 6 bis 8 Gramm Spezialfett FORD-SQM1C-9004-A einfetten.
- Hitzeschutzschild –5– ansetzen und Schrauben –6– für Mittellager 30 Nm festziehen.
- Gelenkwelle –4– abziehen.

Linke Gelenkwelle

- Kerbverzahnung und Gewinde der Gelenkwelle reinigen und leicht einfetten.

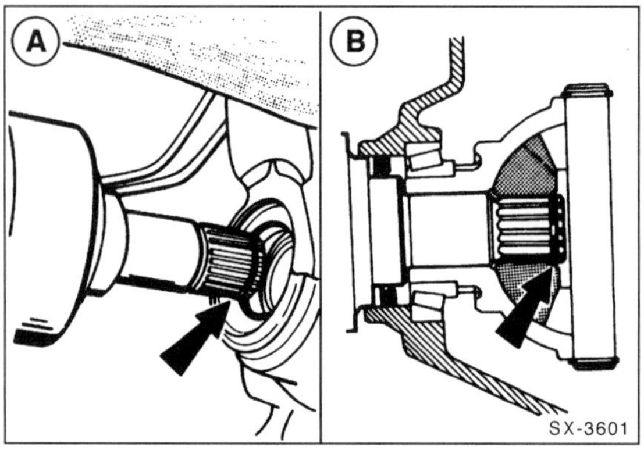

- Gelenkwelle mit neuem Sicherungsring –Pfeil A– in die Verzahnung des Antriebskegelrades einsetzen und durch kräftiges Drücken einrasten –Pfeil B–. Durch leichtes Ziehen und Drücken prüfen, ob die Welle einwandfrei sitzt.

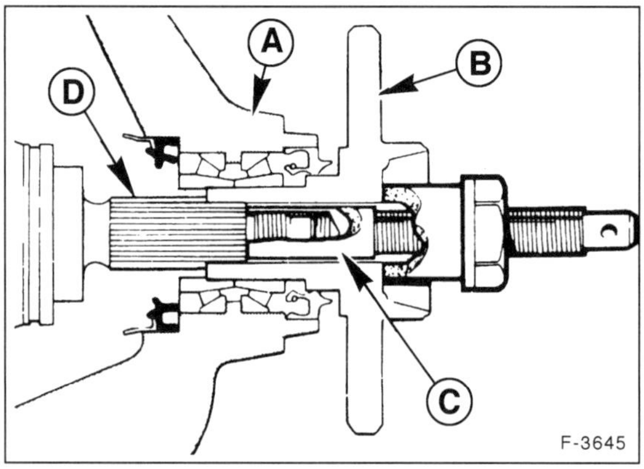

- Schwenklager –A– nach außen ziehen und Gelenkwelle von Hand in das Radlager einsetzen. Unterlegscheibe aufsetzen, bisherige Achsmutter ansetzen und durch Anschrauben der Mutter Radnabe –B– auf Gelenkwellenstumpf –D– aufziehen. Achsmutter nicht festziehen. Anschließend Achsmutter lösen und ersetzen.

Achtung: Falls sich die Mutter nicht ansetzen läßt, Nabe mit Spezialwerkzeug FORD 14-041 –C– bis zum Anschlag auf die Welle ziehen. Radnabe während dieses Vorgangs drehen, damit sich das Radlager gleichmäßig setzt. Werkzeug abnehmen, Achsmutter handfest bis zur Anlage an der Radnabe anschrauben, nicht festziehen.

- Querlenker-Kugelgelenk von unten in das Schwenklager einführen und Klemmschraube mit **85 Nm** (bei neuem Kugelgelenk mit **60 Nm**) festziehen.
- Falls ausgebaut, ABS-Sensor mit **10 Nm** anschrauben.
- Bremsscheibe einbauen und mit 2 **neuen** Clips sichern.
- Bremssattel einbauen, siehe Seite 140.
- Falls der Bremsschlauch gelöst war, Bremsanlage entlüften, siehe Seite 151.
- Falls vorhanden, Mehrfachstecker für Bremsbelagverschleißanzeige aufstecken.
- Spurstangenkopf am Schwenklager einsetzen, mit **25** bis **30 Nm** anschrauben und mit **neuem** Splint sichern. Neuen Splint durch die Bohrung schieben, Schenkel des Splintes umbiegen. Falls der Splint nicht durch die Bohrung geht, Schraube weiter anziehen, bis sich der Splint einsetzen läßt.
- Verbindungsstange für Stabilisator mit **50 Nm** anschrauben.
- Vorderrad so ansetzen, daß die beim Ausbau angebrachten Markierungen übereinstimmen. Vorher Zentriersitz der Felge an der Radnabe mit Wälzlagerfett leicht einfetten. Rad anschrauben. Fahrzeug ablassen und Radmuttern über Kreuz mit **85 Nm** festziehen.
- Achsmutter mit **340 Nm** festziehen. Zum Gegenhalten Handbremse anziehen und von Helfer die Fußbremse treten lassen, um das Vorderrad zu blockieren. **Achtung: Dabei muß das Fahrzeug auf dem Boden stehen.**
- Freigängigkeit von Bremsschlauch und ABS-Sensorleitung prüfen. Dazu durch Hilfsperson die Vorderräder bis zum Anschlag nach links und rechts einschlagen lassen.
- Getriebeölstand prüfen, gegebenenfalls auffüllen, siehe Seite 109.

Gelenkwellenmanschetten aus- und einbauen

Defekte Schutzhüllen sofort erneuern. Zum Erneuern der Schutzhüllen muß die Gelenkwelle zerlegt werden. Falls Schmutz in das Fett eingedrungen ist, Gelenk auswaschen und mit neuem Spezialfett schmieren. **Achtung:** Auf peinlichste Sauberkeit achten. Jede noch so geringe Verschmutzung führt zur Zerstörung des Gelenkes.

Fett-Spezifikation: FORD-SQM-1C9004-A
Füllmenge für inneres Gelenk: 180 Gramm
Füllmenge für inneres Gelenk: 100 Gramm

Defekte Kugeln im Lager machen sich durch Lastwechselschlagen und Geräusche bemerkbar. In diesem Fall ist das Gelenk auszutauschen.

Achtung: Bei Fahrzeugen mit höherer Laufleistung empfiehlt es sich, beide Gummimanschetten auszuwechseln. Auch wenn beide Faltenbälge erneuert werden sollen, immer nur ein Gelenk ausbauen.

Ausbau

- Einbaulage der Manschetten mit einem Filzstift markieren.
- Federbein komplett mit Schwenklager und Gelenkwelle ausbauen, siehe Seite 112.

Achtung: Darauf achten, daß die Gleichlaufrollen nicht herunterfallen.

- Gleichlaufrollen abnehmen.
- Gelenkwelle zwischen Schutzbacken in einen Schraubstock einspannen.
- Inneres Tripodegelenk abziehen, vorher Sicherungsring mit geeigneter Zange spreizen und abnehmen. Einbauposition des Gelenks mit Filzstift markieren. Zum Ausbau ist unter Umständen ein geeigneter Abzieher erforderlich.
- Schlauchklemmen für Manschetten mit Seitenschneider aufschneiden und abnehmen.
- Gummimanschetten abnehmen.

Einbau

- Gelenkwellenoberfläche leicht einfetten, damit die Manschette leichter rutscht.

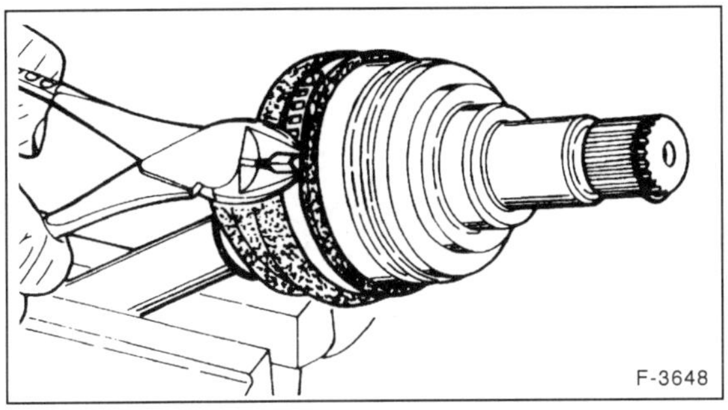

- Äußere Manschette in die Ringnut des Gelenks drücken. Dabei einen kleinen Schraubendreher am großen Durchmesser unter den Sitz der Manschette schieben und dadurch Manschette belüften. Manschette entsprechend der angebrachten Markierungen ausrichten. Auf ausreichende Fettfüllung des Gelenks achten.

Achtung: Der Faltenbalg darf nach der Montage nicht eingezogen sein.

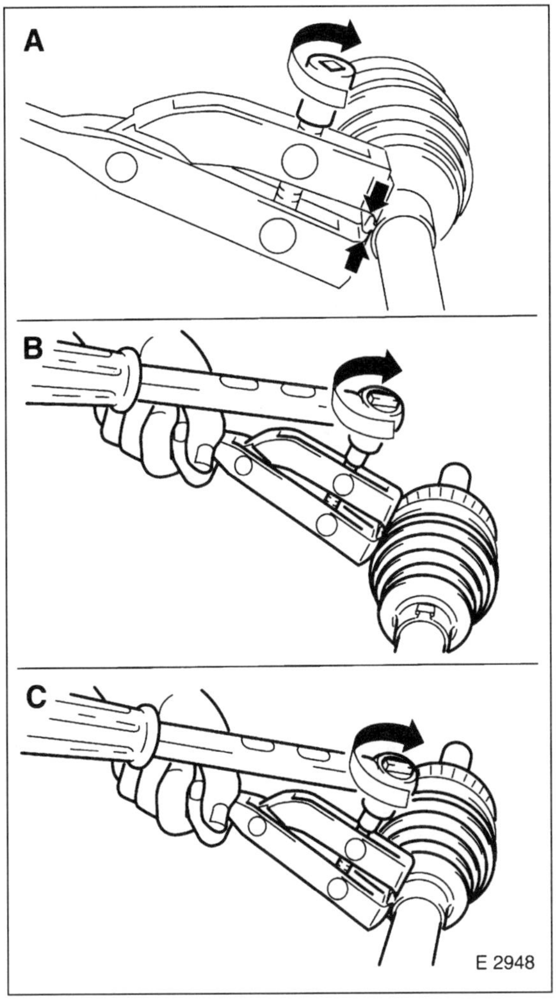

- Spannbänder in die Ringnuten der Manschette einlegen und mit Zange HAZET 1847 spannen. Zange wie in Abbildung gezeigt ansetzen, die Schneiden der Zange müssen in den Ecken –Pfeile– anliegen. In dieser Stellung Schraube der Zange mit Drehmomentschlüssel und **20 Nm** anziehen und dadurch Spannbänder spannen.

Achtung: Das Gewinde der Zange muß leichtgängig sein, gegebenenfalls vorher mit MoS_2-Fett schmieren.

- Innere Manschette über die Welle schieben, entsprechend der angebrachten Markierung ausrichten und am kleinen Durchmesser mit Halteband und **20 Nm** befestigen.

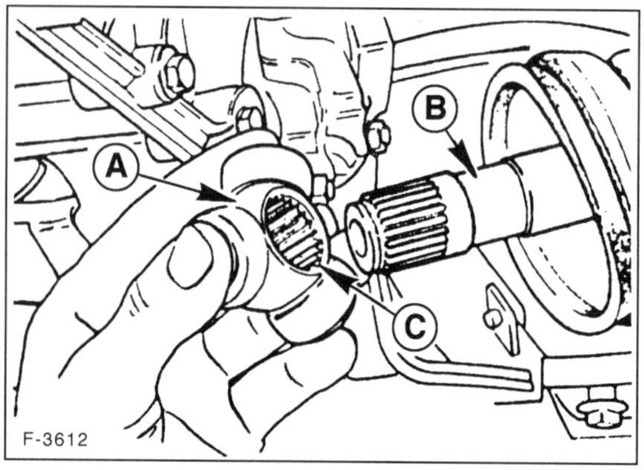

- Inneres Gelenk: Tripode –A– auf die Gelenkwelle –B– schieben und mit **neuem** Sicherungsring –C– sichern. Dabei auf die beim Ausbau angebrachte Markierung beachten. Tripodestern gegebenenfalls mit einem geeigneten Rohr bis zum Anschlag auftreiben. **Achtung:** Dabei Lagersitz der Gleichlaufrollen nicht beschädigen.
- Gleichlaufrollen mit Spezialfett SQM-1C9004-A aufsetzen.
- Federbein mit Schwenklager und Gelenkwelle einbauen, siehe Seite 112.
- Manschette am inneren Gelenk aufschieben. Dabei einen kleinen Schraubendreher unter den Sitz der Manschette schieben und dadurch Manschette entlüften. Tripodegelenk bis zum Anschlag nach innen schieben und anschließend um 20 mm herausziehen. Schraubendreher in dieser Position abnehmen. Manschette entsprechend der angebrachten Markierung ausrichten. Auf ausreichende Fettfüllung des Gelenks achten.
- Halteband in die Ringnut der Manschette einlegen und mit Spezialzange FORD-14-044 spannen. Dabei Spannschraube mit Drehmomentschlüssel und **20 Nm** anziehen.
- Vorderrad so ansetzen, daß die beim Ausbau angebrachten Markierungen übereinstimmen. Vorher Zentriersitz der Felge an der Radnabe mit Wälzlagerfett leicht einfetten. Rad anschrauben. Fahrzeug ablassen und Radmuttern über Kreuz mit **85 Nm** festziehen.
- Obere Mutter für Federbein mit **45 Nm** festziehen.
- Freigängigkeit von Bremsschlauch und ABS-Sensorleitung prüfen. Dazu durch Hilfsperson die Vorderräder bis zum Anschlag nach links und rechts einschlagen lassen.

Das Radlager

Defekte Radlager machen sich folgendermaßen bemerkbar: Geräusche in engen Kurven; Schwergängigkeit des Rades bei gelöster Bremse. Die Radlager sitzen so fest im Schwenklager, daß sie nur mit geeigneten Einziehwerkzeugen fachgerecht montiert werden können. Diese Arbeiten sollten der FORD-Werkstatt überlassen werden. Zum Ersetzen der Radlager müssen zuvor das gesamte Schwenklager ausgebaut und die Radnabe herausgedrückt werden.

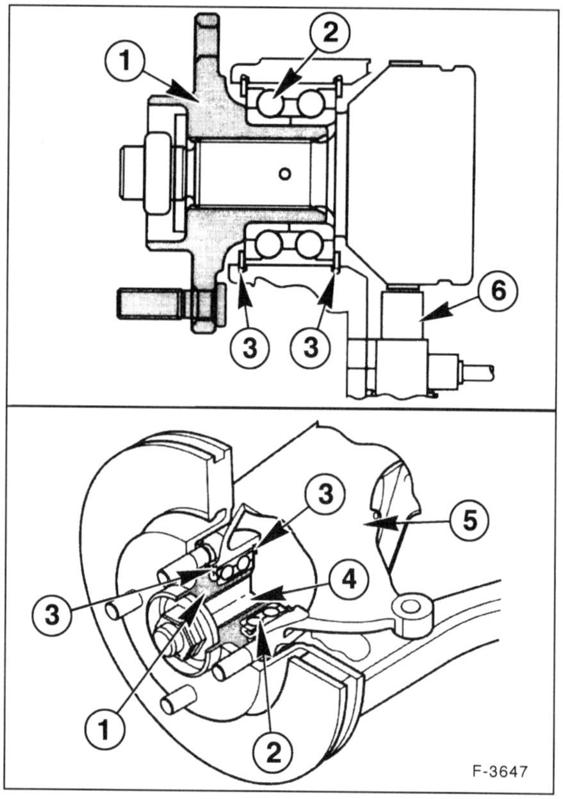

1 – Radnabe
2 – Radlager (Doppelrillen-Kugellager)
3 – Sprengringe
4 – Gelenkwellenstumpf
5 – Schwenklager
6 – ABS-Sensor

Hinterachse

Die hinteren Radführungselemente sind an einem separaten Rahmen (Querträger) befestigt. Jeweils zwei untenliegende Querlenker und ein Federbein übernehmen die Radführung, eine lange Zugstrebe nimmt die Belastungen in Längsrichtung (Bremskräfte) auf. Ein zusätzlicher Querstabilisator sorgt für reduzierte Seitenneigung der Karosserie bei Kurvenfahrt.

Bei der 4x4-Variante wird die Konstruktion lediglich durch einen zusätzlichen Träger ergänzt, der das Hinterachsdifferential aufnimmt. Auch dieses Bauteil ist durch seine Lagerung in Gummielementen vollständig von der Karosserie abgeschirmt.

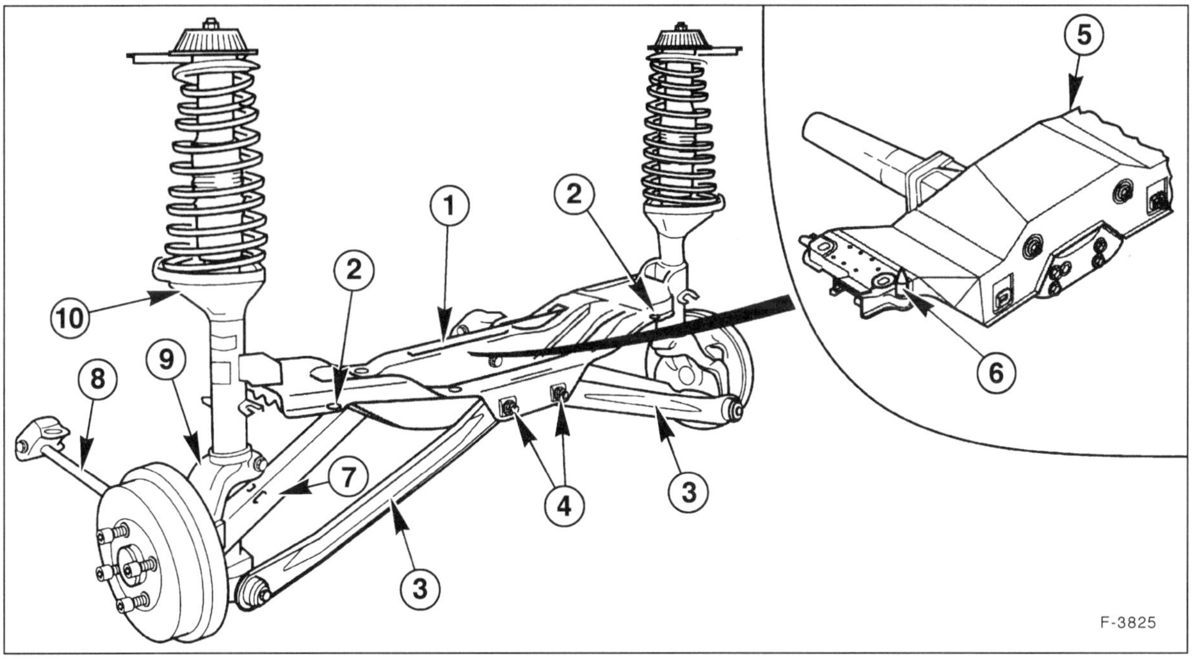

1 – Querträger
Achtung: Um Beschädigungen zu vermeiden, Fahrzeug niemals am Querträger abstützen.
2 – Führungslöcher
Zur paßgenauen Montage des Querträgers an der Bodengruppe.
3 – Hinterer Querlenker
4 – Exzenterschrauben/Mutter für Spureinstellung
5 – Querträger für 4x4-Limousine
6 – Führungsbolzen (4x4)
Zur paßgenauen Montage des Querträgers an der Bodengruppe.
7 – Vorderer Querlenker
8 – Zugstrebe
9 – Achsschenkel
10 – Federbein

Hinterachs-Aufhängung

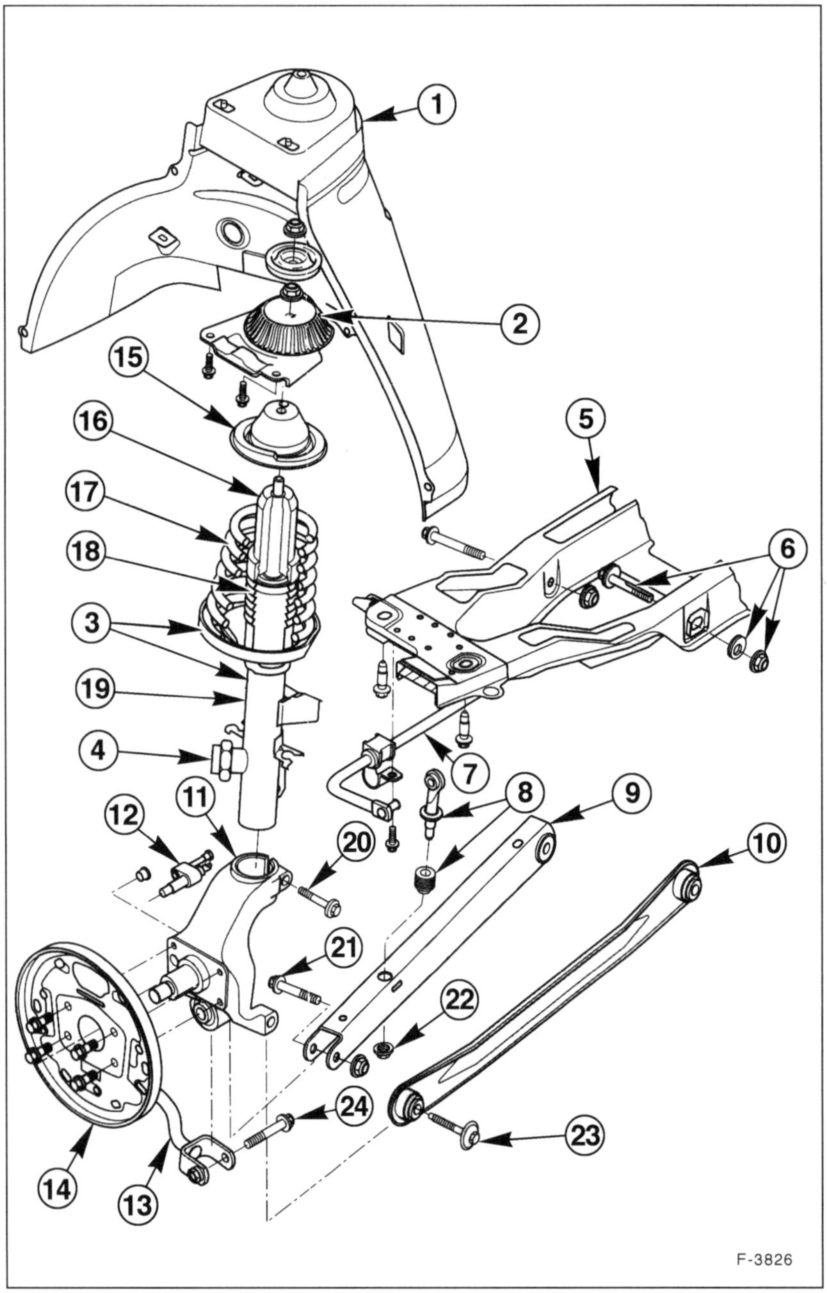

1 – **Federbeindom (Radhaus)**

2 – **Oberes Federbein-Stützlager**
Das Stützlager ist mit 2 Schrauben an der Karosserie befestigt. Das Formteil des Stützlagers paßt genau in die entsprechende Aufnahme des Radhauses und hält das Federbein exakt in Position.

3 – **Federbein**

4 – **Magnetventil für Adaptives Dämpfungssystem**

5 – **Hinterachs-Querträger**

6 – **Exzenterbolzen/-scheibe**
Für Spureinstellung.

7 – **Querstabilisator, 25**
Schrauben nur bei auf dem Boden stehendem Fahrzeug anziehen.

8 – **Verbindungsstück, 35 Nm**
Für Stabilisatorbefestigung.

9 – **Vorderer Querlenker**

10 – **Hinterer Querlenker**

11 – **Achsschenkel**

12 – **ABS-Radsensor, 10 Nm**

13 – **Zugstrebe**

14 – **Bremsträgerplatte**

15 – **Oberer Federteller**

16 – **Anschlagpuffer**
Begrenzt den Federweg beim Einfedern. Der Federweg beim Ausfedern wird durch innere Anschläge begrenzt.

17 – **Konische Schraubenfeder**

18 – **Manschette für Stoßdämpfer-Kolbenstange**

19 – **Stoßdämpfer**

20 – **Klemmschraube, 85 Nm**
Für Federbein an Achsschenkel.

21 – **Schraube, 85 Nm**
Beim Festziehen muß das Fahrzeug auf den Rädern stehen.

22 – **Mutter, 35 Nm**
Beim Festziehen muß das Fahrzeug auf den Rädern stehen.

23 – **Schraube, 120 Nm**
Beim Festziehen muß das Fahrzeug auf den Rädern stehen.

24 – **Schraube, 120 Nm**
Beim Festziehen muß das Fahrzeug auf den Rädern stehen.

Federbein aus- und einbauen

Achtung: Das Federbein kann auf 2 verschiedene Arten ausgebaut werden. Die 2. Möglichkeit steht am Ende des Kapitels.

Ausbau

- Stellung des Hinterrades zur Radnabe mit Farbe kennzeichnen. Dadurch kann das ausgewuchtete Rad wieder in derselben Position montiert werden. Radmuttern bei auf dem Boden stehendem Fahrzeug lösen. Fahrzeug vorn aufbocken und Hinterrad abnehmen.
- Falls vorhanden, ABS-Sensor vom Achsschenkel abschrauben, Kabel am Federbein ausclipsen.
- Falls vorhanden, Mehrfachstecker der elektronischen Stoßdämpferanpassung abziehen und Kabel am Federbein ausclipsen.

Fahrzeuge mit Scheibenbremse

- Bremssattel ausbauen, siehe Seite 147.
- Bremssattel mit Draht am Innenkotflügel aufhängen, dabei Bremsschlauch nicht verdrehen oder auf Zug beanspruchen. Der Bremsschlauch bleibt angeschlossen, sonst muß die Bremsanlage nach dem Einbau entlüftet werden.

Fahrzeuge mit Trommelbremse

- Bremsschlauch mit geeigneter Klammer abklemmen.
- Bremsleitung vom Halter am Federbein abschrauben.
- Befestigungsclip für Bremsschlauch am Federbein abziehen.

- Verbindungsstück für Querstabilisator vom vorderen Querlenker abschrauben.

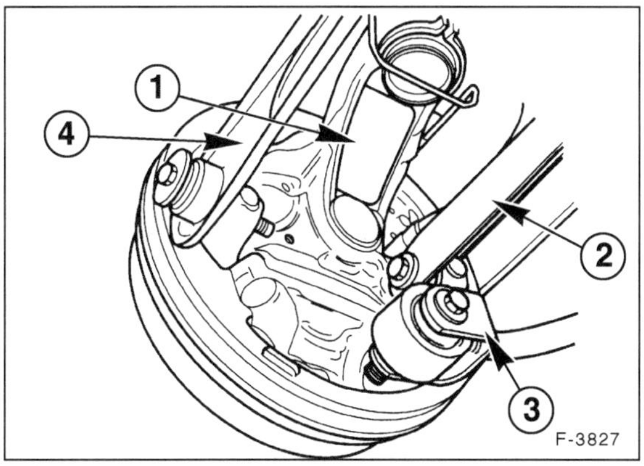

F-3827

- Zugstrebe –3– vom Achsschenkel –1– abschrauben.
- Vorderen –2– und hinteren Querlenker –4– vom Achsschenkel abschrauben.
- Klemmschraube für Federbein am Achsschenkel herausdrehen.

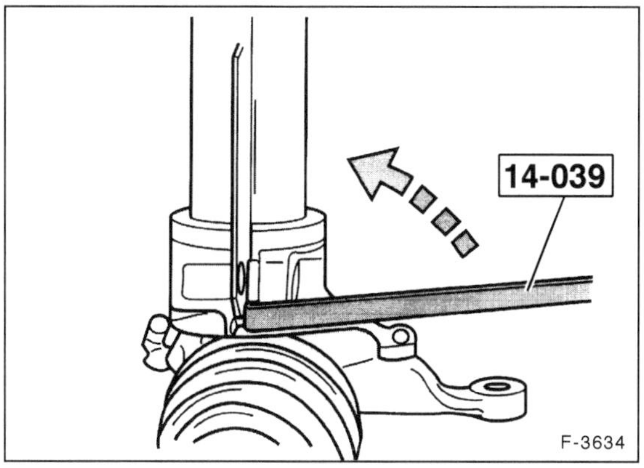

F-3634

- Achsschenkel spreizen und nach unten vom Federbein abziehen. Achsschenkel gut abstützen beziehungsweise aufhängen, damit der Bremsenzug nicht beschädigt wird. Zum Spreizen des Achsschenkels benutzen die FORD-Werkstätten das Spezialwerkzeug 14-039. Spreizwerkzeug in den Spalt des Schwenklagers einsetzen, Hebel wie in der Abbildung dargestellt, um 90° schwenken und dadurch Federbeinhalterung spreizen. Es geht auch mit einem geeigneten Meißel oder Montierhebel, in jedem Fall darauf achten, daß keine Bauteile beschädigt werden.
- Schraubenfeder mit 2 schlanken Federspannern zusammendrücken. Die FORD-Werkstatt verwendet dazu das Werkzeug 14-02.
- Oberes Federbein-Stützlager innen im Radhaus mit 2 Schrauben abschrauben und Federbein abnehmen.

Einbau

- Federbein in das Radhaus einführen, dabei Formteil des Stützlagers in die Aufnahme im Radhaus einsetzen. Stützlager mit **30 Nm** anschrauben.
- Feder entspannen und Federbein auf Querträger setzen.
- Achsschenkel am Federbein aufschieben. Spreizwerkzeug abnehmen.
- **Neue** selbstsichernde Klemmschraube für Federbein am Achsschenkel einsetzen, dabei sicherstellen, daß die Schraube durch den Schlitz in der Halterplatte geführt wird. Klemmschraube mit **85 Nm** festziehen.
- Vorderen und hinteren Querlenker am Achsschenkel anschrauben. **Achtung:** Querlenker erst festziehen, wenn das Fahrzeug auf den Rädern steht.
- Zugstrebe am Achsschenkel anschrauben, nicht festziehen.
- Verbindungsstück für Stabilisator am vorderen Querlenker anschrauben, nicht festziehen.
- **Trommelbremse:** Bremsschlauch anschließen. Dabei darauf achten, daß **Bremsschlauch und Verlängerung nicht unter Spannung stehen oder verformt sind.** Bremsanlage entlüften, siehe Seite 151.
- **Scheibenbremse:** Bremssattel einbauen, siehe Seite 147.

- Falls vorhanden, Mehrfachstecker der elektronischen Stoßdämpferanpassung aufstecken und Kabel am Federbein einclipsen.
- Falls ausgebaut, ABS-Sensor mit **10 Nm** anschrauben.
- Hinterrad so ansetzen, daß die beim Ausbau angebrachten Markierungen übereinstimmen. Vorher Zentriersitz der Felge an der Radnabe mit Wälzlagerfett leicht einfetten. Rad anschrauben. Fahrzeug ablassen und Radmuttern über Kreuz mit **85 Nm** festziehen.
- Folgende Schrauben und Muttern mit richtigem Anzugsdrehmoment festziehen. **Achtung:** Das Fahrzeug muß dabei auf den Rädern stehen:
  Vorderer Querlenker an Achsschenkel: .... **85 Nm**
  Hinterer Querlenker an Achsschenkel: .... **120 Nm**
  Zugstrebe an Achsschenkel: .... **120 Nm**
  Verbindungsstück an Querlenker: .... **35 Nm**

Federbeinausbau, 2. Möglichkeit

- Fahrzeug aufbocken.
- Querträger der Hinterachse sicher abstützen.
- 4 Befestigungsschrauben für Querträger herausdrehen und Querträger absenken.
- Klemmschraube für Federbein am Achsschenkel herausdrehen.
- Achsschenkel mit FORD-Werkzeug 14-039 spreizen und nach unten vom Federbein abziehen.
- Federbein abschrauben und herausnehmen.
- Federbein im Radhaus anschrauben.
- Achsschenkel aufschieben und Klemmschraube mit **85 Nm** festziehen.

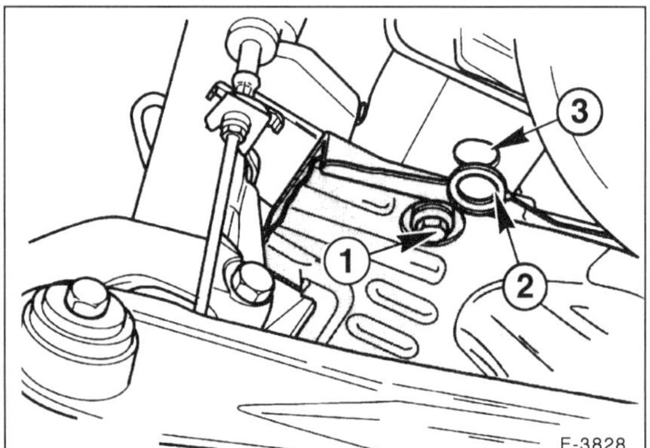

F-3828

- Querträger anheben, an der Bodengruppe anhand der Führungslöcher –2/3– beziehungsweise -bolzen (4x4) ausrichten und mit 4 Schrauben –1– und **120 Nm** anschrauben.
- Fahrzeug ablassen.
- Spureinstellung hinten in der Werkstatt prüfen, gegebenenfalls korrigieren lassen.

Hinteres Federbein zerlegen/ Stoßdämpfer/Schraubenfeder aus- und einbauen

Ausbau

- Federbein ausbauen, siehe Seite 127.

Achtung: Um den Stoßdämpfer ausbauen zu können, **muß die Schraubenfeder mit einem geeigneten Federspanner vorgespannt werden.**

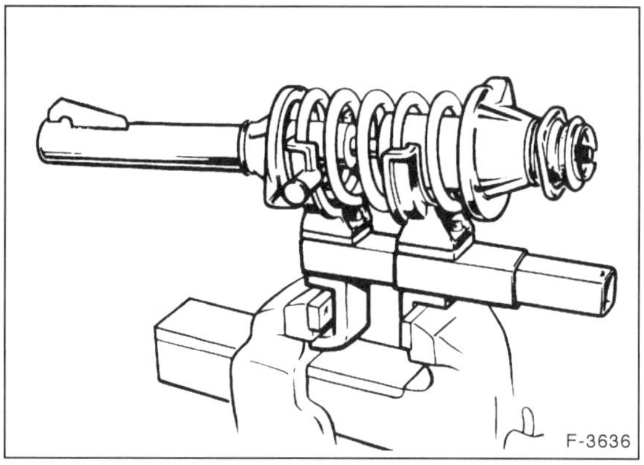
F-3636

- Federspanner in einen Schraubstock einspannen.
- Federbein in den Federspanner einsetzen und Feder langsam und gleichmäßig zusammenpressen, bis die obere Federauflage entlastet ist.

Achtung: Falls ein handelsüblicher Federspanner verwendet wird, der in die Windungen der Feder eingreift, darauf achten, daß die Federwindungen sicher umfaßt werden und der Federspanner nicht abrutschen kann. Feder grundsätzlich an 3 gegenüberliegenden Seiten spannen. Die Schraubenfeder steht unter großer Vorspannung, deshalb nur stabiles Werkzeug verwenden. Keinesfalls Feder mit Draht zusammenbinden. Unfallgefahr!

Achtung: Die Befestigungsmutter des Stützlagers darf nur dann gelöst werden, wenn die Feder sicher gespannt ist.

- Befestigungsmutter für Stützlager abschrauben.
- Abdeckung für Stützlager abnehmen.
- Stützlager und oberen Federteller abnehmen.

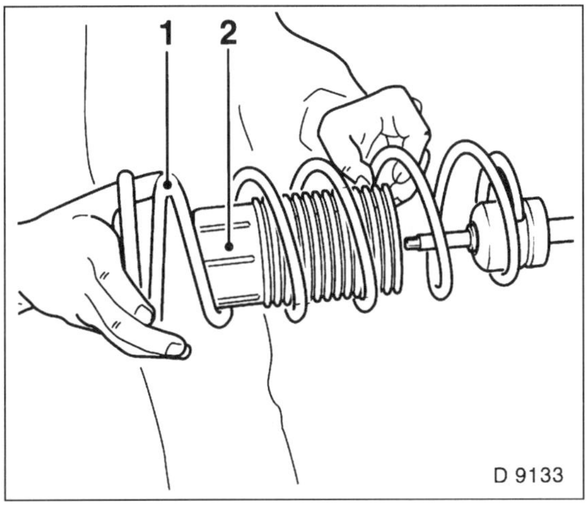

- Falls nur die Feder ausgewechselt werden soll, Feder –1– langsam entspannen und mit Faltenbalg –2– abnehmen. Soll dagegen nur der Stoßdämpfer ersetzt werden, bleibt die Feder gespannt.
- Gummipuffer von der Kolbenstange abziehen.

Einbau

- Vor Einbau Stoßdämpfer prüfen, siehe Seite 115.
- Falls erforderlich, neue Schraubenfeder spannen. **Achtung:** Beim Nachkauf einer Feder beachten, daß je nach Modell Federn unterschiedlicher Stärke eingebaut sind.
- Anschlagpuffer über die Kolbenstange schieben.
- Staubmanschette aufsetzen.
- Stoßdämpfer durch die Feder schieben. Darauf achten, daß die Schraubenfeder an der Einprägung der unteren Federauflage richtig anliegt.
- Oberen Federteller so ansetzen, daß das Ende der Feder an der Einprägung des Federtellers richtig anliegt.
- Stützlager und Abdeckung aufschieben. Mutter mit **50 Nm** anschrauben.
- Schraubenfeder langsam entspannen. Dabei sicherstellen, daß die Enden der Feder und die Lager korrekt im Formteil der Federauflagen sitzen.
- Federbein einbauen, siehe Seite 127.

Hinterachse MONDEO TURNIER

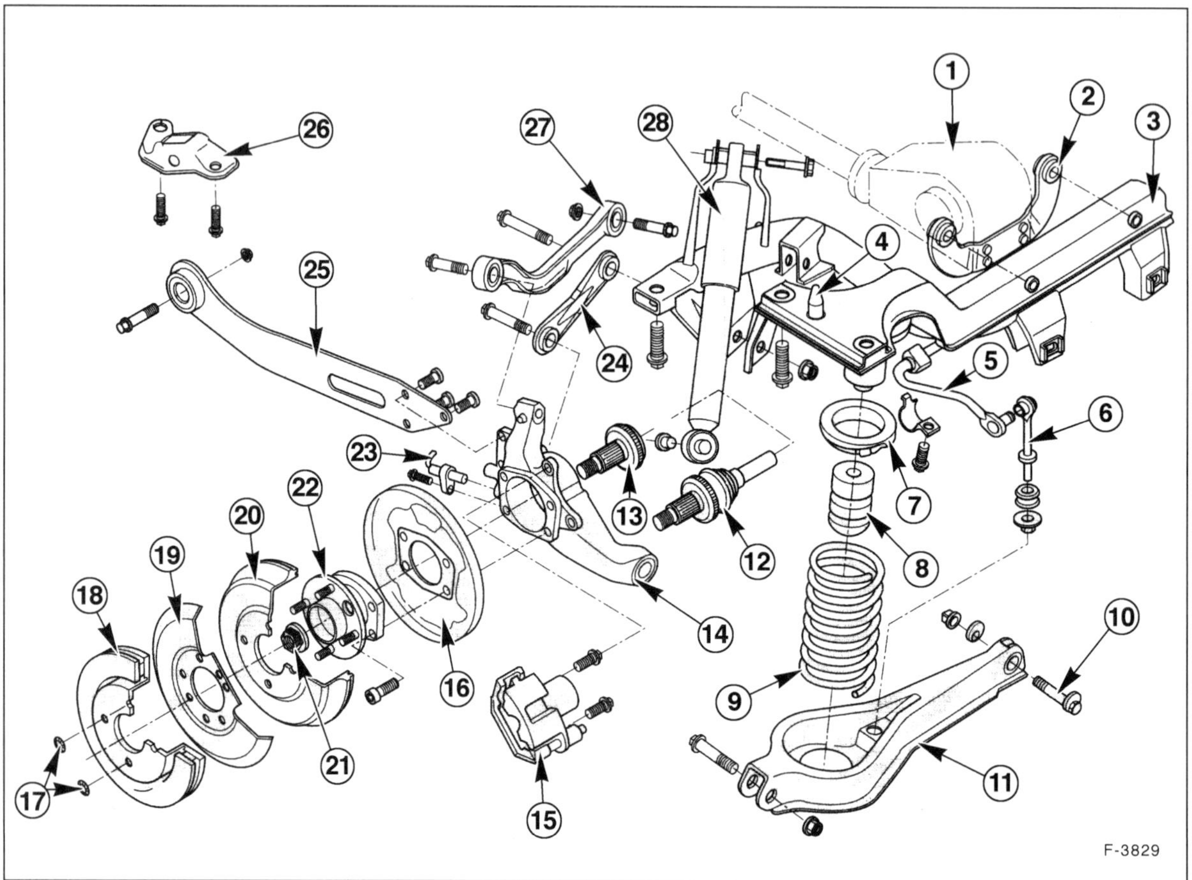

1 – Ausgleichgetriebe (nur 4x4)
2 – Halter für Ausgleichgetriebe (nur 4x4)
3 – Hinterachs-Querträger
Achtung: Fahrzeug nicht am Querträger anheben oder abstützen.
4 – Führungsbolzen für die Montage des Querträgers an die Bodengruppe
5 – Querstabilisator
6 – Verbindungsstück für Stabilisator
7 – Oberer Federsitz
8 – Anschlagpuffer
9 – Schraubenfeder
10 – Exzenterbolzen/-scheibe für Spureinstellung
11 – Hinterer Querlenker unten
12 – Hinterachswelle (nur 4x4)
13 – Achsstummel für Radnabe (nur Zweiradantrieb)
14 – Achsschenkel
15 – Bremssattel
16 – Bremsträgerplatte
17 – Sicherung für Bremstrommel
18 – Bremsscheibe (modellabhängig)
19 – Abschirmblech für Bremsscheibe
20 – Bremstrommel (modellabhängig)
21 – Achsmutter
Achtung: Zum Festziehen der Mutter muß das Fahrzeug auf den Rädern stehen.
22 – Radnabe/Radlager-Einheit
23 – ABS-Radsensor
24 – Vorderer kurzer Querlenker
25 – Zugstrebe, 120 Nm
26 – Aufnahme für Zugstrebe, 85 Nm
27 – Vorderer langer Querlenker
28 – Stoßdämpfer
Beim Ausbau unteren Lenker mit Wagenheber abstützen. Zuerst untere Schraube, dann obere Schraube herausdrehen. Obere und untere Schrauben mit **85 Nm** festziehen.

Lenkung

Die Lenkung besteht aus dem Lenkrad, der Lenkspindel, dem Lenkgetriebe mit Servounterstützung und den Spurstangen. Das Lenkrad ist auf der Lenkspindel aufgeschraubt, die zum Lenkgetriebe führt. Über eine Verzahnung wird im Lenkgetriebe eine Zahnstange hin- und herbewegt.

Die Zahnstange ist an jedem Ende über ein Kugelgelenk mit den Spurstangen verbunden. Diese übertragen die Lenkkräfte über Spurstangengelenke und Schwenklager auf die Vorderräder.

Die Zahnstangenlenkung sollte leichtgängig und spielfrei von Anschlag zu Anschlag sein. Sie ist wartungsfrei, allerdings

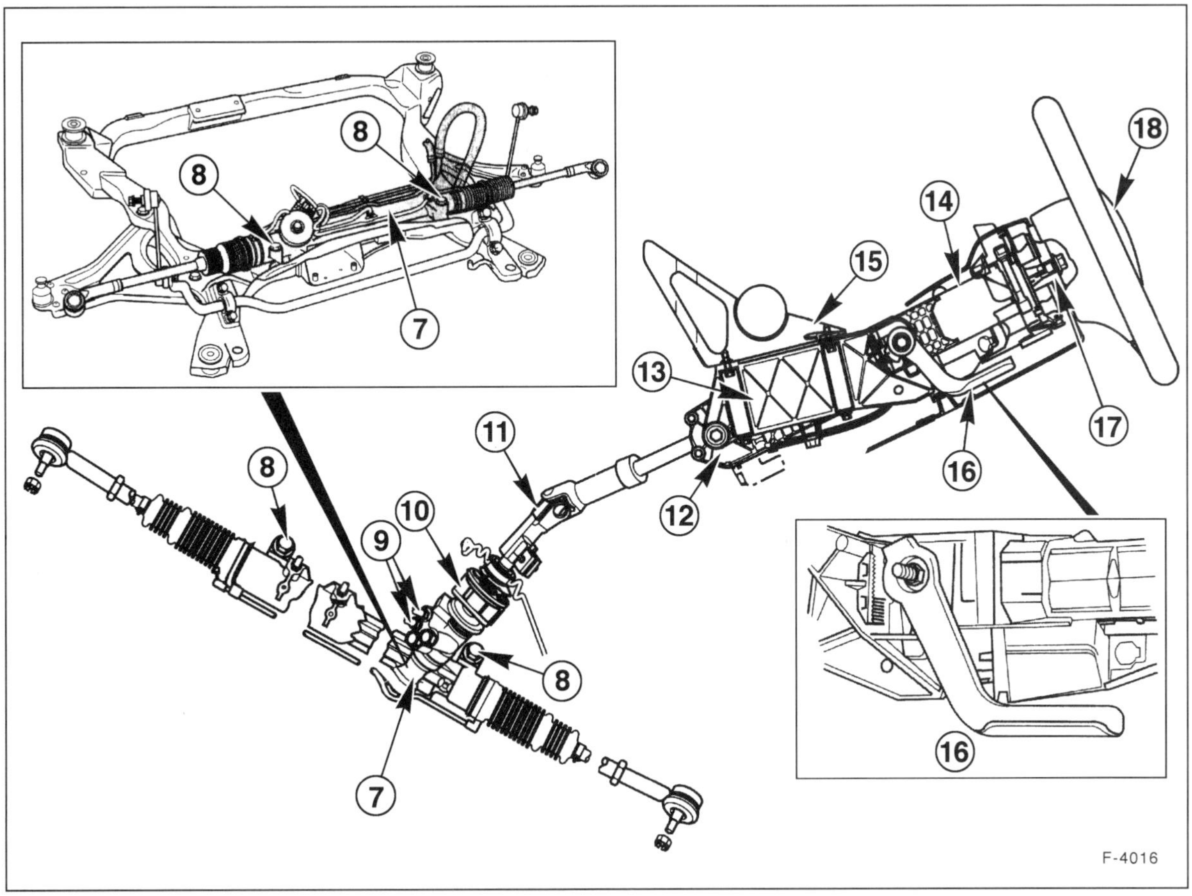

7 – Lenkgetriebe
8 – Befestigungsschrauben für Lenkgetriebe an Hilfsrahmen
9 – »Quick-fit«-Anschlüsse für Rohrleitungen am Lenkgetriebe
10 – Lenkspindelkupplung
11 – Lenkzwischenwelle
12 – Lenkungs-Positions-Sensor (modellabhängig)
13 – Lenkspindel
14 – Lenkgehäuse
15 – Befestigungshalter
16 – Hebel für Lenksäulenverstellung
17 – Wickelfeder für Horn/Airbag
18 – Lenkrad

müssen die Abdicht-Manschetten auf einwandfreien Zustand geprüft werden.

Achtung: Selbstsichernde Muttern immer ersetzen. Schweiß- und Richtarbeiten an Lenkungsteilen sind nicht zulässig. Bei mangelnder Erfahrung sowie größeren Reparaturen ist eine Fachwerkstatt aufzusuchen.

Die Bedienung der Lenkung wird durch eine **hydraulische Lenkhilfe** erleichtert. Die hydraulische Lenkhilfe (Servolenkung) sorgt dafür, daß der Kraftaufwand beim Einschlagen der Lenkung möglichst gering gehalten wird. Die Lenkhilfe besteht aus der Ölpumpe, dem Vorratsbehälter und den Öldruckleitungen. Angetrieben wird die Ölpumpe vom Motor über den Keilriemen. Die Pumpe saugt das Hydraulik-öl aus dem Vorratsbehälter an und fördert es mit hohem Druck zum Ventilkörper. Der Ventilkörper sitzt im Lenkgetriebe. Er ist mit der Lenkspindel mechanisch verbunden und leitet das Öl je nach Lenkeinschlag in die entsprechende Seite des Arbeitszylinders. Dort drückt das Öl gegen den Zahnstangenkolben und unterstützt dadurch die Lenkbewegung. Gleichzeitig preßt der Kolben das Öl auf der anderen Seite des Arbeitszylinders durch die Rücklaufleitung zurück zum Nachfüllbehälter.

Je nach Modell ist der MONDEO mit einem oder mehreren Airbags ausgestattet. Während der Fahrer-**Airbag** im Lenkrad integriert ist, befindet sich der Beifahrer-Airbag rechts in der Armaturentafel. Die Seitenairbags sind jeweils an der Türseite in den Rückenlehnen der Vordersitze untergebracht. Im Fall einer stärkeren Kollision werden die Airbags beziehungsweise Seitenairbags ausgelöst: Über ein Steuergerät wird eine kleine Sprengladung in der Airbag-Einheit gezündet, die Abgase der Explosion blasen den Luftsack innerhalb weniger Millisekunden auf. Diese Zeit reicht aus, den Aufprall des nach vorn oder zur Seite schnellenden Körpers zu dämpfen. Der Airbag fällt innerhalb einiger Sekunden wieder in sich zusammen, da die Gase durch Austrittsöffnungen entweichen.

Sicherheitsmaßnahmen zum Airbag/ pyrotechnischen Gurtstraffer

- Austausch- und Überprüfungsarbeiten am Airbag-System dürfen nur von der Fachwerkstatt durchgeführt werden. Grundsätzlich dürfen keinerlei Veränderungen vorgenommen werden.
- **Achtung: Bevor eine Steckverbindung für Fahrer-, Beifahrer-, Seitenairbag oder pyrotechnischen Gurtstraffer getrennt wird, die folgenden 3 Punkte unbedingt beachten:**
  - **Masseband (–) von der Batterie abklemmen**, dabei Hinweise im Kapitel »Batterie aus- und einbauen« beachten.
  - **Minuspol der Batterie isolieren**, damit ein versehentlicher Kontakt ausgeschlossen ist.
  - **Mindestens 15 Minuten warten**, bis sich der Kondensator für die Rückhaltesysteme (Airbag/pyrotechnischer Gurtstraffer) entladen hat.
- Die Polsterplatte des Lenkrades darf weder beklebt noch überzogen oder andersweitig bearbeitet werden. Sie darf nur mit einem trockenen oder einem durch Wasser angefeuchteten Tuch sowie mit einem vom Fahrzeughersteller freigegebenen Reiniger gereinigt werden.
- Wurde aufgrund eines Unfalls der Airbag ausgelöst, müssen Steuergerät, Kabelstrang für Airbag, Airbag-Einheit und Kontakteinheit durch Neuteile ersetzt werden (Werkstattarbeit).
- Die Airbag-Einheit ist immer so aufzubewahren, daß die gepolsterte Seite nach oben zeigt.
- Eine nicht ausgelöste, ausgebaute Airbag-Einheit muß bei länger andauernder Fahrzeug-Reparatur unter Verschluß gelagert werden.
- Airbag-Einheit nicht mit Fett, Reinigungs- oder ähnlichen Mitteln (aggressiven Stoffen) behandeln.
- Airbag-Einheit und Steuergerät sind schlagempfindlich. Falls sie von einer größeren Höhe als 50 cm herunterfallen, dürfen diese nicht mehr eingebaut werden. Bei geringerer Höhe Airbag in der Werkstatt prüfen lassen.
- Auf Rückenlehnen mit Seitenairbag dürfen keine Zubehör-Sitzbezüge oder -Schonbezüge aufgezogen werden. Ein Aufkleber an der unteren Sitzabdeckung über dem Ablagefach weist darauf hin, ob ein Seitenairbag eingebaut ist.
- Bei Schweißarbeiten muß die Polklemme des Schweißgerätes unmittelbar an der Schweißstelle angebracht werden. Auf jeden Fall Batterie-Massekabel abklemmen. Minuspol an der Batterie isolieren, mindestens 15 Minuten warten und Airbag-Steckverbindungen zu den Gasgeneratoren trennen, siehe auch Punkte am Kapitelanfang.
- Auf keinen Fall darf der Airbag selbst entsorgt werden. Explosionsgefahr!

Lenkrad aus- und einbauen

Achtung: Sicherheitsmaßnahmen zum Airbag beachten, siehe Seite 132.

Ausbau

- Räder in Geradeausstellung bringen.
- Batterie-Massekabel (–) abklemmen. **Achtung:** Beim Abklemmen der Batterie erlischt die Radio-Diebstahlcodierung. Siehe Hinweise »Batterieausbau«.
- Minuspol der Batterie isolieren, damit ein versehentlicher Kontakt ausgeschlossen ist.
- Mindestens 15 Minuten warten, bis sich der Kondensator für die Rückhaltesysteme entladen hat.

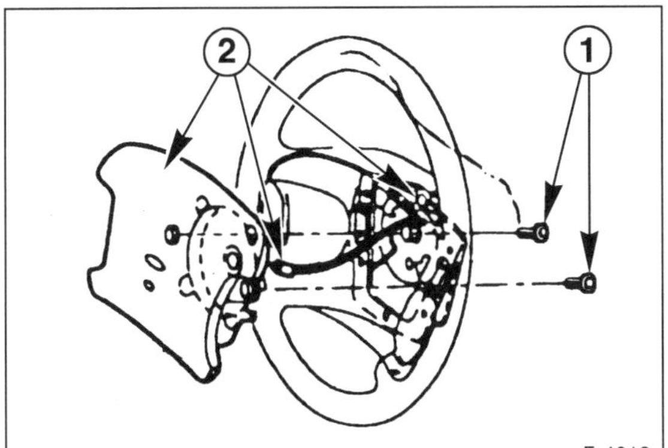

F-4018

- Airbag ausbauen. Dazu 2 Befestigungsschrauben –1– von hinten (Armaturenbrettseite) herausschrauben.
- Airbag vorsichtig anheben. Mehrfachstecker für Airbag und Hupenstecker abziehen –2–.

Achtung: Nach dem Ausbau muß der Airbag für den Fall eines unbeabsichtigten Auslösens mit nach unten gerichtetem Mechanismus abgelegt werden.

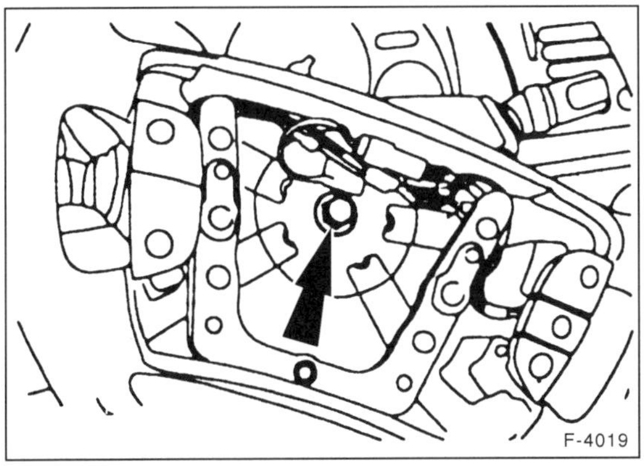
F-4019

- Schraube für Lenkrad herausdrehen, dabei Lenkrad von Hand festhalten.
- Stellung des Lenkrades zur Lenkspindel markieren. Dazu mit Filzstift einen Strich über Lenkrad und Lenkspindel ziehen.
- Lenkrad von der Lenkspindel abziehen. Dazu ist eine kräftige Person erforderlich, da das Lenkrad recht fest sitzt.

Einbau

- Prüfen, ob sich der Blinkerhebel in Mittelstellung befindet, sonst kann beim Aufschieben des Lenkrades der Nocken beschädigt werden.
- Lenkrad so auf den Konus der Lenkspindel aufschieben, daß der obere Teil der Speichen waagerecht steht.
- Sechskantschraube für Lenkrad mit **50 Nm** anschrauben.
- Mehrfachstecker für Airbag und Hupenstecker aufschieben.
- Airbag vorsichtig einsetzen und anschrauben.
- Obere und untere Lenksäulenverkleidung einbauen.
- Batterie-Massekabel (–) anklemmen.
- Zeituhr einstellen.
- Diebstahlcode für Radio eingeben.
- Probefahrt durchführen und bei Geradeausfahrt Stellung des Lenkrades überprüfen. Die oberen Lenkradspeichen müssen waagerecht stehen.
- Falls das Lenkrad um mehr als 30° schräg steht, Lenkrad versetzen. Bei geringerer Schrägstellung, Lenkrad einrichten.
- Automatische Rückstellung des Blinkerschalters prüfen.

Lenkrad einrichten

Das Lenkrad muß eingerichtet werden, wenn es um weniger als 30° schräg steht. Bei einer Abweichung von der Mittelstellung um mehr als 30°, Lenkrad auf der Lenkspindel versetzen bis die Abweichung unter 30° liegt, dann Lenkrad einrichten.

F-4020

- Stellung des Lenkrades prüfen. Dazu Probefahrt auf gerader, ebener Straße durchführen. Bei Geradesausfahrt muß der obere Teil der Lenkradspeichen waagerecht stehen. Gegebenenfalls Abweichung der Lenkradspeichen notieren.
- Fahrzeug aufbocken.

- Position der Spurstangenköpfe auf der Spurstange markieren. Dazu mit Filzstift einen Strich über beide Teile ziehen.

- Beide Kontermuttern –1– der Spurstangenköpfe und die äußeren Schellen der Gummimanschetten lösen.
- Beide Spurstangen in die gleiche Richtung drehen; etwa 30° für jedes Grad der Lenkradabweichung. Bei einer Lenkradabweichung im Uhrzeigersinn, Spurstangen in Richtung –A– drehen. Bei einer Lenkradabweichung entgegen dem Uhrzeigersinn, Spurstangen in Richtung –B– drehen. In der Abbildung ist die rechte Spurstange gezeigt.

Achtung: Beide Spurstangen müssen in die **gleiche Richtung** und um die **gleiche Umdrehungszahl** gedreht werden, sonst verstellt sich die Spur.

Beispiel:

Lenkradabweichung = 3° im Uhrzeigersinn
1° Lenkradabweichung ≙ 30° Spurstange drehen
3° Lenkradabweichung ≙ 3 x 30° = 90° Spurstange drehen
In diesem Fall beide Spurstangen in Richtung –A– um 90° (1/4 Umdrehung) verdrehen.

- Kontermuttern für Spurstangenköpfe mit **40 Nm** festziehen.
- Gummimanschetten mit **neuen** Schellen festziehen.
- Fahrzeug ablassen.
- Probefahrt durchführen und Lenkradstellung erneut prüfen.

Spurstangengelenk aus- und einbauen

Ausbau

- Stellung der Vorderräder zur Radnabe mit Farbe kennzeichnen. Dadurch kann das ausgewuchtete Rad wieder in derselben Position montiert werden. Radmuttern bei auf dem Boden stehendem Fahrzeug lösen. Fahrzeug vorn aufbocken und Vorderräder abnehmen.

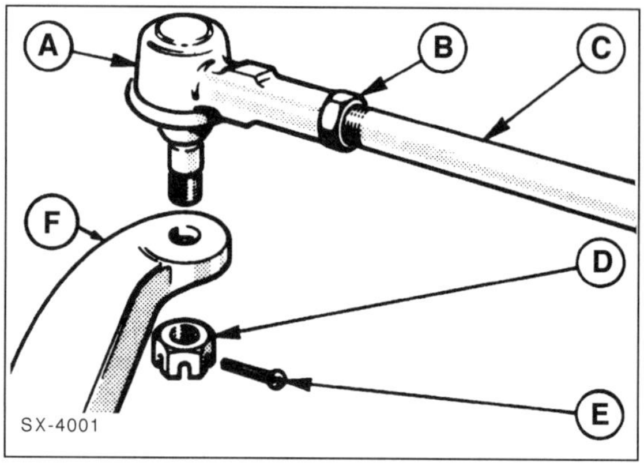

- Spurstangengelenk –A– vom Lenkhebel –F– abschrauben, dazu Splint –E– herausziehen und Kronenmutter –D– rausdrehen. B – Kontermutter, C – Spurstange.

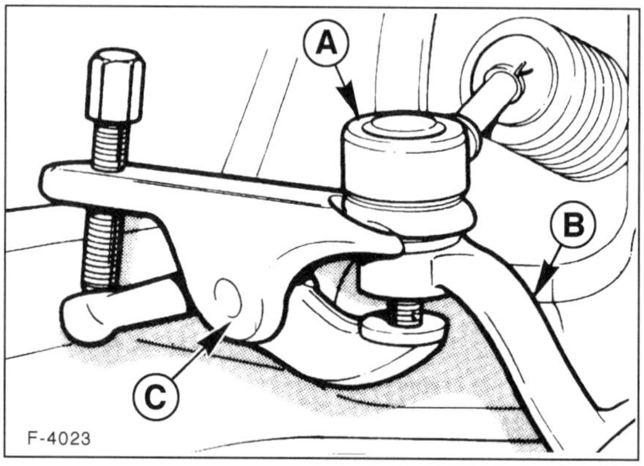

- Spurstangengelenk –A– mit handelsüblichem Ausdrücker –C– ausdrücken. B – Lenkhebel.
- Kontermutter lösen und Spurstangengelenk von der Spurstange abschrauben. **Achtung:** Umdrehungen notieren und Gelenk beim Einbau gleich weit einschrauben.

Einbau

- Spurstangengelenk entsprechend den gezählten Umdrehungen aufschrauben und mit Kontermutter sichern. Mutter nicht festziehen.
- Gelenk in den Lenkhebel einsetzen.
- Kronenmutter mit **30 Nm** anziehen und mit **neuem** Splint sichern. Geht der Splint nicht durch die Bohrung, Mutter nicht lösen, sondern weiter festziehen, bis der Splint durchgeht,.

- Vorderräder so ansetzen, daß die beim Ausbau angebrachten Markierungen übereinstimmen. Vorher Zentriersitz der Felge an der Radnabe mit Wälzlagerfett leicht einfetten.
- Räder anschrauben. Fahrzeug ablassen und Radmuttern über Kreuz mit **85 Nm** festziehen.
- Fahrzeug etwas hin- und herschaukeln, damit sich die Federung setzt.
- Spureinstellung überprüfen und Kontermutter am Spurstangengelenk mit **40 Nm** festziehen.

Gummimanschette für Lenkung aus- und einbauen

Ausbau

- Spurstangengelenk ausbauen.
- Schellen an beiden Enden der Manschette lösen. Klemmschellen mit Seitenschneider durchkneifen beziehungsweise Schraubschellen lösen. Drahtschellen beim Einbau durch Schraubschellen ersetzen.
- Gummimanschette abziehen.

Achtung: War die Manschette schon längere Zeit defekt, kann davon ausgegangen werden, daß Verunreinigungen eingedrungen sind. Diese wirken zusammen mit dem Fett wie Schleifpaste und zerstören das Lenkgetriebe. In diesem Fall, wie auch bei Rostspuren an der Zahnstange, ist das Lenkgetriebe zu überholen (Werkstattarbeit).

Einbau

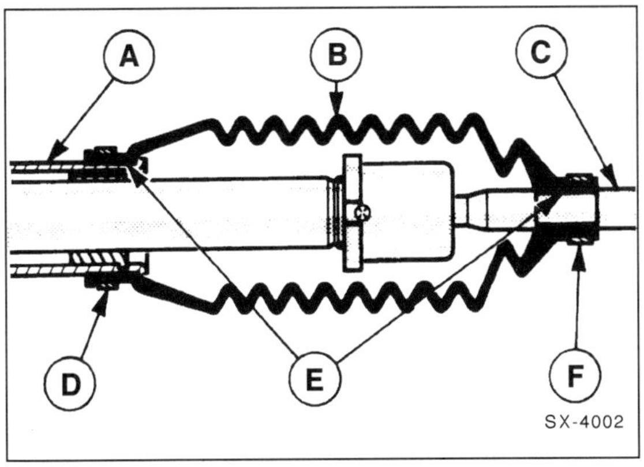

- Spurstange –C– leicht einfetten.
- Manschette –B– innen am Bund etwas fetten –E– und über die Spurstange –C– aufziehen.
- Manschette am Zahnstangengehäuse –A– mit Schelle –D– befestigen.
- Spurstangengelenk einbauen.
- Manschette auf der Spurstange mit Schraubschelle –F– befestigen, dabei muß der Bund der Manschette fest in der Nut der Spurstange sitzen.
- Fahrzeug ablassen.
- Spur prüfen, gegebenenfalls einstellen.
- Prüfen ob die Gummimanschette nicht verdreht ist. Anschließend äußere Schraubschelle festziehen.

Lenkhilfepumpe aus- und einbauen

Die Lenkhilfepumpe (Pumpe der Servolenkung) sitzt links vorn an der Stirnseite des Motors. Sie wird über den Keilrillenriemen angetrieben, der auch den Generator beziehungsweise den Klimakompressor antreibt.

Achtung: Nach Einbau der Lenkhilfepumpe Verlegung von Druck- und Rücklaufleitung prüfen. Die Leitungen dürfen nicht an Karosserie, Hilfsrahmen, Kabelsträngen, Bremsleitungen oder Kühlmittelleitungen anliegen, sonst können bei niedrigen Drehzahlen Geräusche an der Pumpe auftreten.

Ausbau Benzinmotor

- Batterie-Massekabel (–) abklemmen. **Achtung:** Beim Abklemmen der Batterie erlischt die Radio-Diebstahlcodierung. Siehe Hinweise »Batterieausbau«.
- Leitungshalter für Druckleitung zum Lenkgetriebe abbauen. Dazu Mutter und Schraube an der Motorhebeöse sowie Schraube aus dem Pumpenhalter herausdrehen.

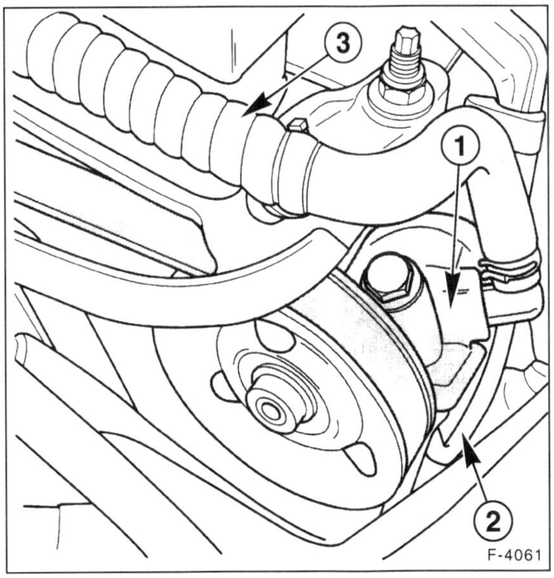

- Auffangbehälter unter die Lenkhilfepumpe stellen und das beim Lösen der Leitungen austretende Hydrauliköl auffangen.
- Schlauch –3– vom Vorratsbehälter an der Pumpe abziehen, vorher Schlauchschelle lösen.
- Druckleitung –2– abschrauben.
- Keilriemen ausbauen, siehe Seite 42.
- Von vorn 3 Schrauben durch die Bohrungen in der Keilriemenscheibe herausdrehen. Riemenscheibe entsprechend drehen, um Zugang zu den vorderen Schrauben zu erhalten.

- 1 Schraube von hinten herausdrehen und Lenkhilfepumpe aus dem Motorraum herausnehmen.

Einbau

- Lenkhilfepumpe einsetzen, 4 Schrauben mit **25 Nm** festziehen.
- Hydraulikleitung mit **neuem** O-Ring an die Pumpe anschrauben.
- Schlauch vom Vorratsbehälter an der Pumpe aufstecken und mit Schelle sichern.
- Keilriemen einbauen, siehe Seite 42.
- Vorratsbehälter mit **neuer** Hydraulikflüssigkeit auffüllen. **Spezifikation:** Hydrauliköl entsprechend FORD-Spezifikation ESPM-2C-166H.

Achtung: Grundsätzlich nur neues Öl nachfüllen, da selbst kleinste Verunreinigungen zu Störungen an der hydraulischen Anlage führen können. Darauf achten, daß das Hydrauliköl vor dem Einfüllen nicht geschüttelt wird, da es sonst zur Bildung von Luftblasen kommt.

- Öl langsam einfüllen, um die Entstehung von Luftblasen zu vermeiden.
- Batterie-Massekabel (–) anklemmen.
- Zeituhr einstellen.
- Diebstahlcode für Radio eingeben.
- Lenksystem entlüften.

Ausbau Dieselmotor

- Batterie-Massekabel (–) abklemmen. **Achtung:** Beim Abklemmen der Batterie erlischt die Radio-Diebstahlcodierung. Siehe Hinweise »Batterieausbau«.

- Obere Riemenabdeckung –1– mit 2 Schrauben abschrauben.
- Auffangbehälter unter die Lenkhilfepumpe stellen und das beim Lösen der Leitungen austretende Hydrauliköl auffangen.
- Schlauch –6– vom Vorratsbehälter an der Pumpe abziehen, vorher Schlauchschelle lösen.
- Druckleitung –7– abschrauben.
- Keilriemen entspannen von der Ölpumpen-Riemenscheibe abnehmen. Dazu Klemmschraube –2– lösen und Keilriemen mit Spannschraube –3– entspannen.
- Von vorn 2 Schrauben –4– sowie von hinten 2 Schrauben –5– herausdrehen und Lenkhilfepumpe aus dem Motorraum herausnehmen.

Einbau

- Lenkhilfepumpe einsetzen, 4 Schrauben mit **25 Nm** festziehen.
- Hydraulikleitung mit **neuem** O-Ring an die Pumpe anschrauben.
- Schlauch vom Vorratsbehälter an der Pumpe aufstecken und mit Schelle sichern.
- Keilriemen auf die Riemenscheibe auflegen und mit Spannschraube spannen. Klemmschraube festziehen.
- Vorratsbehälter mit **neuer** Hydraulikflüssigkeit auffüllen. **Spezifikation:** Hydrauliköl entsprechend FORD-Spezifikation ESP-M2C 166H.

Achtung: Grundsätzlich nur neues Öl nachfüllen, da selbst kleinste Verunreinigungen zu Störungen an der hydraulischen Anlage führen können. Darauf achten, daß das Hydrauliköl vor dem Einfüllen nicht geschüttelt wird, da es sonst zur Bildung von Luftblasen kommt.

- Öl langsam einfüllen, um die Entstehung von Luftblasen zu vermeiden.
- Batterie-Massekabel (–) anklemmen. Zeituhr einstellen. Diebstahlcode für Radio eingeben.
- Lenksystem entlüften.

Lenkhilfe entlüften

Luft im Hydrauliksystem macht die Lenkhilfe unwirksam. Die Luft kann in das System eindringen, wenn die Anlage bei Reparaturen geöffnet wurde, oder wenn durch Undichtigkeiten der Flüssigkeitsspiegel im Vorratsbehälter soweit abgesunken ist, daß die Pumpe Luft ansaugt.

Zum Nach- beziehungsweise Auffüllen darf nur **neue** Hydraulikflüssigkeit (ATF-Öl) verwendet werden, die der FORD-Spezifikation ESPM-2C-166H entspricht.

Achtung: Die Hydraulikflüssigkeit darf vor dem Einfüllen nicht geschüttelt werden, da es sonst zur Luftblasenbildung kommen kann.

Entlüften

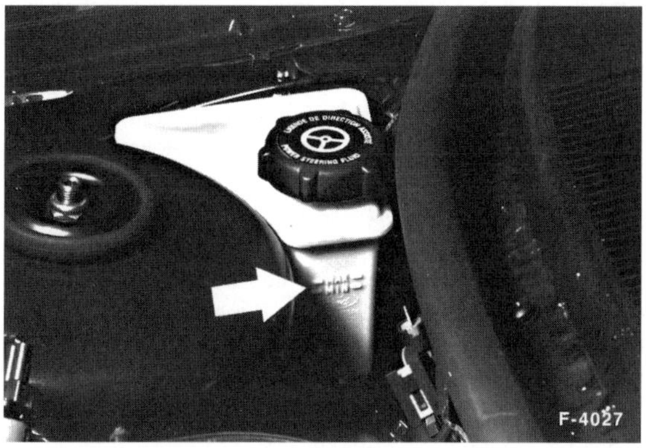

- Vorratsbehälter mit neuer, sauberer und blasenfreier Hydraulikflüssigkeit bis zur »MAX«-Markierung auffüllen. **Achtung:** Das Öl muß langsam eingefüllt werden, um Blasenbildung zu vermeiden.
- Motor starten und dabei das Lenkrad langsam drei bis viermal von Anschlag zu Anschlag drehen.
- Von Helfer Flüssigkeitsstand im Vorratsbehälter beobachten lassen. Der Flüssigkeitsstand darf nicht unter die MIN-Markierung sinken, gegebenenfalls Hydraulikflüssigkeit nachfüllen.
- Vorgang solange wiederholen, bis keine Luftblasen mehr im Vorratsbehälter aufsteigen.
- Lenkhilfe auf Undichtigkeit hin untersuchen. Leitungsanschlüsse, Manschetten der Zahnstange und Ventilgehäuse auf Ölverlust nach außen überprüfen.
- Motor abstellen und Ölstand nochmals prüfen, gegebenenfalls Hydrauliköl nachfüllen.

Hinweis: Eine schwache Geräuschentwicklung von der Lenkhilfe ist nach dem Entlüften bei laufendem Motor normal, solange das Fahrzeug noch nicht gefahren wurde.

- Bei starken Störgeräuschen, Hydrauliksystem mit handelsüblicher Unterdruckhandpumpe entlüften.
- Die Werkstatt setzt anstelle des Verschlußdeckels einen Adapter mit Unterdruckanschluß auf den Vorratsbehälter. Ein geeigneter Adapter kann mit Hilfe eines zusätzlichen Verschlußdeckels auch selbst angefertigt werden.
- Unterdruckpumpe anschließen.
- Motor starten und dabei das Lenkrad bis kurz vor den Anschlag langsam nach rechts drehen.
- Motor abstellen und mit der Unterdruckpumpe einen Unterdruck von 0,15 bar anlegen, bis die Luft vollständig aus dem System entwichen ist.

Achtung: Unterdruck über mindestens 5 Minuten aufrechterhalten. Dabei abfallenden Unterdruck mit der Unterdruckpumpe ausgleichen.

- Anschließend Unterdruck abbauen. Lenkrad bis kurz vor den Anschlag langsam nach links drehen und Entlüftungsvorgang wiederholen.
- Unterdruckhandpumpe abnehmen, Flüssigkeitsstand prüfen, gegebenenfalls Hydrauliköl nachfüllen. Vorratsbehälter verschließen.
- Motor starten und Lenkrad von Anschlag zu Anschlag drehen. Bei übermäßigen Störgeräuschen Entlüftungsvorgang wiederholen.
- Falls der Geräuschpegel danach immer noch zu hoch ist, Fahrzeug über Nacht stehen lassen und Entlüftungsvorgang am folgenden Tag wiederholen.

Fahrzeugvermessung

Optimale Fahreigenschaften und geringster Reifenverschleiß sind nur dann zu erzielen, wenn die Stellung der Räder einwandfrei ist. Bei erhöhter und ungleichmäßiger Reifenabnutzung sowie mangelhafter Straßenlage – bei schlechter Richtungsstabilität in Geradeausfahrt sowie schlechten Lenkeigenschaften in Kurvenfahrt – sollte die Werkstatt aufgesucht werden, um den Wagen optisch vermessen zu lassen.
Die Fahrzeugvermessung kann ohne eine entsprechende Meßanlage nicht durchgeführt werden. Ich beschränke mich deshalb hier auf die Beschreibung der für die Vermessung erforderlichen Grundbegriffe.

Spur/Sturz/Spreizung/Nachlauf

Als **Spur** bezeichnet man den seitlichen Abstand der Räder voneinander. Vorspur bedeutet, daß die Räder – in Höhe des Radmittelpunktes gemessen – vorn etwas enger zusammenstehen als hinten. Nachspur bedeutet, daß die Vorderräder vorn etwas weiter auseinanderstehen als hinten.

Vorderachs-Spur: Prüfwert: –1,5 mm bis +1,5 mm;
Einstellwert: 0,0 mm ± 1,0 mm

Sturz und Spreizung vermindern die Übertragung von Fahrbahnstößen auf die Lenkung und halten bei Kurvenfahrt die Reibung möglichst gering.

Sturz ist der Winkel, um den die Radebene von der Senkrechten abweicht. Die Vorderräder stehen also schräg, bei negativem Sturz beispielsweise im Radaufstandspunkt mehr auseinander als oben.

Spreizung ist der Winkel zwischen der Schwenkachse des Achsschenkels und der Senkrechten im Reifenaufstandspunkt, in Längsrichtung des Wagens gesehen.

Nachlauf ist der Winkel zwischen der Schwenkachse des Achsschenkels und der Senkrechten im Reifenaufstandspunkt in Querrichtung des Fahrzeuges gesehen. Der Nachlauf beeinflußt maßgeblich die Geradeausführung der Vorderräder. Zu geringer Nachlauf begünstigt ein Abweichen aus der Fahrtrichtung auf schlechten Straßen oder bei Seitenwind und läßt zudem nach der Kurvenfahrt die Lenkung nicht weit genug zur Mittelstellung zurücklaufen.

Prüfvoraussetzungen

- Lenkung richtig eingestellt.
- Kein unzulässiges Spiel in den Spurstangen- und Führungsgelenken, Felgen und Reifen einwandfrei.
- Reifenfülldruck richtig eingestellt.
- Fahrzeug in Leergewichtszustand: Reserverad und Wagenheber befinden sich an den dafür vorgesehenen Stellen. Sonst muß das Fahrzeug leer sein.
- Fahrzeug vorher kräftig durchgefedert.

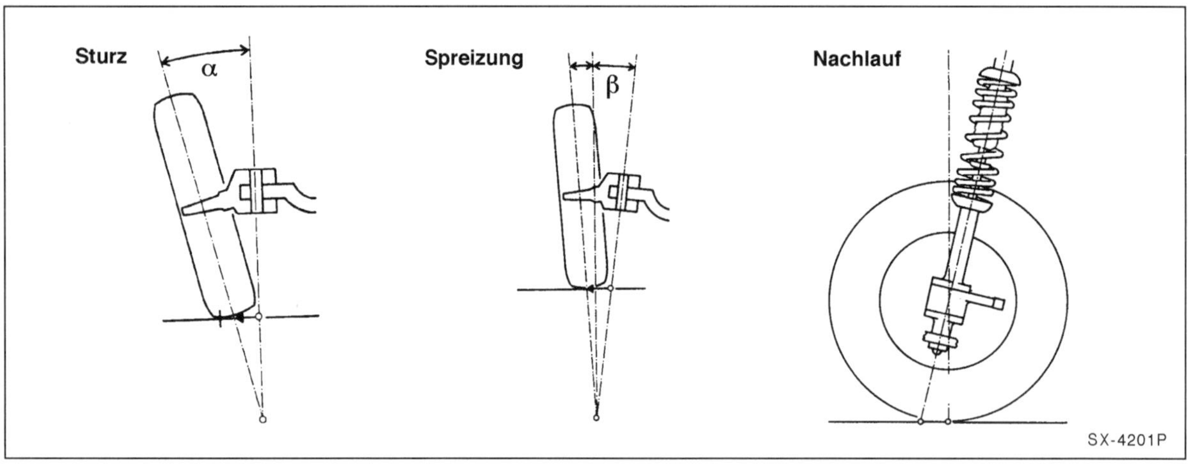

Bremsanlage

Das Bremssystem besteht aus dem Hauptbremszylinder, dem Bremskraftverstärker, den Scheibenbremsen für die Vorderräder und den Trommelbremsen für die Hinterräder. Leistungsstarke sowie allradgetriebene Modelle besitzen vorn und hinten Scheibenbremsen.

Das hydraulische Bremssystem ist in zwei Kreise aufgeteilt, die diagonal wirken. Und zwar wirkt jeweils ein Bremskreis vorn rechts/hinten links und der andere Bremskreis vorn links/ hinten rechts. Dadurch kann bei Ausfall eines Bremskreises, zum Beispiel durch Undichtigkeit, das Fahrzeug über den anderen Bremskreis zum Stehen gebracht werden. Der Druck für beide Bremskreise wird im Tandem-Hauptbremszylinder über das Bremspedal aufgebaut.

Der Bremsflüssigkeitsbehälter befindet sich im Motorraum über dem Hauptbremszylinder und versorgt das ganze Bremssystem mit Bremsflüssigkeit.

Der Bremskraftverstärker speichert beim Benzinmotor einen Teil des vom Motor erzeugten Ansaug-Unterdruckes. Bei Bedarf wird die Pedalkraft durch den Unterdruck verstärkt. Da beim Dieselmotor der Ansaug-Unterdruck nicht ausreicht, erzeugt eine seitlich am Zylinderkopf angeflanschte Vakuumpumpe den Unterdruck für den Bremskraftverstärker. Die Vakuumpumpe wird durch die Nockenwelle angetrieben.

Die vorderen Scheibenbremsen sind mit einem sogenannten Faustsattel ausgestattet. Bei einem Faustsattel wird nur ein Kolben benötigt, um beide Bremsbeläge gegen die Bremsscheibe zu drücken.

Die Handbremse wirkt über Seilzüge auf die Hinterräder.

Die Scheibenbremsbeläge wie auch die Bremsbacken der hinteren Trommelbremse stellen sich automatisch nach, so daß eine Einstellung der Hinterradbremse nur nach einer Reparatur, bei der die Bremsanlage zerlegt wurde, erforderlich wird.

Beim Reinigen der Bremsanlage fällt Bremsstaub an. Dieser Staub kann zu gesundheitlichen Schäden führen. Deshalb beim Reinigen der Bremsanlage darauf achten, daß der Bremsstaub nicht eingeatmet wird.

Die Bremsbeläge sind Bestandteil der Allgemeinen Betriebserlaubnis (ABE), außerdem sind sie vom Werk auf das jeweilige Fahrzeugmodell abgestimmt. Es empfiehlt sich deshalb, nur von FORD beziehungsweise vom Kraftfahrtbundesamt freigegebene Bremsbeläge zu verwenden. Diese Bremsbeläge haben eine KBA-Freigabenummer.

Das Arbeiten an der Bremsanlage erfordert peinliche Sauberkeit und exakte Arbeitsweise. Falls die nötige Arbeitserfahrung fehlt, sollten die Arbeiten an der Bremse von einer Fachwerkstatt durchgeführt werden.

Hinweis: Auf stark regennassen Fahrbahnen sollte während des Fahrens die Bremse von Zeit zu Zeit betätigt werden, um die Bremsscheiben von Rückständen zu befreien. Durch die Zentrifugalkraft während der Fahrt wird zwar das Wasser von den Bremsscheiben geschleudert, doch bleibt teilweise ein dünner Film von Silikonen, Gummiabrieb, Fett und Verschmutzungen zurück, der das Ansprechen der Bremse vermindert.

Wird das Fahrzeug nach einer Regenfahrt abgestellt, insbesondere im Winter bei Streusalzeinwirkung, ist es zweckmäßig, die Bremse vorher mit leichter Pedalkraft bis zum Stillstand zu betätigen. Dadurch trocknen die Bremsscheiben und können nicht so leicht korrodieren.

Nach dem Einbau von neuen Bremsbelägen müssen diese eingebremst werden. Während einer Fahrtstrecke von rund 200 km sollten unnötige Vollbremsungen unterbleiben.

Korrodierte Scheibenbremsen erzeugen beim Abbremsen einen Rubbeleffekt, der sich auch durch längeres Abbremsen nicht beseitigen läßt. In diesem Fall müssen die Bremsscheiben erneuert werden.

Eingebrannter Schmutz auf den Bremsbelägen und zugesetzte Regennuten in den Bremsbelägen führen zur Riefenbildung auf den Bremsscheiben. Dadurch kann eine verminderte Bremswirkung eintreten.

Achtung: Wird nach einer Kurvenfahrt ein unterschiedlicher Pedalweg festgestellt, dann muß die Bremsscheibe am äußeren Durchmesser auf Seitenschlag geprüft werden, gegebenenfalls ist die Bremsscheibe zu erneuern.

Technische Daten Bremsanlage

Scheibenbremse		Vorn	Vorn	Hinten
Motor		**Diesel**	**Benziner**	**–**
Bremsscheiben-Durchmesser, neu	mm	278	260	252
Bremsscheiben-Dicke	mm	24,15	24,15	20
Mindestdicke der Bremsscheibe	mm	22,2	22,2	18
Maximaler Scheibenschlag (bei eingebauter Bremsscheibe)	mm	0,15	0,15	0,15
Maximale Dickenabweichung/-unterschied	mm	0,015	0,015	0,015
Kolbendurchmesser	mm	60	60	36
Mindestdicke Bremsbelag (ohne metallene Rückenplatte)	mm	1,5	1,5	1,5

Trommelbremse		Limousine		Turnier
Motor		**1,6-l**	**1,8-/ 2,0-l**	**–**
Bremstrommel-Durchmesser, neu	mm	203	228,6	228,6
Verschleißgrenze Trommeldurchmesser	mm	204,2	229,6	229,6
Bremsbackenbreite	mm	38,1	57,1	57,1
Bohrung Radbremszylinder	mm	22,2	20,6	22,2
Mindestdicke Bremsbelag	mm	1,0	1,0	1,0

Bremsbeläge vorn aus- und einbauen

Ausbau

- Stellung der Vorderräder zur Radnabe mit Farbe kennzeichnen. Dadurch kann das ausgewuchtete Rad wieder in derselben Position montiert werden. Radmuttern bei auf dem Boden stehendem Fahrzeug lösen. Fahrzeug vorn aufbocken und Vorderräder abnehmen.

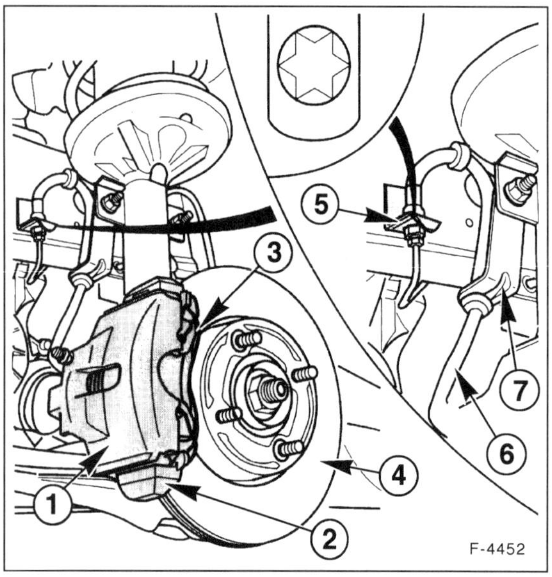

- Bremsschlauch –6– am Halter –7– aushängen. 1 – Bremssattel, 2 – Bremsträger, 3 – Halteklammer, 4 – Bremsscheibe, 5 – Halter für Bremsleitung.
- Bremssattel von Hand nach außen ziehen und dadurch den Bremskolben etwas zurückdrücken.
- Bremsbelag-Verschleißsensor abbauen.

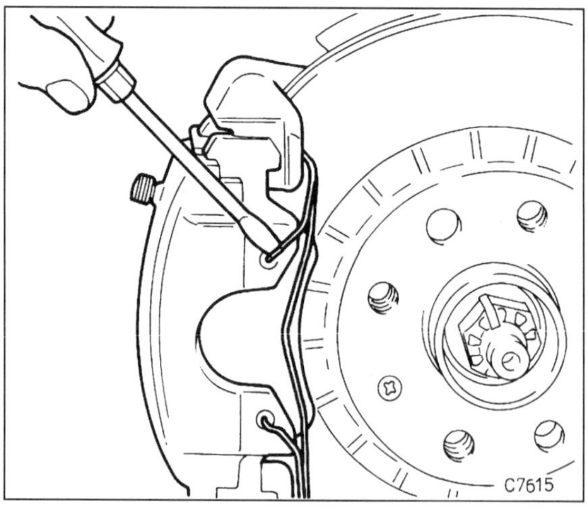

- Halteklammer mit Schraubendreher vom Bremssattel abdrücken.
- 2 Abdeckkappen für Führungsbolzen mit Schraubendreher abdrücken.

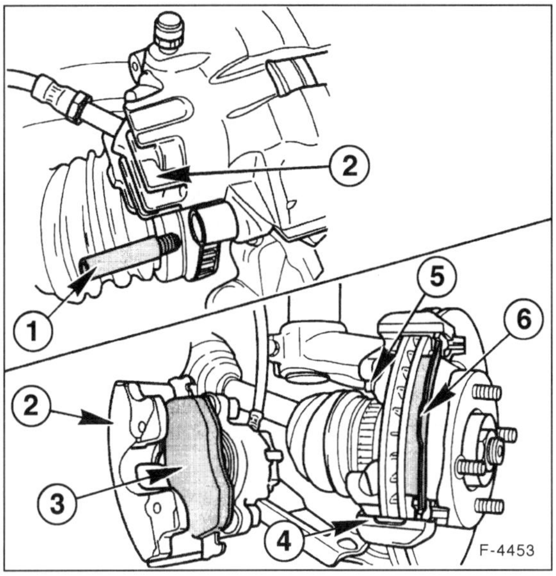

- 2 Führungsbolzen –1– aus dem Bremssattel –2– herausschrauben. **Achtung:** Der Bremsschlauch bleibt angeschlossen, sonst muß das Bremssystem entlüftet werden. 3 – Innerer Bremsbelag.

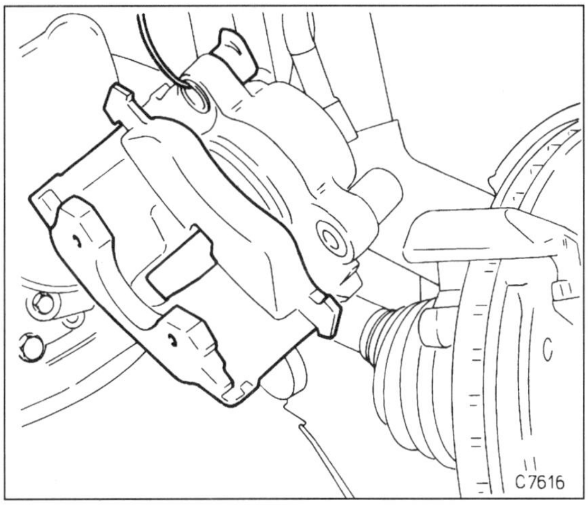

- Bremssattelgehäuse mit innerem Bremsbelag abnehmen und mit Drahthaken am Federbein aufhängen. Dabei darf der Bremsschlauch nicht verdreht oder auf Zug beansprucht werden.
- Äußeren Bremsbelag –6– nach außen aus dem Bremsträger –4– herausnehmen. 5 – Befestigungsschrauben für Bremsträger (Abbildung F-4453).
- Inneren Bremsbelag vom Bremskolben abhebeln. Der Belag ist mit einer Halteklammer im Kolben befestigt.

Achtung: Sollen die Bremsbeläge wieder verwendet werden, so müssen sie beim Ausbau gekennzeichnet werden. Ein Wechsel der Beläge vom rechten zum linken Rad ist nicht zulässig. Der Wechsel kann zu ungleichmäßiger Bremswirkung führen. Grundsätzlich sollte man nur Original FORD-, beziehungsweise von FORD freigegebene Bremsbeläge verwenden. Grundsätzlich alle Scheibenbremsbeläge vorn gleichzeitig ersetzen, auch wenn nur ein Belag die Verschleißgrenze erreicht hat. Unterschiedlich abgenutzte Bremsbeläge sind kein Grund zur Beanstandung. Bei mehr als 2 mm Differenz zwischen innerem und äußerem Belag sind jedoch die Bremssattel-Führungsbolzen beziehungsweise die Kolben auf Leichtgängigkeit zu prüfen, gegebenenfalls zu ersetzen(Werkstattarbeit).

Einbau

Achtung: Bei ausgebauten Bremsbelägen nicht auf das Bremspedal treten, sonst wird der Kolben aus dem Gehäuse herausgedrückt. Wurde der Kolben versehentlich herausgedrückt, Bremssattel ausbauen und in der Fachwerkstatt zusammensetzen lassen.

- Führungsfläche bzw. Sitz der Beläge im Gehäuseschacht mit geeigneter Weichmetallbürste reinigen und mit Staubsauger absaugen, oder mit einem Lappen und Spiritus auswischen. Keine mineralölhaltigen Lösungsmittel oder scharfkantigen Werkzeuge verwenden.
- Vor Einbau der Beläge die Bremsscheibe durch Abtasten mit den Fingern auf Riefen untersuchen. Bremsscheibendicke messen, siehe Seite 143.

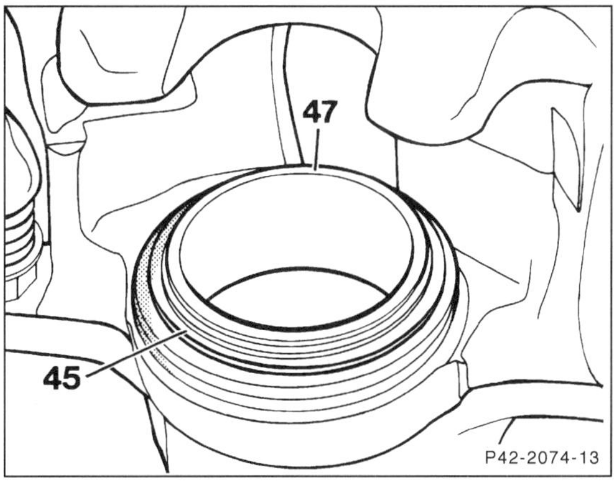

- Staubkappe –45– auf Anrisse prüfen. Eine beschädigte Staubkappe umgehend ersetzen lassen, da eingedrungener Schmutz schnell zu Undichtigkeiten des Bremssattels führt. Der Faustsattel muß hierzu ausgebaut und zerlegt werden (Werkstattarbeit). 47 – Bremskolben.

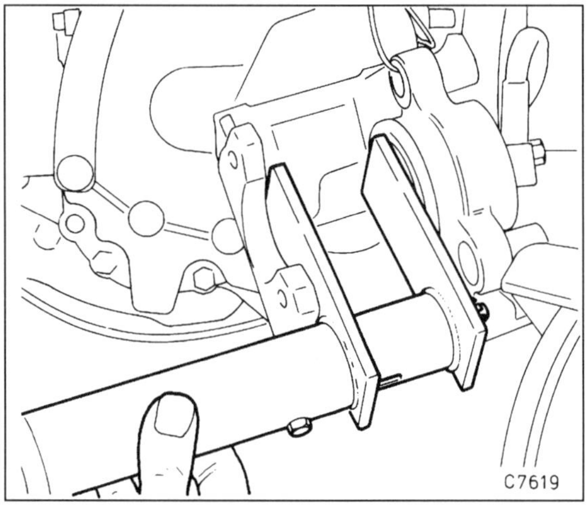

- Bremskolben mit Rücksetzvorrichtung zurückdrücken. Es geht auch mit einem Hartholzstab (Hammerstiel), dabei jedoch besonders darauf achten, daß der Kolben nicht verkantet wird und Kolbenfläche sowie Staubkappe nicht beschädigt werden.

Achtung: Beim Zurückdrücken der Kolben wird Bremsflüssigkeit aus den Bremszylindern in den Ausgleichbehälter gedrückt. Flüssigkeit im Behälter beobachten, eventuell Bremsflüssigkeit mit einem Saugheber absaugen.

Zum Absaugen eine Entlüfterflasche oder eine Plastikflasche verwenden, die nur mit Bremsflüssigkeit in Berührung kommt. Keine Trinkflaschen verwenden! **Bremsflüssigkeit ist giftig und darf auf gar keinen Fall mit dem Mund über einen Schlauch abgesaugt werden. Saugheber verwenden. Auch nach dem Belagwechsel darf die MAX.-Marke am Bremsflüssigkeitsbehälter nicht überschritten werden, da sich die Flüssigkeit bei Erwärmung ausdehnt. Ausgelaufene Bremsflüssigkeit läuft am Hauptbremszylinder herunter, zerstört den Lack und führt zur Rostbildung.**

Achtung: Bei hohem Bremsbelagverschleiß Leichtgängigkeit des Kolbens prüfen. Dazu Holzklotz in den Bremssattel einsetzen und durch Helfer langsam auf das Bremspedal treten lassen. Der Bremskolben muß sich leicht heraus- und hineindrücken lassen. Zur Prüfung muß der andere Bremssattel eingebaut sein. Darauf achten, daß der Bremskolben nicht ganz herausgedrückt wird. Bei schwergängigem Kolben Bremssattel instandsetzen lassen (Werkstattarbeit).

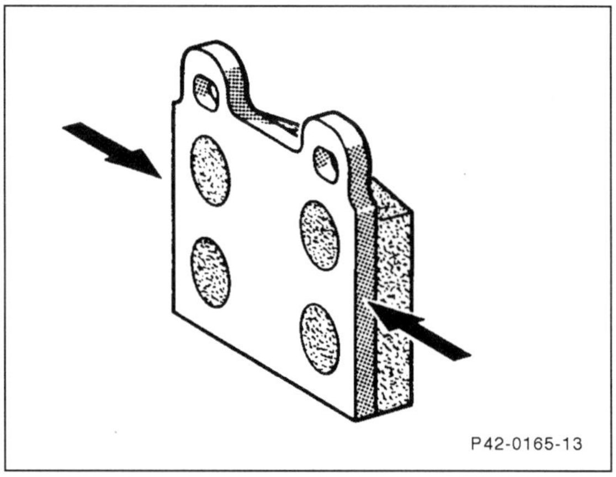

- Der folgende Arbeitsgang ist nicht unbedingt notwendig: Um ein Quietschen der Scheibenbremsen zu verhindern, können die Rückseiten der Bremsbeläge sowie Seitenteile der Rückenplatte –Pfeile– mit Schmiermittel (z. B. Plastilube, Tunap VC 582/S, Chevron SRJ/2, Liqui Moly LM-36 oder LM-508-ASC) **dünn** eingestrichen werden. **Die Paste darf keinesfalls auf den eigentlichen Bremsbelag oder auf die Bremsscheibe kommen.** Gegebenenfalls Paste sofort abwischen und Bremsbelag mit Spiritus reinigen.

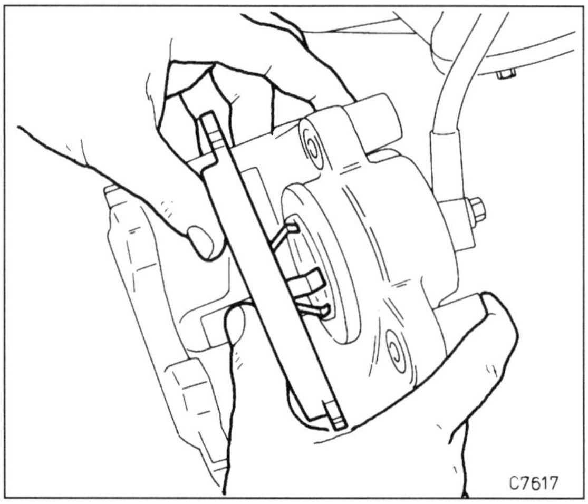

- Inneren Bremsbelag mit Haltefeder in den Bremskolben einsetzen.
- Äußeren Bremsbelag in den Bremsträger einsetzen.
- Bremssattelgehäuse über die Bremsscheibe oben in die Führungsnut des Bremsträgers einsetzen.
- Anschließend Bremssattelgehäuse nach unten schwenken und andrücken.
- Gesäuberte, trockene Führungsbolzen mit Sicherungsmasse, zum Beispiel Loctite Typ 262, bestreichen und mit **30 Nm** festziehen.
- Abdeckkappen für Führungsbolzen aufdrücken.
- Halteklammer in den Bremssattel einsetzen.

- Vorderräder so ansetzen, daß die beim Ausbau angebrachten Markierungen übereinstimmen. Räder anschrauben. Fahrzeug ablassen und Radmuttern über Kreuz mit **85 Nm** festziehen.

Achtung: Bremspedal im Stand mehrmals kräftig niedertreten, bis fester Widerstand spürbar ist. Dadurch legen sich die Bremsbeläge an die Bremsscheibe an und nehmen einen dem Betriebszustand entsprechenden Sitz ein.

- Bremsflüssigkeit im Ausgleichbehälter prüfen, gegebenenfalls bis zur MAX.-Marke auffüllen.
- Fahrzeug mehrmals von ca. 80 km/h auf 40 km/h mit geringem Pedaldruck abbremsen.

Achtung: Bis zu einer Fahrstrecke von ca. 200 km sollten keine Vollbremsungen vorgenommen werden.

Hinweis: Bremsbeläge sind als Sondermüll zu entsorgen. Die örtlichen Behörden geben darüber Auskunft, ob auch eine Entsorgung über den hausmüllähnlichen Gewerbemüll zulässig ist.

Bremsscheibendicke prüfen

Prüfen

- Stellung der Vorderräder zur Radnabe mit Farbe kennzeichnen. Dadurch kann das ausgewuchtete Rad wieder in derselben Position montiert werden. Radmuttern bei auf dem Boden stehendem Fahrzeug lösen. Fahrzeug vorn aufbocken und Vorderräder abnehmen.

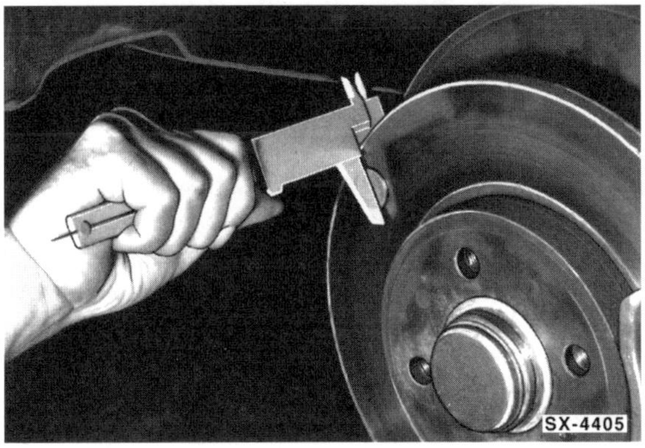

- Bremsscheibendicke messen. Die Werkstätten benutzen dazu einen speziellen Meßschieber oder eine Mikrometer-Bügelmeßschraube, da sich durch Abnutzung der Bremsscheibe ein Rand bildet. Man kann die Bremsscheibendicke auch mit einer normalen Schieblehre messen, allerdings muß dann auf jeder Seite der Bremsscheibe eine entsprechend starke Unterlage zwischengelegt werden (beispielsweise 2 Zehn-Pfennig-Stücke). Um das exakte Maß der Bremsscheiben zu ermitteln, muß von dem gemessenen Wert die Dicke der beiden Zehn-Pfennig-Stücke beziehungsweise der Unterlagen abgezogen werden. **Achtung:** Messung an mehreren Punkten der Bremsscheibe vornehmen.

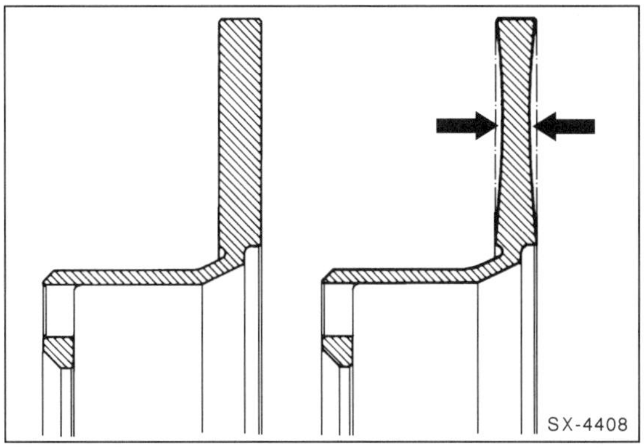

Achtung: Bremsscheibendicke immer an der dünnsten Stelle –Pfeile– messen.

- Maße für Bremsscheibe, siehe Seite 140.
- Wird die Verschleißgrenze erreicht, Bremsscheibe erneuern.
- Bei größeren Rissen oder bei Riefen, die tiefer als 0,5 mm sind, Bremsscheibe erneuern.
- Vorderräder so ansetzen, daß die beim Ausbau angebrachten Markierungen übereinstimmen. Vorher Zentriersitz der Felge an der Radnabe mit Wälzlagerfett leicht einfetten. Räder anschrauben. Fahrzeug ablassen und Radmuttern über Kreuz mit **85 Nm** festziehen.

Bremsscheibe vorn aus- und einbauen

Ausbau

- Stellung der Vorderräder zur Radnabe mit Farbe kennzeichnen. Dadurch kann das ausgewuchtete Rad wieder in derselben Position montiert werden. Radmuttern bei auf dem Boden stehendem Fahrzeug lösen. Fahrzeug vorn aufbocken und Vorderräder abnehmen.

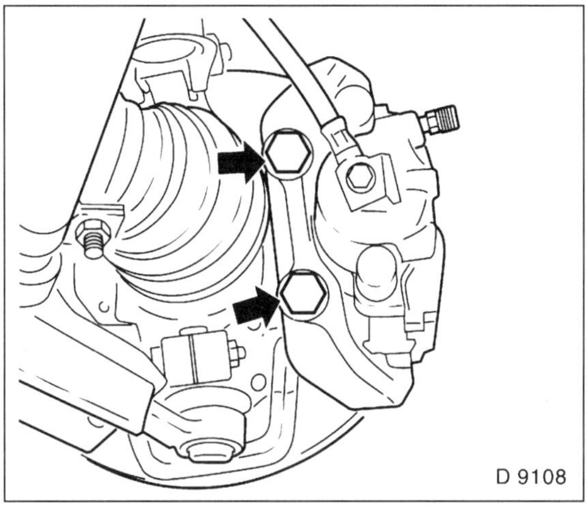

- Bremsträger am Schwenklager abschrauben –Pfeile–. Bremsträger mit Bremsbelägen abnehmen und mit Drahthaken am Federbein aufhängen. Dabei darf der Bremsschlauch nicht verdreht oder auf Zug beansprucht werden.

- Falls vorhanden, 2 Befestigungsclips von den Radbolzen mit einem kleinen Schraubendreher abhebeln.
- Bremsscheibe abnehmen.

Einbau

Um beidseitig ein gleichmäßiges Bremsen zu gewährleisten, müssen beide Bremsscheiben die gleiche Oberfläche bezüglich Schliffbild und Rauhtiefe aufweisen. Deshalb **grundsätzlich beide** Bremsscheiben ersetzen, beziehungsweise abdrehen lassen.

Die Werkstatt kann die Bremsscheibe auf Schlag prüfen. Maximaler Seitenschlag an der Bremsfläche gemessen, siehe Seite 140.

- Bremsscheibendicke messen.
- Falls vorhanden, Rost am Flansch der Bremsscheibe und der Vorderradnabe mit einer Weichmetallbürste entfernen.
- Neue Bremsscheiben mit Nitro-Verdünnung vom Schutzlack reinigen.
- Bremsscheibe auf Radnabe aufsetzen und gegebenenfalls mit 2 Halteclips fixieren. Dazu Clips auf das Gewinde von 2 gegenüberliegenden Radbolzen aufschieben.
- Bremsträger mit Bremsbelägen ansetzen und mit **120 Nm** am Schwenklager anschrauben.
- Vorderräder so ansetzen, daß die beim Ausbau angebrachten Markierungen übereinstimmen. Räder anschrauben. Fahrzeug ablassen und Radmuttern über Kreuz mit **85 Nm** festziehen.

Achtung: Bremspedal im Stand mehrmals kräftig niedertreten, bis fester Widerstand spürbar ist. Dadurch legen sich die Bremsbeläge an die Bremsscheibe an und nehmen einen dem Betriebszustand entsprechenden Sitz ein.

- Bremsflüssigkeit im Ausgleichbehälter prüfen, gegebenenfalls bis zur MAX.-Marke auffüllen.

Scheibenbremsbeläge hinten aus- und einbauen

Leistungsstarke sowie allradgetriebene Fahrzeuge sind hinten mit Scheibenbremsen ausgerüstet. Die Bremssättel dienen auch als Feststellbremse.

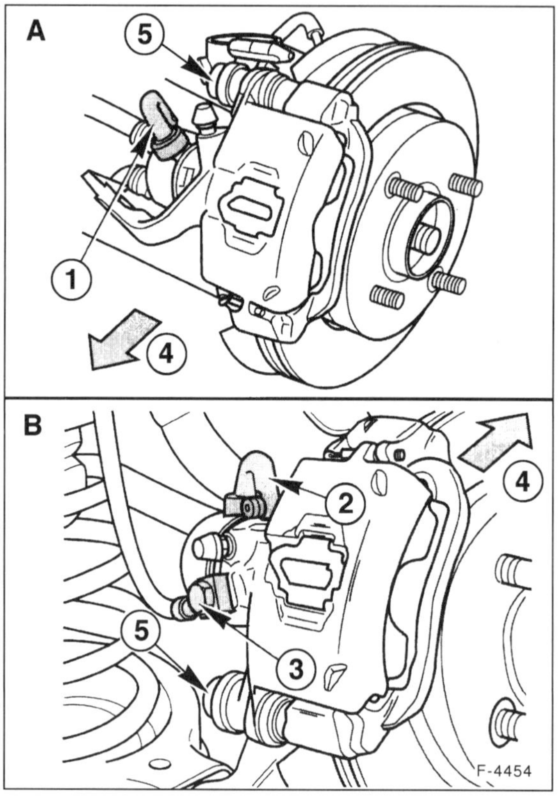

- Bedingt durch die unterschiedlichen Hinterachsaufhängungen und die damit verbundene unterschiedliche Auslegung der Achsschenkel, ist der Bremssattel bei der Limousine –A– am Achsschenkel vorne und beim Turnier –B– am Achsschenkel hinten angeordnet. Der Pfeil –4– zeigt jeweils in Fahrtrichtung. Die Befestigungsteile für den Bremssattel sind für die beiden Modelle jeweils umgekehrt angeordnet. 1 – Handbremsseilhebel, 2 – Handbremsseilhebel, 3 – Hohlschraube für Bremsschlauchbefestigung, 5 – Führungsbolzen für Bremssattel.

Ausbau

- Stellung der Hinterräder zur Radnabe mit Farbe kennzeichnen. Dadurch kann das ausgewuchtete Rad wieder in derselben Position montiert werden. Radmuttern bei auf dem Boden stehendem Fahrzeug lösen. Fahrzeug vorn aufbocken und Hinterräder abnehmen.

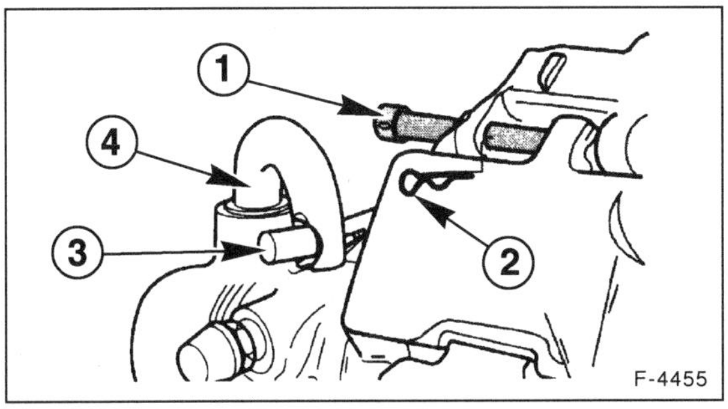

- Splint –2– mit kleinem Schraubendreher heraushebeln und Splintbolzen –1– herausziehen.

Achtung: Die Abbildung zeigt den Turnier. Bei der Limousine ist der Splintbolzen unten angeordnet.

- Falls erforderlich, Bremsschlauch am Halter aushängen, um eine Verspannung des Bremsschlauches zu vermeiden.

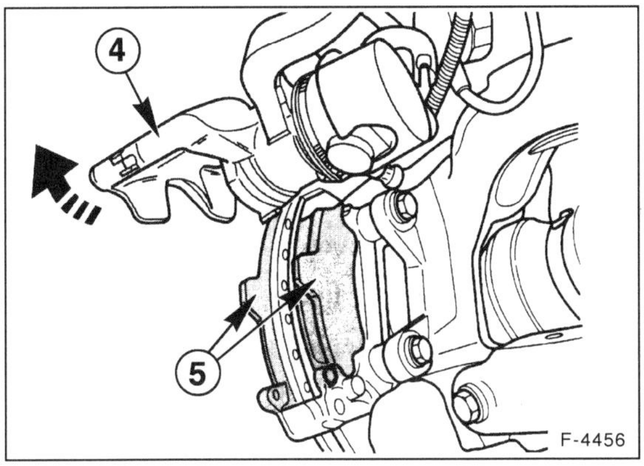

- **Limousine:** Bremssattel –4– nach oben vom Bremsträger wegklappen. 5 – Bremsbeläge.

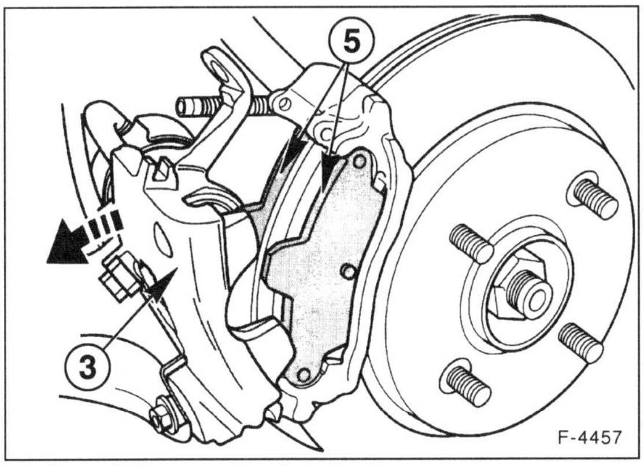

- **Turnier:** Bremssattel –3– nach unten vom Bremsträger wegklappen. 5 – Bremsbeläge.

- Bremsschlauch mit einer geeigneten Schlauchklemme festklemmen, und Bremssattel-Schlauchanschluß lockern. **Achtung:** Es ist wichtig, daß eine geeignete Schlauchklemme eingesetzt wird. Die Bremsschläuche könnten ansonsten beschädigt werden.
- Bremsbeläge –5– aus dem Bremsträger herausnehmen.

Achtung: Sollen die Bremsbeläge wieder verwendet werden, so müssen sie beim Ausbau gekennzeichnet werden. Ein Wechsel der Beläge vom rechten zum linken Rad oder von außen nach innen ist nicht zulässig. Der Wechsel kann zu ungleichmäßiger Bremswirkung führen. Grundsätzlich sollte man nur Original FORD-, beziehungsweise von FORD freigegebene Bremsbeläge verwenden. Grundsätzlich alle Scheibenbremsbeläge hinten gleichzeitig ersetzen, auch wenn nur ein Belag die Verschleißgrenze erreicht hat. Unterschiedlich abgenutzte Bremsbeläge sind kein Grund zur Beanstandung. Bei mehr als 2 mm Differenz zwischen innerem und äußerem Belag sind jedoch die Bremssattel-Gleitbolzen beziehungsweise die Kolben auf Leichtgängigkeit zu prüfen, gegebenenfalls zu ersetzen(Werkstattarbeit).

Einbau

Achtung: Bei ausgebauten Bremsbelägen nicht auf das Bremspedal treten, sonst wird der Kolben aus dem Gehäuse herausgedrückt. Wurde der Kolben versehentlich herausgedrückt, Bremssattel ausbauen und in der Fachwerkstatt zusammensetzen lassen.

- Führungsfläche bzw. Sitz der Beläge im Gehäuseschacht mit geeigneter Weichmetallbürste und Staubsauger reinigen, oder mit einem Lappen und Spiritus auswischen. Keine mineralölhaltigen Lösungsmittel oder scharfkantigen Werkzeuge verwenden.
- Vor Einbau der Beläge die Bremsscheibe durch Abtasten mit den Fingern auf Riefen untersuchen. Riefige Bremsscheibe abdrehen lassen oder erneuern. Bremsscheibendicke messen, siehe Seite 143.
- Staubkappe des Bremskolbens auf Anrisse prüfen. Eine beschädigte Staubkappe umgehend ersetzen lassen, da eingedrungener Schmutz schnell zu Undichtigkeiten des Bremssattels führt. Der Bremssattel muß hierzu ausgebaut und zerlegt werden (Werkstattarbeit).

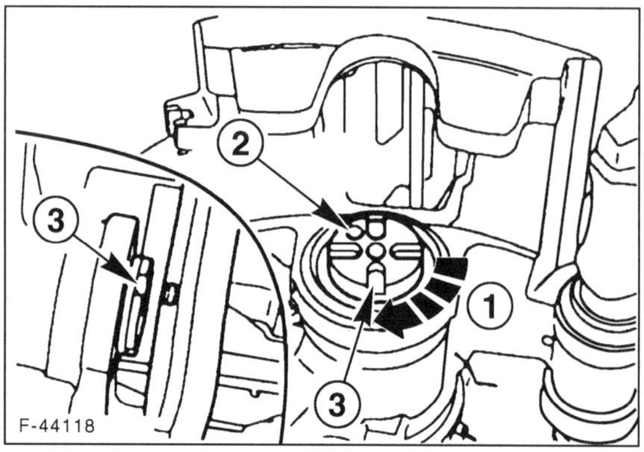

● Bremskolben in die vollständig zurückgesetzte Position bringen. **Achtung:** Dabei wird Bremsflüssigkeit aus dem Bremszylinder in den Ausgleichbehälter gedrückt. Damit die Bremsflüssigkeit nicht überläuft, Flüssigkeitsspiegel beobachten und eventuell Bremsflüssigkeit mit einem Saugheber absaugen.

Zum Absaugen eine Entlüfterflasche oder eine Plastikflasche verwenden, die nur mit Bremsflüssigkeit in Berührung kommt. Keine Trinkflaschen verwenden! **Bremsflüssigkeit ist giftig und darf auf gar keinen Fall mit dem Mund über einen Schlauch abgesaugt werden. Saugheber verwenden. Auch nach dem Belagwechsel darf die MAX.-Marke am Bremsflüssigkeitsbehälter nicht überschritten werden, da sich die Flüssigkeit bei Erwärmung ausdehnt. Ausgelaufene Bremsflüssigkeit läuft am Hauptbremszylinder herunter, zerstört den Lack und führt zur Rostbildung.**

● Bremskolben durch Rechtsdrehen (im Uhrzeigersinn) ganz zurückstellen –1–. Dazu stumpfkantigen Hebel in eine Aussparung des Kolbens einsetzen.

● Bremskolben so stellen, daß die Ausrichtmarkierung –2– des Kolbens sich in der Position befindet wie in der Abbildung dargestellt.

Achtung: Kolben **nicht** mit handelsüblicher Rücksetzvorrichtung oder Hammerstiel zurückdrücken. Sonst wird der Nachstellmechanismus für die Feststellbremse beschädigt.

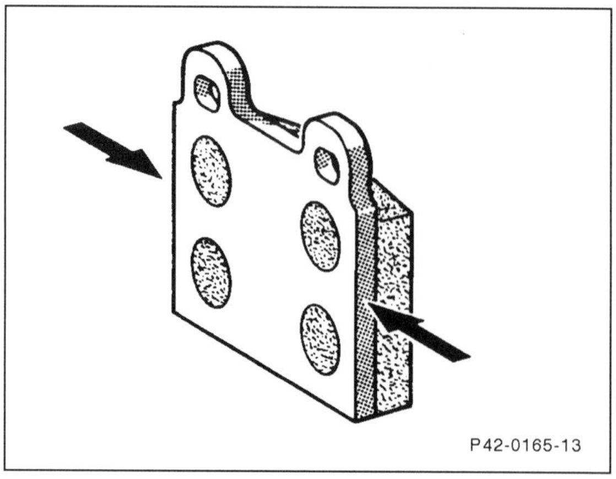

● Der folgende Arbeitsgang ist nicht unbedingt notwendig: Um ein Quietschen der Scheibenbremsen zu verhindern, können die Rückseiten der Bremsbeläge sowie Seitenteile der Rückenplatte –Pfeile– mit Schmiermittel (z. B. Plastilube, Tunap VC 582/S, Chevron SRJ/2, Liqui Moly LM-36 oder LM-508-ASC) **dünn** eingestrichen werden. **Die Paste darf keinesfalls auf den eigentlichen Bremsbelag oder auf die Bremsscheibe kommen.** Gegebenenfalls Paste sofort abwischen und Bremsbelag mit Spiritus reinigen.

● Inneren Bremsbelag so in den Bremssattel einsetzen, daß der Zapfen an der Rückenplatte des Bremsbelages in die untere Einsparung –3– der Kolbennase einrastet, siehe Abbildung F-44118.

● Äußeren Bremsbelag in den Bremsträger einsetzen.

● Bremssattel nach unten (Limousine) beziehungsweise nach oben (Turnier) schwenken und andrücken.

● Haltebolzen einsetzen und mit Sicherungssplint sichern.

● Bremsschlauch festziehen, Schlauchklemme abnehmen.

● Bremssystem entlüften, siehe Seite 151.

● Hinterräder so ansetzen, daß die beim Ausbau angebrachten Markierungen übereinstimmen. Räder anschrauben. Fahrzeug ablassen und Radmuttern über Kreuz mit **85 Nm** festziehen.

Achtung: Bremspedal im Stand mehrmals kräftig niedertreten, bis fester Widerstand spürbar ist. Dadurch legen sich die Bremsbeläge an die Bremsscheibe an und nehmen einen dem Betriebszustand entsprechenden Sitz ein.

● Bremsflüssigkeit im Ausgleichbehälter prüfen, gegebenenfalls bis zur MAX.-Marke auffüllen.

● Fahrzeug mehrmals von ca. 80 km/h auf 40 km/h mit geringem Pedaldruck abbremsen.

Achtung: Bis zu einer Fahrstrecke von ca. 200 km sollten keine Vollbremsungen vorgenommen werden.

Hinweis: Bremsbeläge sind als Sondermüll zu entsorgen. Die örtlichen Behörden geben darüber Auskunft, ob auch eine Entsorgung über den hausmüllähnlichen Gewerbemüll zulässig ist.

Bremssattel/Bremsträger hinten aus- und einbauen

Ausbau

- Scheibenbremsbeläge hinten ausbauen.

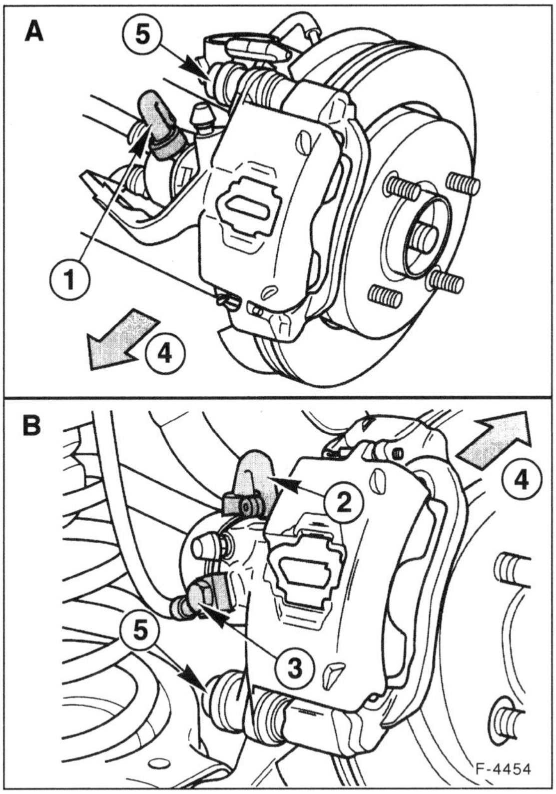

- Abdeckung –5– für Gleitbolzen vom Bremssattel abziehen. A – Limousine, B – Turnier, 2 – Handbremsseilhebel, 3 – Hohlschraube, 4 – Pfeil zeigt in Fahrtrichtung.
- Bremsschlauch vom Bremssattel abbauen. Verschlußstopfen einsetzen, um übermäßigen Flüssigkeitsverlust und das Eindringen von Schmutz vermeiden, siehe Seite 152.

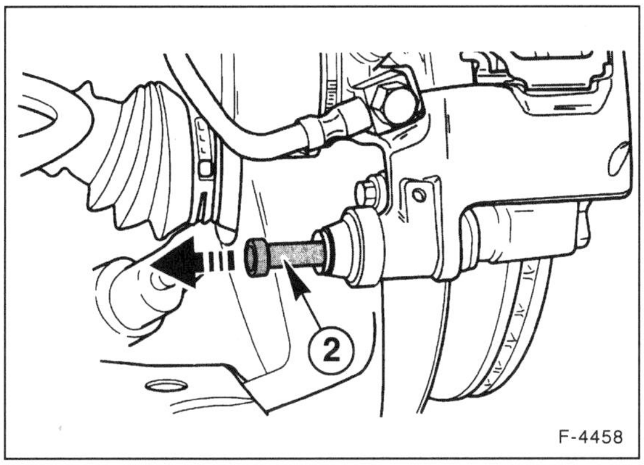

- Gleitbolzen herausschrauben und anschließend herausziehen. Die Abbildung zeigt den Turnier. Bei der Limousine befindet sich der Gleitbolzen oben am Bremssattel.
- Bremssattel vom Bremsträger abnehmen.

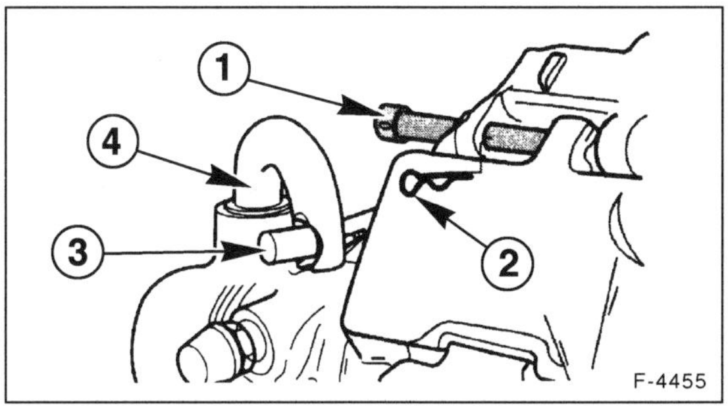

- Seilzug –3– am Handbremshebel –4– aushängen.
- Bremsträger mit 2 Schrauben abschrauben und abnehmen.

Einbau

- Bremsträger mit **60 Nm** anschrauben.
- Bremssattel ansetzen, Gleitbolzen mit **40 Nm** anschrauben. Abdeckkappe aufschieben.
- Handbremsseil einhängen, siehe Seite 154.
- Bremsschlauch am Bremssattel anschrauben.
- Scheibenbremsbeläge hinten einbauen.
- Bremssystem entlüften, siehe Seite 151.

Achtung, Sicherheitskontrolle durchführen:

◆ Sind die Bremsschläuche festgezogen?
◆ Befindet sich der Bremsschlauch in der Halterung?
◆ Sind die Entlüftungsschrauben angezogen?
◆ Ist genügend Bremsflüssigkeit eingefüllt?
◆ Bei laufendem Motor Dichtheitskontrolle durchführen. Hierzu Bremspedal mit 200 bis 300 N (entspricht 20 bis 30 kg) etwa 10 sec. betätigen. Das Bremspedal darf nicht nachgeben. Sämtliche Anschlüsse auf Dichtheit kontrollieren.

- Anschließend einige Bremsungen auf Straße mit geringem Verkehr durchführen.

Bremsscheibe hinten aus- und einbauen

Ausbau

- Bremssattel/Bremsträger ausbauen.
- Falls vorhanden, 2 Befestigungsclips von den Radbolzen mit einem kleinen Schraubendreher abhebeln.
- Bremsscheibe abnehmen.

Einbau

Um beidseitig ein gleichmäßiges Bremsen zu gewährleisten, müssen beide Bremsscheiben die gleiche Oberfläche bezüglich Schliffbild und Rauhtiefe aufweisen. Deshalb **grundsätzlich beide** Bremsscheiben ersetzen, beziehungsweise abdrehen lassen.

Die Werkstatt kann die Bremsscheibe auf Schlag prüfen. Maximaler Seitenschlag an der Bremsfläche gemessen, siehe Seite 140

- Bremsscheibendicke messen.
- Falls vorhanden, Rost am Flansch der Bremsscheibe und der Vorderradnabe mit einer Weichmetallbürste entfernen.
- Neue Bremsscheiben mit Nitro-Verdünnung vom Schutzlack reinigen.
- Bremsscheibe auf Radnabe aufsetzen und gegebenenfalls mit 2 Halteclips fixieren. Dazu Clips auf das Gewinde von 2 gegenüberliegenden Radbolzen aufschieben.
- Bremsträger/Bremssattel einbauen.

Bremstrommel/Bremsbacken hinten aus- und einbauen

Ausbau

Achtung: Grundsätzlich alle Bremsbeläge einer Achse erneuern, auch wenn nur ein Belag verölt oder verschlissen ist.

- Stellung der Hinterräder zur Radnabe mit Farbe kennzeichnen. Dadurch kann das ausgewuchtete Rad wieder in derselben Position montiert werden. Radmuttern bei auf dem Boden stehendem Fahrzeug lösen. Fahrzeug vorn aufbocken und Hinterräder abnehmen.
- Handbremse lösen.
- Falls vorhanden, 2 Befestigungsclips von den Radbolzen mit einem kleinen Schraubendreher abhebeln.
- Bremstrommel abnehmen.

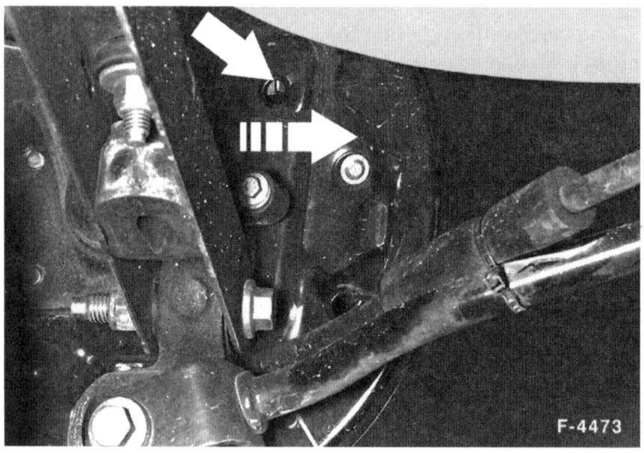

Achtung: Falls sich die Bremstrommel nicht abnehmen läßt, Bremsbacken zurückstellen. Dazu an der Rückseite des Bremsträgers Abdeckkappe von der Bohrung abnehmen. Mit kleinem Schraubendreher Nocken der Nachstellraste –Pfeil– in Fahrtrichtung nach vorn drücken. Dadurch wird die automatische Bremsbackennachstellung aufgehoben und die Bremsbacken werden durch die Rückzugfedern zurückgezogen.

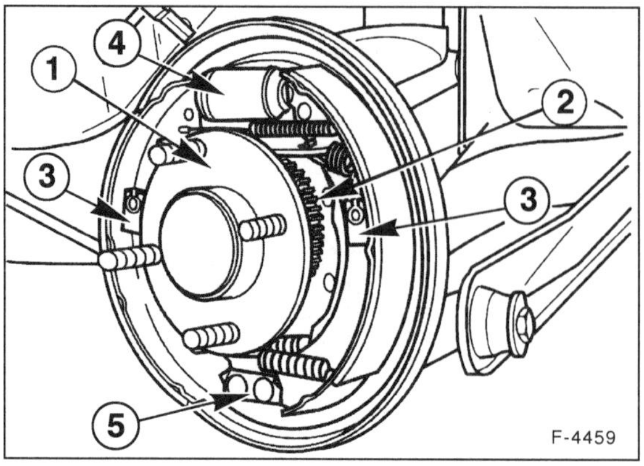

- 2 Haltefedern –3– für Bremsbacken nach unten abziehen. 1 – Radnabe, 2 – Zahnscheibe.
- Rückzugfedern aushängen.

Achtung: Es empfiehlt sich vor Ausbau der Bremsbacken, die Einbaulage der Rückzugfedern und der Druckstange zu notieren und gegebenenfalls die Federn mit Tesaband zu markieren. Dadurch erleichtert sich der Zusammenbau der Bremse.

- Beide Bremsbacken vom Radbremszylinder –4– abdrücken und abnehmen, dabei Staubkappen nicht beschädigen. Anschließend Bremsbacken unten vom Stützlager –5– abheben.

Achtung: Beim Abheben der Bremsbacken vom Radbremszylinder darauf achten, daß die Kolben nicht herausgezogen werden. Gegebenenfalls ein Gummiband über beide Kolben ziehen, damit sie im Radbremszylinder verbleiben.

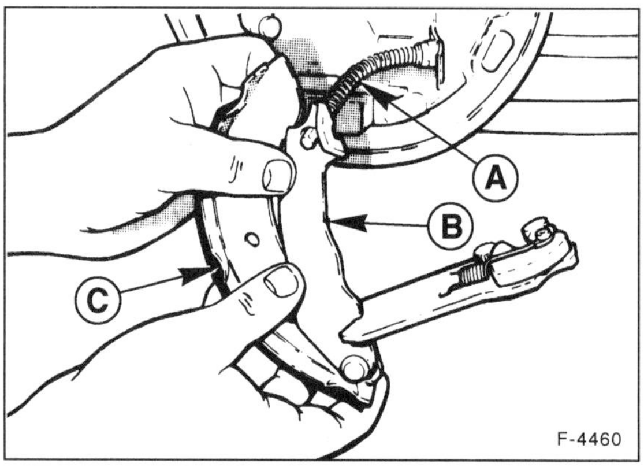

- Hintere Bremsbacke –C– um 90° nach unten schwenken, und Handbremsseil –A– am Bremshebel –B– aushängen.

Einbau

Grundsätzlich alle 4 Bremsbacken ersetzen und gleiches Fabrikat verwenden. Bremstrommel und Bremsträger mit Preßluft ausblasen oder mit Spiritus reinigen.

Achtung: Den gesundheitsschädlichen Bremsstaub nicht einatmen. Während die Bremsbacken ausgebaut sind, **nicht auf die Fußbremse treten,** da sonst die Bremskolben aus dem Radbremszylinder rutschen. Falls der Radbremszylinder durch Bremsflüssigkeit feucht ist, Radbremszylinder ersetzen.

● Bremsfläche der Trommel mit dem Finger auf Riefen prüfen. Riefige Bremstrommeln ersetzen, dabei grundsätzlich beide Bremstrommeln ersetzen.

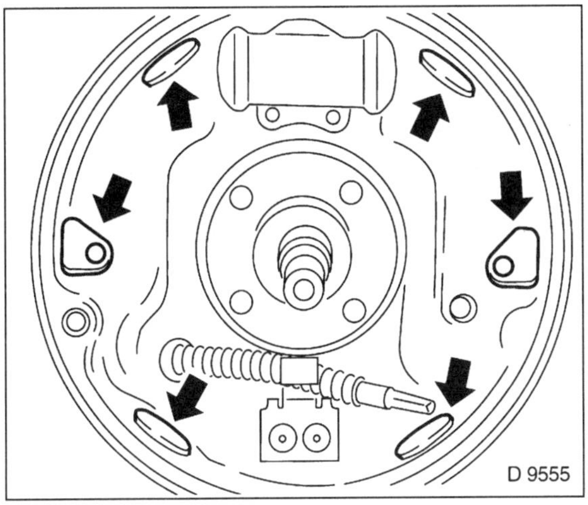

● Die sechs Kontaktflächen zwischen Bremsbacken und Bremsträger reinigen und vor dem Einbau der Bremsbacken dünn mit hitzebeständigem Fett, zum Beispiel Thermopaul 1, bestreichen. Vorher diese Stellen gegebenenfalls mit einer Weichmetallbürste reinigen.

● Handbremsseil in Bremshebel einhängen.

● Hintere Bremsbacke –7– einsetzen.

● Druckstrebe –5– einsetzen und obere Rückzugfedern –1/2– einhängen.

● Vordere Bremsbacke –6– in den Schlitz der Druckstrebe einsetzen und an Radbremszylinder –8–, Stützlager –9– und Bremsträger anlegen.

Achtung: Beim Einsetzen der Bremsbacken die Staubmanschetten den Radbremszylinder nicht beschädigen.

● Hintere Bremsbacke an den Bremsträger andrücken. Gegebenenfalls mit Schraubzwinge sichern.

● Haltestift für hintere Bremsbacke von hinten durchschieben, Klemmfeder –3– aufsetzen. Feder zusammendrücken und Stift um 90° drehen. Haltestift gleichzeitig von hinten gegenhalten. Feder lösen, so daß der Haltestift einrastet.

● Rückzugfedern –4– einsetzen.

● Vordere Bremsbacke an den Bremsträger andrücken. Gegebenenfalls mit Schraubzwinge sichern.

● Haltestift für vordere Bremsbacke von hinten durchschieben, Klemmfeder aufsetzen. Feder zusammendrücken und Stift um 90° drehen. Haltestift gleichzeitig von hinten gegenhalten. Feder lösen, so daß der Haltestift einrastet.

● Falls verwendet, Schraubzwingen abnehmen.

● Falls eingebaut, Gummizug vom Radbremszylinder abnehmen.

● Bremstrommel aufsetzen und gegebenenfalls mit 2 Halteclips fixieren. Dazu Clips auf das Gewinde von 2 gegenüberliegenden Radbolzen aufschieben.

● Hinterräder so ansetzen, daß die beim Ausbau angebrachten Markierungen übereinstimmen. Vorher Zentriersitz der Felge an der Radnabe mit Wälzlagerfett leicht einfetten. Räder anschrauben. Fahrzeug ablassen und Radmuttern über Kreuz mit **85 Nm** festziehen.

● Fußbremse mehrmals betätigen damit sich die Bremsbacken zentrieren.

Radbremszylinder aus- und einbauen

Ausbau

● Bremstrommel ausbauen.

● Bremsschlauch mit geeigneter Schlauchklemme abklemmen. Dabei darauf achten, daß der Bremsschlauch nicht durch eine scharfkantige Klemme beschädigt wird. **Turnier:** Bremsleitung vom Bremsschlauch im Bereich der unteren Federaufnahme trennen.

● Bremsbacken oben so weit auseinanderziehen, daß der Radbremszylinder frei wird und die Nachstellautomatik die Backen in dieser Stellung arretiert.

● 2 Befestigungsschrauben –1– für Radbremszylinder auf der Rückseite des Bremsträgers herausdrehen.

● Überwurfmutter –2– der Bremsleitung am Radbremszylinder von der Rückseite her lösen. Vorher Leitungsanschluß reinigen.

Einbau

● Radbremszylinder abnehmen und vom Bremsschlauch vollständig abschrauben.

- Neuen Radbremszylinder mit neuem Dichtring sofort am Bremsschlauch anschrauben, Mutter noch nicht festziehen. Dadurch ist sichergestellt, daß nur wenig Bremsflüssigkeit ausläuft.
- Radbremszylinder am Bremsträger ansetzen und festschrauben.
- Überwurfmutter für Bremsschlauch leicht festziehen. Dabei sicherstellen, daß sich der Schlauch nicht verdreht oder gedehnt wird.
- Schlauchklemme abnehmen.
- **Turnier:** Bremsschlauch mit Bremsleitung verbinden.
- Mit Schraubendreher auf den Ratschenhebel drücken, damit sich die Bremsbacken an die Bremskolben anlegen.
- Bremstrommel einbauen.
- Bremsanlage entlüften. Dabei genügt es in der Regel, nur den Radbremszylinder zu entlüften, dessen Leitung geöffnet wurde. Wenn der Bremsdruck nach dem Entlüften schwammig ist, gesamte Bremsanlage entlüften.
- Fußbremse mehrmals kräftig durchtreten. Damit ist die Hinterradbremse eingestellt.

Radbremszylinder instand setzen

Falls der Radbremszylinder nicht erneuert werden soll, kann er auch in eingebautem Zustand zerlegt werden. Dann müssen allerdings vorher die Bremsbacken ausgebaut werden. Der Radbremszylinder ist spätestens immer dann zu ersetzen, wenn Bremsflüssigkeit durch die Manschetten dringt. Beim Bremsbelagwechsel zur Kontrolle immer Staubkappen vom Radbremszylinder abziehen und in den Bremszylinder schauen. Wenn es hinter den Staubkappen feucht ist oder der gesamte Radbremszylinder mit Bremsflüssigkeit überzogen ist, Bremszylinder austauschen. Außerdem ist ein Austausch notwendig, wenn die Kolben im Radbremszylinder nicht mehr leichtgängig hin- und hergleiten, Riefen oder Korrosionsstellen aufweisen. In einem solchen Fall wird das Rad entweder nicht abgebremst oder es bremst ständig.

Ausbau

- Bremsbacken ausbauen.

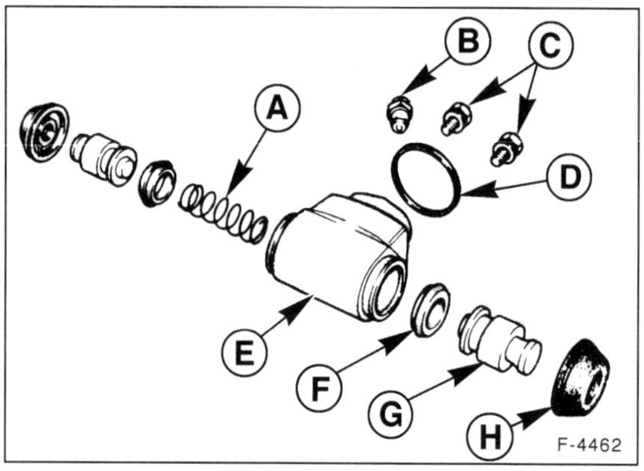

- Mit Schraubendreher Staubkappen –H– abhebeln. Vorsicht, Kappen nicht beschädigen.
- Beide Kolben –G– mit den Manschetten –F– herausziehen. **Achtung:** Dabei kann etwas Bremsflüssigkeit auslaufen, Lappen unterlegen.
- Feder –A– aus Radbremszylinder –E– herausnehmen. Die zusätzlich dargestellten Teile sind: B – Entlüftungsschraube; C – Befestigungsschrauben; D – Dichtring.
- Manschetten von den Kolben abziehen, dabei Kolben nicht beschädigen.
- Radbremszylinder innen mit staubfreiem Lappen auswischen. Es dürfen keine Riefen oder Rostnarben auf der Lauffläche sein, gegebenenfalls Radbremszylinder ersetzen.
- Alle Teile mit Spiritus oder Bremsflüssigkeit reinigen. Hinweise zur Bremsflüssigkeit beachten. **Achtung:** Keine Flüssigkeiten auf Mineralölbasis, wie Benzin oder Kerosin, verwenden, andernfalls können später Bremsdefekte auftreten.

Einbau

- Entlüfterschraube gangbar machen, eventuell erneuern.
- Vor dem Zusammenbau alle Innenteile in saubere Bremsflüssigkeit tauchen. Grundsätzlich kompletten Reparatursatz verwenden.
- Manschetten so auf die Kolben aufziehen, daß die Dichtlippen gegen die Druckrichtung der Hydraulikflüssigkeit zeigen.
- Linken Kolben in den Radbremszylinder einsetzen.
- Von rechts Feder einsetzen, Entlüfterschraube öffnen, Kolben einschieben. Nach dem Komplettieren Entlüfterschraube schließen. **Vorsicht:** Entlüfterschraube nicht überdrehen. Drehmoment maximal 10 Nm.
- Schutzkappen aufsetzen.
- Bremsbacken und Bremstrommel einbauen.
- Bremsanlage entlüften. Dabei genügt es in der Regel, nur denjenigen Bremszylinder zu entlüften, dessen Leitung geöffnet wurde. Wenn der Bremsdruck nach dem Entlüften schwammig ist, gesamte Bremsanlage entlüften.
- Fußbremse mehrmals kräftig durchtreten. Damit ist die Hinterradbremse eingestellt.

Die Bremsflüssigkeit

Beim Umgang mit Bremsflüssigkeit ist zu beachten:

- Bremsflüssigkeit ist giftig. Keinesfalls Bremsflüssigkeit mit dem Mund über einen Schlauch absaugen. Bremsflüssigkeit nur in Behälter füllen, bei denen ein versehentlicher Genuß ausgeschlossen ist.
- Bremsflüssigkeit ist ätzend und darf deshalb nicht mit dem Autolack in Berührung kommen, gegebenenfalls sofort abwischen und mit viel Wasser abwaschen.
- Bremsflüssigkeit ist hygroskopisch, das heißt, sie nimmt aus der Luft Feuchtigkeit auf. Bremsflüssigkeit deshalb nur in den fest verschlossenen Originalbehältern und an einem trockenen Ort aufbewahren.
- Behälter für Bremsflüssigkeit vor dem Öffnen reinigen.

- Bremsflüssigkeit getrennt von anderen Flüssigkeiten aufbewahren.
- Bremsflüssigkeit ist entflammbar und muß daher sicher gelagert werden.
- **Bremsflüssigkeit, die schon einmal im Bremssystem verwendet wurde, darf nicht wieder verwendet werden. Auch beim Entlüften der Bremsanlage nur neue Bremsflüssigkeit verwenden.**
- Bremsflüssigkeits-Spezifikation: **Super DOT 4** beziehungsweise FORD-**ESD-M6C57-A**.
- Bremsflüssigkeit darf nicht mit Mineralöl in Berührung kommen. Schon geringe Spuren Mineralöl machen die Bremsflüssigkeit unbrauchbar beziehungsweise führen zum Ausfall des Bremssystems.
- Bremsflüssigkeit alle 3 Jahre wechseln, möglichst nach der kalten Jahreszeit.
- Alte Bremsflüssigkeit bei der örtlichen Deponie für Sondermüll abgeben, nicht in die Kanalisation schütten. Bremsflüssigkeit nicht mit Motoröl vermischen.

Bremsanlage entlüften

Nach jeder Reparatur an der Bremse, bei der die Anlage geöffnet wurde, kann Luft in die Druckleitungen eingedrungen sein. Dann ist das Bremssystem zu entlüften. Luft ist auch dann in den Leitungen, wenn sich beim Tritt auf das Bremspedal der Bremsdruck schwammig anfühlt. In diesem Fall muß die Undichtigkeit beseitigt und die Bremsanlage entlüftet werden.

Die Bremsanlage wird durch Pumpen mit dem Bremspedal entlüftet, dazu ist eine zweite Person notwendig.

Muß die ganze Anlage entlüftet werden, jeden Radbremszylinder einzeln entlüften. Das ist immer dann der Fall, wenn Luft in jeden einzelnen Bremszylinder gedrungen ist. Falls nur ein Bremssattel erneuert bzw. überholt wurde, genügt in der Regel das Entlüften des betreffenden Zylinders. Ebenso kann auch jeder Bremskreis individuell entlüftet werden. Beim Entlüften der gesamten Anlage mit einem vorderen Bremssattel beginnen, dann den diagonal gegenüberliegenden hinteren Bremszylinder beziehungsweise Bremssattel entlüften.

- Deckel vom Vorratsbehälter für Bremsflüssigkeit abschrauben und zur Seite legen.

- Staubkappe von der Entlüfterschraube des Bremszylinders/Bremssattels abnehmen. Entlüfterschraube reinigen, sauberen Schlauch aufstecken, anderes Schlauchende in eine mit Bremsflüssigkeit halbvoll gefüllte Flasche stecken. Bei älteren Fahrzeugen Entlüfterschraube vorsichtig gangbar machen.

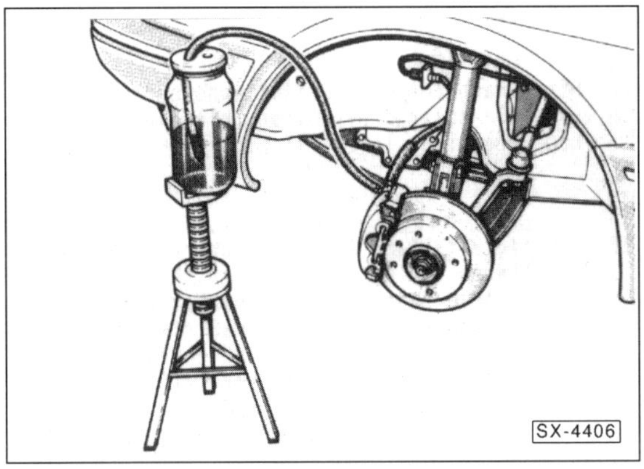

- Die Auffangflasche soll mindestens 30 cm über der Entlüfterschraube stehen beziehungsweise gehalten werden. Dadurch wird verhindert, daß Luft über das Gewinde der Entlüfterschraube in das Bremssystem gelangt.
- Von einer Hilfsperson Bremspedal so oft niedertreten lassen, »pumpen«, bis sich im Bremssystem Druck aufgebaut hat. Zu spüren am wachsenden Widerstand beim Betätigen des Pedals.
- Ist genügend Druck vorhanden, Bremspedal ganz durchtreten, Fuß auf dem Bremspedal halten.
- Entlüfterschraube etwa eine halbe Umdrehung mit Ringschlüssel öffnen. Ausfließende Bremsflüssigkeit in der Flasche sammeln. Darauf achten, daß sich das Schlauchende in der Flasche ständig unterhalb des Flüssigkeitsspiegels befindet.
- Sobald der Flüssigkeitsdruck nachläßt, sofort Entlüfterschraube schließen.
- Pumpvorgang wiederholen, bis sich Druck aufgebaut hat. Bremspedal niedertreten, Fuß auf dem Bremspedal lassen, Entlüfterschraube öffnen, bis der Druck nachläßt, Entlüfterschraube schließen.

- Entlüftungsvorgang an einem Bremszylinder so lange wiederholen, bis sich in der Bremsflüssigkeit, die in die Entlüfterflasche strömt, keine Luftblasen mehr zeigen.
- Anschließend bei durchgetretenem Bremspedal Entlüfterschraube vorsichtig anziehen, max. 10 Nm.
- Schlauch von Entlüfterschraube abziehen, Staubkappe auf Ventil stecken.
- Die anderen Bremszylinder auf gleiche Weise entlüften.

Achtung: Während des Entlüftens ab und zu den Ausgleichbehälter beobachten. Der Flüssigkeitsspiegel darf nicht zu weit sinken, sonst wird über den Ausgleichbehälter Luft angesaugt. **Immer nur neue Bremsflüssigkeit nachgießen!**

- Gegebenenfalls Bremsflüssigkeit bis zur »MAX.«-Markierung auffüllen. **Achtung:** Der Bremsflüssigkeitsspiegel darf bei aufgeschraubtem Deckel nicht über der »MAX.«-Markierung liegen.
- Deckel für Ausgleichbehälter festschrauben.

Achtung, Sicherheitskontrolle durchführen:
- ◆ Sind die Bremsschläuche festgezogen?
- ◆ Befindet sich der Bremsschlauch in der Halterung?
- ◆ Sind die Entlüftungsschrauben angezogen?
- ◆ Ist genügend Bremsflüssigkeit eingefüllt?
- ◆ Bei laufendem Motor Dichtheitskontrolle durchführen. Hierzu Bremspedal mit 200 bis 300 N (entspricht 20 bis 30 kg) etwa 10 sec. betätigen. Das Bremspedal darf nicht nachgeben. Sämtliche Anschlüsse auf Dichtheit kontrollieren.

- Anschließend einige Bremsungen auf Straße mit geringem Verkehr durchführen.

Bremsleitungen und Bremsschläuche

Für das Bremsleitungssystem, das zusammen mit den druckfesten Bremsschläuchen für die Räder die Verbindung vom Hauptbremszylinder zu den vier Radbremsen herstellt, werden Rohre verwendet.

Die Rohrverbindungen zu den Bremszylindern und Verteilerstücken sind als sogenannte Kegelkupplungen ausgebildet.

Die Rohrenden sind vorn gestaucht und haben dann eine kegelförmige Anlagefläche für die ebenfalls mit einem kegeligen Grund versehenen Gewindeöffnungen in den Bremszylindern beziehungsweise Verteilerstücken. Bevor die Rohrenden gestaucht werden, wird eine Rohrmutter auf das Rohr gesteckt, die dann später nach dem Einschrauben die kegelige Anlagefläche des Rohres gegen den kegeligen Grund der Gewindeöffnung drückt und damit zuverlässig abdichtet.

Die Bremsschläuche stellen die flexiblen Verbindungen zwischen den starren und beweglichen Fahrzeugteilen her.

Bremsleitung/Bremsschlauch ersetzen

- Fahrzeug aufbocken.
- Bremsleitung an den Überwurfmuttern lösen und abnehmen.
- Leitungsanschluß in Richtung Hauptbremszylinder mit geeignetem Stopfen verschließen.
- Neue Bremsleitung möglichst an gleicher Stelle verlegen.
- Beim Anschließen der Bremsleitung die kegelige Anlagefläche mit einigen Tropfen Bremsflüssigkeit benetzen und mit 12–15 Nm festziehen.
- Neuen Bremsschlauch so einbauen, daß er ohne Drall durchhängt und mit 12–15 Nm festziehen.
- Nach dem Einbau bei entlastetem Rad prüfen (Wagen angehoben), ob der Schlauch allen Radbewegungen folgt, ohne irgendwo anzuscheuern.

Achtung: Bremsschläuche nicht mit Öl oder Petroleum in Berührung bringen, nicht lackieren oder mit Unterbodenschutz besprühen.

- Bremsanlage entlüften.
- Fahrzeug ablassen.
- Bei auf dem Boden stehendem Fahrzeug Räder nach links und rechts bis zum Anschlag einschlagen und prüfen, ob der Schlauch allen Radbewegungen folgt, ohne irgendwo anzuscheuern.

Achtung, Sicherheitskontrolle durchführen:
- ◆ Sind die Bremsschläuche festgezogen?
- ◆ Befindet sich der Bremsschlauch in der Halterung?
- ◆ Sind die Entlüftungsschrauben angezogen?
- ◆ Ist genügend Bremsflüssigkeit eingefüllt?
- ◆ Bei laufendem Motor Dichtheitskontrolle durchführen. Hierzu Bremspedal mit 200 bis 300 N (entspricht 20 bis 30 kg) etwa 10 sec. betätigen. Das Bremspedal darf nicht nachgeben. Sämtliche Anschlüsse auf Dichtheit kontrollieren.

- Anschließend einige Bremsungen auf Straße mit geringem Verkehr durchführen.

Bremskraftverstärker prüfen/Unterdruckleitung aus- und einbauen

Der Bremskraftverstärker ist auf Funktion zu überprüfen, wenn zur Erzielung ausreichender Bremswirkung die Pedalkraft außergewöhnlich hoch ist.

- Bremspedal bei stehendem Motor mindestens 5mal kräftig durchtreten, dann bei belastetem Bremspedal Motor starten. Das Bremspedal muß jetzt unter dem Fuß spürbar nachgeben.
- Andernfalls Unterdruckschlauch am Bremskraftverstärker abbauen, Motor starten. Durch Fingerauflegen am Ende des Unterdruckschlauches prüfen, ob bei laufendem Motor Unterdruck erzeugt wird.

- Ist kein Unterdruck vorhanden: Unterdruckschlauch auf Undichtigkeiten und Beschädigungen prüfen, gegebenenfalls ersetzen. Sämtliche Schellen fest anziehen.
- **Dieselmotor:** Unterdruckschlauch von der Vakuumpumpe abziehen und mit dem Finger prüfen, ob Unterdruck am Schlauchanschluß anliegt.
- Ist Unterdruck vorhanden: Unterdruck messen, gegebenenfalls Bremskraftverstärker ersetzen lassen (Werkstattarbeit). Achtung: Dabei auch immer Rückschlagventil in der Unterdruckleitung ersetzen lassen, da die Membrane im Bremskraftverstärker durch eindringende Kraftstoffdämpfe (bei defektem Rückschlagventil) beschädigt werden kann.

Ausbau Unterdruckleitung

- Batterie-Massekabel (–) abklemmen. **Achtung:** Dadurch können elektronische Speicher gelöscht werden. Vor dem Abklemmen daher unbedingt Hinweise im Kapitel »Batterie aus- und einbauen« durchlesen.
- Bremspedal 3- oder 4-mal kräftig durchtreten, um das Vakuum im Bremskraftverstärker zu erschöpfen.

- Unterdruckleitung am Bremskraftverstärker herausziehen, gegebenenfalls mit großem Schraubendreher abhebeln.

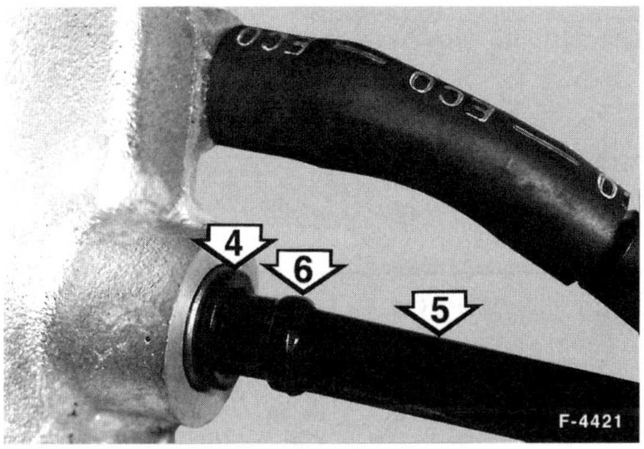

- **Benzinmotor:** Unterdruckleitung vom Ansaugkrümmer abziehen. Dazu Haltering –4– mit dem Fingernagel hineindrücken und Schlauch –5– gleichzeitig langsam herausziehen.
- **Dieselmotor:** Unterdruckleitung von der Vakuumpumpe mit Überwurfmutter abschrauben.

Einbau

Achtung: Verbindungsschlauch immer mit Rückschlagventil ersetzen.

- **Benzinmotor:** Schlauch am Ansaugkrümmer bis zum Ring –6– einschieben. Anschließend Schlauch leicht zurückziehen, um Arretierung zu prüfen.
- **Dieselmotor:** Unterdruckleitung an der Vakuumpumpe mit Überwurfmutter anschrauben.
- Unterdruckschlauch mit Winkelstück am Bremskraftverstärker einstecken.
- Batterie-Massekabel (–) anklemmen.
- Zeituhr einstellen.
- Diebstahlcode für Radio eingeben.

Geänderter Handbremsseilzug ab 11/96

Ab 11/96 wird ein Seilzug mit Gummimanschetten eingebaut. Die Gummimanschette verhindern durch bessere Abdichtung das Eindringen von Wasser in die Zughülle. Der neue Seilzug kann auch in bisherige Fahrzeuge eingebaut werden, allerdings müssen dann beide Seilzüge hinten ersetzt werden. Außerdem müssen 2 neue Rückstellfedern direkt am hinteren Bremssattelhebel eingesetzt werden. **Achtung:** Die Rückstellfedern sind für rechten und linken Bremssattel unterschiedlich.

Hinweis: Wenn die Handbremse im Winter einfriert, empfiehlt sich der Einbau der neuen Handbremsseilzüge.

Einbaulage der Rückstellfedern

- Linker Bremssattel (Turnier).
- Rechter Bremssattel (Limousine).

Die Handbremse

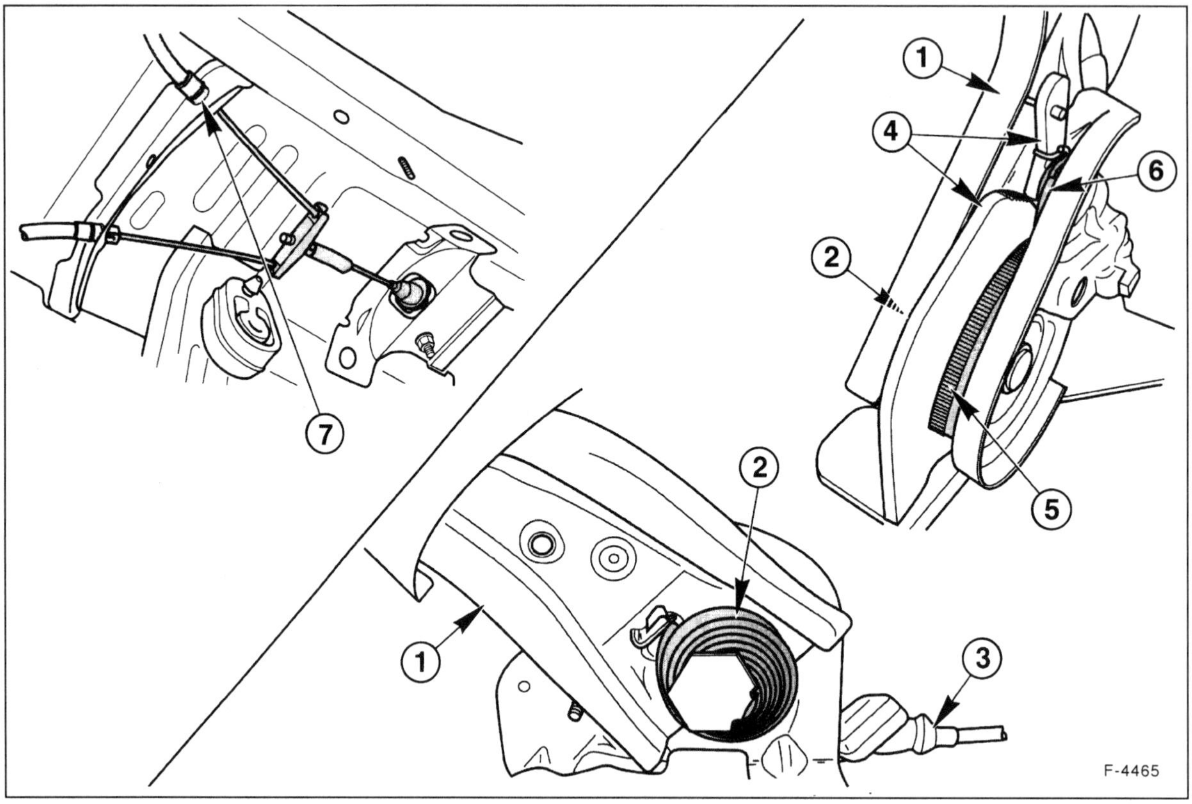

1 – Handbremshebel
2 – Wickelfeder
3 – Handbremsseil
4 – Herkömmliches Zahnsegment/Klaue, dient zum Feststellen der Handbremse.
5 – Neues Zahnsegment (feinere Zahnteilung), dient zur automatischen Einstellung des Handbremshebelweges.
6 – Klaue für neues Zahnsegment
7 – Handbremsseil, keine manuelle Nachstellmöglichkeit.

Die Wickelfeder bewirkt zusammen mit der neuen Zahnsegment/Klauen-Einheit, daß jegliches Spiel im Handbremsseil sofort ausgeglichen wird. Das funktioniert allerdings nur, wenn der Handbremshebel vollständig gelöst ist. Beim nächsten Anziehen der Handbremse ist dann kein Spiel mehr vorhanden. Auch wenn das Handbremsseil zu stramm gespannt sein sollte, erfolgt ein Ausgleich durch die Nachstelleinheit.

Geänderter Handbremsseilzug ab 11/96

Ab 11/96 wird ein Seilzug mit Gummimanschetten eingebaut. Die Gummimanschette verhindern durch bessere Abdichtung das Eindringen von Wasser in die Zughülle. Der neue Seilzug kann auch in bisherige Fahrzeuge eingebaut werden, allerdings müssen dann beide Seilzüge hinten ersetzt werden. Außerdem müssen 2 neue Rückstellfedern direkt am hinteren Bremssattelhebel eingesetzt werden. **Achtung:** Die Rückstellfedern sind für den rechten und den linken Bremssattel unterschiedlich.

Hinweis: Wenn die Handbremse im Winter einfriert, empfiehlt sich der Einbau der abgeänderten Handbremsseilzüge.

Einbaulage der Rückstellfedern –1/2–

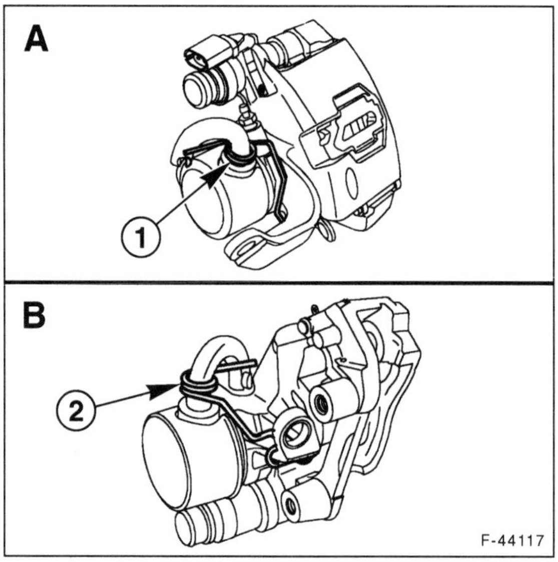

- Rechter Bremssattel –A– (Limousine), linker Bremssattel –B– (Turnier).

Handbremshebel aus- und einbauen

Ausbau

- Fahrzeug aufbocken, Handbremse lösen.

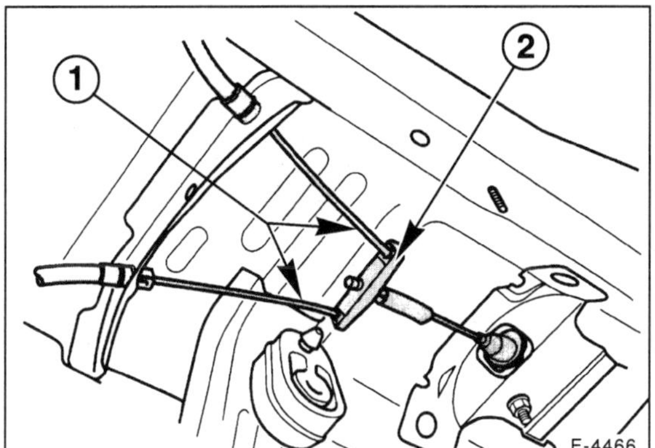

F-4466

- Handbremsseile hinten –1– am Ausgleichbügel –2– aushängen.
- Mittelkonsole ausbauen, siehe Seite 191.

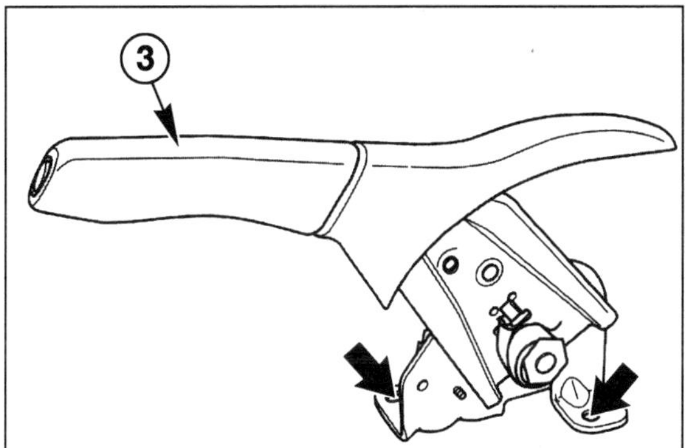

F-4467

- Handbremshebel –3– abschrauben –Pfeile–, abheben und zur Seite legen.
- Tülle für vorderen Bremsseilzug aus dem Fahrzeugboden heraushebeln.
- Ausgleichbügel durch die Öffnung im Fahrzeugboden drücken.

Einbau

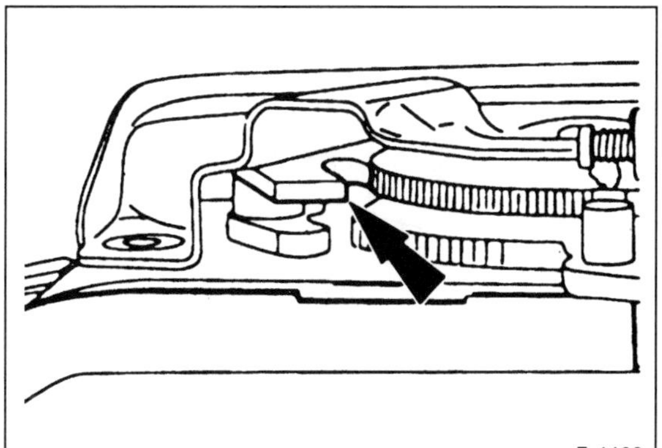

F-4468

- Handbremshebel ganz nach oben ziehen und Selbstnachstell-Mechanismus in die Ausgangsposition bringen, siehe Abbildung.

Hinweis: Neue Handbremshebel werden mit voreingestelltem Selbstnachstell-Mechanismus geliefert.

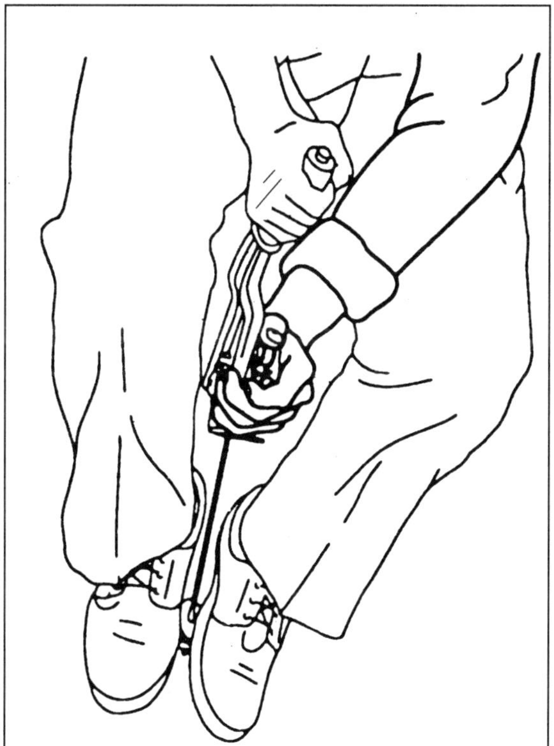

F-4469

- Ausgleichbügel sicher zwischen die Füße klemmen.

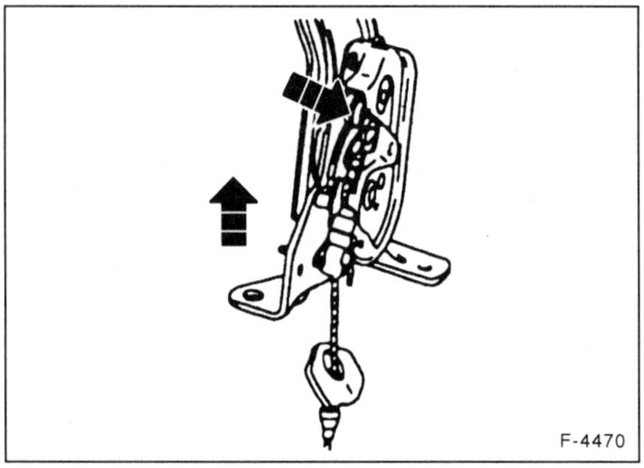

- Die Klaue nach unten drücken und gleichzeitig den Handbremshebel nach oben ziehen, bis das Handbremsseil ca. 40 mm ausgezogen ist.

Achtung: Nicht mit übermäßiger Kraft am Handbremsseil ziehen.

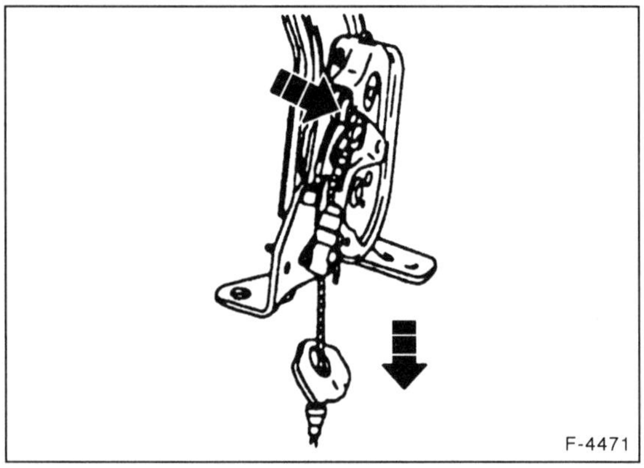

- Die Klaue fest nach unten schieben und gleichzeitig den Zug auf das Handbremsseil lösen.

Achtung: Der Selbstnachstell-Mechanismus hält das Bremsseil in gestreckter Position solange keine Last auf das Bremsseil wirkt.

- Ausgleichbügel durch die Öffnung im Fahrzeugboden nach außen führen. Gummitülle einsetzen.
- Handbremshebel am Fahrzeugboden anschrauben.
- Hintere Handbremsseile am Ausgleichbügel einhängen und einrasten.
- Handbremshebel betätigen und dadurch Selbstnachstell-Mechanismus aktivieren.
- Mittelkonsole einbauen.
- Fahrzeug ablassen.

Bremslichtschalter aus- und einbauen

Ausbau

- Batterie-Massekabel (–) abklemmen. **Achtung:** Beim Abklemmen der Batterie erlischt die Radio-Diebstahlcodierung. Siehe Hinweise »Batterieausbau«.

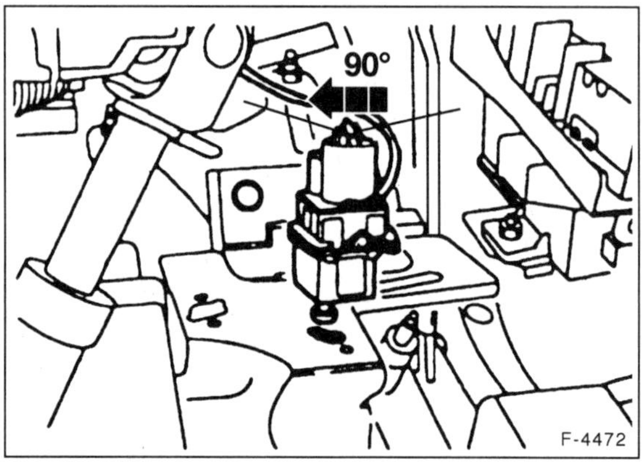

- Mehrfachstecker vom Bremslichtschalter abziehen.
- Schalter um 90° nach links drehen und herausziehen.

Einbau

- Schalter einsetzen, um 90° nach rechts drehen und einrasten.
- Mehrfachstecker aufschieben.
- Batterie-Massekabel (–) anklemmen.
- Zeituhr einstellen.
- Diebstahlcode für Radio eingeben.

Die ABS/EBV/ASR-Anlage

ABS: Das **A**nti-**B**lockier-**S**ystem verhindert bei scharfem Abbremsen das Blockieren der Räder. Ab 9/96 ist im ABS-System eine EBV enthalten.

EBV: Die **E**lektronische **B**remskraft**v**erteilung verteilt mittels ABS-Hydraulik die Bremskraft an die Hinterräder. Da die EBV-Steuerung wesentlich sensibler arbeitet als ein mechanisch wirkender Bremskraftregler, wird ein deutlich größerer Regelbereich ausgenutzt.

Bei Geradeausfahrt wird die Hinterradbremse voll an der Bremsleistung beteiligt. Um auch bei Kurvenbremsungen die Fahrstabilität zu gewährleisten, muß der Bremskraftanteil der Hinterachse reduziert werden. Über die ABS-Drehzahlsensoren erkennt die EBV, ob das Fahrzeug geradeaus oder durch eine Kurve fährt. Bei Kurvenfahrt wird der Bremsdruck für die Hinterräder reduziert. Dadurch können die Hinterräder die maximale Seitenführungskraft aufbringen.

ASR: Mit der elektronischen **A**ntriebs**s**chlupf**r**egelung werden beim Anfahren durchdrehende Räder abgebremst und das Antriebsdrehmoment auf »greifende« Räder umgelenkt.

Hinweis: Die ASR wird auch BTCS genannt. **BTCS** = **B**rake **T**raction **C**ontrol **S**ystem, also Traktionskontrolle mit Bremseneingriff.

Das elektronische System kontrolliert den Schlupf der zum Durchdrehen neigenden Räder und reagiert ebenso blitzschnell wie individuell durch den sofortigen Aufbau und die unmittelbare Modulation des Bremsdrucks an den betroffenen Rädern. Dadurch wird immer die maximal übertragbare Antriebskraft genutzt, im Extremfall sogar nur die eines Rades.

Das selbsttätig arbeitende ASR nutzt viele Bauteile des ABS-Systems. Die elektronische Antriebsschlupfregelung wird beim Anfahren wirksam und schaltet sich bei einer Geschwindigkeit von 50 km/h automatisch ab. Besonders vorteilhaft an dieser Traktionshilfe: Sie beeinflußt weder das Fahrverhalten negativ noch beeinträchtigt sie den Lenkkomfort beim Anfahren.

Hinweise zum ABS/EBV/ASR

Eine Sicherheitsschaltung im elektronischen Steuergerät sorgt dafür, daß sich die Anlage bei einem Defekt (z. B. Kabelbruch) oder bei zu niedriger Betriebsspannung (Batteriespannung unter 10,5 Volt) selbst abschaltet, dies wird durch das Leuchten der gelben ABS-Kontrollampe am Armaturenbrett angezeigt. EBV wird gleichzeitig ebenfalls deaktiviert. Die herkömmliche Bremsanlage bleibt dabei in Betrieb. Das Fahrzeug verhält sich dann beispielsweise beim Bremsen so, als ob keine ABS-Anlage eingebaut wäre.

Sicherheitshinweis:
Wenn während der Fahrt die **rote** Warnleuchte für Bremsanlage aufleuchtet, sofort anhalten und Ursache feststellen. Ursachen können beispielsweise sein: Zu wenig Bremsflüssigkeit, angezogene Handbremse. Bei Ausfall der EBV leuchten gleichzeitig die gelbe ABS-Kontrolleuchte **und** die rote Warnleuchte auf, es können dann beim starken Bremsen die Hinterräder blockieren.

Leuchtet die ABS-Kontrollampe während der Fahrt auf, folgende Punkte beachten:

- Fahrzeug kurz anhalten, Motor abstellen und wieder starten.
- Batteriespannung prüfen. Wenn die Spannung unter 10,5 Volt liegt, Batterie laden.

Achtung: Wenn die ABS-Kontrolleuchte am Anfang einer Fahrt aufleuchtet und nach einiger Zeit wieder erlöscht, deutet das darauf hin, daß die Batteriespannung zunächst zu gering war, bis sie sich während der Fahrt durch Ladung über den Generator wieder erhöht hat.

- Prüfen, ob die Batterieklemmen richtig festgezogen sind und einwandfreien Kontakt haben.
- Fahrzeug aufbocken, Räder abnehmen, elektrische Leitungen zu den Drehzahlfühlern auf äußere Beschädigungen (Scheuerstellen) prüfen. Weitere Prüfungen der ABS/EBV/ASR-Anlage sollten der Werkstatt vorbehalten bleiben. Die Elektronik hat eine Selbstdiagnose, auftretende Fehler werden automatisch abgespeichert und können in der Fachwerkstatt abgefragt und behoben werden.

Achtung: Vor Schweißarbeiten mit einem elektrischen Schweißgerät muß der Stecker vom ABS-Steuergerät (Einbauort: an Hydraulikeinheit) abgezogen werden. Stecker nur bei ausgeschalteter Zündung abziehen. Bei Lackierarbeiten darf das Steuergerät mit max. +90° C belastet werden.

Störungsdiagnose Bremse

Störung	Ursache	Abhilfe
Leerweg des Bremspedals zu groß	Bremsbeläge teilweise oder völlig abgenutzt	■ Bremsbeläge erneuern
	Ein Bremskreis ausgefallen	■ Bremskreise auf Flüssigkeitsverlust prüfen
	Speziell bei Trommelbremse:	
	Nachstellautomatik der Trommelbremse klemmt	■ Nachstelleinheit gangbar machen
Bremspedal läßt sich weit und federnd durchtreten	Luft im Bremssystem	■ Bremse entlüften
	Zu wenig Bremsflüssigkeit im Ausgleichbehälter	■ Neue Bremsflüssigkeit nachfüllen Bremse entlüften
	Dampfblasenbildung. Tritt meist nach starker Beanspruchung auf, z. B. Paßabfahrt	■ Bremsflüssigkeit wechseln. Bremse entlüften
Bremswirkung läßt nach, und Bremspedal läßt sich durchtreten	Undichte Leitung	■ Leitungsanschlüsse nachziehen oder Leitung erneuern
	Beschädigte Manschette im Haupt- oder Radbremszylinder	■ Manschette erneuern. Beim Hauptbremszylinder Innenteile ersetzen, ggf. Hauptbremszylinder ersetzen
	Speziell bei Scheibenbremse:	
	Stationärer Gummidichtring beschädigt	■ Bremssattel überholen
Schlechte Bremswirkung trotz hohen Fußdrucks	Bremsbeläge verölt	■ Bremsbeläge erneuern
	Ungeeigneter oder verhärteter Bremsbelag	■ Beläge erneuern. Nur Original-Bremsbeläge vom Automobilhersteller verwenden
	Bremskraftverstärker defekt, Unterdruckleitung porös, defekt	■ Bremsservo, Unterdruckleitung prüfen
	Speziell bei Scheibenbremse:	
	Bremsbeläge abgenutzt	■ Bremsbeläge erneuern
Bremse zieht einseitig	Unvorschriftsmäßiger Reifendruck	■ Reifendruck prüfen und berichtigen
	Bereifung ungleichmäßig abgefahren	■ Abgefahrene Reifen ersetzen
	Bremsbeläge verölt	■ Bremsbeläge erneuern
	Verschiedene Bremsbelagsorten auf einer Achse	■ Beläge erneuern.. Nur Original-Bremsbeläge vom Automobilhersteller verwenden
	Schlechtes Tragbild der Bremsbeläge	■ Bremsbeläge austauschen
	Speziell bei Scheibenbremse:	
	Verschmutzte Bremssattelschächte	■ Sitz- und Führungsflächen der Bremsbeläge im Bremssattel reinigen
	Korrosion in den Bremssattelzylindern	■ Bremssattel erneuern
	Bremsbelag ungleichmäßig verschlissen	■ Bremsbeläge erneuern (beide Räder), Bremssättel auf Leichtgängigkeit prüfen
	Speziell bei Trommelbremse:	
	Kolben in den Radbremszylindern schwergängig	■ Radbremszylinder instand setzen

Störung	Ursache	Abhilfe
Bremse zieht von selbst an	Ausgleichsbohrung im Hauptbremszylinder verstopft	■ Hauptbremszylinder reinigen und Innenteile erneuern lassen
	Spiel zwischen Betätigungsstange und Hauptbremszylinderkolben zu gering	■ Spiel prüfen
Bremsen erhitzen sich während der Fahrt	Ausgleichsbohrung im Hauptbremszylinder verstopft	■ Hauptbremszylinder reinigen und Innenteile erneuern lassen
	Spiel zwischen Betätigungsstange und Hauptbremszylinder zu gering	■ Spiel prüfen
	Speziell bei Scheibenbremse:	
	Drosselbohrung im Spezial-Bodenventil verstopft	■ Hauptbremszylinder reinigen, Innenteile ersetzen und Bremsflüssigkeit erneuern
	Speziell bei Trommelbremse:	
	Bremsbacken-Rückzugfedern erlahmt	■ Rückzugfedern erneuern
Bremsen rattern	Ungeeigneter Bremsbelag	■ Beläge erneuern. Nur Original-Bremsbeläge vom Automobilhersteller verwenden
	Speziell bei Scheibenbremse:	
	Bremsscheibe stellenweise korrodiert	■ Scheibe mit Schleifklötzen sorgfältig glätten
	Bremsscheibe hat Seitenschlag	■ Scheibe nacharbeiten oder ersetzen
	Speziell bei Trommelbremse:	
	Bremsbeläge verschlissen	■ Beläge erneuern. Nur Original-Bremsbeläge vom Automobilhersteller verwenden
	Bremstrommel unrund	■ Bremstrommel ersetzen
Bremsbeläge lösen sich nicht von der Bremsscheibe, Räder lassen sich schwer von Hand drehen	**Speziell bei Scheibenbremse:** Korrosion in den Bremssattelzylindern	■ Bremssattel überholen, eventuell austauschen
Ungleichmäßiger Belag-Verschleiß	**Speziell bei Scheibenbremse:**	
	Ungeeigneter Bremsbelag	■ Beläge erneuern, Nur Original-Bremsbeläge vom Automobilhersteller verwenden
	Bremssattel verschmutzt	■ Bremssattelschächte reinigen
	Kolben nicht leichtgängig	■ Kolben gangbar machen
	Bremssystem undicht	■ Bremssystem auf Dichtigkeit prüfen
Keilförmiger Bremsbelag-Verschleiß	**Speziell bei Scheibenbremse:**	
	Bremsscheibe läuft nicht parallel zum Bremssattel	■ Anlagefläche des Bremssattels prüfen
	Korrosion in den Bremssätteln	■ Verschmutzung beseitigen

Störung	Ursache	Abhilfe
Bremse quietscht	Oft auf atmosphärische Einflüsse (Luftfeuchtigkeit) zurückzuführen	■ Keine Abhilfe erforderlich, und zwar dann, wenn Quietschen nach längerem Stillstand des Wagens bei hoher Luftfeuchtigkeit auftrat, aber nach den ersten Bremsungen sich nicht wiederholt
	Speziell bei Scheibenbremse:	
	Ungeeigneter Bremsbelag	■ Beläge erneuern. Nur Original-Bremsbeläge vom Automobilhersteller verwenden Rückenplatte mit Anti-Quietsch-Paste bestreichen
	Bremsscheibe läuft nicht parallel zum Bremssattel	■ Anlagefläche des Bremssattels prüfen
	Verschmutzte Schächte im Bremssattel	■ Bremssattelschächte reinigen
	Speziell bei Trommelbremse:	
	Ungeeigneter Bremsbelag	■ Beläge erneuern. Nur Original-Bremsbeläge vom Automobilhersteller verwenden
	Belag liegt nicht satt auf	■ Beläge erneuern. Nur Original-Bremsbeläge vom Automobilhersteller verwenden
	Bremse verschmutzt	■ Radbremsen reinigen
	Rückzugfedern zu schwach	■ Rückzugfedern erneuern
Bremse pulsiert	**ABS** in Funktion	■ Normal, keine Abhilfe
	Speziell bei Scheibenbremse:	
	Seitenschlag oder Dickentoleranz der Bremsscheibe zu groß	■ Schlag und Toleranz prüfen. Scheibe nacharbeiten oder ersetzen
	Bremsscheibe läuft nicht parallel zum Bremssattel	■ Anlagefläche des Bremssattels prüfen
	Speziell bei Trommelbremse:	
	Anlagefläche des Scheibenrades an der Bremstrommel nicht plan, dadurch Verzug der Bremstrommel	■ Es kann versucht werden, die Scheibenräder untereinander auszutauschen.

Räder und Reifen

Der FORD MONDEO ist je nach Modell und Ausstattung mit Reifen und Felgen unterschiedlicher Größe ausgerüstet. Neben der Felgenbreite ist auch die Einpreßtiefe wichtig. Die Einpreßtiefe ist das Maß von der Felgenmitte bis zur Anlagefläche der Radschüssel an die Bremsscheibe.

Alle Scheibenräder sind als sogenannte Hump-Felgen ausgelegt. Der Hump ist ein in die Felgenschulter eingepreßter Wulst, der auch bei extrem scharfer Kurvenfahrt nicht zuläßt, daß der schlauchlose Reifen von der Felge gedrückt wird.

Sofern Reifen und/oder Felgen montiert werden, die nicht in den Fahrzeugpapieren vermerkt sind, ist eine Eintragung in die Fahrzeugpapiere erforderlich. Dazu wird in der Regel eine Freigabebescheinigung von FORD benötigt.

Achtung: Die technische Entwicklung geht ständig weiter. Es kann sein, daß inzwischen auch für ältere Fahrzeug-Modelle andere Reifenfülldrücke beziehungsweise andere Reifen-Felgen-Kombinationen zugelassen sind. Es empfiehlt sich deshalb, die aktuellen Daten bei der Fachwerkstatt zu erfragen.

Achtung: Der Gesetzgeber verlangt, daß Reifen lediglich bis zu einer Profiltiefe von 1,6 mm abgefahren werden dürfen, und zwar muß die gesamte Lauffläche noch 1,6 mm Tiefe aufweisen. Es empfiehlt sich jedoch, sicherheitshalber die Sommerreifen bei bei einer Profiltiefe von 2 mm und die Winterreifen bei einer Tiefe von 4 mm auszutauschen.

Räder- und Reifenmaße, Reifenfülldruck

Modell	**Scheibenrad** (Felge)	**Reifengröße** Gürtelreifen (schlauchlos)	**Reifenfülldruck (Überdruck) in bar** halbe Zuladung vorn	halbe Zuladung hinten	volle Zuladung vorn	volle Zuladung hinten
Limousine / Turnier	5½ J x 14 5½ J x 14 6 J x 15 6 J x 15 6½ J x 16	185/65 R 14 T/H/V[1] 195/60 R 14 H/V[1] 195/60 R 15 H/V[1] 205/55 R 15 V 205/50 R 16 V	2,1	2,1[2]	2,4	2,8
Reifen-Fülldruck bei einer Dauergeschwindigkeit von über 160 km/h			2,3	2,3	2,6	2,8

[1]) Geschwindigkeits-Kennbuchstabe je nach Motorleistung: 1,6i/1,8TD = T; 1,8i = H; 2,0i = V.
[2]) Fülldruck für Fahrzeuge mit Allradantrieb: 2,3 bar.

- Der Reifenfülldruck für das Reserverad entspricht dem maximalen Fülldruck der Hinterradreifen.
- Sämtliche Überdruckangaben beziehen sich auf kalte Reifen. Der sich bei längerer Fahrt einstellende, um ca. 0,2 bis 0,4 bar höhere Überdruck darf nicht reduziert werden. Winterreifen werden in der Regel mit einem 0,2 bis 0,3 bar höheren Überdruck gefahren. Die Luftdruckempfehlungen des jeweiligen Reifenherstellers bei Winterreifen sind zu beachten. Da die Winterreifen einer Geschwindigkeitsbeschränkung unterliegen, muß ein Hinweis über die zulässige Höchstgeschwindigkeit im Blickfeld des Fahrers angebracht werden (§ 36, Absatz 1 StVZO).
- Bei sportlicher Fahrweise empfiehlt es sich, den Reifenüberdruck an Vorder- und Hinterrädern um 0,2 bar zu erhöhen. Bei dieser Erhöhung ist vom Basis-Überdruck auszugehen, wie er für die verschiedenen Belastungszustände vorgeschrieben ist.
- Bei Anhängerbetrieb Reifenfülldruck auf den unter »volle Zuladung« angegebenen Wert erhöhen.

Achtung: Wenn Geschwindigkeiten über 160 km/h über einen längeren Zeitraum beziehungsweise dauernd gefahren werden, Reifen-Fülldruck erhöhen, wie in der Tabelle angegeben. Werden 160 km/h nur kurzfristig überschritten, braucht der Reifen-Fülldruck nicht erhöht zu werden.

Scheibenrad-Bezeichnungen

Beispiel: 5½ J x 14

5½ = Maulweite der Felge in Zoll
J = Kennbuchstabe für Höhe und Kontur des Felgenhorns
x = Kennzeichen für einteilige Tiefbettfelge
14 = Felgen-Durchmesser in Zoll

Reifenbezeichnungen

Beispiel:

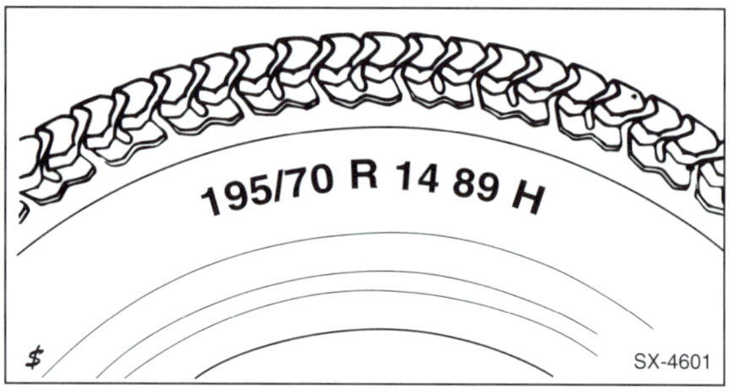

195 = Reifenbreite in mm

/70 = Verhältnis Höhe zu Breite (die Höhe des Reifenquerschnitts beträgt 70 % von der Breite)

Fehlt eine besondere Angabe des Querschnittverhältnisses (z. B. 155 R 13), so handelt es sich um das »normale« Höhen-Breiten-Verhältnis. Es beträgt bei Gürtelreifen 82 %.

R = Radial-Bauart (= Gürtelreifen).

14 = Felgendurchmesser in Zoll.

89 = Tragfähigkeits-Kennzahl.

Achtung: Steht zwischen den Angaben 14 und 89 die Bezeichnung M+S, dann handelt es sich um einen Reifen mit Winterprofil.

H = Kennbuchstabe für zulässige Höchstgeschwindigkeit.

Der Geschwindigkeitsbuchstabe steht hinter der Reifengröße. Die Geschwindigkeitssymbole gelten sowohl für Sommer- als auch für Winterreifen.

Geschwindigkeits-Kennbuchstabe

Kennbuchstabe	Zulässige Höchstgeschwindigkeit
Q	160 km/h
S	180 km/h
T	190 km/h
H	210 km/h
V	240 km/h
W	270 km/h

Reifen-Herstellungsdatum

Das Herstellungsdatum steht auf dem Reifen im Hersteller-Code.

Beispiel: DOT CUL2 UM8 249 ◁ TUBELESS

DOT = Department of Transportation (US-Verkehrsministerium)

CU = Kürzel für Reifenhersteller

L2 = Reifengröße

UM8 = Reifenausführung

249 = Herstellungsdatum = 24. Produktionswoche 1999

◁ = Symbol für dieses Jahrzehnt (1990 bis 1999)

TUBELESS = schlauchlos (TUBETYPE = Schlauchreifen)

Achtung: Neureifen müssen seit 10/98 zusätzlich mit einer ECE-Prüfnummer an der Reifenflanke versehen sein. Diese Prüfnummer weist nach, daß es sich um einen Reifen handelt, der dem ECE-Standard entspricht.

Austauschen der Räder

Es ist nicht zweckmäßig, bei einem Austausch der Räder die Drehrichtung der Reifen zu ändern, da sich die Reifen nur unter vorübergehend stärkerem Verschleiß der veränderten Drehrichtung anpassen. Bei einigen Reifen ist eine Laufrichtung durch einen Pfeil auf der Seitenwand vorgegeben, die Laufrichtung ist dann unbedingt einzuhalten.

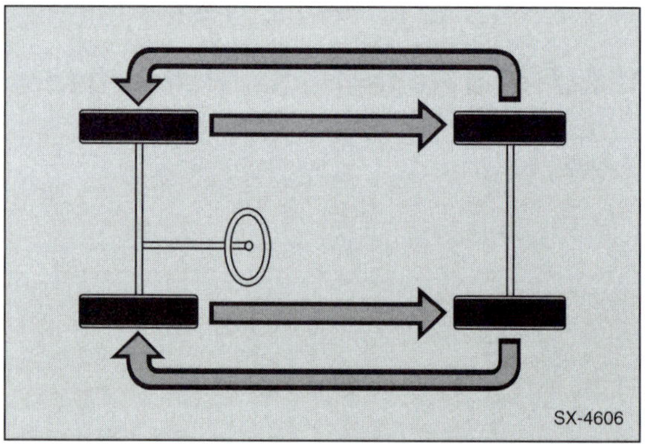

Bei deutlich stärkerer Abnutzung der vorderen Reifen empfiehlt es sich, die Vorderräder gegen die Hinterräder zu tauschen. Dadurch haben alle 4 Reifen etwa die gleiche Lebensdauer.

Zum Festziehen der Radmuttern sollte immer ein Drehmomentschlüssel verwendet werden. Dadurch wird sichergestellt, daß die Radmuttern gleichmäßig fest angezogen sind.

Reifen nicht einzeln, sondern mindestens achsweise ersetzen. Dabei Reifen mit der größeren Profiltiefe immer vorn montieren.

Achtung: Beim Erneuern und Demontieren schlauchloser Reifen ist aus Sicherheitsgründen unbedingt das Gummiventil mit auszutauschen.

- Zum Schutz gegen Festrosten des Rades ist der Zentriersitz des Scheibenrades an den Radnaben vorn und hinten bei jeder Demontage des jeweiligen Rades mit Wälzlagerfett leicht einzufetten.
- Radkappen mit Kunststoffende des Radmutternschlüssels (Bordwerkzeug) abhebeln.

- Vor der Demontage Rad mit Kreide zur Radnabe markieren, damit es in gleicher Stellung wieder montiert werden kann.
- Leichtmetallfelgen sind durch einen Klarlacküberzug gegen Korrosion geschützt. Beim Radwechsel darauf achten, daß die Schutzschicht nicht beschädigt wird, andernfalls mit Klarlack ausbessern.
- Für Leichtmetallfelgen nur Radmuttern mit drehbarer integrierter Scheibe verwenden. Die konische Kegelscheibe auf der Mutter verhindert Beschädigungen an der Oberfläche der Leichtmetallfelge beim Festziehen.

Achtung: Sind am Fahrzeug Leichtmetallfelgen montiert, während das Reserverad eine Stahlfelge besitzt, ist es zweckmäßig, entsprechende Muttern für die Stahlfelge zum Bordwerkzeug zu legen.

- Verschmutzte Muttern und Gewinde reinigen.
- Radmuttern über Kreuz in mehreren Durchgängen festziehen.

Achtung: Durch einseitiges oder unterschiedlich starkes Anziehen der Radmuttern können das Rad und/oder die Radnabe verspannt werden. Das Anzugsdrehmoment beträgt für alle Radmuttern **85 Nm**.

Regeln zur Reifenpflege

Generell gilt, daß Reifen sozusagen ein »Gedächtnis« haben und unsachgemäße Behandlung – dazu zählt beispielsweise auch schnelles oder häufiges Überfahren von Bordstein- oder Schienenkanten – oft erst viel später zu Reifenpannen führt.

Reifen reinigen

- Reifen möglichst nicht mit einem Dampfstrahlgerät reinigen. Wird die Düse des Dampfstrahlers zu nahe an den Reifen gehalten, dann wird dessen Gummischicht innerhalb weniger Sekunden irreparabel zerstört, selbst bei Verwendung von kaltem Wasser. Ein auf diese Weise gereinigter Reifen sollte sicherheitshalber ersetzt werden.
- Ersetzt werden sollte auch ein Reifen, der über längere Zeit mit Öl oder Fett in Berührung kam. Der Reifen quillt an den betreffenden Stellen zunächst auf, nimmt jedoch später wieder seine normale Form an und sieht äußerlich unbeschädigt aus. Die Belastungsfähigkeit des Reifens nimmt aber ab.

Reifen lagern

- Reifen sollten kühl, dunkel und trocken aufbewahrt werden. Sie dürfen nicht mit Fett und Öl in Berührung kommen.
- Räder liegend oder an den Felgen aufgehängt in der Garage oder im Keller lagern.
- Bevor die Räder abmontiert werden, Reifenfülldruck etwas erhöhen (ca. 0,3 – 0,5 bar).
- Für Winterreifen eigene Felgen verwenden, denn das Ummontieren der Reifen auf dieselben Felgen lohnt sich aus Kostengründen nicht.

Reifen einfahren

Neue Reifen haben vom Produktionsprozeß her eine besonders glatte Oberfläche. Deshalb müssen neue Reifen – das gilt auch für das neue Ersatzrad – eingefahren werden. Bei diesem Einfahren rauht sich durch die beginnende Abnutzung die glatte Oberfläche auf.

Während der ersten 300 km sollte man mit neuen Reifen speziell auf Nässe besonders vorsichtig fahren.

Auswuchten der Räder

Die serienmäßigen Räder werden im Werk ausgewuchtet. Das Auswuchten ist notwendig, um unterschiedliche Gewichtsverteilung und Materialungenauigkeiten auszugleichen.

Im Fahrbetrieb macht sich die Unwucht durch Trampel- und Flattererscheinungen bemerkbar. Das Lenkrad beginnt dann bei höherem Tempo zu zittern.

In der Regel tritt dieses Zittern nur in einem bestimmten Geschwindigkeitsbereich auf und verschwindet wieder bei niedrigerer und höherer Geschwindigkeit.

Solche Unwuchterscheinungen können mit der Zeit zu Schäden an Achsgelenken, Lenkgetriebe und Stoßdämpfern führen.

Räder grundsätzlich alle 20.000 km und nach jeder Reifenreparatur auswuchten lassen, da sich durch Abnutzung und Reparatur die Gewichts- und Materialverteilung am Reifen ändert.

Schneeketten

Die Verwendung von Schneeketten ist nur an der Antriebsachse (Vorderachse) erlaubt.

Bei Fahrzeugen seit 9/96 dürfen Schneeketten nur auf Rädern der Größe 185/65 R 14 und 195/60 R 15 verwendet werden.

Mit Schneeketten darf nicht schneller als 50 km/h gefahren werden. Auf schnee- und eisfreien Straßen sind die Schneeketten abzunehmen.

Es sollten nur von FORD freigegebene Schneeketten verwendet werden.

Fehlerhafte Reifenabnutzung

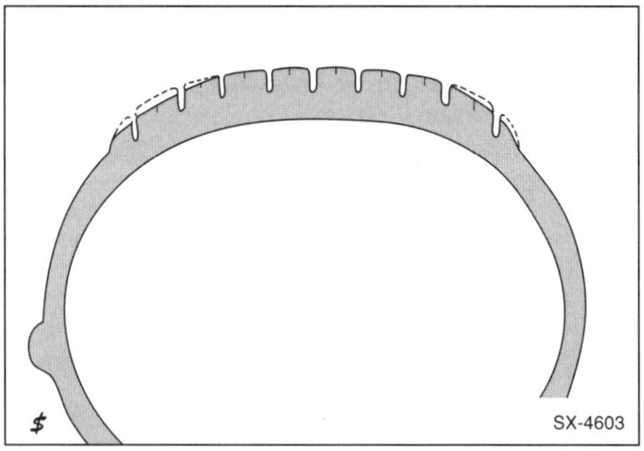

- An den Vorderrädern ist eine etwas größere Abnutzung der Reifenschultern gegenüber der Laufflächenmitte normal, wobei aufgrund der Straßenneigung die Abnutzung der zur Straßenmitte zeigenden Reifenschulter (linkes Rad: außen, rechtes Rad: innen) deutlicher ausgeprägt sein kann.
- Ungleichmäßiger Reifenverschleiß ist zumeist die Folge zu geringen oder zu hohen Reifenfülldrucks und kann auf Fehler in der Radeinstellung oder Radauswuchtung sowie auf mangelhafte Stoßdämpfer oder Felgen zurückzuführen sein.

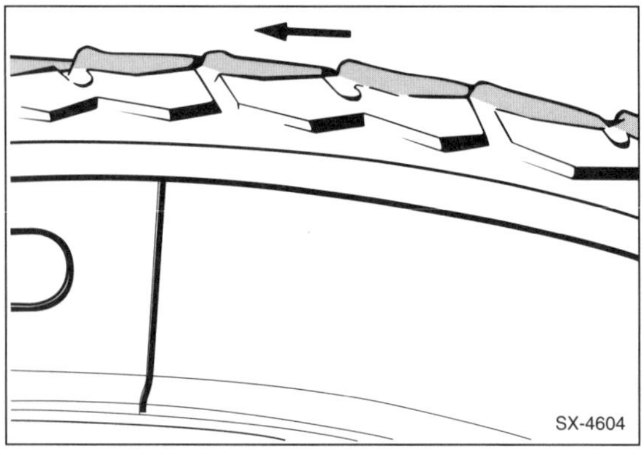

- Sägezahnförmige Abnutzung des Profils ist in der Regel auf eine Überbelastung des Fahrzeuges zurückzuführen.
- In erster Linie ist auf vorschriftsmäßigen Reifenfülldruck zu achten, wobei spätestens alle vier Wochen eine Prüfung vorgenommen werden sollte.
- Reifenfülldruck nur bei kühlen Reifen prüfen. Der Reifenfülldruck steigt nämlich mit zunehmender Erhitzung bei schneller Fahrt an. Dennoch ist es völlig falsch, aus erhitzten Reifen Luft abzulassen.
- Bei zu hohem Reifenfülldruck wird die Laufflächenmitte mehr abgenutzt, da der Reifen an der Lauffläche durch den hohen Innendruck mehr gewölbt ist.
- Bei zu niedrigem Reifenfülldruck liegt die Lauffläche an den Reifenschultern stärker auf, und die Laufflächenmitte wölbt sich nach innen durch. Dadurch ergibt sich ein stärkerer Reifenverschleiß der Reifenschultern.
- Falsche Radeinstellung und Unwucht ergeben jeweils typische Reifenverschleißbilder, auf die in der Störungsdiagnose hingewiesen wird.

Störungsdiagnose Reifen

Abnutzung	Ursache
Stärkerer Reifenverschleiß auf beiden Seiten der Lauffläche	■ Zu niedriger Reifenfülldruck
Stärkerer Reifenverschleiß in der Mitte der Lauffläche, über den gesamten Umfang	■ Zu hoher Reifenfülldruck
Auswaschungen der Profilseite	■ Statische und dynamische Unwucht des Rades. Eventuell zu großer Seitenschlag der Felge, zu großes Spiel in den Traggelenken
Auswaschungen in der Mitte des Reifenprofils	■ Statische Unwucht des Rades. Eventuell Folge von zu großem Höhenschlag
Starke Abnutzung an einzelnen Stellen in der Mitte der Lauffläche	■ Blockierspuren von Vollbremsungen
Schuppenförmige oder sägezahnähnliche Abnutzung des Profils. In krassen Fällen mit Gewebebrüchen verbunden, die nach einiger Zeit außen sichtbar werden	■ Überbelastung des Wagens. Innenseite der Reifen auf Gewebebrüche untersuchen!
Gummizungen an den seitlichen Profilkanten	■ Fehlerhafte Radeinstellung. Reifen radiert. Bei Hinterrädern auch Zustand der Stoßdämpfer prüfen!
Gratbildung an einer Profilseite des Vorderrades	■ Falsche Spureinstellung. Reifen radiert. Häufiges Fahren auf stark gewölbter Fahrbahn. Schnelle Kurvenfahrt
Stoßbrüche im Reifenunterbau. Anfangs nur im Innern des Reifens sichtbar	■ Überfahren von kantigen Steinen, Schienenstößen und ähnlichem bei hohen Geschwindigkeiten
Einseitig abgefahrene Laufflächen	■ Sturzeinstellung überprüfen. Achsgelenk defekt, Spiel prüfen

Karosserie

Die Karosserie des FORD MONDEO ist selbsttragend. Bodengruppe, Seitenteile und Dach sind miteinander verschweißt. Größere Karosserie-Reparaturen können daher nur von einer Fachwerkstatt durchgeführt werden.

Motorhaube, Kofferraumdeckel, Kotflügel vorn und Türen sind angeschraubt und lassen sich leicht auswechseln. Beim Einbau ist dann unbedingt das richtige Luftspaltmaß (= Breite der Fugen zwischen jeweiliger Klappe und umliegender Karosserie) einzuhalten, sonst klappert beispielsweise die Tür, oder es können erhöhte Windgeräusche während der Fahrt auftreten. Der Luftspalt muß auf jeden Fall parallel verlaufen, das heißt, der Abstand zwischen den Karosserieteilen muß auf der gesamten Länge des Spaltes gleich groß sein. Abweichungen bis zu 1 mm sind zulässig.

Hinweis: Im Bereich der hinteren Tür muß der Abstand –1– zur Karosserie ca. 5 mm betragen.

Sicherheitshinweise bei Karosseriearbeiten

- Soweit Schweißarbeiten oder andere funkenerzeugende Arbeiten in Batterienähe durchgeführt werden, muß grundsätzlich die Batterie ausgebaut werden. Achtung: Dadurch werden aus dem Speicher des elektronischen Einspritz-Steuergerätes »Betriebswerte« und aus dem Speicher des Radios der Keycode für die Diebstahlsicherung sowie die eingestellten Sender gelöscht. Vor dem Abklemmen daher unbedingt Hinweise im Kapitel »Batterie aus- und einbauen« durchlesen.
- Im Rahmen einer Reparatur-Lackierung darf im Trockenofen oder in seiner Vorwärmzone das Fahrzeug bis maximal +80° C aufgeheizt werden. Sonst besteht die Gefahr der Beschädigung elektronischer Steuergeräte im Fahrzeug.

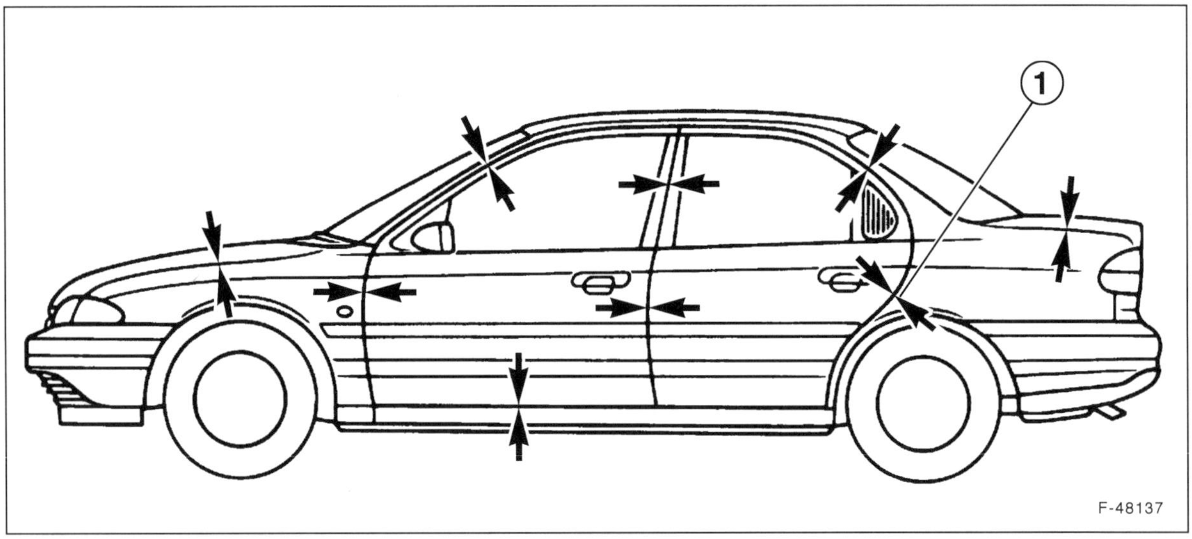

Stoßfänger vorn aus- und einbauen

Achtung Fahrzeuge mit Scheinwerfer-Waschanlage: Ab 9/96 sind als Ersatzteil nur Stoßfängerabdeckungen ohne Öffnungen für die Scheinwerfer-Waschdüsen erhältlich. Gegebenenfalls Öffnungen einarbeiten lassen, die Fachwerkstatt besitzt dafür eine geeignete Schablone.

Ausbau

- Batterie-Massekabel (–) von der Batterie abklemmen. **Achtung:** Dadurch werden die elektronischen Speicher gelöscht, wie zum Beispiel der Motorfehlerspeicher oder der Radiocode. Vor dem Abklemmen der Batterie sollten auch die Hinweise im Kapitel »Batterie aus- und einbauen« durchgelesen werden.
- Fahrzeug aufbocken.

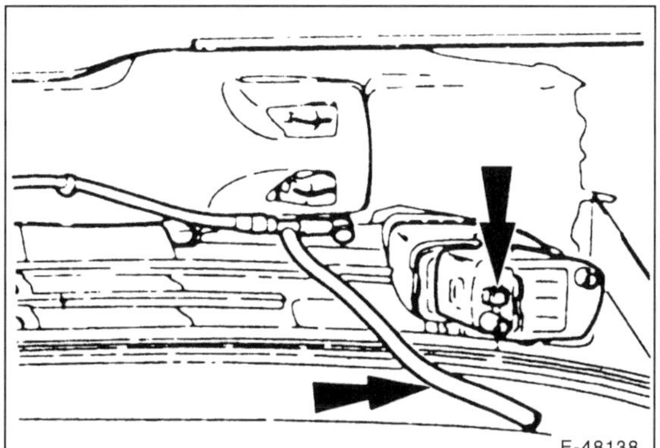

F-48138

- Falls vorhanden, elektrische Leitungen für Stoßfängerleuchten (Nebelscheinwerfer) abklemmen.
- Falls vorhanden, Schläuche für Scheinwerfer-Waschanlage abziehen und mit geeigneten Stopfen verschließen.
- Links und rechts eine Verbindungsschraube Stoßfänger/Radhaus herausdrehen.

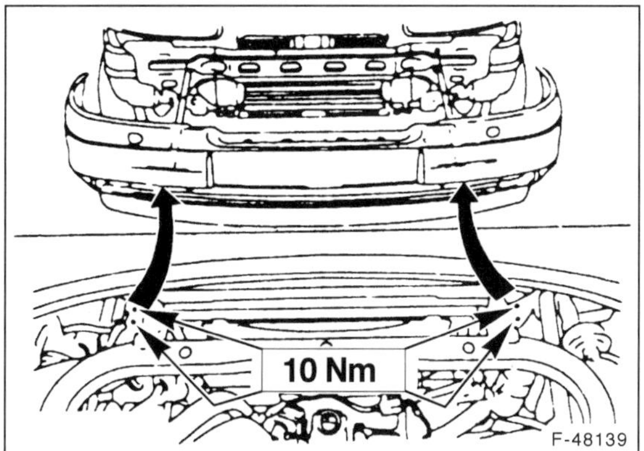

F-48139

- 4 Befestigungsmuttern abschrauben.

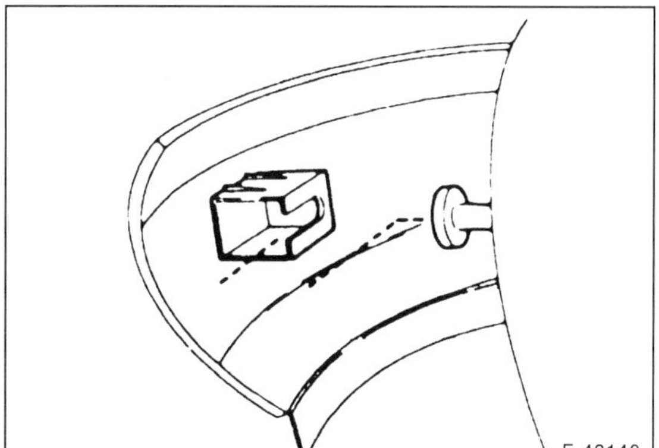

F-48140

- Stoßfänger nach vorn ziehen und dadurch aus den Seitenstiften herausziehen.
- Stoßfänger abnehmen.

Einbau

- Stoßfänger so ansetzen, daß die Aufnahmen in die Seitenstifte eingreifen.
- Befestigungsmuttern mit 10 Nm anschrauben.
- Verbindungsschrauben Radhaus/Stoßfänger anschrauben.
- Falls vorhanden, Nebelscheinwerfer anschließen und Schläuche für Scheinwerfer-Waschanlage aufschieben.
- Fahrzeug ablassen.
- Batterie-Massekabel (–) anklemmen.
- Zeituhr einstellen.
- Diebstahlcode für Radio eingeben.

Stoßfänger hinten aus- und einbauen

Ausbau

- Fahrzeug aufbocken.
- Hintere Abgasrohrhalterung ausbauen, Abgasanlage hinten ablassen und abstützen, siehe Seite 90.
- Links und rechts eine Verbindungsschraube Stoßfänger/Radhaus herausdrehen.

F-48141

- 4 Befestigungsmuttern abschrauben.

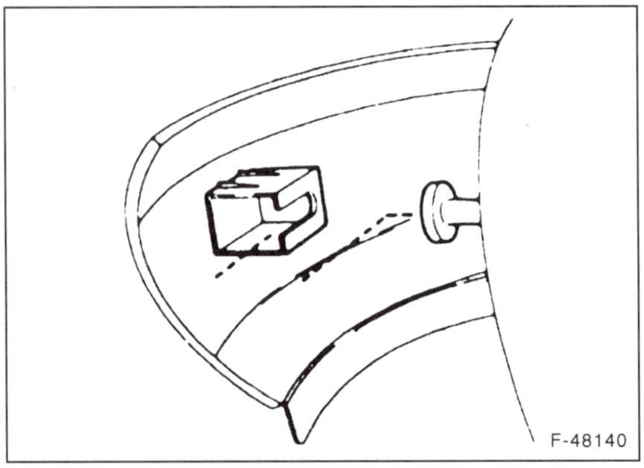

- Stoßfänger nach hinten ziehen und dadurch aus den Seitenstiften herausziehen.
- Stoßfänger abnehmen.

Einbau

- Stoßfänger so ansetzen, daß die Aufnahmen in die Seitenstifte eingreifen.
- Befestigungsmuttern mit 10 Nm anschrauben.
- 2 Verbindungsschrauben Radhaus/Stoßfänger anschrauben.
- Abgasanlage hinten einbauen, siehe Seite 90.
- Fahrzeug ablassen.

Innenkotflügel vorn aus- und einbauen

Ausbau

- Stellung des Vorderrades zur Radnabe mit Farbe kennzeichnen. Dadurch kann das ausgewuchtete Rad wieder in derselben Position montiert werden. Radmuttern bei auf dem Boden stehendem Fahrzeug lösen. Fahrzeug vorn aufbocken und Vorderrad abnehmen.

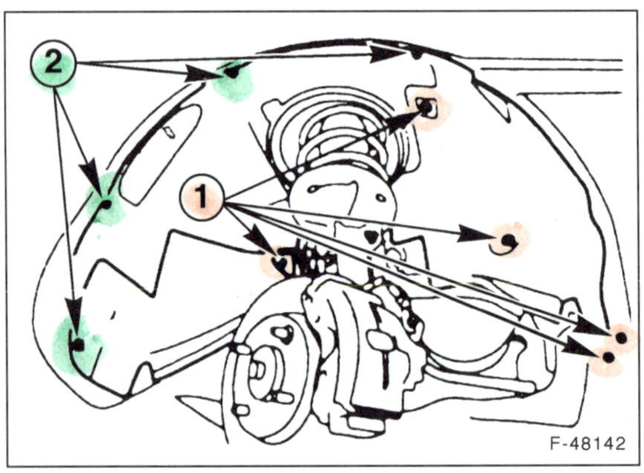

- 5 Torx- oder Sechskantschrauben –1– herausdrehen.
- 4 Schraubclips –2– mit Kreuzschlitzschraubendreher herausdrehen und abhebeln.
- Innenkotflügel herausnehmen.

Einbau

- Innenkotflügel einsetzen und mit Schraubclips –2– sowie Torx- beziehungsweise Sechskantschrauben –1– befestigen.
- Vorderrad so ansetzen, daß die beim Ausbau angebrachten Markierungen übereinstimmen. Vorher Zentriersitz der Felge an der Radnabe mit Wälzlagerfett leicht einfetten. Rad anschrauben. Fahrzeug ablassen und Radmuttern über Kreuz mit **85 Nm** festziehen.

Kühlergrill aus- und einbauen

Ausbau, 12/92 – 8/96

- Motorhaube öffnen.

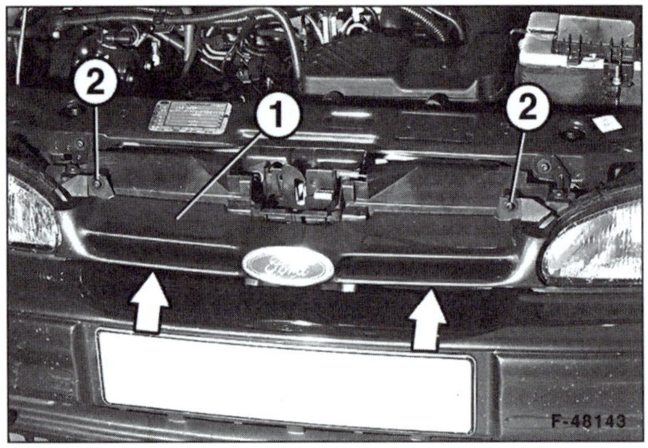

- Kühlergrill –1– oben mit 2 Torxschrauben T30 –2– abschrauben.
- Grill unten ausclipsen und abnehmen.

Einbau

- Kühlergrill ansetzen und oben mit 2 Torxschrauben T30 anschrauben.
- Grill unten links und rechts andrücken und dadurch einclipsen.
- Motorhaube schließen.

Speziell ab 9/96

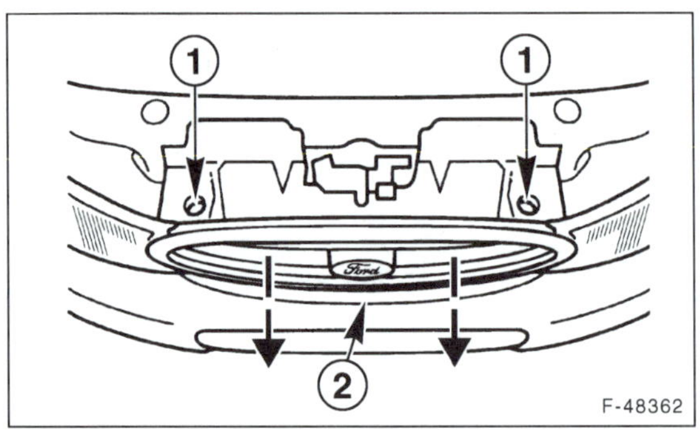

- 2 Schrauben –1– oben am Kühlergrill herausdrehen und Grill –2– nach vorn herausziehen.

Windlaufgrill aus- und einbauen

Ausbau

- Scheibenwischerarme ausbauen, siehe Seite 245.

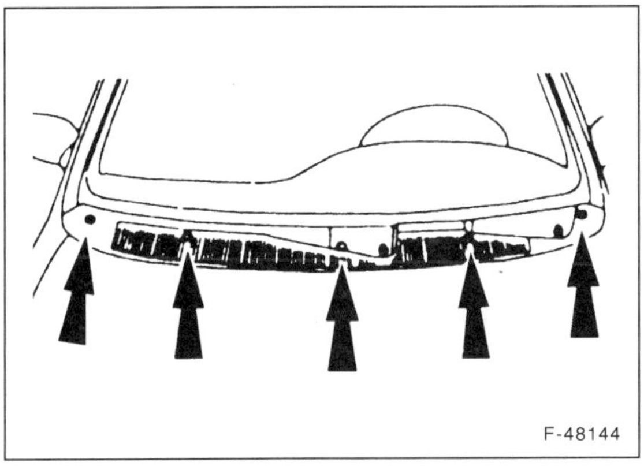

- Obere Befestigungsschrauben herausdrehen, vorher Abdeckkappen mit kleinem Schraubendreher abhebeln.
- Motorhaube öffnen.
- Dichtung für Windlauf abziehen.

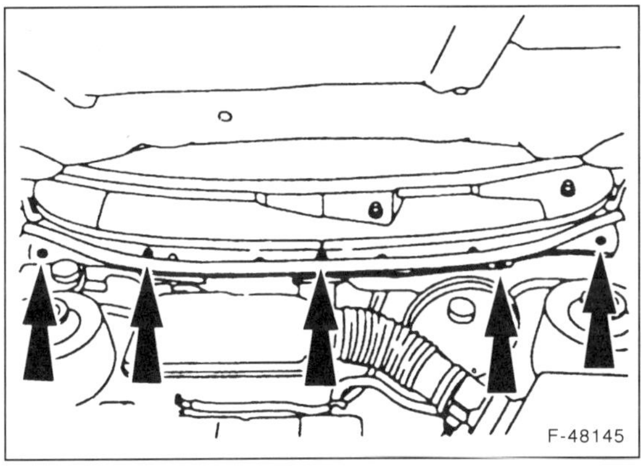

- Untere Befestigungsschrauben mit Torxschraubendreher T30 herausdrehen.
- Windlauf abnehmen, dabei zuerst die rechte, dann die linke Seite abnehmen.

Einbau

- Windlauf ansetzen und mit unteren Befestigungsschrauben anschrauben.
- Obere Schrauben anschrauben.
- Dichtgummi aufstecken.
- Motorhaube schließen und Scheibenwischerarme einbauen, siehe Seite 245.

Außenspiegel aus- und einbauen

Ausbau

- Batterie-Massekabel (–) von der Batterie abklemmen. **Achtung:** Dadurch werden die elektronischen Speicher gelöscht, wie zum Beispiel der Motorfehlerspeicher oder der Radiocode. Vor dem Abklemmen der Batterie sollten auch die Hinweise im Kapitel »Batterie aus- und einbauen« durchgelesen werden.

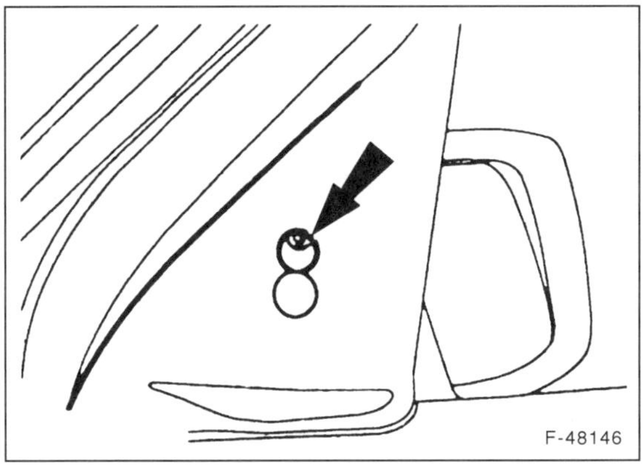

- Innere Spiegelabdeckung abnehmen. Dazu Abdeckkappe mit kleinem Schraubendreher abhebeln, Papierpolster zum Schutz der Abdeckung unter den Schraubendreher legen. Befestigungsschraube herausdrehen.

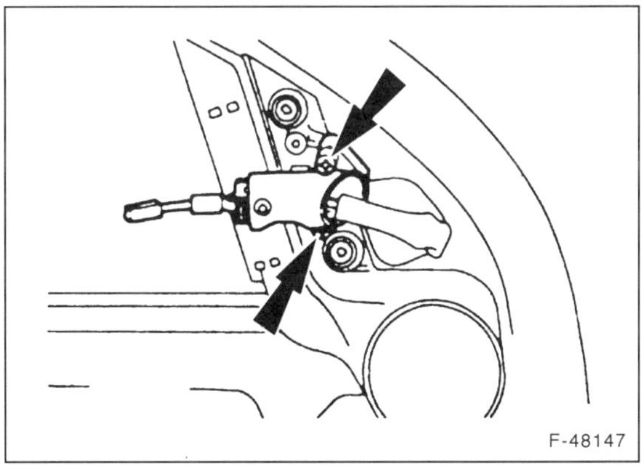

- Manuelle Spiegelverstellung: Verstellhebel abziehen.
  Elektrische Spiegelverstellung: Mehrfachstecker abziehen

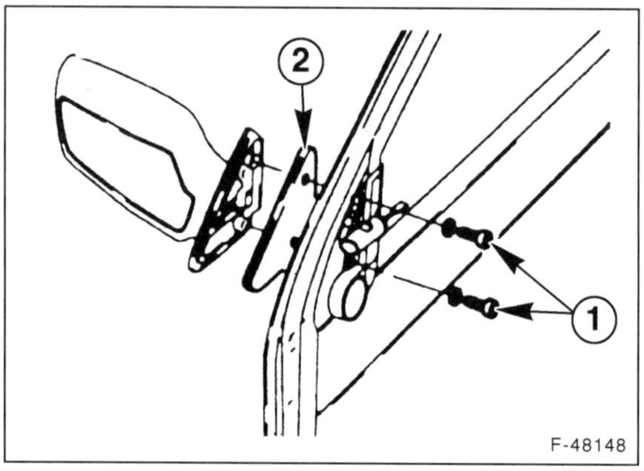

- 2 Torxschrauben –1– herausdrehen und Außenspiegel abnehmen.
- Dichtung –2– auf Beschädigung oder Porosität prüfen.

Einbau

- Außenspiegel ansetzen und anschrauben. Dabei auf bündigen Sitz der Dichtung achten.
- Verstellhebel aufschieben beziehungsweise Mehrfachstecker aufstecken.
- Innere Spiegelfußabdeckung anschrauben und Abdeckkappe aufdrücken.
- Batterie-Massekabel (–) anklemmen.
- Zeituhr einstellen.
- Diebstahlcode für Radio eingeben.

Zierleiste auswechseln

- Je ein Abdeckband nahe oberhalb und unterhalb der Zierleiste ankleben. Dadurch wird beim Ausbau der Lack geschützt. Außerdem wird der Einbau einer neuen Zierleiste erleichtert.

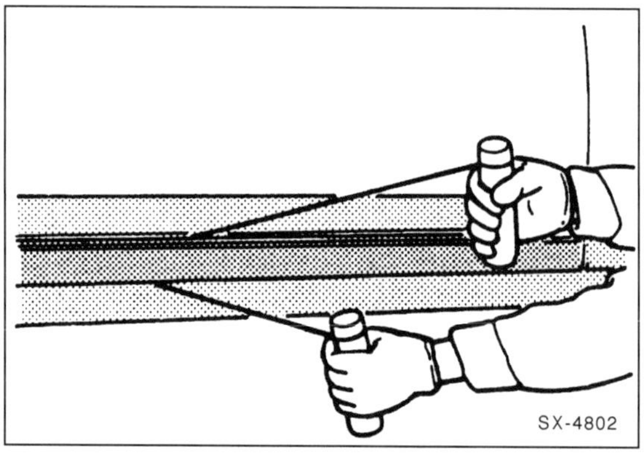

- Klebeverbindung zwischen Zierleiste und Karosserie mit dünner Nylonschnur (Angelschnur) lösen und Zierleiste abnehmen. Zur Erleichterung Nylonschnur an beiden Enden um Holzstücke wickeln und Zierleiste mit einem Fön leicht anwärmen.

Achtung: Die Klebeverbindung für das »FORD«-Ornament auf dem Kühlergrill wird auf dieselbe Weise gelöst.

- Reste der Klebeverbindung mit Spiritus abwaschen und Klebestelle trocknen lassen.
- Neue Zierleiste mit Fön gut handwarm durchwärmen.
- Schutzpapier von neuer Zierleiste abziehen, Leiste ausrichten und fest anpressen.
- Zur Verbesserung der Klebewirkung Zierleiste auf der gesamten Länge mit geeigneter Handrolle aus Holz beziehungsweise Kunststoff andrücken.
- Abdeckband entfernen.

Motorhaube aus- und einbauen

Ausbau

- Batterie-Massekabel (–) von der Batterie abklemmen. **Achtung:** Dadurch werden die elektronischen Speicher gelöscht, wie zum Beispiel der Motorfehlerspeicher oder der Radiocode. Vor dem Abklemmen der Batterie sollten auch die Hinweise im Kapitel »Batterie aus- und einbauen« durchgelesen werden.
- Motorhaube öffnen und abstützen.
- Falls vorhanden, Motorraumleuchte ausbauen. Dazu Stecker abziehen und Lampenfassung abziehen.
- Dämmatte von der Innenseite der Motorhaube abbauen, dazu Clips mit Schraubendreher abhebeln.
- Schläuche für Scheibenwaschdüsen abziehen, mit geeignetem Stopfen verschließen und von der Motorhaube abclipsen.
- Halteschraube für Masseband auf der linken Seite der Motorhaube abschrauben.
- Einbaulage der Scharniere mit Filzstift markieren. Dazu Scharniere mit Filzstift an der Motorhaube umkreisen.
- Mit Helfer Motorhaube abnehmen, vorher auf jeder Seite die 2 Befestigungsschrauben herausdrehen.

Einbau

- Motorhaube mit Helfer an die Scharniere ansetzen und lose anschrauben.
- Motorhaube entsprechend den Markierungen ausrichten und mit 20 Nm anschrauben.
- Schlauch für Scheibenwaschdüse in die Clips an Scharnier und Motorhaube einsetzen. Schlauch auf die Düsen aufschieben.
- Dämmatte anclipsen.
- Falls vorhanden, Motorraumleuchte anschrauben, Stecker aufschieben.
- Batterie-Massekabel (–) anklemmen.
- Zeituhr einstellen.
- Diebstahlcode für Radio eingeben.
- Motorhaube schließen und prüfen, ob das Spaltmaß zu den umliegenden Karosserieteilen ringsum gleich groß ist, gegebenenfalls Motorhaube neu ausrichten.

Einbau einer neuen Haube

- Halter für Haubenstütze mit einer Popniete festnieten.
- Haube ohne Schloß einsetzen und lose anschrauben.
- Befestigungsschrauben lockern und geschlossene Haube so ausrichten, daß der Abstand zwischen Motorhaube und Kotflügel links und rechts gleich groß ist und parallel verläuft.
- Motorhaube vorsichtig öffnen und Schrauben festziehen.

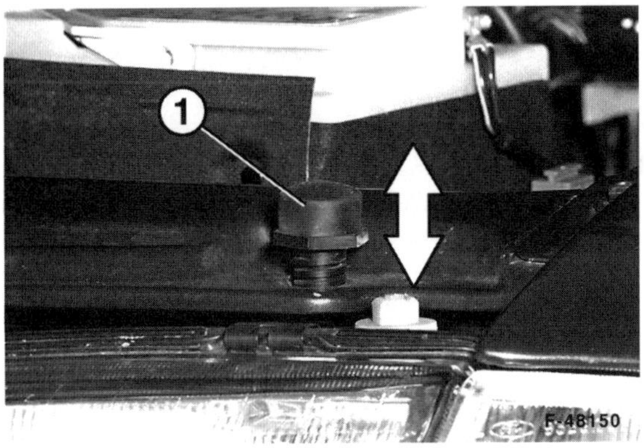

- Gummipuffer –1– einschrauben. Durch Herausdrehen der Gummipuffer Höhe der Motorhaube gegenüber den Kotflügeln einstellen.
- Haube so ausrichten, daß rundum jeweils ein paralleler und gleich großer Spalt vorhanden ist.
- Haubenschloß einbauen und einstellen.
- Scheibenwaschdüsen und Dämmatte einbauen.
- Waschdüsen anschließen.
- Massekabel an Haube anschrauben.

Haubenzug aus- und einbauen

Ausbau

- Batterie-Massekabel (–) von der Batterie abklemmen. **Achtung:** Dadurch werden die elektronischen Speicher gelöscht, wie zum Beispiel der Motorfehlerspeicher oder der Radiocode. Vor dem Abklemmen der Batterie sollten auch die Hinweise im Kapitel »Batterie aus- und einbauen« durchgelesen werden.
- Im Innenraum die Seitenverkleidung links unten ausbauen und zur Seite legen. Dazu 2 Clips und 5 Kreuzschlitzschrauben herausdrehen.

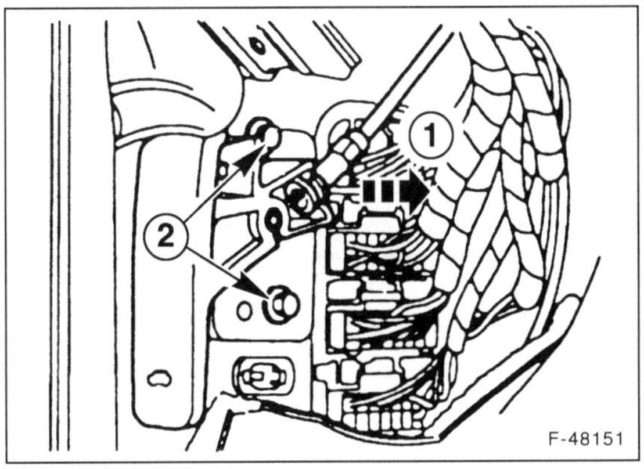

- Griff für Haubenzug mit 2 Schrauben –2– abschrauben. Haubenzug aus der Halterung ziehen. Hebel um 90° nach unten drehen und Haubenzug aus Betätigungshebel aushängen –1–.

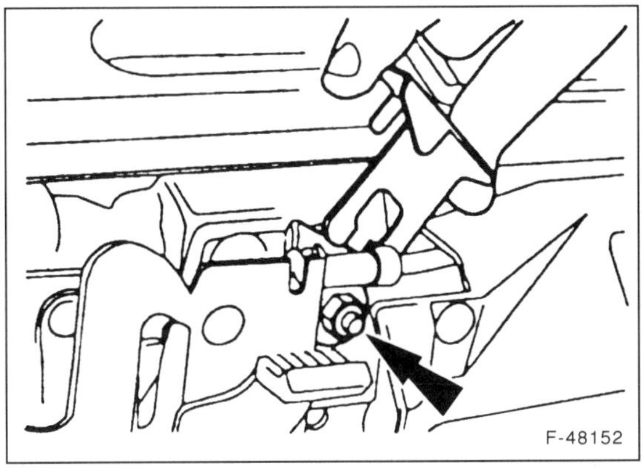

- Abdeckklammer für Haubenzug am Haubenschloß nach oben abziehen, vorher Befestigungsmutter lösen.
- Haubenzug nach oben aus dem Haubenschloß aushängen und herausnehmen.

Einbau

- Haubenzug am Haubenschloß einhängen.
- Abdeckklammer einsetzen, Befestigungsmutter festziehen.
- Seilzug in den Innenraum durchziehen und am Betätigungshebel einhängen.
- Griff für Haubenzug mit 10 Nm anschrauben.
- Seitenverkleidung über den Griff schieben und anschrauben.
- Batterie-Massekabel (–) anklemmen.
- Zeituhr einstellen.
- Diebstahlcode für Radio eingeben.

Haubenschloß aus- und einbauen

Ausbau

- Batterie-Massekabel (–) von der Batterie abklemmen. **Achtung:** Dadurch werden die elektronischen Speicher gelöscht, wie zum Beispiel der Motorfehlerspeicher oder der Radiocode. Vor dem Abklemmen der Batterie sollten auch die Hinweise im Kapitel »Batterie aus- und einbauen« durchgelesen werden.
- Im Innenraum die linke Seitenverkleidung im Fahrerfußraum lösen und zur Seite klappen. Dazu 2 Clips und eine Kreuzschlitzschraube herausdrehen.

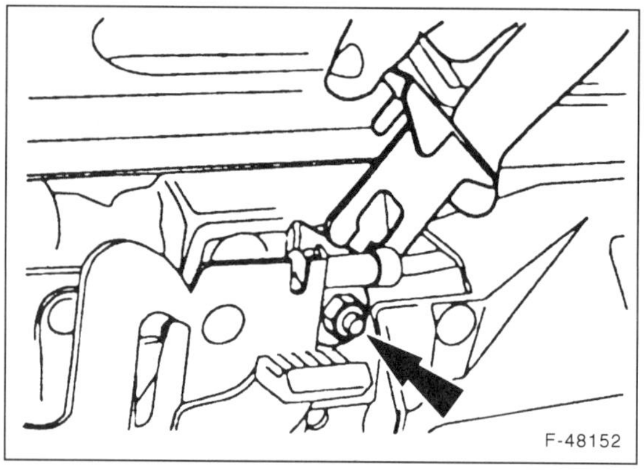

F-48152

- Abdeckklammer für Haubenzug am Haubenschloß nach oben abziehen, vorher Befestigungsmutter lösen.
- Haubenzug nach oben aus dem Haubenschloß aushängen.
- 3 Muttern für Haubenschloß abschrauben und Schloß abnehmen.

Einbau

- Haubenschloß mit 10 Nm anschrauben.
- Haubenzug am Haubenschloß einhängen.
- Abdeckklammer einsetzen, Befestigungsmutter festziehen.
- Batterie-Massekabel (–) anklemmen.
- Zeituhr einstellen.
- Diebstahlcode für Radio eingeben.

Haubenschloß einstellen

- Schloß in die höchste Position einstellen und nur mit der unteren Mutter anschrauben. Dazu Muttern lockern und Schloß ganz nach oben schieben.
- Motorhaube schließen.
- Mutter durch den Spalt zwischen Motorhaube und Grill lösen. Motorhaube herunterdrücken bis sie mit den Kotflügeln fluchtet. In dieser Stellung untere Mutter festziehen.
- Motorhaube öffnen und restliche Muttern anschrauben.
- Einstellung des Schlosses nochmals prüfen.

Die Windschutzscheibe

Die Windschutzscheibe ist direkt in den Falz des Fensterausschnitts geklebt. Dadurch ist die Verwindungs-Festigkeit der Karosserie höher und die Abdichtung gegen eindringendes Wasser besser. Zudem verringert sich der Luftwiderstand, und Gewicht wird eingespart. Zum Auswechseln der Scheibe ist jedoch neben verschiedenen Spezialwerkzeugen eine gewisse Erfahrung nötig. Aus diesem Grund sollte diese Arbeit der Werkstatt überlassen werden.

Tür aus- und einbauen

Ausbau

- Batterie-Massekabel (–) von der Batterie abklemmen. **Achtung:** Dadurch werden die elektronischen Speicher gelöscht, wie zum Beispiel der Motorfehlerspeicher oder der Radiocode. Vor dem Abklemmen der Batterie sollten auch die Hinweise im Kapitel »Batterie aus- und einbauen« durchgelesen werden.

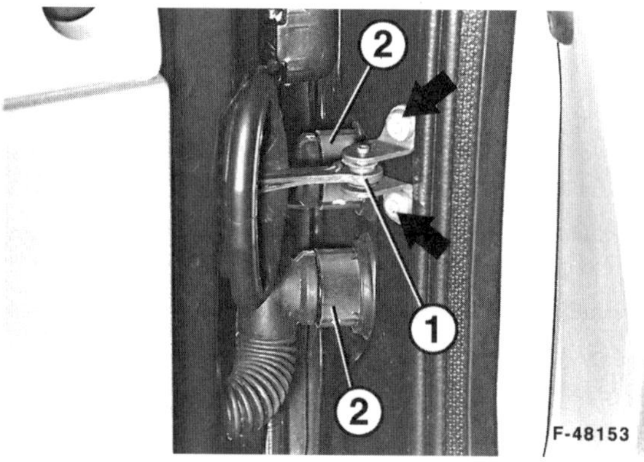

F-48153

- Türfeststeller –1– mit Torxschraubendrehereinsatz T40 abschrauben.
- Mehrfachstecker –2– abbauen. Dazu Verschlußring gegen den Uhrzeigersinn drehen und Mehrfachstecker abziehen.

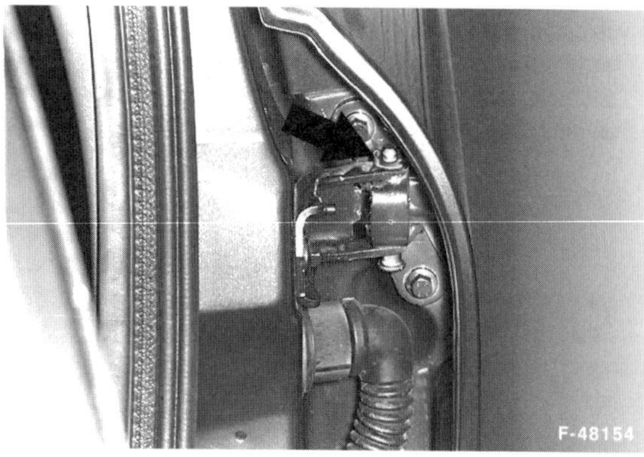

F-48154

- Federclip vom oberen und unteren Türscharnierbolzen abziehen.

- Tür von Hilfsperson festhalten lassen und Türscharnierbolzen herausziehen.
- Tür abnehmen.

Einbau

- Tür einhängen, Scharnierbolzen einsetzen und mit Federclips befestigen.
- Türfeststeller anschrauben.
- Mehrfachstecker aufschieben und durch Linksdrehung arretieren.

Achtung: Eine Einstellung der Tür ist in der Regel nicht erforderlich. Nur nach Unfallreparaturen müssen gegebenenfalls die Scharniere ausgerichtet werden.

Schließdorn für Tür aus- und einbauen

Ausbau

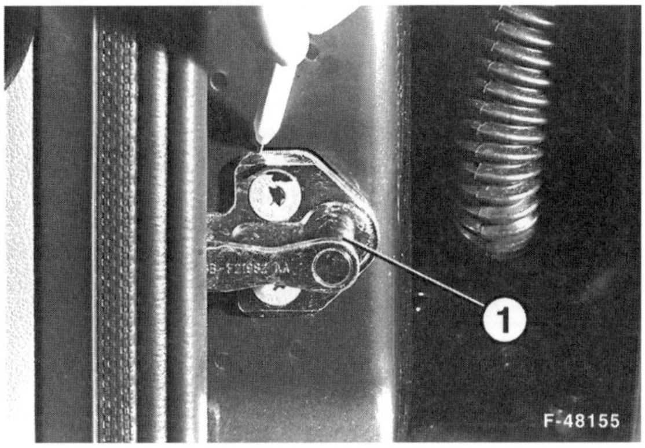

- Einbaulage des Schließdorns –1– markieren, dazu Dorn mit geeignetem Markierungsstift umkreisen.
- 2 Torxschrauben mit Schraubendreher T40 herausdrehen und Schließdorn abnehmen.

Einbau

- Schließdorn ansetzen und mit 2 Schrauben lose befestigen.
- Schließdorn entsprechend der Positionsmarkierung ausrichten und Schrauben mit 10 Nm anziehen.
- Tür öffnen und schließen, um die einwandfreie Lage des Schließdornes zu prüfen.
- Gegebenenfalls Schrauben ganz leicht lösen, Tür vorsichtig schließen und dadurch Schließdorn in die richtige Position verschieben. Anschließend Tür vorsichtig öffnen und Schrauben festziehen.

Achtung: Der hintere Teil der Vordertür muß bündig zum vorderen Teil der Hintertür sein, gegebenenfalls bis maximal 1 mm nach außen stehen. Auf keinen Fall darf der hintere Teil der Vordertür nach innen stehen. Das gleiche gilt für den hinteren Teil der Hintertür gegenüber der Karosserie.

Die Türverkleidung

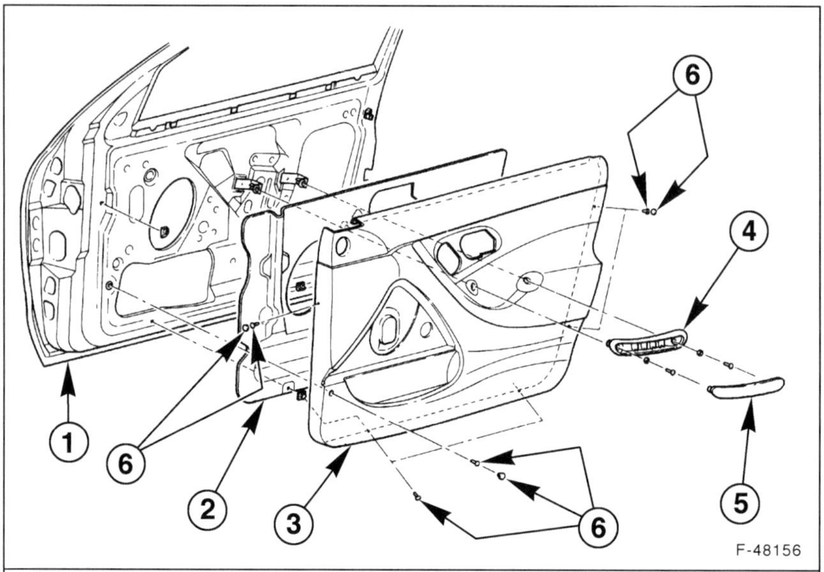

1 – Vordertür
2 – Schaumstoffdichtung
3 – Türverkleidung
4 – Türinnengriff
5 – Blende
6 – Schrauben mit Abdeckkappen

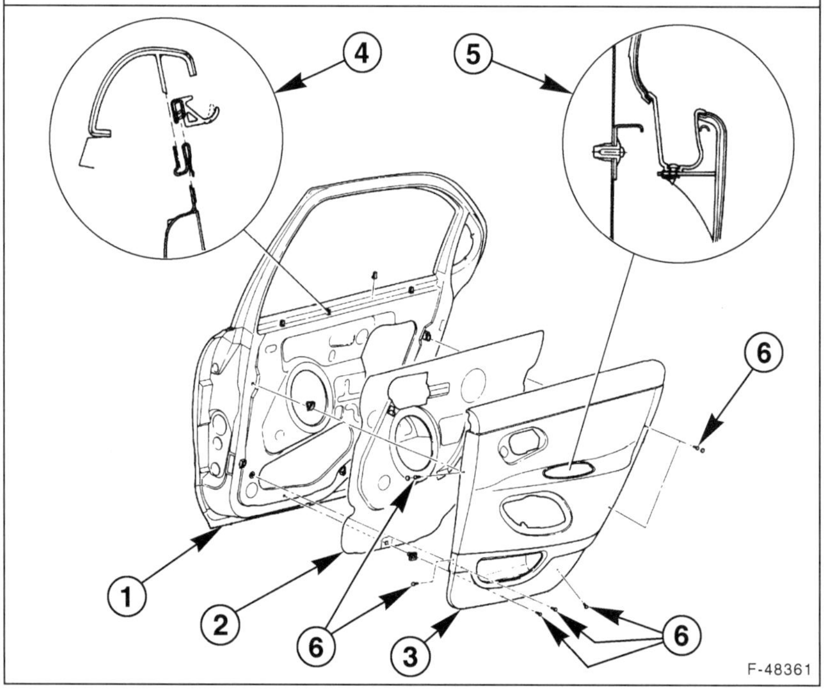

1 – Hintertür
2 – Schaumstoffdichtung
3 – Türverkleidung
4 – Befestigung Türverkleidung am Türrahmen
5 – Befestigung Türgriff
6 – Schrauben mit Abdeckkappen

Türverkleidung aus- und einbauen

Ausbau

- Batterie-Massekabel (–) von der Batterie abklemmen. **Achtung:** Dadurch werden die elektronischen Speicher gelöscht, wie zum Beispiel der Motorfehlerspeicher oder der Radiocode. Vor dem Abklemmen der Batterie sollten auch die Hinweise im Kapitel »Batterie aus- und einbauen« durchgelesen werden.

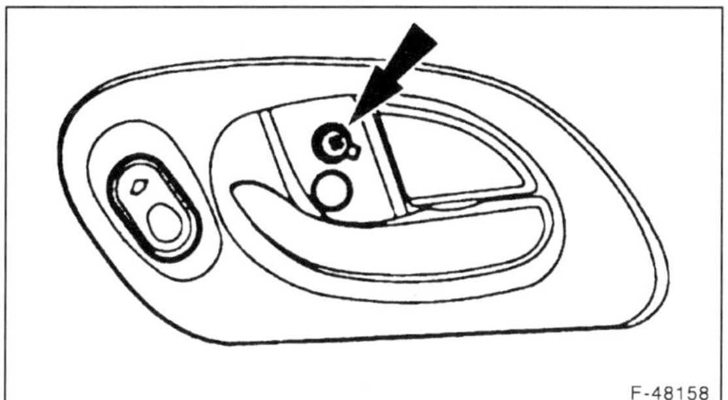

F-48158

- Abdeckung für Türöffnungshebel abschrauben und herausnehmen. Falls vorhanden, Mehrfachstecker für elektrische Fensterheber abziehen.

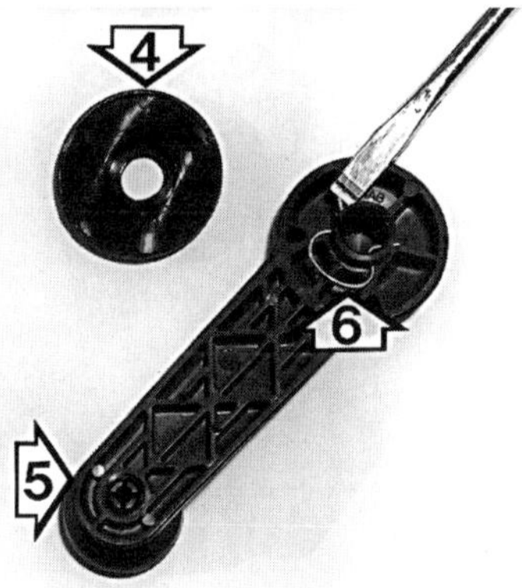

F-4862

- Fensterkurbel ausbauen. Dazu Schraubendreher zwischen Rosette –4– und Kurbel –5– neben der Kurbelachse einführen und Sicherungsklammer –6– abdrücken, siehe Abbildung. Fensterkurbel von der Kurbelachse abziehen. Gleich nach dem Ausbau Sicherungsklammer wieder in die Kurbel einsetzen.
- Türinnengriff abschrauben. Vorher Blende mit breitem Schraubendreher vorsichtig abdrücken.
- Innere Abdeckung für Außenspiegel abbauen, siehe Seite 169.
- Türverkleidung mit 6 Kreuzschlitzschrauben abschrauben, vorher Abdeckkappen für Schrauben mit kleinem Schraubendreher abhebeln. Falls vorhanden, Mehrfachstecker für Lautsprecher abziehen.
- Verkleidung nach oben anheben und Befestigungsclips entlang der Fensteröffnung lösen.
- Türverkleidung abnehmen.
- Falls erforderlich, Lautsprecher mit 4 Schrauben abschrauben.
- Falls erforderlich, Schutzfolie (Schaumstoff-Türschutz) vorsichtig vom Türrahmen wegziehen und die Kleberaupe mit einem Einwegmesser durchtrennen.

Achtung: Die nach dem Schneiden freiliegenden Klebeflächen nicht berühren, da sonst die Klebewirkung für den späteren Wiedereinbau beeinträchtigt wird.

Einbau

- Schaumstoff-Türschutz so ansetzen, daß die beiden Kleberaupen direkt aufeinander zu liegen kommen. Beschädigte Schutzfolie sorgfältig ausbessern oder ersetzen, sonst kann Wasser in den Innenraum eindringen.
- Falls ausgebaut, Lautsprecherkabel anschließen und Lautsprecher anschrauben.

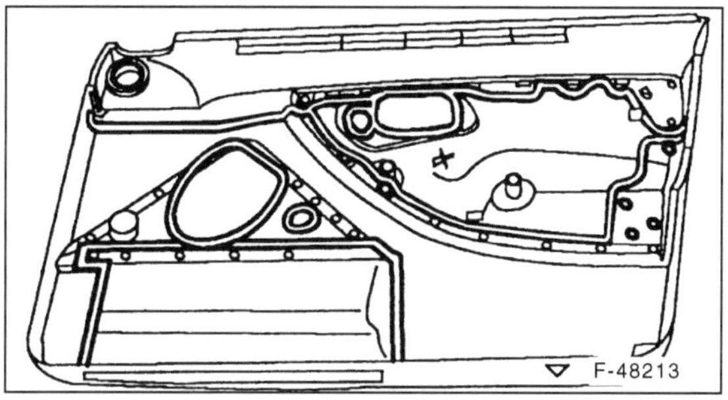

F-48213

Hinweis: Falls es vor Ausbau der Türverkleidung von der Tür her gezogen hat, insbesondere bei geöffnetem Schiebedach, Innenseite der Türverkleidung abdichten. Dazu Dichtmasse FORD-1613840 auftragen, siehe Abbildung.

- Türverkleidung am Türrahmen ansetzen. Verkleidung so ausrichten, daß die obere Kante in die Befestigungsclips eingreift.
- Türverkleidung mit 6 Schrauben anschrauben, Schrauben-Abdeckungen aufdrücken.
- Türinnenbetätigung öffnen, Abdeckschale einsetzen und anschrauben.
- Fensterkurbel einbauen. Dazu Sicherungsclip in die Kurbel einsetzen. Fensterkurbel auf die Verzahnung der Achse schieben. Der Hebel der Fensterkurbel zeigt bei geschlossenem Fenster schräg nach vorn oben. Fensterkurbel andrücken und einrasten.
- Türgriff anschrauben. Blende aufdrücken.
- Batterie-Massekabel (–) anklemmen.
- Zeituhr einstellen.
- Diebstahlcode für Radio eingeben.

Türaußengriff/Türschloß für Vordertür aus- und einbauen

Ausbau

- Batterie-Massekabel (–) von der Batterie abklemmen. **Achtung:** Dadurch werden die elektronischen Speicher gelöscht, wie zum Beispiel der Motorfehlerspeicher oder der Radiocode. Vor dem Abklemmen der Batterie sollten auch die Hinweise im Kapitel »Batterie aus- und einbauen« durchgelesen werden.

● Türverkleidung ausbauen.

● Schutzfolie im Bereich des Türaußengriffs abziehen.

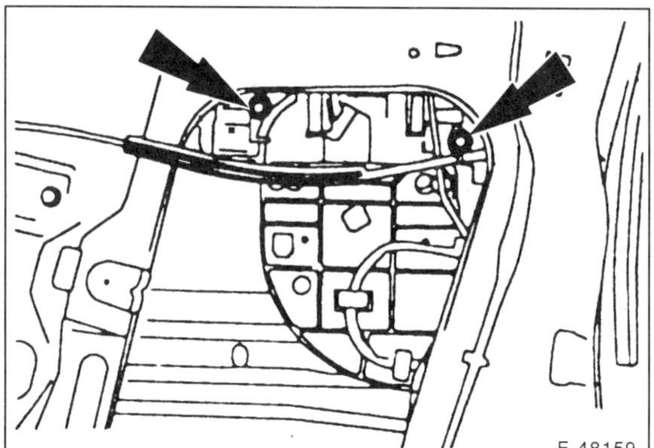

F-48159

● Beide Befestigungsschrauben für Türgriffblende herausdrehen und Blende abnehmen.

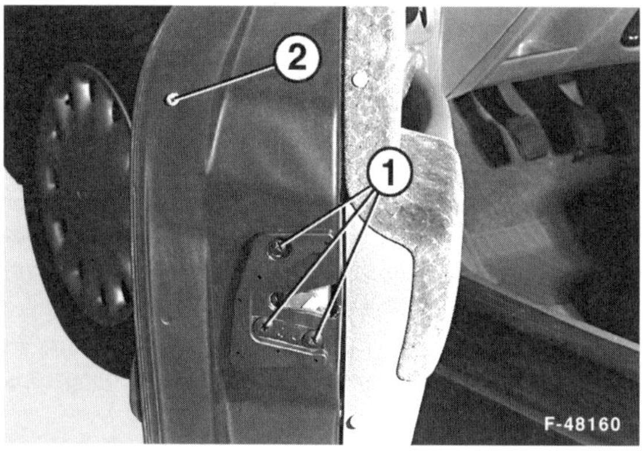

F-48160

● Drei Kreuzschlitzschrauben –1– für Türschloß herausdrehen.

● Befestigungsschraube –2– für Türgriffschutz herausdrehen.

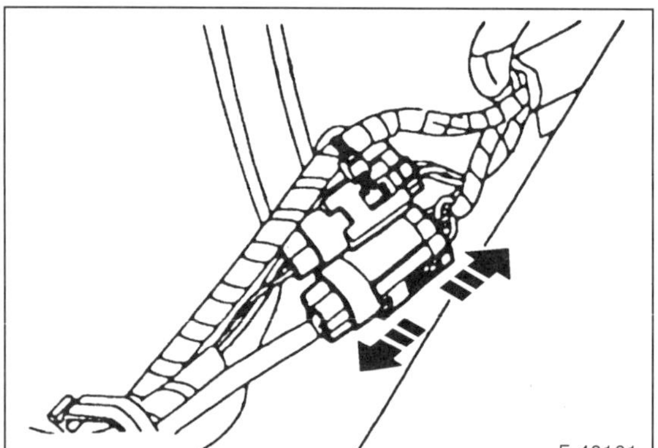

F-48161

● Mehrfachsteckverbindungen für Zentralverriegelung und Diebstahl-Warnanlage trennen.

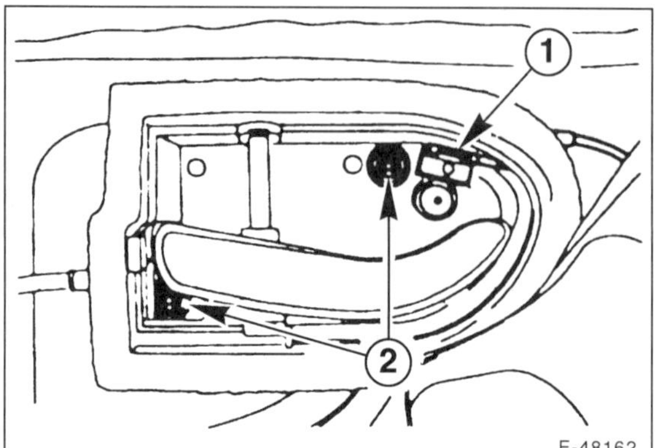

F-48162

● Falls vorhanden, Beleuchtung für Türgriff –1– abbauen.

● 2 Schrauben –2– und Türinnenbetätigungshebel abnehmen.

● Mehrfachstecker für Zentralverriegelung vom Türschloß abziehen. Falls vorhanden, Mehrfachstecker für Alarmsensor vom Türgriffschutz und Mehrfachstecker für Schließzylinder-Positionssensor abziehen.

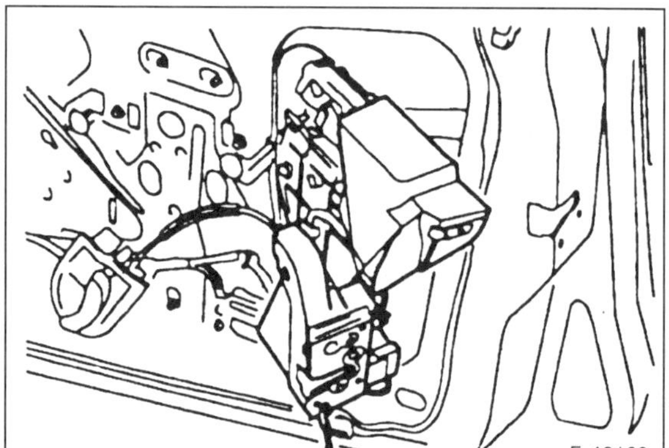

F-48163

● Türgriff mit Türschloß aus der Tür herausnehmen.

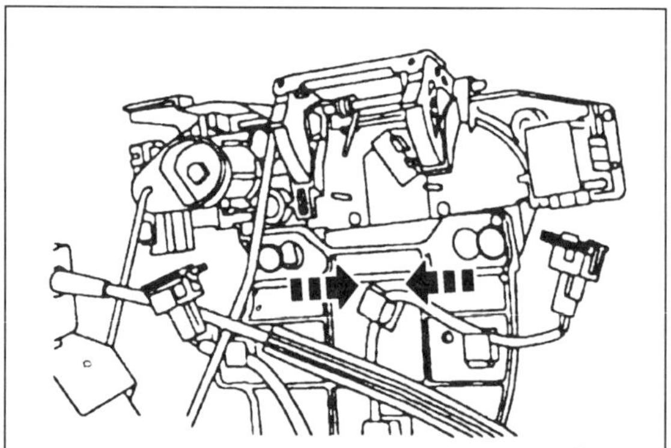

F-48164

● Türgriff vom Türschloß abbauen, dazu 2 Gummiblöcke nach innen drücken und Türgriff herausziehen.

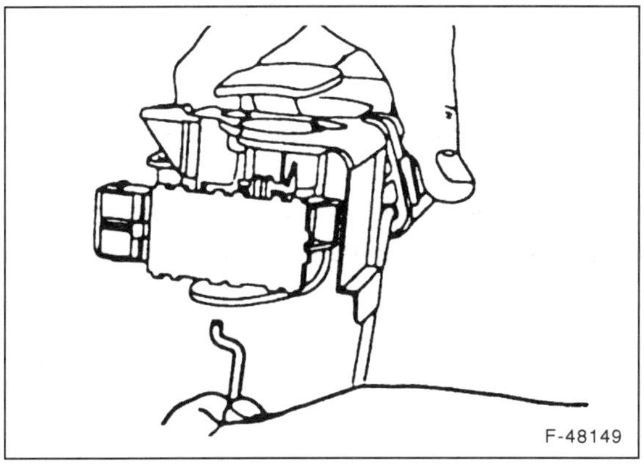
F-48149

- Türgriff um ca. 90° drehen, 2 Verbindungsstangen herausziehen und Griff abnehmen.
- Falls vorhanden, Alarmsensor und Schließzylinder-Positionssensor abziehen.

Einbau

- Falls vorhanden, Alarmsensor und Schließzylinder-Positionssensor am Türschloß aufschieben und einrasten.
- 2 Verbindungsstangen einhängen und Türgriff am Türschloß einsetzen.
- Türgriff/Türschloß-Einheit in die Tür einsetzen.
- Mehrfachstecker für Zentralverriegelung vom Türschloß aufstecken. Falls vorhanden, Mehrfachstecker für Alarmsensor am Türgriffschutz und Mehrfachstecker für Schließzylinder-Positionssensor aufstecken.
- Türgriff/Türschloß-Einheit anschrauben, dabei die 3 Schrauben für das Türschloß mit 10 Nm festziehen.
- Türinnenbetätigungshebel einsetzen und mit 2 Schrauben anschrauben.
- Falls vorhanden, Beleuchtung für Türgriff anbauen.
- Mehrfachsteckverbindungen für Zentralverriegelung und Diebstahl-Warnanlage zusammenstecken.
- Türgriffblende außen ansetzen und festschrauben.
- Schutzfolie ankleben.
- Türverkleidung einbauen.
- Batterie-Massekabel (–) anklemmen.
- Zeituhr einstellen.
- Diebstahlcode für Radio eingeben.

Türschloß vorn aus- und einbauen

Ausbau

- Batterie-Massekabel (–) von der Batterie abklemmen. **Achtung:** Dadurch werden die elektronischen Speicher gelöscht, wie zum Beispiel der Motorfehlerspeicher oder der Radiocode. Vor dem Abklemmen der Batterie sollten auch die Hinweise im Kapitel »Batterie aus- und einbauen« durchgelesen werden.
- Türaußengriff/Türschloß ausbauen.

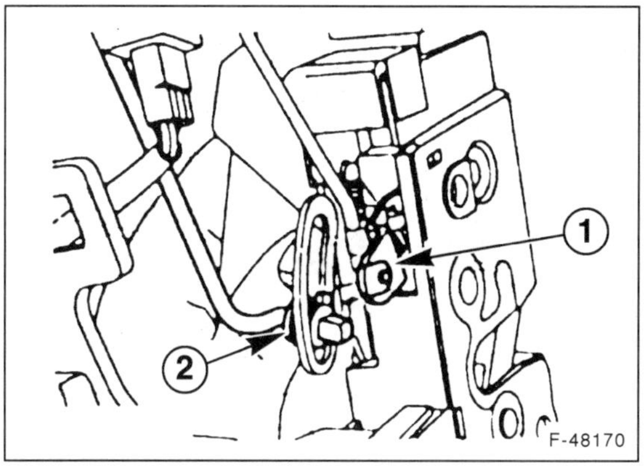

F-48170

- Clip –1– abdrücken und Betätigungsstange herausziehen.
- Stange –2– um 90° drehen und aus der Kunststoffbuchse herausziehen.
- Kabelstrang für Schloßsensor aushängen.

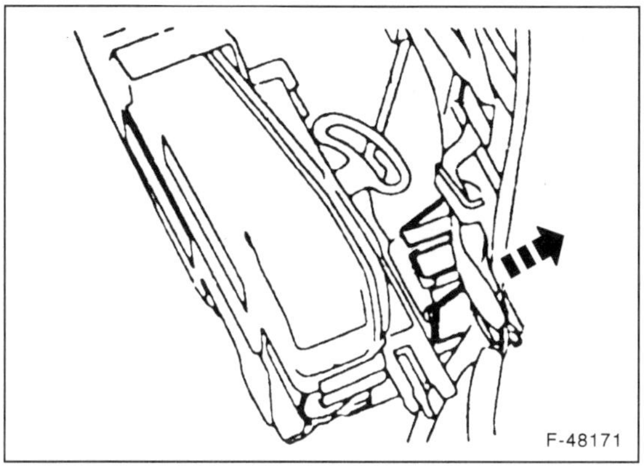
F-48171

- Schloß von der Befestigungsplatte abziehen.

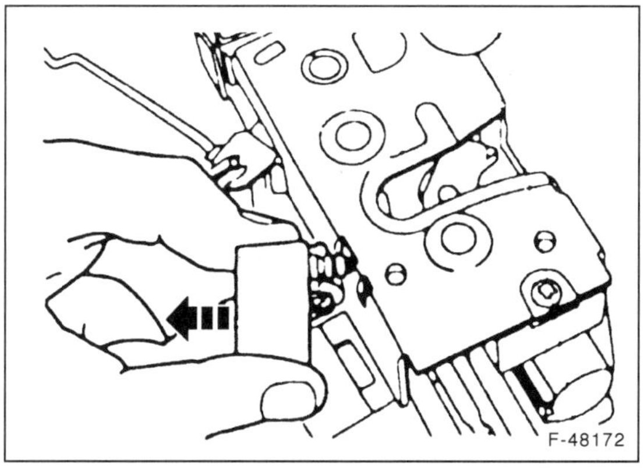
F-48172

- Türkontaktgeber abziehen.

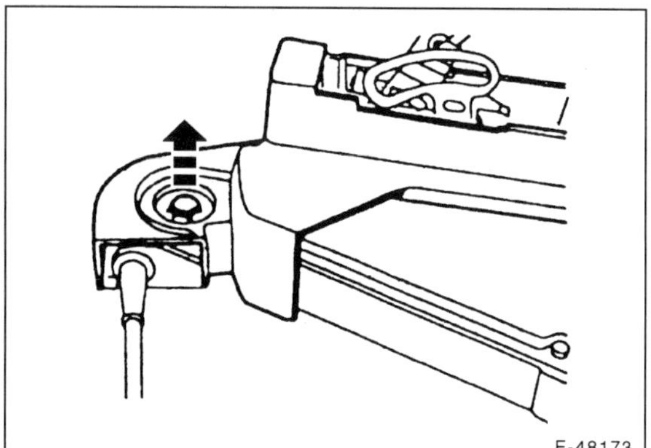
F-48173

- Kunststoffschutz für Zugmechanismus nach hinten über die Einbaustütze abhebeln.

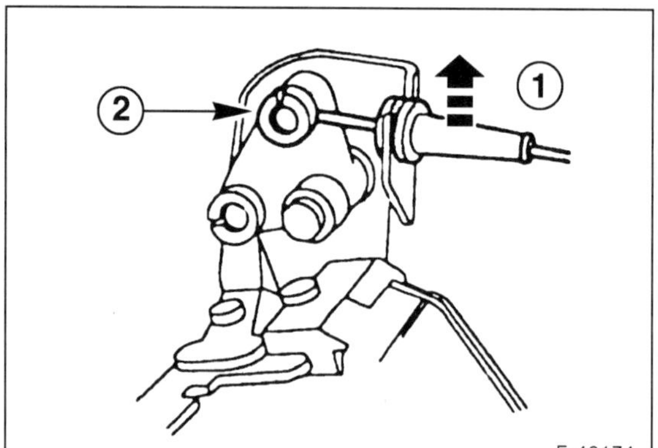

F-48174

- Seilzughülle vom Widerlager nach oben abziehen –1–.
- Seilzug um 90° drehen und aus dem Hebel –2– aushängen.

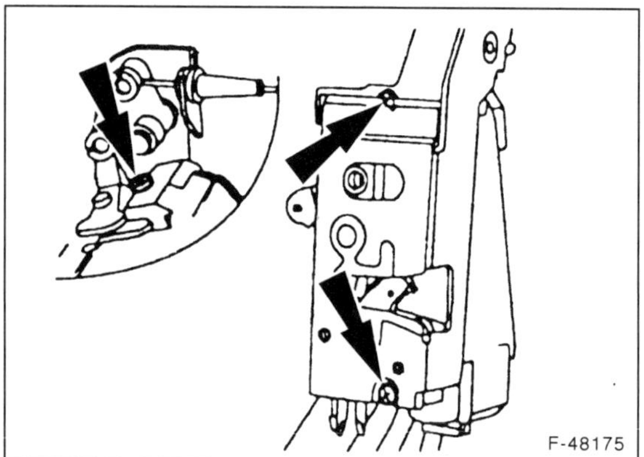
F-48175

- Schloßmotor mit 2 Schrauben vom Türschloß abschrauben.

Einbau

- Schloßmotor am Türschloß anschrauben.
- Seilzug für Türinnengriff einhängen.
- Kunststoffschutz für Zugmechanismus aufdrücken.
- Türkontaktgeber eindrücken und einrasten.
- Schloß an der Befestigungsplatte ansetzen und einrasten, Kabelstrang für Schloßsensor einhängen.
- Betätigungsstangen am Türschloß einhängen und mit Clips sichern.
- Türaußengriff/Türschloß einbauen.
- Batterie-Massekabel (–) anklemmen. Zeituhr einstellen. Diebstahlcode für Radio eingeben.

Türaußengriff für Hintertür aus- und einbauen

Ausbau

- Batterie-Massekabel (–) von der Batterie abklemmen. **Achtung:** Dadurch werden die elektronischen Speicher gelöscht, wie zum Beispiel der Motorfehlerspeicher oder der Radiocode. Vor dem Abklemmen der Batterie sollten auch die Hinweise im Kapitel »Batterie aus- und einbauen« durchgelesen werden.
- Türverkleidung ausbauen.
- Schutzfolie im Bereich des Türaußengriffs abziehen.

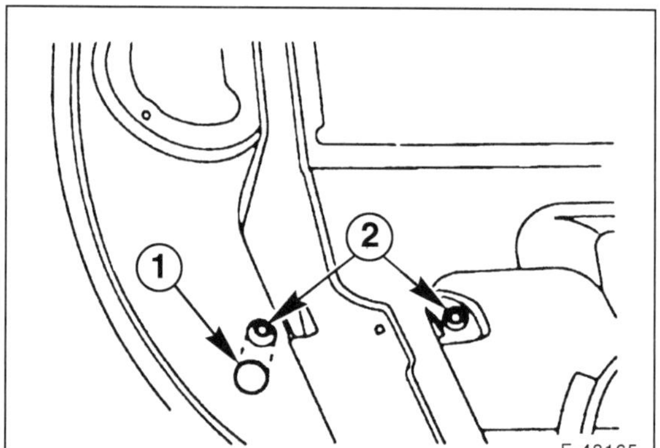

F-48165

- Abdeckkappe –1– herausziehen, die beiden Schrauben –2– abschrauben.

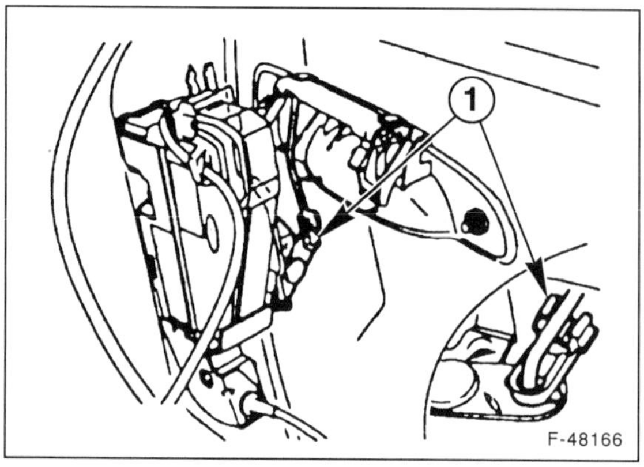

F-48166

- Betätigungsstange herausziehen, dazu Clip –1– abdrücken.
- Türgriff nach außen abnehmen.

Einbau

- Türgriff ansetzen, ausrichten und anschrauben.
- Betätigungsstange einsetzen und mit Clip sichern.
- Schutzfolie ankleben.
- Türverkleidung einbauen.
- Abdeckkappe eindrücken.
- Batterie-Massekabel (–) anklemmen. Zeituhr einstellen. Diebstahlcode für Radio eingeben.

Türschließzylinder aus- und einbauen

Ausbau

- Batterie-Massekabel (–) von der Batterie abklemmen. **Achtung:** Dadurch werden die elektronischen Speicher gelöscht, wie zum Beispiel der Motorfehlerspeicher oder der Radiocode. Vor dem Abklemmen der Batterie sollten auch die Hinweise im Kapitel »Batterie aus- und einbauen« durchgelesen werden.
- Türaußengriff ausbauen.
- Schlüssel in den Schließzylinder stecken.

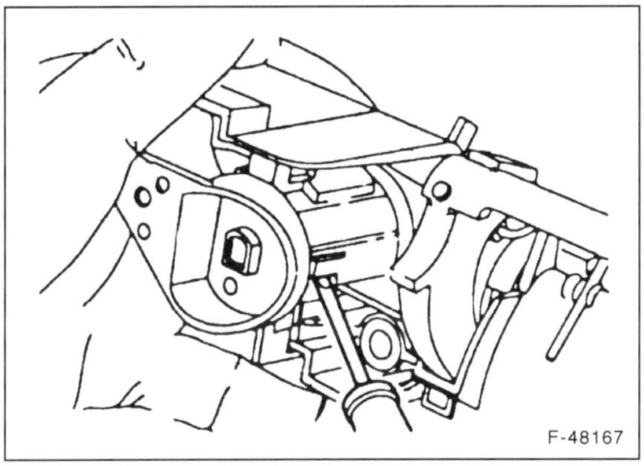

- Schließzylinder lösen, dazu Halteclip für Schließzylinder mit einem kleinen Schraubendreher vorsichtig hervorziehen.

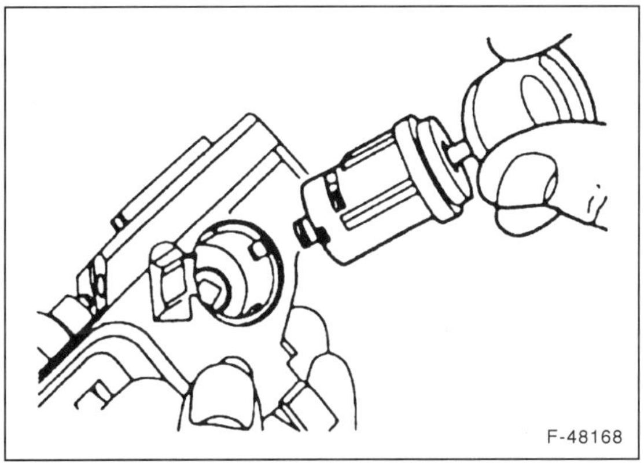

- Türschlüssel im Schloß drehen und Schließzylinder herausziehen.

Einbau

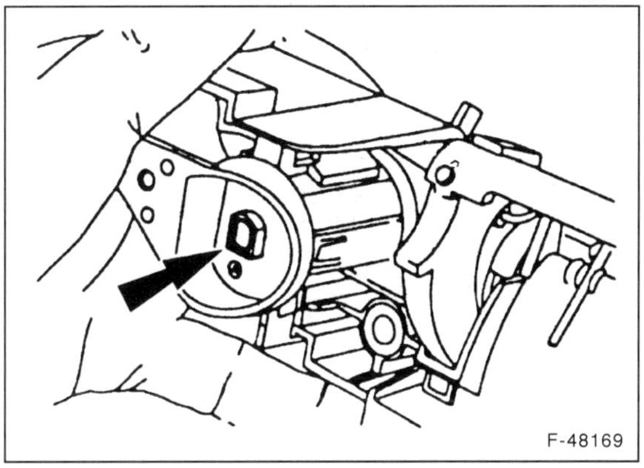

- Schließzylinder leicht in den Griff schieben, bis der Clip einrastet. Darauf achten, daß die Nuten des Schließzylinders mit den Nuten von Griff und Betätigungshebel übereinstimmen.
- Schlüssel herausziehen.
- Türaußengriff einbauen.
- Batterie-Massekabel (–) anklemmen.
- Zeituhr einstellen.
- Diebstahlcode für Radio eingeben.

Türinnengriff aus- und einbauen

Ausbau

- Batterie-Massekabel (–) von der Batterie abklemmen. **Achtung:** Dadurch werden die elektronischen Speicher gelöscht, wie zum Beispiel der Motorfehlerspeicher oder der Radiocode. Vor dem Abklemmen der Batterie sollten auch die Hinweise im Kapitel »Batterie aus- und einbauen« durchgelesen werden.
- Türverkleidung ausbauen.
- Schutzfolie im Bereich des Türinnengriffs abziehen.

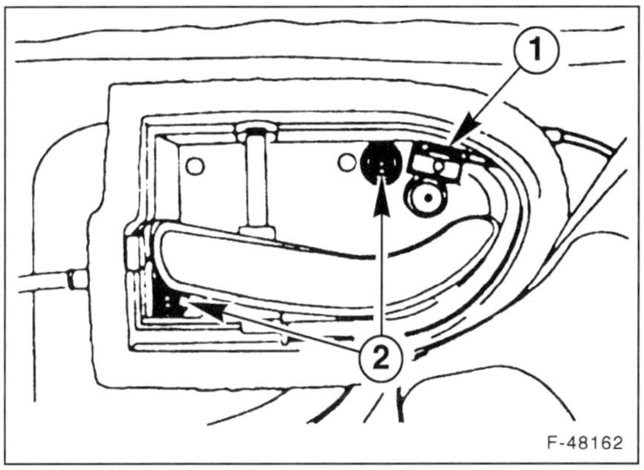

- Falls vorhanden, Beleuchtung für Türgriff –1– abbauen.
- 2 Schrauben –2– und Türinnenbetätigungshebel abnehmen.

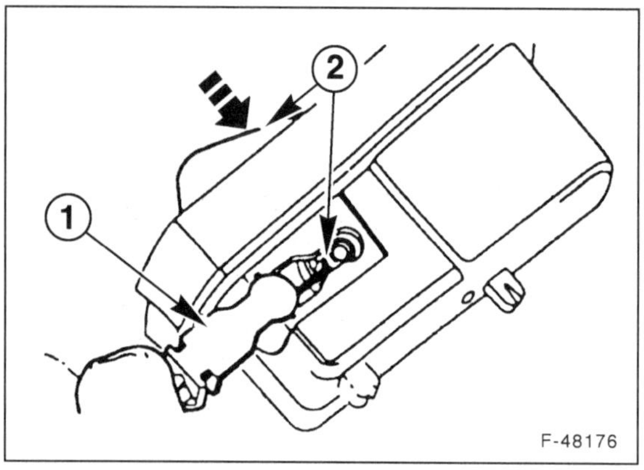

F-48176

- Bevor der Seilzug ausgehängt wird, muß er ausgerichtet werden. Dazu das Kunststoffende –1– des Seilzuges vom Griffgehäuse abziehen. Leicht nach innen auf den verriegelten Steuerhebel drücken. Dadurch wird der Seilzug mit dem Entriegelungsschlitz im unteren Maul der Seilzugführung ausgerichtet.

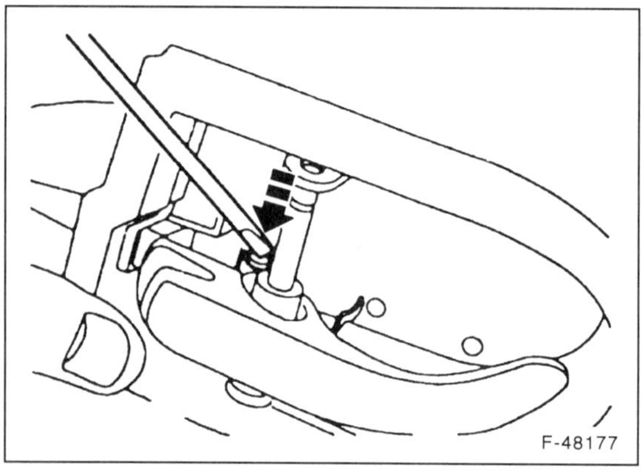

F-48177

- Seilzugendstück mit kleinem Schraubendreher aus dem Griff herausdrücken, siehe auch –2– in Abbildung F-48176.

Ausbau

- Seilzugendstück am Griff einhängen.
- Kunststoffende des Seilzuges am Griffgehäuse aufschieben.
- Türinnenbetätigungshebel einsetzen und mit 2 Schrauben anschrauben.
- Falls vorhanden, Beleuchtung für Türgriff anbauen.
- Schutzfolie ankleben.
- Türverkleidung einbauen.
- Batterie-Massekabel (–) anklemmen.
- Zeituhr einstellen.
- Diebstahlcode für Radio eingeben.

Türfenster aus- und einbauen

Ausbau

- Batterie-Massekabel (–) von der Batterie abklemmen. **Achtung:** Dadurch werden die elektronischen Speicher gelöscht, wie zum Beispiel der Motorfehlerspeicher oder der Radiocode. Vor dem Abklemmen der Batterie sollten auch die Hinweise im Kapitel »Batterie aus- und einbauen« durchgelesen werden.
- Türverkleidung ausbauen.
- Außenspiegel ausbauen.
- **Manueller Fensterheber:** Fensterkurbel vorübergehend anbauen.
  Elektrischer Fensterheber: Batterie-Massekabel vorübergehend anschließen und elektrische Leitungen für Fensterhebermotor verbinden.

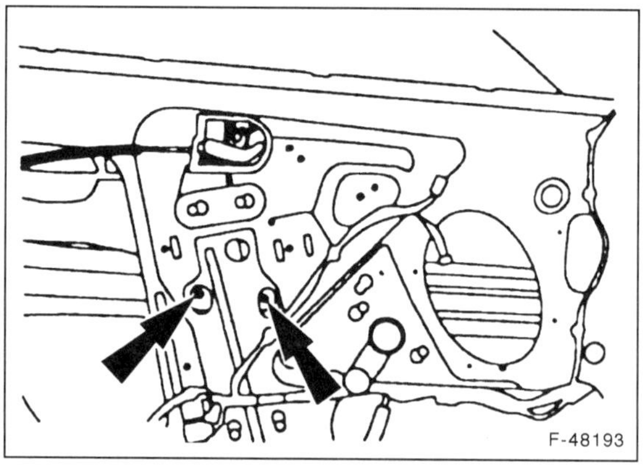

F-48193

- Fensterscheibe herunterfahren, bis die Schrauben – Pfeile – in den Bohrungen der Tür sichtbar sind.
- Fensterkurbel abziehen. Batterie-Massekabel abklemmen, Mehrfachstecker trennen.
- Schrauben herausdrehen.
- Äußeren Dichtgummi am Türschacht herausziehen.

F-48194

- Von der Außenseite der Tür die Scheibe anheben, nach vorn kippen und aus dem Türrahmen herausnehmen.

Einbau

- Fensterscheibe in die Tür einsetzen und beide Befestigungsschrauben in die Hebeschiene hineindrehen, noch nicht festziehen.
- Fenster ganz absenken und Dichtungsgummi in den Fensterschacht einsetzen.
- Fenster ganz nach oben fahren.
- Fensterscheibe durch verschieben nach links und rechts mittig ausrichten.
- Fenster soweit herunterfahren bis die beiden Befestigungsschrauben durch die Bohrungen im Türrahmen mit 10 Nm festgezogen werden können.
- Türverkleidung einbauen.
- Außenspiegel ausbauen.
- Batterie-Massekabel (–) anklemmen.
- Zeituhr einstellen.
- Diebstahlcode für Radio eingeben.

Fensterheber aus- und einbauen

Ausbau

- Batterie-Massekabel (–) von der Batterie abklemmen. **Achtung:** Dadurch werden die elektronischen Speicher gelöscht, wie zum Beispiel der Motorfehlerspeicher oder der Radiocode. Vor dem Abklemmen der Batterie sollten auch die Hinweise im Kapitel »Batterie aus- und einbauen« durchgelesen werden.
- Türfenster ausbauen.

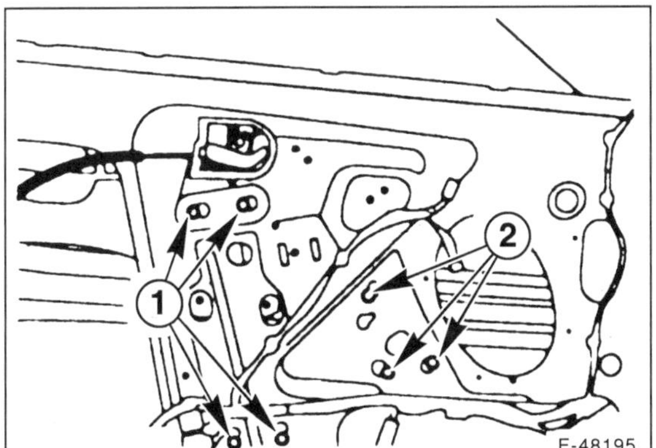

F-48195

- Einbaulage der Befestigungsschrauben markieren. Dazu Schraubenköpfe mit einem Filzstift umkreisen.
- Schrauben für Fensterheber –1– und Fensterbetätigung –2– lösen, nicht herausdrehen. In der Abbildung ist der elektrische Fensterheber dargestellt, beim manuellen Fensterheber ist die Fensterkurbel –2– mit 2 Schrauben befestigt.

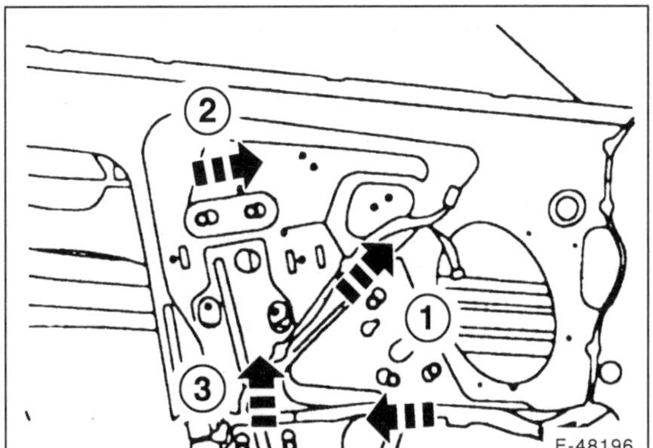

F-48196

- Fensterhebermotor –1– oder manuellen Kurbelapparat in seinen Langlöchern verdrehen und herausdrücken.
- Obere Schrauben –2– für Kurbelapparat zur Seite schieben und herausdrücken.
- Untere Schrauben –3– für Kurbelapparat nach oben schieben und herausdrücken.
- **Elektrischer Fensterheber:** Mehrfachstecker abziehen.

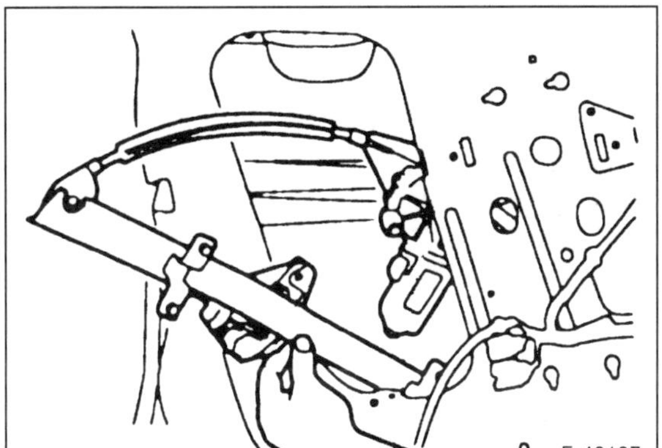
F-48197

- Fensterheber aus der Tür herausnehmen.

Einbau

- Fensterheber in die Tür einsetzen.
- Befestigungsschrauben einsetzen, nicht festschrauben.
- Fensterheber nach den beim Ausbau angebrachten Markierungen ausrichten und mit 5 Nm anschrauben.
- **Elektrischer Fensterheber:** Mehrfachstecker aufstecken.
- Türfenster einbauen.
- Batterie-Massekabel (–) anklemmen.
- Zeituhr einstellen.
- Diebstahlcode für Radio eingeben.

Heckklappe aus- und einbauen

Ausbau

Achtung: Damit die elektrischen Leitungen und auch die Wasserschläuche leichter wieder eingebaut werden können, vor dem Ausbau an das Ende eine Paketschnur anbinden. Die Schnur verbleibt anschließend in der ausgebauten Heckklappe. Beim Einbau können mit Hilfe der Schnur die elektrischen Leitungen und Wasserschläuche leichter eingezogen werden.

- Batterie-Massekabel (–) von der Batterie abklemmen. **Achtung:** Dadurch werden die elektronischen Speicher gelöscht, wie zum Beispiel der Motorfehlerspeicher oder der Radiocode. Vor dem Abklemmen der Batterie sollten auch die Hinweise im Kapitel »Batterie aus- und einbauen« durchgelesen werden.
- Fahrzeug-Himmel ausbauen.
- Gepäckraum-Abdeckung herausnehmen
- Rücksitz nach vorn klappen.
- Linke Stütze für Gepäckablage ausbauen.
- Linke Kofferraum-Seitenverkleidung teilweise abziehen.

Turnier:

- Rückleuchtenabdeckung hinten links ausbauen.
- Linke Kofferraum-Seitenverkleidung ausbauen.
- Mehrfachstecker vom Gehäuse der Rückleuchte abziehen.

- Verkleidung für Heckklappe ausbauen.
- An der linken Seitenwand Mehrfachstecker für Heckklappe trennen, Kabelstrang ausclipsen.
- Dichtgummi oberhalb der C-Säule entfernen, um an die Unterseite der Kabelstrang-Gummitülle zu gelangen.

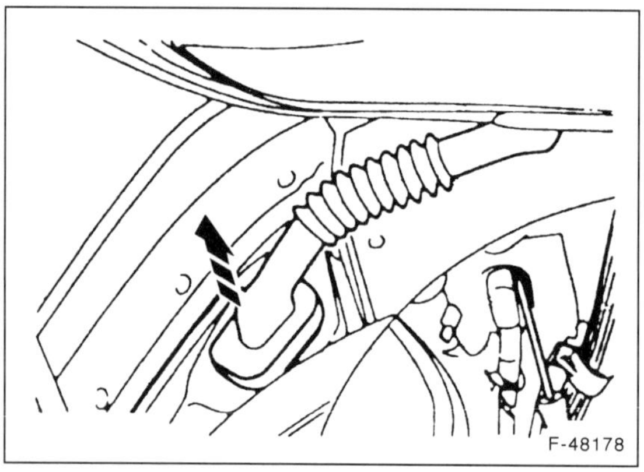

- Gummitülle links an der Heckklappe abziehen, Kabelstrang herausziehen. Dazu 4 Clips an der Unterseite entfernen und Gummitülle-Halteclips abziehen. **Achtung:** Gummitülle vorsichtig handhaben, da bei einer Beschädigung der Gummitülle der Kabelstrang ersetzt werden muß.
- Schlauch an der Scheibenwaschdüse abziehen.
- Gummitülle rechts an der Heckklappe abziehen. Dazu die beiden Halteclips an der Unterseite abziehen. Schlauch für Scheibenwaschanlage herausziehen.
- Heckklappe abstützen.

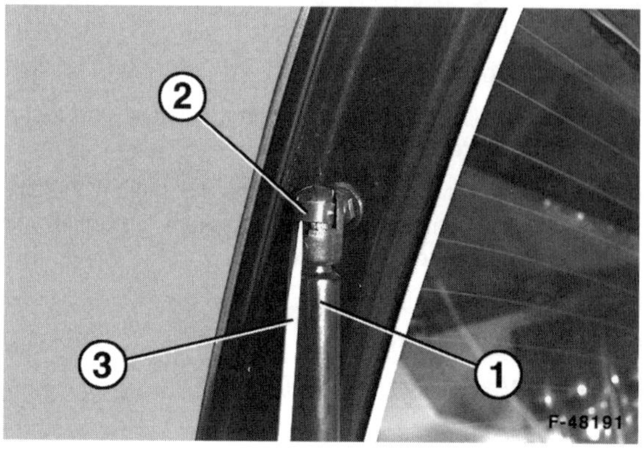

- Dämpfer –1– vom Kugelkopf an der Heckklappe abziehen. Dazu Clip –2– des Gasdruckdämpfers mit Schraubendreher –3– etwas anheben.
- Einbaulage der Heckklappe-Scharniere markieren. Dazu Scharnierbefestigung mit Filzstift umkreisen.
- Heckklappe mit 4 Muttern abschrauben und mit Helfer herausnehmen.

Einbau

- Scharniere an der Heckklappe ausrichten und mit **25 Nm** anschrauben.
- Gasdruckdämpfer am Kugelkopf aufdrücken.
- Wasserschlauch und elektrische Leitung mit Hilfe der eingezogenen Schnüre einziehen.
- Wasserschlauch auf die Waschdüse aufschieben.
- Mehrfachstecker verbinden.
- Abdeckstopfen und Tülle für Schlauch in die Heckklappe einsetzen.
- Heckklappe ohne Schloß schließen und Einstellung prüfen. Gegebenenfalls Befestigungsmuttern lockern und Klappe so ausrichten, daß zu den umliegenden Teilen ein gleich großer und paralleler Spalt vorhanden ist. Muttern festziehen.
- Verkleidung für Heckklappe einbauen.
- Linke Kofferraum-Seitenverkleidung einbauen.
- Linke Stütze für Gepäckablage einbauen.
- Gepäckraum-Abdeckung einsetzen

Turnier:

- Mehrfachstecker am Gehäuse der Rückleuchte aufstecken.
- Rückleuchtenabdeckung hinten links einbauen.
- Linke Kofferraum-Seitenverkleidung einbauen.

- Batterie-Massekabel (–) anklemmen. Zeituhr einstellen. Diebstahlcode für Radio eingeben.

Verkleidung für Heckklappe aus- und einbauen

Ausbau

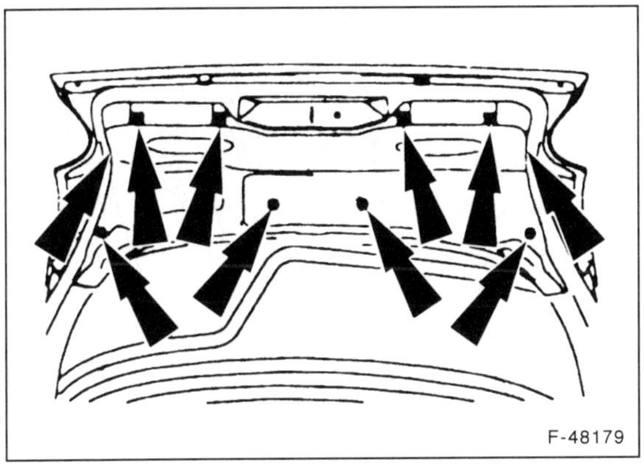

- Untere Verkleidung ausbauen, dazu 10 Kunststoffclips herausdrücken.

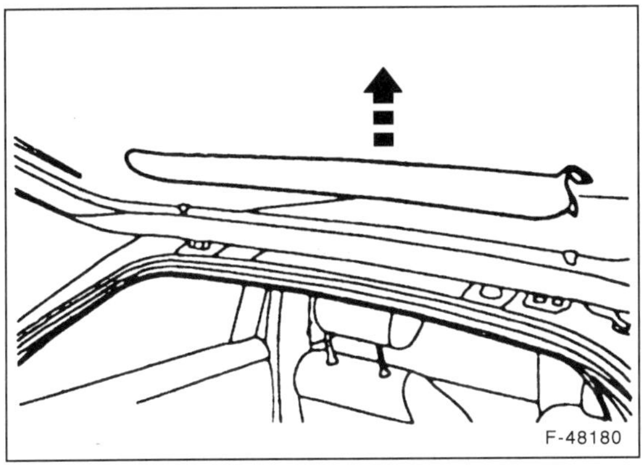

- Obere Verkleidung nach oben abclipsen.
- Dämpfer für Heckklappe von den Kugelköpfen abziehen. Dazu Clips an den Gasdruckdämpfern mit Schraubendreher anheben.

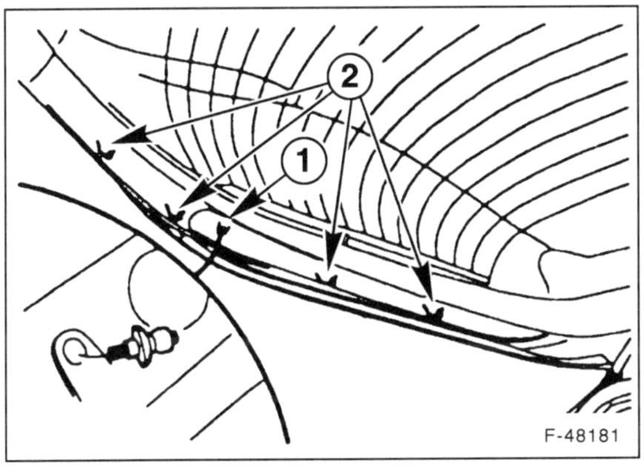

- Seitenverkleidungen abbauen. Dazu Schraube –1– herausdrehen, dann Verkleidung abclipsen –2–.

Einbau

- Seitenverkleidungen anclipsen, Kugelköpfe anschrauben.
- Gasdruckdämpfer aufdrücken.
- Obere Verkleidung anclipsen.
- Untere Verkleidung ansetzen, 10 Kunststoffclips hineindrücken.

Fahrzeughimmel aus- und einbauen

Ausbau

- Batterie-Massekabel (–) von der Batterie abklemmen. **Achtung:** Dadurch werden die elektronischen Speicher gelöscht, wie zum Beispiel der Motorfehlerspeicher oder der Radiocode. Vor dem Abklemmen der Batterie sollten auch die Hinweise im Kapitel »Batterie aus- und einbauen« durchgelesen werden.
- Innenverkleidungen für A-, B- und C-Säule abschrauben und abziehen.
- Innenleuchten ausbauen, siehe Seite 227/230.
- Falls vorhanden, Kurbel für manuelles Schiebedach abschrauben und abziehen, Schalter für elektrisches Schiebedach ausbauen.

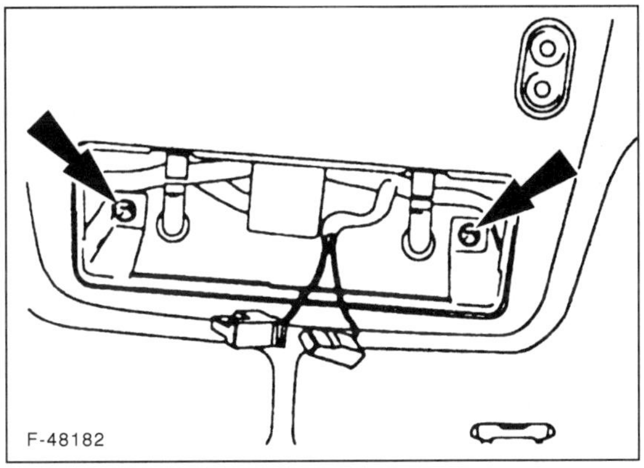

- Dachkonsole ausbauen. Dazu 2 Schrauben herausdrehen, Konsole zur Windschutzscheibe drücken und Clips lösen.
- Sonnenblenden abschrauben, vorher Schraubenabdeckungen mit kleinem Schraubendreher vorsichtig herausdrücken. Gegebenenfalls Mehrfachstecker für Spiegel abziehen.
- Haltegriffe abschrauben, vorher Schraubenabdeckungen mit kleinem Schraubendreher vorsichtig herausdrücken.

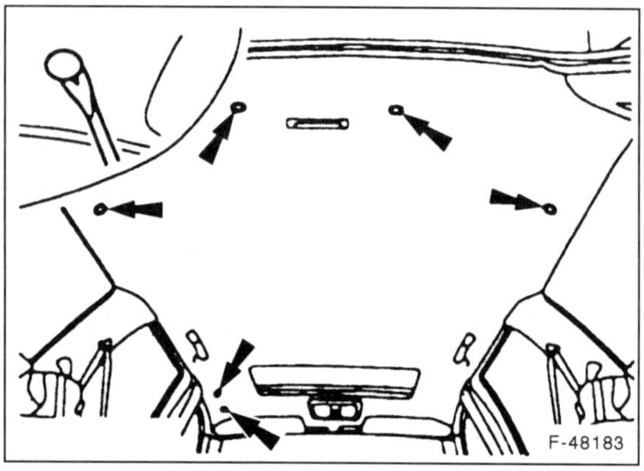

- 6 Halteclips herausdrücken –Pfeile–. Die Abbildung zeigt den Turnier, bei der Limousine/Fließheck ist der Himmel mit 4 Clips befestigt.
- Falls vorhanden, Kantenband für Schiebedachöffnung abnehmen.
- Himmel abnehmen. **Achtung:** Bei Fließheck- und Turnier-Modellen den Himmel durch die Öffnung der Heckklappe herausziehen. Bei der Limousine den Himmel durch die Öffnung der Hintertür herausnehmen.

Einbau

- Fahrzeug-Himmel ansetzen und mit Halteclips befestigen.
- Falls vorhanden, Kantenband für Schiebedachöffnung einsetzen.
- Haltegriffe anschrauben, Schraubenabdeckungen hineindrücken.
- Sonnenblenden anschrauben, Schraubenabdeckungen hineindrücken. Gegebenenfalls Mehrfachstecker für Spiegel abziehen.
- Dachkonsole einclipsen und mit 2 Schrauben anschrauben.
- Falls vorhanden, Kurbel für manuelles Schiebedach aufstecken und anschrauben beziehungsweise Schalter für elektrisches Schiebedach einbauen.
- Innenleuchten einbauen, siehe Seite 227/230.
- Verkleidungen für A-, B- und C-Säule anschrauben.
- Batterie-Massekabel (–) anklemmen.
- Zeituhr einstellen.
- Diebstahlcode für Radio eingeben.

Innenverkleidungen aus- und einbauen

A-Säule

Die A-Säule ist die vordere Karosseriesäule an der die Vordertür angeschlagen ist.

- Vor dem Ausbau im Bereich der Verkleidung die Türdichtung herausziehen.

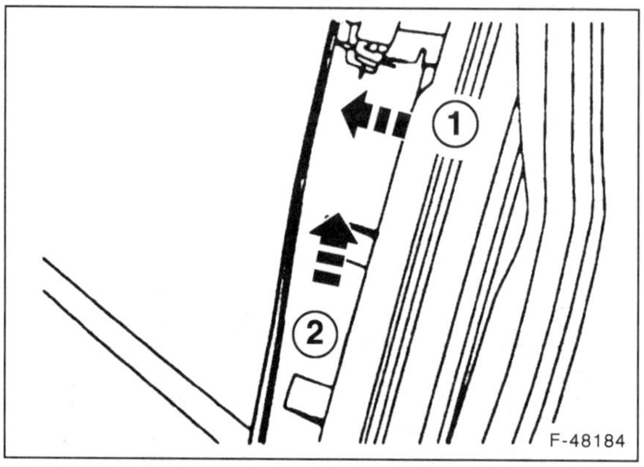

- Verkleidung aus oberem und mittlerem Clip herausdrücken –1–.
- Verkleidung nach oben ziehen –2– und unteren Dichtstreifen herausnehmen.
- Oberen und mittleren Clip von der A-Säule abdrücken.
- Vor dem Einbau beide Clips in die Verkleidung einsetzen.
- Kabel für Alarmanlage und Antenne in die Clips eindrücken.
- Dichtung ansetzen und Verkleidung an der A-Säule einclipsen.
- Türdichtung hineindrücken.

B-Säule

Die B-Säule ist die mittlere Karosseriesäule an der die Hintertür angeschlagen ist.

- Vor dem Ausbau im Bereich der Verkleidung die Türdichtung herausziehen.
- Verkleidung ausclipsen.

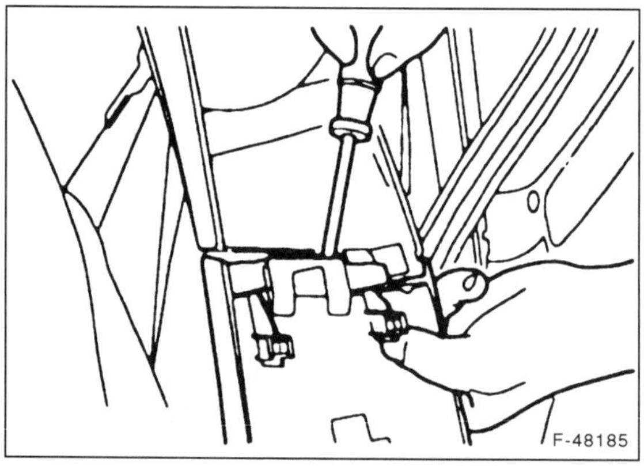

- Obere und untere Verkleidung mit Schraubendreher trennen.

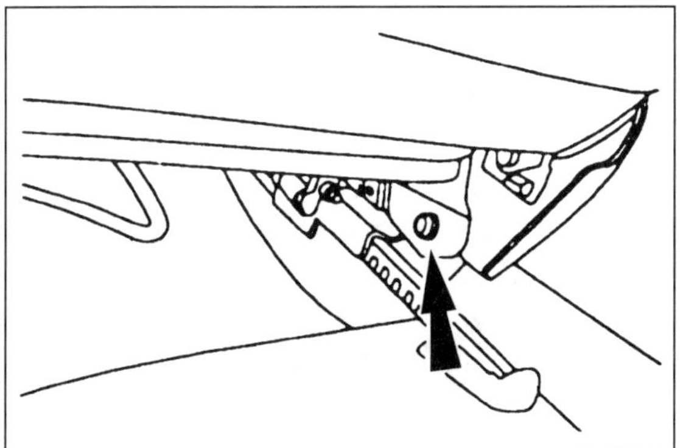
F-48186

- Vorderen Sicherheitsgurt unter dem Vordersitz abschrauben.
- Verkleidung abnehmen und Sicherheitsgurt durch die Verkleidung ziehen.
- Sicherheitsgurt durch die Verkleidung ansetzen und mit **40 Nm** anschrauben.
- Obere und untere Verkleidung zusammenstecken.
- Verkleidung einclipsen und Türdichtung hineindrücken.

C-Säule (Fließheck)

Die C-Säule ist die hintere Karosseriesäule.

- Vor dem Ausbau im Bereich der Verkleidung die Türdichtung herausziehen.
- Rücksitzpolster nach oben ziehen und herausnehmen.
- Hintere Lehne nach vorn klappen.

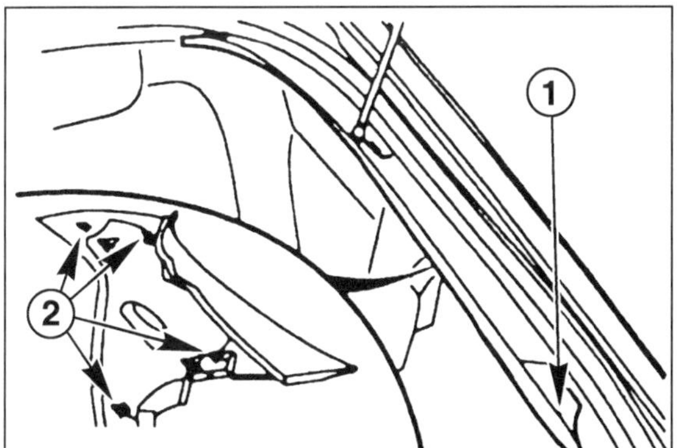

F-48210

- Verkleidung ausbauen, dazu Abdeckkappe abnehmen und Schraube –1– herausdrehen, Clips –2– lösen.
- Untere Verankerung des hinteren Sicherheitsgurtes abschrauben und Sicherheitsgurt durch die Verkleidung ziehen.
- Sicherheitsgurt durch die Verkleidung ansetzen und mit **40 Nm** anschrauben.
- Verkleidung einclipsen und anschrauben. Abdeckkappe aufdrücken.
- Hintere Lehne zurückklappen und einrasten.
- Rücksitzpolster ansetzen und eindrücken.
- Türdichtung hineindrücken.

C-Säule (Turnier)

- Obere Verankerung des hinteren Sicherheitsgurtes abschrauben.
- Verkleidung ausclipsen und abnehmen.
- Sicherheitsgurt mit **40 Nm** anschrauben.
- Verkleidung ansetzen und einclipsen.

Kofferraumdeckel aus- und einbauen

Ausbau

Achtung: Damit die elektrischen Leitungen leichter wieder eingebaut werden können, vor dem Ausbau an das Ende eine Paketschnur anbinden. Die Schnur verbleibt anschließend im ausgebauten Kofferraumdeckel. Beim Einbau können mit Hilfe der Schnur die elektrischen Leitungen leichter eingezogen werden.

- Batterie-Massekabel (–) von der Batterie abklemmen. **Achtung:** Dadurch werden die elektronischen Speicher gelöscht, wie zum Beispiel der Motorfehlerspeicher oder der Radiocode. Vor dem Abklemmen der Batterie sollten auch die Hinweise im Kapitel »Batterie aus- und einbauen« durchgelesen werden.
- Kabelstecker für Kennzeichenbeleuchtung in der Mitte des Deckels trennen.
- Gummitülle für Kabelführung oberhalb des linken Scharniers mit 3 Halteklammern ausclipsen.
- Scharnierabdeckung abclipsen.
- Einbaulage der Scharniere mit Filzstift markieren. Dazu Scharniere mit Filzstift am Kofferraumdeckel umkreisen.
- Mit Helfer Kofferraumdeckel abnehmen, vorher auf jeder Seite die 2 Befestigungsschrauben herausdrehen.

Einbau

- Kofferraumdeckel mit Helfer an die Scharniere ansetzen und lose anschrauben.
- Kofferraumdeckel entsprechend den Markierungen ausrichten und mit 10 Nm anschrauben.
- Kabel für Kennzeichenbeleuchtung einführen und Stecker verbinden.
- Kabel in die .Scharnierabdeckung einsetzen und Scharnierabdeckung anclipsen.
- Gummitülle für Kabelführung oberhalb des linken Scharniers einclipsen.

Achtung: Falls bei richtig eingestelltem Kofferraumdeckel der Abstand zwischen Deckel und Rückleuchte weniger als 6 mm beträgt, Rückleuchte lösen und etwas nach unten versetzen.

- Batterie-Massekabel (–) anklemmen.
- Zeituhr einstellen.
- Diebstahlcode für Radio eingeben.

Schloß für Heckklappe/ Kofferraumdeckel aus- und einbauen

Achtung: Die Abbildungen zeigen das Fließheckmodell.

Ausbau

- Batterie-Massekabel (–) von der Batterie abklemmen. **Achtung:** Dadurch werden die elektronischen Speicher gelöscht, wie zum Beispiel der Motorfehlerspeicher oder der Radiocode. Vor dem Abklemmen der Batterie sollten auch die Hinweise im Kapitel »Batterie aus- und einbauen« durchgelesen werden.

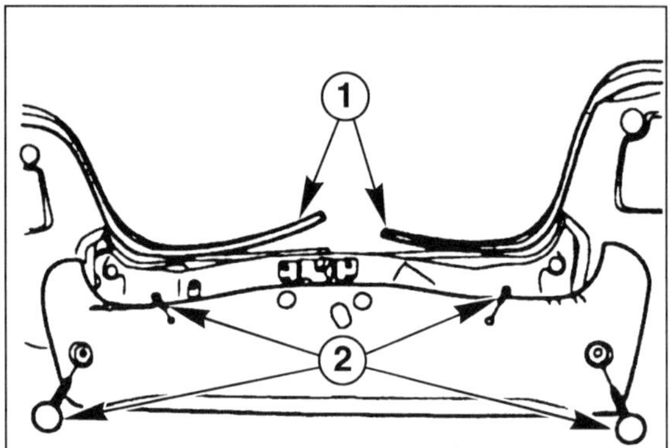

F-48187

- Hintere Gepäckraum-Verkleidung ausbauen, dazu Dichtung –1– abziehen. 2 Clips herausdrücken und 2 Schrauben herausdrehen –2–. Beim Turnier-Modell 4 Schrauben herausdrehen.

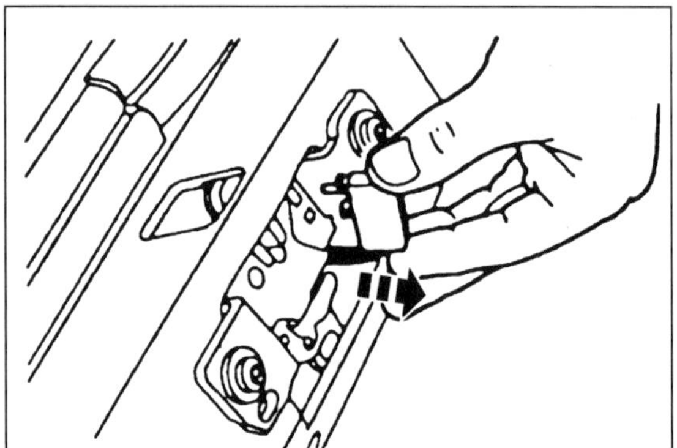
F-48188

- Geber für Türkontakt ausclipsen und abnehmen.

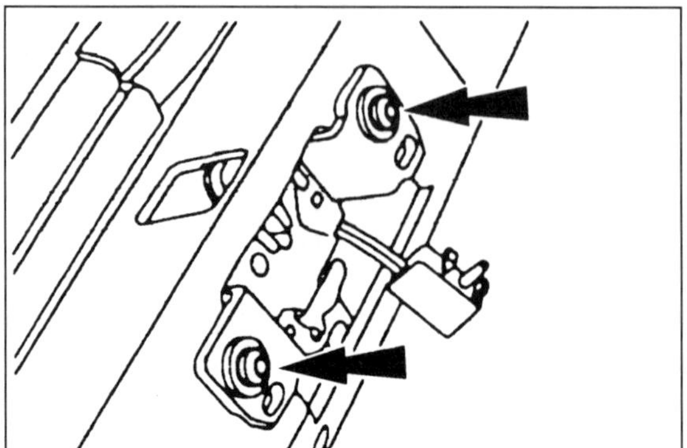
F-48189

- Schloß abschrauben und herausziehen.
- 2 Seilzüge aushängen.
- Betätigungsstange für Zentralverriegelung aushängen, dazu Clip öffnen und Stange herausziehen.
- Schloß abnehmen.

Einbau

- Schloß ansetzen, Betätigungsstange für Zentralverriegelung einhängen und mit Clip sichern.
- 2 Seilzüge einhängen.
- Schloß einsetzen und mit 10 Nm anschrauben.
- Geber für Türkontakt einclipsen.
- Hintere Gepäckraum-Verkleidung ansetzen und anschrauben, 2 Clips eindrücken.
- Batterie-Massekabel (–) anklemmen.
- Zeituhr einstellen.
- Diebstahlcode für Radio eingeben.

Schließzylinder für Heckklappe/ Kofferraumdeckel aus- und einbauen

Ausbau

- Batterie-Massekabel (–) von der Batterie abklemmen. **Achtung:** Dadurch werden die elektronischen Speicher gelöscht, wie zum Beispiel der Motorfehlerspeicher oder der Radiocode. Vor dem Abklemmen der Batterie sollten auch die Hinweise im Kapitel »Batterie aus- und einbauen« durchgelesen werden.

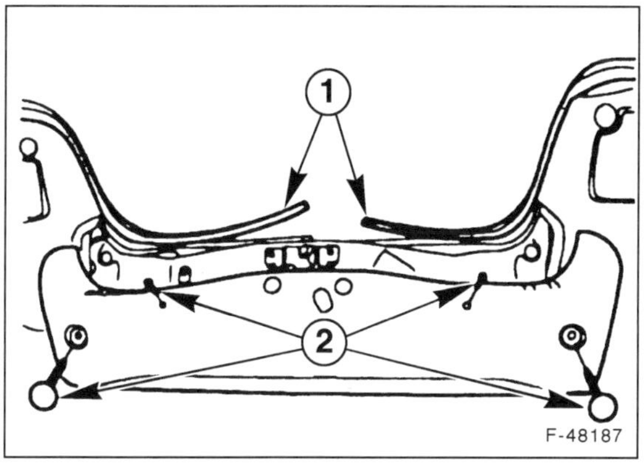

- Hintere Gepäckraum-Verkleidung ausbauen, dazu Dichtung –1– abziehen. 2 Clips herausdrücken und 2 Schrauben herausdrehen –2–. Beim Turnier-Modell 4 Schrauben herausdrehen.
- Verkleidung für Rückleuchten ausbauen.
- Geber für Türkontakt ausclipsen und abnehmen.
- Betätigungszug am Halter nach oben abziehen, anschließend Seilzugnippel am Hebel aushängen.

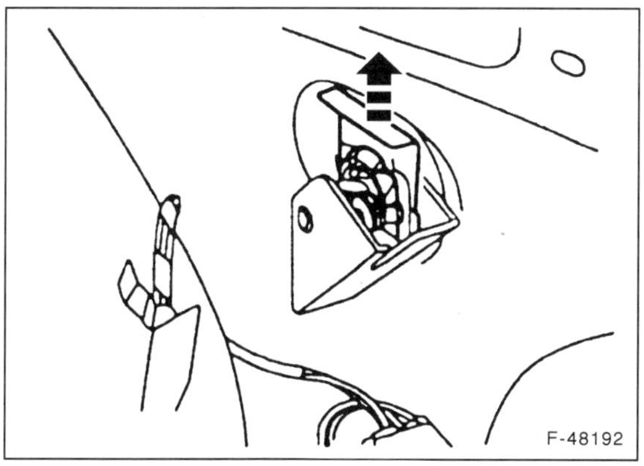

- Federclip nach oben abziehen.
- Seilzughalter vom Schließzylinder abbauen und Schließzylinder herausnehmen.

Einbau

- Schließzylinder einsetzen, Seilzughalter anbauen und Schließzylinder mit Federclip sichern.
- Seilzug einhängen.
- Geber für Türkontakt einclipsen.
- Hintere Gepäckraum-Verkleidung ansetzen und anschrauben, 2 Clips eindrücken.
- Batterie-Massekabel (–) anklemmen.
- Zeituhr einstellen.
- Diebstahlcode für Radio eingeben.

Tankklappe aus- und einbauen

Ausbau

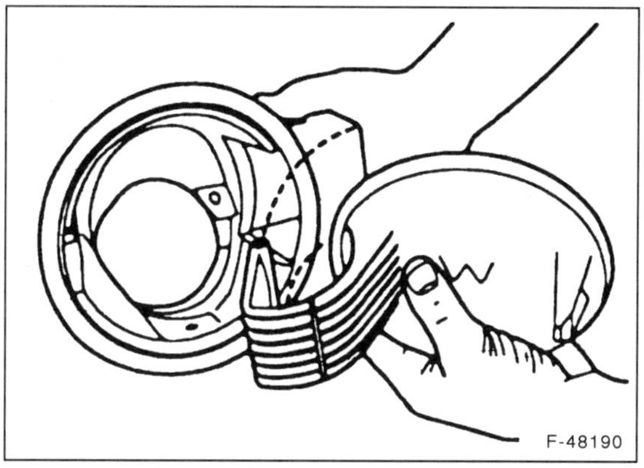

- Tankklappe öffnen und, wie in der Abbildung gezeigt, herausheben.

Achtung: Die Tankklappe ist nur in das Einfüllstutzengehäuse hineingedrückt, wobei beide Bauteile aus Kunststoff bestehen. Der Deckel muß vorsichtig aus den Führungen herausgezogen werden. Übermäßiger Kraftaufwand führt zu Beschädigung oder Bruch von Deckel oder Gehäuse.

Einbau

- Tankklappe am Einfüllstutzen in die Führungslöcher des Gehäuses einsetzen.

Die Zentralverriegelung

Die Zentralverriegelung kann von der Fahrer- und von der Beifahrerseite betätigt werden. Sie besteht aus den 5 Stellgliedern für die 4 Türen und den Kofferraumdeckel (Heckklappe), dem Zentralverriegelungsmodul auf der rechten Seite unter dem Armaturenbrett sowie aus den Schließzylinder- und Schloß-Positionssensoren.

Die Türen können durch die Zentralverriegelung einfach und doppelt verriegelt werden. Bei der Doppelverriegelung werden durch zusätzliche Elektromotoren die Innenbetätigungshebel für die Türen und den Kofferraumdeckel beziehungsweise die Heckklappe von den Schlössern entkoppelt. Die Schlösser können dann von innen nicht mehr geöffnet werden.

Aktiviert wird die Doppelverriegelung, indem der Türschlüssel innerhalb von 3 Sekunden zuerst auf Entriegelung und dann auf Verriegelung gedreht wird.

Die aktivierte Doppelverriegelung wird durch 3 aufeinanderfolgende Summtöne angezeigt. Ertönt nach dem Verriegeln ein ca. 3 Sekunden langer Dauerton, so weist dies auf einen elektrischen Fehler im Doppelverriegelungssystem hin (z. B. Kurzschluß).

Je nach Ausstattung ist eine Fernbedienung der Zentralverriegelung durch ein Infrarot-Sende- und Empfangssystem möglich. Der Infrarot-Sender befindet sich dann im Gehäuse des Zündschlüssels.

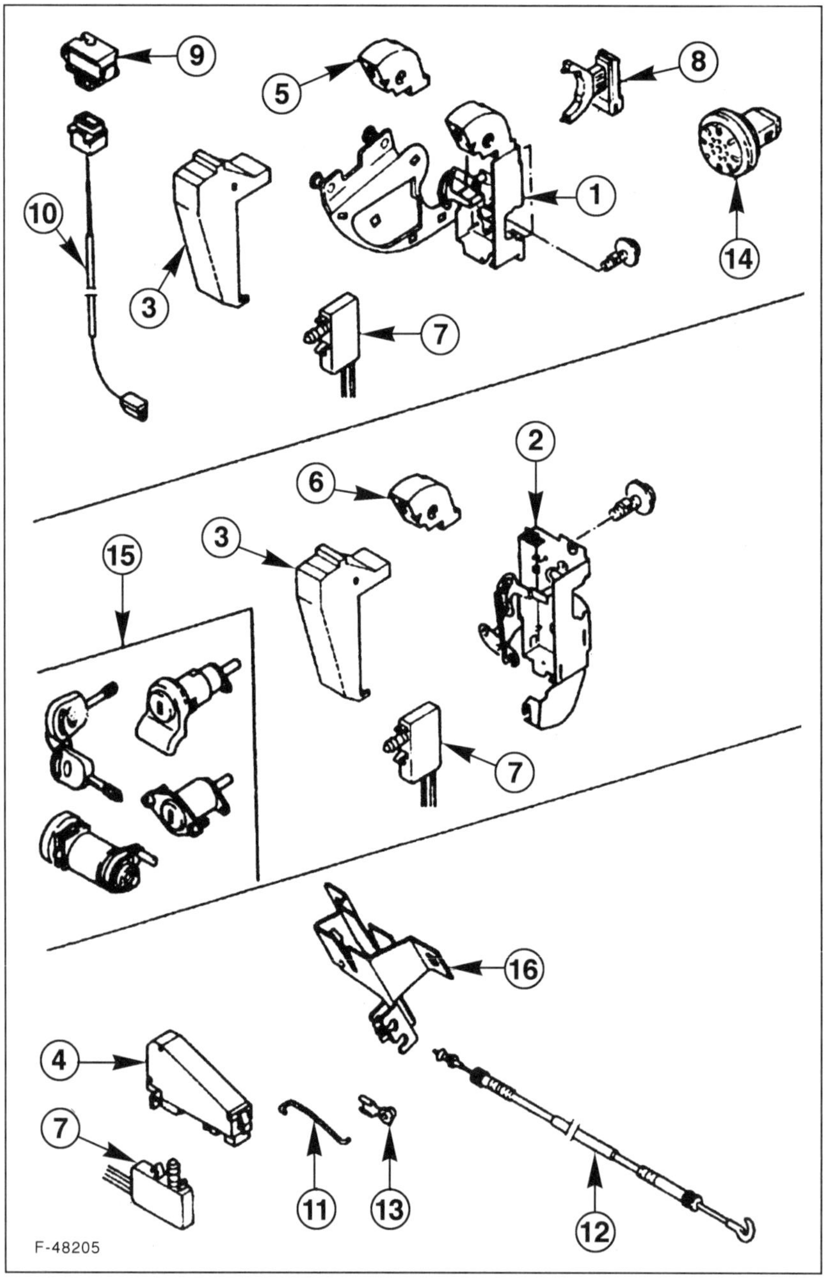

1 – Türschloß Vordertür

2 – Türschloß Hintertür

3 – Elektromotor für Tür

4 – Elektromotor für Heckklappe

5 – Abdeckung

6 – Abdeckung

7 – Schloß-Positionssensor
Sitzt am Schloßgehäuse und erfaßt über einen Mikroschalter die genaue Position des Schließmechanismus am Schloß

8 – Schließzylinder-Positionssensor
Ist am Schließzylinder eingeclipst.

9 – Infrarot-Empfänger
Sitzt im Türgriffgehäuse.

10 – Verbindungsleitung

11 – Verbindungsstange

12 – Betätigungszug

13 – Clip
Zur Befestigung der Verbindungsstange.

14 – Kontrollsummer
Der Summer befindet sich unter der Windlaufabdeckung an der Wischergestänge-Halterung.

15 – Schließzylinder

16 – Heckklappenschloß

Hinweis: Wenn die Doppelschließung der Zentralverriegelung nicht mehr funktioniert, kann das an einer korrodierten Lötverbindung im Kabelstrang liegen. In diesem Fall rechte Seitenverkleidung im Beifahrerfußraum ausbauen und Teppichboden zurückklappen. Klebestreifen auf der Kabelstrang-Ummantelung oberhalb vom Querträger durchtrennen und gelötete Kabelverbindung heraussuchen. Lötstellen erneuern und isolieren.

Schiebedach aus- und einbauen

Ausbau

- Batterie-Massekabel (–) von der Batterie abklemmen. **Achtung:** Dadurch werden die elektronischen Speicher gelöscht, wie zum Beispiel der Motorfehlerspeicher oder der Radiocode. Vor dem Abklemmen der Batterie sollten auch die Hinweise im Kapitel »Batterie aus- und einbauen« durchgelesen werden.
- Fahrzeug-Himmel ausbauen.

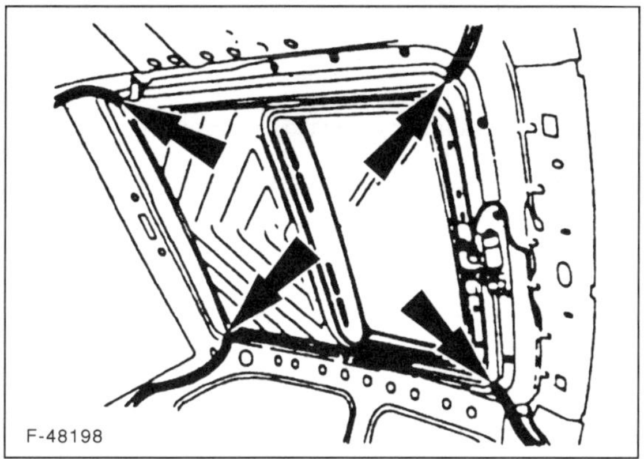

F-48198

- 4 Ablaufrohre an den Ecken des Schiebedachs abziehen.

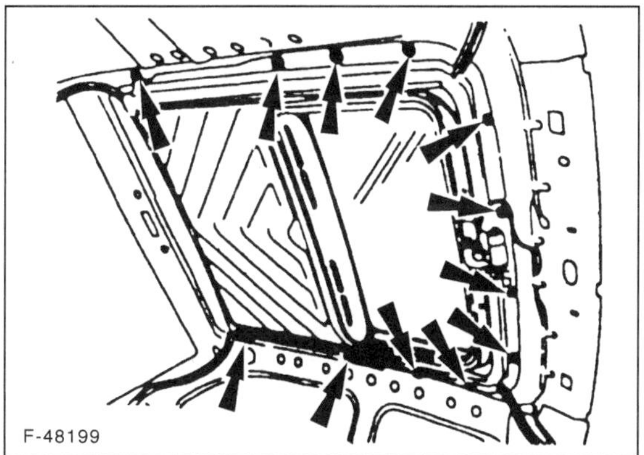

F-48199

- 12 Befestigungsschrauben herausdrehen. Achtung: Dabei muß eine Hilfsperson das Schiebedach festhalten.
- Falls vorhanden, Mehrfachstecker vom Motor des Stahlschiebedachs abziehen.
- Schiebedach herausnehmen.

Einbau

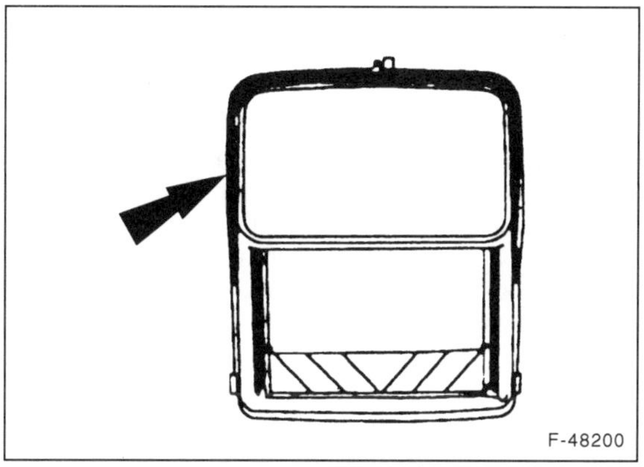

F-48200

- Vor dem Einbau den Zustand des selbstklebenden Dichtgummis entlang der Vorderkante und den Seiten des Schiebedachs prüfen. Bei Beschädigung Dichtgummi erneuern.
- Schiebedach einsetzen und ausrichten.

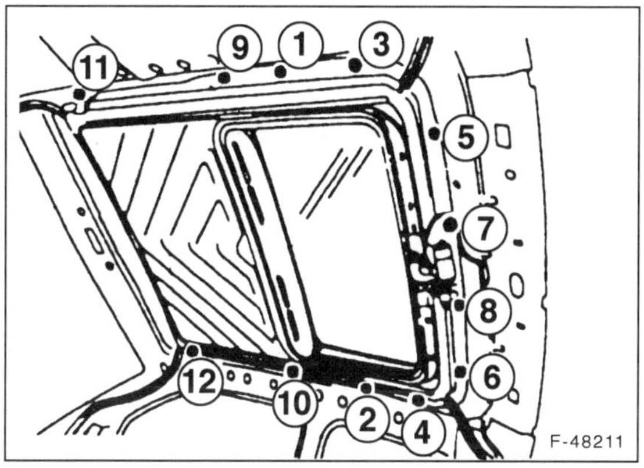

F-48211

- Schiebedach durch Helfer festhalten lassen und in der Reihenfolge von 1 bis 12 mit 25 Nm festziehen, siehe Abbildung.
- 4 Ablaufrohre an den Ecken des Schiebedachs einsetzen.
- Schiebedach mehrmals öffnen und schließen und damit Funktion und Leichtgängigkeit prüfen.
- Fahrzeug-Himmel einbauen.
- Batterie-Massekabel (–) anklemmen.
- Zeituhr einstellen.
- Diebstahlcode für Radio eingeben.

Vordersitz aus- und einbauen

Achtung: Beschrieben wird der Ausbau von Vordersitzen **ohne Gurtstraffer** und **ohne Seitenairbag**. Bei eingebautem mechanischem Gurtstraffer muß vor dem Ausbau des Vordersitzes unbedingt der Kraftspeicher arretiert werden. Für den pyrotechnischen Gurtstraffer gelten ebenso wie für den Seitenairbag die »Sicherheitshinweise für Airbag« im Kapitel »Lenkung«. Unfallgefahr! Bei Fahrzeugen mit Gurtstraffer/Seitenairbag sollten Arbeiten an Sicherheitsgurt, Gurtstraffer oder Vordersitz aus Sicherheitsgründen von der Werkstatt durchgeführt werden.

Ausbau

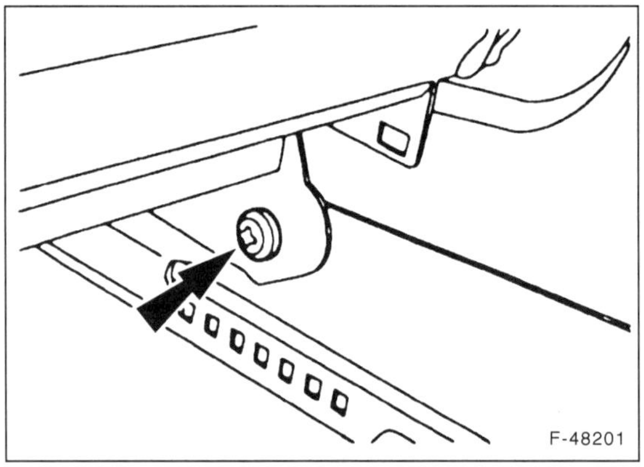
F-48201

- Sicherheitsgurt vom Sitz mit Schraubendrehereinsatz T50 abschrauben und Sicherheitsgurt durch die Verkleidung herausziehen.
- Vordersitz bis zur vordersten Position schieben.
- Abdeckungen für hintere Sitzbefestigungen abschrauben.

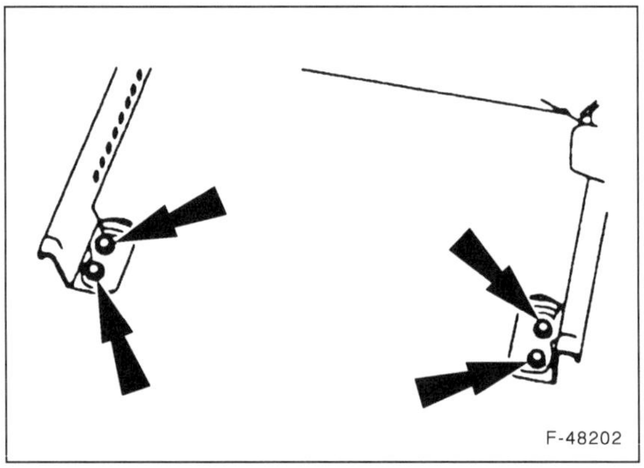
F-48202

- 4 Befestigungsschrauben herausdrehen.
- Vordersitz nach hinten schieben.
- Vordere Schrauben herausdrehen und Sitz herausheben.

Elektrisch betätigter Sitz:

- Batterie-Massekabel (–) von der Batterie abklemmen. **Achtung:** Dadurch werden die elektronischen Speicher gelöscht, wie zum Beispiel der Motorfehlerspeicher oder der Radiocode. Vor dem Abklemmen der Batterie Hinweise im Kapitel »Batterie aus- und einbauen« durchlesen.

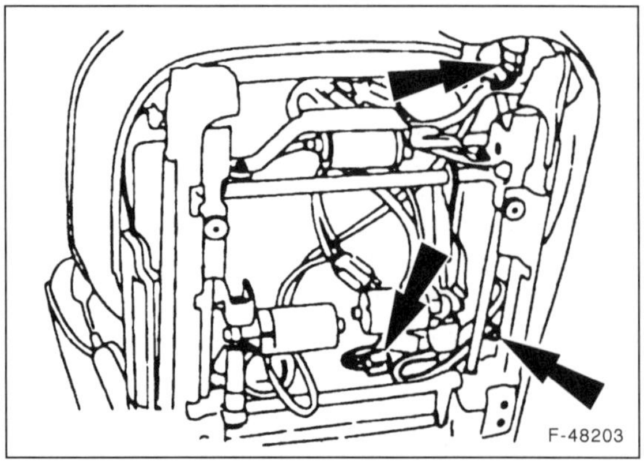
F-48203

- Mehrfachstecker für Sitzbetätigung abziehen.

Einbau

- Vordersitz einsetzen, ausrichten und anschrauben. Schrauben noch nicht festziehen. Bei elektrisch betätigtem Sitz: Mehrfachstecker verbinden.
- Zuerst die vorderen beiden, dann die hinteren Schrauben mit **40 Nm** festziehen.
- Sicherheitsgurt durch die Verkleidung ansetzen und mit **40 Nm** anschrauben.
- Prüfen ob beide Verriegelungen der Sitzverstellung eingreifen.
- Gegebenenfalls Batterie-Massekabel (–) anklemmen. Zeituhr einstellen. Diebstahlcode für Radio eingeben.

Rücksitzbank aus- und einbauen

Ausbau

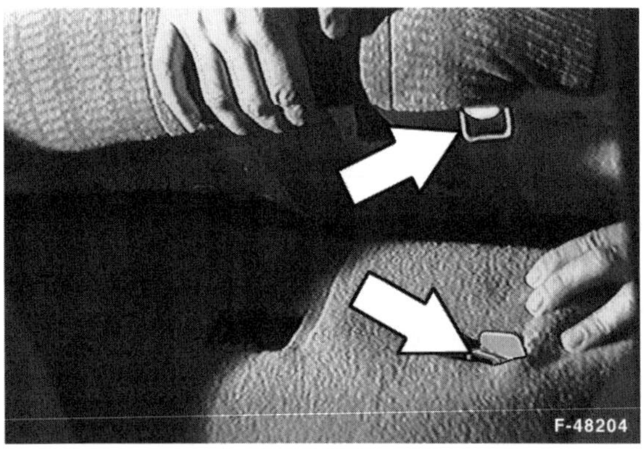
F-48204

- Rücksitzbank vorn links und rechts nach oben ziehen und dadurch aus den beiden Kunststoffhaltern ausrasten.
- Prüfen, ob die Rücksitzbank aus den 3 Haken im Unterboden ausgehängt ist, gegebenenfalls Rücksitzbank kräftig nach hinten schieben und dadurch aushängen.
- Mittleren Sicherheitsgurt und seitliche Gurtschlösser durch die Schlitze ziehen und Rücksitzbank herausnehmen.

Einbau

- Falls die Kunststoffhalter aus den Öffnungen im Unterboden herausgedrückt wurden, Halter von den Haken der Rücksitzbank abnehmen und in die Öffnungen eindrücken.
- Sicherheitsgurt und Gurtschlösser durch die Schlitze der Rücksitzbank einsetzen.
- Rücksitzbank kräftig nach hinten unter die Lehne schieben, anschließend nach vorn ziehen und dadurch in die 3 Haken im Unterboden einhängen.
- Vordere Haken der Rücksitzbank zu den Kunststoffhaltern im Unterboden ausrichten. Rücksitzbank vorn kräftig nach unten drücken und einrasten.

Rücksitzlehne aus- und einbauen

Ausbau

- Sitzlehnen-Arretierung lösen und Lehne nach vorn klappen.

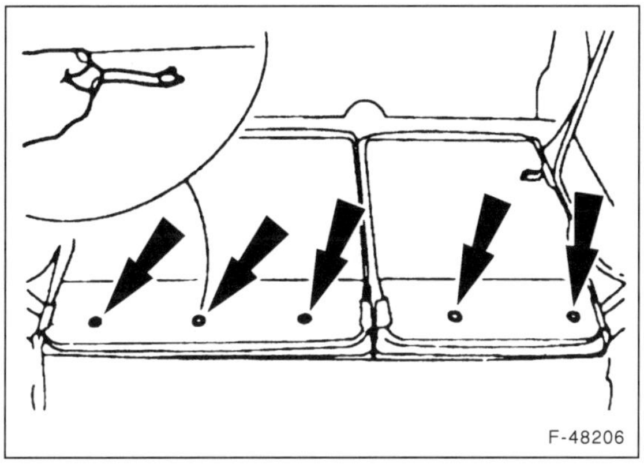

- Falls vorhanden, hintere Verkleidung abclipsen.

- 4 Befestigungsschrauben (pro Einzellehne) an den Scharnieren mit Torxschraubendreher T40 herausdrehen.
- Rücksitzlehne herausnehmen.

Einbau

- Rücksitzlehne ausrichten und anschrauben.
- Lehne in senkrechte Stellung bringen und prüfen, ob die Arretierung einrastet. Gegebenenfalls Sitzlehne beziehungsweise Scharniere so ausrichten, daß die Arretierung sicher funktioniert.
- Falls vorhanden, Verkleidung anclipsen.

Mittelkonsole aus- und einbauen

Ausbau

- Batterie-Massekabel (–) von der Batterie abklemmen. **Achtung:** Dadurch werden die elektronischen Speicher gelöscht, wie zum Beispiel der Motorfehlerspeicher oder der Radiocode. Vor dem Abklemmen der Batterie sollten auch die Hinweise im Kapitel »Batterie aus- und einbauen« durchgelesen werden.
- Aschenbecher öffnen und herausziehen.
- Schalthebelknopf abziehen.

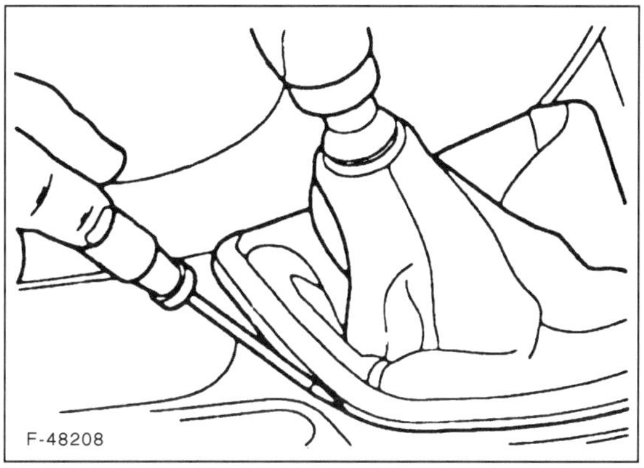

- Schalthebelmanschette mit Schaltertafel abhebeln. Falls vorhanden, Mehrfachstecker abziehen.
- Falls vorhanden, Schalter für Automatische Stoßdämpferanpassung ausbauen. Dazu Schalter mit kleinem Schraubendreher nach oben abhebeln und Mehrfachstecker abziehen. Damit die Konsole nicht beschädigt wird, Papierpolster unter den Schraubendreher legen.

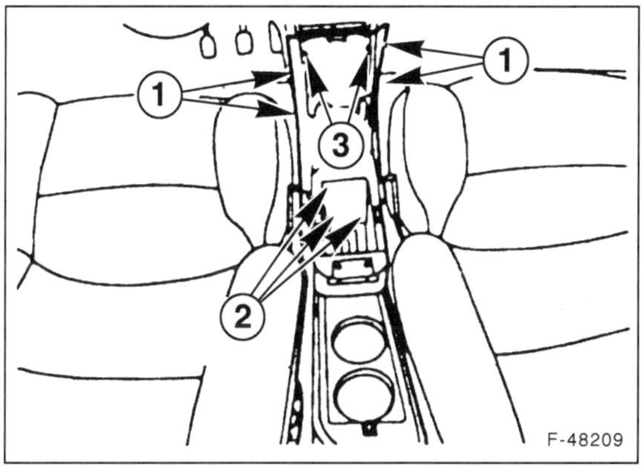

- 4 Schrauben –1– herausdrehen, vorher Abdeckkappen abhebeln.

- 3 Schrauben –2– herausdrehen.
- 2 Schrauben –3– herausdrehen.
- Manschette vom Handbremshebel abziehen.
- Mehrfachstecker vom Zigarettenanzünder abziehen.
- Mittelkonsole herausheben.

Einbau

- Mittelkonsole ansetzen. Mehrfachstecker für Zigarettenanzünder aufstecken. Manschette über Handbremshebel schieben.
- Mittelkonsole anschrauben, siehe Abbildung F-48209. Abdeckkappen aufdrücken.
- Falls vorhanden, Schalter für automatische Stoßdämpferanpassung in die Konsole einsetzen, vorher Mehrfachstecker aufstecken.
- Schalthebelmanschette einclipsen, vorher Mehrfachstecker aufschieben, falls vorhanden.
- Schalthebelknopf aufstecken.
- Aschenbecher einsetzen.
- Batterie-Massekabel (–) anklemmen.
- Zeituhr einstellen.
- Diebstahlcode für Radio eingeben.

Innenspiegel aus- und einbauen

Ausbau

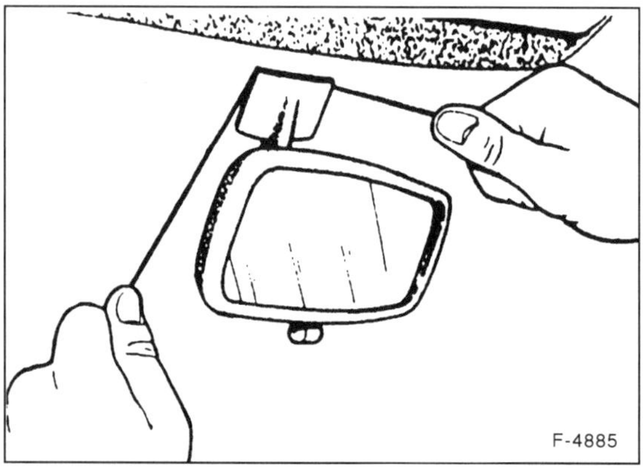

F-4885

- Mit einer dünnen Nylonschnur die Klebeverbindung zwischen Spiegelfuß und schwarzer Fläche auf der Windschutzscheibe trennen.
- Spiegel abnehmen.

Einbau

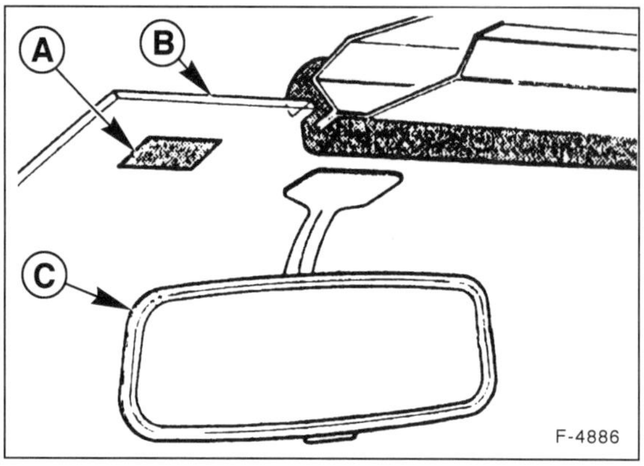

F-4886

Achtung: Es dürfen weder die schwarze Auflagefläche –A– auf der Windschutzscheibe –B–, noch die Klebefläche des Spiegels –C– berührt oder verschmutzt werden, da sonst eine einwandfreie Verklebung nicht mehr sichergestellt ist.

Bisherigen Spiegel wieder einbauen

- Spiegelfuß mit einem flusenfreien Tuch und Spiritus von Kleberesten reinigen. Anschließend ca. 1 Minute warten, bis der Spiritus verdunstet ist. **Achtung:** Der Spiegelfuß muß einwandfrei sauber sein.
- Schutzfolie von der neuen Klebefolie entfernen und Klebefolie fest auf den Spiegelfuß pressen.
- Schwarze Fläche auf der Windschutzscheibe reinigen.

Achtung: Für eine einwandfreie Verklebung darf die Windschutzscheibe nicht zu kalt sein. Das Fahrzeug muß sich daher mindestens 1 Stunde in einer Umgebungstemperatur von +20° C befinden.

- Spiegelfuß und Klebefolie ca. 30 Sekunden mit einem Heißluftfön auf ca. 50° – 70° C erwärmen.
- Schutzfolie von der Klebefolie am Spiegelfuß abziehen.

Achtung: Wird der Spiegel an eine neue Windschutzscheibe angebaut, vorher Schutzfolie von der schwarzen Fläche an der Scheibe abziehen.

- Spiegelfuß genau auf die schwarze Fläche an der Windschutzscheibe setzen und mindestens 2 Minuten fest andrücken.
- Nach ca. 30 Minuten Spiegel-Einstellung und Funktion prüfen.

Lackierung

Ausbeul- und Lackierarbeiten an der Autokarosserie setzen Erfahrung über den Werkstoff und dessen Bearbeitung voraus. Derartige Fertigkeiten werden in der Regel erst durch eine langjährige Praxis vervollkommnet. Aus diesem Grund wird hier nur das Ausbessern von kleineren Karosserie- und Lackschäden erläutert.

Zum Nachlackieren wird unbedingt dieselbe Lackfarbe benötigt, denn selbst kleinste Farbunterschiede fallen nach Abschluß der Arbeiten sofort ins Auge. Der jeweilige Fahrzeug-Farbton wird vom Hersteller durch die Lack-Nummer auf dem Typschild vermerkt, das sich im Motorraum an der hinteren Trennwand sowie links auf der Armaturentafel befindet.

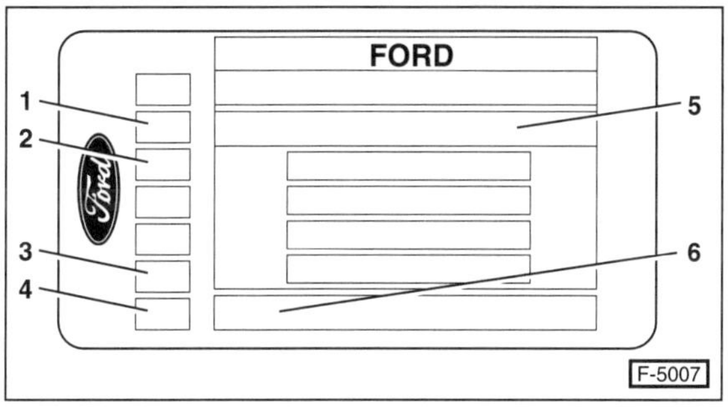

1 – Motor
2 – Getriebe
3 – Lacknummer
4 – Abgasnorm
5 – Fahrgestellnummer
6 – Fahrzeugtyp

Treten dennoch Differenzen zwischen dem Originallack und dem Reparaturlack auf, dann liegt das daran, daß Fahrzeug-Lackierungen sich durch Alterung, ultraviolette Sonnenbestrahlung, extreme Temperaturdifferenzen, Witterungsbedingungen und chemische Einflüsse wie beispielsweise Industrieabgase mit der Zeit verändern. Außerdem können Oberflächenschäden, Farbveränderungen und Ausbleichen des Lackes eintreten, wenn Reinigung und Lackpflege mit ungeeigneten Mitteln durchgeführt wurden.

Die Metallic-Lackierung besteht aus 2 Schichten, dem Metallic-Grundlack und der farblosen Decklackierung. Beim Lackieren wird der Klarlack über den feuchten Grundlack gespritzt. Die Gefahr von Farbdifferenzen bei der nachträglichen Metallic-Lackierung ist besonders groß, da hier schon unterschiedliche Viskosität des Reparaturlackes gegenüber dem Originallack zu Farbverschiebungen führt.

Steinschlagschäden ausbessern

Es lohnt sich, regelmäßig auch kleinste Lackschäden zu beseitigen, da auf diese Weise Rostschäden und größere Reparaturen vermieden werden.

Für kleine Kratzer und Steinschläge, die lediglich den Decklack abgesplittert haben, also nicht bis aufs blanke Blech vorgedrungen sind, genügt im allgemeinen der Lackstift. Neben diesem Tupflack mit kleinem Pinsel hilft auch die im Zubehörhandel oft angebotene selbstklebende Lackfolie, wenn die Beschädigung sehr gering ist oder nur Grundierung aufgetragen wird.

- Tiefere Steinschlagschäden, die schon kleine Rostpickel gebildet haben, mit einem »Rostradierer« beziehungsweise einem Messer oder einem kleinen Schraubendreher auskratzen, bis das blanke Blech erscheint. Wichtig ist, daß keine auch noch so kleine Roststelle mehr sichtbar ist. Bei »Rostradierern« handelt es sich um kleine Kunststoffhülsen, die zum Auskratzen des Rostes kurze Drahtborsten besitzen.
- Die blanken Stellen müssen einwandfrei trocken und fettfrei sein. Dazu Reparaturstelle sowie umgebenden Lack mit Silikonentferner reinigen.
- Auf die blanke Metallfläche mit einem dünnen Pinsel etwas Lackgrundierung (»Primer«) auftragen. Da das Grundiermittel meist in Sprühdosen erhältlich ist, etwas Grundiermittel in den Deckel der Dose sprühen und Pinsel dort eintauchen.
- Nachdem die Grundierung trocken ist, Stelle mit Tupflack ausbessern. Bei den Tupflackdosen ist der Pinsel bereits im Deckel integriert. Falls nur eine Spraydose mit der entsprechenden Farbe zur Verfügung steht, etwas Farbe in den Deckel der Dose sprühen und anschließend Lack mit einem dünnen Wasserfarbenpinsel auftragen. Dabei in einem Arbeitsgang immer nur eine dünne Lackschicht anbringen, damit der Lack nicht herunterlaufen kann. Anschließend Farbe gut trocknen lassen. Vorgang so oft wiederholen, bis der Krater ausgefüllt ist und die ausgebesserte Stelle gegenüber der umgebenden Lackfläche keine Vertiefung mehr bildet.

Karosserie ausbeulen/Rostlöcher ausbessern

Kleine Dellen können mit einem Ausbeulhammer sowie einem passenden Handamboß ausgebeult werden. Bei Rostlöchern in der Karosserie empfiehlt es sich, das Teil je nach Schadensumfang komplett auszutauschen oder ein Blechstück einschweißen zu lassen.

Ausbeulen

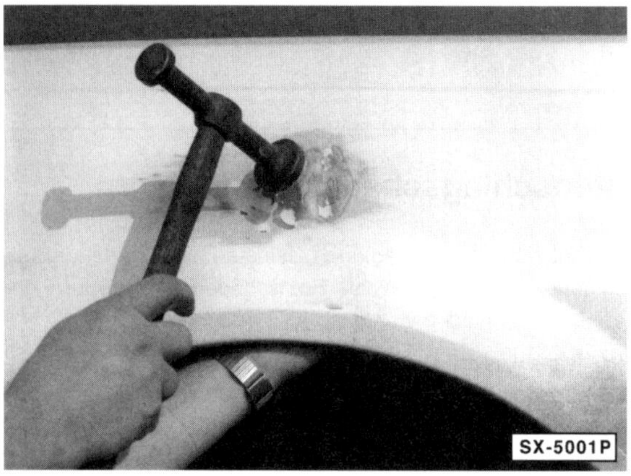

- Kleinere Dellen mit einem Ausbeulhammer zurückschlagen. Dabei auf der anderen Seite mit einem Handamboß gegenhalten. Nicht zu stark hämmern, sonst dehnt sich das Blech zu stark und man bekommt es nicht mehr glatt. Vom Rand ausgehend gleichmäßig zur Mitte hin arbeiten.
- Die ausgebeulte Fläche immer wieder mit der Hand prüfen, bis man die gewünschte Form gefunden hat. Kleinere Unebenheiten werden später ausgespachtelt.
- Roststellen und alte Lackreste sind nach dem Ausbeulen sorgsam von der Reparaturstelle zu entfernen. Entweder mit Sandpapier grober Körnung (120), das über einen Schleifblock gespannt wird, oder mit passenden Schleifblättern auf der Schwabbelscheibe. Naheliegende Zierleisten oder Kunststoffteile mit Abdeckband abkleben, damit sie bei einem Ausrutscher nicht versehentlich verkratzt werden.

Lackierung vorbereiten

- Vor jeder Lackreparatur das Auto waschen, damit Schleifkratzer und Schmutzeinschlüsse vermieden werden.
- Nur bei Temperaturen über +12° C, nicht in praller Sonne und nicht bei starkem Wind arbeiten.

Entrosten

- Reparaturstelle großzügig mit Abdeckband (Tesakrepp) abkleben, damit der umliegende Lack nicht versehentlich beschädigt wird.
- Jeden sichtbaren sowie unter Rostblasen versteckten Rost mit Dreikantschaber oder Schraubendreher sowie Schleifpapier der Körnung 120 entfernen.
- Die Kante rings um die Schadenstelle anschließend mit Schleifpapier Körnung 320 zum gesunden Lack hin etwa 1 bis 2 Zentimeter breit anschleifen.
- An verzinkten Karosserieteilen sollte möglichst nur bis auf die Grundierung, nicht bis auf das Zink durchgeschliffen werden.

Rostschutzgrundierung (»Primer«) aufsprühen

- Die Reparaturstelle mit Nitroverdünnung und einem sauberen Lappen fett- und staubfrei wischen und trocknen lassen.
- Damit keine Verträglichkeitsprobleme auftreten, sollte der »Primer« und der später aufzutragende Decklack vom gleichen Hersteller sein. Sonst kann der Lack später Blasen werfen oder schrumpfen.
- Der »Primer« wird auf das entrostete Blech aus einem Abstand von etwa 25 cm extrem dünn, aber deckend aufgesprüht. Um Spritznebel auf den umgebenden Teilen zu vermeiden, Umfeld zunächst einige Zentimeter neben der Reparaturstelle mit Abdeckband und Papier (Zeitungspapier) abdecken.
- Nach 10 bis 15 Minuten Ablüftzeit kann weiter überspritzt werden. Muß die Stelle gespachtelt werden, »Primer« vorher ganz trocknen lassen.

Spachteln

Man unterscheidet 2 Spachtelarten: Den Zweikomponentenspachtel und den Feinspachtel. Zweikomponentenspachtel wird kurz vor der Verarbeitung mit Härter vermischt. Er härtet schnell aus und muß rasch verarbeitet werden. Man benutzt ihn, um größere Unebenheiten im Blech auszugleichen. Feinspachtel ist ein Ziehspachtel, mit dem feinere Unebenheiten geglättet werden. Man kann ihn in mehreren Lagen auftragen. Beide Spachtelarten gibt es in Tuben und Dosen, Füllspachtel gibt es auch aus der Spraydose. **Achtung**: Obwohl auf der Dose oft noch direkter Spachtelauftrag auf das blanke Blech empfohlen wird, ist auf jeden Fall die Vorbehandlung mit dem »Primer« ratsam (Rostschutz).

- Auf die ausgebeulte oder mit Glasfasermatten ausgebesserte Stelle Zweikomponentenspachtel auftragen und aushärten lassen. Gebrauchsanleitung des Herstellers beachten.
- Nach dem Trocknen Unebenheiten von Hand oder mit Schwingschleifer abschleifen. Dabei sollte ein Schleifpapier mit der Körnung »180« verwendet werden. Es kann bereits Wasserschleifpapier verwendet werden. In diesem Fall die Reparaturstelle (mit Schwamm) und das Schleifpapier während des Schleifens von Zeit zu Zeit mit reichlich Wasser abspülen.
- Anschließend Reparaturstelle sauber abwischen und trocknen lassen.

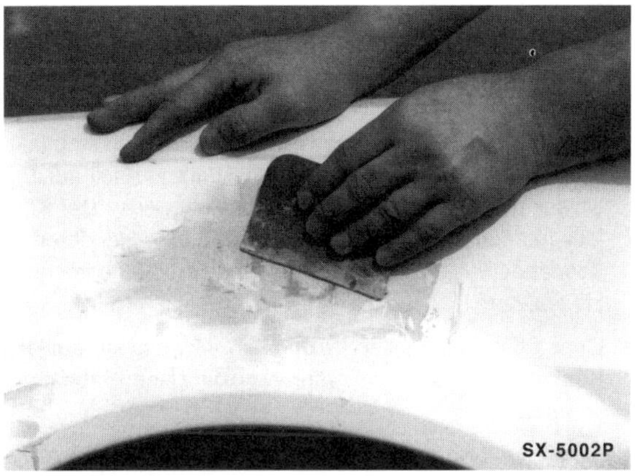

SX-5002P

- Mit breitem, elastischem Kunststoffspachtel die Reparaturstelle mit Feinspachtel überziehen und mindestens 2 Stunden lang aushärten lassen. Auf starken Rundungen und Konturen empfiehlt sich ein Feinspachtel aus der Spraydose.
- Je nach Schichtdicke muß Feinspachtel gut 2 bis 3 Stunden durchtrocknen.

Schleifen

Schleifpapier ist in verschiedenen Körnungen erhältlich. Je kleiner die Zahl, um so grober der Schliff. Zum Schleifen von Zweikomponentenspachtel empfiehlt sich Körnung 180 bis 240; Füllspachtel und alter Lack werden mit Körnung 360 naß geschliffen. Für den letzten Naßschliff vor der Lackierung empfiehlt sich 600er Schleifpapier.

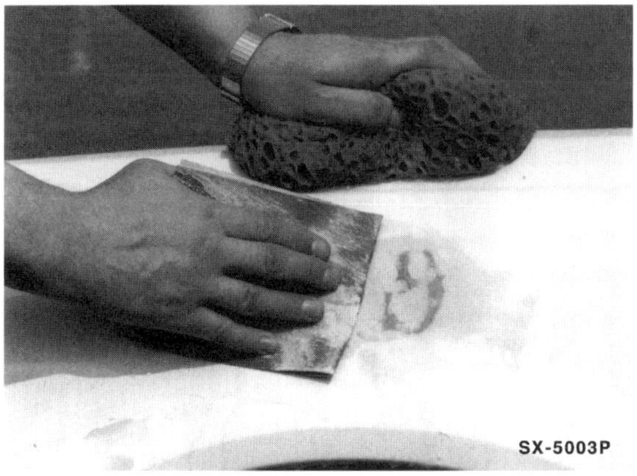

SX-5003P

- Fertige Spachtelstelle mit 360er Papier naß überschleifen, dabei ständig einen Schwamm über der Reparaturstelle ausdrücken. Schwamm von Zeit zu Zeit in sauberes Wasser tauchen und wieder vollsaugen lassen.
- Für den folgenden nassen Feinschliff eignet sich am besten spezielles Naßschleifpapier mit 600er Körnung, dabei wird auch der angrenzende und zu überspritzende Lack mit angeschliffen. Dabei nur in Fahrzeuglängsrichtung schleifen; dann sind verbleibende kleine Schleifriefen hinterher im Decklack kaum sichtbar.

Reinigen

Vor dem Spritzen muß die geschliffene Lackoberfläche sowie ein bis zwei Handbreiten des umliegenden Lacks von Fett- und Silikonresten befreit werden. Am besten eignet sich dazu Silikonentferner.

- Nach dem Schleifen Reparaturstelle sorgfältig reinigen und alle angrenzenden Fahrzeugflächen mit Zeitungspapier und Klebeband ganz exakt abkleben. Bei Lackierungen an den Kotflügeln ebenfalls die Reifen und die Stoßdämpfer sorgfältig abkleben.

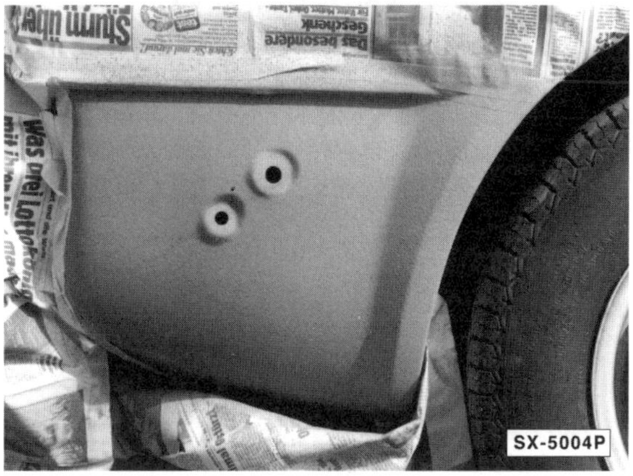

SX-5004P

- Reparaturstelle möglichst immer so abkleben, daß die gespritzte Fläche bis zur nächsten Zierleiste oder Karosseriekante reicht, da am Rand der Abklebung ein Farbgrat entsteht. Falls ein annähernd fließender Übergang zum Originallack unumgänglich ist, etwa zwei Handbreit um die Reparaturstelle abkleben.
- Fußboden zur Staubbindung mit Wasser anfeuchten.

Lackieren

Damit beim Lackieren keine Probleme auftreten, sollte der zuvor aufgetragene »Primer« vom gleichen Hersteller stammen wie der Spraydosenlack. Der Lack wirft dann keine Blasen und schrumpft nicht.

Achtung: Es empfiehlt sich, den Lackiervorgang zunächst an einem geeigneten Blech, zum Beispiel einem alten Kotflügel, zu üben.

- Zum Lackieren muß das zu lackierende Teil trocken und staubfrei sein. Wenn möglich, mit Preßluft abblasen.
- Fußboden zur Staubbindung mit Wasser anfeuchten.
- Reparaturstelle über die zu lackierende Fläche hinaus mit Silikonentferner abreiben. Noch optimaleren Haftgrund für den Decklack erhält man durch Abreiben der gereinigten Fläche mit **silikonfreier** Polierpaste.
- Spraydose vor Gebrauch wenigstens 3 bis 5 Minuten lang intensiv schütteln, sonst bilden sich auf dem Blech Lacknasen.
- Bei **Metalliclack** anschließend etwas Farbe auf einen Karton sprühen, damit eventuell im Steigrohr abgesetzte Metallpartikel beseitigt werden.

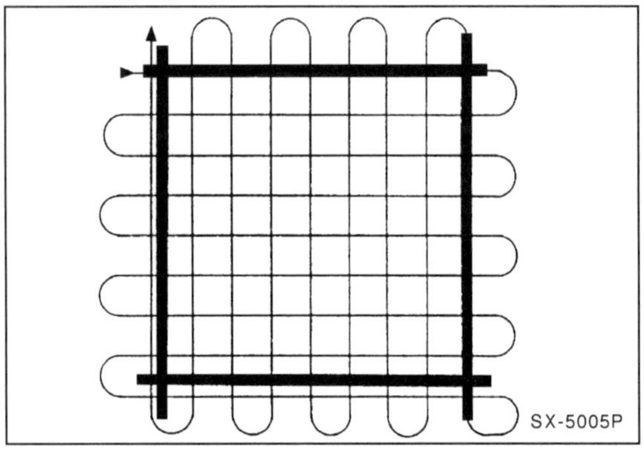

- Große Flächen, ob senkrecht oder waagerecht, werden im »Kreuzgang« gespritzt: Man beginnt außerhalb der Fläche und schwenkt den Spritzstrahl außerhalb in die andere Richtung.
- Kleine Stellen spiralförmig von außen nach innen besprühen, damit ein unnötig großes Sprühnebelfeld vermieden wird.
- Spraydose mit gleichbleibender Geschwindigkeit und gleichmäßigem Abstand über die Oberfläche führen. Der richtige Abstand liegt bei etwa 25 cm.
- Soll der Lacküberzug möglichst übergangslos zum gesunden Lack aufgetragen werden: Das gelingt am besten, wenn man ihn in mindestens vier sich überlappenden Spritzgängen aufträgt. Jeder einzelne Auftrag sollte den vorhergehenden Lackauftrag um zwei bis drei Zentimeter vergrößern.

Achtung: Wird aus nächster Nähe gesprüht oder ist die Sprühbewegung zu langsam beziehungsweise von wechselnder Geschwindigkeit, treten sogenannte Lacknasen auf. Das heißt, der Lack läuft an einigen Stellen herunter, weil dort zuviel Farbe auf einmal aufgespritzt wurde. Ebenso verhält es sich, wenn die Richtungsänderungen beim Sprühvorgang nicht über der abgedeckten Fläche durchgeführt werden.

Der Spritzvorgang ist mit ca. 5minütigen Pausen, zum Abdunsten des Lösungsmittels, so oft zu wiederholen, bis der Lack eine ausreichende Deckung erreicht hat. Besonders Metallic-Lack auch zwischen den einzelnen Spritzgängen aufschütteln, da sich die Metallic-Partikel schnell absetzen.

Achtung: Bei Metallic-Lack ist eine Farbübereinstimmung mit dem Original-Lack nur schwer möglich. Die Pigmentierung (Verteilung der Aluminium-Partikel) wird gleichmäßiger, wenn der letzte Spritzgang aus etwa 30 cm statt 25 cm erfolgt. Mit dieser Technik ist auch eine gewisse Farbtonangleichung möglich: Langsame Handbewegung und damit satter Auftrag macht dunkler, nach schnellerem Überspritzen scheint Metalliclack dagegen heller.

- Bei Metallic-Lackierungen den Basis-Metallic-Lack mit einem Klarlacküberzug versehen, erst danach bekommt der Metallic-Lack seinen Glanz. Gespritzt wird wieder mindestens drei– bis viermal dünn, wobei jedesmal dazwischen eine Ablüftpause von einigen Minuten eingehalten werden muß. Vor dem ersten Auftragen soll der Basislack mindestens 30 Minuten abgelüftet sein. Der Klarlack hat den neuen Basislack um etwa eine Handbreit zu überlappen, das Abdeckpapier ist vorher entsprechend zu erweitern.
- Düsen der Spraydosen freisprühen. Dazu Dose auf den Kopf stellen und so lange sprühen, bis keine Farbe mehr kommt.
- Sofort nach Abschluß der Lackierarbeiten alle Abdeckungen abziehen. Dadurch kann, falls bis zur Abdeckung gespritzt wurde, der nasse Lack am Übergang verlaufen.
- Gespritzte Fläche trocknen lassen. Der Trocknungsvorgang läßt sich mit einer Heizsonne oder einer starken Fotolampe beschleunigen. **Achtung:** Kein Gebläse-Heizgerät verwenden, dadurch würden aufgewirbelte Staubpartikel gegen den frischen Lack geblasen.
- Nach dem Aushärten der Farbe, nach mindestens 48 Stunden, Sprühnebel auf den angrenzenden Flächen mit einem milden Poliermittel und einem Wattebausch vorsichtig abtragen. Dabei nur in Fahrzeug-Längsrichtung polieren.

Heizung

Für die Heizung wird die Frischluft unterhalb der Windschutzscheibe angesaugt und gelangt über das Gebläse in den Fahrzeuginnenraum. Dabei durchströmt die Luft das Heizungsgehäuse und wird über verschiedene Klappen auf die einzelnen Luftaustrittsdüsen verteilt. Die Klappen für die Luftverteilung werden durch Unterdruckdosen betätigt. Die Unterdruckschläuche vom Luftverteilungsschalter zu den Unterdruckdosen sind farbig, um Verwechslungen zu vermeiden.

Sobald die Heizung auf »warm« gestellt wird, öffnet die Warmluftklappe und leitet die kühle Luft über den Wärmetauscher. Der Wärmetauscher befindet sich im Heizungsgehäuse und wird durch die heiße Kühlflüssigkeit aufgeheizt. Die vorbeistreichende Frischluft erwärmt sich an den heißen Lamellen des Wärmetauschers und gelangt dann in den Fahrzeuginnenraum. Die Warmluftklappe wird vom Warmluftregler über einen Bowdenzug betätigt.

Zur Verstärkung der Heizleistung dient ein vierstufiges Heizungsgebläse. Damit das Gebläse in den einzelnen Stufen mit unterschiedlicher Geschwindigkeit läuft, werden Widerstände vorgeschaltet. Bei Ausfall eines Widerstandes läuft der Motor in der entsprechenden Geschwindigkeitsstufe nicht.

Achtung: Reparaturen an der **Klimaanlage** werden nicht beschrieben. Arbeiten an der Klimaanlage sollten von einer Fachwerkstatt durchgeführt werden. Insbesondere darf der **Kältemittelkreislauf nicht geöffnet** werden, da das Kältemittel bei Hautberührung Erfrierungen hervorrufen kann.

Schematische Darstellung der unterdruckgesteuerten Heizung

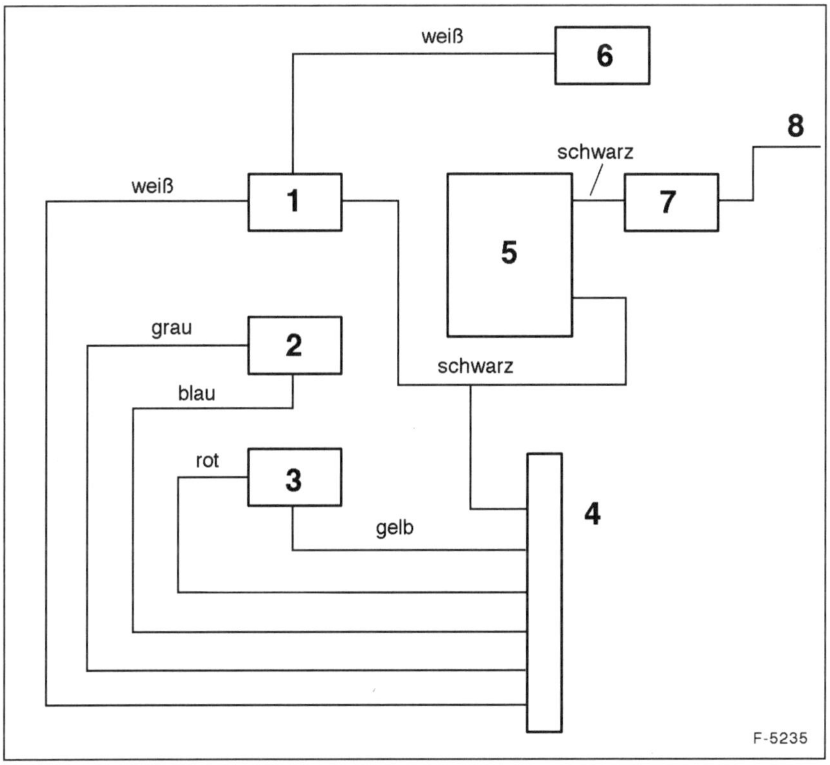

1 – Magnetventil für Umluftschaltung
2 – Unterdruckdose für Fußraum-Luftklappe
3 – Unterdruckdose für Defrosterklappe
4 – Schalter für Luftverteilung
5 – Unterdruckspeicherbehälter
6 – Unterdruckdose für Umluft-/Lufteinlaßklappe
7 – Rückschlagventil
8 – Unterdruckanschluß vom Motor

Klimaanlage

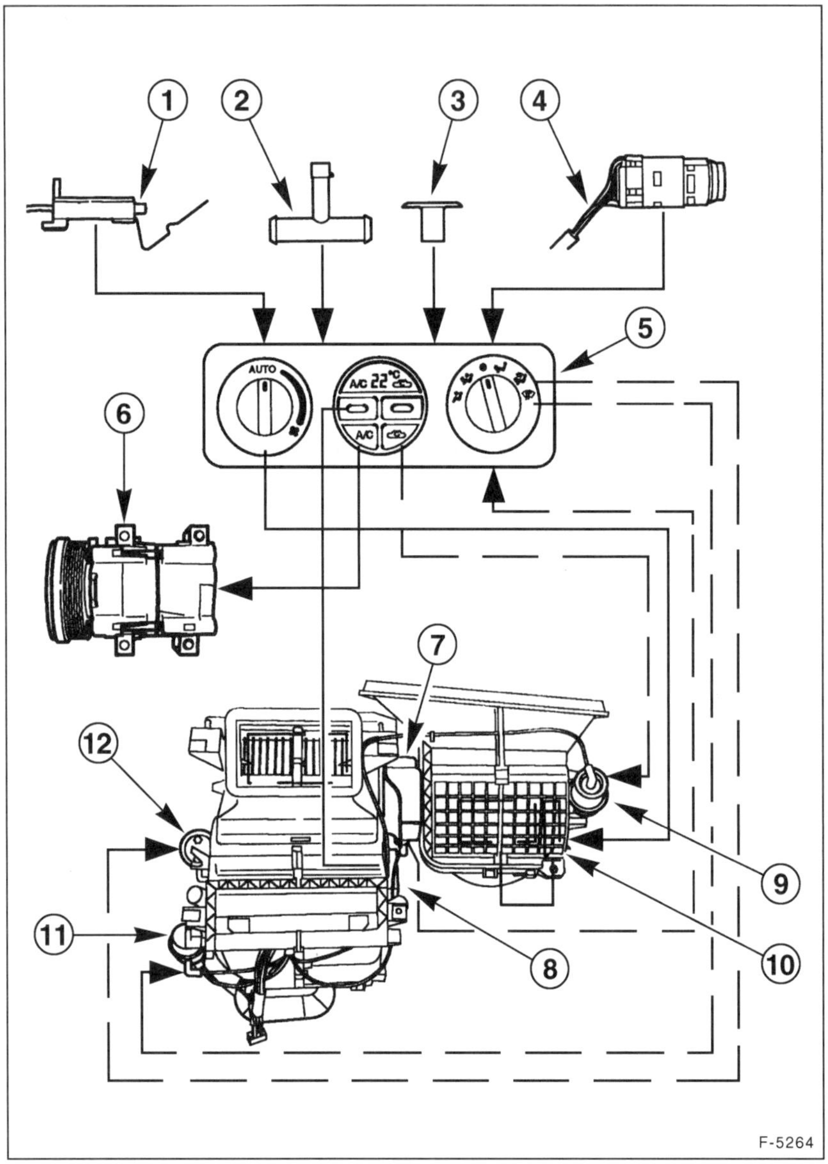

1 – **Außentemperaturfühler**

2 – **Kühlmitteltemperaturfühler**
Nur für Klimaanlage.

3 – **Sonnenfühler**

4 – **Innentemperaturfühler**

5 – **SATC-Bedienteil**
SATC = **S**emi **A**utomatic **T**emperature **C**ontrol = halbautomatische Klimaanlage.

6 – **Kompressor**

7 – **Unterdruckbehälter**

8 – **Stellmotor**
Für Temperaturklappe.

9 – **Unterdruckdose**
Für Umluft/Lufteinlaßklappe.

10 – **Steuermodul**
Für Gebläsemotor.

11 – **Unterdruckdose/Stellmotor**
Für Fußraum/Belüftungsdüsenklappe.

12 – **Unterdruckdose/Stellmotor**
Für Entfrosterdüsenklappe.

Funktion der Klimaanlage

Der **Kältekompressor** wird über einen Keilrippenriemen durch die Kurbelwelle angetrieben. Er erhöht den Druck im Kältemittelkreislauf auf maximal 30 bar, wodurch sich das Kältemittelgas erhitzt. Im **Kondensator** nimmt die vorbeiströmende Luft die Wärme auf (Kühlluft, bleibt im Außenbereich), dadurch kühlt das heiße Kältemittelgas ab und kondensiert. Das Kältemittel wird flüssig. Es durchfließt unter weiterhin hohem Druck eine **Drossel**, die den Druck reduziert. Daraufhin verdunstet das Kältemittel im Kreislauf und gleichzeitig kühlt es nochmals stark ab. Im **Verdampfer** nimmt das Kältemittel von der vorbeiströmenden Luft Wärme auf. Dadurch wird die Luft abgekühlt. Diese kühlere Luft wird nun in den Innenraum des Fahrzeuges geleitet. Durch die aufgenommene Wärme im Verdampfer wird das Kältemittel gasförmig und wird mit niedrigem Druck zum Kompressor geleitet. Dort beginnt der Kreislauf von vorn.

Achtung: Reparaturen an der **Klimaanlage** werden nicht beschrieben. Arbeiten an der Klimaanlage sollten von einer Fachwerkstatt durchgeführt werden. Insbesondere darf der **Kältemittelkreislauf nicht geöffnet** werden, da das Kältemittel bei Hautberührung Erfrierungen hervorrufen kann.

Gebläseschalter/Temperaturregler aus- und einbauen

Ausbau

- Batterie-Massekabel (–) von der Batterie abklemmen. **Achtung:** Dadurch werden die elektronischen Speicher gelöscht, wie zum Beispiel der Motorfehlerspeicher oder der Radiocode. Vor dem Abklemmen der Batterie sollten auch die Hinweise im Kapitel »Batterie aus- und einbauen« durchgelesen werden.
- Aschenbecher öffnen und herausziehen.

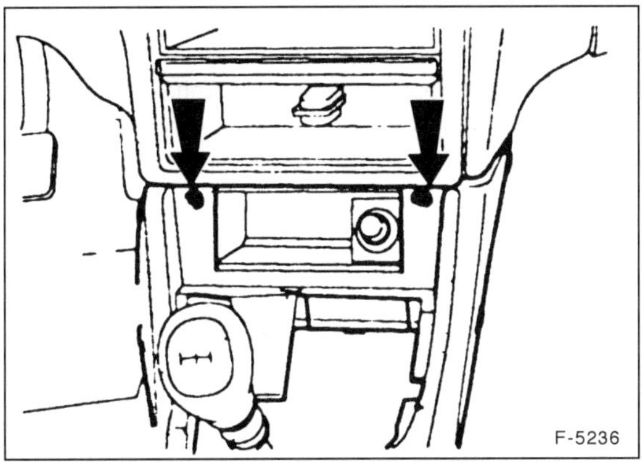

F-5236

- Die beiden oberen Schrauben für Mittelkonsole herausdrehen. Vorher Abdeckkappen mit kleinem Schraubendreher abheben.
- Radio ausbauen, siehe Seite 242.

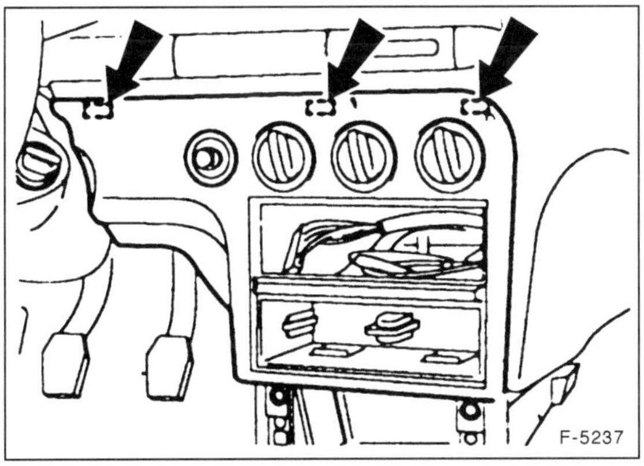

F-5237

- Blende aus den 3 Klammern oben herausziehen und abnehmen. Falls vorhanden, Mehrfachstecker für elektrische Spiegelverstellung abziehen.

Gebläseschalter

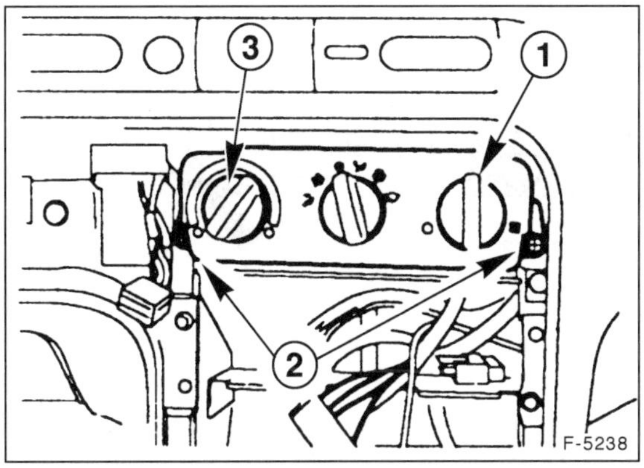

F-5238

- Drehknopf –1– abziehen.
- Schrauben –2– herausdrehen und Bedienteil vorziehen.
- Von hinten beide Mehrfachstecker vom Gebläseschalter abziehen.

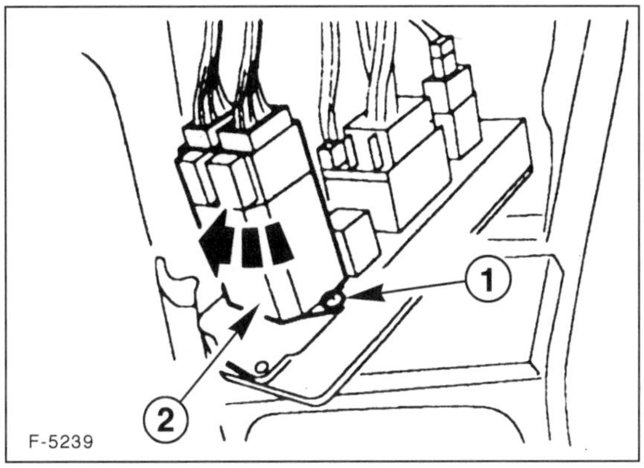

F-5239

- Schraube –1– herausdrehen.
- Gebläseschalter –2– in Pfeilrichtung drehen und abnehmen.

Temperaturregler

- Drehknopf –3– (Abbildung F-5238) abziehen.
- Schrauben –2– herausdrehen und Bedienteil vorziehen.
- Von hinten Bowdenzug für Temperaturregelung aushängen beziehungsweise ausclipsen. **Achtung:** Bei Fahrzeugen mit Klimaanlage stattdessen Mehrfachstecker abziehen.

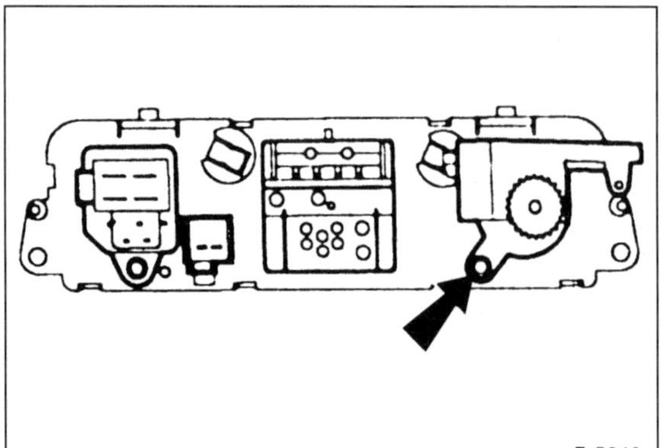
F-5240

- Temperaturregler abschrauben und herausnehmen.

Einbau

- Gebläseschalter in das Bedienteil einsetzen, nach links drehen und anschrauben.
- Beide Mehrfachstecker am Gebläseschalter aufschieben.
- Temperaturregler einsetzen und anschrauben. Bowdenzug einhängen und mit Clip sichern.
- Bedienteil ansetzen und anschrauben, Drehknopf aufschieben.
- Blende ansetzen und in die 3 Klammern einhängen.
- Gegebenenfalls Mehrfachstecker für elektrische Spiegelbetätigung aufschieben.
- Radio einbauen, siehe Seite 242.
- 2 Schrauben für Mittelkonsole links und rechts vom Aschenbecher hineindrehen. Abdeckkappen aufdrücken.
- Aschenbecher eindrücken.
- Batterie-Massekabel (–) anklemmen.
- Zeituhr einstellen.
- Diebstahlcode für Radio eingeben.

Pollenfilter aus- und einbauen

Der Pollenfilter sitzt hinter dem Windlaufgrill und filtert kleine Schmutzpartikel und Blütenpollen aus der einströmenden Frischluft heraus. Pollenfilter alle 30.000 km auswechseln.

Ausbau

- Windlaufgrill ausbauen, siehe Seite 169.

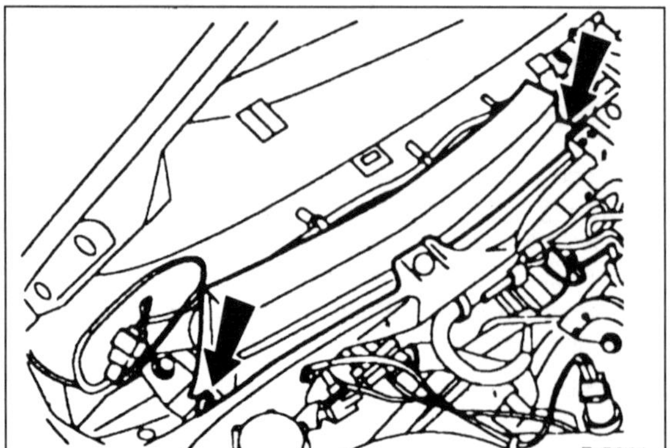
F-5241

- 2 Klammern –Pfeile– abziehen und Gehäuseoberteil mit Pollenfilter herausziehen.
- Pollenfilter aus dem Gehäuseoberteil herausziehen.

Einbau

- Neuen Pollenfilter in das Gehäuseoberteil einsetzen.
- Gehäuseoberteil mit Pollenfilter einsetzen und mit 2 Klammern sichern.
- Windlaufgrill einbauen, siehe Seite 169.

Gebläsemotor aus- und einbauen

Ausbau

- Batterie-Massekabel (–) von der Batterie abklemmen. **Achtung:** Dadurch werden die elektronischen Speicher gelöscht, wie zum Beispiel der Motorfehlerspeicher oder der Radiocode. Vor dem Abklemmen der Batterie sollten auch die Hinweise im Kapitel »Batterie aus- und einbauen« durchgelesen werden.
- Handschuhfach ausbauen. Dazu Handschuhfach öffnen und zum Beifahrersitz hin herausziehen.
- Fußraumabdeckung unterhalb des Handschuhfachs abnehmen. Vorher 4 Clips mit kleinem Schraubendreher heraushebeln.

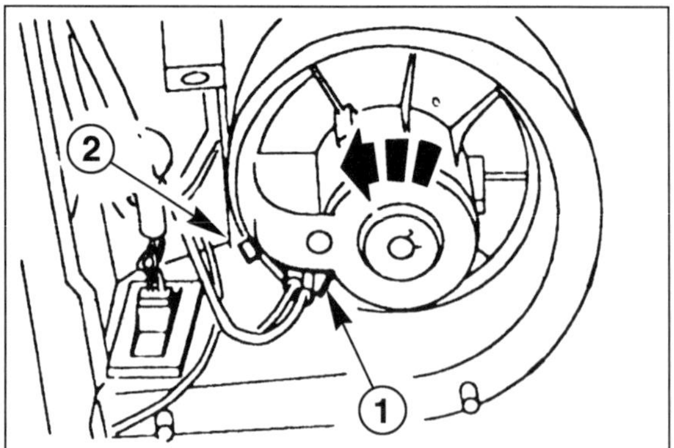

F-5242

- Mehrfachstecker –1– abziehen.

- Fixierlasche –2– etwas anheben und Gebläsemotor ca. 30° entgegen dem Uhrzeigersinn drehen und herausnehmen.

Einbau

- Gebläsemotor einsetzen und im Uhrzeigersinn eindrehen, bis die Fixierlasche einrastet.
- Mehrfachstecker aufstecken.
- Obere Fußraumabdeckung ansetzen und mit 4 Clips befestigen.
- Handschuhfach ansetzen und in die Halterung hineindrücken.
- Batterie-Massekabel (–) anklemmen.
- Zeituhr einstellen.
- Diebstahlcode für Radio eingeben.

Vorwiderstand für Heizungsgebläse aus- und einbauen

Ausbau

- Batterie-Massekabel (–) von der Batterie abklemmen. **Achtung:** Dadurch werden die elektronischen Speicher gelöscht, wie zum Beispiel der Motorfehlerspeicher oder der Radiocode. Vor dem Abklemmen der Batterie sollten auch die Hinweise im Kapitel »Batterie aus- und einbauen« durchgelesen werden.
- Handschuhfach ausbauen. Dazu Handschuhfach öffnen und zum Beifahrersitz hin herausziehen.
- Fußraumabdeckung unterhalb des Handschuhfachs abnehmen. Vorher 4 Clips mit kleinem Schraubendreher heraushebeln.

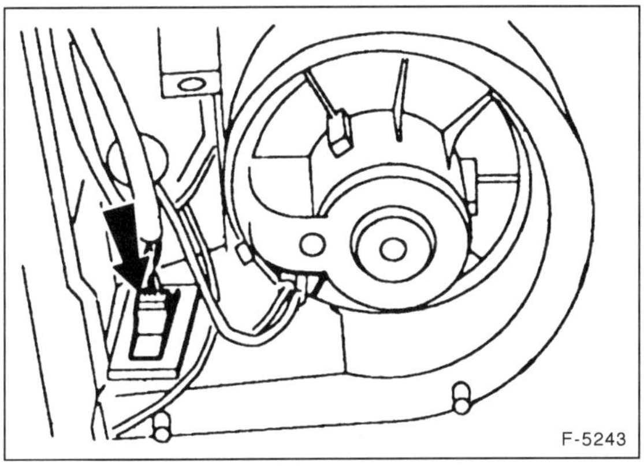

F-5243

- Mehrfachstecker vom Vorwiderstand abziehen.

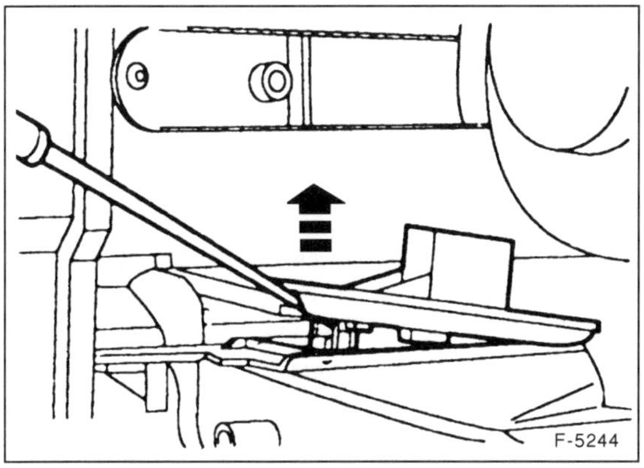

F-5244

- Vorwiderstand vorsichtig heraushebeln, dazu Schraubendreher ca. 5 mm gegen die Federkraft einschieben.

Einbau

- Vorwiderstand ansetzen, andrücken und einrasten.
- Mehrfachstecker aufstecken.
- Obere Fußraumabdeckung ansetzen und mit 4 Clips befestigen.
- Handschuhfach ansetzen und in die Halterung hineindrücken.
- Batterie-Massekabel (–) anklemmen.
- Zeituhr einstellen.
- Diebstahlcode für Radio eingeben.

Belüftungsdüse rechts aus- und einbauen

Ausbau

- Belüftungsdüse mit kleinem Schraubendreher abhebeln. Dabei Papierpolster unter den Schraubendreher legen, damit das Armaturenbrett nicht beschädigt wird.
- Handschuhfach ausbauen. Dazu Handschuhfach öffnen und zum Beifahrersitz hin herausziehen.

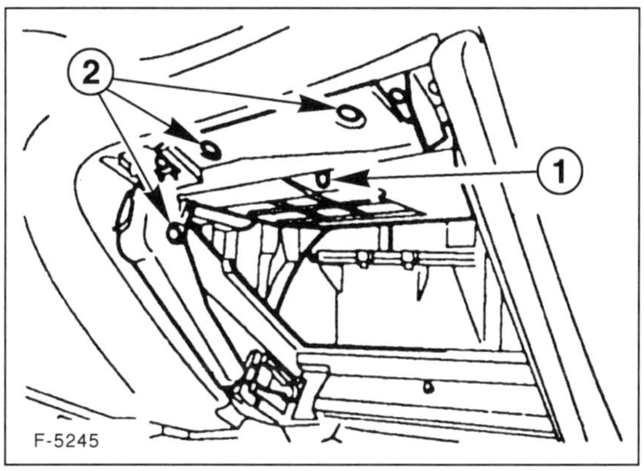

F-5245

- Falls vorhanden, Handschuhfachleuchte –1– herausziehen.

- Blende für Handschuhfach mit 3 Schrauben -2- abschrauben und aus den hinteren beiden Halteklammern herausziehen.
- Belüftungsdüse aus dem Anschlußschlauch herausziehen.

Einbau

- Belüftungsdüse in den Anschlußschlauch einsetzen. Dabei mit einer Hand durch die Öffnung des Handschuhfachs den Anschlußschlauch gegenhalten.
- Belüftungsdüse in das Armaturenbrett hineindrücken.
- Blende für Handschuhfach hinten einhängen und mit 3 Schrauben anschrauben.
- Falls vorhanden, Handschuhfachleuchte in die Fassung hineinstecken.
- Handschuhfach ansetzen und in die Halterung hineindrücken.

Störungsdiagnose Heizung

Störung	Ursache	Abhilfe
Heizgebläse läuft nicht	Sicherung für Gebläsemotor defekt	■ Sicherung für Gebläse prüfen, gegebenenfalls ersetzen
	Gebläseschalter defekt	■ Prüfen, ob an den Vorwiderständen Spannung anliegt. Wenn nicht, Gebläseschalter ausbauen und prüfen
	Elektromotor defekt	■ Gebläsemotor prüfen
Heizgebläse läuft nur in einer Geschwindigkeitsstellung nicht	Vorwiderstand defekt	■ Anschlußplatte ersetzen
Heizleistung zu gering	Kühlmittelstand zu niedrig	■ Kühlmittelstand prüfen, gegebenenfalls Kühlmittel auffüllen
	Heizungsbetätigung schwergängig, defekt	■ Heizungsbetätigung prüfen, gegebenenfalls Bowdenzug ersetzen
	Wärmetauscher undicht oder verstopft	■ Wärmetauscher ersetzen (Werkstattarbeit)
Heizung läßt sich nicht ausschalten	Heizungsbetätigung schwergängig, defekt	■ Heizungsbetätigung prüfen, gegebenenfalls Bowdenzug ersetzen
Geräusche im Bereich des Heizgebläses	Eingedrungener Schmutz, Laub	■ Gebläse ausbauen, reinigen, Luftkanal säubern
	Lüfterrad hat Unwucht, Lager defekt	■ Gebläsemotor ausbauen und auf leichten Lauf prüfen

Elektrische Anlage

Bei der Überprüfung der elektrischen Anlage stößt der Heimwerker in den technischen Unterlagen immer wieder auf die Begriffe Spannung, Stromstärke und Widerstand.

Die Spannung wird in Volt (V) gemessen, die Stromstärke in Ampere (A) und der Widerstand in Ohm (Ω). Mit dem Begriff Spannung ist beim Auto in der Regel die Batteriespannung gemeint. Es handelt sich dabei um eine Gleichspannung von ca. 12 Volt. Die Höhe der Batteriespannung hängt vom Ladezustand der Batterie und von der Außentemperatur ab. Sie kann zwischen 10 bis 13 Volt betragen. Demgegenüber wird die Bordspannung vom Generator (Lichtmaschine) erzeugt, die bei mittleren Drehzahlen ca. 14 Volt beträgt.

Der Begriff Stromstärke taucht im Bereich der Automobil-Elektrik relativ selten auf. Die Stromstärke ist beispielsweise auf der Rückseite von Sicherungen angegeben und weist auf den maximalen Strom hin, der fließen kann, ohne daß die Sicherung durchbrennt und damit den Stromkreis unterbricht.

Überall wo ein Strom fließt, muß er einen Widerstand überbrücken. Der Widerstand ist unter anderem von folgenden Faktoren abhängig: Leitungsquerschnitt, Leitungsmaterial, Stromaufnahme usw. Ist der Widerstand zu groß, treten Funktionsstörungen auf. Beispielsweise darf der Widerstand in den Zündleitungen nicht zu hoch sein, sonst fehlt ein ausreichend starker Zündfunke an den Zündkerzen, der das Kraftstoff-Luftgemisch entzündet und damit den Motor zum Laufen bringt.

Meßgeräte

Zum Messen der Bord-Elektrik gibt es im Handel sogenannte Mehrfach-Meßgeräte. Sie vereinen in einem Gerät das Voltmeter, um Spannungen zu messen, das Amperemeter, um die Stromstärke zu messen und das Ohmmeter, um den Widerstand zu messen. Die im Handel befindlichen Meßgeräte unterscheiden sich hauptsächlich im Meßbereich und in der Meßgenauigkeit. Durch den Meßbereich wird festgelegt, in welchem Bereich Spannungen oder Widerstände liegen müssen, damit sie überhaupt vom Gerät erfaßt werden können.

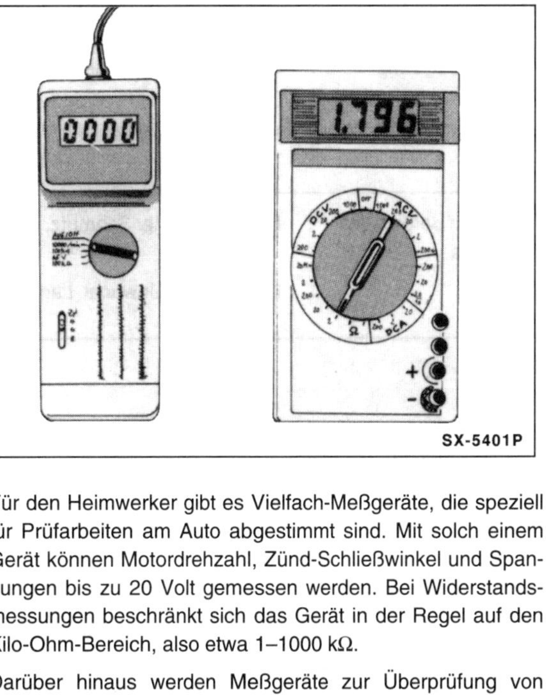

SX-5401P

Für den Heimwerker gibt es Vielfach-Meßgeräte, die speziell für Prüfarbeiten am Auto abgestimmt sind. Mit solch einem Gerät können Motordrehzahl, Zünd-Schließwinkel und Spannungen bis zu 20 Volt gemessen werden. Bei Widerstandsmessungen beschränkt sich das Gerät in der Regel auf den Kilo-Ohm-Bereich, also etwa 1–1000 kΩ.

Darüber hinaus werden Meßgeräte zur Überprüfung von elektrischen und elektronischen Bauteilen angeboten. Sie erlauben eine umfassende Messung von kleinen Widerständen in Ohm (Ω) bis zu großen Widerständen im Mega-Ohm-Bereich (MΩ). Spannungen (in Volt) können sehr exakt gemessen werden, was vor allem bei elektronischen Bauteilen erforderlich ist.

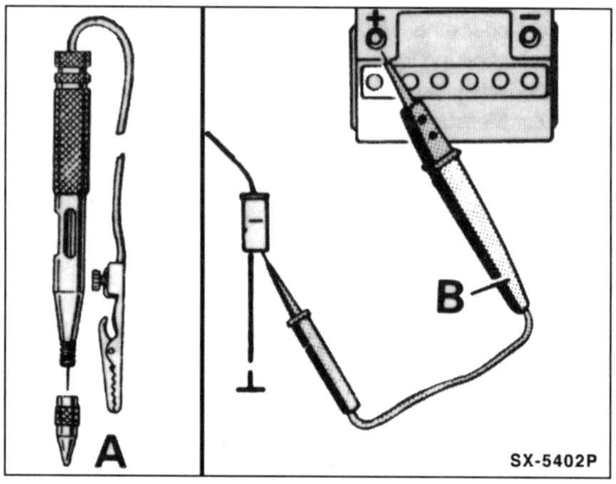

Wenn nur geprüft werden soll, ob überhaupt Spannung (V) anliegt, eignet sich hierzu eine einfache Prüflampe –A–. Dies gilt allerdings nur für Stromkreise, in denen sich keine elektronischen Bauteile befinden. Denn Elektronikteile reagieren äußerst empfindlich auf zu hohe Ströme. Unter Umständen können sie bereits durch Anschließen einer Prüflampe zerstört werden. Achtung: Bei der Prüfung elektronischer Bauteile (Transistoren, Dioden, und Steuergeräte) ist ein hochohmiger Spannungsprüfer –B– erforderlich. Er arbeitet wie eine Prüflampe, jedoch ohne daß elektronische Bauteile geschädigt werden, und eignet sich für sämtliche Prüfarbeiten.

Meßtechnik

Spannung messen

Spannung kann schon mit einer einfachen Prüflampe oder einem Spannungsprüfer nachgewiesen werden. Allerdings erkennt man dann nur, ob überhaupt Spannung anliegt. Um die Höhe der anliegenden Spannung zu prüfen, muß ein Voltmeter (Spannungs-Meßgerät) angeschlossen werden.

Zunächst ist beim Voltmeter der Meßbereich einzustellen, in dem sich die zu messende Spannung voraussichtlich befindet. Spannungen am Fahrzeug sind in der Regel nicht höher als ca. 14 Volt. Eine Ausnahme bildet die Zündanlage; hier kann die Zündspannung bis zu 30.000 Volt betragen. Diese hohe Spannung ist nur mit einem speziellen Meßgerät oder einem Oszilloskop meßbar.

Während man bei Meßgeräten, die speziell auf das Auto abgestimmt sind, am Wählschalter nur das Voltmeter einschalten muß, sind bei einem allgemeinen Vielfachmeßgerät erst eine Reihe von Entscheidungen zu fällen. Zunächst wird mit dem Wählschalter der Bereich Gleichspannung (DCV im Gegensatz zu ACV=Wechselspannung) eingestellt. Dann wird der Meßbereich gewählt. Da beim Auto außer an der Zündanlage keine höheren Spannungen als ca. 14 Volt auftreten, sollte die Obergrenze des einzustellenden Meßbereiches etwas höher liegen (ca. 15 bis 20 Volt). Falls sicher ist, daß die gemessene Spannung wesentlich niedriger ist, zum Beispiel im Bereich von 2 Volt, kann der Meßbereich heruntergeschaltet werden, um eine größere Anzeigegenauigkeit zu erreichen. Liegen höhere Spannungen an, als sie vom Meßbereich des Gerätes erfaßt werden, kann das Meßgerät zerstört werden.

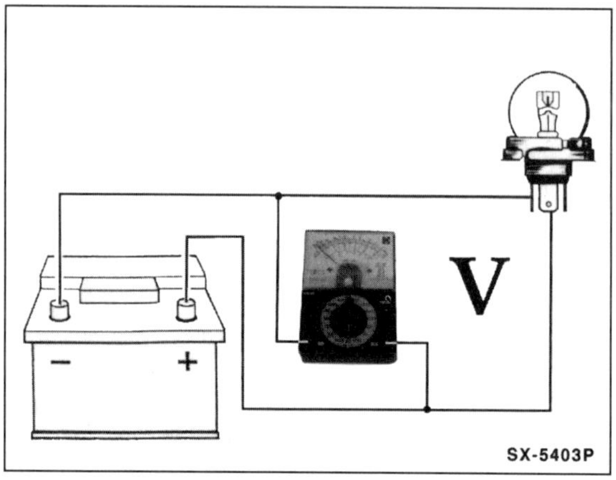

Die Kabel des Meßgerätes entsprechend der Zeichnung parallel zum Verbraucher anschließen. Dabei wird das rote Meßkabel an die vom Batterie-Pluspol kommende Leitung angelegt, das schwarze Meßkabel an die Masse-Leitung oder an Fahrzeugmasse, wie zum Beispiel den Motorblock.

Prüfbeispiel: Wenn der Motor nicht richtig anspringt, weil der Anlasser zu langsam dreht, ist es zweckmäßig, die Batteriespannung zu prüfen, während der Anlasser betätigt wird. Dazu das Voltmeter mit dem roten Kabel (+) an den Batterie-Pluspol und mit dem schwarzen Kabel an Fahrzeugmasse (–) anklemmen. Anschließend durch einen Helfer den Anlasser betätigen lassen und den Spannungswert ablesen. Liegt die Spannung unter ca. 10 Volt (bei einer Batterie-Temperatur von +20°C), muß die Batterie überprüft und eventuell vor den nächsten Startversuchen geladen werden.

Stromstärke messen

Am Auto ist es relativ selten erforderlich, die Stromstärke zu messen. Beispiel, siehe Kapitel »Batterie entlädt sich selbständig«. Benötigt wird hierzu ein Amperemeter, welches ebenfalls in einem Vielfachmeßgerät integriert ist.

Vor der Strommessung wird das Meßgerät auf den Meßbereich eingestellt, in dem sich die zu messende Stromstärke voraussichtlich befindet. Falls das nicht bekannt ist, höchsten Meßbereich einstellen und, falls keine Anzeige erfolgt, nacheinander in die nächstniedrigeren Meßbereiche schalten.

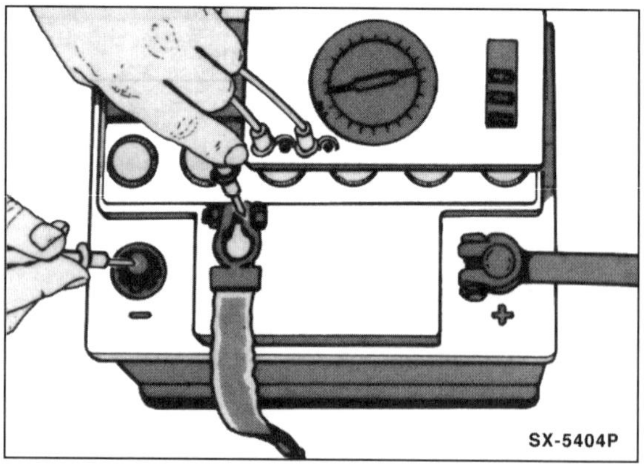

Für die Messung der Stromstärke muß der Stromkreis aufgetrennt werden, das Meßgerät (Amperemeter) wird dazwischengeschaltet. Dazu wird beispielsweise der Stecker abgezogen und das rote Kabel (+) des Amperemeters an die stromführende Leitung angeschlossen. Das schwarze Kabel (–) wird an den Kontakt angelegt, an dem normalerweise die unterbrochene Leitung angeschlossen ist. Die Massekontakte zwischen Verbraucher und Stecker müssen dann mit einem Hilfskabel verbunden werden.

Achtung: Keinesfalls sollte mit einem normalen Amperemeter die Stromstärke in der Leitung zum Anlasser (ca. 150 A) oder zu den Glühkerzen beim Dieselmotor (bis 60 A) gemessen werden. Durch die hierbei auftretenden hohen Ströme kann das Meßgerät zerstört werden. Die Werkstatt benutzt für diese Messungen ein Amperemeter mit Gleichstromzange. Dabei wird eine Stromzange über das isolierte Stromkabel geklemmt und der Stromwert durch Induktion gemessen.

Widerstand messen

Vor der Prüfung des Widerstandes ist grundsätzlich sicherzustellen, daß am Bauteil, an welches das Ohmmeter angeschlossen wird, keine Spannung anliegt. Also immer vorher Stecker abziehen, Zündung ausschalten, Leitung beziehungsweise Aggregat ausbauen oder Batterie abklemmen. Andernfalls kann das Meßgerät beschädigt werden.

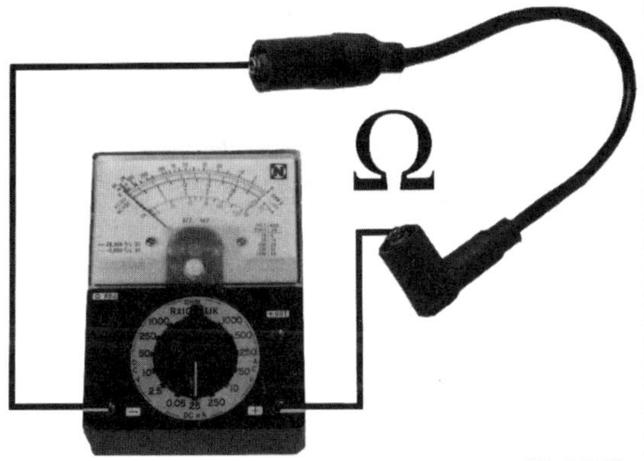

SX-5405P

Das Ohmmeter wird an die 2 Anschlüsse eines Verbrauchers oder an die 2 Enden einer elektrischen Leitung angeschlossen. Dabei spielt es keine Rolle, welches Kabel (+/–) des Meßgerätes an welchen Kontakt angeklemmt wird.

Die Widerstandsmessung am Auto erstreckt sich weitgehend auf 2 Bereiche:

1. Kontrolle eines in den Stromkreis integrierten Widerstandes oder Bauteils.

2. »Durchgangsprüfung« einer elektrischen Leitung, eines Schalters oder einer Heizwendel. Dabei wird geprüft, ob eine elektrische Leitung im Fahrzeug unterbrochen ist und deshalb das angeschlossene elektrische Gerät nicht funktionieren kann. Zur Messung wird das Ohmmeter an die beiden Enden der betreffenden elektrischen Leitung angeschlossen. Beträgt der Widerstand 0 Ω, dann ist „Durchgang" vorhanden. Das heißt, die elektrische Leitung ist in Ordnung. Bei unterbrochener Leitung zeigt das Meßgerät ∞ (unendlich) Ω an.

Elektrisches Zubehör nachträglich einbauen

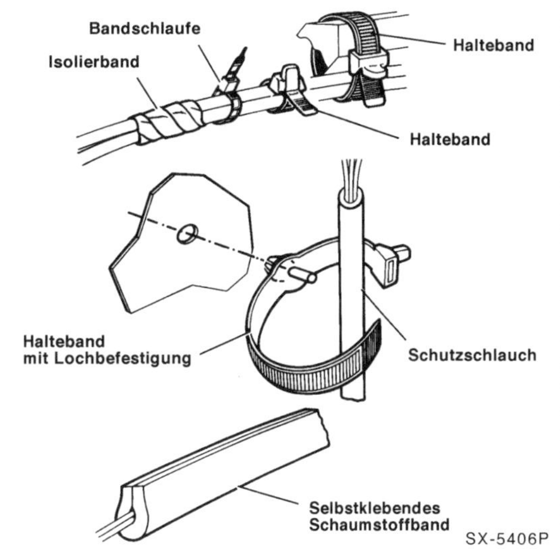

SX-5406P

Kabel, die beim Einbau von Zubehör zusätzlich zu dem serienmäßig eingebauten Kabelsatz im Fahrzeug verlegt werden müssen, sind nach Möglichkeit immer entlang der einzelnen Kabelstränge unter Verwendung der vorhandenen Kabelschellen und Gummitüllen zu verlegen.

Falls erforderlich, sind die neu verlegten Kabel, um Geräuschen während der Fahrt vorzubeugen und das Scheuern von Kabeln zu vermeiden, mit Isolierband, plastischer Masse, Kabelbändern und dergleichen zusätzlich festzulegen. Hierbei ist besonders darauf zu achten, daß zwischen den Bremsleitungen und den festverlegten Kabeln ein Mindestabstand von 10 mm sowie zwischen den Bremsleitungen und den Kabeln, die mit dem Motor oder anderen Teilen des Fahrzeuges schwingen, ein Mindestabstand von 25 mm vorliegt.

Beim Bohren von Karosserie-Löchern müssen die Lochränder anschließend entgratet, grundiert und lackiert werden. Die beim Bohren zwangsläufig anfallenden Späne sind restlos aus der Karosserie zu entfernen.

Bei allen Einbauarbeiten, die das elektrische Leitungssystem berühren, ist, um der Gefahr von Kurzschlüssen im elektrischen Leitungssystem vorzubeugen, grundsätzlich das Massekabel (–) von der Fahrzeugbatterie abzuklemmen und zur Seite zu hängen.

Achtung: Wird die Batterie abgeklemmt, werden unter Umständen der Fehlerspeicher für Motor- und Getriebesteuerung, Antiblockiersystem sowie andere elektrische Geräte wie zum Beispiel das Radio und die Zeituhr stillgelegt, beziehungsweise Speicherwerte gelöscht. Spezielle Hinweise zu diesem Thema stehen im Kapitel »Batterie-Ausbau«.

Sofern zusätzliche elektrische Verbraucher eingebaut werden, ist in jedem Fall zu überprüfen, ob die erhöhte Belastung noch von dem vorhandenen Drehstromgenerator mit übernommen werden kann. Falls erforderlich, sollte ein Generator mit größerer Leistung vorgesehen werden.

Fehlersuche in der elektrischen Anlage

Beim Aufspüren eines Defekts in der elektrischen Anlage ist es wichtig, systematisch vorzugehen. Dies gilt sowohl beim Überprüfen von ausgefallenen Glühlampen wie auch bei nicht laufenden Elektromotoren.

Der **erste Schritt** ist immer die Überprüfung der Sicherung, sofern das elektrische Bauteil abgesichert ist. Die aktuelle Sicherungsbelegung ergibt sich aus dem Aufdruck auf dem Sicherungskastendeckel, siehe auch unter Kapitel »Sicherungen auswechseln«.

Defekte Sicherung gegebenenfalls auswechseln und nach Einschalten des elektrischen Verbrauchers kontrollieren, ob diese nicht unmittelbar wieder durchbrennt. In diesem Fall muß zuerst der Fehler aufgespürt und behoben werden, in der Regel handelt es sich um einen Kurzschluß. Das bedeutet, an irgend einer Stelle, mitunter auch intern im elektrischen Gerät, sind Masse- und Plusanschluß miteinander verbunden.

Zweiter Prüfschritt: Wenn bei intakter Sicherung die Glühlampe nicht leuchtet beziehungsweise der Elektromotor nicht anläuft, ist die Stromversorgung zu überprüfen.

Glühlampe prüfen

- Lampe ausbauen und sichtprüfen. Ist der Glühfaden durchgebrannt oder sitzt der Glaskolben locker im Sockel, Lampe erneuern.
- Um einwandfrei festzustellen, ob die Glühlampe intakt ist, geht man folgendermaßen vor: Eine Plusleitung (+) und eine Masseleitung (–) direkt an die Pole der Batterie anschließen und mit der Lampe verbinden. Dabei ist es unwichtig, wie die Kabel an die Lampe angeschlossen werden. Ein Kabel an den Stromanschluß, das andere an das Glühlampengehäuse. Wenn jetzt die Lampe nicht leuchtet, Lampe erneuern. **Hinweis**: Es muß sichergestellt sein, daß die Kontakte an der Lampe und in der Lampenfassung nicht korrodiert sind. Gegebenenfalls korrodierte oder verbogene Anschlüsse abschmirgeln und einwandfreien Kontakt herstellen.
- Ist die Lampe intakt, Lampe einsetzen und einschalten. Leuchtet die Lampe nicht, mit Prüflampe Stromzuführung überprüfen. Dazu Prüflampe an Masse anlegen. Das bedeutet: Das eine Kabel der Prüflampe muß an eine gute Massestelle am Motor (blankes Metall) oder direkt am Batterie-Minuspol angeschlossen werden. Die andere Prüflampen-Prüfspitze (+) entweder an den stromführenden Stecker halten oder mit der Prüfspitze in das stromführende Kabel einstechen. Wenn die Prüflampe jetzt aufleuchtet und die Lampe dennoch nicht brennt, ist die Massezuführung zur Lampe unterbrochen. Um dies zu überprüfen, Massehilfsleitung an die Lampenfassung anlegen. Die Lampe muß jetzt leuchten.
  Hinweis: Es gibt Lampen, die nur eine spannungsführende Zuleitung haben, zum Beispiel Standlicht, Fahrzeuginnenbeleuchtung. Diese Lampen sind über ihr Gehäuse direkt mit der Fahrzeugmasse verbunden.
- Wenn das stromführende Kabel zur Lampe keine Spannung aufweist, die Prüflampe also nicht aufleuchtet, ist sehr wahrscheinlich der Schalter defekt. Schalter auf Durchgang prüfen.

Elektromotoren prüfen

Im Auto werden immer mehr Komfortfunktionen von kleinen Elektromotoren übernommen. Dazu gehören bespielsweise der Fensterheber, das Schiebedach, die elektrische Zentralverriegelung oder die elektrische Antenne.

Jeder Motor wird bei Bedarf über einen Schalter zugeschaltet, meist von Hand. Bei der elektrischen Antenne wird der Schalter automatisch vom Radio angesteuert.

- Sicherung des betreffenden Elektromotors prüfen, gegebenenfalls ersetzen.

Hinweis: Beim elektrischen Fensterheber und der Zentralverriegelung sollte vor einer erneuten Betätigung die Überlastungsursache beseitigt werden. Das können beispielsweise vereiste Scheiben und Schlösser oder verschmutzte Fenster-Führungsschienen sein.

- Brennt die Sicherung gleich wieder durch, liegt ein Kurzschluß vor.
- Um eindeutig zu klären, ob der Defekt im Motor liegt, 2 Hilfskabel (∅ ca. 2 mm) direkt von der Fahrzeugbatterie an den Motor anlegen. Pluskabel an den Pluspol, Massekabel an Massepol des Motors. Die Pol-Belegung ergibt sich im Zweifelsfall aus dem Stromlaufplan. Dazu muß der Motor gegebenenfalls ausgebaut werden. Alle elektrischen Motoren im Fahrzeug werden mit Bordspannung (12 bis 14 Volt) versorgt. Funktioniert der Motor jetzt ordnungsgemäß, war die Stromversorgung defekt. **Hinweis:** Ein zu langsam laufender oder aussetzender Elektromotor kann auf abgenützte Schleifkohlen hinweisen. In diesem Fall Schleifkohlen (Bürsten) ersetzen.
- Funktioniert der Motor, anhand des Stromlaufplans feststellen, welche Zuleitung am Elektromotor Spannung führt, wenn der Schalter betätigt wird und zuvor die Zündung eingeschaltet wurde.
- Spannungsführendes Kabel am Elektromotor mit Prüflampe prüfen. Da bei Elektromotoren ein großer Strom fließt, kann eine herkömmliche Prüflampe mit Glühlampe genommen werden. Diese haben spitze Prüfnadeln, mit denen das Anschlußkabel durchstochen werden kann. So läßt sich auf einfache Weise die Spannung prüfen. Motoren, die links/rechtsherum drehen, zum Beispiel Fensterhebermotoren, haben zwei Plus-Anschlüsse. **Achtung:** Scheibenwischermotor prüfen, siehe entsprechendes Kapitel.
- Liegt keine Spannung am Elektromotor an, ist die Stromversorgung defekt. Fehler in der Zuleitung nach Stromlaufplan suchen und beheben. Elektromotoren haben in der Regel aufgrund des hohen Strombedarfs zusätzliche Schaltrelais. Prüfung, siehe entsprechendes Kapitel.
- Wurde kein Fehler gefunden, Schalter prüfen.
- Ist ein Kabel defekt, ist es oft sinnvoller, man legt ein neues Kabel, da es schwierig ist, einen Defekt im Kabel zu lokalisieren.

Schalter auf Durchgang prüfen

Die meisten elektrischen Verbraucher werden über einen von Hand betätigten Schalter ein- und ausgeschaltet. Darüber hinaus gibt es auch Schalter, die automatisch betätigt werden. Zu diesen Schaltern zählen zum Beispiel der Öldruckschalter und der Geber für Bremsflüssigkeitsstand.

Grundsätzlich hat ein Schalter die Aufgabe, den Stromkreis zu schließen und zu unterbrechen. Es gibt Schalter, die die Masseleitung unterbrechen, und Schalter, die den Plusstrom unterbrechen.

Schalter für Lampen und Elektromotoren prüfen

- Betreffenden Schalter ausbauen.
- Einfache Schalter haben nur 2 Anschlüsse für die Kabel. In diesem Fall muß an einem Anschluß immer Spannung (+) anliegen und nach dem Einschalten an der anderen Klemme auch. Es gibt auch Schalter mit mehreren Klemmen. Bei diesen Schaltern anhand des Stromlaufplans klären, an welcher Klemme Spannung anliegen muß, gegebenenfalls vorher Zündung einschalten.
- Mit Prüflampe prüfen, ob am Schalter Spannung anliegt. Leuchtet die Prüflampe auf, Schalter betätigen und an der Ausgangsklemme prüfen, ob dort auch Spannung anliegt. Ist das der Fall, ist sichergestellt, daß der Schalter funktioniert.
- Wenn an der Eingangsklemme keine Spannung anliegt, liegt eine Unterbrechung in der Leitungs-Zuführung vor. Anhand des Stromlaufplans muß die Spannungszuführung kontrolliert und gegebenenfalls eine neue Leitung gelegt werden.

Geberschalter prüfen

Geberschalter sind bespielsweise: Öldruckschalter, Geber für Bremsflüssigkeits- und Kühlmittelstand.

- Durchgangsprüfer (Prüflampe oder Ohmmeter) an der Zu- und Ableitung des Schalters anschließen, dazu Kabel am Schalter abziehen. **Achtung:** Schalter, die im Motorblock eingeschraubt sind, haben in der Regel kein Massekabel, da das Schaltergehäuse über den Motorblock als Massepol dient.
- Bei geschlossenem Schalter muß der Durchgangsprüfer Durchgang anzeigen. Am besten ist ein Ohmmeter als Durchgangsprüfer: Bei geschlossenem Schalter muß es 0 Ω, bei geöffnetem Schalter ∞ Ω (unendlich) anzeigen.
- Die Funktionsfähigkeit etwa der Kühlmittel- oder Bremsflüssigkeitsstand-Warnschalter läßt sich am schnellsten prüfen, indem bei eingeschalteter Zündung die Zuleitung am Schalter abgezogen wird und an eine gute Massestelle, zum Beispiel gegen den Motorblock, gehalten wird. Spricht die Warnlampe im Schalttafeleinsatz jetzt an, liegt der Fehler am Schalter.
  Ein Sonderfall ist der Öldruckschalter: Bei stehendem Motor ist der Kontakt geschlossen (Warnlampe brennt), erst bei einem gewissen Öldruck öffnet der Schalter.

Relais prüfen

In vielen Stromkreisen ist ein Relais integriert. Ein Schaltrelais arbeitet wie ein Schalter. **Beispiel:** Wenn das Fernlicht über den Handschalter eingeschaltet wird, bekommt das Relais den Befehl, den Strom zum Fernlicht durchzuschalten. Man könnte natürlich den Strom auch direkt über den Lichtschalter von der Batterie zum Fernlicht legen. Bei allen Verbrauchern mit hoher Stromaufnahme (Fernscheinwerfer, Scheibenwischer, Nebelscheinwerfer) schaltet man jedoch ein Relais dazwischen, um den Schalter nicht zu überlasten beziehungsweise um kurze Stromwege sicherzustellen. Neben diesen Schaltrelais gibt es auch Funktionsrelais, zum Beispiel für die Wisch-Wasch-Anlage oder das Warntonrelais für eingeschaltete Außenbeleuchtung.

Schaltrelais prüfen

Beim Einschalten des betreffenden Verbrauchers wird das Relais angesteuert, das heißt durch den Schaltstrom zieht eine Magnetspule im Relaisinnern einen Kontakt an und schließt so den Stromkreis für den »Arbeitsstrom«. Der Arbeitsstrom läuft über das Relais zum Stromverbraucher weiter.

Am einfachsten läßt sich die Funktionsfähigkeit eines Relais prüfen, wenn man es gegen ein intaktes auswechselt. So macht man es auch in der Werkstatt. Da dem Heimwerker jedoch in den seltensten Fällen ein neues Relais sofort zur Verfügung steht, empfiehlt sich folgender Arbeitsschritt bei den sogenannten Schaltrelais, wie sie unter anderem zum Schalten von Nebel- und Hauptscheinwerfern verwendet werden. Die hier angegebenen Klemmenbezeichnungen können vor allem bei den serienmäßig eingebauten Relais auch anders lauten.

- Relais aus der Halterung herausziehen.
- Zündung und entsprechenden Schalter einschalten.
- Zuerst mit Spannungsprüfer feststellen, ob an Klemme 30 (+) im Relaishalter Spannung anliegt. Dazu Spannungsprüfer an Masse (–) anschließen und die andere Kontaktspitze vorsichtig in Klemme 30 einführen. Wenn die Leuchtdiode des Spannungsprüfers aufleuchtet, ist Spannung vorhanden. Zeigt der Spannungsprüfer keine Spannung an, Unterbrechung vom Batterie-Pluspol (+) zu Klemme 30 anhand des Schaltplanes aufspüren.
- Leitungsbrücke aus einem Stück isoliertem Draht herstellen, die Enden müssen blank sein.
- Mit dieser Brücke im Relaishalter die Klemme 30 (Batterie +, führt immer Spannung) mit dem Ausgang des Relais-Schließers Klemme 87 verbinden. Mit diesem Arbeitsschritt wird praktisch genau das getan, was ein intaktes Relais auch vornimmt. Wo sich die Klemmen im Relaishalter befinden, ist auf dem Relais beziehungsweise am Steckkontakt aufgeführt.
- Wenn bei eingesetzter Brücke zum Beispiel das Fernlicht aufleuchtet, kann man davon ausgehen, daß das Relais defekt ist.

- Wenn das Fernlicht nicht aufleuchtet, klären, ob die Masseverbindung zum Scheinwerfer intakt ist. Dann Unterbrechung in der Leitungsführung von Klemme 87 zum Hauptscheinwerfer anhand des Schaltplanes aufspüren und beheben.
- Falls erforderlich, neues Relais einsetzen.

Achtung: Falls ein Fehler nur zeitweise in einem Stromkreis auftritt, der mit einem Relais bestückt ist, dann liegt der Defekt in Regel im Relais. Und zwar bleibt dann ein Kontakt im Relais ab und zu kleben, während das Relais in der übrigen Zeit einwandfrei funktioniert. Bei Auftreten des Fehlers leicht gegen das Relaisgehäuse klopfen. Wenn das Relais daraufhin durchschaltet, Relais ersetzen.

Scheibenwischermotor prüfen

Der Scheibenwischermotor sitzt im Wasserkasten unterhalb der Windschutzscheibe. Zum Prüfen muß die jeweilige Abdeckung demontiert werden.

Klemmenbezeichnungen

Die Klemmen am Motor sind genormt. Die **fetten** Zahlen stellen die Normbezeichnung dar, die Zahlen in den Klammern {...} beziehen sich auf die FORD-Anschlußbezeichnungen:

- Klemme **31** {3} ist der Masseanschluß.
- Klemme **53** {2} erhält Spannung für die erste Wischergeschwindigkeit.
- Klemme **53a** {5} liefert Plusstrom (+) für die Wischer-Endabstellung: Der Motor erhält über einen Schleifkontakt so lange Spannung, bis die Wischer in Ruhestellung gelaufen sind, wenn der Fahrer den Scheibenwischer ausschaltet.
- Klemme **53b** {1} führt die Spannung für die zweite Wischergeschwindigkeit (Nebenschlußwicklung).
- Über Klemme **53e** {4} wird der Wischermotor beim Zurücklaufen nach dem Abschalten abgebremst, damit die Wischer nicht über ihre Parkstellung hinauslaufen.

Wischermotor prüfen

Zunächst klären, ob der Wischermotor oder die Stromversorgung defekt ist. Dazu folgendermaßen vorgehen:

- Mehrfachstecker am Wischermotor abziehen.
- Mit 2 Hilfskabeln Spannung (+) und Masse (–) von der Fahrzeugbatterie an den Wischermotor anlegen:
- Ein Kabel vom Batterie-Pluspol zu Klemme **53** {2} oder **53b** {1} verlegen.
- Das zweite vom Batterie-Minuspol zu Motor-Klemme **31** {3} führen.
- Der Scheibenwischermotor muß jetzt je nach benutzter Klemme auf Stufe I oder II laufen. Wenn nicht, ist der Motor oder die entsprechende Stufe defekt. Wischermotor ausbauen, siehe Seite 248.

Blinkanlage prüfen

Die Takte für die Blink- und Warnblinkanlage werden von einem Relais erzeugt, dem sogenannten Blinkgeber. Die Warnblinkanlage ist ohne Sicherung an das Relais angeschlossen. Die Richtungs-Blinkanlage wird über eine Sicherung im Sicherungskasten abgesichert.

- Ist der Blinker-Rhythmus auf einer Seite schneller als auf der anderen Seite, ist auf der »schnellen« Seite eine Glühlampe defekt oder eine Leitungsunterbrechung vorhanden.
- Bei allen anderen Störungen ist meist das Blinkrelais die Ursache. Klemmenbelegung am Blinkgeber, die Anschlußfahnen sind markiert:
- Klemme **31** ist Masse (minus, allgemein in der Fahrzeugelektrik)
- Klemme **49** ist Relaiseingang (plus liegt ständig an), Klemme **49a** der Relaisausgang
- Eine zusätzliche Leitung geht zur Kontrollampe im Schalttafeleinsatz, bei Anhängevorrichtung kann eine weitere Leitung für die Anhänger-Blinkkontrolle vorhanden sein.
- Steht kein neues Relais zur Verfügung, dünnen Draht vorsichtig zwischen Klemme **49** und **49a** im Relaisstecker einstecken. **Achtung:** Dabei dürfen die empfindlichen Relaiskontakte nicht beschädigt werden. Drahtenden vor dem Einstecken umbiegen, damit keine scharfen Kanten vorhanden sind. Defektes Blinkrelais wieder aufsetzen. Die Anschlußfahnen sind so lang, daß das Relais trotz Überbrückung wieder aufgesteckt werden kann.
- Zündung einschalten. Wird der Blinkhebel jetzt betätigt, leuchtet die betreffende Blinkerseite dauernd auf. Durch Ein- und Ausschalten mit dem Blinkerhebel kann ein Blinkrhythmus erzeugt werden.
- Leuchtet das Blinklicht trotz Überbrückung der Relaiskontakte nicht, liegt ein Defekt im Blinkerschalter oder in der elektrischen Zuleitung vor.

Bremslicht prüfen

- Wenn das Bremslicht nicht aufleuchtet, zuerst Sicherung im Sicherungkasten überprüfen.
- War die Sicherung in Ordnung, anschließend Brems-Glühlampen überprüfen, gegebenenfalls erneuern.

Sind die Brems-Glühlampen in Ordnung, anschließend Bremslichtschalter prüfen. Oberhalb des Bremspedals sitzt am Pedalbock der Bremslichtschalter. Beim Niedertreten des Bremspedals wandert ein Druckstift aus dem Schalter heraus. Der Schalterkontakt schließt, und die Bremslichter leuchten auf.

- Bremslichtschalter überprüfen. Der Schalter befindet sich im Fußraum am Lagerbock des Bremspedals.
- Zündung einschalten.
- Beide Kontakte im Kabelstecker des Bremslichtschalters mit einer kurzen Hilfsleitung überbrücken. Wenn die Bremslichter jetzt aufleuchten, ist der Bremslichtschalter defekt, ersetzen.

Heizbare Heckscheibe prüfen

Bei eingeschalteter Heckscheibenheizung muß das Feld mit den sichtbaren Leiterbahnen nach einiger Zeit frei von Beschlag oder Eis sein.

- Bei Störungen zuerst Sicherung im Sicherungskasten überprüfen.
- Ist die Sicherung in Ordnung, anschließend festen Sitz der Kabelstecker links und rechts an der Heckscheibe überprüfen, gegebenenfalls von Korrosion reinigen.
- Funktioniert die Heckscheibenheizung immer noch nicht, Zuleitungen und Schalter sowie Schaltrelais prüfen, siehe Seite 206.

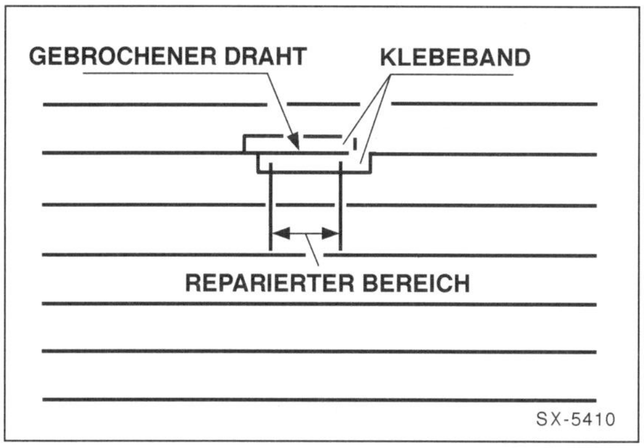

- Sind Heizfäden unterbrochen, hilft handelsüblicher Leitsilberlack zur Wiederherstellung der Verbindung. Dazu beschädigten Bereich mit Verdünner oder Ethylen reinigen.
- Unterbrochene Stelle von beiden Seiten mit Klebeband abkleben und mit einem kleinen Pinsel Silberfarbe auftragen.
- Farbe bei ca. +25° C ca. 24 Stunden trocknen lassen. Es kann auch ein Heißluftfön verwendet werden. Bei +150° C trocknet die Farbe in ca. 30 Minuten.

Achtung: Heckscheibenheizung nicht einschalten, bevor die Farbe ganz trocken ist. Kein Benzin oder andere Lösungsmittel zum Reinigen des beschädigten Teils verwenden.

Hupe aus- und einbauen

Ausbau

- Frontblech-Abdeckung mit 9 (Benziner) oder 10 Schrauben (Diesel) abschrauben.

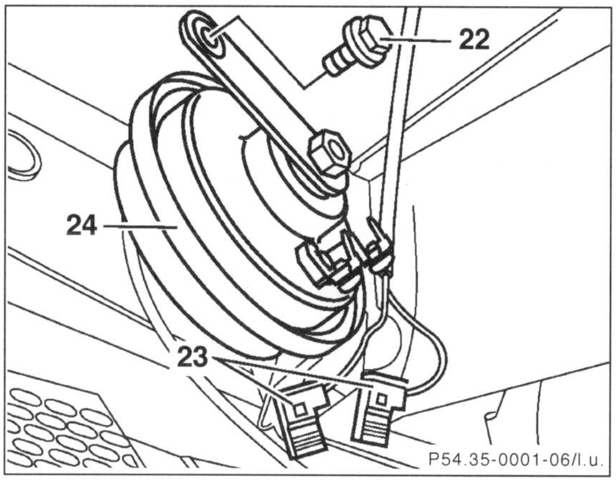

- Kabel –23– von Hupe –24– abziehen.
- Hupe abschrauben –22–.

Einbau

- Hupe anschrauben, dabei Zahnscheibe unter Befestigungsschraube nicht vergessen. Kabel aufschieben.
- Frontblech-Abdeckung beziehungsweise Motorabdekkung anschrauben.

Sicherungen auswechseln

Um Kurzschluß- und Überlastungsschäden an den Leitungen und Verbrauchern der elektrischen Anlage zu verhindern, sind die einzelnen Stromkreise durch Schmelzsicherungen geschützt. Es werden Sicherungen verwendet, die mit Messerkontakten ausgestattet sind, so daß herkömmliche Sicherungen nicht mehr verwendet werden können.

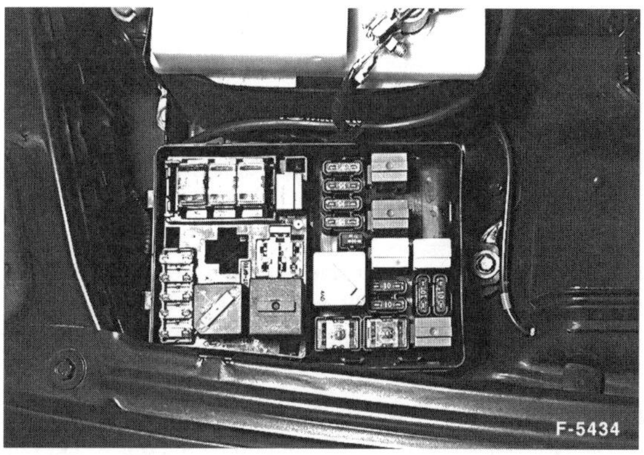

Die Sicherungen sind vornehmlich in einem Sicherungs- und Relaiskasten untergebracht, der sich links im Motorraum neben der Batterie befindet.

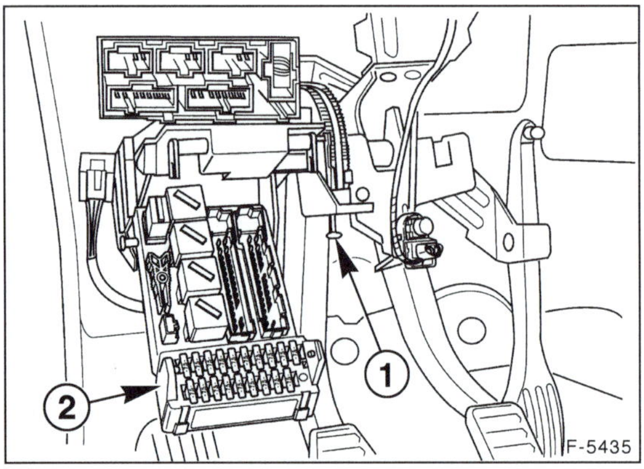

Ein zweiter Sicherungskasten –2– befindet sich im Fußraum links unter dem Armaturenbrett. Um den Sicherungskasten herunterzuklappen, Knopf –1– herausziehen. Zum Verriegeln Sicherungskasten hochklappen und einrasten.

- Vor dem Auswechseln einer Sicherung immer zuerst den betroffenen Verbraucher ausschalten.
- Deckel für Sicherungskasten abnehmen.

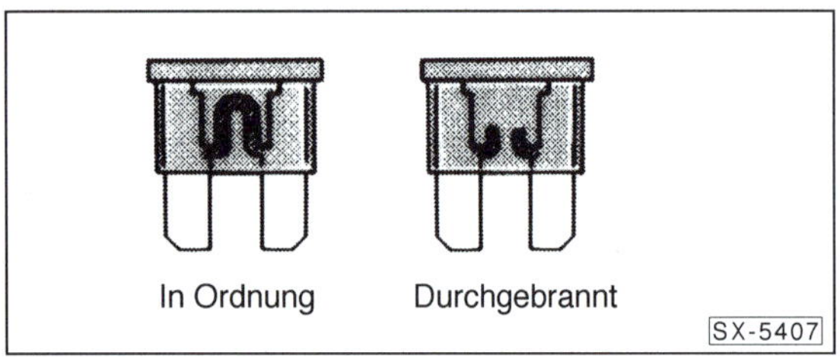

- Eine durchgebrannte Sicherung erkennt man am durchgeschmolzenen Metallstreifen.

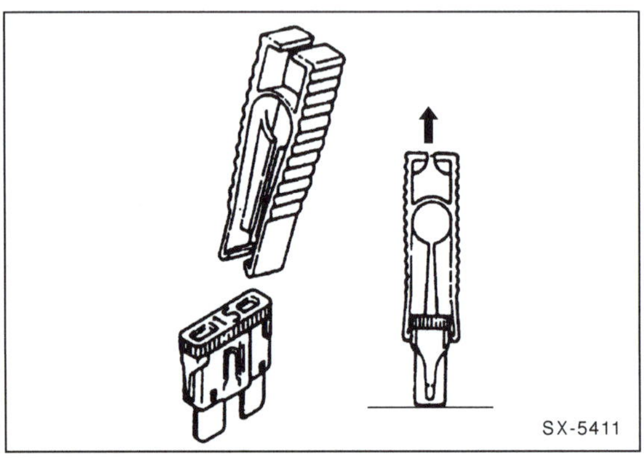

- Defekte Sicherung herausziehen. Zum Ausziehen der Sicherungen befindet im Sicherungskasten beziehungsweise im Deckel des Sicherungskastens eine Kunststoffpinzette.
- Neue Sicherung **gleicher Sicherungsstärke** einsetzen. Die Nennstromstärke der Sicherung ist auf der Rückseite des Griffes aufgedruckt. Außerdem hat der Griff der Sicherungen eine Kennfarbe, an der ebenfalls die Nennstromstärke zu erkennen ist.

Nennstromstärke in Ampere	Kennfarbe
3	lila
7,5	braun
10	rot
15	blau
20	gelb
30	grün

- Sicherungskasten-Abdeckung wieder aufsetzen beziehungsweise Sicherungskasten hochklappen.
- Brennt eine neu eingesetzte Sicherung nach kurzer Zeit wieder durch, muß der entsprechende Stromkreis überprüft werden.
- Auf keinen Fall Sicherung durch Draht oder ähnliche Hilfsmittel ersetzen, weil dadurch ernste Schäden an der elektrischen Anlage auftreten können.
- Es ist empfehlenswert, stets einige Ersatzsicherungen im Wagen mitzuführen. Zur Aufbewahrung befinden sich im Motorraum-Sicherungskasten entsprechende Halterungen.

Hinweis: Die Sicherungsbelegung ist abhängig von der Ausstattung und vom Baujahr des Fahrzeuges. Die aktuelle Belegung der Sicherungen befindet sich im Deckel vom Sicherungskasten und in der Betriebsanleitung.

Sicherungs- und Relaisbelegung

Sicherungskasten im Motorraum

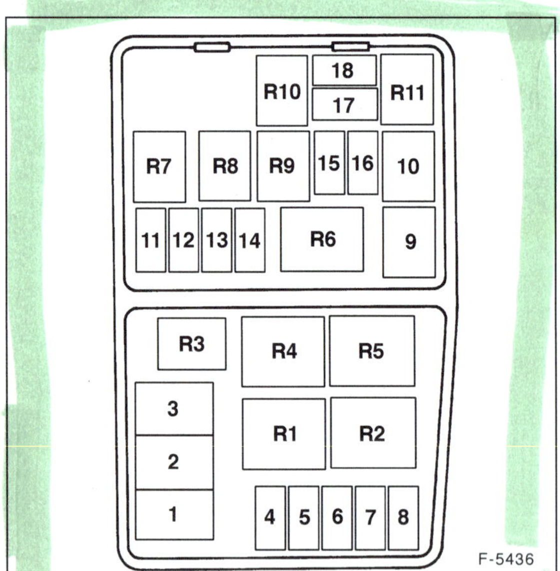

(Sicherungskasten Motorraum)

Nr.	Amp.	Abgesicherte Stromkreise
1	80	Hauptversorgung Bordnetz
2	60	Motor für Kühlerlüfter
3	60	ABS/TCS-System und ggf. Dieselmotor
4	20	Zündung
5	30	Heizbare Windschutzscheibe (linker Teil)
6	30	Heizbare Windschutzscheibe (rechter Teil)
7	30	ABS-Bremssystem
8	30	Heizbare Sitze, Klimakompressor
9	20	EEC-Modul, Kaltstart-Magnetventil (Diesel)
10	20	Zündschloß
11	3	Speicher für EEC-Zündmodul
12	15	Horn und Warnblinkanlage
13	15	Geber Lambdasonde
14	15	Elektrische Kraftstoffpumpe (Benziner)
15	10	Abblendlicht rechts
16	10	Abblendlicht links
17	10	Fernlicht rechts
18	10	Fernlicht links

Relais	Geschaltete Stromkreise
R 1	Taglicht
R 2	Heizungsgebläse
R 3	Klimaanlage (Benziner)
R 3	Klimaanlage (Diesel)
R 4	Zeitrelais für beheizte Windschutzscheibe
R 5	Kühlerlüfter (Benziner)
R 5	Kühlerlüfter (Diesel)
R 6	Anlasser
R 7	Horn
R 8	Elektrische Kraftstoffpumpe (Benziner)
R 9	Abblendlicht
R 10	Fernlicht
R 11	EEC-Modul oder Diesel-Kaltstartvorrichtung

Batterie-Verteiler-Box

Sicherungskasten unter dem Armaturenbrett

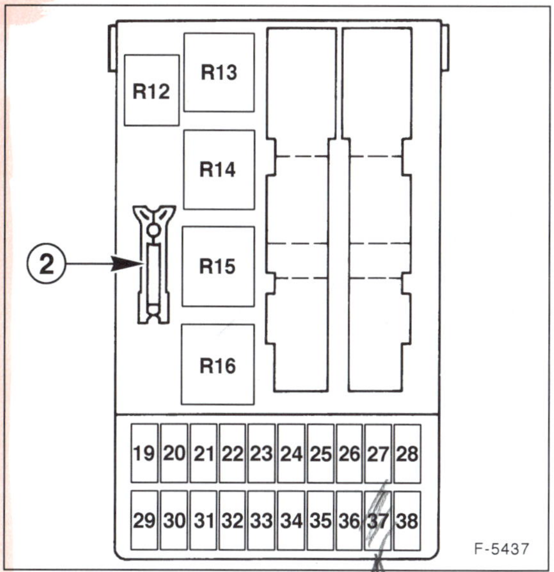

2 – Kunststoffpinzette.

Nr.	Amp.	Abgesicherte Stromkreise
19	7,5	Heizbare Außenspiegel
20	10	Überlastungsschutz Wischermotor
21	30	Elektrische Fensterheber vorn
21	40	Elektrische Fensterheber vorn und hinten
22	7,5	ABS-Modul
23	15	Rückfahrlicht, elektr. Stoßdämpferanpass.
24	15	Bremslicht
25	20	Zentralverriegelung, Diebstahlwarnanlage
26	20	Nebelscheinwerfer
27	15	Zigarettenanzünder
28	30	Scheinwerfer-Waschanlage
29	30	Heizbare Heckscheibe
30	7,5	Elektronische Steuerung
31	7,5	Instrumentenbeleuchtung
32	7,5	Radio
33	7,5	Begrenzungsleuchten links
34	7,5	Innenbeleucht., elektr. Spiegelverstell., Uhr
35	7,5	Begrenzungsleuchten rechts
36	15	Radio, adaptive Dämpfung
37	30	Heizgebläsemotor
38	7,5	Airbag

30A

Relais	Geschaltete Stromkreise
R 12	Innenbeleuchtung
R 13	Heizbare Heckscheibe
R 14	Heizgebläsemotor
R 15	Wischermotor vorn
R 16	Zündung

Zusatz-Relais (außerhalb der Sicherungs- und Relaiskästen)			
Relais	**Farbe**	**Geschaltete Stromkreise**	**Einbaulage**
R 17	schwarz	Diesel-Vorglühung	Unter der Batterie-Konsole
R 18	schwarz	»Tipp«-Schaltung für Fahrerfenster	In der Fahrertür
R 19	blau	Abschaltung für Geschwindigkeitsregelanlage	Rechts über Sicherungskasten im Fußraum
R 20	blau	Scheinwerfer-Waschanlage	Links neben Sicherungskasten im Fußraum
R 21	orange	Heckscheibenwischer-Intervallschaltung	Links neben Sicherungskasten im Fußraum
R 22	weiß	Nebelscheinwerfer	Links unter dem Armaturenbrett
R 23	schwarz	Blinkleuchten	Oben an der Lenksäule
R 24	weiß	Diebstahlwarnanlage links	Rechte A-Säule, mitte
R 25	weiß	Diebstahlwarnanlage rechts	Rechte A-Säule, mitte
R 26	braun	Sitzheizung	Rechts unter dem Armaturenbrett
R 34	braun	Klimaanlage	Unter dem Armaturenbrett, rechts am Relaisträger

Batterie aus- und einbauen

Die Batterie befindet sich im Motorraum auf der linken Seite.

Ausbau

Achtung: Durch das Abklemmen der Batterie werden im Fahrzeug folgende elektronische Speicher gelöscht:

- Im Einspritz-Steuergerät werden die sogenannten »gelernten« Betriebswerte für den Motorlauf gelöscht. Das ist zum Beispiel die individuell auf diesen Motor abgestimmte Leerlaufdrehzahl-Regelung. Nachdem die Batterie wieder angeklemmt wurde, können daher kurze Zeit Mängel im Fahrverhalten (Stottern, Aussetzer beim Beschleunigen oder unrunder Leerlauf) auftreten.
- Aus dem Fehlerspeicher werden alle eventuell gespeicherten Fehler des Einspritz- und Zündsystems gelöscht.
- Im Radio werden der Keycode für die Diebstahlsicherung und die eingestellten Sender gelöscht. Die Anti-Diebstahl-Codierung ist in der Regel nur bei serienmäßig eingebauten Autoradios vorhanden. Ist der Code nicht bekannt, kann nur eine FORD-Werkstatt das Autoradio wieder in Betrieb nehmen.

Damit diese Speicher nicht gelöscht werden, verwendet die Werkstatt ein sogenanntes »Memory-Erhaltungskabel«. Dieses Kabel wird mit einer 9-Volt-Trockenbatterie verbunden und über den Zigarettenanzünder angeschlossen. Erhältlich ist das Kabel von den Firmen Löwener und Mabeco.

- Steht das »Memory-Erhaltungskabel« nicht zur Verfügung, sollte vor dem Abklemmen der Batterie sichergestellt werden, daß der Keycode für die Radio-Diebstahlsicherung vorhanden ist und der Fehlerspeicher ausgelesen wurde (Werkstattarbeit).

Ausbau

- Motorhaube öffnen.

Achtung: Bevor die Batteriekabel abgeklemmt werden prüfen, ob alle Stromverbraucher des Fahrzeuges ausgeschaltet sind.

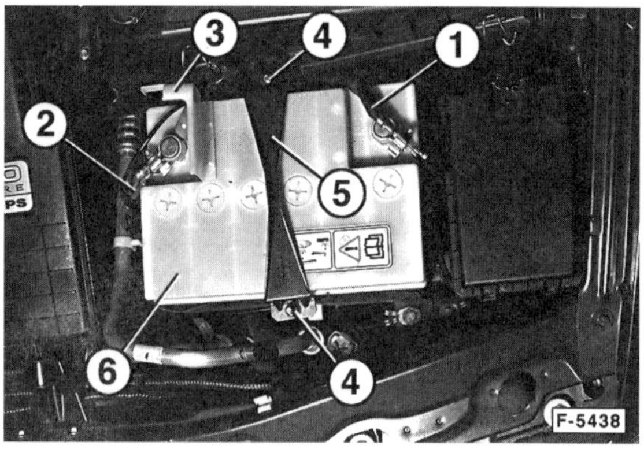

- Batteriekabel abklemmen, zuerst Massekabel –1– (–), dann Pluskabel –2– (+), vorher Abdeckkappe –3– nach oben klappen.
- Befestigungsmuttern –4– abschrauben und Halteplatte –5– abnehmen.
- Batterie –6– herausheben.

Achtung: Batterien enthalten giftige Substanzen, diese dürfen nicht in den Hausmüll gelangen. Altbatterien beim Kauf einer neuen beim Händler abgeben, oder auf der Sondermülldeponie abgeben. Gemeinde- und Stadtverwaltungen informieren darüber, wo sich die nächste Annahmestelle befindet.

Einbau

- Vor dem Einbau Batterie-Pole blank kratzen, geeignet ist dazu eine Messingdrahtbürste. Zur Verhinderung von Korrosion beide Pole mit speziellem Säureschutzfett bestreichen, zum Beispiel mit BOSCH-Polfett.
- Batterie einsetzen. Halteplatte ansetzen und festschrauben.

Achtung: Bevor die Batteriekabel angeklemmt werden, prüfen, ob alle Stromverbraucher des Fahrzeuges ausgeschaltet sind. Andernfalls können beim Anklemmen Funken überspringen beziehungsweise elektrische Einrichtungen beschädigt werden. Auf einwandfreie Masseanschlüsse und saubere Kontakte achten. Hohe Übergangswiderstände führen, insbesondere beim Starten, zu einer Überlastung der elektronischen Steuergeräte und können im Extremfall sogar deren Zerstörung bewirken.

- Pluskabel am Pluspol (+), dann Massekabel am Minuspol (–) anklemmen. Am Pluspol Abdeckkappe aufsetzen. **Achtung:** Durch eine falsch angeschlossene Batterie können erhebliche Schäden am Generator und an der elektrischen Anlage entstehen.
- Batteriepole mit Vaseline oder Polschutzfett (z. B. von BOSCH) dünn einfetten.
- Nach Anklemmen der Batterie Motor ca. 3 Minuten im Leerlauf laufen lassen. Nach Erreichen der Betriebstemperatur (Kühlmittel-Temperaturanzeige steht in der Skalenmitte) etwas Gas geben und den Motor mit etwa 1200/min weitere 2 Minuten laufen lassen. Durch diesen Vorgang speichert das Modul die Leerlauf- und andere Betriebswerte wieder neu ein. Anschließend empfiehlt es sich, eine Fahrt über ca. 8 km mit unterschiedlichen Geschwindigkeiten vorzunehmen, damit der »Lernprozeß« abgeschlossen wird und sich ein normaler Motorlauf einstellt.
- Die Zeituhr einstellen.
- Diebstahlcode für Radio eingeben, siehe Radio-Bedienungsanleitung beziehungsweise Seite 242.
- Die Sender neu speichern.

Hinweis:
Wenn Sie eine neue Autobatterie kaufen, nehmen Sie die Altbatterie zum Händller mit. Sonst müssen Sie Pfand für die neue Batterie bezahlen.

Hinweise zur wartungsarmen Batterie

Der MONDEO ist serienmäßig mit einer wartungsarmen Batterie ausgestattet. Bei dieser Batterie muß nicht mehr im Rahmen der Wartung destilliertes Wasser nachgefüllt werden, dennoch sind einige Wartungspunkte zu beachten.

- Zum Laden können die normalen Ladegeräte verwendet werden. Die Batterie darf auch mit einem Schnellladegerät geladen werden. Der Ladestrom soll zwischen 3 und 25 Ampere liegen; die Ladespannung zwischen 14 und 15 Volt.
- Batterie nur im Freien oder in gut belüfteten Räumen laden.
- Bei zu niedrigem Säurestand, zum Beispiel durch längeren Aufenthalt in heißen Regionen, destilliertes Wasser nachfüllen, siehe Kapitel »Wartung«.
- Wird das Fahrzeug länger als 6 Wochen stillgelegt, Batterie ausgebaut und geladen lagern. Die günstigste Lagertemperatur liegt zwischen 0° C und +27° C. Bei diesen Temperaturen hat die Batterie die günstigste Selbstentladungsrate. Spätestens nach 3 Monaten Batterie erneut aufladen, da sie sonst unbrauchbar wird.
- Batteriepole regelmäßig reinigen und mit Vaseline oder Bosch-Polfett dünn einfetten.
- Starthilfegeräte dürfen nur ausnahmsweise verwendet werden, da die Batterie hierdurch kurzfristig einer sehr hohen Stromstärke ausgesetzt wird.

Achtung: Starthilfegerät nicht einschalten, ohne gleichzeitig den Anlasser zu betätigen.

Batterie laden

Die mit ■ gekennzeichneten Positionen entfallen bei der serienmäßig eingebauten wartungsarmen Batterie. Hinweise zur wartungsarmen Batterie beachten.

- Batterie niemals kurzschließen, das heißt Plus- (+) und Minuspol (–) dürfen nicht verbunden werden. Bei Kurzschluß erhitzt sich die Batterie und kann platzen. Nicht mit offener Flamme in Batterie leuchten. Batteriesäure ist ätzend und darf nicht in die Augen, auf die Haut oder die Kleidung gelangen, gegebenenfalls mit viel Wasser abspülen.
- Die Batterie kann auch in eingebautem Zustand geladen werden, vorher jedoch Masse- (–) und Pluskabel (+) abklemmen. **Achtung:** Dadurch werden aus dem Speicher des elektronischen Einspritz-Steuergerätes »Betriebswerte« und aus dem Speicher des Radios der Keycode für die Diebstahlsicherung sowie die eingestellten Sender gelöscht. Vor dem Abklemmen daher unbedingt Hinweise im Kapitel »Batterie aus- und einbauen« durchlesen.
- Vor dem Laden Säurestand prüfen, gegebenenfalls destilliertes Wasser nachfüllen.
- Gefrorene Batterie vor dem Laden auftauen. Eine geladene Batterie gefriert bei ca. –65° C, eine halbentladene bei ca. –30° C und eine entladene bei ca. –12° C.

■ Stopfen aus der Batterie herausschrauben oder mit schmalem Schraubendreher heraushében und leicht auf die Öffnungen legen. Dadurch werden Säurespritzer auf dem Lack vermieden, während die beim Laden entstehenden Gase entweichen können.

- Batterie nur in gut belüftetem Raum laden. Beim Laden der eingebauten Batterie Motorhaube geöffnet lassen.
- Bei der Normalladung beträgt der Ladestrom ca. 10 % der Kapazität. (Bei einer 50-Ah-Batterie also etwa 5,0 A.) Als Richtwert für die Ladezeit können dann 10 Stunden genommen werden.
- Pluspol (+) der Batterie mit Pluspol, Minuspol (–) der Batterie mit Minuspol des Ladegerätes verbinden.
- Die Säuretemperatur darf während des Ladens +55° C nicht überschreiten, gegebenenfalls Ladung unterbrechen oder Ladestrom herabsetzen.

■ So lange laden, bis alle Zellen lebhaft gasen und bei drei im Abstand von je einer Stunde aufeinanderfolgenden Messungen das spezifische Gewicht der Säure und die Spannung nicht mehr angestiegen sind.

■ Nach der Ladung Säurestand prüfen, gegebenenfalls destilliertes Wasser nachfüllen.

- Säuredichte prüfen. Liegt der Wert in einer Zelle deutlich unterhalb der anderen Werte (z. B. 5 Zellen zeigen 1,26 g/ml und 1 Zelle 1,18 g/ml), so ist die Batterie defekt und sollte erneuert werden.
- Batterie ca. 20 Minuten ausgasen lassen, dann Verschlußstopfen einschrauben.

Achtung: Der Motor darf nicht bei abgeklemmter Batterie laufen, da sonst die elektrische Anlage beschädigt wird.

Batterie prüfen

Der Batterie-Zustand wird durch Messen der Spannung mit einem Voltmeter zwischen den Batteriepolen überprüft.

- Batterie äußerlich säubern.
- Für die Prüfung darf die Batterie seit mindestens 6 Stunden nicht geladen worden sein, auch nicht durch den laufenden Fahrzeugmotor. Andernfalls vor der Prüfung die Hauptscheinwerfer 30 Sekunden lang einschalten.
- Scheinwerfer sowie alle anderen Stromverbraucher ausschalten und 5 Minuten warten.

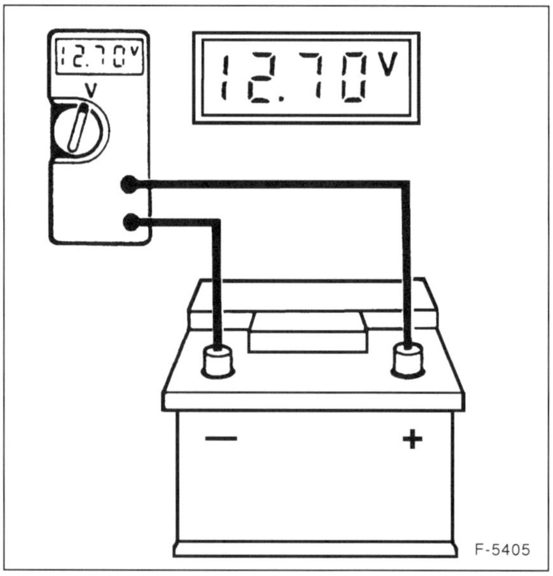

F-5405

- Voltmeter an die Batteriepole anschließen und Spannung messen.

  Beurteilung:
  12,7 Volt oder darüber = Batterie in gutem Zustand
  12,6 Volt = normal
  12,4 Volt oder darunter = Batterie in schlechtem Zustand, Batterie laden oder ersetzen

Batterie unter Belastung prüfen

- Voltmeter an den Polen der Batterie anschließen.
- Motor starten und Spannung ablesen.
- Während des Startvorganges darf bei einer vollen Batterie die Spannung nicht unter 10 Volt (bei einer Säuretemperatur von ca. +20° C) abfallen.
- Bricht die Spannung sofort zusammen und wurde in den Zellen eine unterschiedliche Säuredichte festgestellt, so ist auf eine defekte Batterie zu schließen.

Säuredichte prüfen

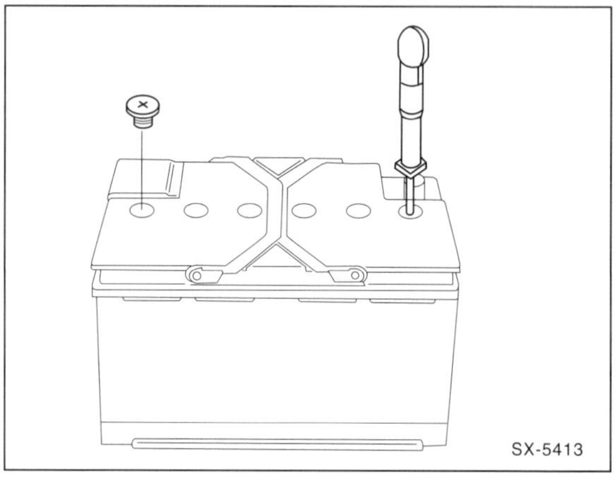
SX-5413

- Die Säuredichte ergibt in Verbindung mit der Spannungsmessung genauen Aufschluß über den Ladezustand der Batterie. Zur Prüfung dient ein Säureheber, der recht preiswert in Fachgeschäften angeboten wird. Je größer das spezifische Gewicht (Säuredichte) der angesaugten Batteriesäure ist, desto mehr taucht der Schwimmer auf. An der Skala kann man die Säuredichte in spezifischem Gewicht (g/ml) oder Baumégrad (+°Bé) ablesen. Folgende Werte müssen erreicht werden:

Ladezustand	+°Bé	g/ml
entladen	16	1,15
halb entladen	24	1,22
gut geladen	30	1,26

- Nacheinander jede Batteriezelle prüfen, alle Zellen müssen die gleiche Säuredichte (maximale Differenz 0,04 g/ml) haben. Sonst kann auf eine defekte Batterie geschlossen werden.

Batterie entlädt sich selbständig

Je nach Fahrzeugausstattung addiert sich zur natürlichen Selbstentladung der Batterie auch die Stromaufnahme der verschiedenen Steuergeräte im Ruhezustand. Daher sollte die Batterie in einem abgestellten Fahrzeug spätestens alle 6 Wochen nachgeladen werden. Wenn der Verdacht auf Kriechströme besteht, Bordnetz nach folgender Anleitung prüfen:

- Zur Prüfung geladene Batterie verwenden.

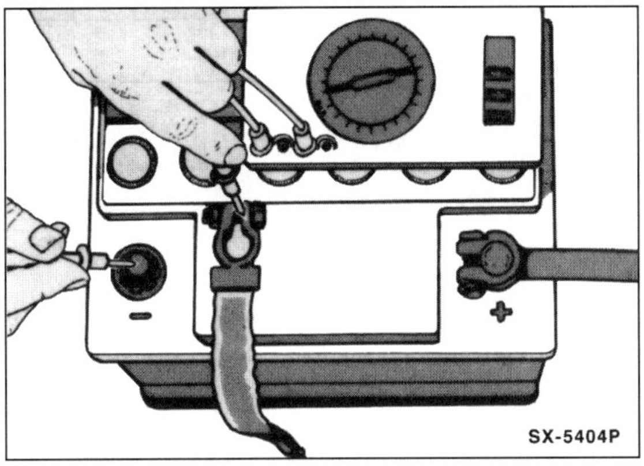

- Am Amperemeter (Meßbereich von 0–5 mA und 0–5 A) den höchsten Meßbereich einstellen. Massekabel (–) von der Batterie abklemmen. **Achtung:** Dadurch werden aus dem Speicher des elektronischen Einspritz-Steuergerätes »Betriebswerte« und aus dem Speicher des Radios der Keycode für die Diebstahlsicherung sowie die eingestellten Sender gelöscht. Vor dem Abklemmen daher unbedingt Hinweise im Kapitel »Batterie aus- und einbauen« durchlesen.
- Amperemeter zwischen Batterie-Minuspol (–) und Massekabel (–) schalten. Amperemeter-Plus- (+)Anschluß an Massekabel (–) und Amperemeter-Minus-Anschluß an Batterie-Minuspol (–).

Achtung: Die Prüfung kann auch mit einer Prüflampe durchgeführt werden. Leuchtet die Lampe zwischen Masseband und Minuspol der Batterie jedoch nicht auf, ist auf jeden Fall ein Amperemeter zu verwenden.

- Alle Verbraucher ausschalten, vorhandene Zeituhr (und andere Dauerverbraucher) abklemmen, Türen schließen.
- Vom Amperebereich solange auf den Milliamperebereich zurückschalten, bis eine ablesbare Anzeige erfolgt (1–3 mA sind zulässig).
- Durch Herausnehmen der Sicherungen nacheinander die verschiedenen Stromkreise unterbrechen. Wenn bei einem der unterbrochenen Stromkreise die Anzeige auf Null zurückgeht, ist hier die Fehlerquelle zu suchen. Fehler können sein: korrodierte und verschmutzte Kontakte, durchgescheuerte Leitungen, interner Schluß in Aggregaten.
- Wird in den abgesicherten Stromkreisen kein Fehler gefunden, so sind die Leitungen an den nicht abgesicherten Aggregaten abzuziehen. Dieses sind: Generator, Anlasser, Zündanlage.
- Geht beim Abklemmen von einem der ungesicherten Aggregate die Anzeige auf Null zurück, betreffendes Bauteil überholen oder austauschen. Bei Stromverlust in Anlasser- oder Zündanlage immer auch den Zünd-Anlaßschalter nach Stromlaufplan prüfen.
- Batterie-Massekabel (–) anklemmen.
- Zeituhr einstellen.
- Diebstahlcode für Radio eingeben.

Störungsdiagnose Batterie

Störung	Ursache	Abhilfe
Säurestand zu niedrig	Überladung, Verdunstung (besonders im Sommer)	■ Destilliertes Wasser bis zur vorgeschriebenen Höhe nachfüllen (bei geladener Batterie)
Säure tritt aus dem Entlüftungdeckel aus	Ladespannung zu hoch	■ Spannungsregler prüfen, ggf. austauschen
	*) Säurestand zu hoch	■ Überschüssige Säure mit Säureheber absaugen
Säuredichte zu niedrig	Säuredichte in einer Zelle deutlich niedriger als in den übrigen Zellen	■ Kurzschluß in einer Zelle. Batterie erneuern
	Säuredichte in zwei benachbarten Zellen deutlich niedriger als in den übrigen Zellen	■ Trennwand undicht, dadurch entsteht eine leitende Verbindung zwischen den Zellen, wodurch die Zellen entladen werden. Batterie erneuern
	Batterie entladen	■ Batterie laden
	Generator nicht in Ordnung	■ Generator prüfen, ggf. reparieren oder austauschen
	Kurzschluß im Leitungsnetz	■ Elektrische Anlage überprüfen
	*) Säure infolge Wartungsfehler verwässert	■ Säureausgleich durchführen
*) Säuredichte zu hoch	Säure wurde nachgefüllt	■ Säureausgleich durchführen
Abgegebene Leistung ist zu gering, Spannung fällt stark ab	Batterie entladen	■ Batterie nachladen
	Ladespannung zu niedrig	■ Spannungsregler prüfen, ggf. austauschen
	Anschlußklemmen lose oder oxydiert	■ Anschlußklemmen reinigen und besonders Unterseite mit Säureschutzfett leicht einfetten, Befestigungsschrauben anziehen
	Masseverbindungen Batterie-Motor-Karosserie sind schlecht	■ Masseverbindung überprüfen, ggf. metallische Verbindungen herstellen oder Schraubverbindungen festziehen
	Zu große Selbstentladung der Batterie durch Verunreinigung der Batteriesäure	■ Batterie austauschen
	Evtl. Batterie sulfatiert (grauweißer Belag auf den Plus- und Minusplatten)	■ Batterie mit kleinem Strom laden, damit sich der Belag langsam zurückbildet. Falls nach wiederholter Ladung und Entladung die abgegebene Leistung immer noch zu gering ist, Batterie austauschen
	Batterie verbraucht, aktive Masse der Platten ausgefallen	■ Batterie austauschen
Nicht ausreichende Ladung der Batterie	Fehler an Generator, Spannungsregler oder Leitungsanschlüssen	■ Generator und Spannungsregler überprüfen, instand setzen bzw. austauschen; Leitungen einwandfrei befestigen
	Keilriemen locker, Spannvorrichtung defekt	■ Keilriemen spannen oder austauschen, Spannvorrichtung prüfen
	Zu viele Verbraucher angeschlossen	■ Größere Batterie einbauen; evtl. auch größeren Generator verwenden
Dauernde Überladung	Fehler am Spannungsregler, evtl. auch am Generator	■ Spannungsregler austauschen bzw. Generator überprüfen

*) Die mit *) gekennzeichneten Hinweise gelten nicht für die serienmäßige, wartungsarme Batterie.

Die Diebstahl-Warnanlage

Das Diebstahl-Warnsystem des FORD MONDEO wird je nach Ausstattung mit dem Fahrzeugschlüssel über den Türschließzylinder oder mit der Infrarot-Fernbedienung aktiviert.

Bauteile des Diebstahl-Warnsystems

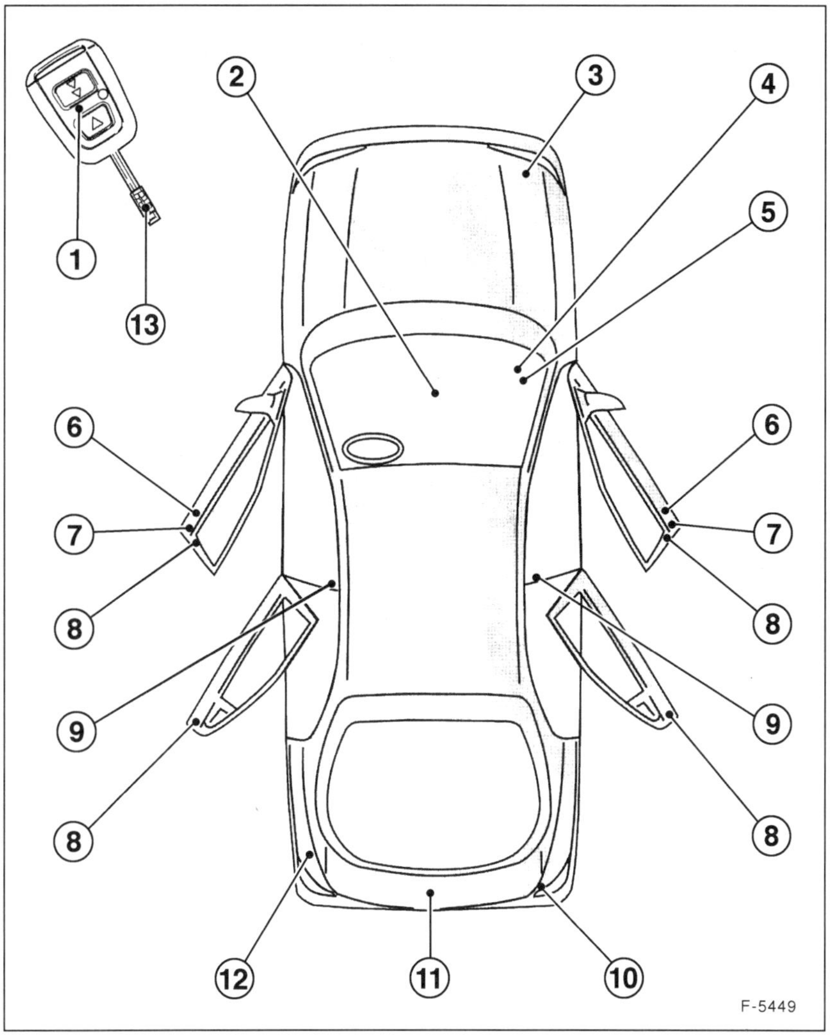

1 – **Infrarot-Sender**

2 – **Funktionsanzeige**
Rote Leuchtdiode.

3 – **Motorhaubenschalter**

4 – **Blinkleuchten-Warnrelais**

5 – **Diebstahl-Warnmodul**

6 – **Infrarot-Empfänger**

7 – **Schließzylinder-Positionsschalter**

8 – **Schloß-Positionsschalter**

9 – **Innenraum-Überwachungssensoren**

10 – **Schließzylinder-Schalter**
Für Heckklappe/Kofferraumdeckel.

11 – **Positionsschalter**
Für Heckklappe/Kofferraumdeckel.

12 – **Horn für Warnanlage**

13 – **Fahrzeugschlüssel**

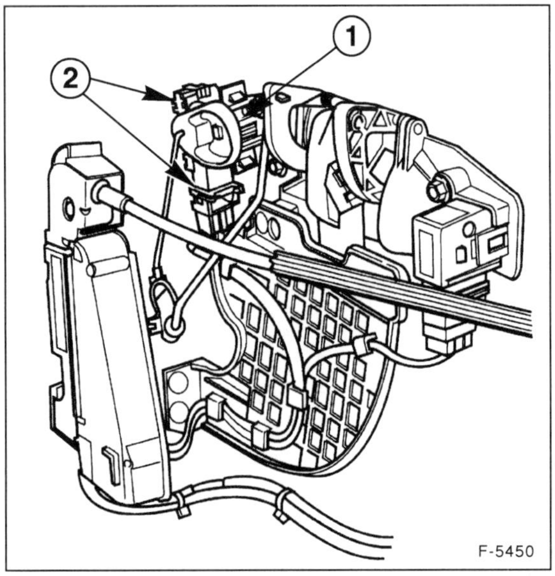

Am Türschließzylinder –1– befindet sich ein sogenannter Positionsschalter –2–, der die Bewegung des Schließzylinders in ein elektrisches Signal umwandelt und an das Diebstahl-Warnmodul weitergibt. Daraufhin überprüft das Warnmodul, ob sämtliche Türen sowie Heckklappe und Motorhaube geschlossen sind. Ist diese Voraussetzung gegeben, aktiviert das Modul die Diebstahl-Warnanlage. Das wird durch schnelles Blinken der Funktionsanzeige in der Digitaluhr beziehungsweise im Bordcomputer angezeigt. Nach ca. 20 Sekunden ist die Anlage »aktiv«, und die Blinkfrequenz verlangsamt sich.

Werden bei aktivem Warnsystem eine der Türen, die Motorhaube oder die Heckklappe (Kofferraumdeckel) geöffnet, wird über die entsprechenden Schalter und Schaltkreise Alarm ausgelöst. Gleiches gilt auch, wenn die Radiostecker demontiert oder die Zündung eingeschaltet werden.

Bei Alarm ertönen ca. 30 Sekunden lang akustische Signale, die durch ein zusätzlich eingebautes Horn erzeugt werden. Gleichzeitig blinkt die Warnblinkanlage für einen Zeitraum von ca. 5 Minuten. Ein Anlaßsperr-Relais verhindert, daß der Motor gestartet werden kann. Und zwar solange die Warnanlage aktiviert ist.

Deaktiviert wird das Warnsystem durch das Entriegeln des Fahrzeuges mittels Schlüssel oder Fernbedienung.

Innenraumüberwachung

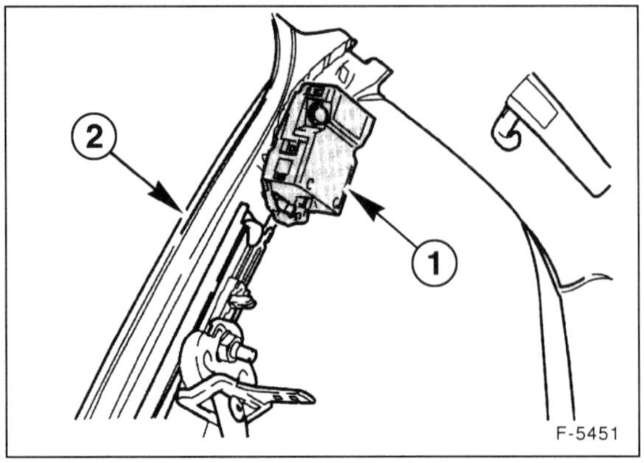

Die Diebstahl-Warnanlage kann mit einer Innenraumüberwachung kombiniert sein. Als zusätzliche Bauteile sind dann 2 Ultraschallsensoren –1– in die B-Säulen (mittlere Karosseriesäulen) –2– eingebaut.

Der Ultraschallsensor besteht aus einem Sende- und einem Empfangsteil. Bei aktiviertem Warnsystem sendet der Sensor Töne einer bestimmten Frequenz im Ultraschallbereich in den Innenraum des Fahrzeugs. Der Empfänger überprüft die Echowellen und vergleicht sie mit der kurz vorher empfangenen Frequenz. Werden hierbei wesentliche Unterschiede erkannt, so wird Alarm ausgelöst.

Aktiviert wird die Innenraumüberwachung über die sogenannte »Doppelverriegelung«, siehe Seite 188.

Der Generator

Der FORD MONDEO ist mit einem Drehstromgenerator der Marken Bosch, Mitsubishi oder FORD ausgerüstet. Je nach Modell und Ausstattung sind Generatoren mit unterschiedlicher Leistung eingebaut.

Der Generator wird von der Kurbelwelle über den Keilriemen angetrieben. Dabei dreht sich der Läufer mit der Erregerwicklung innerhalb der feststehenden Ständerwicklung mit ca. doppelter Motordrehzahl.

Über Kohlebürsten und Schleifringe fließt der Erregerstrom durch die Erregerwicklung. Dabei bildet sich ein Magnetfeld. Die Lage des magnetischen Feldes zur Ständerwicklung ändert sich ständig, entsprechend der Umdrehung des Läufers. Dadurch wird in der Ständerwicklung ein Drehstrom erzeugt.

Da die Batterie aber nur mit Gleichstrom geladen werden kann, wird der Drehstrom durch Gleichrichter in der Diodenplatte in Gleichstrom umgewandelt. Der Spannungsregler verändert den Ladestrom durch Ein- und Ausschalten des Erregerstromes, entsprechend dem Ladezustand der Batterie. Gleichzeitig hält der Regler die Betriebsspannung konstant bei ca. 14 Volt, unabhängig von der Drehzahl.

Sicherheitshinweise bei Arbeiten am Drehstromgenerator

Bei Arbeiten am Drehstromgenerator sind verschiedene Punkte zu beachten, um Schäden an der Anlage zu vermeiden. Das komplette Zerlegen und Überholen des Drehstromgenerators sollte von einer Fachwerkstatt durchgeführt werden.

- Wenn eine zusätzliche Batterie (z. B. als Starthilfe) angeschlossen wird, unbedingt darauf achten, daß die gleichen Batteriepole miteinander verbunden werden.
- Beim Anschließen eines Ladegerätes Leitungen des Laders mit den richtigen Batterieklemmen verbinden. Masseband- und Pluskabel während des Ladevorganges von Batterie abklemmen.
- Motor nicht ohne Batterie laufen lassen.
- Klemmen am Drehstromgenerator und am Regler niemals kurzschließen.
- Drehstromgenerator nicht umpolen.

Generator aus- und einbauen

Achtung: Den Generator gibt es je nach Typ auch als Austauschteil. Das bedeutet, daß ein defekter Generator unter Umständen bei Kauf eines überholten oder neuen Generators vom Hersteller in Zahlung genommen wird, daher Altteil zum Händler mitnehmen.

- **Wichtig:** Batterie-Massekabel (–) von der Batterie abklemmen. **Achtung:** Dadurch werden die elektronischen Speicher gelöscht, wie zum Beispiel der Motorfehlerspeicher oder der Radiocode. Vor dem Abklemmen der Batterie sollten auch die Hinweise im Kapitel »Batterie aus- und einbauen« durchgelesen werden.

Ausbau Benziner

- Luftkammer ausbauen, siehe Seite 70.
- Elektrische Leitungen hinten am Generator abschrauben. Stecker abziehen, dazu Drahtklammer eindrücken.
- Schraube für Kabelstrang am Ansaugkrümmer herausdrehen.
- Stellung des rechten Vorderrades zur Radnabe mit Farbe kennzeichnen. Dadurch kann das ausgewuchtete Rad wieder in derselben Position montiert werden. Radmuttern bei auf dem Boden stehendem Fahrzeug lösen. Fahrzeug vorn aufbocken und rechtes Vorderrad abnehmen.
- Innenkotflügel ausbauen, siehe Seite 168.
- Abdeckung für Riemenscheibe ausbauen, Keilrippenriemen entspannen und nur vom Riemenrad des Generators abnehmen, siehe Seite 42.

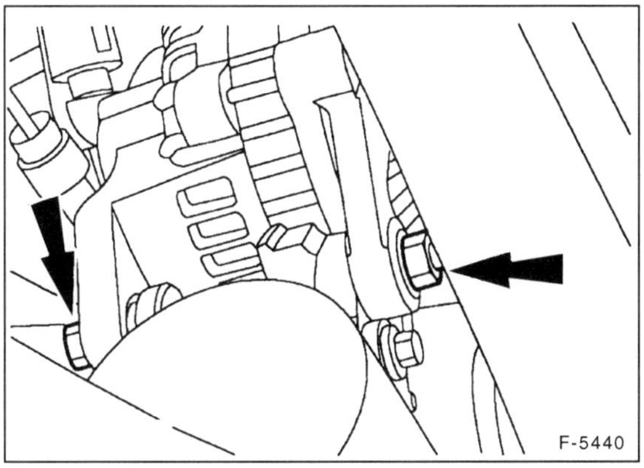

- Untere Befestigungsschraube für Drehstromgenerator herausdrehen.

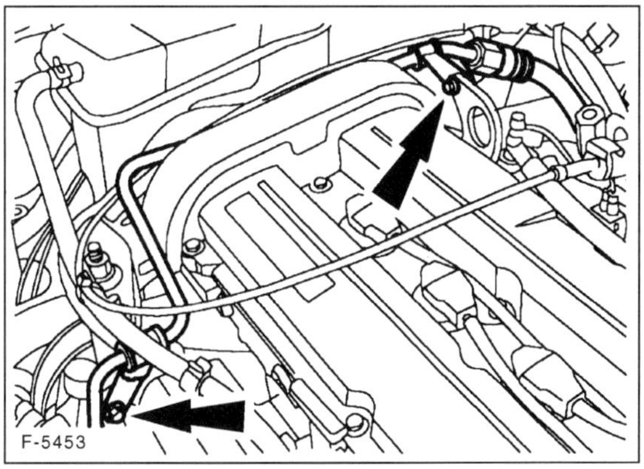

- Halter für Hydraulikleitung der Servolenkung am Motor abschrauben und Hydraulikleitung zur Seite legen.
- Kabelstrang an der Spritzwand ausclipsen.

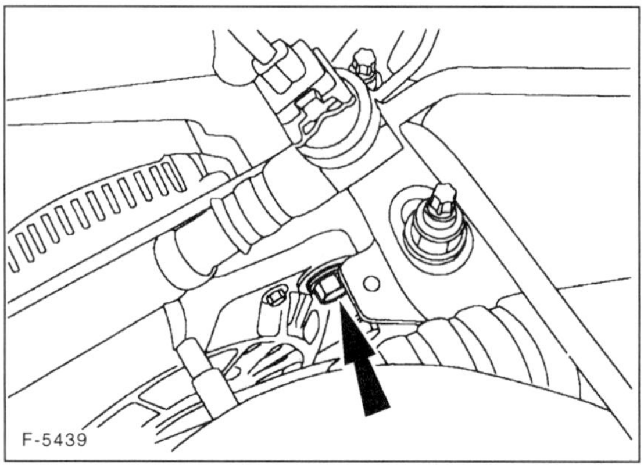

- Obere Befestigungsschraube für Drehstromgenerator herausdrehen.

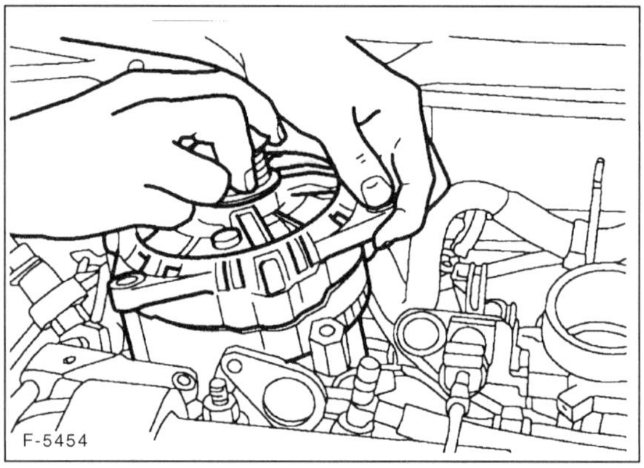

- Generator mit der Riemenscheibe nach oben drehen und herausheben. **Achtung:** Dabei keine Leitungen oder Kabel auf Zug beanspruchen.

Einbau

- Generator einsetzen und mit **50 Nm** anschrauben.
- Kabelstrang an der Spritzwand einclipsen.
- Halter für Hydraulikleitung der Servolenkung am Motor anschrauben.
- Keilrippenriemen und Abdeckung für Riemenscheibe einbauen, siehe Seite 42.
- Innenkotflügel einbauen, siehe Seite 168.
- Rechtes Vorderrad so ansetzen, daß die beim Ausbau angebrachten Markierungen übereinstimmen. Vorher Zentriersitz der Felge an der Radnabe mit Wälzlagerfett leicht einfetten. Rad anschrauben. Fahrzeug ablassen und Radmuttern über Kreuz mit **85 Nm** festziehen.
- Elektrische Leitungen am Generator anschließen und Kabelstrang am Ansaugkrümmer anschrauben.
- Luftkammer einbauen, siehe Seite 70.
- Batterie-Massekabel (–) anklemmen.
- Zeituhr einstellen.
- Diebstahlcode für Radio eingeben.

Ausbau Turbodiesel

- Fahrzeug aufbocken.
- Untere Motorabdeckung ausbauen, siehe Seite 48.
- Keilrippenriemen für Generator ausbauen, siehe Seite 42.
- Fahrzeug ablassen.
- Ladeluftkühler ausbauen, siehe Seite 31.

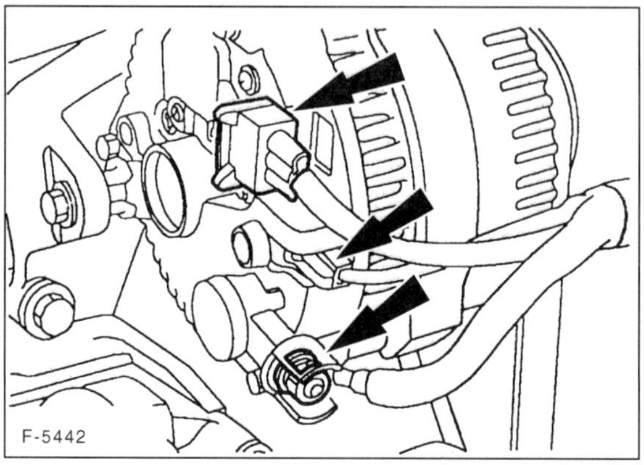

- Mehrfachstecker vom Generator abziehen, dickes Kabel abschrauben.

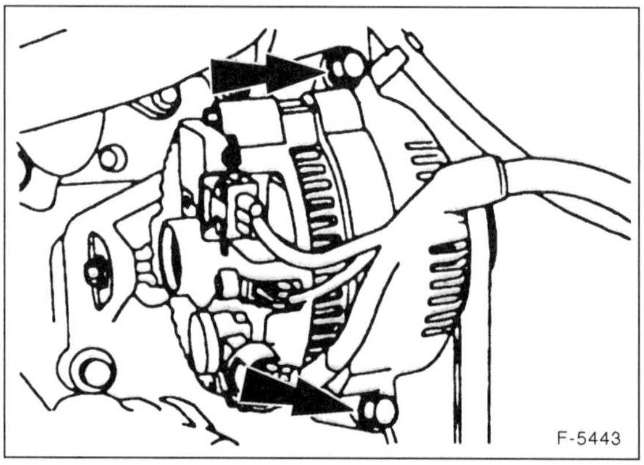

- Generator abschrauben und herausnehmen.

Einbau

- Generator einsetzen und mit **45 Nm** anschrauben.
- Mehrfachstecker am Generator aufstecken, dickes Kabel anschrauben.
- Fahrzeug aufbocken.
- Keilrippenriemen einbauen und spannen, siehe Seite 42.
- Untere Motorabdeckung einbauen.
- Fahrzeug ablassen.
- Batterie-Massekabel (–) anklemmen.
- Zeituhr einstellen.
- Diebstahlcode für Radio eingeben.

Schleifkohlen für Generator/Spannungsregler ersetzen/prüfen

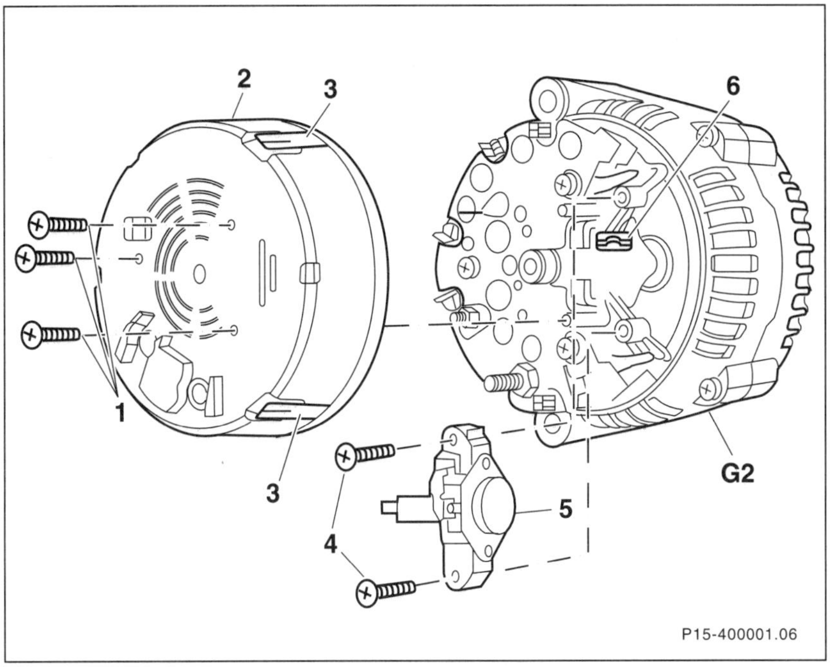

1 – Schrauben
2 – Deckel
3 – Haltenasen
4 – Schrauben
5 – Regler
6 – Massenase
G2 – Generator

Die Abbildung zeigt den BOSCH-Generator.

Der Spannungsregler ist im Kohlebürstenhalter integriert. Die Kohlebürsten können einzeln ersetzt werden, dazu ist allerdings einiges Geschick notwendig. Die Kohlebürsten des Generators verschleißen recht langsam; im Schnitt sind sie nach etwa 120.000 km abgenutzt. Es empfiehlt sich, die Kohlebürsten vorsorglich etwas früher auszuwechseln.

Ausbau (Bosch-Generator)

- Generator ausbauen.
- Schrauben –1– herausdrehen, Abdeckung –2– ausclipsen und abnehmen.
- Schrauben –4– herausdrehen und Regler –5– zur Seite herausnehmen.
- Kohlebürsten ersetzen, dazu Anschlußlitze auslöten.
- Schleifringe auf Verschleiß prüfen, gegebenenfalls feinstüberdrehen und polieren (Werkstattarbeit).

Einbau

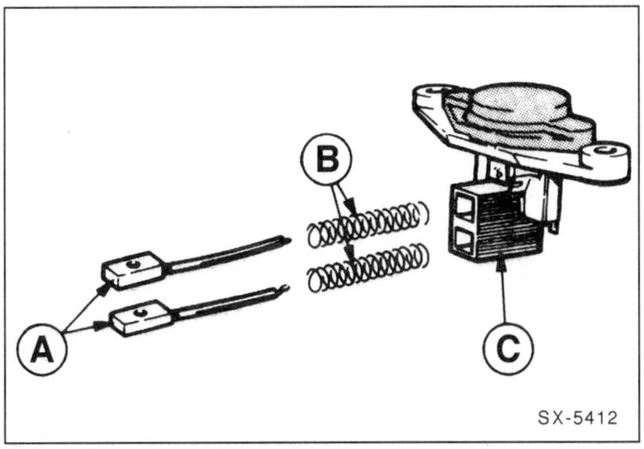

- Neue Kohlebürsten –A– und Federn –B– in den Bürstenhalter –C– einsetzen und Anschlüsse verlöten.
- Damit beim Anlöten der neuen Bürsten kein Lötzinn in der Litze hochsteigen kann, Anschlußlitze der Bürsten mit einer Flachzange fassen. **Achtung:** Durch hochsteigendes Lötzinn würden die Litzen steif und die Kohlebürsten unbrauchbar werden.
- Spannungsregler einsetzen und festschrauben. Beim Einsetzen des Reglers darauf achten, daß die Massenase –5– am Regler anliegt, siehe große Abbildung.
- Nach dem Einbau neue Kohlebürsten auf leichten Lauf in den Bürstenhaltern prüfen.
- Abdeckung am Generator aufstecken und anschrauben.
- Generator einbauen, siehe Seite 219.

Ausbau (FORD-Generator)

Achtung: Die Kohlebürsten können nur komplett mit dem Spannungsregler ersetzt werden.

- Generator ausbauen.
- Regler mit 4 Schrauben abschrauben und herausnehmen.

Einbau

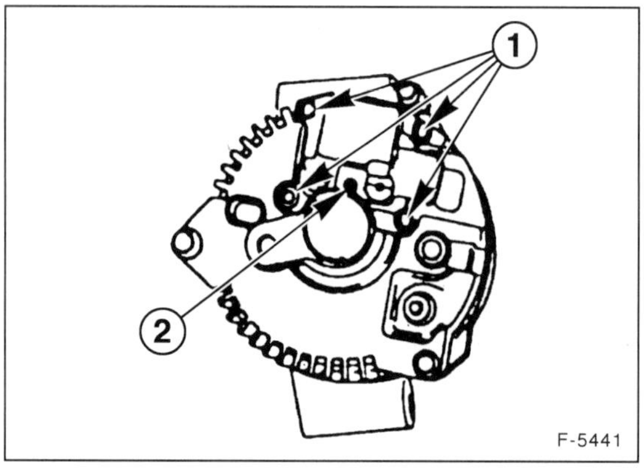

- Regler einsetzen und anschrauben –1–.
- Sicherungsstift –2– herausziehen. **Hinweis:** Der Ersatzregler ist mit einem Sicherungsstift versehen, um die Kohlebürsten zurückzuhalten.
- Generator einbauen, siehe Seite 219.

Generator-Ladespannung prüfen

- Voltmeter zwischen Plus- und Minuspol der Batterie anschließen.
- Motor starten. Die Spannung darf beim Startvorgang bis 9,5 Volt absinken.
- Bei einer Motordrehzahl von 3.000/min soll die Spannung 13,0–14,5 Volt betragen. Dies ist ein Beweis dafür, daß Generator und Regler arbeiten.

Störungsdiagnose Generator

Störung	Ursache	Abhilfe
Ladekontrollampe brennt nicht bei eingeschalteter Zündung	Batterie leer	■ Laden
	Kabel an Generator locker oder korrodiert	■ Kabel auf einwandfreien Kontakt prüfen, Schraube festziehen
	Ladekontrollampe durchgebrannt	■ Ersetzen
	Regler defekt	■ Regler prüfen, gegebenenfalls austauschen
	Unterbrechung in der Leitungsführung zwischen Generator, Zündschloß und Kontrollampe	■ Mit Voltmeter nach Stromlaufplan untersuchen
	Steckverbindungen zwischen Gleichrichterplatte und Spannungsregler nicht gesteckt	■ Generator demontieren, gegebenenfalls Stecker ersetzen
	Kohlebürsten liegen nicht auf dem Schleifring auf	■ Freigängigkeit der Kohlebürsten und Mindestlänge (5 mm) prüfen
	Erregerwicklung im Generator durchgebrannt	■ Läufer austauschen
Ladekontrollampe verlöscht nicht bei Drehzahlsteigerung	Keilrippenriemen locker	■ Keilrippenriemen spannen
	Kohlebürsten abgenutzt	■ Kohlebürsten sichtprüfen, gegebenenfalls austauschen
	Regler defekt	■ Regler prüfen, gegebenenfalls austauschen
	Leitung zwischen Drehstromgenerator und Regler defekt	■ Leitung und Kontakte prüfen, ggf. Leitungsstrang ersetzen
Ladekontrollampe brennt bei ausgeschalteter Zündung	Plusdiode hat Kurzschluß	■ Dioden prüfen, gegebenenfalls Diodenplatte austauschen

Der Anlasser

Zum Starten des Verbrennungsmotors ist ein kleiner elektrischer Motor, der Anlasser, erforderlich. Damit der Motor überhaupt anspringen kann, muß der Anlasser den Verbrennungsmotor auf eine Drehzahl von mindestens 300 Umdrehungen in der Minute beschleunigen. Das funktioniert aber nur, wenn der Anlasser einwandfrei arbeitet und die Batterie hinreichend geladen ist.

Der Anlasser besteht aus einem Antriebs-, Pol- und Kollektorgehäuse. In dem Pol- und Kollektorgehäuse sind Anker und Kollektor gelagert sowie der Bürstenhalter. Im Bürstenhalter befinden sich Kohlebürsten, die sich zwar langsam, aber stetig abnutzen. Bei hoher Abnutzung der Kohlebürsten kann der Anlasser nicht mehr einwandfrei arbeiten.

In dem vorderen Antriebsgehäuse ist der Ritzelantrieb untergebracht. Wenn der Anlasser über den Zündanlaßschalter Spannung erhält, wird über den Magnetschalter, der auf dem Anlassergehäuse sitzt, das Ritzel auf einem Steilgewinde gegen den Zahnkranz des Motor-Schwungrades geschoben. Sobald das Ritzel bis zum Anschlag auf der Spindel vorgelaufen ist, ist es formschlüssig mit dem Schwungrad verbunden. Nun kann der Anlasser den Motor auf die erforderliche Anlaßdrehzahl bringen. Wenn der Verbrennungsmotor anläuft, wird das Ritzel vom Motor her beschleunigt, es läuft also kurzzeitig schneller als der Anlassermotor und spurt aus, wodurch die Verbindung zum Verbrennungsmotor aufgehoben ist.

Da zum Starten eine hohe Stromaufnahme erforderlich ist, ist im Rahmen der Wartung auf eine einwandfreie Kabelverbindung zu achten. Korrodierte Anschlüsse säubern und mit Polschutzfett einstreichen.

Achtung: Den Anlasser gibt es je nach Typ auch als Austauschteil. Das bedeutet, daß ein defekter Anlasser unter Umständen bei Kauf eines überholten oder neuen Anlassers vom Hersteller in Zahlung genommen wird, daher Altteil zum Händler mitnehmen.

Magnetschalter prüfen/ aus- und einbauen

Bei einem Defekt des Magnetschalters wird das Ritzel im Anlasser nicht gegen den Zahnkranz des Schwungrades gezogen. Dadurch kann der Anlasser den Motor nicht durchdrehen. Dieser Defekt tritt häufiger auf als daß der Anlassermotor selbst schadhaft ist.

Prüfen in eingebautem Zustand

- Gang herausnehmen, Schalthebel in Leerlaufstellung.
- Prüfvoraussetzung: Batterie voll geladen.
- Mit Hilfskabel Klemme 30 (=dickes Pluskabel) und 50 (dünnes Kabel, zum Zündschloß) am Anlasser kurz überbrücken, das Anlasserritzel muß nach vorne schnellen (klicken) und der Anlasser anlaufen. Wenn nicht, Anlasser abschrauben und im ausgebauten Zustand überpüfen.

Ausbau

- Anlasser ausbauen und Prüfung bei ausgebautem Anlasser mit einer Autobatterie wiederholen. Als Zuleitung zu Klemme 50 des Anlassers eignet sich ein Starthilfekabel. Schnellt das Ritzel nach vorne, ohne daß der Anlasser anläuft, Anlassermotor von einer Werkstatt überholen lassen.
- Schnellt das Ritzel nicht nach vorn, Magnetschalter abschrauben und ersetzen.

Einbau

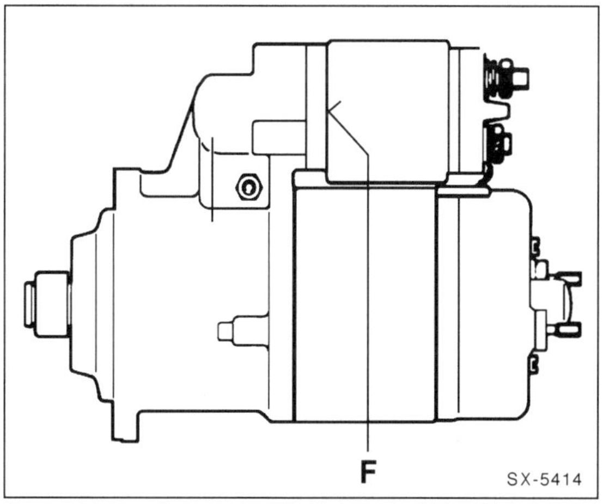

- Trennfuge –F– zum Anlasser mit geeignetem Dichtmittel abdichten.
- Magnetschalter an Gabelhebel im Anlasser einhängen, dann anschrauben.
- Leitung für Magnetschalter anschrauben.
- Anlasser erneut prüfen, wie oben beschrieben.
- Anlasser einbauen.

Anlasser aus- und einbauen

Achtung: Den Anlasser gibt es je nach Typ auch als Austauschteil. Das bedeutet, daß ein defekter Anlasser unter Umständen bei Kauf eines überholten oder neuen Anlassers vom Hersteller in Zahlung genommen wird, daher Altteil zum Händler mitnehmen.

- **Wichtig:** Batterie-Massekabel (–) von der Batterie abklemmen. **Achtung:** Dadurch werden die elektronischen Speicher gelöscht, wie zum Beispiel der Motorfehlerspeicher oder der Radiocode. Vor dem Abklemmen der Batterie sollten auch die Hinweise im Kapitel »Batterie aus- und einbauen« durchgelesen werden.

Ausbau Benziner

- Mehrfachstecker vom MAF-Sensor abziehen, siehe Seite 70.
- Luftfilter ausbauen, siehe Seite 70.

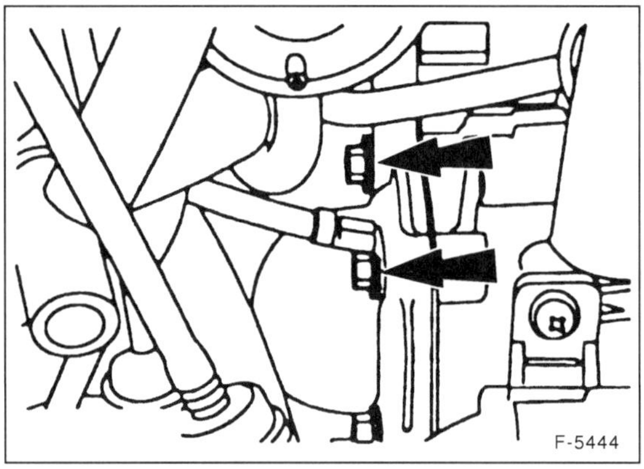

F-5444

- Obere Befestigungsschrauben für Anlasser herausdrehen. Dabei gleichzeitig das Massekabel zum Motor abschrauben.
- Fahrzeug aufbocken.

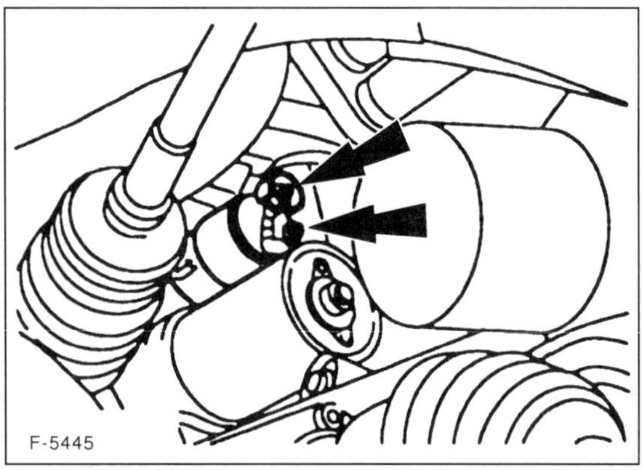

F-5445

- Anlasserkabel abschrauben und abziehen.

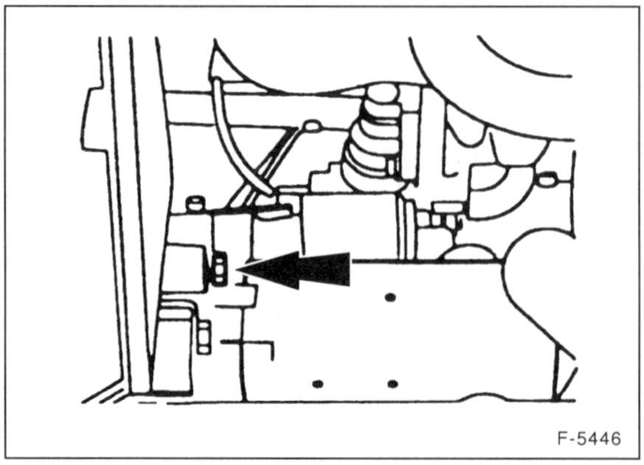

F-5446

- Untere Befestigungsschraube für Anlasser herausdrehen und Anlasser herausheben.

Einbau

- Anlasser einsetzen. Untere Befestigungsschraube mit **35 Nm** anschrauben.
- Anlasserkabel anschließen.
- Fahrzeug ablassen.
- Obere Befestigungsschrauben mit **35 Nm** anschrauben. Dabei gleichzeitig das Massekabel zum Motor mit anschrauben.
- Luftfilter einbauen, siehe Seite 70.
- Batterie-Massekabel (–) anklemmen.
- Zeituhr einstellen.
- Diebstahlcode für Radio eingeben.

Ausbau Turbodiesel

- Fahrzeug aufbocken.
- Untere Motorabdeckung ausbauen, siehe Seite 48.
- Vorderes Motorlager ausbauen, siehe Seite 15.

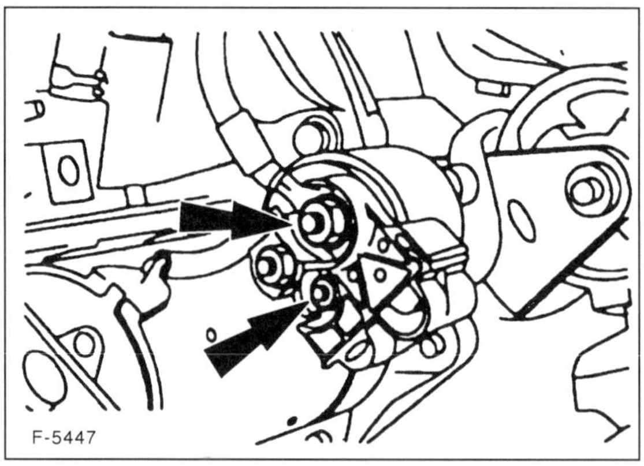

F-5447

- Anlasserkabel abschrauben und abziehen.

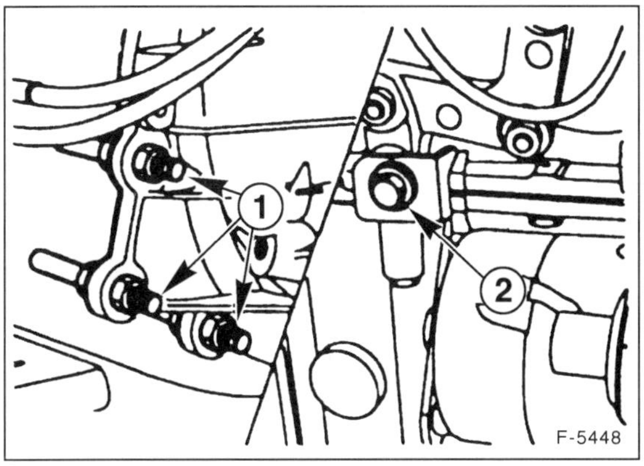

- Befestigungsschraube –1– am Kupplungsgehäuse sowie Schraube –2– am Stützhalter herausdrehen und Anlasser herausheben.

Einbau

- Anlasser einsetzen und anschrauben. Dabei Schrauben am Kupplungsgehäuse mit **45 Nm** und Schraube am Stützhalter mit **35 Nm** festziehen.
- Anlasserkabel anschließen. siehe unter »Ausbau«.
- Vorderes Motorlager einbauen, siehe Seite 15.
- Untere Motorabdeckung einbauen.
- Fahrzeug ablassen.
- Batterie-Massekabel (–) anklemmen.
- Zeituhr einstellen.
- Diebstahlcode für Radio eingeben.

Störungsdiagnose Anlasser

Wenn ein Anlasser nicht durchdreht, ist zunächst zu prüfen, ob an der Klemme 50 des Magnetschalters die zum Einziehen benötigte Spannung von mindestens 10 Volt vorhanden ist. Liegt die Spannung unter dem genannten Wert, dann müssen die Leitungen, die zum Anlasserstromkreis gehören, nach dem Stromlaufplan überprüft werden. Ob der Anlasser bei voller Batteriespannung einzieht, kann folgendermaßen geprüft werden:

- Keinen Gang einlegen, Zündung eingeschaltet.
- Mit einer Leitung (Querschnitt mindestens 4 mm^2) die Klemmen 30 und 50 am Anlasser überbrücken, siehe auch Stromlaufplan.

Spurt der Anlasser dabei einwandfrei ein, so liegt der Fehler in der Leitungsführung zum Anlasser. Anderenfalls Anlasser in ausgebautem Zustand überprüfen.

Prüfvoraussetzung: Leitungsanschlüsse müssen festsitzen und dürfen nicht oxydiert sein.

Störung	Ursache	Abhilfe
Anlasser dreht sich nicht beim Betätigen des Zündanlaßschalters	Batterie entladen	■ Batterie laden
	Klemmen 30 und 50 am Anlasser überbrücken: Anlasser läuft an. Leitung 50 zum Zündanlaßschalter unterbrochen, Anlaßschalter defekt	■ Unterbrechung beseitigen, defekte Teile ersetzen
	Kabel oder Masseanschluß ist unterbrochen. Batterie entladen	■ Batteriekabel und Anschlüsse prüfen. Spannung der Batterie messen, ggf. laden
	Ungenügender Stromdurchgang infolge lockerer oder oxydierter Anschlüsse	■ Batteriepole und -klemmen reinigen. Stromsichere Verbindungen zwischen Batterie, Anlasser und Masse herstellen
	Keine Spannung an Klemme 50 (Magnetschalter)	■ Leitung unterbrochen Zündanlaßschalter defekt
Anlasser dreht sich zu langsam und zieht den Motor nicht durch	Batterie entladen	■ Batterie laden
	Kein Mehrbereichsöl im Motor	■ Mehrbereichsöl einfüllen
	Ungenügender Stromdurchgang infolge lockerer oder oxydierter Anschlüsse	■ Batteriepole und -klemmen und Anschlüsse am Anlasser reinigen, Anschlüsse festziehen
	Kohlebürsten liegen nicht auf dem Kollektor auf, klemmen in ihren Führungen, sind abgenutzt, gebrochen, verölt oder verschmutzt	■ Kohlebürsten überprüfen, reinigen bzw. auswechseln. Führungen prüfen
	Ungenügender Abstand zwischen Kohlebürsten und Kollektor	■ Kohlebürsten ersetzen und Führungen für Kohlebürsten reinigen
	Kollektor riefig oder verbrannt und verschmutzt	■ Kollektor abdrehen oder Anker ersetzen
	Spannung an Klemme 50 fehlt (mind. 10 Volt)	■ Zündanlaßschalter oder Magnetschalter überprüfen
	Magnetschalter defekt	■ Schalter auswechseln
Anlasser spurt ein und zieht an, Motor dreht nicht oder nur ruckweise	Ritzelgetriebe defekt	■ Ritzelgetriebe ersetzen
	Ritzel verschmutzt	■ Ritzel reinigen
	Zahnkranz am Schwungrad defekt	■ Zahnkranz nacharbeiten, falls erforderlich, Schwungrad erneuern
Ritzelgetriebe spurt nicht aus	Ritzelgetriebe oder Steilgewinde verschmutzt bzw. beschädigt	■ Ritzelgetriebe reinigen, ggf. ersetzen
	Magnetschalter defekt	■ Magnetschalter ersetzen
	Rückzugfeder schwach oder gebrochen	■ Rückzugfeder erneuern
Anlasser läuft weiter, nachdem der Zündschlüssel losgelassen wurde	Magnetschalter hängt, schaltet nicht ab	■ Zündung sofort ausschalten, Magnetschalter ersetzen
	Zündschloß schaltet nicht ab	■ Sofort Batterie abklemmen, Zündschloß ersetzen

Beleuchtungsanlage

Zur Beleuchtungsanlage zählen: Hauptscheinwerfer, Heckleuchten, Bremsleuchten, Rückfahrscheinwerfer, Blinkleuchten, Nebelschlußleuchten, Kennzeichenleuchten und Innenleuchten. Die Instrumentenbeleuchtung wird im Kapitel »Armaturen« abgehandelt.

Vor dem Auswechseln einer Glühlampe Schalter des betreffenden Verbrauchers ausschalten. **Achtung: Glaskolben nicht mit bloßen Fingern anfassen.** Der Fingerabdruck würde verdunsten und sich – aufgrund der Wärme – auf dem Reflektor niederschlagen und diesen erblinden lassen. Grundsätzlich Glühlampe nur durch eine gleiche Ausführung ersetzen. Versehentlich entstandene Berührungsflecken mit sauberem, nicht faserndem Tuch und Spiritus entfernen.

Lampentabelle

Um jederzeit eine Lampe auswechseln zu können, sollte stets ein Kasten mit Ersatzlampen im Fahrzeug mitgeführt werden.

12-Volt-Glühlampe für ...	Typ	Leistung
Fernlicht, Abblendlicht	H7 (bis 11/95: H1)	55 W
Nebelscheinwerfer	H1	55 W
Blinkleuchten vorn/hinten	Bajonett	21 W
Bremslicht/Rückfahrlicht	Bajonett	21 W
Zusatz-Bremslicht (5 St.)	Glassockel	5 W
Nebelschlußlicht	Bajonett	21 W
Rücklicht	Bajonett	5 W
Blinkleuchten seitlich	Glassockel	5 W
Innenleuchte	Soffitte	10 W
Gepäckraumleuchte bis 8/96	Soffitte	10 W
Gepäckraumleuchte ab 9/96	Kugellampe	10 W
Standlicht/Leseleuchte	Glassockel	5 W
Motorraumleuchte	Glassockel	10 W
Kennzeichenleuchte	Soffitte	5 W

Glühlampen wechseln

11/92 – 8/96

Scheinwerfer

Ausbau

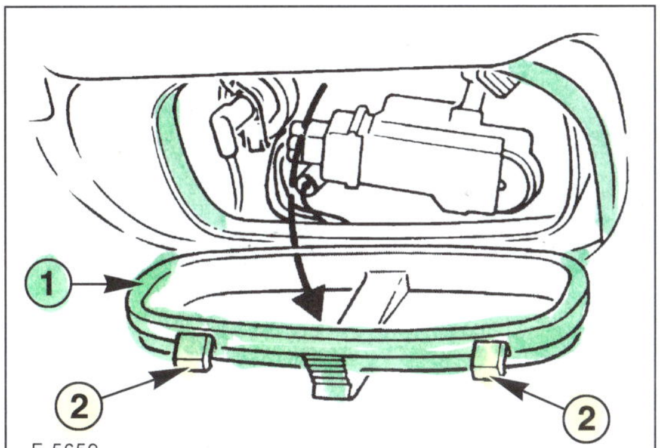

F-5659

- Abdeckkappe –1– an der Scheinwerfer-Rückseite herunterklappen, dazu die beiden Halter –2– herunterdrücken und dadurch Abdeckkappe ausclipsen.

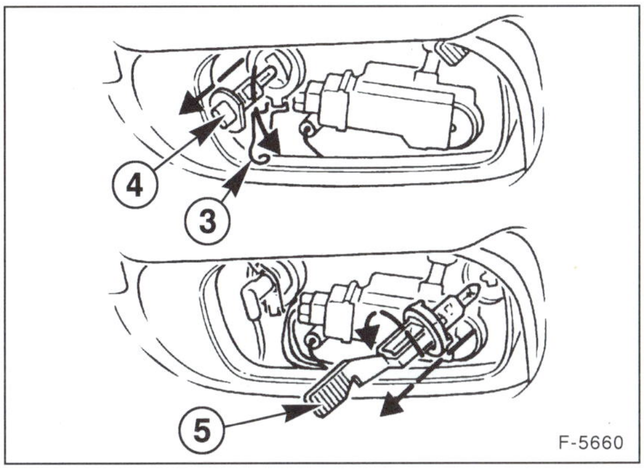

F-5660

- **Glühlampe für Abblendlicht:** Drahtbügel –3– aushängen und zurückklappen, Lampe –4– herausziehen. Stecker abziehen.

- **Glühlampe für Fernlicht:** Lampenhalter –5– nach links drehen und herausziehen. Stecker abziehen. **Achtung:** Zum Ausbau der linken Lampe muß zuvor die Batterie ausbaut werden, siehe Seite 212.
- Feder-Haltebügel vom Lampenhalter wegschwenken und dadurch Lampe entriegeln. Lampe herausnehmen.

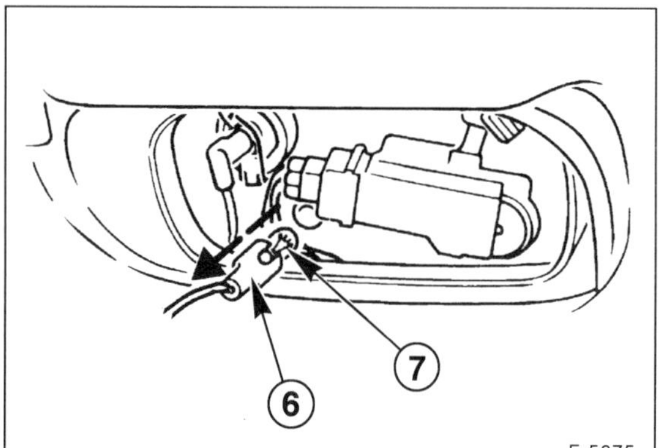

F-5675

- **Glühlampe für Standlicht:** Lampenfassung –6– aus dem Reflektor herausziehen, anschließend Lampe –7– aus der Fassung herausziehen.

Einbau

- **Glühlampe für Standlicht:** Lampe in die Fassung stecken, Lampenfassung bis zum Anschlag in den Reflektor stecken.

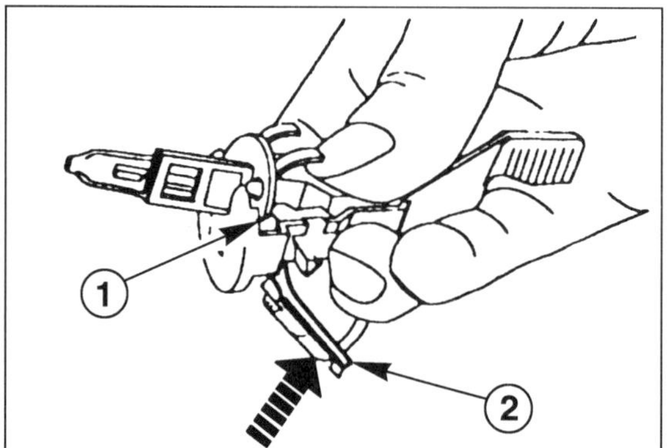

F-5666

- **Glühlampe für Fernlicht:** Stecker aufschieben. Lampe mit der abgeflachten Seite nach unten in den Lampenhalter einsetzen –1–. Die beiden Stifte der Lampe müssen in die Bohrungen am Halter eingreifen. Haltebügel –2– spannen, dazu Haltebügel gegebenenfalls etwas herausziehen und dann in Pfeilrichtung andrücken. Lampenhalter einsetzen, nach rechts drehen und arretieren.
- **Glühlampe für Abblendlicht:** Lampe einsetzen und mit Drahtbügel sichern. Stecker aufschieben.
- Abdeckkappe an der Scheinwerfer-Rückseite unten einhängen, oben fest andrücken und einrasten. Festen Sitz der Abdeckkappe prüfen.

Blinkleuchte

Ausbau

F-5674

- Schraube –1– durch die Bohrung im Querträger mit Torx-Schraubendreher T30 um 2 Umdrehungen lösen.

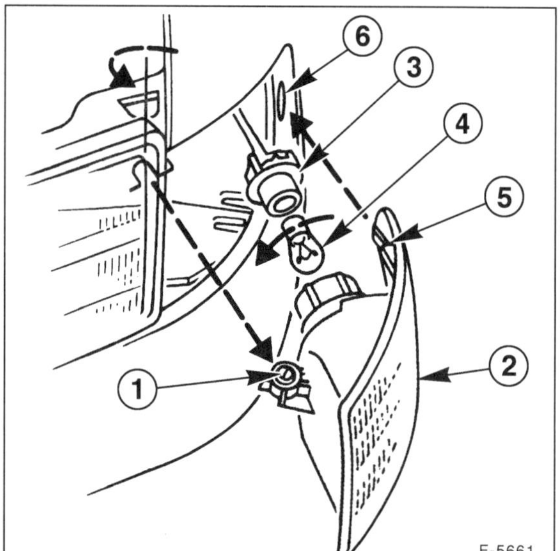

F-5661

- Lampengehäuse –2– herausziehen.
- Lampenhalter –3– nach links drehen und herausziehen.
- Lampe –4– leicht in den Halter hineindrücken, gleichzeitig nach links drehen und herausnehmen. 1 – Klemmschraube, siehe auch Abbildung F-5674.

Einbau

- Neue Lampe in die Fassung einsetzen, nach rechts drehen und arretieren.
- Fassung in das Lampengehäuse einsetzen und durch Rechtsdrehen befestigen.
- Lampengehäuse einsetzen, dabei zuerst die Haltefeder –5– in die Aufnahmebohrung –6– einsetzen, dann Gehäuse hineindrücken.
- Prüfen, ob das Gehäuse bündig in der Öffnung sitzt und Klemmschraube festziehen.

Heckleuchte

Ausbau

- **Limousine:** Rücklichtverkleidung ausbauen, siehe Seite 235.
- **Turnier:** Rücklicht- und Seitenverkleidung ausbauen. Dazu 1 beziehungsweise 2 Clips um 90° drehen und herausziehen.

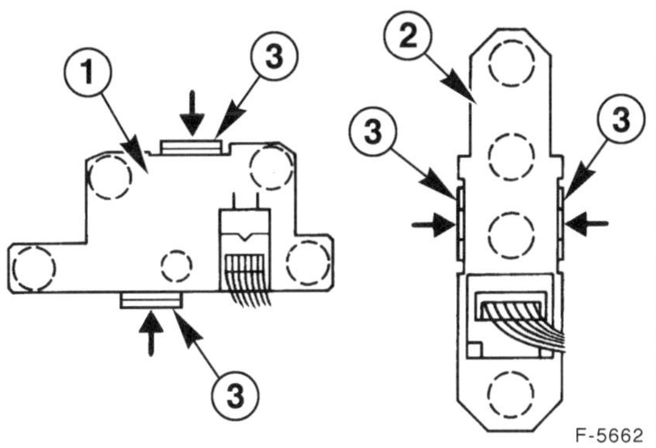

F-5662

- Lampenhalter abnehmen. Dazu die beiden Haltelaschen –3– zusammendrücken. 1 – Limousine, 2 – Turnier.
- Betreffende Lampe leicht in den Halter hineindrücken, gleichzeitig nach links drehen und herausnehmen.

Einbau

- Neue Lampe in die Fassung einsetzen, nach rechts drehen und arretieren.
- Lampenhalter fest in die Öffnung am Aufbau drücken und einrasten.
- **Limousine:** Rücklichtverkleidung einbauen, siehe Seite 235.
- **Turnier:** Rücklicht- und Seitenverkleidung ansetzen und 1 beziehungsweise 2 Clips einsetzen, um 90° drehen und dadurch arretieren.

Kennzeichenleuchte

Ausbau

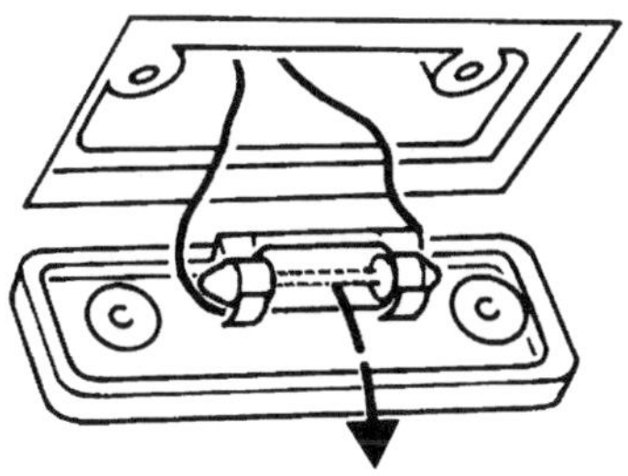
F-5663

- Lampenfassung mit Kreuzschlitz-Schraubendreher abschrauben.
- Lampe aus der Klemmhalterung herausziehen.

Einbau

- Neue Lampe in die Klemmhalterung hineindrücken.
- Lampenfassung anschrauben.

Motorraumleuchte/Handschuhkastenleuchte

Ausbau

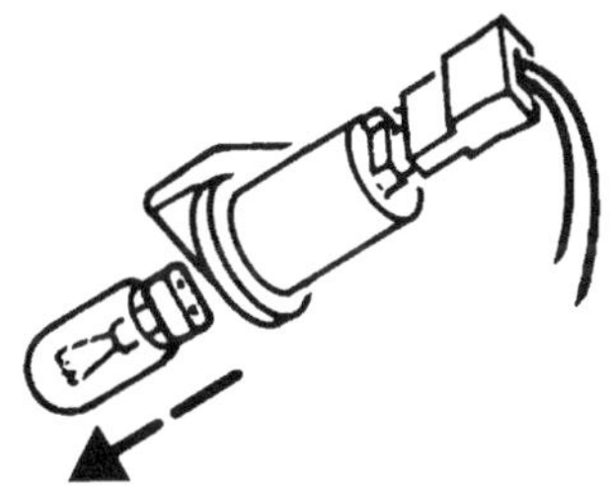
F-5664

- Lampe aus der Fassung herausziehen.

Einbau

- Neue Lampe in die Fassung hineinstecken.

Innenleuchte/Leseleuchte/Gepäckraumleuchte

Ausbau

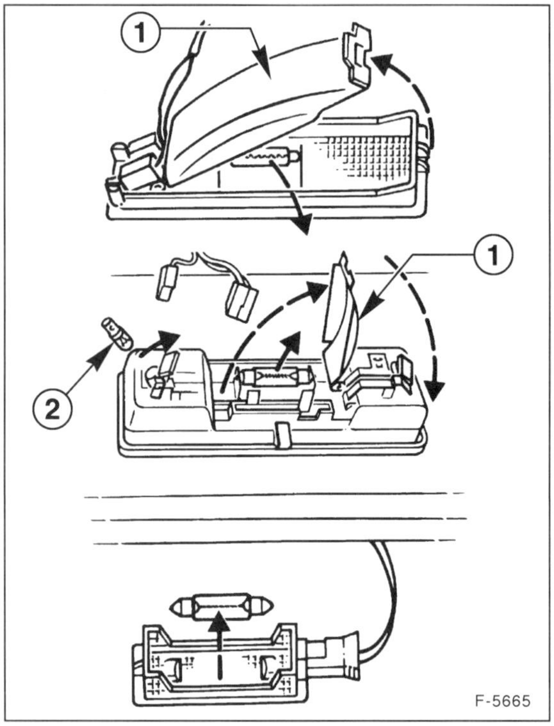

- **Innenleuchte:** Lampe ausschalten (mittlere Schalterstellung). Leuchte mit flachem Schraubendreher herausheben. Um Beschädigungen zu vermeiden, Papierpolster unterlegen. Reflektor –1– seitlich entriegeln und zurückklappen. Lampe aus der Fassung herausziehen.
- **Leseleuchte:** Leuchte mit flachem Schraubendreher herausheben. Kontaktplatte wegschwenken und Lampe –2– aus der Fassung herausziehen.
- **Gepäckraumleuchte:** Leuchte mit flachem Schraubendreher herausheben. Lampe aus der Fassung herausziehen.

Einbau

- Neue Lampe in die Fassung hineinstecken. Lampengehäuse hineindrücken.

Glühlampen wechseln

Ab 9/96

Scheinwerfer/Blinkleuchte

- Schalter der betreffenden Lampe ausschalten.
- Scheinwerfer ausbauen, siehe Seite 234.

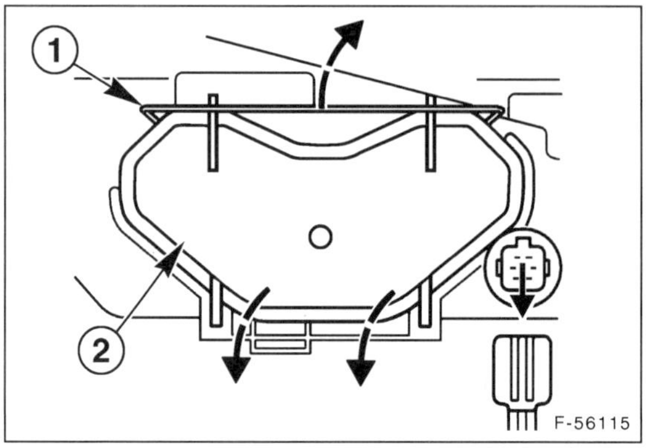

- Halteklammer –1– ausclipsen.
- Abdeckung –2– zur Seite schwenken.

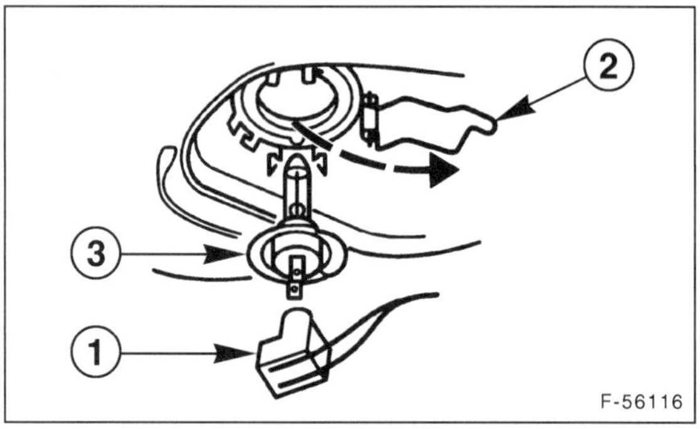

- Lampenstecker –1– für **Abblendlicht** abziehen.
- Drahtbügel –2– seitlich wegklappen.
- Lampe –3– herausziehen.
- Lampe so einsetzen, daß die Nasen am Sockel in die Kerben am Scheinwerfer passen.
- Drahtbügel zurückklappen und Lampe sichern.
- Lampenstecker aufschieben.

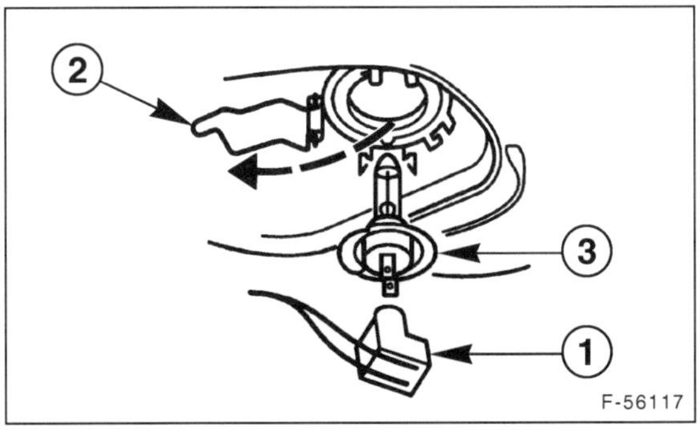

- Lampenstecker –1– für **Fernlicht** abziehen.
- Drahtbügel –2– seitlich wegklappen.
- Lampe –3– herausziehen.
- Lampe so einsetzen, daß die Nasen am Sockel in die Kerben am Scheinwerfer passen.
- Drahtbügel zurückklappen und Lampe sichern.
- Lampenstecker aufschieben.

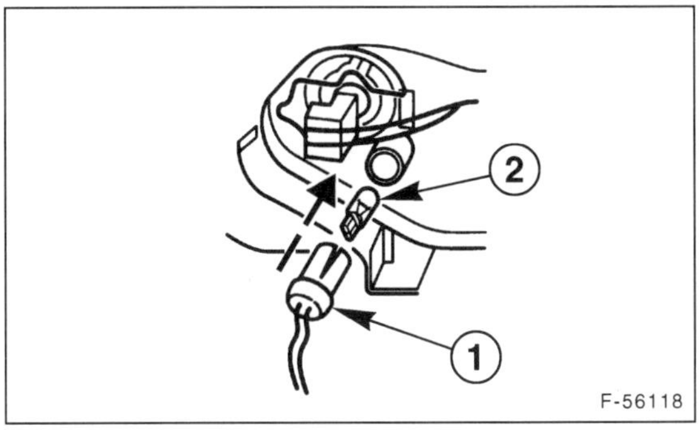

- Lampenfassung –1– für **Standlicht** herausziehen.
- Lampe –2– aus der Fassung ziehen und ersetzen.
- Lampenfassung in das Scheinwerfergehäuse einstecken.

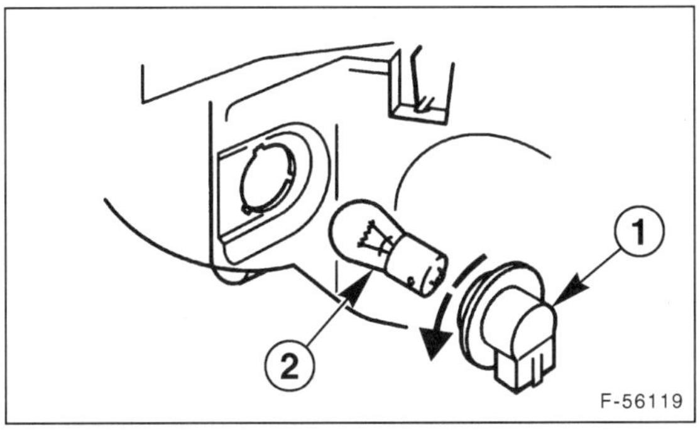

- Lampenfassung –1– für **Blinker** nach links drehen und herausnehmen.
- Lampe –2– leicht in die Fassung drücken, nach links drehen und herausnehmen.
- Neue Lampe leicht in die Fassung drücken, nach rechts drehen und verriegeln
- Lampenfassung in die Leuchte einsetzen, nach rechts drehen und verriegeln.

- Abdeckkappe an der Scheinwerfer-Rückseite einhängen und auf der anderen Seite fest andrücken. Drahtklammer aufschieben und Abdeckung sichern. Festen Sitz der Abdeckkappe prüfen.
- Scheinwerfer einbauen und Scheinwerfer-Einstellung prüfen lassen. (Werkstattarbeit).

Nebelscheinwerfer

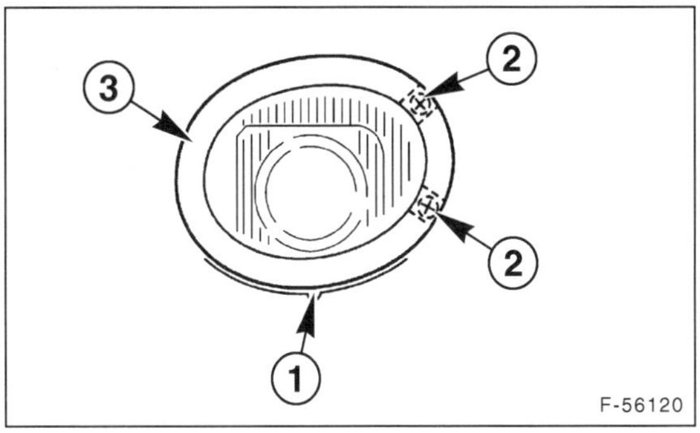

- Abdeckring –3– abheben, dazu Schraubendreher in den Schlitz –1– einsetzen.
- 2 Kreuzschlitzschrauben –2– herausdrehen.
- Seitlichen Halter wegdrücken und kompletten Lampenträger herausnehmen.

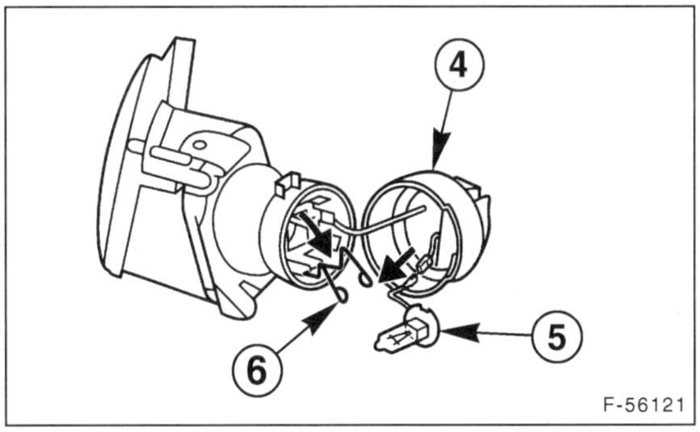

- Abdeckkappe –4– abnehmen.
- Steckverbindung für Lampe –5– trennen.
- Haltebügel –6– zur Seite drücken und Lampe herausnehmen.
- Lampe so einsetzen, daß die Aussparung an der Lampenfassung in die Nase am Lampengehäuse eingreift.
- Elektrische Leitung verbinden.
- Drahtbügel zurückklappen und Lampe sichern.
- Abdeckkappe aufschieben.
- Nebelscheinwerfer einsetzen und anschrauben.
- Abdeckring aufdrücken.

Seitlicher Blinker

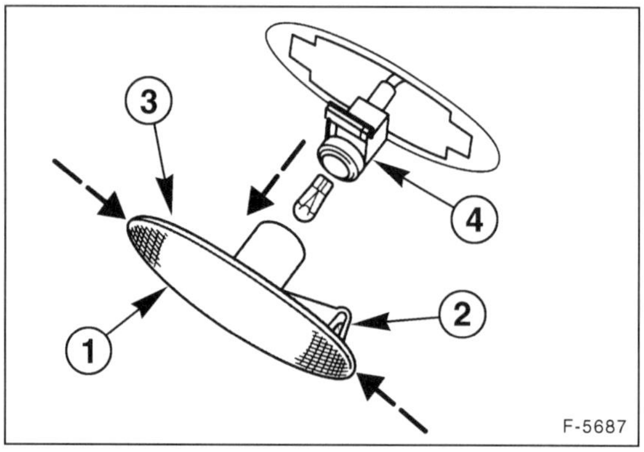

- Lampengehäuse –1– gegen die Federkraft des Kunststoffhalters –2– nach vorn oder hinten drücken. **Achtung:** Der Kunststoffhalter kann sich in Einbaulage vorn oder hinten befinden.
- Lampengehäuse auf der anderen Seite –3– vom Kotflügel wegziehen und herausnehmen.
- Lampengehäuse von der Lampenfassung –4– durch Linksdrehen trennen.
- Lampe aus der Fassung herausziehen und ersetzen.
- Lampengehäuse an der Fassung ansetzen und durch Rechtsdrehen sichern.
- Lampengehäuse zuerst an Position –3– in die Öffnung am Kotflügel einsetzen, dann an Position –2– (Halteklammer) eindrücken und einrasten.

Heckleuchte

- Gepäckraum öffnen.
- Lampenabdeckung abnehmen. Dazu 3 Clips um 90° verdrehen.

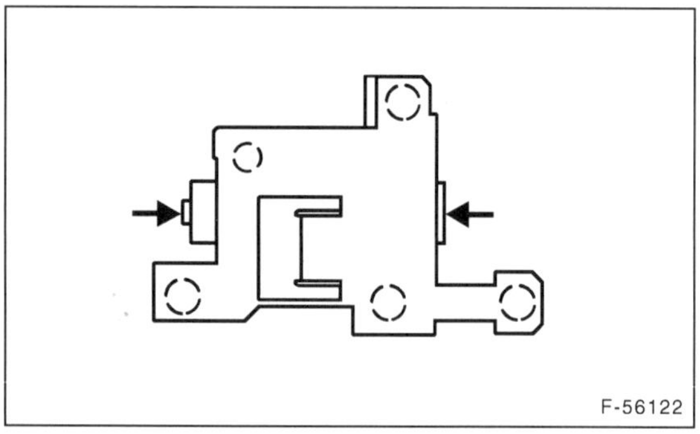

- Riegellaschen –Pfeile– zusammendrücken und gleichzeitig kompletten Lampenträger herausziehen.
- Betreffende Lampe leicht in den Halter hineindrücken, gleichzeitig nach links drehen und herausnehmen.
- Neue Lampe in die Fassung einsetzen, nach rechts drehen und arretieren.
- Lampenhalter fest in die Öffnung am Aufbau drücken und einrasten.
- Lampenabdeckung ansetzen und mit 3 Drehclips sichern.

Mittlere Zusatz-Bremsleuchte

- **Turnier/Fließheck:** Heckklappe öffnen. Bei der **Limousine** erfolgt der Zugang über die hinteren Sitze.

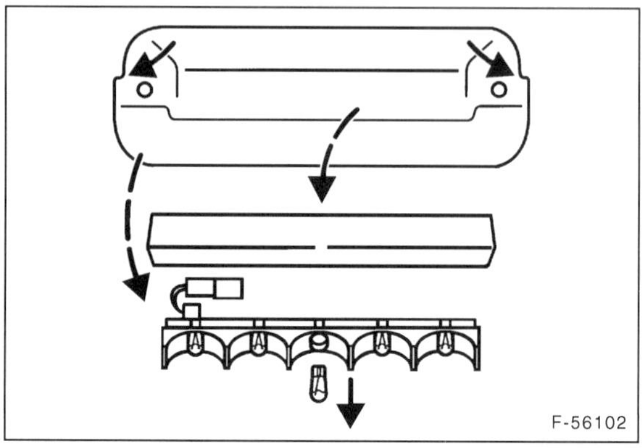

- Komplette Leuchte mit 2 Schrauben abschrauben.
- Riegellaschen seitlich am Lampenträger nach außen drücken und Lampenträger aus der Abdeckung herausnehmen.
- Reflektoraufsatz aus den 4 Rasten herausdrücken und abziehen.
- Defekte Lampe herausziehen und ersetzen.
- Reflektoreinsatz einrasten.
- Lampenträger in die Abdeckung einrasten.
- Leuchte mit 2 Schrauben anschrauben.

Innenleuchte/Leseleuchte/Gepäckraumleuchte

Innenleuchte und Leseleuchte werden auf dieselbe Weise gewechselt wie beim Modell bis 8/96.

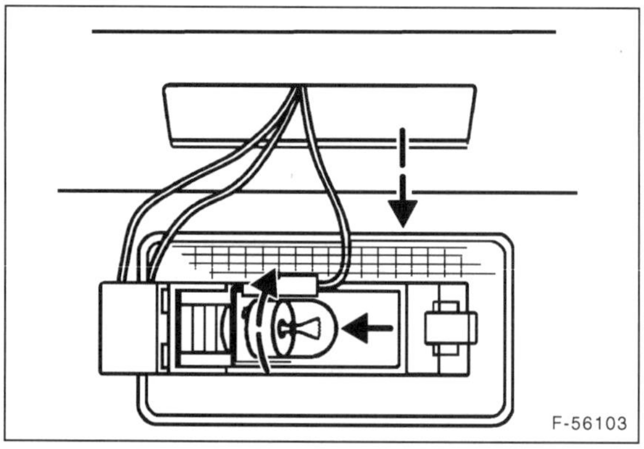

- **Gepäckraumleuchte** mit schmalem Schraubendreher abhebeln. Dabei Schraubendreher in die seitliche Aussparung einsetzen.

Achtung: Die Lampe kann heiß sein, gegebenenfalls beim Herausnehmen Lappen zwischenlegen.

- Kugellampe leicht in die Fassung drücken, nach links drehen und herausnehmen.
- Neue Lampe leicht in die Fassung drücken, nach rechts drehen und verriegeln.
- Leuchte in die Aussparung eindrücken.

Scheinwerfer einstellen

Für die Verkehrssicherheit ist die richtige Einstellung der Scheinwerfer von großer Bedeutung. Die exakte Einstellung der Scheinwerfer ist nur mit einem Spezialeinstellgerät möglich. Es wird deshalb nur gezeigt, wo der Scheinwerfer eingestellt werden kann und welche Bedingungen zum richtigen Einstellen der Scheinwerfer erfüllt sein müssen.

- Reifen müssen den vorgeschriebenen Reifenfülldruck haben.
- Das Fahrzeug muß vollgetankt sein. Falls der Tank nur halb voll ist, muß ein Gewicht von ca. 30 kg in den Kofferraum gelegt werden.
- Das unbeladene Fahrzeug muß mit 75 kg (eine Person) auf dem Fahrersitz belastet sein.
- Fahrzeug auf ebene Fläche stellen.
- Fahrzeug vorn und hinten mehrmals kräftig nach unten drücken beziehungsweise einige Meter rollen, damit die Federung sich setzt. **Achtung:** Fahrzeuge mit Niveauregulierung mindestens 1 Minute vor Einstellung der Scheinwerfer nicht erschüttern oder belasten.
- Falls vorhanden, Leuchtweitenregulierung an der Schalttafel mehrmals betätigen und Funktion prüfen. Anschließend Leuchtweitenregulierung auf »0« drehen.
- Die Scheinwerfer dürfen nur bei Abblendlicht eingestellt werden. Das Neigungsmaß beträgt für Normalscheinwerfer X = 12 cm auf 10 m Entfernung (= 1,2%).

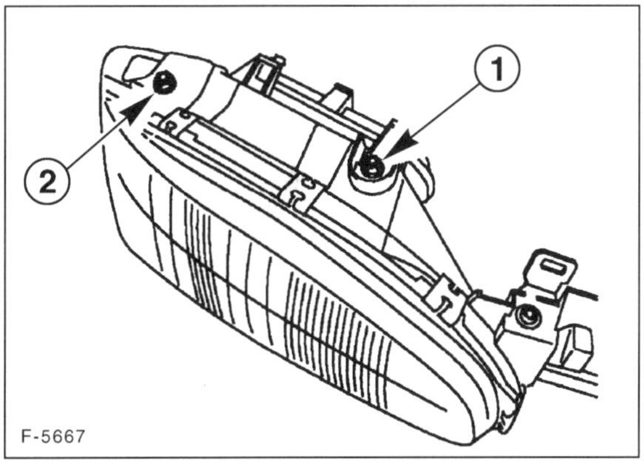

- Lage der Einstellschrauben:
  1 = Schraube für Höhenverstellung
  2 = Schraube für Seitenverstellung

Nebelscheinwerfer

- Das Neigungsmaß beträgt für Nebelscheinwerfer X = 22 cm auf 10 m Entfernung (= 2,2%).

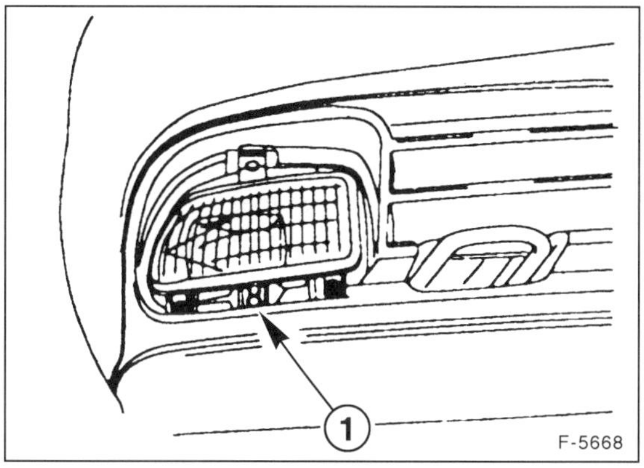

- Lage der Einstellschraube –1– für Höhenverstellung.

Scheinwerfer aus- und einbauen

Achtung: Seit 12/95 werden geänderte Scheinwerfer mit H7-Lampen eingebaut. Werden diese Scheinwerfer in bisherige Fahrzeuge eingebaut, dann ist unter Umständen (je nach Teilenummer des Motorkabelstrangs) ein Adapterkabel zwischen Scheinwerfer und Motorkabelstrang erforderlich. Die Teilenummer des Motorkabelstrangs steht auf einer Fahne am Batterie-Pluskabel, unterhalb der Batterie.

Ausbau, 11/92 – 8/96

- Blinkleuchten ausbauen.
- Mehrfachstecker für linken und rechten Scheinwerfer entriegeln (Drahtbügel eindrücken) und abziehen.
- Kühlergrill ausbauen, siehe Seite 168.
- Stoßfänger ausbauen, siehe Seite 167.

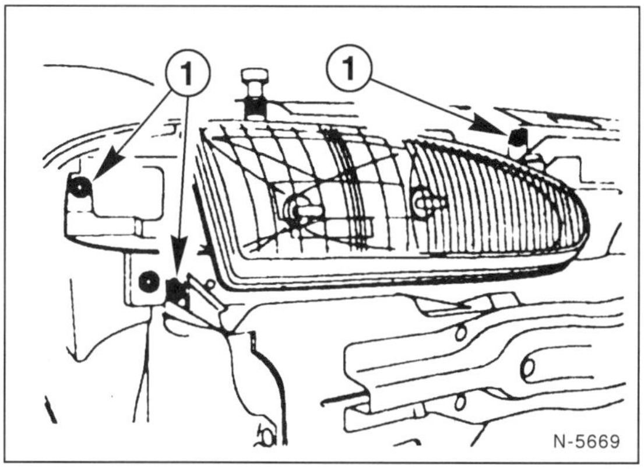

- Scheinwerfereinheit links und rechts mit je 3 Schrauben –1– abschrauben und mit dem Kunststoffrahmen herausnehmen.

Achtung: Soll nur ein Scheinwerfer ersetzt werden, Kunststoffträger in der Mitte zwischen den beiden Markierungsrippen durchsägen. Beim Zusammenbau alte und neue Trägerhälfte mit Alu-Verbindungshalter zusammenfügen. Halter mit 12 Blindnieten durch die teilweise vorgefertigten Bohrungen (8 Stück) befestigen.

Einbau

- Scheinwerfereinheit ansetzen und mit 6 Schrauben und 5 Nm anschrauben.
- Stoßfänger einbauen, siehe Seite 167.
- Kühlergrill einbauen, siehe Seite 168.
- Mehrfachstecker aufstecken und einrasten.
- Blinkleuchten einbauen.
- Scheinwerfer einstellen lassen (Werkstattarbeit).

Ausbau, ab 9/96

- Kühlergrill ausbauen, siehe auch Seite 168.

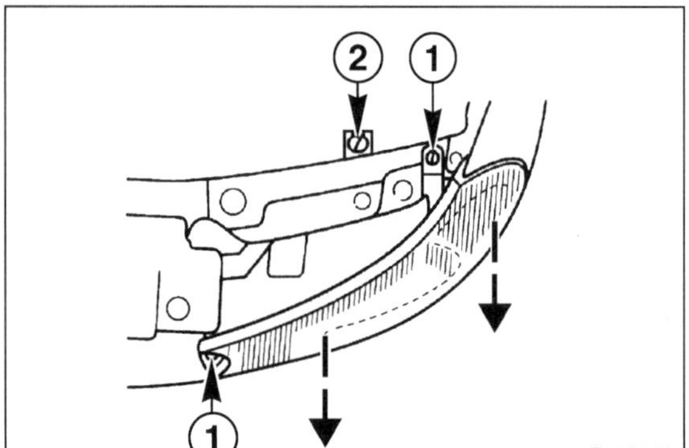

F-56123

- 2 Schrauben –1– herausdrehen.
- Schraube –2– lösen.

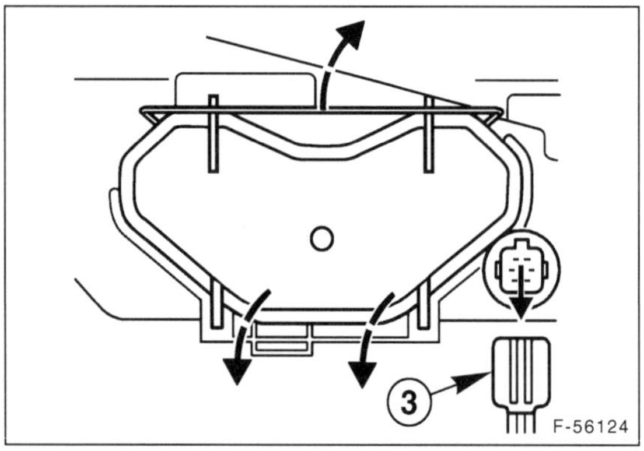

F-56124

- Lampenstecker –3– entriegeln und abziehen.
- Scheinwerfer herausnehmen.

Einbau

- Gummidichtung für Scheinwerfer auf Beschädigung prüfen, gegebenenfalls ersetzen.
- Mehrfachstecker am Scheinwerfer aufschieben und einrasten.
- Scheinwerfer in die Führungen der Einbauöffnung einsetzen und mit 2 Schrauben –1– ganz leicht mit 6 Nm anschrauben, siehe Abbildung F-56123.
- Schraube –2– anziehen, siehe Abbildung F-56123.
- Kühlergrill einclipsen und oben anschrauben.
- Scheinwerfer einstellen lassen (Werkstattarbeit).

Scheinwerferglas aus- und einbauen

Bis 8/96

Ausbau

- Scheinwerfer ausbauen.

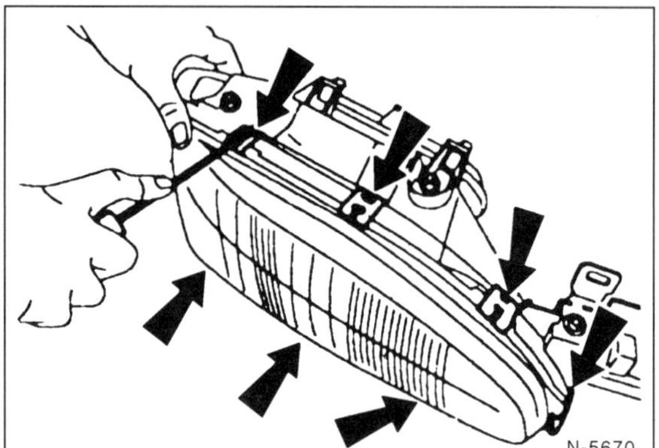
N-5670

- 7 Clips für Scheinwerferglas abhebeln.
- Streuscheibe abnehmen, dazu 2 Haltelaschen nach unten drücken.
- Dichtgummi vom Scheinwerfergehäuse abnehmen.

Einbau

- Dichtgummi am Scheinwerfergehäuse ansetzen, dabei konischen Sitz des Dichtgummis beachten.
- Streuscheibe so einsetzen, daß die Haltelaschen einrasten.
- Scheinwerferglas ansetzen und Befestigungsclips aufdrücken.
- Scheinwerfer einbauen.

Nebelscheinwerfer aus- und einbauen/ Glühlampe wechseln

11/92 – 8/96

Ausbau

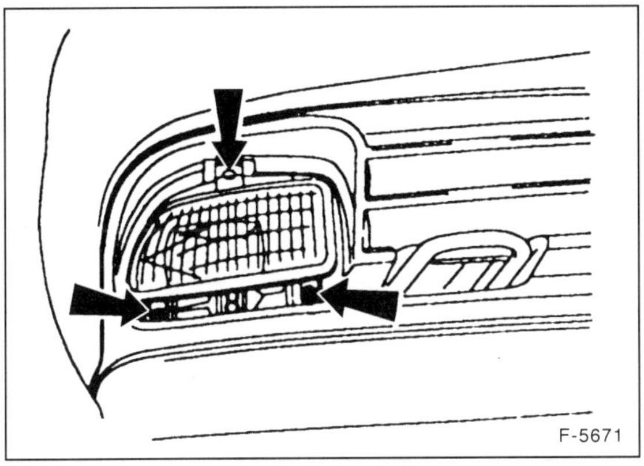

- 3 Schrauben herausdrehen und Nebelscheinwerfer hervorziehen.
- Mehrfachstecker entriegeln (Drahtbügel eindrücken) und abziehen.
- Deckel hinten vom Nebelscheinwerfer abnehmen. Dazu Haltelaschen etwas anheben.
- Stecker für Glühlampe abziehen.
- Haltebügel aushängen und Glühlampe herausziehen.

Einbau

- Glühlampe einsetzen und mit Haltebügel sichern.
- Stecker für Glühlampe aufschieben.
- Deckel hinten vom Nebelscheinwerfer aufdrücken und einrasten.
- Mehrfachstecker aufschieben und einrasten.
- Nebelscheinwerfer einsetzen und anschrauben.

Heckleuchte aus- und einbauen

Ausbau Limousine

- Gepäcknetz aushängen.
- Mittlere Abdeckung für Rückwandblech ausbauen, siehe Seite 186.

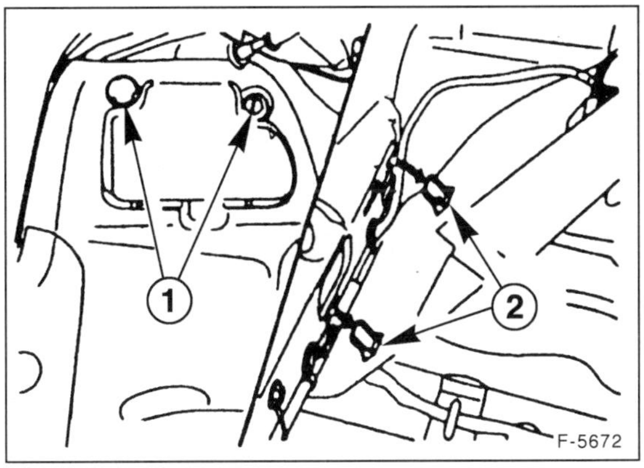

- Rücklichtverkleidung ausbauen. Dazu 2 Schrauben –1– herausdrehen und Verkleidung aus den Führungen –2– heraushebeln.
- Mehrfachstecker abziehen.
- Heckleuchte mit 4 Muttern abschrauben und nach außen abnehmen.
- Alte Dichtungsmasse aus der Dichtungsnut am Heckblech entfernen.

Einbau

- Neue Dichtungsmasse in die Dichtungsnut auftragen.
- Heckleuchte ansetzen und mit 4 Muttern anschrauben.
- Mehrfachstecker aufstecken.
- Rücklichtverkleidung mit den Laschen in die Führungen einsetzen und mit 2 Schrauben anschrauben.
- Mittlere Abdeckung für Rückwandblech einbauen, siehe Seite 186.
- Gepäcknetz einhängen.

Ausbau Turnier

- Rücklicht- und Seitenverkleidung ausbauen. Dazu 1 beziehungsweise 2 Clips um 90° drehen und herausziehen.

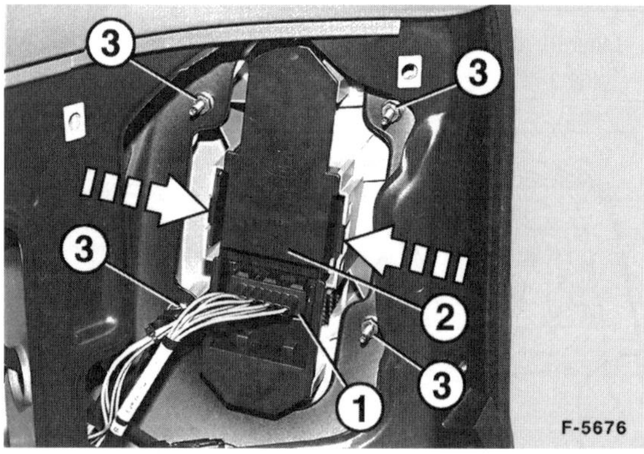

- Mehrfachstecker –1– abziehen.
- Lampenträger –2– entriegeln, dazu Haltelaschen zusammendrücken.
- Heckleuchte mit 4 Muttern –3– abschrauben und nach außen abnehmen.
- Alte Dichtungsmasse aus der Dichtungsnut am Heckblech entfernen.

Einbau

- Neue Dichtungsmasse in die Dichtungsnut auftragen.
- Heckleuchte ansetzen und mit 4 Muttern anschrauben.
- Lampenträger hineindrücken und einrasten.
- Mehrfachstecker aufstecken.
- Rücklicht- und Seitenverkleidung ansetzen und 1 beziehungsweise 2 Clips einsetzen, um 90° drehen und dadurch arretieren.

Motor für Leuchtweitenregulierung aus- und einbauen

Ausbau

Achtung: Beim Ausbau des linken Motors vorher Batterie ausbauen, siehe Seite 212.

- Batterie-Massekabel (–) von der Batterie abklemmen. **Achtung:** Dadurch werden die elektronischen Speicher gelöscht, wie zum Beispiel der Motorfehlerspeicher oder der Radiocode. Vor dem Abklemmen der Batterie sollten auch die Hinweise im Kapitel »Batterie aus- und einbauen« durchgelesen werden.
- Glühlampe für Fernlicht ausbauen.

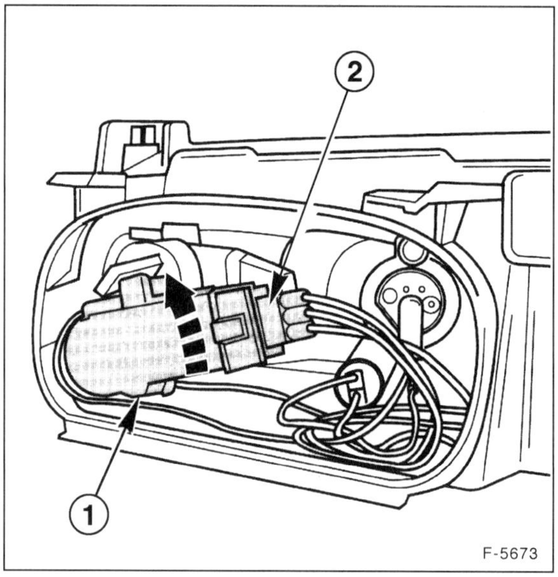

- Mehrfachstecker –2– vom Motor –1– abziehen.
- Motor ca. 60° (1/6 Umdrehung) nach oben drehen.
- Motor zur Fahrzeugmitte kippen und aus dem Reflektor herausziehen.

Einbau

- Kugelkopf der Motor-Stellwelle seitlich in den Halter des Reflektors einclipsen.
- Motor ca. 60° entgegen der Ausbaurichtung bis zum Anschlag eindrehen.
- Glühlampe für Fernlicht einbauen.
- Mehrfachstecker aufstecken.
- Batterie-Massekabel (–) anklemmen.
- Zeituhr einstellen.
- Diebstahlcode für Radio eingeben.
- Scheinwerfereinstellung prüfen.

Armaturen

Beim FORD MONDEO sind die Armaturen in einem Schalttafeleinsatz zusammengefaßt. Nach Ausbau des Schalttafeleinsatzes können die Instrumente, beziehungsweise Glühlampen, ausgebaut werden.

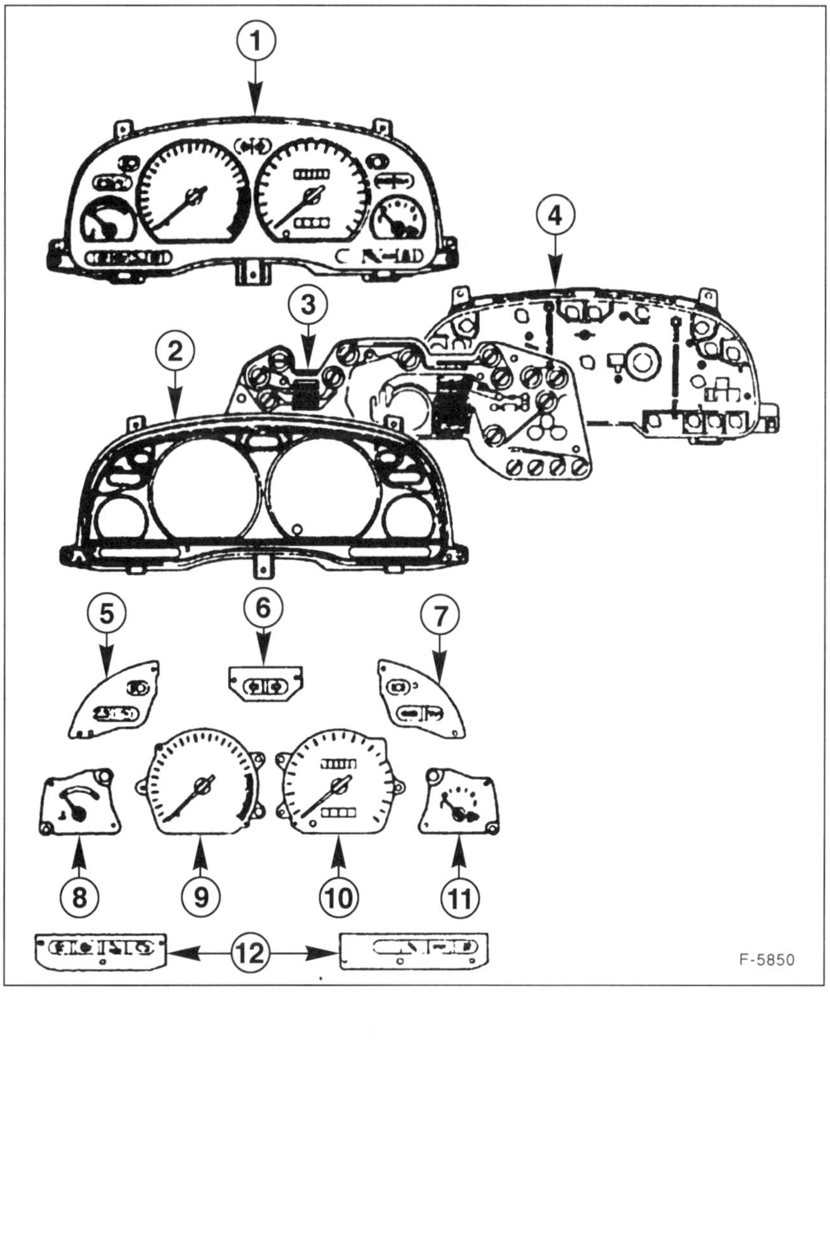

1 – **Schalttafeleinsatz**
2 – **Gehäuse**
3 – **Leiterfolie**
4 – **Instrumententräger**
5 – **Filterfolie für Symbolbeleuchtung**
6 – **Filterfolie für Symbolbeleuchtung**
7 – **Filterfolie für Symbolbeleuchtung**
8 – **Kühlmittel-Temperaturanzeiger**
9 – **Drehzahlmesser**
10 – **Geschwindigkeitsmesser (Tacho)**
11 – **Kraftstoffvorratanzeiger**
12 – **Filterfolie für Symbolbeleuchtung**

Schalttafeleinsatz aus- und einbauen

Ausbau

- Batterie-Massekabel (–) von der Batterie abklemmen. **Achtung:** Dadurch werden die elektronischen Speicher gelöscht, wie zum Beispiel der Motorfehlerspeicher oder der Radiocode. Vor dem Abklemmen der Batterie sollten auch die Hinweise im Kapitel »Batterie aus- und einbauen« durchgelesen werden.
- Zeituhr beziehungsweise Bordcomputer mit kleinem Schraubendreher heraushebeln. Um Beschädigungen zu vermeiden, Papierpolster unter den Schraubendreher legen. Stecker abziehen.

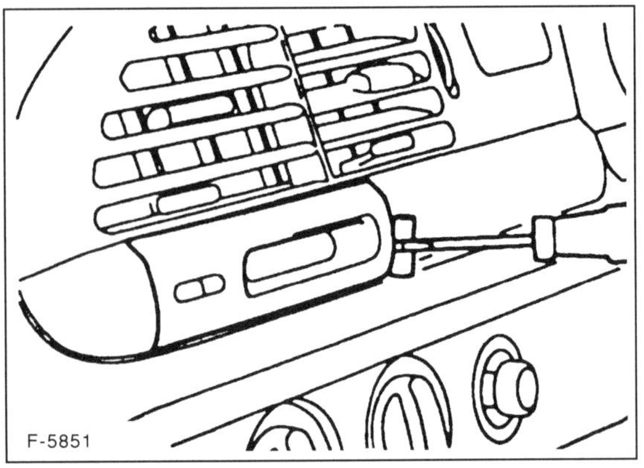
F-5851

- Schalter für Heckscheibenheizung abhebeln, Papierpolster unterlegen. Stecker abziehen.
- Schalter für Windschutzscheibenheizung abhebeln, Papierpolster unterlegen. Stecker abziehen.
- Warndisplay abhebeln, Papierpolster unterlegen. Stecker abziehen.
- Windlaufgrill ausbauen, siehe Seite 169.

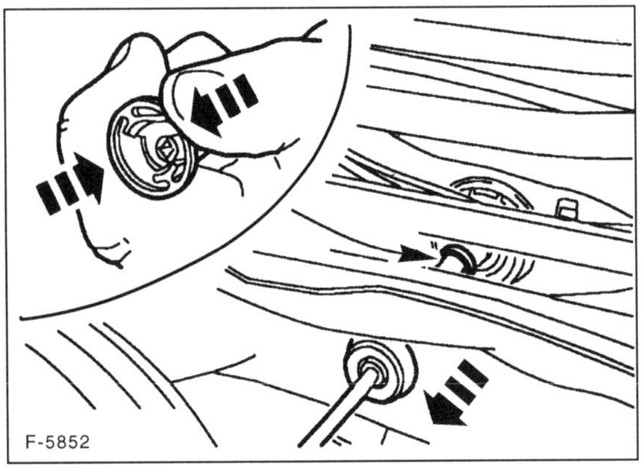
F-5852

- Tachowelle und Gummitülle herausziehen. Dabei Ring zusammendrücken, um die Welle zu lösen, siehe Abbildung.

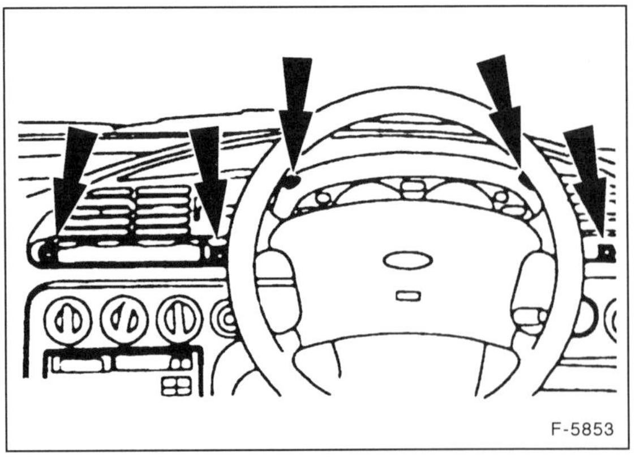
F-5853

- 5 Schrauben herausdrehen und Blende für Schalttafeleinsatz abnehmen.

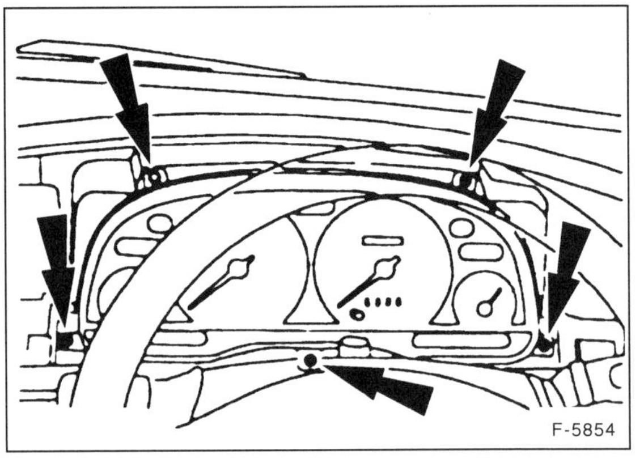
F-5854

- 5 Befestigungsschrauben für Schalttafeleinsatz herausdrehen.

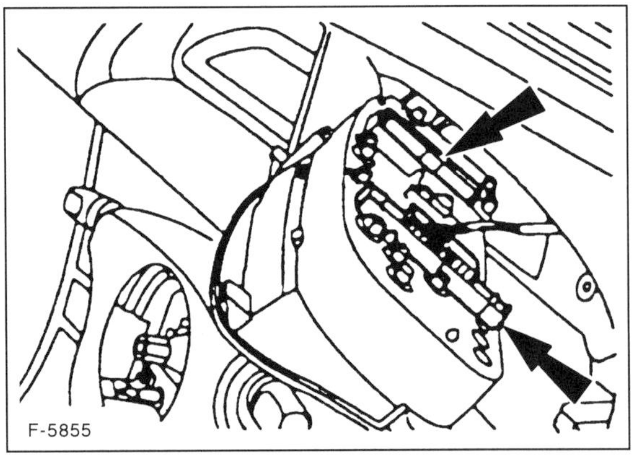
F-5855

- Schalttafeleinsatz leicht nach vorn ziehen und 2 Mehrfachstecker an der Rückseite abziehen. Dazu gegebenenfalls Lenkrad ausbauen, siehe Seite 133.

Einbau

- Mehrfachstecker aufschieben und Schalttafeleinsatz einsetzen.
- 5 Befestigungsschrauben für Schalttafeleinsatz hineindrehen.

- Blende für Schalttafeleinsatz anschrauben.
- Falls ausgebaut, Lenkrad einbauen, siehe Seite 133.
- Tachowelle in den Schalttafeleinsatz einrasten. Durch leichtes Ziehen an der Welle festen Sitz prüfen. Gummitülle einsetzen.
- Windlaufgrill einbauen, siehe Seite 169.
- Warndisplay einsetzen, vorher Stecker aufschieben.
- Schalter für Windschutzscheiben-/Heckscheibenheizung einsetzen, vorher Stecker aufschieben.
- Zeituhr beziehungsweise Bordcomputer einsetzen, vorher Stecker aufschieben.
- Batterie-Massekabel (–) anklemmen.
- Zeituhr einstellen.
- Diebstahlcode für Radio eingeben.

Armaturen aus- und einbauen

Ausbau

- Batterie-Massekabel (–) von der Batterie abklemmen. **Achtung:** Dadurch werden die elektronischen Speicher gelöscht, wie zum Beispiel der Motorfehlerspeicher oder der Radiocode. Vor dem Abklemmen der Batterie sollten auch die Hinweise im Kapitel »Batterie aus- und einbauen« durchgelesen werden.
- Schalttafeleinsatz ausbauen.

Achtung: Um eine Verschmutzung oder Beschädigung der Anzeigeinstrumente und ihrer Zeiger zu verhindern, Schalttafeleinsatz auf ein sauberes Papier oder einen weichen, nicht fusselnden Lappen legen.

- Sämtliche Glühlampen des Schalttafeleinsatzes ausbauen. Dazu Lampenfassungen von der Rückseite des Gehäuses her im Gegenuhrzeigersinn drehen und herausnehmen.

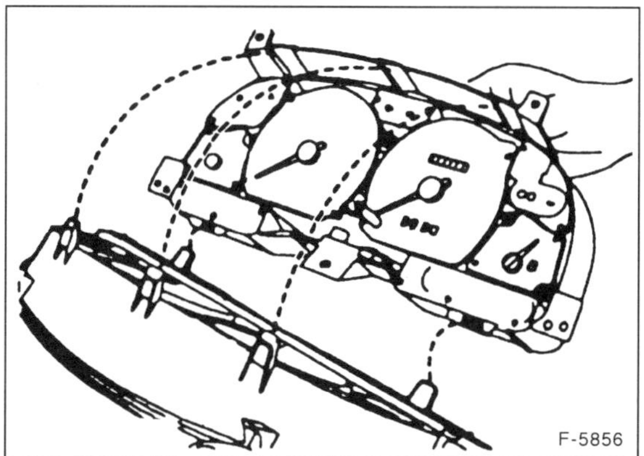

F-5856

- Abdeckscheibe abziehen, Stellungen der 5 Haltenasen mit Filzstift markieren.

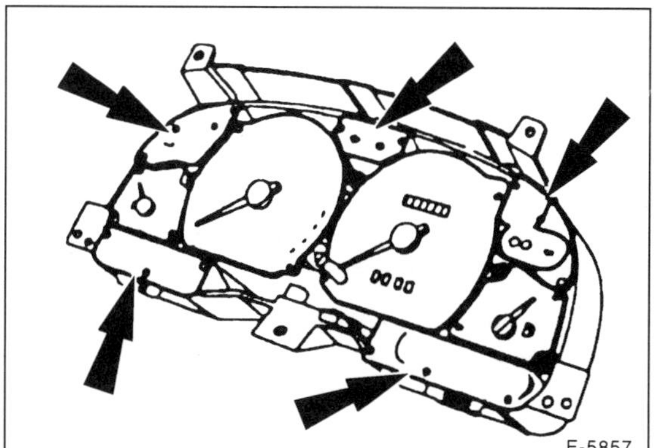

F-5857

- Position der 5 Klemmhalter für den leichteren Einbau notieren. Halter abbauen.
- Geschwindigkeitsmesser (Tacho) von der Vorderseite her mit 3 Schrauben abschrauben und abnehmen.
- Drehzahlmesser abschrauben. Dazu 1 Schraube links vom Instrument herausdrehen.
- Kraftstoffvorratanzeiger mit 1 Schraube abschrauben und abnehmen.
- Kühlmitteltemperaturanzeiger mit 1 Schraube abschrauben und abnehmen.

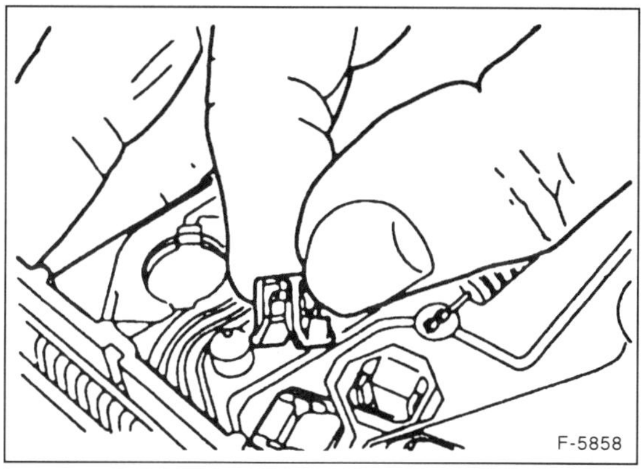

F-5858

- Stiftanschlüsse herausdrücken bzw. herausziehen.

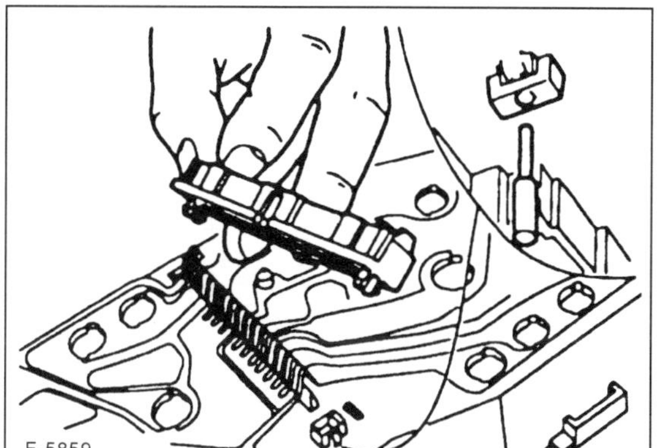

F-5859

- 2 Aufnahmen für Mehrfachstecker von der Kontaktplatte abziehen. Dazu mit flachem Schraubendreher Spreizstifte herausdrücken, siehe Abbildung.

- Kontaktplatte vorsichtig abheben. Darauf achten, daß die Kontaktplatte und deren Bestandteile beim Abheben nicht gebogen beziehungsweise beschädigt wird.

Einbau

- Kontaktplatte vorsichtig auflegen.
- Mehrfachsteckerkäfige ansetzen und mit Spreizstiften sichern, siehe unter »Ausbau«.
- Stiftanschlüsse aufdrücken, siehe unter »Ausbau«.
- Instrumente in umgekehrter Reihenfolge wie beim Ausbau ansetzen und anschrauben.
- Klemmhalter entsprechend der vor dem Ausbau notierten Position einbauen.
- Abdeckscheibe vorsichtig aufdrücken.
- Glühlampen für Schalttafeleinsatz einsetzen und durch Rechtsdrehen sichern.
- Schalttafeleinsatz einbauen.
- Batterie-Massekabel (–) anklemmen. Zeituhr einstellen. Diebstahlcode für Radio eingeben.

Tachowelle aus- und einbauen

Achtung: Seit 10/94 ist eine 2teilige Tachowelle mit Trennstelle im Motorraum eingebaut. Die 2teilige Welle kann auch in bisherige Fahrzeuge eingebaut werden, allerdings muß dazu die Zentral-Elektrik-Box ausgebaut und der Kunststoffeinsatz des Halters in der Armaturentafel aufgebohrt werden.

Ausbau

- Batterie-Massekabel (–) von der Batterie abklemmen. **Achtung:** Dadurch werden die elektronischen Speicher gelöscht. Hinweise im Kapitel »Batterie aus- und einbauen« durchlesen.
- Windlaufgrill ausbauen, siehe Seite 169.
- Verlegung der Tachowelle im Motorraum merken. **Achtung:** Eine falsch verlegte Tachowelle kann dazu führen, daß die Tachoanzeige schwankt, Geräusche im Bereich des Geschwindigkeitsmessers auftreten, oder daß die Tachowelle bricht.

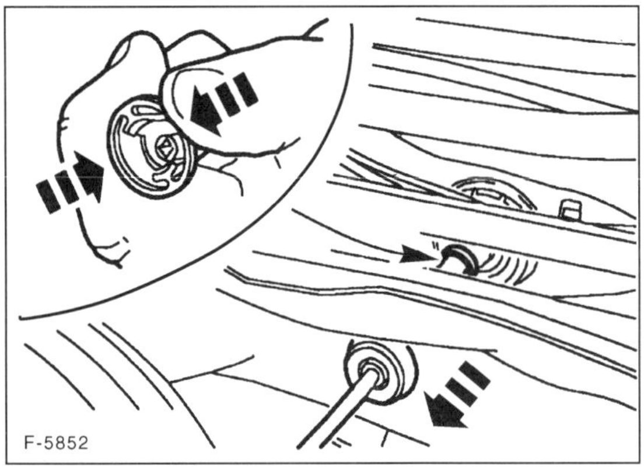
F-5852

- Tachowelle und Gummitülle herausziehen. Dabei Ring zusammendrücken und Welle lösen, siehe Abbildung.
- Fahrzeug aufbocken.
- Überwurfmutter für Tachowelle am Geber für Geschwindigkeitsmesser (Getriebe) abschrauben und Tachowelle herausziehen.
- Im Motorraum Tachowelle aus den Clipsen lösen, gegebenenfalls Kabelbinder aufschneiden.
- Tachowelle herausnehmen.

Einbau

- Tachowelle in den Geschwindigkeitsmesser einführen und einrasten. **Achtung:** Tachowelle muß einrasten. Festen Sitz der Tachowelle durch Ziehen an der Welle prüfen.
- Tachowelle im Motorraum einclipsen. Auf einwandfreie Verlegung der Tachowelle im Motoraum achten.
- Welle am am Geber für Geschwindigkeitsmesser (Getriebe) anschrauben.
- Batterie-Massekabel (–) anklemmen.
- Zeituhr einstellen.
- Diebstahlcode für Radio eingeben.

Lenkstockschalter/Blinkerrelais aus- und einbauen

Ausbau

Achtung: Die Schalter sind in einem Mehrfunktionsschalter untergebracht und können nur als Einheit ausgebaut oder ausgetauscht werden. Beschrieben wird der Ausbau des linken Schalters (Blinker, Fernlicht), der rechte Schalter (Scheibenwischerbetätigung) wird analog ausgebaut.

- Batterie-Massekabel (–) von der Batterie abklemmen. **Achtung:** Dadurch werden die elektronischen Speicher gelöscht, wie zum Beispiel der Motorfehlerspeicher oder der Radiocode. Vor dem Abklemmen der Batterie sollten auch die Hinweise im Kapitel »Batterie aus- und einbauen« durchgelesen werden.

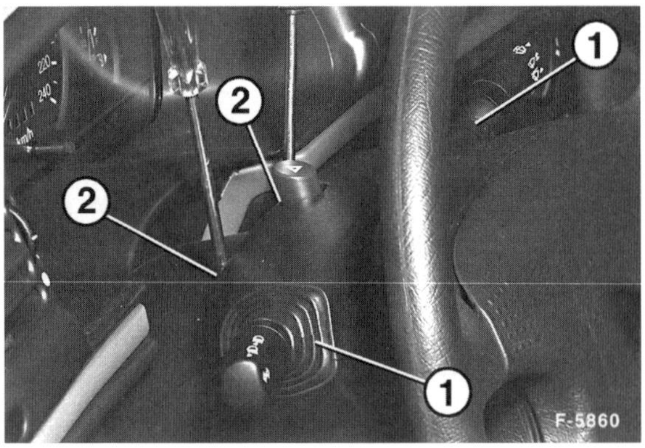

- Obere Lenksäulenverkleidung ausbauen. Dazu Gummimanschetten und Sicherungsringe –1– abziehen, 2 Schrauben –2– herausdrehen und Verkleidung nach oben abnehmen.

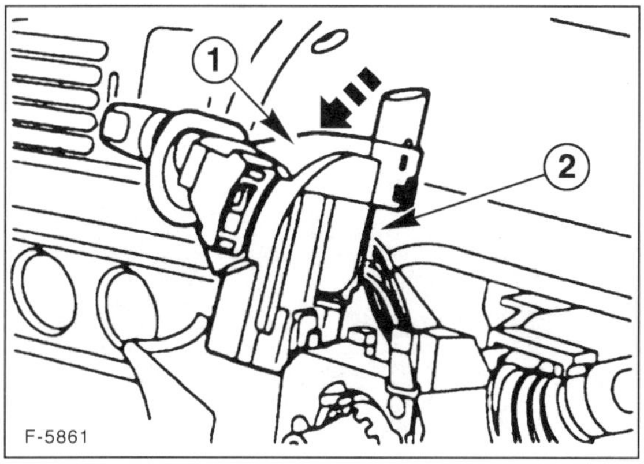

F-5861

- Haltenase –1– herunterdrücken und Blinkerschalter nach oben abheben.
- Mehrfachstecker –2– für Blinkerschalter abziehen.
- Blinkerrelais unten vom Schaltergehäuse abziehen.

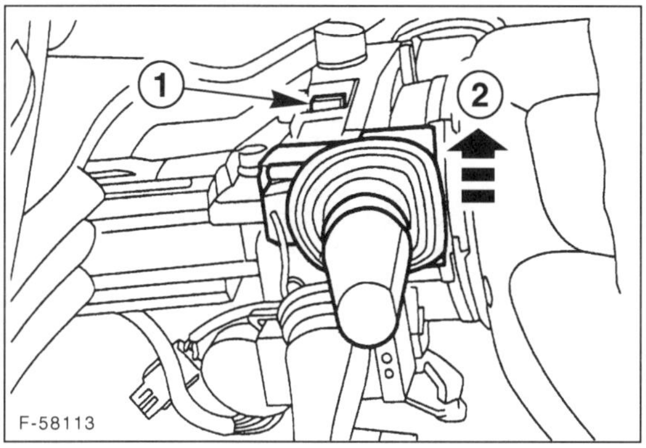

F-58113

- Haltenase –1– herunterdrücken und Scheibenwischerschalter nach oben abheben –2–.
- Mehrfachstecker für Scheibenwischerschalter abziehen.

Einbau

- Blinkerrelais am Schaltergehäuse aufstecken.
- Mehrfachstecker am Schalter aufstecken.
- Schalter einsetzen und einrasten.
- Obere Lenksäulenverkleidung ansetzen und mit 2 Schrauben anschrauben.
- Gummimanschetten und Sicherungsringe aufdrücken.
- Batterie-Massekabel (–) anklemmen.
- Zeituhr einstellen.
- Diebstahlcode für Radio eingeben.

Lichtschalter aus- und einbauen

Achtung: Der neue Lichtschalter darf bei Fahrzeugen bis 15.7.94 nicht direkt an den Kabelstrang angeschlossen werden, da dadurch Schäden an der elektrischen Anlage auftreten können. Es muß ein als Ersatzteil erhältliches Adapterkabel verwendet werden. Die Ausführung des Lichtschalters ist am Außendurchmesser Lampenfassung des Lichtschalters erkennbar. Neue Ausführung: ∅ = 15 mm; ältere Ausführung: ∅ = 10 mm.

Ausbau

- Batterie-Massekabel (–) von der Batterie abklemmen. **Achtung:** Dadurch werden die elektronischen Speicher gelöscht, wie zum Beispiel der Motorfehlerspeicher oder der Radiocode. Vor dem Abklemmen der Batterie sollten auch die Hinweise im Kapitel »Batterie aus- und einbauen« durchgelesen werden.
- Verstellbares Lenkrad ganz nach unten stellen und ganz herausziehen.
- Schalterträger mit kleinem Schraubendreher heraushebeln. Um Beschädigungen zu vermeiden, Papierpolster unter den Schraubendreher legen. Stecker abziehen.
- Von der Rückseite Mehrfachstecker abziehen.
- 4 Schrauben herausdrehen und Schaltereinheit vom Träger abnehmen.
- Schalterknöpfe für Lichtschalter und Leuchtweitenregulierung vorsichtig abziehen. Gegebenenfalls dünnen Schweißdraht in die seitliche Bohrung am Schalter einstecken und die Sperrzunge niederdrücken.
- Blende abnehmen, dazu Haltezungen niederdrücken.

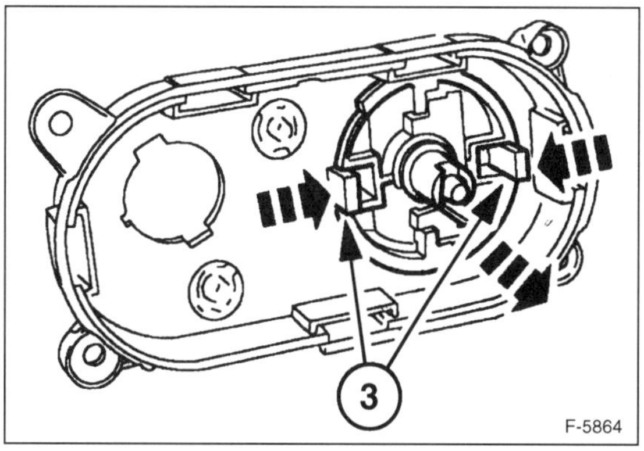

F-5864

- Zungen –3– zusammendrücken und Lichtschalter abziehen.

Einbau

- Neuen Lichtschalter einrasten.
- Blende aufdrücken und einrasten.
- Schalterknöpfe aufstecken.

- Mehrfachstecker anschließen. **Achtung:** Gegebenenfalls Adapterkabel verwenden. In diesem Fall Steckverbindung Kabelstrang/Adapterkabel mit dünnem Schaumstoff umwickeln und Schaumstoff an beiden Enden mit Kabelbindern fixieren.
- Schaltereinheit in das Armaturenbrett eindrücken.
- Batterie-Massekabel (–) anklemmen. Zeituhr einstellen. Diebstahlcode für Radio eingeben.

Radio aus- und einbauen

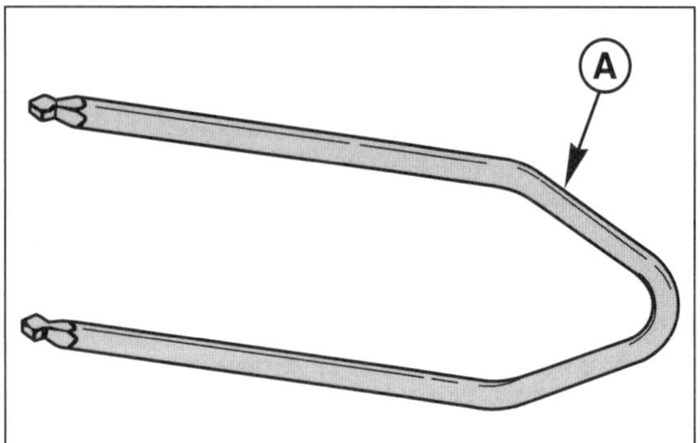

SX-5802

Das vom Werk eingebaute Radiogerät ist mit einer Einschubhalterung ausgestattet, die den schnellen Ein- und Ausbau des Radios ermöglicht. Allerdings gelingt das nur mit 2 Ausziehbügeln –A–, die beim Kauf des Radios beigelegt oder im Fachhandel erhältlich sind. Ausbauwerkzeuge für Radio mit Satellitennavigation siehe am Ende des Kapitels.

Achtung: Ab ca. 9/96 hat das werksseitig eingebaute Radio andere Abmessungen. Und zwar hat sich die Bauhöhe von 60 mm auf 100 mm vergrößert. Für den Aus- und Einbau ergeben sich jedoch keine Änderungen.

Hinweis: Beim FORD-Radio 2008 (bis 8/96) befinden sich die 4 Bohrungen unter 2 Blendenabdeckungen.

Ausbau

- Batterie-Massekabel (–) von der Batterie abklemmen. **Achtung:** Dadurch werden die elektronischen Speicher gelöscht, wie zum Beispiel der Motorfehlerspeicher oder der Radiocode. Vor dem Abklemmen der Batterie sollten auch die Hinweise im Kapitel »Batterie aus- und einbauen« durchgelesen werden.

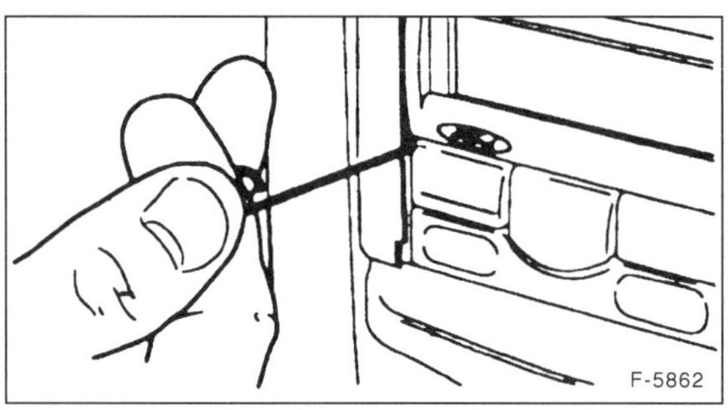

F-5862

- Bei FORD-Radio 2008 die 2 Blendenabdeckungen mit geeignetem Drahthaken abziehen.

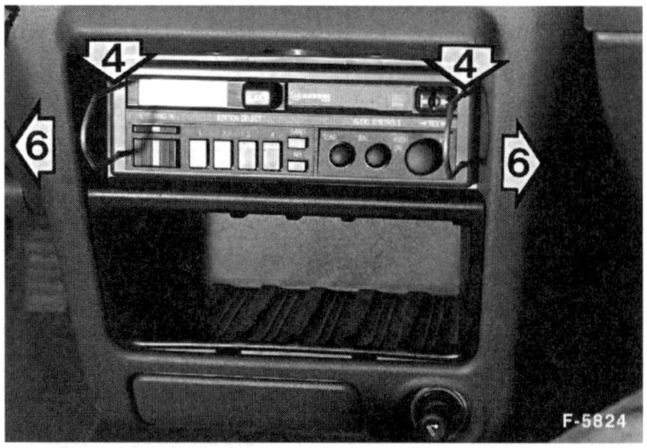

F-5824

- Beide Auszieher links und rechts in die Öffnungen der Frontplatte einführen und einrasten.

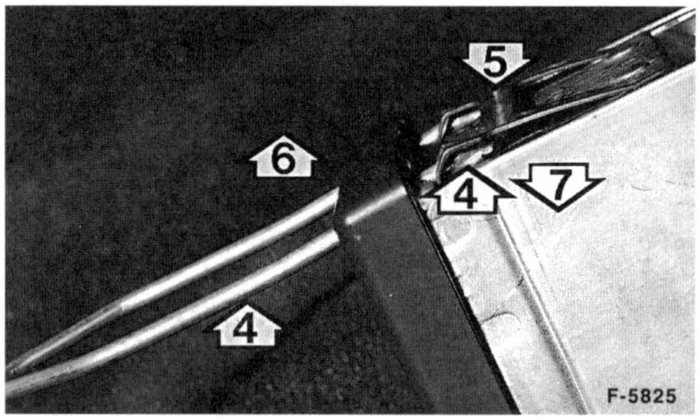

F-5825

- Auszieher –4– leicht nach außen drücken –6–, dadurch werden die Haltelaschen –5– nach innen gedrückt –7–.
- In dieser Stellung Radio gleichmäßig herausziehen. Radio beim Herausziehen nicht verkanten.
- Steckverbindungen für Lautsprecher mit Tesaband kennzeichnen (links/rechts) und abziehen. Stecker für Antennenleitung herausziehen. Steckverbindung für B+ und Masse abziehen.

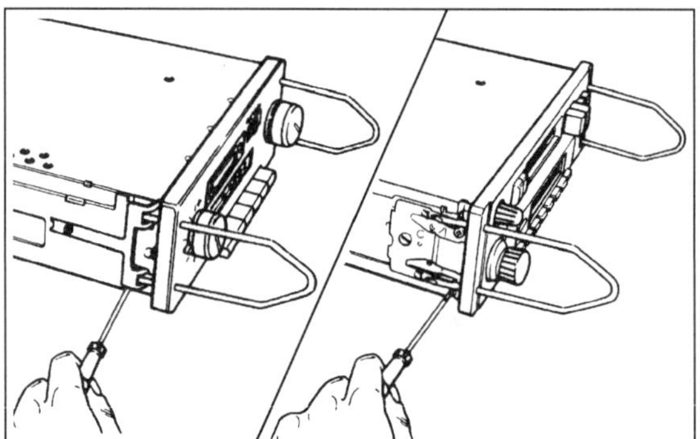

SX-5801

- Auszieher abnehmen. Dazu Halteclipse mit kleinem Schraubendreher zusammendrücken.

Einbau

- Elektrische Anschlüsse und Antenne an der Rückseite des Radiogerätes anbringen, siehe unter »Ausbau«.

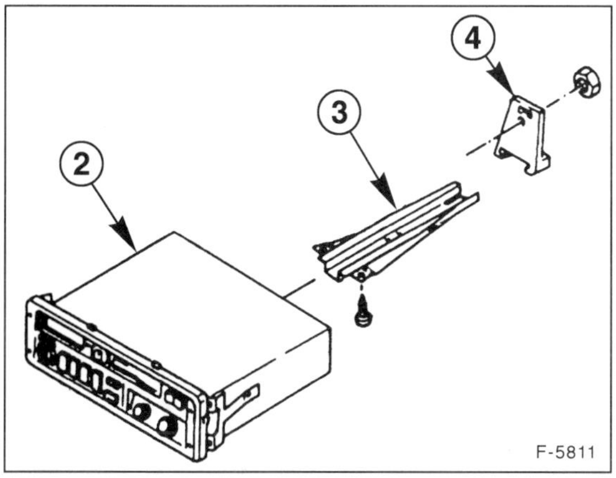

- Plastikhalterung –4– in die Schiene –3– einsetzen und Radio –2– so weit in die Armaturentafel eindrücken, bis die Haltefedern einrasten.
- Batterie-Massekabel (–) anklemmen.
- Radio einschalten und Funktion überprüfen. Falls das Radio mit einer Keycode-Diebstahlsicherung ausgerüstet ist, Keycode neu eingeben.
- Sender neu speichern.

Keycode eingeben (bis ca. 8/96)

Der Keycode ist auf der Keycodekarte eingetragen, die der Radio-Bedienungsanleitung beiliegt. Bei Verlust kann der Ford-Händler aufgrund von Radiotyp, Seriennummer und Eigentumsnachweis den Keycode beim Werk in Erfahrung bringen.

- Zündschlüssel in Stellung »1« drehen.
- Radio einschalten, es blinken dann entweder drei Striche oder das Wort »CODE« und 3 Striche im Anzeigefeld. Bei einigen Radios muß zuvor die Taste »SELECT« gedrückt werden. In diesem Fall ist ein 4stelliger Keycode erforderlich.
- Mit den Stationstasten 1 bis 3 (1 bis 4) den drei- beziehungsweise vierstelligen Code eingeben. Dabei wird mit Taste 1 die erste Stelle, mit Taste 2 die zweite Stelle, mit Taste 3 die dritte Stelle und mit Taste 4 die vierte Stelle eingegeben. Jeweilige Taste solange drücken, bis die gewünschte Zahl im Anzeigefeld erscheint.
- Sobald der richtige, dreistellige Keycode im Anzeigefeld erscheint, Stationstaste 4 drücken. Bei Geräten mit vierstelligem Code muß die Taste »SELECT« gedrückt werden. Dadurch wird der Code in den Speicher eingegebenen und das Gerät ist jetzt voll funktionsfähig.

Achtung: Es sind nur 10 Keycode-Eingabeversuche möglich. Durch jeden weiteren Versuch wird das Gerät dauerhaft funktionsunfähig. Das heißt, es ist blockiert und muß neu programmiert werden. Mit dem Zündschlüssel in Stellung 1 und eingeschaltetem Gerät sind zu Anfang 3 aufeinanderfolgende Eingaben möglich. Wenn 3 falsche Codes eingegeben wurden, folgt eine Wartezeit von 30 Minuten, während der das Gerät eingeschaltet und der Zündschlüssel in Stellung »1« bleiben muß. Das Display zeigt eine Daueranzeige von 3 Strichen. Nach ungefähr 30 Minuten zeigt ein Blinken der Striche an, daß eine weitere Keycode-Eingabe erfolgen kann. Insgesamt sind 10 Versuche möglich. Durch einen weiteren Versuch wird das Gerät blockiert.

Keycode eingeben (ab 9/96)

- Stromversorgung herstellen, Radio einschalten. In der Radioanzeige erscheint »CODE _ _ _ _« oder »COdE«.
- Mit Hilfe der Stationstasten 1 bis 4 die geheime Code-Nummer eingeben. Dabei zunächst die Stationstaste 1 so oft drücken, bis die erste Ziffer im Display richtig angezeigt wird. Mit Taste 2 die zweite Stelle usw. eingeben.
- Wenn anstelle der 4 Striche die richtige Codenummer erscheint, die Stationstaste 5 am Radio drücken. Das Radio ist nun betriebsbereit.

Achtung: Wird versehentlich eine falsche Code-Nummer eingegeben, kann der gesamte Vorgang **zweimal** wiederholt werden. Wird erneut eine falsche Code-Nummer eingegeben, ist das Radio für ca. 30 Minuten gesperrt, es kann nicht in Betrieb genommen werden. In der Anzeige erscheint dann »WAIT 30M« mit Restzeitanzeige. Nach Ablauf von 30 Minuten – das Gerät muß dabei eingeschaltet bleiben – kann die elektronische Sperre wieder aufgehoben werden. Dieser Zyklus gilt für alle weiteren Versuche. Nach **10 Fehlversuchen** erscheint im Display »LOCK 10« oder »LOCKED 10« und das Gerät bleibt gesperrt! Es muß dann zum Hersteller eingesandt werden, damit die Sperre aufgehoben wird.

Hinweis: Zusätzlich zu dem Anti-Diebstahl-Code kann bei einigen FORD-Radios auch das Kfz-Kennzeichen oder die Fahrgestellnummer gespeichert werden. Einmal eingegeben, bleibt sie permanent gespeichert und wird auch nicht gelöscht, wenn die Batterie abgeklemmt oder die ursprüngliche Nummer aus irgendeinem Grund geändert wird.

Hinweise für den nachträglichen Radioeinbau

Achtung: Wird das serienmäßige Anschlußkabel nicht verwendet, unbedingt darauf achten, daß keine unisolierten Kabel frei herumliegen. Ein sonst möglicher Kurzschluß kann zu einem Kabelbrand führen. Im Zubehörhandel sind geeignete Adapterleitungen zum Anschließen des Radios erhältlich.

- Darauf achten, daß nur typgeprüfte Entstörsätze (mit allgemeiner Betriebserlaubnis, ABE) verwendet werden, sonst kann die Zulassung des Fahrzeuges erlöschen. Im Handel gibt es speziell auf den FORD abgestimmte Entstörsätze mit Einbauanleitung.
- Falls eine Antennenabgleichschraube (vorn links im Radiogehäuse) vorhanden ist, Radio auf Antenne abstimmen. Dazu Radio auf Mittelwelle und ca. 1400 KHz einstellen. Abgleichschraube mit kleinem Schraubendreher verdrehen, bis der beste Empfang oder der höchste Rauschpegel erreicht ist. **Achtung:** Dabei Abgleichschraube nur maximal ½ Umdrehung verdrehen.

Speziell Radio mit Navigationsmodul

Das Navigationssystem besteht aus Satellitenantenne, Radio, Kompaß und Navigationscomputer. Es verwendet eine auf CD-ROM gespeicherte elektronische Landkarte, um den Fahrer durch akustische Informationen über die Radiolautsprecher und Piktogramme im Radio-Display an ein vorher programmiertes Ziel zu führen.

Die genaue Bestimmung der Fahrzeugposition erfolgt dabei durch den Abgleich der auf der CD-ROM gespeicherten Informationen mit den vom Satelliten-Ortungssystem »Global Positioning System« (GPS) errechneten Daten. Für die Einbeziehung der Fahrzeuggeschwindigkeit werden außerdem Daten vom ABS-Steuergerät verwendet.

Für den Ausbau des Radios muß ein spezielles Ausbauwerkzeug verwendet werden, zum Beispiel FORD-GV-3301.

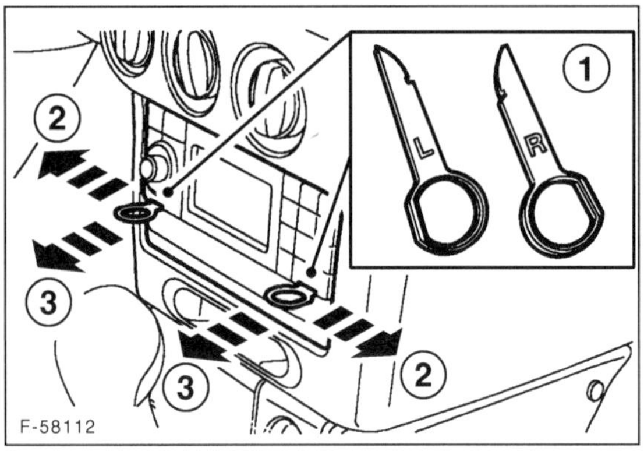

- Beide Ausbauwerkzeuge –1– bis zum Einrasten einstecken.
- Ausbauwerkzeuge auseinanderziehen –Pfeile 2– und dadurch Rastnasen entriegeln.
- Radio vorsichtig herausziehen –Pfeile 3–.

Lautsprecher aus- und einbauen

Türlautsprecher

- Türverkleidung ausbauen, siehe Seite 175.
- Lautsprecher mit 4 Schrauben abschrauben und herausnehmen.
- Lautsprecherkabel abziehen.
- Kabel anschließen, Lautsprecher anschrauben.
- Lautsprecher auf Funktion prüfen.
- Türverkleidung einbauen, siehe Seite 175.

Antenne aus- und einbauen

Achtung: Das Antennenkabel ist vom Dachbefestigungspunkt über die rechte A-Säule (Dachsäule vor der Vordertür) durch das Armaturenbrett zum Radio verlegt.

Ausbau

Achtung: Die Antennenpeitsche kann separat vom Antennenfuß abgeschraubt werden.

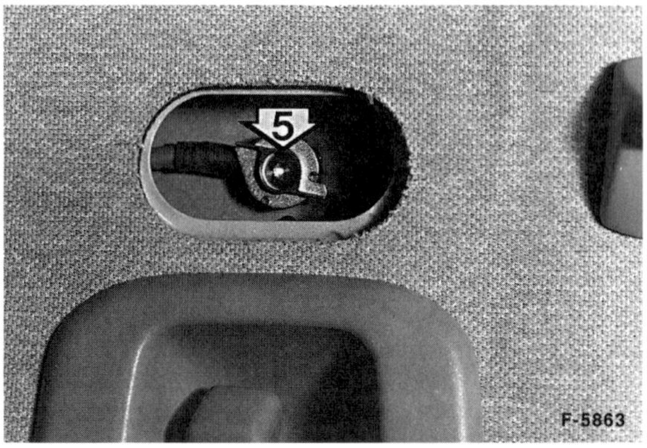

- Abdeckung vor der Innenleuchte mit flachem Schraubendreher abhebeln. Dazu Lappen unterlegen.
- Durch die Öffnung Torxschraube –5– herausdrehen.
- Antennenkabel vom Antennenfuß abnehmen und Antenne mit Antennenfuß nach oben vom Dach abheben.

Einbau

- Antenne auf dem Dach ansetzen und Antennenfuß von unten zusammen mit dem Antennenkabel festschrauben. Darauf achten, daß die Aufnahmehülse der Torxschraube korrekt im Dach sitzt.
- Antenne auf Funktion prüfen.
- Abdeckung eindrücken.

Scheibenwischeranlage

Scheibenwischergummi ersetzen

Die Scheibenwischergummis sind bei schlechtem Wischbild zu ersetzen. Im Handel werden sowohl komplette Scheibenwischerblätter (Wischergummi mit Träger) als auch einzelne Wischgummis angeboten. Wird nur das Wischgummi ersetzt, darauf achten, daß der Träger nicht verbogen wird.

Achtung: Wenn die Scheibenwischerblätter rubbeln, genügt es in der Regel nicht, Wischerblätter oder Wischergummis zu ersetzen. Auf jeden Fall sollte der Anstellwinkel der Scheibenwischerarme kontrolliert beziehungsweise eingestellt werden, siehe Seite 251.

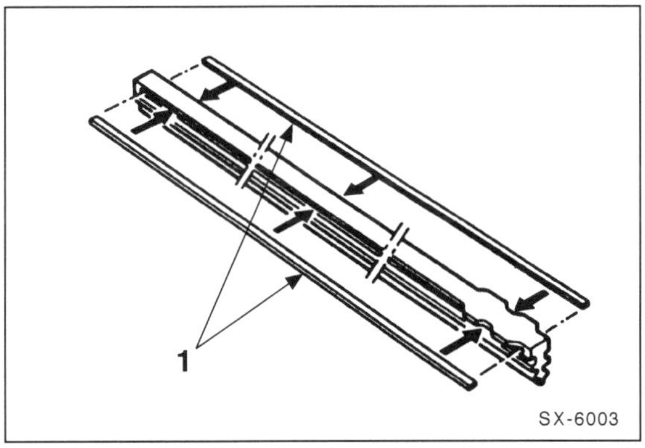

SX-6003

Das Wischergummi ist in 2 Metall-Halteschienen –1– geführt, die zum Ausbau einzeln demontiert werden müssen.

Ausbau

Achtung: Bei Arbeiten an der Wischeranlage den Zündschlüssel abziehen. Durch Bewegungen am Wischerarm oder Wischergestänge kann ab Zündschlüsselstellung »1« die Parkstellungsautomatik angeregt werden. Das heißt, der Wischer läuft los, bis er sich in Endabstellung befindet. Verletzungsgefahr!

- Wischerblatt hochklappen und einrasten.

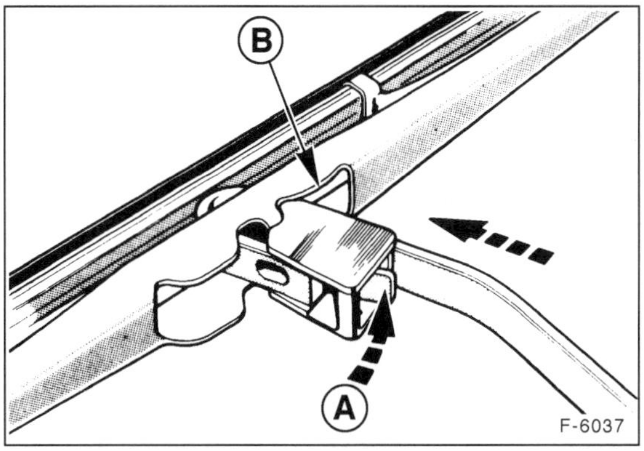

F-6037

- Wischerblatt senkrecht zum Wischerarm stellen.
- Federklammer –A– niederdrücken und Wischerblatt nach unten aus dem Haken am Wischerarm schieben.
- Wischerblatt nach oben schieben und durch die Öffnung –B– vom Haken des Wischerarms abnehmen.

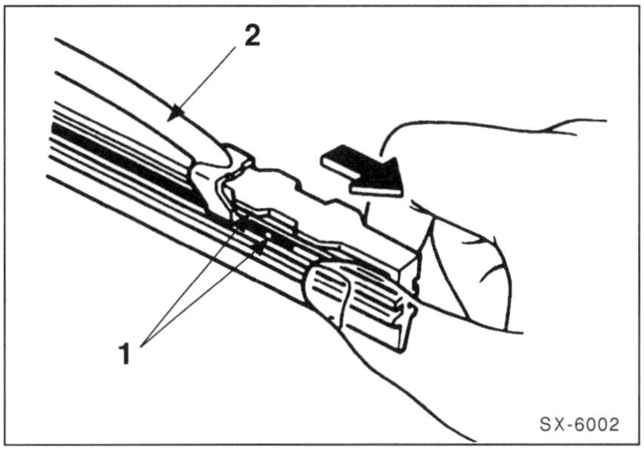

SX-6002

- An der geschlossenen Seite des Wischgummis beide Stahlschienen –1– zusammendrücken (falls erforderlich, Kombizange verwenden), seitlich aus der oberen Klammer herausnehmen und Gummi komplett mit Schienen aus den restlichen Klammern des Wischerblattes –2– herausziehen.

Einbau

- Neues Wischgummi ohne Halteschienen in die eine Klammer des Wischerblattes lose einlegen.
- Beide Schienen so in das Wischgummi einführen, daß die Aussparungen der Schienen zum Gummi zeigen und in die Gumminasen der Rille einrasten.
- Beide Stahlschienen und das Gummi zusammendrücken (mit Kombizange) und so in die andere Klammer einsetzen, daß die Klammernasen beidseitig in die Haltenuten des Wischgummis einrasten.
- Wischerblatt über den Wischerarm schieben und Federklammer in den Haken des Wischerarms einclipsen.
- Wischerarm zurückklappen. Darauf achten, daß das Wischgummi überall an der Scheibe anliegt.

Heckwischer

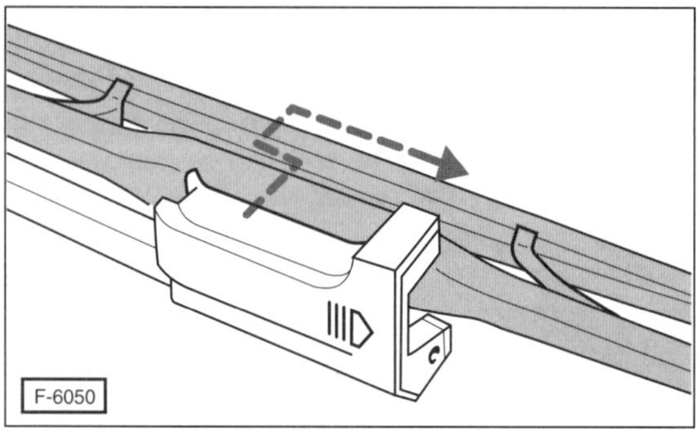

- Wischerblatt in der unteren Anlageposition gegen den Federdruck nach innen drücken und gleichzeitig an der unteren Haltenase aushängen.

Scheibenwaschdüse einstellen/ aus- und einbauen

Einstellen

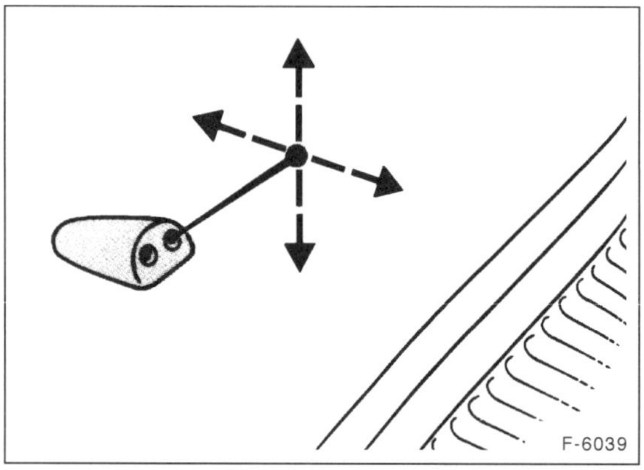

- Die Spritzrichtungen der Düsen können gegebenenfalls mit einer Nadel korrigiert werden.

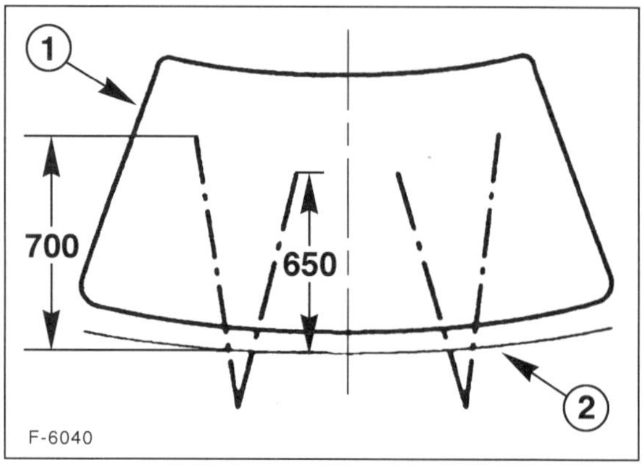

- Düseneinstelldiagramm für die Windschutzscheibe; Maße in mm. 1 – Frontscheibe, 2 – Oberkante Windlaufgrill.

Ausbau vorn

- Motorhaube öffnen.
- Motorhaubenisolierung abbauen, dazu Clips mit Schraubendreher heraushebeln.
- Waschwasserschläuche von den Spritzdüsen abziehen.

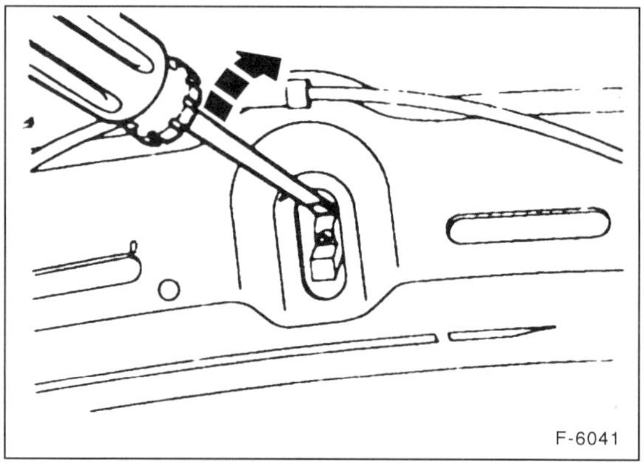

- Spritzdüse mit Schraubendreher aus der Motorhaube heraushebeln.

Einbau

- Düsen in die Öffnungen der Motorhaube eindrücken und einrasten. Darauf achten, daß die Düsen sicher einrasten.
- Wasserschläuche aufschieben, dabei Spritzdüsen von Hand gegenhalten.
- Motorhaubenisolierung ansetzen und Clips eindrücken.
- Motorhaube schließen.
- Spritzrichtung der Düse prüfen beziehungsweise einstellen.

Ausbau hinten

- Heckklappe öffnen.
- Blende für Heckklappe abziehen.
- Waschwasserschlauch von der Spritzdüse abziehen.

● Spritzdüse aus der Heckscheibe herausdrücken. Dichtgummi für Spritzdüse herausdrücken.

Einbau

● Dichtgummi in die Heckscheibe einsetzen.

● Spritzdüse in das Dichtgummi einsetzen und bis zur Anlage hineindrücken.

● Wasserschlauch aufschieben, dabei Spritzdüse von Hand gegenhalten.

● Blende für Heckklappe andrücken und einclipsen.

● Heckklappe schließen.

● Spritzrichtung der Düse prüfen beziehungsweise einstellen.

Behälter für Scheibenwaschanlage/ Waschpumpe/Flüssigkeitsstandgeber aus- und einbauen

Die vordere und hintere Scheibenwaschanlage werden aus einem gemeinsamen Vorratsbehälter versorgt, der sich vor dem rechten Vorderrad befindet. Je nach Drehrichtung der Pumpe wird das Waschwasser entweder zur Windschutzscheibe oder zur Heckscheibe gefördert.

Ausbau

● Frontblech-Abdeckung mit 9 (Benziner) oder 10 Schrauben (Diesel) abschrauben.

● Abdeckung im rechten Radhaus lösen, dazu 2 Schrauben herausdrehen.

● Batterie-Massekabel (–) von der Batterie abklemmen. **Achtung:** Dadurch werden die elektronischen Speicher gelöscht, wie zum Beispiel der Motorfehlerspeicher oder der Radiocode. Vor dem Abklemmen der Batterie sollten auch die Hinweise im Kapitel »Batterie aus- und einbauen« durchgelesen werden.

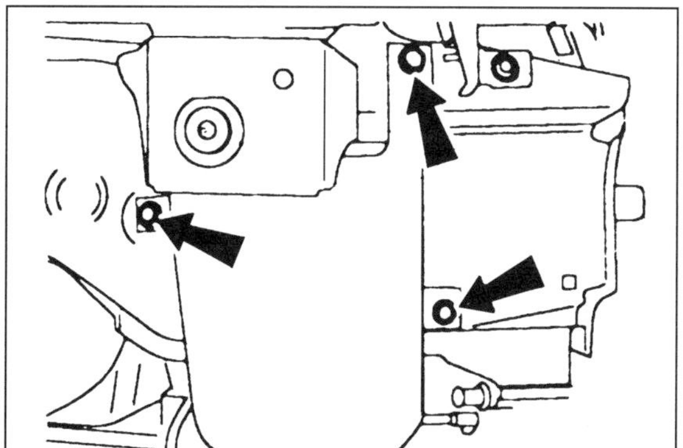

F-6042

● Behälter für Scheibenwaschanlage mit 3 Schrauben abschrauben und etwas vorziehen. **Hinweis:** Das Federbein ist in der Abbildung nur zur Verdeutlichung weggelassen worden.

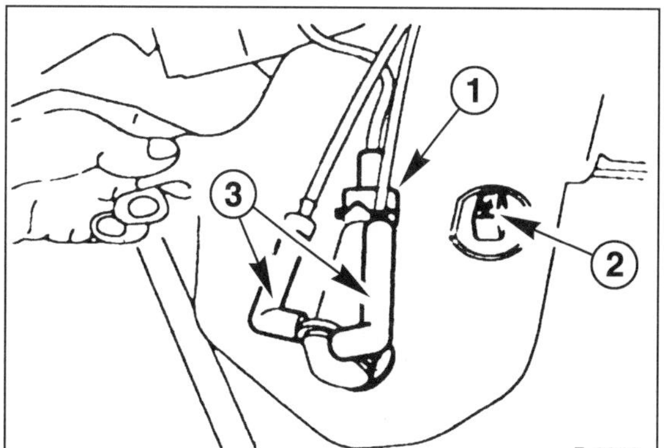

F-6043

● Mehrfachstecker –1– von der Waschpumpe abziehen, vorher Federklammer eindrücken.

● Mehrfachstecker –2– vom Geber für Flüssigkeitsstand abziehen, vorher Federklammer eindrücken.

● Schläuche –3– von der Waschpumpe abziehen.

Achtung: Bei Fahrzeugen mit Scheinwerferreinigungsanlage zusätzlich Mehrfachstecker und Schlauch von der Scheinwerferwaschpumpe abziehen.

● Behälter für Scheibenwaschanlage herausnehmen.

● Waschpumpe sowie Geber für Flüssigkeitsstand aus dem Behälter herausziehen. Dichtgummis abnehmen.

Einbau

● Dichtgummis für Waschpumpe und Geber für Flüssigkeitsstand in den Flüssigkeitsbehälter einsetzen. Vorher Dichtgummis auf Porosität oder Beschädigung prüfen, gegebenenfalls ersetzen.

● Waschpumpe sowie Geber für Flüssigkeitsstand hineinstecken.

● Behälter für Scheibenwaschanlage am Fahrzeug einsetzen.

● Schläuche sowie Mehrfachstecker aufschieben.

● Behälter für Scheibenwaschanlage in Einbaulage bringen und anschrauben.

● Abdeckung im rechten Radhaus mit 2 Schrauben befestigen.

● Frontblech-Abdeckung mit 9 (Benziner) oder 10 Schrauben (Diesel) anschrauben.

● Batterie-Massekabel (–) anklemmen.

● Zeituhr einstellen.

● Diebstahlcode für Radio eingeben.

Scheibenwischeranlage vorn

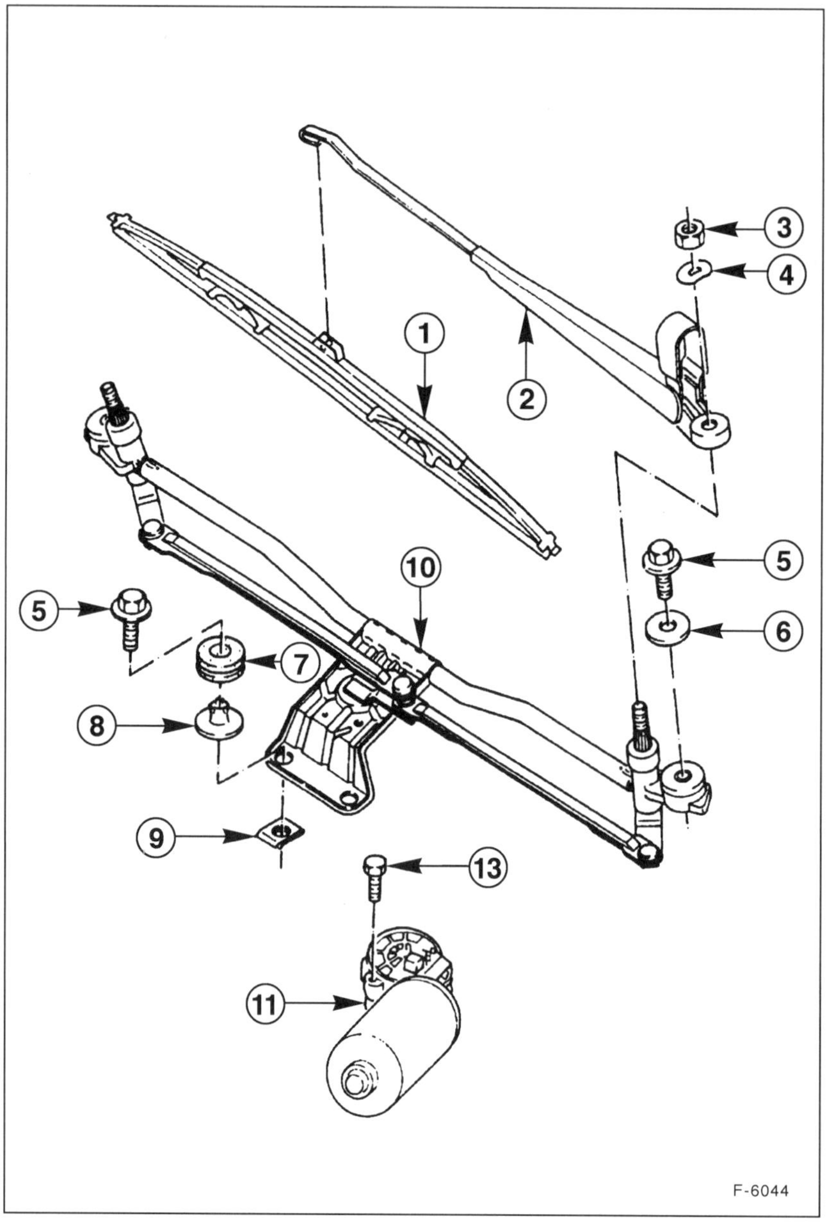

1 – **Wischerblatt**
2 – **Wischerarm**
3 – **Sechskantmutter**
4 – **Federscheibe**
5 – **Schraube mit Ansatz**
6 – **Spezialscheibe**
7 – **Gummitülle**
8 – **Büchse**
9 – **Federmutter**
10 – **Scheibenwischergestänge**
11 – **Wischermotor**
13 – **Sechskantschraube**

Scheibenwischermotor vorn aus- und einbauen

Ausbau

- Windschutzscheibe mit Wasser benetzen.
- Scheibenwischeranlage ca. 2 Minuten laufen lassen und mit dem Scheibenwischerschalter abschalten. Dadurch läuft der Wischer in die Endstellung.
- Ruhestellung der Wischerblätter auf der Windschutzscheibe mit Abdeck-Klebeband markieren. Dazu einen Streifen Klebeband direkt neben das Wischerblatt auf die Windschutzscheibe kleben. Beim Einbau wird der Wischerarm wieder so auf die Verzahnung des Tandemlagers gesetzt, daß sich das Wischerblatt direkt neben dem Klebestreifen befindet.
- Batterie-Massekabel (–) von der Batterie abklemmen. **Achtung:** Dadurch werden die elektronischen Speicher gelöscht, wie zum Beispiel der Motorfehlerspeicher oder der Radiocode. Vor dem Abklemmen der Batterie sollten auch die Hinweise im Kapitel »Batterie aus- und einbauen« durchgelesen werden.

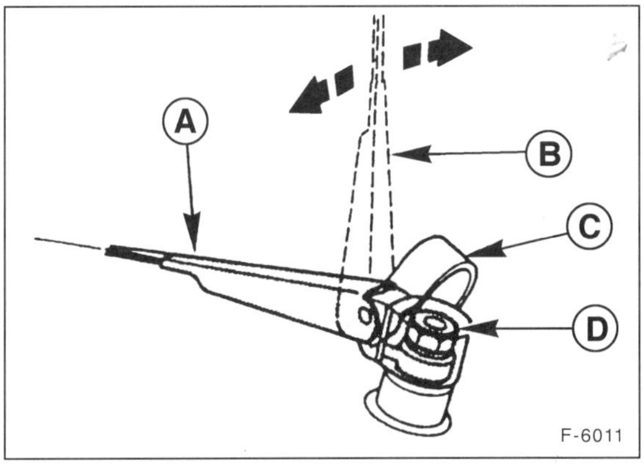

- Scheibenwischerarme ausbauen. Dazu Kunststoffkappe –C– hochklappen.
- Befestigungsmutter –D– ca. 2 Umdrehungen lösen.
- Wischerarm von der Scheibe abheben (Position –A–) und hochklappen (Position –B–). Wischerarm durch seitliche Bewegungen –Pfeile– vom Konus des Tandemlagers lösen. Festsitzenden Wischerarm mit Schlagauszieher 1966-5 von HAZET lösen.
- Wischerarm wieder zurückklappen, Mutter abschrauben und Wischerarm abnehmen.

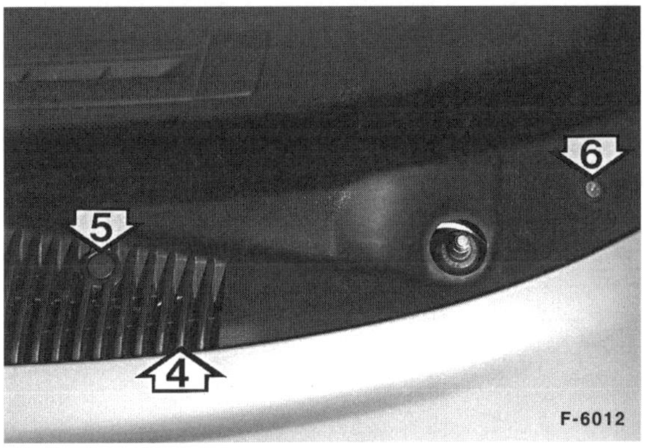

- Windlaufgrill –4– ausbauen. Dazu Abdeckkappen –5– mit schmalem Schraubendreher abhebeln und 5 Schrauben –6– herausdrehen. Weiterer Ausbau siehe Seite 169.

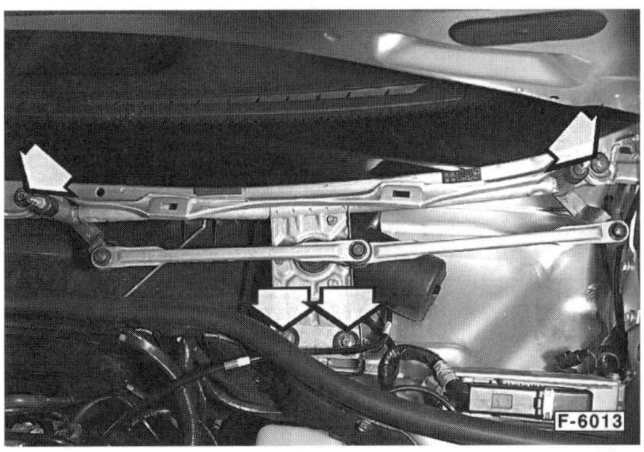

- 4 Befestigungsschrauben herausdrehen und Wischergestänge mit Motor herausheben.
- Mehrfachstecker vom Wischermotor abziehen.

- Stellung der Kurbel –4– zur Montageplatte markieren. Dazu mit Filzstift entlang der Kurbel einen Strich auf der Montageplatte anbringen.
- Mutter –5– von der Antriebswelle abschrauben und Kurbel –4– vom Konus abziehen.
- 3 Befestigungsschrauben –6– für Wischermotor herausdrehen und Wischermotor von der Montageplatte abnehmen.

Einbau

Achtung: Vor dem Einbau prüfen, ob sich der Wischermotor in Endstellung befindet. Dazu kurzzeitig Mehrfachstecker aufschieben und Batterie-Massekabel anschließen. Motor kurz laufen lassen und anschließend mit Wischerschalter ausschalten, damit der Motor in Endstellung stehenbleibt.

- Wischermotor an der Montageplatte anschrauben. Anzugsdrehmoment beachten: **12 Nm**, wenn die Schrauben zum erstenmal in den neuen Wischermotor eingeschraubt werden; **8 Nm**, wenn der bisherige Wischermotor wieder eingebaut wird, beziehungsweise wenn der Motor schon einmal angeschraubt war.
- Kurbel entsprechend der beim Ausbau angebrachten Markierung ansetzen, gegenhalten und mit **25 Nm** festschrauben.
- Mehrfachstecker anschließen.
- Motor mit Wischergestänge einsetzen und die 4 Schrauben mit **8 Nm** festziehen. **Achtung:** Schraube rechts oben in Abbildung F-6013 zuerst ansetzen.
- Windlaufgrill einbauen, siehe Seite 169.
- Wischerarme einbauen. Dazu Wischerarm so auf den Konus des Tandemlagers aufsetzen, daß die Wischerblätter sich neben den Klebe-Markierungen auf der Windschutzscheibe befinden. Muttern leicht beiziehen, nicht festziehen.
- Batterie-Massekabel (–) anklemmen.
- Wischeranlage in der ersten Stufe laufen lassen und prüfen, ob die Wischerarme nicht an Grill oder Zierleiste anschlagen. Gegebenenfalls Wischerarme umsetzen.
- Muttern für Wischerarme mit **25 Nm** festziehen.
- Zeituhr einstellen. Diebstahlcode für Radio eingeben.

Scheibenwischergestänge aus- und einbauen

Ausbau

- Wischerarme ausbauen, siehe unter »Scheibenwischermotor ausbauen«.
- Windlaufgrill ausbauen, siehe Seite 169.

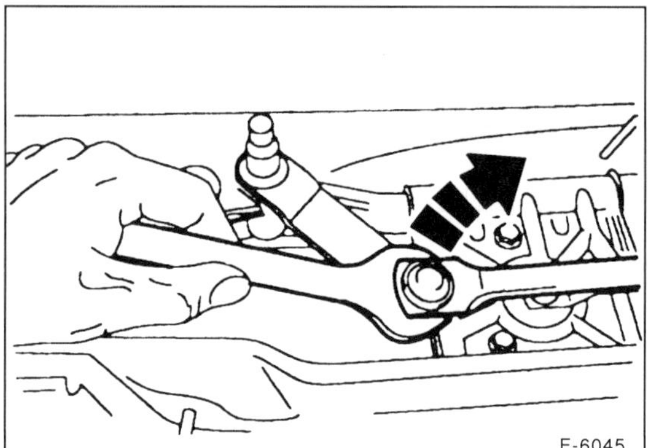

F-6045

- Gestänge mit Gabelschlüssel an den Drehpunkten abheben.

Einbau

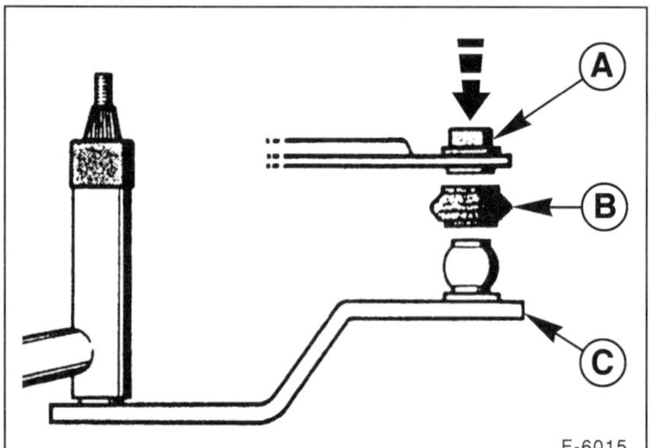

F-6015

- Lagerschalen –A– für Wischergestänge sowie neue Gummibälge –B– einfetten (FORD-SAM-1C-9111-A).
- Gummibalg über den Rand der Lagerschale auflegen.
- Lagerschalen auf Drehpunkte –C– auflegen.

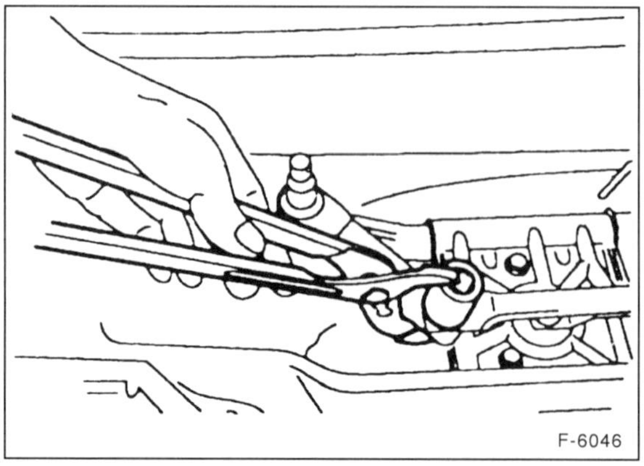

F-6046

- Steckschlüssel auf den Rand der Lagerschale stecken und Lagerschale mit Wasserpumpenzange einclipsen.
- Windlaufgrill einbauen, siehe Seite 169.
- Wischerarme einbauen, siehe unter »Scheibenwischermotor einbauen«.

Scheibenwischermotor hinten aus- und einbauen

Ausbau

- Heckscheibe mit Wasser benetzen.
- Heckscheiben-Wischeranlage ca. 2 Minuten laufen lassen und mit dem Scheibenwischerschalter abschalten. Dadurch läuft der Wischer in die Endstellung.
- Ruhestellung des Wischerblattes auf der Heckscheibe mit Abdeck-Klebeband markieren. Dazu einen Streifen Klebeband direkt neben das Wischerblatt auf die Heckscheibe kleben. Beim Einbau wird der Wischerarm wieder so auf die Verzahnung der Antriebswelle gesetzt, daß sich das Wischerblatt direkt neben dem Klebestreifen befindet.

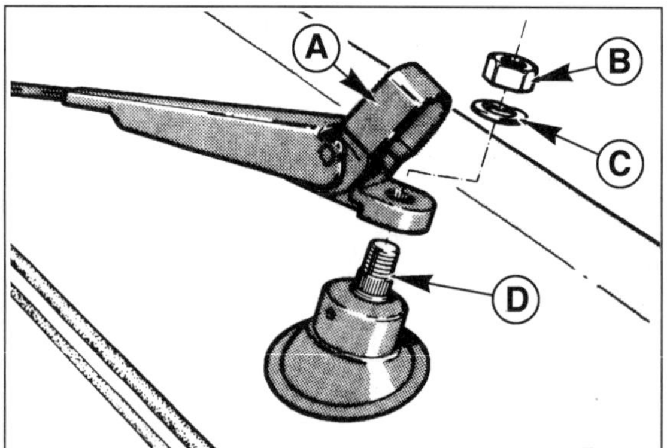

F-6047

- Kunststoffkappe –A– hochschwenken.
- Mutter –B– um 2 Umdrehungen lösen.
- Wischerarm hochschwenken und vom Konus etwas abziehen.

- Wischerarm zurückschwenken, Mutter abschrauben und mit Unterlegscheibe –C– abnehmen.
- Wischerarm von der Welle –D– abziehen.
- Heckklappe öffnen und Verkleidung mit 10 Schrauben abschrauben. **Turnier:** 6 Schrauben herausdrehen, vorher Abdeckkappen mit kleinem Schraubendreher abhebeln. Verkleidung zur Fensterseite hin aus 4 Clips ausclipsen.

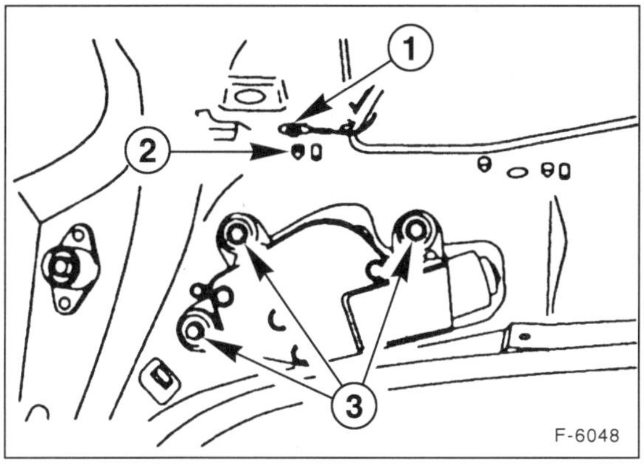

- Massekabel –1– abschrauben.
- Befestigungsclip für den Mehrfachstecker –2– aus dem Innenblech der Heckklappe herausdrücken und Mehrfachstecker abziehen.
- Halter für Wischermotor abschrauben –3–.
- Motor komplett mit Halter herausnehmen.
- Motor vom Halter mit 3 Schrauben abschrauben. Führungsscheiben abnehmen und 3 Gummilager aus dem Halter herausziehen.

Einbau

- 3 Gummilager in den Halter einsetzen, Führungsscheiben auflegen und Halter am Wischermotor mit 3 Schrauben und 8 Nm festschrauben. Vorher Gummilager auf Porosität und Beschädigung überprüfen, gegebenenfalls ersetzen.
- Wischermotor mit Halter an der Heckklappe anschrauben und mit 8 Nm festziehen.
- Massekabel anschrauben.
- Mehrfachstecker anschließen, Halteclip am Innenblech einclipsen.
- Batterie-Massekabel (–) kurzzeitig anklemmen.
- Wischermotor kurz laufen lassen und mit Wischerschalter abschalten, damit der Motor in Endstellung stehenbleibt.
- Wischerarm einbauen. Dazu Wischerarm auf den Konus der Antriebswelle auflegen, nach den Klebe-Markierungen auf der Heckscheibe ausrichten und aufdrücken.
- Federscheibe auflegen und Wischerarm mit Mutter und **20 Nm** festschrauben.
- Batterie-Massekabel (–) anklemmen.
- Heckscheibe mit Wasser benetzen, Heckscheibenwischer auf Funktion prüfen, gegebenenfalls Wischerblatt umsetzen.

Achtung: Nach Probelauf des Wischers auf nasser Scheibe Mutter für Wischerblatt mit 20 Nm nachziehen.

- Verkleidung für Heckklappe anschrauben. **Turnier:** Verkleidung von der Fensterseite her ansetzen, einclipsen und anschließend anschrauben. Abdeckkappen aufdrücken.
- Zeituhr einstellen. Diebstahlcode für Radio eingeben.

Anstellwinkel der Scheibenwischerblätter prüfen/einstellen

Hinweis: Zum Prüfen des Anstellwinkels wird das Spezialwerkzeug HAZET 4851-1 oder FORD 32-006 benötigt.

Prüfen

- Wischerarme in Ruhestellung bringen. Dazu Windschutzscheibe mit Wasser benetzen, Scheibenwischer kurze Zeit laufen lassen und anschließend mit Wischerschalter abschalten.
- Wischerblatt ausbauen, siehe Seite 245.

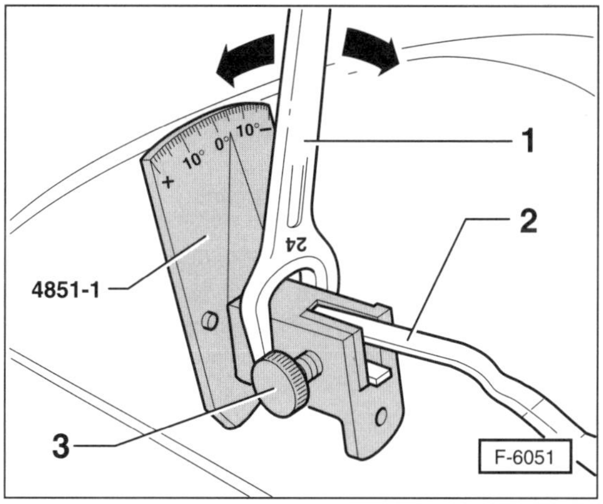

- Falls das Spezialwerkzeug vorhanden ist, Wischerarm –2– in Werkzeug einlegen und mit Schraube –3– arretieren.

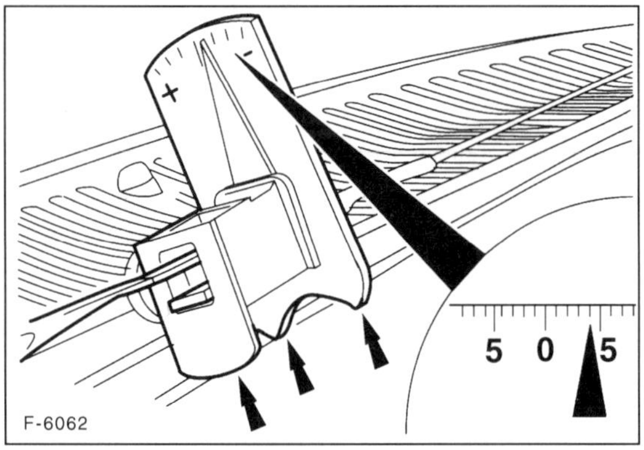

- Wischerarm mit Spezialwerkzeug zurückklappen. Darauf achten, daß die 3 Auflagepunkte –Pfeile– auf der Scheibe aufliegen.
- Das Werkzeug zeigt nun den Winkel des Wischerarms zur Scheibe an.
  Sollwerte Windschutzscheibe: 3° ± 1°
  Heckscheibe (Limousine): 4° ± 1°
  Heckscheibe (Turnier): 10° ± 1°
- Falls erforderlich, Werkzeug mit Maulschlüssel –1– vorsichtig drehen bis an der Skala der Sollwert angezeigt wird. **Achtung:** Dazu Wischerarm von der Scheibe abheben, da diese sonst beschädigt werden kann.
- Anschließend Werkzeug abbauen und nochmals neu aufsetzen und arretieren. Einstellwert prüfen, gegebenenfalls korrigieren. Diesen Vorgang so oft durchführen bis der Sollwert erreicht ist.
- Einstellwerkzeug abnehmen und Scheibenwischerblatt einbauen.
- Nächstes Wischerblatt auf dieselbe Weise prüfen und einstellen.
- Windschutzscheibe mit Wasser benetzen und Scheibenwischer laufen lassen. Wischerblätter auf rubbelfreies Wischen prüfen, gegebenenfalls Einstellvorgang wiederholen.

Störungsdiagnose Scheibenwischergummi

Wischbild	Ursache	Abhilfe
Schlieren	Wischgummi verschmutzt	■ Wischgummi mit harter Nylonbürste und einer Waschmittellösung oder Spiritus reinigen
	Ausgefranste Wischlippe, Gummi ausgerissen oder abgenutzt	■ Wischgummi erneuern
	Wischgummi gealtert, rissige Oberfläche	■ Wischgummi erneuern
Im Wischfeld verbleibende Wasserreste ziehen sich sofort zu Perlen zusammen	Windschutzscheibe durch Lackpolitur oder Öl verschmutzt	■ Windschutzscheibe mit sauberem Putzlappen und einem Fett-Öl-Silikonentferner reinigen
Wischerblatt wischt einseitig gut - einseitig schlecht, rattert	Wischgummi einseitig verformt, »kippt nicht mehr«	■ Neues Wischgummi einbauen
	Wischerarm verdreht, Blatt steht schief auf der Scheibe	■ Wischerarm vorsichtig verdrehen, bis richtige, senkrechte Stellung erreicht ist
Nicht gewischte Flächen	Wischgummi aus der Fassung herausgerissen	■ Wischgummi vorsichtig in die Fassung einsetzen
	Wischerblatt liegt nicht mehr gleichmäßig an der Scheibe an, da Federschienen oder Bleche verbogen	■ Wischerblatt ersetzen. Dieser Fehler tritt vor allem bei unsachgemäßem Montieren eines Ersatzblattes auf
	Anpreßdruck durch Wischerarm zu gering	■ Wischerarmgelenke und Feder leicht einölen oder neuen Arm einbauen

Wagenpflege

Fahrzeug waschen

Aus Umweltschutzgründen ist in den meisten Gemeinden die Wagenwäsche auf öffentlichen Plätzen verboten. Inzwischen gibt es an vielen Tankstellen die Möglichkeit, dort seinen Wagen auch von Hand zu waschen. Da an diesen Tankstellen garantiert ist, daß das Schmutzwasser nicht in der Erde versickert, sollte die Wagenwäsche dort durchgeführt werden.

- Verschmutzten Wagen möglichst umgehend waschen.
- Tote Insekten **vor** der Wagenwäsche einweichen und abwaschen.
- Reichlich Wasser verwenden.
- Weichen Schwamm oder sehr weiche Waschbürste mit Schlauchanschluß benutzen.
- Lackierung nicht scharf abspritzen, sondern nur abbrausen und Schmutz aufweichen lassen.
- Aufgeweichten Schmutz von oben nach unten mit reichlich Wasser abwaschen.
- Schwamm oft ausspülen.
- Zum Abtrocknen sauberes Leder verwenden.
- Nur gute, rückfettende Markenwaschmittel verwenden (falls überhaupt). Mit klarem Wasser gründlich nachspülen, um die Reste des Waschmittels zu entfernen.
- Zum Schutz der Lackierung kann dem Waschwasser ein Waschkonservierer beigegeben werden.
- Bei regelmäßiger Benutzung von Waschmitteln muß öfter konserviert werden.
- Wagen niemals in der Sonne waschen oder trocknen. Wasserflecken auf der Lackierung sind sonst unvermeidlich.
- Durch Streusalze besonders gefährdet sind alle innenliegenden Falze, Flansche und Fugen an Türen und Hauben. Diese Stellen müssen deshalb bei jedem Wagenwaschen – auch nach der Wäsche in automatischen Waschstraßen – mit einem Schwamm gründlich gereinigt und anschließend abgespült und abgeledert werden.

Achtung: Nach der Wagenwäsche ergibt sich eine verringerte Bremswirkung durch Nässe. Deshalb Bremsscheiben kurz trockenbremsen.

Lackierung pflegen

Konservieren: So oft wie nötig soll die sauber gewaschene und getrocknete Lackierung mit einem Konservierungsmittel behandelt werden, um die Oberfläche durch eine porenschließende und wasserabweisende Wachsschicht gegen Witterungseinflüsse zu schützen.

Übergelaufenen Kraftstoff, übergelaufenes Öl oder Fett, beziehungsweise übergelaufene Bremsflüssigkeit **sofort entfernen,** sonst kommt es zu Lackverfärbungen.

Das Konservieren muß wiederholt werden, wenn Wasser nicht mehr vom Lack abperlt, sondern großflächig verläuft. Regelmäßiges Konservieren bewirkt, daß der ursprüngliche Glanz der Lackierung sehr lange erhalten bleibt.

Eine weitere Möglichkeit, den Lack zu konservieren, bieten Waschkonservierer. Waschkonservierer schützen die Lackierung jedoch nur ausreichend, wenn sie bei **jeder** Wagenwäsche verwendet werden und der zeitliche Abstand zwischen 2 Wäschen nicht mehr als 2 bis 3 Wochen beträgt. Nur Lackkonservierer verwenden, die Carnauba- oder synthetische Wachse enthalten.

Nach dem Anwenden von Waschmitteln (Schaumwäsche) ist eine Nachbehandlung mit einem Konservierungsmittel besonders zu empfehlen (Gebrauchsanweisung beachten).

Polieren: Das Polieren der Lackierung ist nur dann erforderlich, wenn der Lack infolge mangelhafter Pflege unter der Einwirkung von Straßenstaub, industriellen Abgasen, Sonne und Regen unansehnlich geworden ist und sich durch eine Behandlung mit Konservierungsmitteln kein Glanz mehr erzielen läßt. Zu warnen ist vor stark schleifenden oder chemisch stark angreifenden Poliermitteln, auch wenn der erste Versuch damit noch so sehr zu überzeugen scheint.

Vor jedem Polieren muß der Wagen sauber gewaschen und sorgfältig abgetrocknet werden. Im übrigen ist nach der Gebrauchsanweisung für das Poliermittel zu verfahren.

Die Bearbeitung soll in nicht zu großen Flächen erfolgen, um ein vorzeitiges Eintrocknen der Politur zu vermeiden. Bei manchen Poliermitteln muß anschließend noch konserviert werden. Nicht in der prallen Sonne polieren! Matt lackierte Teile dürfen nicht mit Konservierungs- oder Poliermitteln behandelt werden.

Teerflecke entfernen: Teerflecke fressen sich innerhalb kurzer Zeit in den Lack ein und können dann nicht mehr vollkommen entfernt werden. Frische Teerflecke können mit einem in Waschbenzin getränkten weichen Lappen entfernt werden. Notfalls kann auch Tankstellenbenzin, Petroleum oder Terpentinöl verwendet werden. Sehr gut gegen Teerflecke eignet sich auch ein Lackkonservierer. Bei Verwendung dieses Mittels kann auf ein Nachwaschen verzichtet werden.

Insekten entfernen: Die Reste von Insektenleichen tragen Stoffe in sich, die den Lackfilm beschädigen können, wenn sie nicht innerhalb kurzer Zeit entfernt werden. Einmal festgeklebt, lassen sie sich durch Wasser und Schwamm allein nicht entfernen, sondern müssen mit schwacher, lauwarmer Seifen- oder Waschmittel-Lösung abgewaschen werden. Es gibt auch spezielle Insekten-Entferner.

Baumaterial-Spritzer entfernen: Spritzer jeglichen Baumaterials mit einer lauwarmen Lösung neutraler Waschmittel abwaschen. Nur leicht reiben, da sonst die Lackierung zerkratzt werden kann. Nach dem Waschen sorgfältig mit klarem Wasser nachspülen.

Kunststoffteile pflegen: Kunststoffteile, Kunstledersitze, Himmel, Leuchtengläser sowie mattschwarz gespritzte Teile mit Wasser und eventuell einem Shampoo-Zusatz säubern, Himmel nicht durchfeuchten. Kunststoffteile gegebenenfalls mit Kunststoffreiniger behandeln. Keinesfalls Lösungsmittel wie Nitroverdünner, Kaltreiniger oder Kraftstoff verwenden.

Scheiben reinigen: Fensterscheiben innen und außen mit sauberem, weichem Lappen abreiben. Bei starker Verschmutzung helfen Spiritus oder Salmiakgeist und lauwarmes Wasser, oder auch ein spezieller Scheibenreiniger. Beim Reinigen der Windschutzscheibe Scheibenwischerarm nach vorn klappen.

Bei der Reinigung der Windschutzscheibe sind auch die Wischerblätter zu säubern.

Achtung: Bei Verwendung silikonhaltiger Mittel dürfen die zur Reinigung der Lackierung verwendeten Waschbürsten, Schwämme, Lederlappen und Tücher nicht für die Scheiben verwendet werden. Beim Einsprühen der Lackierung mit silikonhaltigen Pflegemitteln sollten die Scheiben mit Pappe oder anderem Material abgedeckt werden.

Gummidichtungen pflegen: Von Zeit zu Zeit Gummidichtungen durch Einpudern der Dicht- und Gleitflächen mit Talkum oder Besprühen mit Silikonspray geschmeidig halten. So werden auch quietschende oder knarrende Geräusche beim Türenschließen vermieden. Auch das Einreiben der betreffenden Flächen mit Schmierseife beseitigt die Geräusche.

Leichtmetall-Scheibenräder mit Felgenreiniger besonders während der kalten Jahreszeit pflegen, jedoch keine aggressiven, säurehaltigen, stark alkalischen und rauhen Reinigungsmittel oder Dampfstrahler über +60° C verwenden.

Sicherheitsgurte nur mit milder Seifenlauge in eingebautem Zustand säubern, nicht chemisch reinigen, da dadurch das Gewebe zerstört werden kann. Automatikgurte nur in trockenem Zustand aufrollen. Gurtband nicht bei einer Temperatur von über +80° C oder direkter Sonneneinstrahlung trocknen.

Unterbodenschutz/ Hohlraumkonservierung

Die gesamte Bodenanlage einschließlich der hinteren Radkästen ist mit PVC-Unterbodenschutz beschichtet. Die besonders stark gefährdeten Bereiche in den vorderen Radläufen sind mit Kunststoffschalen gegen Steinschlag geschützt. Darüber hinaus wurden korrosionsgefährdete Karosserieteile aus hochfestem beziehungsweise verzinktem Blech hergestellt. Vor der kalten Jahreszeit und nach einer Unterbodenwäsche sollte der Unterbodenschutz kontrolliert und gegebenenfalls nachkonserviert werden.

Im Schleuderbereich des Unterbaues können sich Staub, Lehm und Sand ablagern. Das Entfernen des angesammelten Schmutzes, der während der Winterzeit auch noch mit Salz angereichert sein kann, ist besonders wichtig.

Motorraum konservieren: Zur Verhinderung von Korrosion am Vorderwagen (z. B. Seitenteile, Längsträger oder Abschlußblech) und des Antriebaggregates muß der Motorraum einschließlich der im Motorraum befindlichen Teile der Bremsanlage sowie der Vorderachselemente und der Lenkung mit einem hochwertigen Konservierungswachs eingesprüht werden. Vor allen Dingen natürlich nach einer Motorwäsche. **Achtung:** Vor der Motorwäsche, die zum Beispiel mit Kaltreiniger und einem Dampfstrahlgerät durchgeführt werden kann, sind Generator, Sicherungskasten und Bremsflüssigkeitsbehälter mit Plastikhüllen abzudecken.

Polsterbezüge pflegen

Textilbezüge: Polsterbezüge mit Staubsauger absaugen oder mit einer nicht zu weichen Bürste ausbürsten. Bei starker Verschmutzung Textilbezüge mit Trockenschaum reinigen.

Fett- und Ölflecke mit Reinigungsbenzin oder Fleckenwasser behandeln. Das Reinigungsmittel darf aber nicht unmittelbar auf den Stoff gegossen werden, da sich sonst unweigerlich Ränder bilden. Fleck durch kreisförmiges Reiben von außen nach innen bearbeiten. Andere Verschmutzungen lassen sich meistens mit lauwarmem Seifenwasser entfernen.

Lederbezüge: Bei starker Sonneneinstrahlung und längerer Standzeit Sitze abdecken, damit sie nicht ausbleichen.

Trikot- oder Wollappen mit Wasser leicht anfeuchten und Lederflächen säubern, ohne das Leder oder die Nahtstellen zu durchfeuchten. Anschließend das getrocknete Leder mit einem sauberen und weichen Tuch nachreiben.

Stärker verschmutzte Lederflächen können mit einem milden Feinwaschmittel ohne Aufheller (2 Eßlöffel auf 1 Liter Wasser) gereinigt werden. Fett- und Ölflecke vorsichtig ohne Reiben mit Reinigungsbenzin abtupfen.

Die gereinigten (lackierten) Lederpolster sollten anschließend mit einem handelsüblichen Pflegemittel für Lederflächen behandelt werden. Solche Mittel sind bei den Fachwerkstätten und im Autofachhandel erhältlich. Das Mittel vor Gebrauch gut schütteln und mit einem weichen Lappen dünn auftragen. Nach dem Eintrocknen mit einem sauberen und weichen Tuch nachreiben. Diese Behandlung empfiehlt sich bei normaler Beanspruchung alle 6 Monate.

Motorstarthilfe

Fahrzeug abschleppen

Starthilfe

Achtung: Werden die vorgeschriebenen Anschlußhinweise nicht genau eingehalten, besteht die Gefahr der Verätzung durch austretende Batteriesäure. Außerdem können Verletzungen oder Schäden durch eine Batterieexplosion entstehen oder Defekte an der Fahrzeugelektrik auftreten.

- Der Leitungsquerschnitt der Starthilfekabel soll bei Ottomotoren bis ca. 2,5 l Hubraum mindestens 16 mm^2 (Durchmesser ca. 5 mm) betragen. Bei Dieselmotoren oder Ottomotoren über ca. 2,5 l Hubraum soll der Leitungsquerschnitt mindestens 25 mm^2 betragen. Maßgebend ist dabei jeweils das Fahrzeug mit der entladenen Batterie. Der Leitungsquerschnitt ist in der Regel auf der Packung der Starthilfekabel angegeben. Beim Neukauf ist ein Starthilfekabel mit isolierten Kabelzangen und 25 mm^2 Querschnitt empfehlenswert, da es sich auch für Motoren mit geringerem Hubraum eignet.
- Beide Batterien müssen eine Spannung von 12 Volt haben.
- Eine entladene Batterie kann bereits bei –10° C gefrieren. Vor Anschluß der Starthilfekabel muß eine gefrorene Batterie unbedingt aufgetaut werden.
- Die entladene Batterie muß ordnungsgemäß am Bordnetz angeklemmt sein.
- Flüssigkeitsstand der entladenen Batterie prüfen, gegebenenfalls mit destilliertem Wasser auffüllen.
- Fahrzeuge so weit auseinanderstellen, daß kein metallischer Kontakt besteht. Andernfalls könnte bereits beim Verbinden der Pluspole ein Strom fließen.
- Bei beiden Fahrzeugen Feststellbremse anziehen. Schaltgetriebe in Leerlaufstellung, automatisches Getriebe in Parkstellung »P« schalten.
- Alle Stromverbraucher ausschalten.
- Während des Starthilfevorganges offene Flammen oder brennende Zigaretten in der Nähe der Batterie vermeiden, weil aus der Batterie brennbare Gase austreten können.
- Darauf achten, daß die Starthilfekabel nicht durch drehende Teile wie z. B. Kühlerventilator beschädigt werden können.

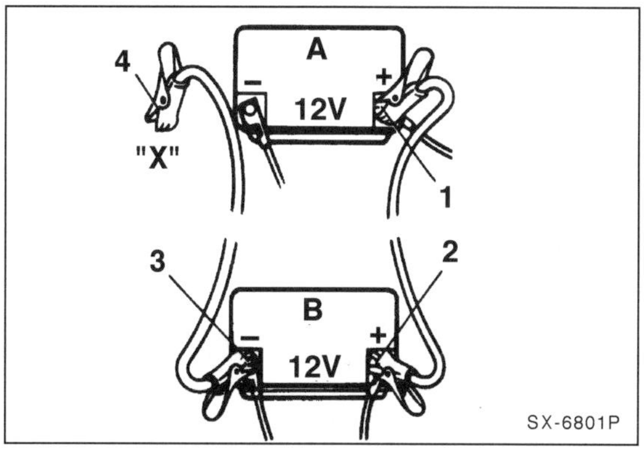

- Starthilfekabel in folgender Reihenfolge anschließen:
  1. Rotes Kabel an den Pluspol der entladenen Batterie –A– anklemmen.
  2. Das andere Ende des roten Kabels an den Pluspol der stromgebenden Batterie –B– anklemmen.
  3. Schwarzes Kabel an den Minuspol der stromgebenden Batterie anklemmen.
  4. Das andere Ende des schwarzen Kabels an eine gute Massestelle –X– des Empfängerfahrzeuges anschließen. Am besten eignet sich ein mit dem Motorblock verschraubtes Metallteil. Unter ungünstigen Umständen könnte beim Anschließen des Kabels an den Minuspol der leeren Batterie, durch Funkenbildung und Knallgasentwicklung, die Batterie explodieren.

Achtung: Die Klemmen der Starthilfekabel dürfen bei angeschlossenen Kabeln nicht in Kontakt miteinander kommen, beziehungsweise die Plusklemmen dürfen keine Massestellen (Karosserie oder Rahmen) berühren.

- Motor des Spenderfahrzeuges starten und mit erhöhter Drehzahl laufen lassen.
- Motor des Empfängerfahrzeuges (leere Batterie) starten und laufen lassen. Beim Starten Anlasser nicht länger als 10 Sekunden ununterbrochen betätigen, da sich durch die hohe Stromaufnahme Polzangen und Kabel erwärmen. Deshalb zwischendurch eine »Abkühlpause« von mindestens ½ Minute einlegen.
- Beim Startvorgang nicht über die Batterien beugen – Verätzungsgefahr!

- Nach erfolgreichem Startvorgang beide Fahrzeuge mit angeschlossenen Starthilfekabeln noch 3 Minuten laufen lassen.
- Beim Empfängerfahrzeug Heizgebläse und Heckscheibenheizung einschalten. Dadurch werden eventuell entstehende Spannungsspitzen beim Trennen der Starthilfekabel abgebaut und somit eine Beschädigung der elektrischen Anlage vermieden. **Achtung: Nicht** die Scheinwerfer einschalten, Glühlampen brennen bei Überspannung durch.
- Starthilfekabel in **umgekehrter** Reihenfolge abklemmen: Zuerst schwarzes Kabel (–) am Empfängerfahrzeug, dann am stromgebenden Fahrzeug abklemmen. Rotes Kabel zuerst am stromgebenden und dann am Empfängerfahrzeug abklemmen.

Abschleppen

Abschleppöse vorn

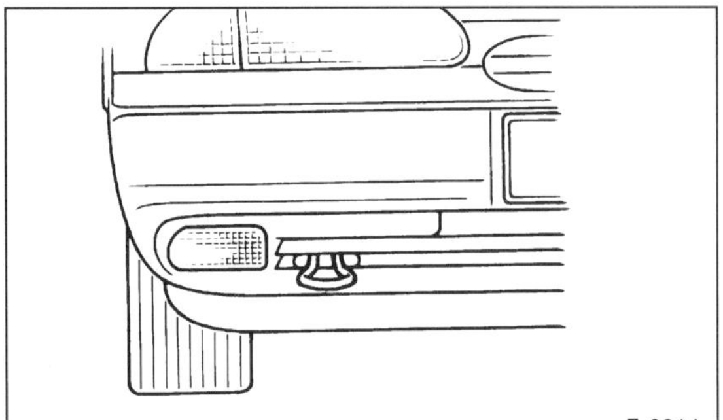

F-6814

Abschleppöse hinten

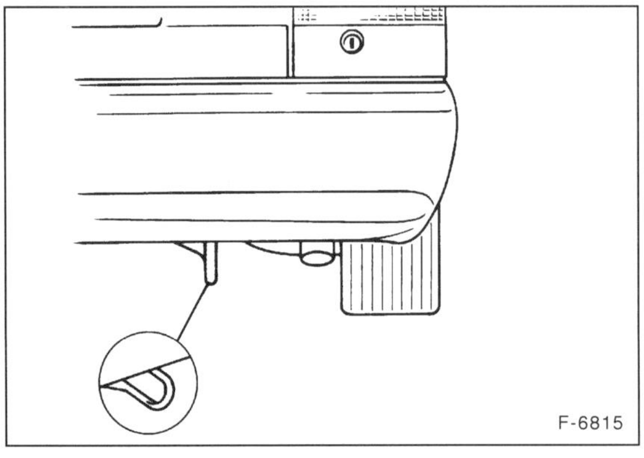

F-6815

Die Abbildungen zeigen den MONDEO bis 8/96. Seit 9/96 besitzt die Limousine vorn und hinten, der TURNIER nur vorn einschraubbare Abschleppösen. Die Abschleppöse ist am Reserveradhalter angeschraubt.

- Runde Kunststoffabdeckung mit kleinem Schraubendreher aus dem Stoßfänger heraushebeln.
- Abschleppöse in die darunterliegende Gewindebohrung **linksherum** einschrauben und mit dem durch die Öse gestecken Radmutternschlüssel festziehen.
- Nach Gebrauch Abschleppöse wieder abschrauben (rechtsherum) und Abdeckung in Stoßfänger eindrücken.

Regeln beim Abschleppen

- Zündung einschalten, damit das Lenkrad nicht blockiert ist, die Bremsleuchten funktionieren und das Signalhorn und die Scheibenwischer betätigt werden können.
- Getriebe in Leerlaufstellung bringen, bei Fahrzeugen mit Automatikgetriebe den Wählhebel in Stellung »N«.
- Warnblinkanlage bei ziehendem und gezogenem Fahrzeug einschalten.
- Da der Bremskraftverstärker und die Servolenkung nur bei laufendem Motor arbeiten, müssen bei nicht laufendem Motor das Bremspedal und das Lenkrad entsprechend kräftiger betätigt werden!
- **Empfehlenswert ist die Verwendung einer Abschleppstange.** Die Gefahr des Auffahrens ist bei Verwendung eines Abschleppseils groß. Ein Abschleppseil soll elastisch sein, damit das schleppende und das gezogene Fahrzeug geschont werden. Nur Kunstfaserseile oder Seile mit elastischen Zwischengliedern verwenden.

Achtung: Fahrzeuge mit Allradantrieb dürfen nicht mit angehobener Vorder- oder Hinterachse abgeschleppt werden. Entweder müssen alle Räder am Boden, oder Fahrzeug komplett aufgeladen sein.

Besonderheiten bei Fahrzeugen mit Getriebeautomatik

Maximale Schleppgeschwindigkeit: **50 km/h!**
Maximale Schleppentfernung: **50 Kilometer!**

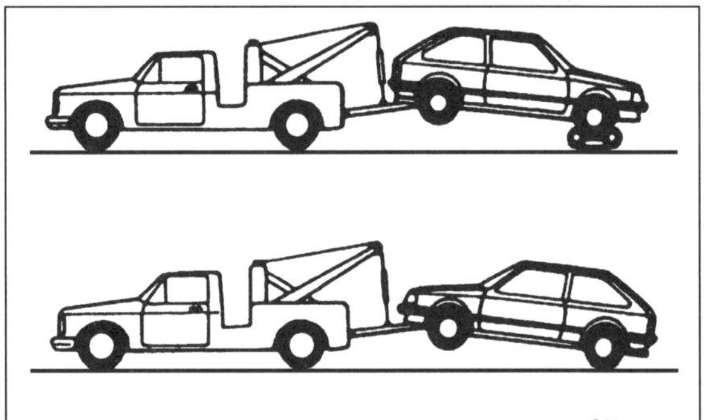

SX-6802

- Über große Entfernungen das Fahrzeug mit einem Abschleppwagen vorn anheben oder aufladen.
- Ohne Getriebeöl darf das Fahrzeug nur mit angehobenen Antriebsrädern abgeschleppt werden.

Achtung: Zur Vermeidung von Getriebeschäden, Fahrzeug niemals rückwärts mit drehenden Antriebsrädern abschleppen.

Fahrzeug anschleppen (Notstart)

Achtung: Das Anschleppen (Starten des Motors durch das rollende Fahrzeug) ist bei Fahrzeugen mit Getriebeautomatik nicht möglich. Fahrzeuge mit Katalysator dürfen nur bei kaltem Motor und in einem Versuch angeschleppt werden, da sonst die Gefahr von Katalysatorschäden besteht.

- Zündung einschalten und etwas Gas geben.
- Auskuppeln und 3. Gang einlegen.
- Fahrzeug anschleppen oder anschieben lassen.
- Langsam einkuppeln.

Fahrzeug aufbocken

Werkzeug

Bei Arbeiten unter dem Fahrzeug muß dieses, falls es nicht auf einer Hebebühne steht, auf zwei oder vier stabilen Unterstellböcken stehen. **Auf keinen Fall dürfen Arbeiten unter dem Fahrzeug ausgeführt werden, wenn dieses nicht ausreichend gesichert ist oder nur mit dem Wagenheber abgestützt wird. Lebensgefahr!**

- Das Fahrzeug nur in unbeladenem Zustand anheben.

Achtung: Durch eine geeignete Gummi- oder Holzzwischenlage werden beim Anheben Beschädigungen am Unterbau vermieden. Keinesfalls darf der Wagen an Motor- oder Getriebeteilen angehoben oder abgestützt werden.

- Die Räder, die beim Anheben auf dem Boden stehen bleiben, mit Keilen gegen Vor- oder Zurückrollen sichern. Nicht auf die Feststellbremse verlassen, diese muß bei einigen Reparaturen gelöst werden.
- Fahrzeug nur auf ebener, fester Fläche aufbocken.
- Fahrzeug mit Unterstellböcken so abstützen, daß jeweils ein Bein seitlich nach außen zeigt.

Achtung: Fahrzeug niemals unter dem Vorderachs-Querträger oder der Verbundlenkerachse anheben.

Anheb- und Aufbockpunkte:

A = Abstützpunkte für Unterstellböcke

B = Anhebepunkte für Hebebühne

Bordwagenheber

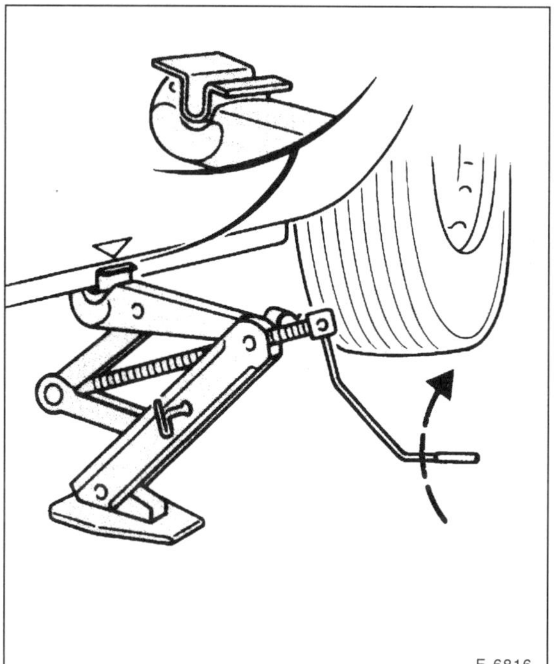
F-6816

- Wagenheber unterhalb der Einprägung ansetzen.

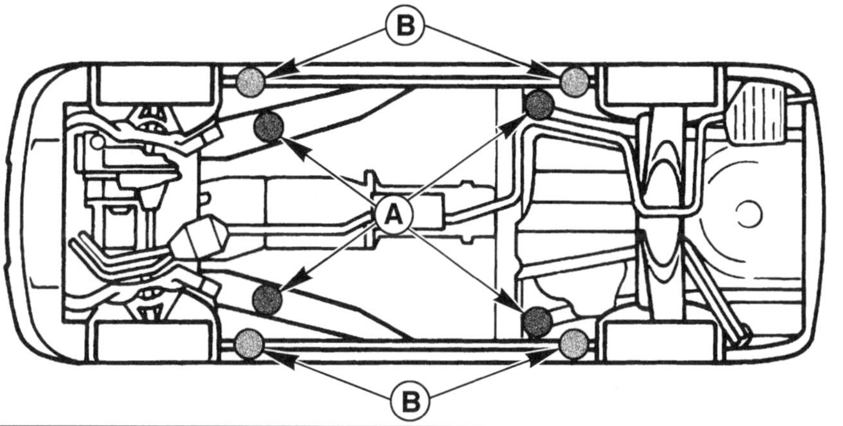

F-6817

Werkzeug

Der Aufwand an Werkzeug richtet sich ganz nach dem Umfang der Arbeiten, die am Fahrzeug ausgeführt werden sollen. Neben einer Grundausstattung ist in jedem Fall ein Drehmomentschlüssel empfehlenswert.

Gutes und stabiles Werkzeug wird von der Firma HAZET (42804 Remscheid, Postfach 100461) angeboten. In den Tabellen sind die Spezialwerkzeuge mit der HAZET-Bestellnummer aufgeführt. Vertrieben wird das Werkzeug über den Fachhandel.

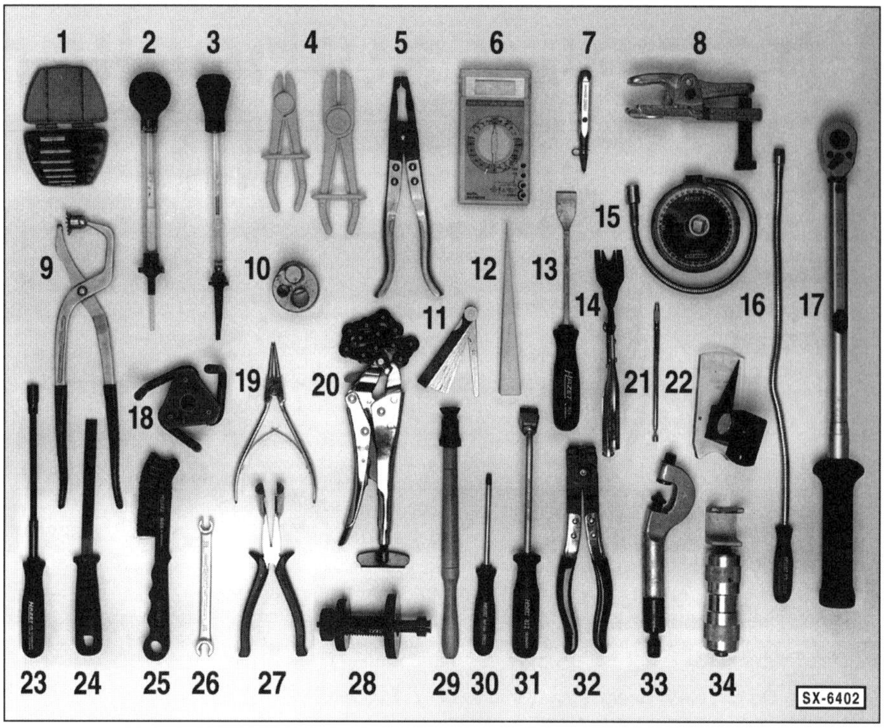

Abb.	Werkzeug	Hazet-Nr.
1	Schraubenausdreher für verschiedene Schrauben	840/5
2	Batteriesäureprüfer	4650-1
3	Kühlmittel-Frostschutzprüfer	–
4	Schlauchklemmen	4590/2
5	Ausziehzange für Ventilschaftabdichtungen	791-5
6	Multimeter	–
7	Spannungsprüflampe mit Spitze	2153
8	Ausdrücker für Spurstangenköpfe	779/1
9	Bremsfedernzange	797
10	Stehbolzenausdreher	845
11	Fühlerblattlehre 0,05–1,0 mm	2147
12	Montagekeil	1965/20
13	Flachschaber zur Beseitigung von Dichtungsrückständen an Zylinderkopf sowie Motorblock	824
14	Abdrückzange für Verkleidungen	799/4
15	Winkelscheibe für drehwinkelgesteuerten Schraubenanzug	6690
16	Magnet-Sucher	1976
17	Drehmomentschlüssel 40 – 200 Nm	6122–1CT
18	Ölfilterschlüssel	2172
19	Spitzzange für Sicherungsringe	1846C/2
20	Ketten-Abgasrohrschneider	4682
21	Spritzdüseneinsteller für Scheibenwaschanlage	4850-1
22	Winkeleinsteller für Scheibenwischerarme	4851-1
23	Steckschlüssel flexibel, 8 und 10 mm	426-8, -10
24	Bremssattelfeile	1968-1
25	Stahldrahtbürste für Bremssattelreinigung	1968

Abb.	Werkzeug	Hazet-Nr.
26	Offene Doppelringschlüssel für Überwurfmuttern der Bremsleitungen	612-8x10, 612-10x11
27	Zündkerzensteckerzange	1849-1
28	Kupplungs-Zentrierwerkzeug	2174
29	Ventileinschleifer	795
30	Torxschraubendreher (verschiedene Größen)	837-T20, -T25, -T30, -T40, -T45
31	Ziehklinge zum Entfernen von Unterbodenschutz etc.	822
32	Klemmzange für Haltebänder der Gelenkwellenmanschetten	1847-1
33	Hydraulischer Mutternsprenger	846-22
34	Schlag-Ausziehgerät für Bremsbeläge, Scheibenwischerarme etc.	1966
ohne Abbildung:		
	Schraubendrehereinsatz für Innentorx-Zylinderkopfschrauben:	
	Benziner	992 SLg-T55
	Diesel	992 Lg-T70
	Zange für Federbandschellen (z.B. für Kühlmittelschläuche)	798-5
	Ventilniederdrücker (Diesel)	3474
	Ventilplattenzange (Diesel)	3499
	Druckluftadapter mit Zündkerzengewinde (Benziner)	3428
	Offener Ringschlüssel für Einspritzleitungen (Diesel)	4550
	Steckschlüsseleinsatz für Einspritzdüsen (Diesel)	4555
	Klemmzange für Edelstahlhaltebänder der Gelenkwellenmanschetten	1847

Wartungsplan

FORD MONDEO

Die Wartung ist mindestens **einmal jährlich** durchzuführen. Wurden in dieser Zeit **mehr als 10.000 km (Dieselmodelle),** beziehungsweise **mehr als 15.000 km (Benziner)** gefahren, ist die Wartung bereits nach dieser Laufleistung durchzuführen. Bei erschwerten Betriebsbedingungen, wie überwiegend Stadt- und Kurzstreckenverkehr, häufigen Gebirgsfahrten, Anhängerbetrieb oder staubigen Straßenverhältnissen, Wartung entsprechend öfter durchführen.

Motor

- Motoröl: Wechseln, Ölfilter ersetzen.
- Kühl- und Heizsystem: Flüssigkeitsstand prüfen, Konzentration des Frostschutzmittels prüfen. Sichtprüfung auf Undichtigkeiten und äußere Verschmutzung des Kühlers.
- Keilrippenriemen/Zahnriemen: Zustand prüfen.
- Abgasanlage: Auf Beschädigungen prüfen.
- Motor: Sichtprüfung auf Ölundichtigkeiten.
- Dieselmotor: Kraftstoffilter entwässern.

Getriebe, Kupplung, Achsantrieb

- Gelenkschutzhüllen: Auf Undichtigkeiten und Beschädigungen prüfen.
- Kupplung: Kupplungseinstellung prüfen, gegebenenfalls Kupplungszug nachstellen.
- Automatikgetriebe: Ölstand prüfen.
- Getriebe: Auf Undichtigkeiten sichtprüfen.

Vorderachse und Lenkung

- Spurstangenköpfe: Spiel und Befestigung prüfen, Staubkappen prüfen.
- Achsgelenke: Staubkappen prüfen.
- Lenkung: Spiel prüfen, Faltenbälge auf Undichtigkeiten und Beschädigungen prüfen.
- Servolenkung: Ölstand prüfen.

Bremsen, Reifen, Räder

- Bremsanlage: Leitungen, Schläuche, Bremszylinder und Anschlüsse auf Undichtigkeiten und Beschädigungen prüfen. Bremsflüssigkeitsstand prüfen, gegebenenfalls auffüllen.
- Bremsbeläge: Belagstärke vorn und hinten prüfen.
- Bereifung: Profiltiefe und Reifenfülldruck prüfen; Reifen auf Verschleiß und Beschädigungen (einschließlich Reserverad) prüfen. Bei unnormaler Abnutzung Spur prüfen lassen (Werkstattarbeit).
- Radmuttern: Auf Drehmoment **85 Nm** nachziehen.

Elektrische Anlage

- Alle Stromverbraucher: Funktion prüfen.
- Beleuchtungsanlage: Prüfen, gegebenenfalls Scheinwerfer einstellen.
- Signalhorn: Prüfen.
- Scheibenwischer: Wischergummis auf Verschleiß prüfen.
- Scheibenwaschanlage: Funktion prüfen, Düsenstellung kontrollieren, Flüssigkeit nachfüllen.
- Batterie: Spannung und Säurestand prüfen.
- Falls vorhanden, Service-Intervallanzeige zurücksetzen.

Karosserie, Innenraum

- Motorhaube: Verschluß/Sicherungshaken auf Funktion prüfen und schmieren.
- Unterbodenschutz und Lackierung: Prüfen.
- Sicherheitsgurte: Auf Beschädigungen prüfen.

Folgende Arbeiten zusätzlich durchführen:

Alle 30.000 km

- Ansaugluftfilter: Filtereinsatz erneuern (bei starkem Staubanfall öfters).
- Innenraumluft-Pollenfilter: Filtereinsatz erneuern.

Dieselmotor: Alle 2 Jahre oder 20.000 km

- Kraftstoffilter: Einsatz erneuern.
- Abgasrückführsystem: CVT-Filter erneuern.
- Turbolader- und Abgaskrümmerschrauben nachziehen.

Dieselmotor: Alle 40.000 km

- Ventilspiel: Prüfen ggf. einstellen.

Dieselmotor: Alle 60.000 km

- Zahnriemen: Beide Riemen erneuern.

Dieselmotor: Alle 80.000 km

- Einspritzdüsen prüfen, gegebenenfalls erneuern (auch vorher bei starker Rauchentwicklung, Werkstattarbeit).

Benzinmotor: Alle 3 Jahre oder 45.000 km

- Zündkerzen: Erneuern.
- Bei erschwerten Betriebsbedingungen unter starkem Staubanfall: Impulsluftfiltereinsatz prüfen, gegebenenfalls reinigen und einölen.

Alle 3 Jahre

- Bremsflüssigkeit: Wechseln.
- Kühlsystem: Verschlußdeckel prüfen.

Benzinmotor: Alle 90.000 km

- Benzin-Einspritzanlage: Kraftstoffilter erneuern.

Benzinmotor: Alle 120.000 km (spätestens alle 5 Jahre)

- Zahnriemen: Erneuern.

Service-Intervallanzeige zurücksetzen

Je nach Modell und Ausstattung ist ein Zusatz-Warnsystem eingebaut. Es überwacht die Funktion der Außenleuchten und zeigt geöffnete Türen, abgenützte Bremsbeläge der vorderen oder hinteren Scheibenbremse sowie die Außentemperatur an. Ferner wird eine fällige Wartung durch Aufleuchten eines Schraubenschlüssel-Symbols an der Schalttafel angezeigt. Die Wartungsanzeige leuchtet nach Erreichen einer festgelegten Kilometerzahl (10.000 beim Diesel, beziehungsweise 15.000 km beim Benziner) seit dem letzten Service-Intervall auf. Nach Durchführung der Wartung ist die Wartungsanzeige wie folgt zurückzusetzen.

- Handschuhfachdeckel öffnen und durch festes Ziehen aus den Scharnieren aushängen.
- Zündung einschalten, Motor nicht starten.

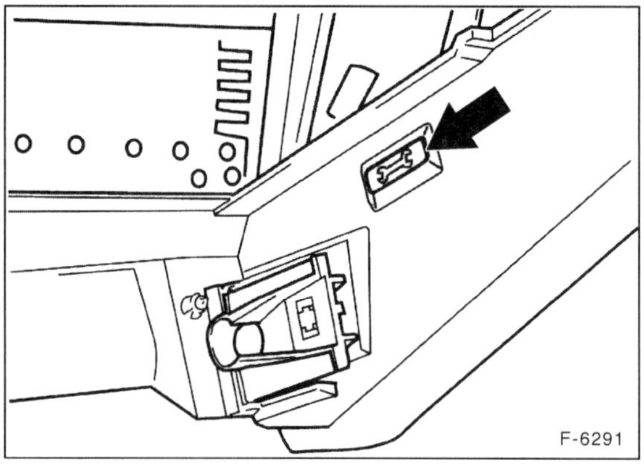

- Schalter hinter Handschuhfach für 4 Sekunden betätigen.
- Zündung aus- und wieder einschalten. Die Wartungsanzeige leuchtet nun nicht mehr auf.
- Handschuhfachdeckel an den Scharnieren einrasten und schließen.

Wartungsarbeiten

W

Hier werden, nach den verschiedenen Baugruppen des Fahrzeugs aufgeteilt, alle Wartungsarbeiten beschrieben, die gemäß dem Wartungsplan durchgeführt werden müssen. Auf die erforderlichen Verschleißteile sowie das möglicherweise benötigte Sonderwerkzeug wird jeweils hingewiesen.

Es empfiehlt sich, Reifendruck, Motorölstand und Flüssigkeitsstände für Kühlung, Wisch-/Wasch-Anlage etc. mindestens alle 4 bis 6 Wochen zu prüfen und gegebenenfalls zu ergänzen.

Achtung: Beim **Einkauf von Ersatzteilen** ist immer der **KFZ-Schein** und die **Modellnummer** (siehe Kapitel »Fahrzeugidentifizierung«) mitzunehmen, da zur einwandfreien Fahrzeugidentifizierung oftmals die genaue Angabe der Fahrgestellnummer, des Modells oder des Baujahres erforderlich ist.

Um ganz sicher zu sein, daß man die richtigen Ersatzteile erhalten hat, empfiehlt es sich oftmals, das Altteil auszubauen und zum Ersatzteilhändler mitzunehmen. Dort kann man es mit dem Neuteil vergleichen.

Motor und Abgasanlage

Folgende Wartungspunkte müssen nach dem Wartungsplan durchgeführt werden:

- Motor: Ölwechsel, Sichtprüfung auf Ölundichtigkeiten.
- Kühlmittelstand und Konzentration des Frostschutzmittels prüfen. Sichtprüfung auf Undichtigkeiten und äußere Verschmutzung des Kühlers.
- Dieselmotor: Ventilspiel prüfen, einstellen, siehe Seite 40.
- Diesel-Kraftstoffilter entwässern beziehungsweise ersetzen.
- Zündkerzen: Erneuern (Benzinmotor).
- Ansaugluftfilter: Filtereinsatz erneuern.
- Benzin-Kraftstoffilter erneuern.
- CVT-Ventil der Diesel-Abgasrückführung erneuern.
- Impulsluftfilter Benzinmotor reinigen und einölen.
- Keilrippenriemen/Zahnriemen: Zustand prüfen, ggf. ersetzen.
- Abgasanlage: Auf Beschädigungen prüfen.
- Diesel: Turbolader- und Abgaskrümmerschrauben nachziehen.

Motorölwechsel

Zum Motorölwechsel ist folgendes Werkzeug erforderlich:

- Eine Grube oder ein hydraulischer Werkstatt-Wagenheber mit Unterstellböcken.
- Ein Spezialwerkzeug zum Lösen des Ölfilters (Ölfilterzange, Spannbandschlüssel oder HAZET-Werkzeug 2172).
- Stecknuß-Satz zum Lösen der Ölablaßschraube sowie eine Ölauffangschale, die mindestens 6 Liter Öl faßt (nur wenn Öl nicht abgesaugt wird).

Folgende Ersatzteile werden benötigt:

- Nur wenn Öl nicht abgesaugt wird: Aluminium- oder Kupfer-Dichtring für die Ölablaßschraube (wird manchmal mit dem Ölfilter mitgeliefert).
- Öl-Filterpatrone. **Achtung:** Beim Benzinmotor mit Automatikgetriebe nur Ölfilter EFL-106 verwenden. Der normalerweise verwendete Ölfilter EFL-2 kann durch die Antriebswelle beschädigt werden.
- 4,25 bis 5,5 Liter Motoröl. Nur von FORD freigegebenes Motoröl verwenden, siehe Seite 46.
- Ölwechselmenge, siehe Seite 13.

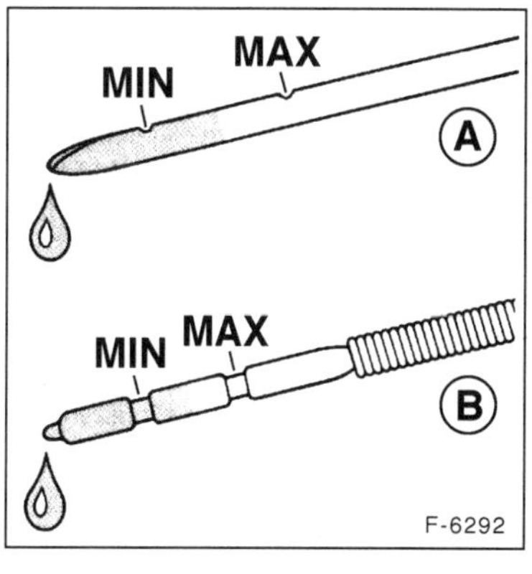

Die Mengendifferenz zwischen der MIN- und MAX-Markierung am Ölpeilstab beträgt je nach Motortyp 0,5 bis 1 Liter.

Ölwechsel beim Dieselmotor alle 10.000 km, beim Benziner alle 15.000 km durchführen. Falls sehr wenig gefahren wird, Ölwechsel einmal im Jahr vornehmen. Dabei wird gleichzeitig die Filterpatrone gewechselt.

Bei erschwerten Einsatzbedingungen wie Kurzstreckenverkehr, häufiger Kaltstart und staubige Straßenverhältnisse sollten Motoröl und Ölfilter in kürzeren Abständen gewechselt werden.

Das Motoröl darf auch mittels einer Sonde (an der Tankstelle) über das Ölmeßrohr abgesaugt werden. Allerdings muß das neue Öl dann meistens bei der betreffenden Tankstelle gekauft werden.

Achtung: Altöl, Ölfilter und ölgetränkte Putzlappen müssen auf jeden Fall bei den Altöl-Sammelstellen abgegeben werden. Die Öl-Verkaufsstellen nehmen die entsprechende Menge Altöl kostenlos entgegen, daher Quittung und Ölkanister für spätere Altölrückgabe aufbewahren! **Keinesfalls dürfen Altöl und Ölfilter einfach weggeschüttet oder dem Hausmüll mitgegeben werden.** Größere Umweltschäden wie beispielsweise Grundwasserverseuchung wären sonst unvermeidbar.

Motoröl ablassen

- Motor auf Betriebstemperatur bringen (+60° C Öltemperatur), dazu ist es notwendig, etwa 10 km weit zu fahren.
- Fahrzeug waagerecht aufbocken.
- Öleinfülldeckel oben am Motor abnehmen.
- Dieselmotor: Untere Motorabdeckung abschrauben und abnehmen.
- Gefäß zum Auffangen des Altöls unter die Ölwanne stellen.

- Ölablaßschraube seitlich an der Ölwanne herausdrehen und Altöl ganz ablassen.

Achtung: Werden im Motoröl Metallspäne und Abrieb in größeren Mengen festgestellt, deutet dies auf Freßschäden hin, zum Beispiel Kurbelwellen- oder Pleuellagerschäden. Um Folgeschäden zu vermeiden, müssen nach der Motorreparatur die Ölkanäle und Ölschläuche sorgfältig gereinigt werden.

Ölfilter ersetzen

Achtung: Beim Benzinmotor mit Automatikgetriebe nur Ölfilter EFL-106 verwenden. Der normalerweise verwendete Ölfilter EFL-2 kann durch die Antriebswelle beschädigt werden.

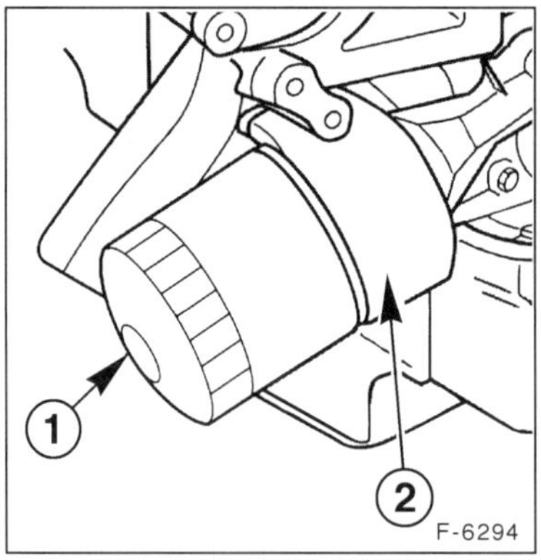

- Ölfilter –1– vom Flansch –2– abschrauben. Der Ölfilter sitzt an der Motorrückseite oberhalb der Ölwanne, in der Nähe des Keilriementriebs. Zum Lösen gibt es spezielle Werkzeuge, zum Beispiel HAZET 2172, oder ein Spannbandschlüssel. Man kann auch einen spitzen Schraubendreher seitlich in den Ölfilter eintreiben, es läuft dann allerdings Öl aus – Gefäß unterstellen.
- Anlagefläche des Ölfilters am Motorblock mit einem Lappen abwischen. Eventuell dort verbliebene Filterdichtung abnehmen.
- Gummidichtring am neuen Ölfilter leicht mit Motoröl bestreichen. Hinweise auf dem Ölfilter beachten.
- Neuen Ölfilter nur mit der Hand festschrauben. Wenn die Filterdichtung am Motorblock anliegt, Filter noch um mindestens ½ Umdrehung weiterdrehen.

Motoröl auffüllen

- Ölablaßschraube mit neuem Dichtring einschrauben und fest, aber nicht mit zu großer Gewalt anziehen. Anzugsdrehmoment: **25 Nm**.
- Je nach Modell vorgeschriebene Menge neues Öl am Einfüllstutzen des Zylinderkopfdeckels einfüllen. Deckel aufschrauben.
- Motor starten und mit erhöhter Drehzahl (ca. 2500/min) laufen lassen bis die Ölkontrollampe erlischt (ca. 5 s). Motor abstellen.
- Nach 5minütiger Wartezeit Ölstand mit Meßstab kontrollieren.
- Nach Probefahrt Dichtigkeit der Ablaßschraube und des Ölfilters überprüfen, gegebenenfalls vorsichtig nachziehen.
- Betriebswarmen Motor abstellen und Ölstand nach ca. 2 Minuten nochmals prüfen, gegebenenfalls korrigieren.
- Um die Betriebsverhältnisse des Motors besser überwachen zu können, soll beim Ölwechsel immer ein Öl gleichen Typs und möglichst auch gleicher Marke verwendet werden. Daher ist es zweckmäßig, bei jedem Ölwechsel ein Hinweisschild am Motor zu befestigen, auf dem Marke und Viskosität des Öles vermerkt sind.
- Wahllos abwechselnder Gebrauch verschiedener Öltypen ist ungünstig. Motorenöle gleichen Typs, aber verschiedener Marken sollen möglichst nicht gemischt werden. Motorenöle gleichen Typs und gleicher Marke, aber verschiedener Viskosität können im Bedarfsfall während jahreszeitlicher Überschneidung ohne weiteres nachgefüllt werden.

Sichtprüfung auf Ölverlust

Bei ölverschmiertem Motor und hohem Ölverbrauch überprüfen, wo das Öl austritt. Dazu folgende Stellen überprüfen:

- Öleinfülldeckel öffnen und Dichtung auf Porosität oder Beschädigung prüfen.
- Zylinderkopfdeckel-Dichtung
- Zylinderkopf-Dichtung
- Ölfilterdichtung
- Ölablaßschraube (Dichtring)
- Ölwannendichtung
- Ölstand- und Öldruckgeber
- Trennstelle zwischen Motor und Getriebe (Dichtung an Schwungrad oder Getriebewelle).

Da sich bei Undichtigkeiten das Öl meistens über eine größere Motorfläche verteilt, ist der Austritt des Öls nicht auf den ersten Blick zu erkennen. Bei der Suche geht man zweckmäßigerweise wie folgt vor:

- Motorwäsche durchführen. Motor mit handelsüblichem Kaltreiniger einsprühen und nach einer kurzen Einwirkungszeit mit Wasser abspritzen. Vorher Zündspulen und Generator mit Plastiktüte abdecken.
- Trennstellen und Dichtungen am Motor von außen mit Kalk oder Talkumpuder bestäuben.
- Ölstand kontrollieren, gegebenenfalls auffüllen.
- Probefahrt durchführen. Da das Öl bei heißem Motor dünnflüssig wird und dadurch schneller an den Leckstellen austreten kann, sollte die Probefahrt über eine Strecke von ca. 30 km auf einer Schnellstraße durchgeführt werden.
- Anschließend Motor mit Lampe absuchen, undichte Stelle lokalisieren und Fehler beheben.

Motorölstand prüfen

Etwa alle 1000 km sollte der Ölstand des Motors überprüft, gegebenenfalls ergänzt werden. Auf 1000 Kilometer soll der Motor nicht mehr als 1,0 Liter Öl verbrauchen. Mehrverbrauch ist ein Anzeichen für verschlissene Ventilschaftabdichtungen und/oder Kolbenringe beziehungsweise Öldichtungen.

- Das Fahrzeug muß beim Messen auf einer waagerechten Fläche stehen.
- Der Motor muß betriebswarm sein.
- Nach Abstellen des Motors mindestens 3 Minuten lang warten, damit sich das Öl in der Ölwanne sammelt.
- Ölpeilstab am Motor herausziehen und mit sauberem Lappen abwischen.

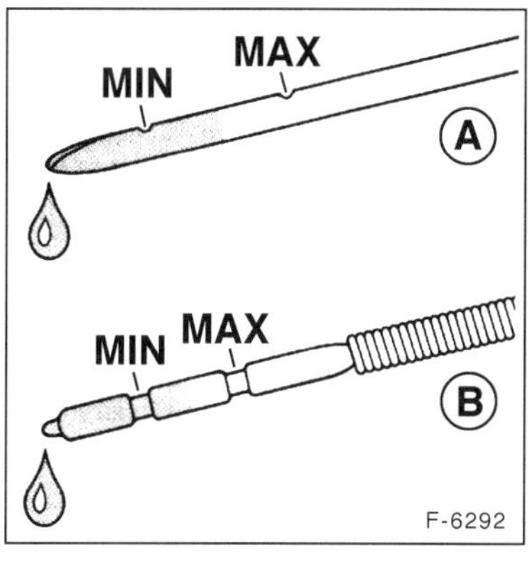

- Anschließend Meßstab bis zum Anschlag einführen und wieder herausziehen. Der Ölstand muß zwischen den beiden Markierungen liegen.
- Neues Öl erst nachfüllen, wenn sich der Ölstand der unteren Marke nähert. Die Mengendifferenz zwischen der MIN- und MAX-Markierung am Ölpeilstab beträgt je nach Motortyp 0,5 bis 1 Liter.
- Nachgefüllt wird am Verschluß des Zylinderkopfdeckels. Beim Nachfüllen richtige Ölsorte verwenden, keine Ölzusätze verwenden.

Achtung: Grundsätzlich nicht über die MAX-Markierung nachfüllen. Zuviel eingefülltes Motorenöl muß wieder abgesaugt werden, da sonst die Motordichtungen oder der Katalysator beschädigt werden können.

Kühlmittelstand prüfen

Der Kühlmittelstand sollte in regelmäßigen Abständen – etwa alle vier Wochen – geprüft werden, zumindest aber vor jeder größeren Fahrt.

Zum Nachfüllen – auch in der warmen Jahreszeit – nur eine Mischung aus Kühlerfrostschutzmittel und kalkarmem, sauberem Wasser verwenden.

Achtung: Um die Weiterfahrt zu ermöglichen, kann auch, insbesondere im Sommer, reines Wasser nachgefüllt werden. Der Kühlerfrostschutz muß dann jedoch baldmöglichst korrigiert werden.

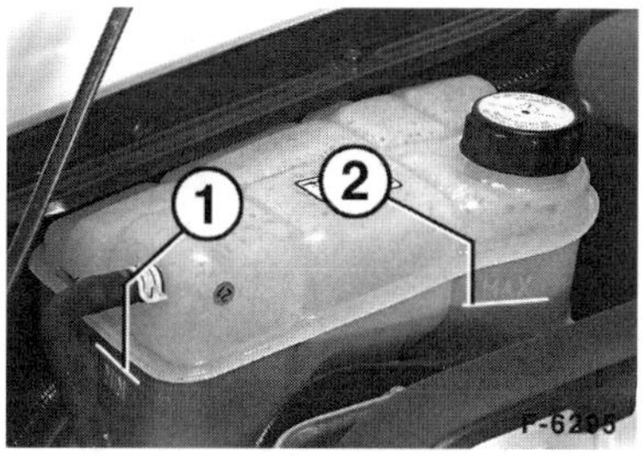

- Der Kühlmittelstand soll bei kaltem Motor (Kühlmitteltemperatur ca. +20° C) an der MAX-Markierung –2– am Ausgleichbehälter liegen. Er darf nie unter die MIN-Marke –2– sinken.
- **Kaltes** Kühlmittel nur bei **kaltem Motor** nachfüllen, um Motorschäden zu vermeiden.

Achtung: Verschlußdeckel bei heißem Motor zuerst nur 1 Umdrehung öffnen, damit der Überdruck entweicht. Beim Öffnen Lappen über den Verschlußdeckel legen. Verschlußdeckel nur bei einer Kühlmittel-Temperatur unter +90° C öffnen. **Verbrühungsgefahr!**

- Sichtprüfung auf Dichtheit durchführen, wenn der Kühlmittelstand in kurzer Zeit absinkt.

Kühlsystem-Sichtprüfung auf Dichtheit

- Kühlmittelschläuche durch Zusammendrücken und Verbiegen auf poröse Stellen untersuchen, hartgewordene Schläuche ersetzen.
- Die Schläuche dürfen nicht zu kurz auf den Anschlußstutzen sitzen.
- Festen Sitz der Schlauchschellen kontrollieren. Gegebenenfalls neue Schraubschellen anstelle der bisherigen Klemmschellen einbauen.

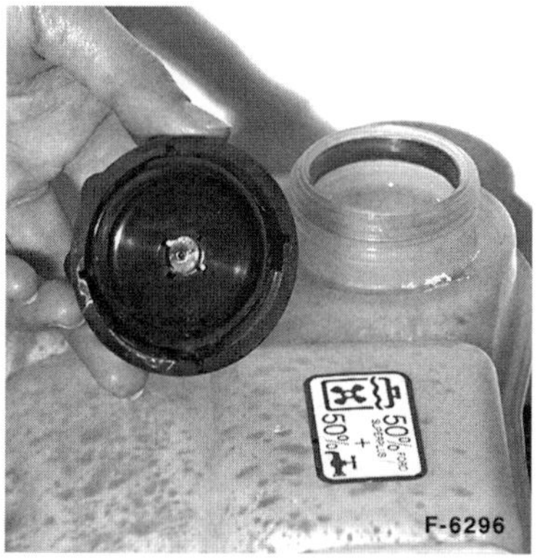

- Dichtung des Verschlußdeckels auf Beschädigungen überprüfen.
- Festen Sitz der Kühler-Ablaßschraube kontrollieren.
- Wenn der Kühlmittelstand häufig absinkt, ohne daß eine undichte Stelle lokalisiert werden kann, Kühlsystem bei warmem Motor prüfen. Dazu Motor warmfahren und im Leerlauf so lange drehen lassen, bis der Lüfter einschaltet. Kontrollieren, ob Kühlflüssigkeit im Bereich der Kühlmittelpumpe austritt.
- Deutlicher Kühlmittelverlust und/oder Öl in der Kühlflüssigkeit sowie weiße Abgaswolken bei warmem Motor deuten auf eine defekte Zylinderkopfdichtung hin.

Achtung: Mitunter ist es schwierig, die Leckstelle ausfindig zu machen. Dann empfiehlt es sich, eine Druckprüfung durchzuführen, siehe Kapitel »Kühlsystem auf Dichtheit prüfen«. Hierbei kann ebenfalls das Überdruckventil des Verschlußdeckels geprüft werden.

Frostschutz prüfen

Folgendes Prüfwerkzeug wird benötigt:

- Eine Prüfspindel, die es preiswert im Zubehörhandel zu kaufen gibt und auch oft an Tankstellen zur Benutzung bereitliegt.

Regelmäßig vor Winterbeginn sollte die Konzentration des Frostschutzmittels geprüft werden, insbesondere dann, wenn zwischendurch reines Wasser nachgefüllt wurde.

- Der Motor darf nicht warmgefahren sein. Auf dem Meßgerät ist die Soll-Temperatur für das Kühlmittel angegeben (meist +21° C, also Zimmertemperatur).
- Verschlußdeckel am Ausgleichbehälter öffnen.

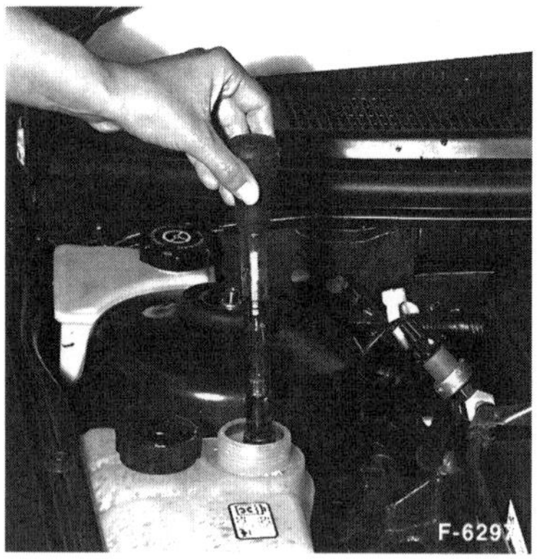

- Mit Meßspindel Kühlflüssigkeit ansaugen und am Schwimmer Kühlmitteldichte ablesen. Der Frostschutz soll in unseren Breiten bis –35° C reichen. Das Mischungsverhältnis von Kühlkonzentrat zu Wasser beträgt dann 1 : 1.

FORD-Kühlkonzentrat ergänzen

Beispiel: Die Frostschutz-Messung mit der Spindel ergibt einen Frostschutz bis –10° C. In diesem Fall beim Benzinmotor 2,5 l Kühlflüssigkeit ablassen und dafür 2,5 l reines Frostschutzkonzentrat auffüllen. **Achtung:** Nur von FORD freigegebenes Frostschutzmittel nachfüllen.

Gemess. Wert in °C	0	–5	–10	–15
Motor	Differenzmenge in l			
4-Zyl.-Benziner	3,5	3,0	2,5	2,0
6-Zyl.-Benz./Diesel	4,5	3,5	3,0	2,5

- Verschlußdeckel am Ausgleichsbehälter verschließen und nach einer Probefahrt den Frostschutz erneut überprüfen.

Dieselmotor: Ventilspiel prüfen/einstellen

Wird die Arbeit falsch ausgeführt, kann dies zu erheblichen Motorschäden führen. Es ist auf eine exakte Arbeitsweise zu achten. Das Einstellen des Ventilspieles wird im Kapitel »Motor« beschrieben.

Als Spezialwerkzeuge werden benötigt:

- Fühlerblattlehre, Spezialzange, Niederdrücker.

Folgendes Verschleißteil wird benötigt:

- Eine Ventildeckeldichtung.

Zündkerzen ersetzen/ elektrische Anschlüsse prüfen

Als Spezialwerkzeug wird benötigt:

- Ein 16-mm-Zündkerzenschlüssel, der preiswert im Zubehörhandel zu kaufen ist.

Folgende Verschleißteile müssen gekauft werden:

- 4 Zündkerzen. Die richtige Zündkerze, siehe Seite 65.

Ausbau

- Sämtliche Kerzenstecker abziehen, dabei nur an den Steckern und nicht an den Kabeln ziehen.
- Zündkerzen-Nischen, wenn möglich, mit Preßluft ausblasen, damit bei ausgebauten Kerzen kein Schmutz in die Gewindebohrung fällt.
- Zündkerzen mit Zündkerzenschlüssel herausdrehen. **Achtung:** Der Motor muß dabei mindestens auf Handwärme abgekühlt sein, sonst kann beim Herausschrauben das Gewinde im Zylinderkopf beschädigt werden.
- Sieht die Kerze verölt aus, deutet das auf Aussetzen der betreffenden Zündkerze oder schlecht abdichtende Kolbenringe hin (Kompression prüfen).
- Isolatoren der Zündkerzen auf Kriechströme untersuchen. Kriechströme zeigen sich als dünne, unregelmäßige Spuren auf der Oberfläche. Eventuell undichten Zündkerzenstecker austauschen.

Einbau

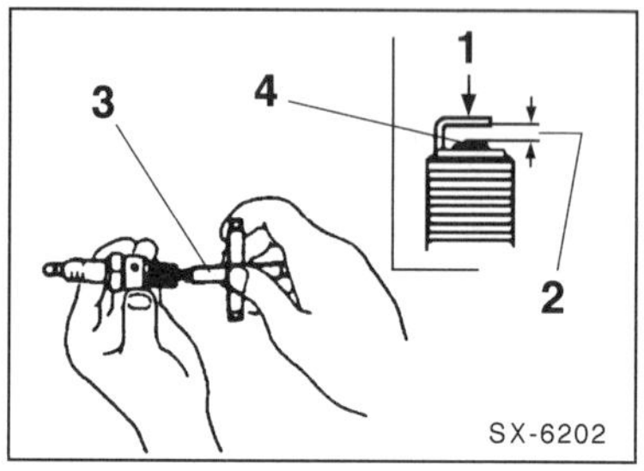

- Elektrodenabstand –2– mit Fühlerblattlehre prüfen. Sollwert: **1,3 mm.** Bei neuen Zündkerzen ist der Elektrodenabstand in der Regel richtig eingestellt, siehe Seite 65.
- Zum Einstellen des Kontaktabstandes Masse-Elektrode –1– nachbiegen. Dafür gibt es ein einfaches, praktisches Werkzeug –3–, andernfalls seitlich gegen die Masse-Elektrode klopfen. Beim Aufbiegen kleinen Schraubendreher am Gewinderand der Kerze abstützen, keinesfalls jedoch an der Mittel-Elektrode –4–, da diese sonst beschädigt wird.
- Zündkerzen von Hand bis zur Anlage am Zylinderkopf einschrauben. **Achtung:** Dabei Kerzen nicht verkantet ansetzen.
- Zündkerzen mit **15 Nm** festziehen. **Achtung:** Steht kein Drehmomentschlüssel zur Verfügung, neue Zündkerzen mit Kerzenschlüssel um ca. 90° (¼ Umdrehung) anziehen. Gebrauchte Zündkerzen nur ca. 15° anziehen. Zu fest angezogene Zündkerzen können beim Herausschrauben abreißen oder das Gewinde im Zylinderkopf beschädigen. In diesem Fall Kerzengewinde mit UTC- oder Heli-Coil-Einsätzen reparieren.
- Kerzenstecker entsprechend der Zündfolge **1–3–4–2** aufstecken.
- Durch Hin- und Herbewegen festen Sitz der Kerzenstecker und Zündkabel prüfen.

Elektrische Anschlüsse prüfen

- Sämtliche elektrischen Anschlüsse an den Zündspulen auf festen Sitz prüfen. Angerissene Klemmen ersetzen.

- Die Kontakte dürfen nicht feucht sein, andernfalls Kontakte reinigen und mit Kontaktspray einsprühen.
- Zündkabel auf engen Radius biegen und auf Risse prüfen. Gegebenenfalls alle Zündkabel ersetzen.

Zündkerzengewinde erneuern

Hinweis: Falls festgestellt wird, daß das Zündkerzengewinde defekt ist, muß dieses erneuert werden. Dazu gibt es unter anderem von BERU einen entsprechenden Werkzeug- und Reparatursatz. Mit einem Spezialbohrer wird das alte Gewinde herausgeschält; der Zylinderkopf muß dazu nicht ausgebaut werden. Anschließend wird ein neues Gewinde in den Zylinderkopf geschnitten und die Zündkerze mit einem speziellen Gewindeeinsatz reingedreht. Nachträglich eingebaute Zündkerzengewindeeinsätze sitzen sicher und sind kompressionsdicht.

Luftfiltereinsatz wechseln

Es wird kein Sonderwerkzeug benötigt.

Folgendes Verschleißteil muß gekauft werden:

- Luftfiltereinsatz. Beim Ersatzteilkauf beachten, daß ein Luftfiltereinsatz entsprechend dem Fahrzeugmodell und der Motorleistung benötigt wird.

Ausbau

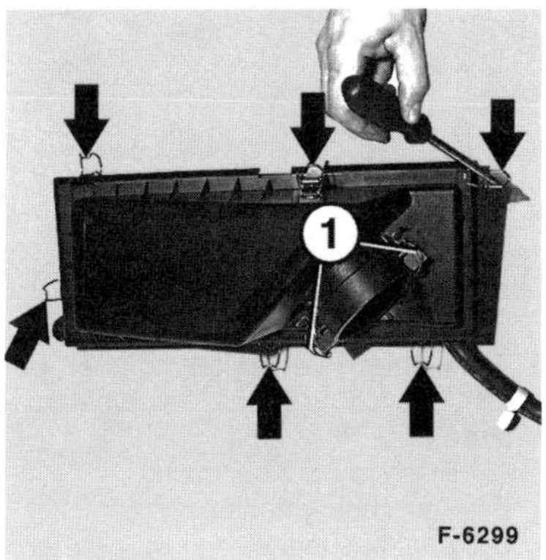

- Haltebügel –1– für Ansaugluftmeßgerät am Luftfilterdeckel öffnen.
- Spannverschlüsse –Pfeile– am Filtergehäuse öffnen.
- Luftfilterdeckel nach oben anheben und Filtereinsatz herausnehmen.
- Filtergehäuse mit einem Lappen auswischen.
- Filtereinsatz bei geringer Verschmutzung vorsichtig mit der Schmutzseite nach unten ausklopfen. Verölten Filtereinsatz auf jeden Fall ersetzen.

Achtung: Filtereinsatz weder mit Benzin reinigen, noch mit Öl benetzen. Filtereinsatz nicht mit Preßluft ausblasen.

Einbau

- Neuen Filtereinsatz in das Luftfiltergehäuse einlegen.
- Deckel von oben ansetzen, dabei Ansaugluftmeßgerät einführen. Schnellverschlüsse zuschnappen lassen.

Kraftstoffilter ersetzen

Es wird kein Sonderwerkzeug benötigt.

Folgendes Verschleißteil wird benötigt:

- Kraftstoffilter für den jeweiligen Motor. Beim Kauf Baujahr und Fahrzeugmodell angeben.

Dieselmotor

Kraftstoffilter entwässern/ersetzen

Zum Auffangen des Wassersatzes ist ein geeignetes Auffanggefäß erforderlich. **Achtung:** Auslaufender Dieselkraftstoff muß von Gummiteilen (z. B. Kühlmittelschläuche) sofort abgewischt werden, sonst werden die Gummiteile im Lauf der Zeit zerstört.

Entwässern

- Geeignete Auffangwanne unter die Entwässerungsschraube – Pfeil – stellen.
- Entwässerungsschraube lösen und ca 100 cm^3 Flüssigkeit ablaufen lassen. Es muß zum Schluß nur noch reiner Dieselkraftstoff austreten.
- Tritt nach dem Öffnen keine Flüssigkeit aus, zusätzlich Kraftstoffleitung vom Tank –1– abziehen. Beim Abziehen Schnellkupplung an den Nasen zusammendrücken. Auslaufendes Dieselöl mit Lappen auffangen.
- Entwässerungsschraube festziehen.
- Falls abgezogen, Kraftstoffleitung aufschieben.
- Kraftstoffsystem entlüften, siehe Seite 83.
- Auffangwanne entfernen.
- Kraftstoffanlage auf Dichtheit prüfen. Dazu Motor starten.

Filterwechsel

- Flüssigkeit vollständig aus dem Filter wie beim Entwässern ablassen.

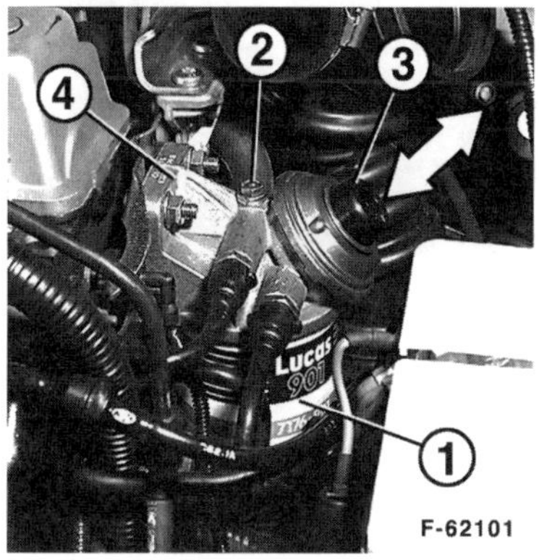

- Filtereinsatz –1– festhalten und Befestigungsschraube –2– herausdrehen. 3 = Handpumpe.
- Filtereinsatz abnehmen.
- O-Dichtringe am Filtergehäuse –4– oben und unten abnehmen.
- Neue O-Ringe in das Gehäuse einsetzen.
- Neuen Filter randvoll mit Diesel füllen und anschrauben.
- Kraftstoffanlage entlüften, siehe Seite 83.
- Auffangbehälter und Abdeckung unter dem Filter entfernen.
- Nach Probefahrt Dichtigkeit der Kraftstoffanlage überprüfen.

Benzinmotor

Kraftstoffilter ersetzen

Beim Ausbauen des Kraftstoffilters kann eine größere Menge Kraftstoff auslaufen, deshalb ist zum Auffangen ein kraftstoffresistentes Gefäß erforderlich.

Ausbau

Achtung: Kein offenes Feuer, Brandgefahr!

- Batterie-Massekabel (–) von der Batterie abklemmen. **Achtung:** Dadurch werden die elektronischen Speicher gelöscht, wie zum Beispiel der Motorfehlerspeicher oder der Radiocode. Vor dem Abklemmen der Batterie sollten auch die Hinweise im Kapitel »Batterie aus- und einbauen« durchgelesen werden.

- Fahrzeug hinten aufbocken.
- Geeigneten Auffangbehälter unter den Kraftstoffilter stellen. Der Filter befindet sich in Tanknähe.

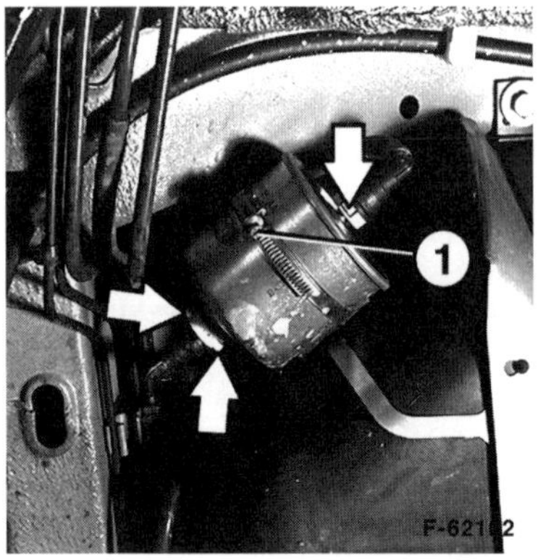

- Einen Lappen um die Kraftstoffleitungen legen. Beide Leitungen am Filter abziehen, dabei Schnellkupplungen an den Nasen –Pfeile– zusammendrücken.
- Klemmschelle –1– des Kraftstoffilters lösen und Filter herausnehmen.

Einbau

- Kraftstoffilter wie ausgebaut einsetzen. Die Durchflußrichtung ist mit einem Pfeil gekennzeichnet. Klemmschelle festschrauben.
- Kraftstoffzu- und -ablaufleitung aufstecken.
- Batterie-Massekabel (–) anklemmen. Vorhandene Zeituhr einstellen und Diebstahlcode für Radio eingeben.
- Fahrzeug ablassen.
- Nach Probelauf des Motors Dichtheit der Kraftstoffanschlüsse kontrollieren.

Keilrippenriemen prüfen

Benzinmotor: Der Keilrippenriemen wird durch eine automatische Spannvorrichtung gespannt. Die Riemenspannung muß daher in der Wartung nicht geprüft werden.

Dieselmotor: Spannung der einzelnen Keilrippenriemen durch »Daumendruck« prüfen, siehe Seite 43.

Zu niedrige Riemenspannung führt zum erhöhten Verschleiß oder Ausfall des Keilrippenriemens. Bei zu hoher Spannung können Lagerschäden an den betreffenden Aggregaten auftreten.

Für die Prüfung des Keilrippenriemens werden weder Sonderwerkzeug noch Verschleißteile benötigt.

Zustand prüfen

- Sämtliche Riemenscheiben und Spannrollen auf Beschädiungen und fehlerhafte Ausrichtung sichtprüfen. Die Riemenscheiben müssen parallel zueinander laufen. Andernfalls können während des Betriebs Quietschgeräusche auftreten. Riemen beziehungsweise Riemenspanner **nicht** schmieren.
- Getriebe in Leerlaufstellung bringen, Handbremse anziehen.
- Riemen an gut sichtbarer Stelle mit einem Kreidestrich markieren.
- Motor von Hand durchdrehen, bis die Markierung am Riemen wieder sichtbar ist. Dazu Stecknuß an der Zentralschraube der Kurbelwellen-Riemenscheibe ansetzen.
- Keilrippenriemen sichtprüfen.

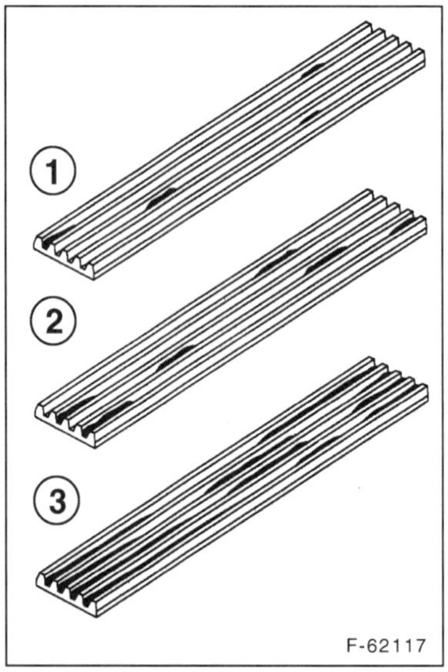

- Der Riemen braucht nicht gewechselt zu werden bei:
  - Geringen, verstreuten Gummiablagerungen –1–.
  - Größeren Gummiablagerungen –2– bis zu 50% der Rillentiefe, solange keine übermäßig lauten Geräusche erzeugt werden.
- Bei sehr großen Ablagerungen –3– entlang der Rillen, die zu Geräuschbildung und Instabilität des Riemens führen, Keilrippenriemen ersetzen.

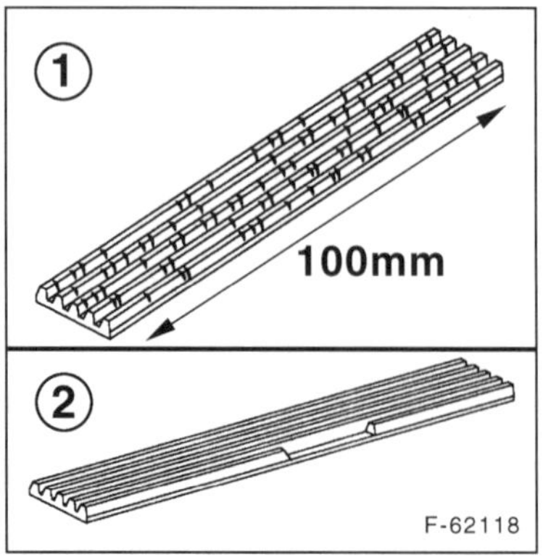

- Riemen auf Risse prüfen –1–. Für jede Rippe sind bis zu 15 Rissen pro 100 mm zulässig. Sind mehr Risse vorhanden, Keilrippenriemen ersetzen.
- Wenn einzelne Rippen abgelöst oder herausgebrochen sind –2–, Keilrippenriemen ersetzen.

Zahnriemen prüfen

Zustand prüfen

- Zahnriemenabdeckung ausbauen und Motor langsam von Hand durchdrehen, siehe Kapitel »Motor«.

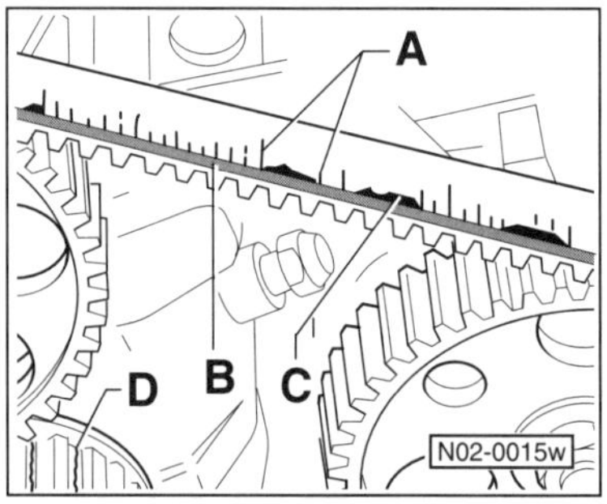

- Zahnriemen sichtprüfen. Dabei besonders auf folgende Schäden achten:
  A – Risse in der Abdeckung
  B – Seitliches Anlaufen
  C – Ausfransungen
  D – Risse im Zahngrund
- Gegebenenfalls Zahnriemen ersetzen. Außerdem Ursache für den Schaden ermitteln und beseitigen.

Zahnriemenspannung prüfen/ Zahnriemen ersetzen

Da die Arbeit, falsch ausgeführt, zu erheblichen Motorschäden führen kann, ist auf eine exakte Arbeitsweise zu achten. Nur wenn sich der Zahnriemen in einem schlechtem Zustand befindet, muß er gewechselt werden. Die Prüfung der Spannung und der Zahnriemenwechsel wird im Kapitel »Motor« beschrieben.

Dieselmotor: Turbolader-/ Ansaugkrümmerschrauben nachziehen

Es wird kein Sonderwerkzeug benötigt.

- Luftfilter ausbauen, siehe Seite 70.
- Ladeluftkühler ausbauen, siehe Seite 31.

Achtung: O-Ring zwischen Ladeluftkühler und Turbolader nicht beschädigen, gegebenenfalls ersetzen.

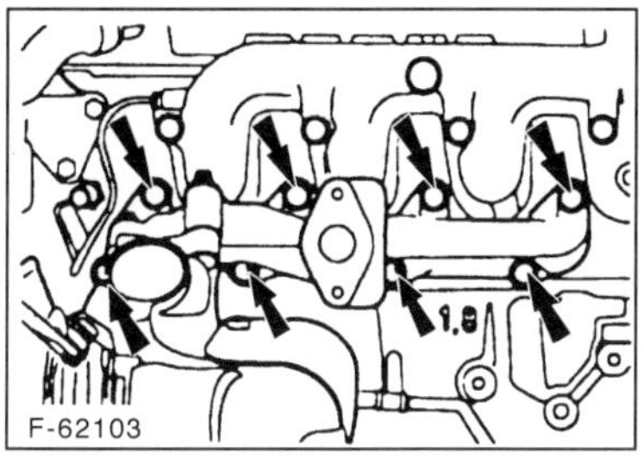
F-62103

- Die Ansaugkrümmerschrauben über Kreuz mit **25 Nm** nachziehen.

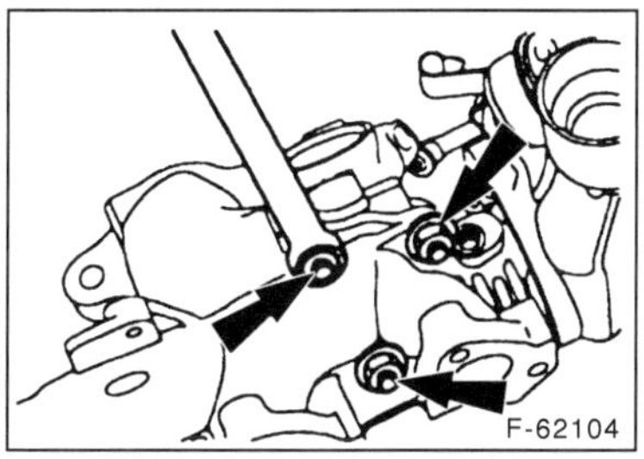
F-62104

- Befestigungsschrauben für Turbolader am Ansaugkrümmer mit **40 Nm** nachziehen.

Dieselmotor: CVT-Filter erneuern

Es wird kein Sonderwerkzeug benötigt.

Folgendes Verschleißteil wird benötigt:

- CVT-Filter für den Dieselmotor.

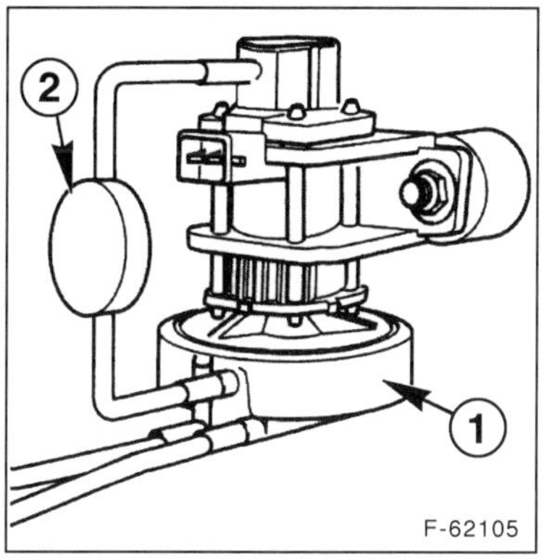

F-62105

Das CVT-Ventil –1– ist ein Unterdruckventil, das vom elektronischen Diesel-Steuergerät zur Steuerung der Abgasrückführung geschaltet wird. Es sitzt links neben dem Bremskraftverstärker im Motorraum, der Deckel des kleinen Luftfilters –2– ist gelb gefärbt.

- Unterdruckschläuche vom Luftfilter abziehen und auf den neuen Luftfilter aufstecken.

Impulsluft-Filter erneuern

Der Impulsluft-Filter ist beim Benzinmotor an der Motorvorderseite neben dem Abgaskrümmer eingebaut. Er gehört zum Impulsluftsystem, bei welchem dem Abgas in der Warmlaufphase des Motors dosiert Frischluft zugeführt wird, damit es besser nachverbrennt. Der Filter muß nur bei extrem staubigen Straßenverhältnissen regelmäßig gereinigt werden.

Es wird kein Sonderwerkzeug benötigt.

Folgendes Verschleißteil wird benötigt:

- Benetzungsöl für Luftfilter (Sprühöl) von FORD.

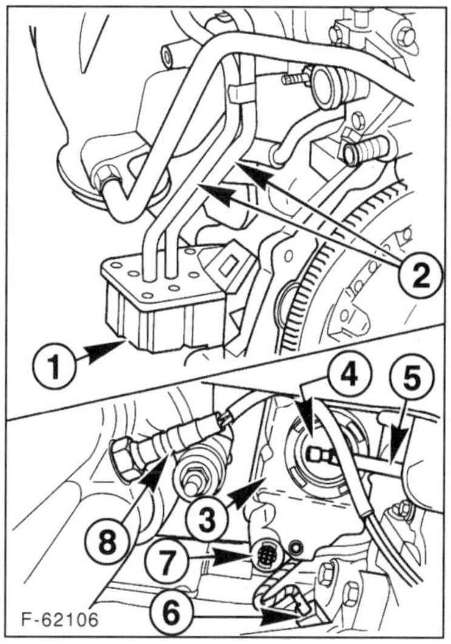

F-62106

1 – Impulsluftfilter/Ventilgehäuse
2 – Frischluftrohre zum Abgaskrümmer
3 – Impulsluftfilter/Ventilgehäuse (von unten gesehen)
4 – Luftregelventil
5 – Unterdruckschlauch zu Regelventil
6 – Drehzahl/Positionssensor Motor
7 – Frischlufteintritt
8 – Lambdasonde

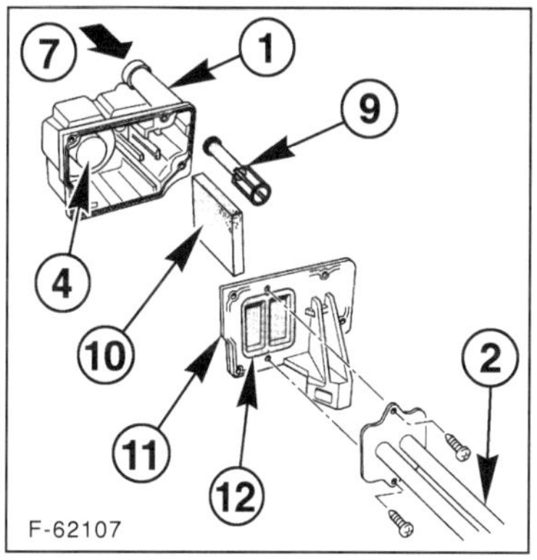

F-62107

9 – Geräuschdämpfer
10 – Schaumstoffilter
11 – Aluminiumdeckel
12 – Impulsluftventil-Gehäuse
(andere Bauteile entsprechend oberem Bild)

- Ventilgehäuse von oben her auseinanderschrauben.
- Gehäuseunterteil nach unten abnehmen.
- Innenliegenden Schaumstoffilter herausnehmen und sichtprüfen. Bei starker Verschmutzung Filter in Benzin auswaschen, danach trocknen lassen. **Achtung:** Verschmutzten Kraftstoff umweltgerecht entsorgen.
- Filter mit Luftfilteröl einsprühen.
- Schaumstoffilter in Gehäuseunterteil einsetzen und Unterteil anschrauben.

Sichtprüfung der Abgasanlage

Es werden kein Sonderwerkzeug und keine Verschleißteile benötigt.

- Fahrzeug aufbocken.
- Befestigungsschellen auf festen Sitz prüfen.
- Abgasanlage mit Lampe auf Löcher, durchgerostete Teile sowie Scheuerstellen absuchen.
- Stark gequetschte Abgasrohre ersetzen.
- Gummihalterungen durch Drehen und Dehnen auf Porosität überprüfen und gegebenenfalls austauschen.
- Fahrzeug ablassen.
- **Benzinmotor:** Elektrische Anschlüsse und festen Sitz der Lambdasonde prüfen.
- **Dieselmotor:** Abgasrückführungsanlage auf Dichtheit prüfen.

Kupplung/Getriebe/Achsantrieb

- Kupplung: Kupplungseinstellung prüfen.
- Automatikgetriebe: Ölstand prüfen.
- Schalt- und Automatikgetriebe: Sichtprüfung auf Ölundichtigkeiten.
- Allradfahrzeuge: Verteiler- und Hinterachsgetriebe auf Dichtheit kontrollieren.
- Antriebswellen: Gelenkschutzhüllen auf Undichtigkeiten und Beschädigungen prüfen.

Achtung: Altöl muß auf jeden Fall bei den Altöl-Sammelstellen abgegeben werden. Die Verkaufsstellen für neues Getriebeöl müssen das Altöl kostenlos entgegen nehmen. Außerdem informieren Gemeinde- und Stadtverwaltungen darüber, wo sich die nächste Altöl-Sammelstelle befindet. **Keinesfalls darf Altöl einfach weggeschüttet oder dem Hausmüll mitgegeben werden.** Größere Umweltschäden wie beispielsweise Grundwasserverseuchung wären sonst unvermeidbar.

Sichtprüfung auf Dichtheit

Folgende Leckstellen sind möglich:

- Trennstelle zwischen Motorblock und Getriebe (Schwungraddichtung/Wellendichtung-Getriebe).
- Trennstelle zwischen den Getriebegehäusehälften.
- Öleinfüll-/Ölablaßschraube.
- Allradmodell: Getriebe-Kardanwelle.

Bei der Suche nach der Leckstelle folgendermaßen vorgehen:

- Getriebegehäuse mit Kaltreiniger reinigen.
- Ölstand kontrollieren, ggf. auffüllen.
- Mögliche Leckstellen mit Kalk oder Talkumpuder bestäuben.
- Probefahrt durchführen. Damit das Öl dünnflüssig wird, sollte die Probefahrt auf einer Schnellstraße über eine Entfernung von ca. 30 km durchgeführt werden.
- Anschließend Fahrzeug aufbocken und Getriebe mit einer Lampe nach der Leckstelle absuchen.
- Leckstellen umgehend beseitigen. Anschließend Öl auffüllen, siehe Seite 109.

Gummimanschetten der Gelenkwellen prüfen

- Fahrzeug aufbocken.

- Auf sichtbare Fettspuren an den Manschetten –1– und in deren Umgebung achten.
- Festen Sitz der Klemmschellen –2– prüfen.
- Gummi der Manschetten mit Lampe auf Porosität und Risse untersuchen. Eingerissene oder nach innen gezogene Gelenkschutzhüllen umgehend erneuern.

Automatik-Getriebe: Ölstand prüfen

Folgendes Verschleißteil wird benötigt:

- Automatikgetriebeöl der FORD-Spezifikation ESP-M2C166-H.

Prüfen

- Fahrzeug ca. 20 km warmfahren, dann hat das Getriebe eine Öltemperatur von mindestens +65° C.
- Der Getriebe-Ölmeßstab befindet sich in der Nähe des Hauptbremszylinders. Hier wird auch, falls nötig, das Automatik-Getriebeöl eingefüllt.
- Fahrzeug unbeladen auf waagerechter Fläche abstellen. Handbremse anziehen, Fußbremse betätigen. Der Motor dreht während der Prüfung im Leerlauf.
- Bei Leerlaufdrehzahl des Motors alle Schalt-Positionen dreimal durchschalten.
- **Wählhebel in Stellung »P« legen.** Motor danach eine Minute bei Leerlaufdrehzahl laufen lassen.
- Bei Leerlaufdrehzahl des Motors Ölmeßstab herausziehen und mit einem sauberen, nicht fasernden Lappen, am besten mit Leder abwischen. Anschließend Meßstab voll eintauchen, wieder herausziehen und Ölstand ablesen.

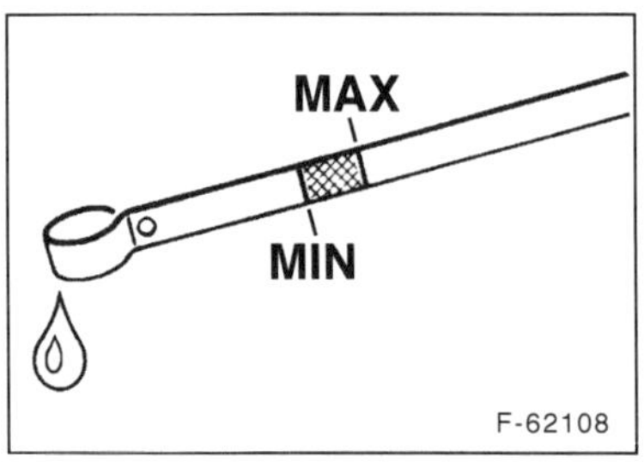

- Der Flüssigkeitsstand muß zwischen den MIN- und MAX-Markierungen am Ölmeßstab liegen.
- Muß Getriebeöl nachgefüllt werden, sauberen Trichter und feinmaschiges Sieb verwenden. Automatik-Getriebeöl bei stehendem Motor durch das Getriebe-Meßstabrohr einfüllen.

Achtung: Nicht zuviel Öl einfüllen. Zuviel Öl kann Störungen in der Automatik hervorrufen. In jedem Fall muß zuviel eingefülltes Öl wieder abgelassen oder mit einer Spritze abgesaugt werden.

- Nach erfolgter Prüfung oder Korrektur des Ölstandes Meßstab wieder ganz einführen.

Kupplungszug einstellen

Es wird kein Sonderwerkzeug benötigt. Die Prüfung/Einstellung wird im Kapitel »Kupplung« beschrieben, siehe Seite 97.

Bremsen/Reifen/Räder

- Bremsanlage: Bremsflüssigkeitsstand und Dicke der Bremsbeläge prüfen.
- Bremsanlage: Leitungen, Schläuche, Bremszylinder und Anschlüsse auf Undichtigkeiten und Beschädigungen prüfen.
- Bremstrommel ausbauen und sichtprüfen, riefige Bremstrommeln ausdrehen lassen oder erneuern. Dieser Wartungspunkt ist im Kapitel »Bremsanlage« beschrieben.
- Bereifung: Profiltiefe und Reifenfülldruck prüfen; Reifen auf Verschleiß und Beschädigungen (einschließlich Reserverad) prüfen.
- Radmuttern: Mit **85 Nm** über Kreuz nachziehen.

Bremsflüssigkeitsstand prüfen

Der Vorratsbehälter für die Bremsflüssigkeit befindet sich im Motorraum. Er hat zwei Kammern, je eine für jeden Bremskreis. Der Schraubverschluß hat eine Belüftungsbohrung, die nicht verstopft sein darf.

Der Vorratsbehälter ist durchscheinend, so daß der Bremsflüssigkeitsstand jederzeit von außen überwacht werden kann. Bei einigen Modellen wird außerdem ein zu niedriger Flüssigkeitsstand durch eine Warnleuchte im Schalttafeleinsatz angezeigt. Dennoch ist es ratsam, etwa alle 4 Wochen einen Blick auf den Flüssigkeitsstand im Vorratsbehälter zu werfen.

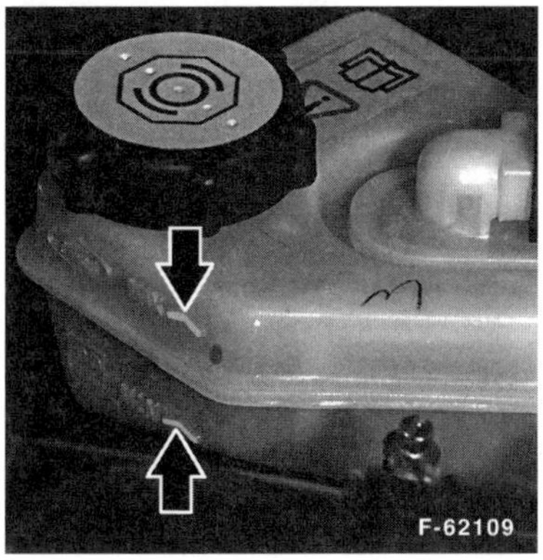

- Der Flüssigkeitsstand soll bei geschlossenem Deckel nicht höher als die MAX-Markierung und nicht unterhalb der MIN-Marke liegen.
- Zum Nachfüllen nur **neue** Bremsflüssigkeit der Spezifikation **Super DOT4** oder FORD-**ESD-M6C57-A** verwenden.
- Durch Abnutzung der Bremsbeläge entsteht ein geringfügiges Absinken der Bremsflüssigkeit. Das ist normal.
- Sinkt die Bremsflüssigkeit jedoch innerhalb kurzer Zeit stark ab, ist das ein Zeichen für Bremsflüssigkeitsverlust.

Die Leckstelle muß dann sofort ausfindig gemacht werden. In der Regel liegt es an verschlissenen Manschetten in den Radbremszylindern. Sicherheitshalber sollte die Überprüfung der Anlage von einer Fachwerkstatt durchgeführt werden.

Bremsbelagdicke prüfen

- Scheibenrad zur Radfelge mit Farbe kennzeichnen, damit das ausgewuchtete Rad wieder an gleicher Stelle montiert werden kann. Radmuttern lösen.
- Fahrzeug aufbocken, Räder abnehmen.

Scheibenbremse

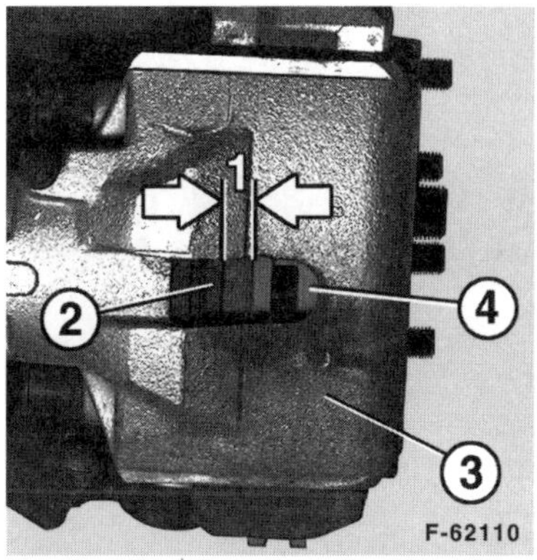

- Dicke des **inneren** Bremsbelages –1–, ohne metallne Rückenplatte –2–, von vorn durch das Bremskolbengehäuse –3– sichtprüfen. 4 – Bremsscheibe.

- Dicke des **äußeren** Bremsbelages –1–, ohne metallne Rückenplatte –2– sichtprüfen. Im Zweifelsfall Bremsbeläge ausbauen und Belagdicke mit Schieblehre messen.
- Die Verschleißgrenze der **Scheibenbremsbeläge** ist erreicht, wenn der Belag nur noch eine Dicke von **2 mm** aufweist.

Hinweis: Nach einer Faustregel entspricht 1 mm Bremsbelag einer Fahrleistung von mindestens 1000 km. Diese Faustregel gilt unter ungünstigen Bedingungen. Im Normalfall halten die Beläge viel länger. Bei einer Belagdicke der Scheibenbremsbeläge von 5,0 mm (ohne Rückenplatte) beträgt die Restnutzbarkeit der Bremsbeläge also noch mindestens 3500 km.

F-62112

- An den Hinterrad-Bremsträgern Gummikappe vom Schauloch abnehmen und mit Taschenlampe durch die Öffnung leuchten. Die Verschleißgrenze ist erreicht, wenn der Belag eine Stärke von **1,0 mm** hat. Im Zweifelsfall Bremstrommel ausbauen und Belagstärke messen.
- Ist die Verschleißgrenze erreicht, Bremsbeläge auswechseln. Grundsätzlich alle Beläge einer Achse erneuern.
- Räder ansetzen und anschrauben.
- Fahrzeug ablassen.
- Radmuttern über Kreuz mit **85 Nm** festziehen.

Sichtprüfung der Bremsleitungen

- Fahrzeug aufbocken.
- Bremsleitungen mit Kaltreiniger reinigen.

Achtung: Die Bremsleitungen sind zum Schutz gegen Korrosion mit einer Kunststoffschicht überzogen. Wird diese Schutzschicht beschädigt, kommt es zur Korrosion der Leitungen. Aus diesem Grund dürfen Bremsleitungen nicht mit Drahtbürste, Schmirgelleinen oder Schraubendreher gereinigt werden.

- Bremsleitungen vom Hauptbremszylinder zu den einzelnen Bremssätteln mit Lampe überprüfen. Der Hauptbremszylinder sitzt im Motorraum unter dem Vorratsbehälter für Bremsflüssigkeit.
- Bremsleitungen dürfen weder geknickt noch gequetscht sein. Auch dürfen sie keine Rostnarben oder Scheuerstellen aufweisen. Andernfalls Leitung bis zur nächsten Trennstelle ersetzen.
- Die Bremsschläuche verbinden die Bremsleitungen mit den Bremssätteln an den beweglichen Teilen des Fahrzeugs. Sie bestehen aus hochdruckfestem Material, können aber mit der Zeit porös werden, aufquellen oder durch scharfe Gegenstände angeschnitten werden. In einem solchen Fall sind sie sofort zu ersetzen.

F-6245

- Bremsschläuche mit der Hand hin- und herbiegen, um Beschädigungen festzustellen. Schläuche dürfen nicht verdreht sein.
- Lenkrad nach links und rechts bis zum Anschlag drehen. Die Bremsschläuche dürfen dabei in keiner Stellung an Fahrwerksteilen scheuern.
- Anschlußstellen von Bremsleitungen und -schläuchen dürfen nicht durch ausgetretene Flüssigkeit feucht sein.

Achtung: Wenn der Vorratsbehälter und die Dichtungen durch ausgetretene Bremsflüssigkeit feucht sind, so ist das nicht unbedingt ein Hinweis auf einen defekten Hauptbremszylinder. Vielmehr dürfte Bremsflüssigkeit durch die Belüftungsbohrung im Deckel oder durch die Deckeldichtung ausgetreten sein.

- Fahrzeug ablassen.

Bremsflüssigkeit wechseln

Benötigtes Sonderwerkzeug:

- Ringschlüssel für Entlüfterschrauben.

Benötigtes Verschleißteil:

- Bremsflüssigkeit der Spezifikationen **DOT 4**, **SUPER DOT 4** oder FORD **SAM-6C-9103-A**, **ESD-M6C57-A** verwenden.

Die Bremsflüssigkeit nimmt durch die Poren der Bremsschläuche sowie durch die Entlüftungsöffnung des Vorratsbehälters Luftfeuchtigkeit auf. Dadurch sinkt im Laufe der Betriebszeit der Siedepunkt der Bremsflüssigkeit. Bei starker Beanspruchung der Bremse kann es deshalb zu Dampfblasenbildung in den Bremsleitungen kommen, wodurch die Funktion der Bremsanlage stark beeinträchtigt wird.

Die Bremsflüssigkeit soll alle 2 Jahre, möglichst im Frühjahr, erneuert werden. Bei vielen Gebirgsfahrten, Bremsflüssigkeit in kürzeren Abständen wechseln. Arbeitsbeschreibung siehe Seite 151.

Reifenprofil prüfen

Die Reifen ausgewuchteter Räder nutzen sich bei gewissenhaftem Einhalten des vorgeschriebenen Fülldrucks und bei fehlerfreier Radeinstellung und Stoßdämpferfunktion auf der gesamten Lauffläche annähernd gleichmäßig ab. Bei ungleichmäßiger Abnutzung, siehe Störungsdiagnose im Kapitel »Reifen«. Im übrigen läßt sich keine generelle Aussage über die Lebensdauer bestimmter Reifenfabrikate machen, denn die Lebensdauer hängt von unterschiedlichen Faktoren ab:

- Fahrbahnoberfläche
- Reifenfülldruck
- Fahrweise
- Witterung

Vor allem eine hektische Fahrweise, scharfes Anfahren und starkes Bremsen, fördern starken Reifenverschleiß.

Achtung: Die Rechtsprechung verlangt, daß Reifen lediglich bis zu einer Profiltiefe von 1,6 mm abgefahren werden dürfen, und zwar müssen die Profilrillen auf der gesamten Lauffläche noch mindestens 1,6 mm Tiefe aufweisen. Es empfiehlt sich jedoch, sicherheitshalber die Reifen bereits bei einer Mindestprofiltiefe von 2 mm auszutauschen.

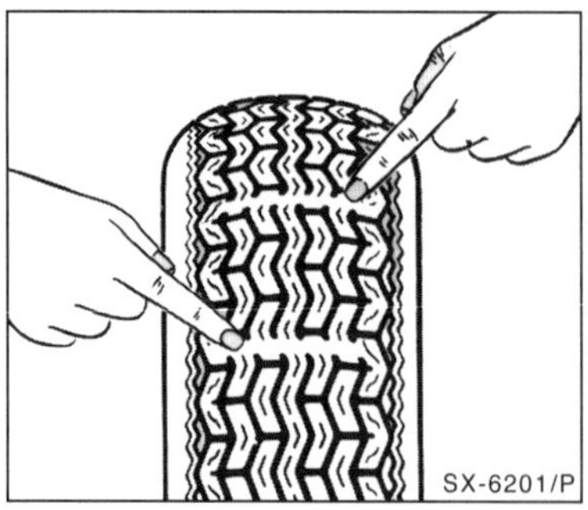

SX-6201/P

Nähert sich die Profiltiefe der gesetzlich zulässigen Mindestprofiltiefe, das heißt, weist der mehrmals am Reifenumfang angeordnete 1,6 mm hohe Verschleißanzeiger an diesen Stellen kein

Profil mehr auf, müssen die Reifen bald gewechselt werden.

Achtung: M + S-Reifen haben auf Matsch und Schnee nur ausreichende Wirkung, wenn ihr Profil noch mindestens 4 mm tief ist.

Achtung: Reifen auf Schnittstellen untersuchen und mit kleinem Schraubendreher Tiefe der Schnitte feststellen. Wenn die Schnitte bis zur Karkasse reichen, korrodiert durch eindringendes Wasser der Stahlgürtel. Dadurch löst sich unter Umständen die Lauffläche von der Karkasse, der Reifen platzt. Deshalb: Bei tiefen Einschnitten im Profil aus Sicherheitsgründen Reifen austauschen.

Reifenventil prüfen

- Staubschutzkappe vom Ventil abschrauben.
- Etwas Spucke oder Seifenwasser auf das Ventil geben. Wenn sich eine Blase bildet, Ventil mit umgedrehter Schutzkappe festdrehen.

Achtung: Zum Anziehen des Ventils kann nur eine Metallschutzkappe verwendet werden. Metallschutzkappen sind an der Tankstelle erhältlich.

- Ventil erneut prüfen. Falls sich wieder Blasen bilden oder sich das Ventil nicht weiter anziehen läßt, Ventil erneuern.
- Grundsätzlich Schutzkappe wieder befestigen.

Reifenfülldruck prüfen

- Reifenfülldruck nur am kalten Reifen prüfen.
- Reifenfülldruck einmal im Monat sowie im Rahmen der Wartung prüfen. Fülldrucktabelle, siehe Seite 161.
- Zusätzlich sollte der Fülldruck vor längeren Autobahnfahrten kontrolliert werden, da hierbei die Belastungen für den Reifen am größten sind.

Lenkung/Vorderachse

- Spurstangenköpfe: Spiel und Befestigung prüfen, Staubkappen prüfen.
- Achsgelenke: Staubkappen prüfen.
- Achsgelenke auf Spiel prüfen.
- Lenkung: Faltenbälge auf Undichtigkeiten und Beschädigungen prüfen.
- Servolenkung: Flüssigkeitsstand prüfen, gegebenenfalls Hydrauliköl auffüllen.

Staubkappen für Spurstangen-/Achsgelenke prüfen

- Fahrzeug vorn aufbocken.

Spurstangengelenk

F-62113

Achsgelenk

F-6251

- Staubkappen links und rechts mit Lampe anstrahlen und auf Beschädigungen überprüfen, dabei auf Fettspuren an den Manschetten und in deren Umgebung achten.
- Manschetten auf Risse, Einschnitte und festen Sitz prüfen.
- Bei beschädigter Staubkappe, sicherheitshalber entsprechendes Gelenk mit Schutzkappe auswechseln. Eingedrungener Schmutz zerstört das Gelenk.
- Befestigungsmutter für die Gelenke sowie Sicherungssplint auf festen Sitz prüfen, dabei Mutter jedoch nicht verdrehen.
- Beim Achsgelenk besonders darauf achten, daß der Gelenkzapfen bündig in der Aufnahme sitzt. Der Gelenkzapfen darf praktisch nicht sichtbar sein. Richtige Einbaulage siehe Abbildung F-6251.
- Fahrzeug ablassen.

Achsgelenke auf Spiel prüfen

Spiel im Achsgelenk macht sich in der Regel durch Quietschen, Knarren, Knirschen oder Klopfen beim Fahren oder Lenken auf unebener/welliger Fahrbahn bemerkbar. Außerdem kann ein defektes Achsgelenk erhöhten Reifenverschleiß an den Innenkanten der Vorderreifen verursachen.

- Fahrzeug vorn aufbocken.

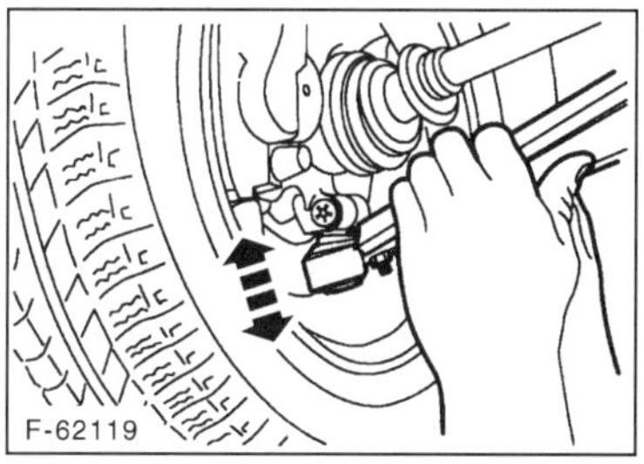

F-62119

- Äußeres Ende des Querlenkers fest in die Hand nehmen und versuchen, es nach unten und oben zu bewegen. Dabei auf jede Bewegung achten. Läßt sich das äußere Ende bewegen, ist meistens ein Klicken zu hören
- Spiel kontrollieren. Das Spiel ist die vom unteren Querlenker zurückgelegte Strecke, bis die Bewegung auf das Schwenklager übertragen wird.
- Es darf kein Spiel vorhanden sein. Andernfalls muß das verschlissene Gelenk erneuert werden.
- Fahrzeug ablassen.
- Spur einstellen lassen.

Faltenbälge für Spurstangen prüfen

- Auf sichtbare Fettspuren (ölig glänzender Schmutz) an den Faltenbälgen und in deren Umgebung achten.
- Festen Sitz der Schraub- oder Klemmschellen prüfen.

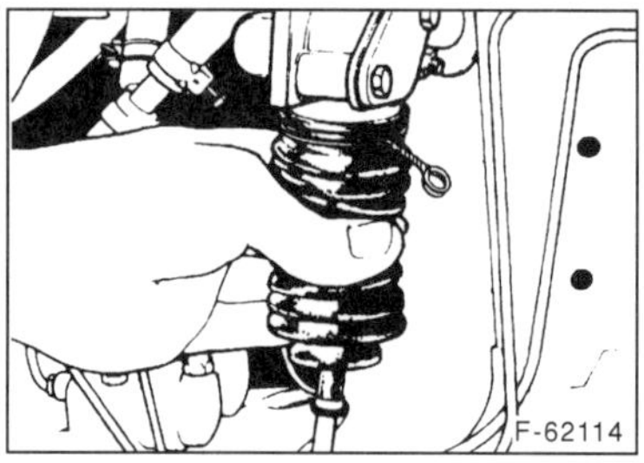

- Gummi der Faltenbälge mit einer Taschenlampe auf Porosität oder Risse untersuchen, dabei Räder nach beiden Seiten einschlagen.
- Defekten Faltenbalg umgehend ersetzen.

Lenkungsspiel prüfen

- Lenkrad in Mittelstellung bringen.

- Lenkrad hin- und herbewegen, dabei Vorderräder beachten. Am Lenkrad darf dabei maximal ein Spiel von etwa 30 mm vorhanden sein, ohne daß die Räder sich bewegen.
- Bei größerem Spiel am Lenkrad sind Lenkgestänge, Lenkgetriebe und die Lagerspiele der Vorderachse zu prüfen.
- Spurstangen kräftig von Hand hin- und herbewegen. Die Kugelgelenke dürfen kein Spiel aufweisen, sonst Gelenke oder Spurstange ersetzen.

Ölstand für Servolenkung prüfen

Benötigtes Verschleißteil:

- ATF-Öl der FORD-Spezifikation ESP-M2C 166-H.

Prüfen

- Fahrzeug ca. 15 km warmfahren, dann haben Motor und Lenkung die normale Betriebstemperatur erreicht.
- Der Ölstand für die Lenkhilfe ist sofort nach dem Abstellen des Motors zu prüfen.

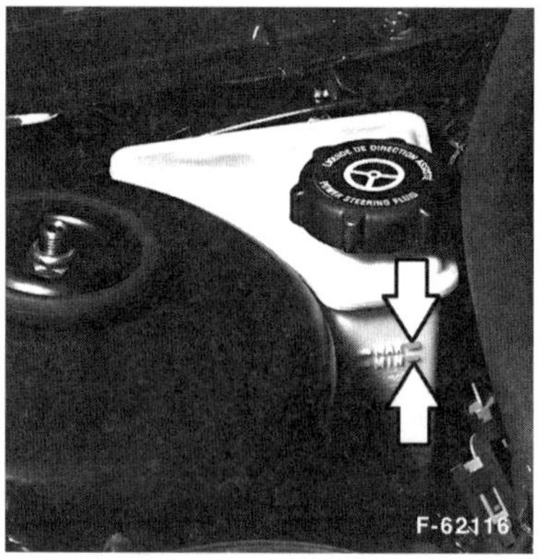

- Der Ölstand soll zwischen der MIN- und MAX-Markierung des Vorratbehälters liegen. Er darf nie unter die MIN-Marke sinken.
- Andernfalls Hydrauliköl nachfüllen. Dabei nur ATF-Öl der angegebenen FORD-Spezifikation verwenden.
- Darauf achten, daß das Hydrauliköl vor dem Einfüllen nicht geschüttelt wird, da es sonst zur Bildung von Luftblasen kommt. Öl langsam einfüllen, um die Entstehung von Luftblasen zu vermeiden.
- Grundsätzlich nur **neues Öl** nachfüllen, da selbst kleinste Verunreinigungen zu Störungen an der hydraulischen Anlage führen können.
- Nach dem Auffüllen bei laufendem Motor das Lenkrad mehrmals von Anschlag zu Anschlag bewegen, dadurch entlüftet sich die Anlage.
- Falls Öl nachgefüllt werden mußte, ist das Lenksystem auf seine Dichtheit zu prüfen.

Elektrische Anlage

- Beleuchtungsanlage: Sämtliche Scheinwerfer, Schlußleuchten und Blinklampen prüfen, gegebenenfalls Scheinwerfer einstellen.
- Alle Stromverbraucher auf Funktion prüfen.
- Signalhorn (Hupe): Prüfen.
- Scheibenwischer: Wischergummis auf Verschleiß prüfen.
- Scheiben- und Scheinwerferwaschanlage: Funktion prüfen, Düsenstellung kontrollieren, Flüssigkeit nachfüllen, Scheinwerfer-Waschanlage prüfen.
- Batterie: Spannung und Säurestand prüfen.

Batterie prüfen

Benötigtes Sonderwerkzeug:

- Säureschutzfett, zum Beispiel BOSCH-Polfett.
- Stahldrahtbürste (Pol- und Klemmenreinigungsbürste).

Benötigte Verschleißteile:

- Destilliertes Wasser.

Batterie-Pole reinigen

Bei der regelmäßigen Durchsicht des Wagens sind auch die Batterie-Pole und Anschlußklemmen zu reinigen und dünn mit Säureschutzfett einzureiben.

Säurestand prüfen

Bei der serienmäßig eingebauten Batterie reicht die einmal eingefüllte Säuremenge normalerweise für die gesamte Lebensdauer der Batterie. Dennoch sollte der Säurestand regelmäßig kontrolliert werden.

Achtung: Nicht mit offener Flamme in die Batterie leuchten. Explosionsgefahr!

- Der Flüssigkeitsspiegel soll ca. 5 mm über den Bleiplatten, also etwa bis zur Markierung außen an der Batterie stehen. Bei niedrigerem Stand bis zur Sollhöhe auffüllen. Dazu die Stopfen mit einem Geldstück oder einem großen Schraubendreher herausdrehen. Jede Zelle einzeln mit destilliertem Wasser auffüllen.

Achtung: Zum Nachfüllen nur destilliertes Wasser verwenden.

- Batteriespannung prüfen, siehe Seite 214.

Karosserie/Innenraum

- Türfeststeller, Türschlösser, Schließkeil/-klaue, Deckelschloßober- und -unterteil: Mit etwas Mehrzweckfett fetten.
- Unterbodenschutz und Hohlraumkonservierung: Prüfen.
- Sicherheitsgurte: Auf Beschädigungen prüfen.
- Innenraumluft-Pollenfilter: Filtereinsatz erneuern. Diese Arbeit wird im Kapitel »Heizung« beschrieben, siehe Seite 200.

Sichtkontrolle Unterboden/Karosserie

Bei der regelmäßigen Pflege Augenmerk auf Lackbeschädigungen legen und auch Unterboden öfters reinigen, siehe Seite 193.

Sichtprüfung aller Sicherheitsgurte

Achtung: Geräusche, die beim Aufrollen des Gurtbandes entstehen, sind funktionsbedingt. Bei störenden Geräuschen kann nur der Sicherheitsgurt ausgetauscht werden. Auf keinen Fall darf zur Behebung von Geräuschen Öl oder Fett verwendet werden. Der Aufrollautomat darf nicht zerlegt werden, da hierbei die vorgespannte Feder herausspringen kann. Unfallgefahr!

- Sicherheitsgurt ganz herausziehen und Gurtband auf durchtrennte Fasern prüfen. Beschädigungen können zum Beispiel durch Einklemmen des Gurtes oder durch brennende Zigaretten entstehen. In diesem Fall Gurt austauschen.
- Sind Scheuerstellen vorhanden, ohne daß Fasern durchtrennt sind, braucht der Gurt nicht ausgewechselt zu werden.
- Schwergängigen Gurt auf Verdrehungen prüfen, gegebenenfalls Verkleidung an der Mittelsäule ausbauen.
- Wenn die Aufrollautomatik nicht mehr funktioniert, Gurt auswechseln.
- Gurtbänder nur mit Seife und Wasser reinigen, keinesfalls Lösungsmittel oder chemische Reinigungsmittel verwenden.

Schlösser schmieren

- Schließeinrichtungen für Türen, Front- und Gepäckraumklappe ölen beziehungsweise fetten.
- Türschlösser an den Schließzapfen, Schließösen und Anlageflächen der Drehfallen fetten.

Schaltpläne

Der Umgang mit dem Schaltplan

In einem Personenwagen werden bis zu 1000 Meter Leitungen verlegt, um alle elektrischen Verbraucher (Scheinwerfer, Radio usw.) mit Strom zu versorgen.

Will man einen Fehler in der elektrischen Anlage aufspüren oder nachträglich ein elektrisches Zubehör montieren, kommt man nicht ohne Schaltplan aus; anhand dessen der Stromverlauf und damit die Kabelverbindungen aufgezeigt werden. Grundsätzlich muß der betreffende Stromkreis geschlossen sein, sonst kann der elektrische Strom nicht fließen. Es reicht beispielsweise nicht aus, wenn an der Plusklemme eines Scheinwerfers Spannung anliegt, wenn nicht gleichzeitig über den Masseanschluß der Stromkreis geschlossen ist.

Deshalb ist auch das Massekabel von der Batterie mit der Karosserie verbunden. Mitunter reicht diese Masseverbindung jedoch nicht aus, und der betreffende Verbraucher bekommt eine direkte Masseleitung, deren Isolierung in der Regel braun eingefärbt ist. In den einzelnen Stromkreisen können Schalter, Relais, Sicherungen, Meßgeräte, elektrische Motoren oder andere elektrische Bauteile integriert sein. Damit diese Bauteile richtig angeschlossen werden können, haben die einzelnen Kontakte entsprechende Klemmenbezeichnungen.

Um das Kabelgewirr zumindest auf dem Schaltplan übersichtlich zu ordnen, sind die einzelnen Strompfade senkrecht nebeneinander angeordnet.

Im Schaltplan sind oben die plusseitigen Anschlüsse (+) des Stromkreises aufgeführt, während unten die Masseanschlüsse (–) dargestellt sind. Die Masseverbindung wird normalerweise direkt über die Karosserie hergestellt oder aber über eine zusätzliche Leitung von einem an der Karosserie angebrachten Massepunkt.

Achtung: Die Darstellung der Bauteile und Kabel erfolgt nicht maßstabsgerecht. So erscheint zum Beispiel ein Kabel von über 1m Länge nicht anders, als ein Kabel, das nur wenige cm lang ist. Außerdem werden Leitungen innerhalb eines komplexen Bauteils vereinfacht dargestellt.

Die wichtigsten Klemmenbezeichnungen sind:

Klemme 15 wird über das Zündschloß gespeist. Die Leitungen führen nur bei eingeschalteter Zündung Strom. Die Kabel sind meist grün oder grün mit farbigem Streifen.

Klemme 30. An dieser Klemme liegt immer die Batteriespannung an. Die Kabel sind meist rot oder rot mit farbigem Streifen.

Klemme 31 führt zur Masse. Die Masse-Leitungen sind in der Regel schwarz.

Im Schaltplan sind in den einzelnen Leitungen Buchstabenkombinationen und Ziffern eingefügt.

Beispiel: **31S-AC3A / 1.5 BK/RD**

31 = Klemme 31 = Masse (–)
S = die Leitung ist zusätzlich geschaltet (nicht Serie)
AC = System (AC=Leuchtweitenregulierung)
3A = Anschluß
  3 = Leitungsnummer
  A = Abzweigungskennzeichnung
1.5 = 1,5 mm^2
BK = Grundfarbe (BK=schwarz)
/RD = Kennfarbe (RD=rot)

Schlüssel für Leitungsfarben

BK = schwarz	GY = grau	SR = silber
BN = braun	LG = hellgrün	VT = violett
BU = blau	OG = orange	WH = weiß
GN = grün	RD = rot	YE = gelb

Schaltpläne FORD MONDEO

Modelljahr 1997

Da die Original-Schaltpläne für den MONDEO ca. 500 Seiten umfassen, beschränkt sich die hier getroffene Auswahl vorwiegend auf Pläne, die für alle Modelle gelten.

Hinweis: Die Systembeschreibungen beziehen sich ebenfalls auf MONDEO '97.

Gebrauchsanleitung für Schaltpläne

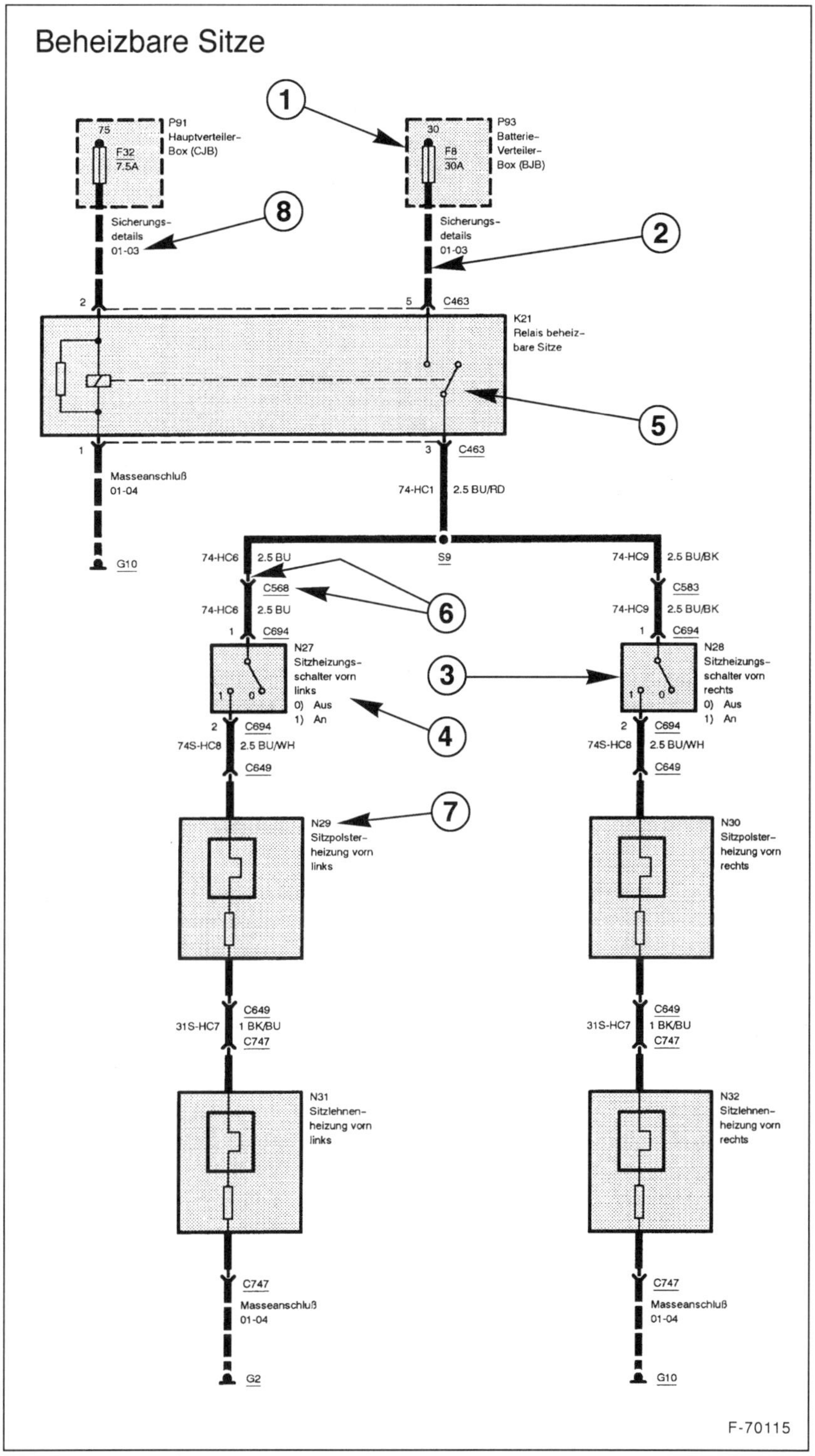

1 – **Gestrichelte Box**
Steht für ein teilweise dargestelltes Bauteil.

2 – **Durchbrochene Linie**
Steht für 2 oder mehr Leitungen.

3 – **Schalter**
Die Schalter sind immer in »Ruhestellung« abgebildet.

4 – **Anmerkungen**
Enthalten Zusatzinformationen zu den einzelnen Bauteilen.

5 – **Bauteil, hier: Relais**
In die Bauteile sind die Schaltsymbole eingezeichnet, um deren Funktion zu erläutern.

6 – **Steckverbindung**
Die C-Nr. stellt die Kennzeichnung einer Steckverbindung dar.

7 – **Bauteil-Bezeichnung**

8 – **Querverweise**
Querverweise auf zusätzliche FORD-Schaltpläne.

ohne Abbildung:

9 – **Geschweifte Klammer**
Die Klammer zeigt Unterschiede zwischen den einzelnen Ausstattungsvarianten auf.

10 – **Dreieck am Leitungsanfang**
Hier erfolgt die Fortsetzung der Leitung aus einem anderen Schaltplan (der Zahlencode steht für die interne FORD-Bezeichnung).

11 – **Geschweifte Trennlinie**
Bauteil wird im folgenden Plan fortgesetzt.

Systembeschreibung Motorregelung ZETEC-E mit Schaltgetriebe

Das elektronische Motorregelungssystem verfügt über mehrere Sensoren, Schalter, Magnetventile und das Antriebsstrangsteuergerät (PCM) (A147) um folgendes zu regeln: Kraftstofffluß, Abgasrückführung, Zündungsfunktionen, Motorleerlauf, Kraftstoffverdunstung in die Atmosphäre, Getriebefunktionen und, bei einigen Modellen, das Passive Diebstahlsicherungssystem (PATS).

Spannungsversorgung

An Klemme 55 des PCM-Moduls (A147) liegt ständig Spannung an, damit die gespeicherten Informationen erhalten bleiben. Bei eingeschalteter Zündung erhält das PCM-Modulrelais (K163) Spannung. Alle anderen Bauteile des Motorregelungssystems erhalten Spannung über das PCM-Modulrelais (K163). Die Klemmen 71 und 97 des PCM-Moduls (A147) erhalten Spannung über das PCM-Modulrelais (K163) durch den Lötverbinder S178.

Kraftstoffpumpe

Das Kraftstoffpumpenrelais (K4) erhält Spannung vom PCM-Modulrelais (K163) und wird von Klemme 80 (bei eingebautem PATS von Klemme 54) des PCM-Moduls (A147) gesteuert. Klemme 40 des PCM-Moduls (A147) wird als Kraftstoffpumpen-Überwachungseingang benutzt. Strom fließt zum Stoßschalter (N61), der bei Unfällen die Kraftstoffpumpe in der Kraftstofftankeinheit (A31) ausschaltet. Die Kraftstoffpumpe ist bei normalem Betrieb immer an, und der Systemdruck wird beibehalten, auch wenn der Motor ausgeschaltet wird.

Servolenkungsdruckschalter

Der Servolenkungsdruckschalter (N96) schickt bei hohem Druck ein Signal an Klemme 31 des PCM-Moduls (A147). Bei hohem Servolenkungsdruck erhöht das PCM-Modul (A147) den Leerlauf.

Getrieberegelung bei Fahrzeugen mit Automatikgetriebe

Die Getriebeeinheit (A40) besteht aus dem Öltemperaturgeber und fünf Magnetventilen. Das PCM-Modul (A147) versorgt das Getriebe mit Ausgängen von den Klemmen 1, 27, 54, 81 und 102 (bei eingebautem PATS von den Klemmen 1, 27, 80, 81 und 102), um die Getriebe-Schaltvorgänge zu steuern.

Der Bremslichtschalter (N15) schickt ein "Bremse-betätigt"-Signal an Klemme 92 des PCM-Moduls (A147).

Der Getriebewählschalter (N92) schickt ein Signal an Klemme 10 des PCM-Moduls (A147), um die gewünschte Getriebefunktion anzugeben.

Klemme 79 des PCM-Moduls (A147) ist mit dem Instrumententafel-Zusatzmodul (A35) verbunden.

Bordcomputermodul

Das Bordcomputermodul (A37) erhält einen "Kraftstoff-Durchfluß"-Wert von Klemme 43 des PCM-Moduls (A147), damit es die Anzeigewerte für den Kraftstoffverbrauch und für die Entfernung bis zum leeren Tank für den Fahrer berechnen kann.

Klimaanlagekompressor-Regelung

Das Klimaanlage-Vollastrelais (WOT) (K32) wird erregt, wenn Klemme 69 des PCM-Moduls (A147) Masse bekommt. Dies führt zur Auskupplung des Klimaanlagekompressors, und die Motorlast wird vermindert.

Spannung liegt an Klemme 41 des PCM-Moduls (A147) an, wenn der Klimaanlagekompressorschalter (N75) geschlossen ist. Diese Information wird benutzt, um Motorlast und Motorleerlauf zu berechnen.

Oktananpassung

Über Klemme 30 des PCM-Moduls (A147) wird der Spannungsunterschied am Oktananpassungsstecker (D2) gemessen und diese Information zur Änderung der Vorzündung benutzt.

Drehzahlmesser

Der Drehzahlmesser im Kombiinstrument (A30) ist mit Klemme 48 des PCM-Moduls (A147) verbunden.

Diagnose- und Masseverbindungen

Die Klemmen 13, 15 und 16 des PCM-Moduls (A147) sind mit dem Diagnosestecker (DLC) (D20) verbunden.

Die Klemmen 24, 51, 77 und 103 des PCM-Moduls (A147) sind mit Masse G1 verbunden, und Klemme 25 ist mit Masse G19 verbunden.

Magnetventile

Das Leerlaufregelungsventil (Y13) bekommt seine Verteilungsspannung über das PCM-Modulrelais (K163). Das PCM-Modul (A147) vergleicht den gespeicherten Motorleerlauf-Sollwert mit dem Motorleerlauf-Istwert und steuert das Leerlaufregelungsventi] (Y13) durch Klemme 83. Das Leerlaufregelungsventil (Y13) verändert die in den Motor einströmende Luftmenge über einen zusätzlichen Luftkanal.

Das Aktivkohlefilter-Reinigungsmagnetventil (Yl) wird zum Öffnen und Schließen des Aktivkohlebehälters verwendet. Das Ventil wird geöffnet, wenn Klemme 67 des PCM-Moduls (A147) Masse bekommt. Danach wird der Kraftstoffdunst in den Ansaugkrümmer geleitet, mit der angesaugten Luft vermischt und im Zylinderraum verbrannt.

Das Luftsteuerungsmagnetventil (Y34) wird von Klemme 98 des PCM-Moduls (A147) gesteuert. Das Impulsluft-System läßt Frischluft in den Ansaugkrümmer, um den Schadstoffausstoß weiter zu reduzieren. Das System arbeitet nur, bis die vorgeschaltete beheizte Lambdasonde (HO2S) (B89) ihre Betriebstemperatur erreicht hat und bei Verzögerung (geschlossene Drosselklappe).

Das EVR-Ventil (elektr. Unterdruckregler) (Y33) ist zuständig für die Rückführung einer bemessenen Abgasmenge in den Ansaugkrümmer. Die Abgase, die in den Ansaugkrümmer geführt werden, verdünnen die Eingangsmischung und reduzieren die Gashöchsttemperaturen und somit auch die Stickoxide. Das Ventil wird vakuumbetätigt und von Klemme 47 des PCM-Moduls (A147) gesteuert. Das EGR-System funktioniert nicht bei Schubbetrieb oder Vollast.

Sensoren

Die Klemme 91 des PCM-Moduls (A147) wird als Masse für folgende Sensoren benutzt: Abgasdruckwandlersensor (EPT) (B40), Drosselklappen-Positionssensor (TPS) (B8), vorgeschaltete beheizte Lambdasonde (HO2S) (B89), Motorkühlmittel-Temperaturgeber (ECT) (B 10), Ansauglufttemperatursensor (ACT) (B5), Servolenkungsdruckschalter (N96) und Oktananpassungsstecker (D2).

Der Abgasdruckwandlersensor (EPT) (B40) und der Drosselklappen-Positionssensor (TPS) (B8) bekommen beide eine Referenzspannung von 5 V von Klemme 90 des PCM-Moduls (A147).

Der Abgasdruckwandlersensor (EPT) (B40) mißt den Druckunterschied in den Förderabgasen und schickt sein Signal an Klemme 65 des PCM-Moduls (A147). Der Sensor ist Teil des EGR-Systems.

Der Drosselklappen-Positionssensor (TPS) (B8) besteht aus einem in der Drosselklappe eingebauten Potentiometer, das ein Signal an Klemme 89 des PCM-Moduls (A147) schickt. Mit Hilfe dieses Signals kann das Modul die Stellung der Drosselklappe (Leerlauf, Teillast oder Vollast) und damit auch die Kraftstoffzufuhr berechnen.

Die vorgeschaltete beheizte Lamdasonde (HO2S) (B89) mißt die Restsauerstoffmenge im Abgas. Ein Stoß-Signal wird von der Lambdasonde (HO2S) (B89) an Klemme 60 des PCM-Moduls (A147) geschickt. Diese Messung wird vorgenommen, damit das PCM-Modul (A147) das Luft-Kraftstoff-Gemisch etwa bei dem Wert Lambda=1 halten kann, um so einen einwandfreien Katalysator-Betrieb zu gewährleisten.

Der Motorkühlmittel-Temperaturgeber (ECT) (B I 0) (ein temperaturabhängiger Widerstand) bekommt seine Eingangsspannung von Klemme 38 des PCM-Moduls (A147). Der Geber versorgt das PCM-Modul (A147) mit der Motorbetriebstemperatur, die für die Berechnung der Kraftstoffzufuhr benötigt wird.

Der Nockenwellenpositionsgeber (B41) versorgt Klemme 85 des PCM-Moduls (A147) mit einem Bezugspunkt für den ersten Zylinder. Diese Information sorgt dafür, daß sich die Einspritzventile in der richtigen Reihenfolge öffnen.

Der Ansauglufttemperatursensor (ACT) (B5) versorgt Klemme 39 des PCM-Moduls (A147) mit einem Signal, das proportional zur Ansauglufttemperatur ist. Diese Information wird für die Berechnung der Kraftstoffzufuhr benutzt.

Der Geschwindigkeitssensor (VSS) (B11) gibt an Klemme 38 des PCM-Moduls (A147) ein Rechtecksignal, dessen Frequenz proportional zur Fahrgeschwindigkeit ist.

Der Luftmassenmesser (MAF) (B22) mißt die angesaugte Luftmasse. Diese Information wird weitergeleitet an die Klemmen 36 und 88 des PCM-Moduls (A147) und für die Berechnung der Kraftstoffzufuhr benutzt.

Der Kurbelwellenpositionsgeber (B43) gibt die Position der Kurbelwelle an die Klemmen 21 und 22 des PCM-Moduls (A147). Diese Information wird für die zeitlich richtige Steuerung der Einspritzventile beim Motoranlauf benutzt.

Systembeschreibung Motorregelung 1,8-l-TCI-Diesel

Das elektronische Motorregelungssystem verfügt über mehrere Sensoren, Schalter, Magnetventile und das Antriebsstrangsteuergerät (PCM) (A147), um folgendes zu regeln: Kraftstofffluß, Abgasrückführung (EGR), Zündungsfunktionen, Motorleerlauf und Kraftstoffverdunstung in die Atmosphäre.

Spannungsversorgung

An Klemme 55 des PCM-Moduls (A147) liegt ständig Spannung an, damit die gespeicherten Informationen erhalten bleiben. Bei eingeschalteter Zündung erhält das Kaltlauf-Verstellrelais (K81) Spannung. Die anderen Bauteile des Motorregelungssystems erhalten Spannung über das Kaltlauf-Verstellrelais (K81). Die Klemmen 71 und 97 des PCM-Moduls (A147) erhalten Strom über das Kaltlauf-Verstellrelais (K81) durch den Lötverbinder S158.

Zündung ein

Beim Einschalten der Zündung (Zündschalterstellung 2) erhält das Vorglühsystem-Relais (Diesel) (K70) Spannung. Die Vorglühkontrolleuchte im Kombiinstrument (A30) leuchtet auf, und die Glühkerzen (P20) bekommen Spannung. Die Kontrolleuchte leuchtet nur während der Vorglühzeit.

Starten des Motors

Beim Starten des Motors (Zündschalterstellung 3) erhalten die Glühkerzen (P20) über das Vorglühsystem-Relais (Diesel) (K70) Strom, während der Motor durchgedreht wird.

Motorlauf

Befindet sich der Motor in der Warmlaufphase, bleiben die Glühkerzen (P20) unter Strom, bis eine bestimmte Motortemperatur erreicht wird.

Steuerung der Einspritzung

Der Nockenwellenpositionsgeber in der Pumpeneinheit Diesel (A74) liefert Informationen über die Stellung der Nockenwelle, die für die Verstellung des Einspritzzeitpunktes benötigt werden. Die Verstellung des Einspritzzeitpunktes ist erforderlich, um eine optimale Verbrennung bei verschiedenen Last- und Drehzahlbedingungen zu erreichen. Die Verstellung erfolgt durch einen Nadelbewegungssensor (B83).

Leerlaufdrehzahlanhebung

Die Leerlaufdrehzahlanhebung erfolgt über den Diesel-Leerlaufregelungsmotor (M110). Der Motor wird vom PCM-Modul (A147) gesteuert.

Abgasrückführung (EGR)

Die Abgasrückführung erfolgt über das Abgasrückführungsventil (Y2), das vom PCM-Modul (A147), Klemme 47, angesteuert wird und einen Bypass zwischen Auspuff- und Ansaugkrümmer öffnet. Dadurch strömt eine bestimmte Menge Abgas in den Ansaugkrümmer und beeinflußt den Meßwert des Luftmassenmessers (MAF) (B22). Ein geschlossener Regelkreis ist entstanden. Zur Regelung der Abgasrückführung werden im PCM-Modul (A147) die Signale vom Luftmassenmesser (MAF) (B22), Motordrehzahlsensor (B7), Kühlmitteltemperaturgeber (ECT) (B 10) sowie vom Kraftstoffhebelpositionssensor (FLVR) in der Pumpeneinheit Diesel (A74) verarbeitet.

Sensoren

Der Kraftstoffhebelpositionssensor (FLVR) ist ein Drehpotentiometer in der Pumpeneinheit Diesel (A74), der ein Signal abhängig von der Kraftstoffhebelstellung an die Klemme 89 des PCM-Moduls (A147) schickt. Dadurch berechnet das PCM-Modul (A147) die Kraftstoffzufuhr in Abhängigkeit vom Lastzustand (Leerlauf, Teillast oder Vollast). Der FLVR-Sensor erhält eine Referenzspannung von 5 V über die Klemme 90 des PCM-Moduls (A147) und ist über die Klemme 91 auf Masse geschaltet.

Der Luftmassenmesser (MAF) (B22) ermittelt mit Hilfe zweier Hitzedrahtsonden und einer integrierten Steuerelektronik die Luftmasse, die durch den Luftfilter strömt. Diese Information wird an das PCM-Modul (A147), Klemmen 36 und 88, weitergeleitet und dient der Berechnung der Kraftstoffzufuhr.

Der Motordrehzahlsensor (B7), ein induktiver Impulsgeber, sendet Wechselspannungssignale an das PCM-Modul (A147). Mit Hilfe dieser Information wird der Einspritzzeitpunkt bestimmt. Der Motordrehzahlsensor (B7) und das PCM-Modul (A147) sind über die Klemmen 22 und 21 direkt verbunden.

Der Kühlmitteltemperaturgeber (ECT) (B 10), ein temperaturabhängiger Widerstand, ist mit den Klemmen 38 und 91 des PCM-Moduls (A147) verbunden. Der ECT-Sensor (B 10) versorgt das PCM-Modul (A 147) mit Motortemperaturdaten. Das PCM-Modul (A147) berechnet daraus die entsprechende Kaltlauf-Frühverstellung an der Pumpeneinheit Diesel (A74), die erforderliche Abgasmenge für die Abgasrückführung und die Abschaltung der Klimaanlage bei zu hohen Motortemperaturen.

Diagnose- und Masseverbindungen

Die Klemmen 15 und 16 des PCM-Moduls (A147) sind mit dem Diagnosestecker (DLC) (D20) verbunden.

Die Klemmen 9, 24, 51, 76, 77 und 103 sind mit Masse G1 verbunden. Klemme 25 ist mit Masse G19 verbunden.

Kraftstoffvorwärmung Diesel

Die Kraftstoffvorwärmung Diesel (R32) erwärmt den Dieselkraftstoff, um eine Paraffinausscheidung bei winterlichen Temperaturen zu verhindern. Das Heizelement besteht aus einem keramischen Widerstand, dessen Wert sich mit steigender Temperatur erhöht. Er wird von einem integrierten Thermoschalter vor Überhitzung geschützt und erreicht eine maximale Temperatur von 130° C.

Zuheizer

Der Zuheizer (R50) ist im Kühlsystem integriert. Eine am Zuheizer (R50) montierte Kraftstoffpumpe saugt den Kraftstoff aus der Motorkraftstoff-Rücklaufleitung und pumpt diesen dosiert zum Zuheizer (R50). Über einen zusätzlichen Kühlmitteltemperaturfühler und die Motorlaufinformation vom Generator (05) wird das System gesteuert. Das System arbeitet in einem Kühlmitteltemperaturbereich von unter 75° C.

Systembeschreibung Zentralverriegelung

Vier verschiedene Zentralverriegelungssysteme sind erhältlich: Einfach-Verriegelung ohne Modul, Einfach-Veriegelung mit Modul, Zweifach-Verriegelung und Zweifach-Verriegelung mit Infrarotfernbedienung.

Einfach-Verriegelung

Beim Zentralverriegelungssystem mit Einfach-Verriegelung ohne Modul sind alle vier Türverriegelungsmotoren (M68, M20, M67 und M22) elektrisch miteinander verbunden. Wird eine von den Vordertüren mechanisch zu- oder aufgesperrt, werden die anderen drei Türverriegelungsmotoren mit Strom versorgt und betätigt.

Beim Zentralverriegelungssystem mit Einfach-Verriegelung mit Modul (A77) übernimmt das Diebstahlwarnanlage-/ Zentralverriegelungsmodul (A77) die Steuerung der 4 Türverriegelungsmotoren (M68, M20, M67, M22).

Zweifach-Verriegelung

Die Einfach-Verriegelung für die vier Türen funktioniert wie oben beschrieben. Der Heckklappen-/ Kofferraumdeckelmotor (M39) kann nur bei Zweifach-Verriegelung betätigt werden.

Das Diebstahlwarnanlage-/Zentralverriegelungsmodul (A77) steuert die Türverriegelungsmotoren (M68, M20, M67 und M22) und den Heckklappen-/Kofferraumdeckelmotor (M39) an.

Zur Aktivierung des Zweifach-Verriegelungssystems muß der Schlüssel innerhalb drei Sekunden zuerst in Position "Aufsperren" und dann in Position "Absperren" gebracht werden. Diese Signale werden von den Türverriegelungsschaltern (N204, N205) an die Klemmen 10B, llB, 15B bzw. 13B, 14B, 16B des Diebstahlwarnanlage-/ Zentralverriegelungsmoduls (A77) übermittelt. Das Modul schaltet das System erst ein, wenn es das "Tür-geschlossen"-Signal von allen Türschloßschaltern (N84, N85, N86, N87) an den entsprechenden Klemmen 8B, 6B, 7B und 5B erhält.

Wenn das System aktiviert ist, werden die Innentürgriffe und der Heckklappenausrückhebel vom Verriegelungsmechanismus ausgekoppelt.

Die Funktionsanzeigelampe ist je nach Ausstattung in der Uhr (A39) oder im Bordcomputermodul (A37) eingebaut. Beim Einschalten der Zündung erhält Klemme 20B des Diebstahlwarnanlage-/Zentralverriegelungsmoduls (A77) ein Signal, und die Anzeigelampe leuchtet 5 Sekunden lang. Tritt ein Fehler auf, leuchtet die Lampe 20 Sekunden lang.

Der Diagnosestecker (DLC) (D20) ist mit Klemme 17C des Diebstahlwarnanlage-/Zentralverriegelungsmoduls (A77) verbunden.

Infrarot-Fernbedienung

Wird der Infrarotsender (im Schlüssel eingebaut) gedrückt und in Richtung der Infrarotempfänger (B34, B35 gehalten, erhalten die Klemmen 1C, 3C, 4C und 5C des Diebstahlwarnanlage-/Zentralverriegelungsmoduls (A77 ein Signal. Die Türverriegelungsmotoren werden dann in die entsprechende Position gebracht.

Hinweise auf weiterführende Stromkreise

Strompfade, an deren Ende sich eine Pfeilspitze befindet, werden in anderen Schaltplänen weitergeführt. Eine mehrstellige Codenummer weist auf den weiterführenden Plan hin. Hier eine Aufstellung der in den vorliegenden Schaltplänen auftauchenden Codenummern und der jeweiligen, weiterführenden Stromkreise:

Code-Nr.	Weiterführender Stromkreis
310-03-00-(6-20)	Geschwindigkeitsregelanlage
310-03-00-22	Bremspedalschalter
310-03-00-23	Kupplungspedalschalter
412-00-00	Heizung/Klimaanlage
412-02-00-1	Sicherung Nr. 30/Ladekontrolleuchte im Schalttafeleinsatz bzw. Zeitrelais für Windschutzscheibenheizung
413-00-00-(3-14)	Sicherung Nr. 31 bzw. Dimmer Innenbeleuchtung
414-02-00-1	Sicherung Nr. 30/Ladekontrolleuchte im Schalttafeleinsatz bzw. Zeitrelais für Windschutzscheibenheizung
417-01-00-2	Sicherung Nr. 15
417-01-00-3	Lampenkontrollmodul
417-01-02-1	Blinkanlage
417-01-02-2	Zentralelektrikbox (rechter Teil von Plan F-70156)
417-01-03-1	Standlicht
417-01-03-2	Sicherung Nr. 35
417-01-04-3	Nebelscheinwerferrelais
417-01-04-4	Brücke für Nebelscheinwerfer
417-03-01-5	Zusatzbremsleuchte 4türer
417-03-01-6	Zusatzbremsleuchte 5türer Turnier
417-04-00-2	Lichtschalter
417-04-01-1	Widerstand Höhenregulierung
417-04-01-4	Widerstand Höhenregulierung
700-02-00-1	Stromverteiler Klemme 30